21世纪本科院校土木建筑类创新型应用人才培养规划教材

地下工程施工

主　编　江学良　杨　慧
副主编　王　军　李珍玉

内容简介

本书介绍了地下工程施工的基本理论和方法，主要涉及大开挖基坑工程、深基坑工程、地下连续墙、地下工程逆作法、新奥法隧道、全断面岩石隧道掘进机、盾构法隧道、沉管法隧道、顶管法等的施工和地下工程特殊施工技术，以及地下工程的排水、降水与防水，施工组织与管理，施工监测，施工环境影响与保护等内容。

本书依据国家最新规范及行业发展趋势编写，力求反映当前地下工程施工技术发展的最新成果，注重理论与实践相结合，突出实用性，可作为土木工程专业地下工程方向与城市地下空间工程专业的教材，也可作为开设有地下工程课程的其他土建类专业的教材，还可作为相关专业的工程技术人员的参考用书。

图书在版编目(CIP)数据

地下工程施工/江学良，杨慧主编．—北京：北京大学出版社，2017.5

(21世纪本科院校土木建筑类创新型应用人才培养规划教材)

ISBN 978-7-301-28276-2

Ⅰ．①地…　Ⅱ．①江…　②杨…　Ⅲ．①地下工程—工程施工—高等学校—教材　Ⅳ．①TU94

中国版本图书馆CIP数据核字(2017)第098109号

书　　名　地下工程施工
　　　　　DIXIA GONGCHENG SHIGONG
著作责任者　江学良　杨　慧　主编
策划编辑　吴　迪　卢　东
责任编辑　伍大维
数字编辑　孟　雅
标准书号　ISBN 978-7-301-28276-2
出版发行　北京大学出版社
地　　址　北京市海淀区成府路205号　100871
网　　址　http://www.pup.cn　新浪微博：@北京大学出版社
电子邮箱　编辑部 pup6@pup.cn　总编室 zpup@pup.cn
电　　话　邮购部 010-62752015　发行部 010-62750672　编辑部 010-62750667
印 刷 者　北京虎彩文化传播有限公司
经 销 者　新华书店
　　　　　787毫米×1092毫米　16开本　24印张　560千字
　　　　　2017年5月第1版　2024年1月第4次印刷
定　　价　68.00元

未经许可，不得以任何方式复制或抄袭本书之部分或全部内容。

版权所有，侵权必究

举报电话：010-62752024　电子邮箱：fd@pup.cn

图书如有印装质量问题，请与出版部联系，电话：010-62756370

前　　言

随着地下空间开发利用高潮的到来，地下工程所涉及的领域与行业越来越广泛，其成就包括交通隧道、水工隧道、市政隧道、城市轨道交通（地铁、轻轨、地下捷运系统等）、地下厂房、地下商业街、地下城市综合体、地下贮存库、地下综合管廊、市政管道（给排水、电力、热力、通信、输油与输气管道）、地下污水处理系统，以及人防、国防与军事等领域的地下工程设施。人们普遍认为，21 世纪是人类开发利用地下空间的世纪，国外的工程实践与近年来国内的地铁与地下综合管廊建设热潮，一次又一次地证明了这一点。

地下空间的开发与利用离不开地下工程施工技术的进步，近年来，这些技术有了显著的发展。本书的编写立足于扩充和更新地下工程施工的内容，力求反映当前地下工程施工技术发展的最新成果，并注重理论与实践相结合，突出实用性。在教材结构上，力争做到章节安排合理、叙述简练、层次分明、条理清晰，以利于读者理解和掌握。

本书由中南林业科技大学江学良、杨慧担任主编，由湖南工程学院王军、中南林业科技大学李珍玉担任副主编。本书具体编写分工如下：江学良编写第 1 章、第 5 章、第 6 章、第 7 章、第 8 章，并负责全书统稿；杨慧编写第 4 章、第 12 章、第 13 章、第 14 章与第 15 章；王军编写第 9 章、第 10 章与第 11 章；李珍玉编写第 2 章与第 3 章。

本书在编写过程中参考了许多书籍、技术标准、规范、规程、论文及其他资料，主要参考文献列于书末，特向相关作者表示衷心感谢。

限于编写水平，不足与疏漏之处在所难免，恳请各位专家、同行与读者指正，以便不断完善此书。

编　者

2016 年 12 月

前言

目　　录

第 1 章　绪论 ………………………… 1

1.1　地下工程的概念与分类 ………… 1

1.1.1　地下工程的概念 ………… 1

1.1.2　地下工程的分类 ………… 2

1.2　地下工程施工技术的现状与发展 ………………………… 3

1.2.1　地下工程施工技术的分类与发展 ……………… 3

1.2.2　地下工程施工技术的发展 …………………… 5

1.3　地下工程施工课程的任务、特点与学习方法 ……………… 6

1.3.1　地下工程施工课程的任务 …………………… 6

1.3.2　地下工程施工的特点 …… 6

1.3.3　地下工程施工课程的学习方法 ……………… 7

本章小结 ………………………………… 8

思考题 …………………………………… 8

第 2 章　大开挖基坑工程施工 ………… 9

2.1　概述 ……………………………… 10

2.2　大开挖基坑工程施工的地质勘察与环境调查 ……………………… 10

2.2.1　地质勘察 ………………… 10

2.2.2　环境调查 ………………… 11

2.3　基坑开挖施工 ………………… 11

2.3.1　机械挖土 ………………… 12

2.3.2　土方运输方法 …………… 15

2.4　基坑边坡稳定计算 …………… 16

2.4.1　基坑边坡失稳的破坏形式和原因 ……………… 16

2.4.2　基坑边坡稳定性计算 …… 17

2.5　基坑边坡失稳防治 …………… 24

2.5.1　大开挖基坑土方开挖注意事项 ……………… 24

2.5.2　基坑边坡失稳的防治措施 ……………………… 25

本章小结 ……………………………… 26

思考题 ………………………………… 26

第 3 章　深基坑工程施工 ……………… 27

3.1　概述 ……………………………… 28

3.2　基坑围护结构选型 …………… 28

3.2.1　围护结构的类型 ………… 28

3.2.2　围护结构的选型 ………… 30

3.3　深基坑土方施工 ……………… 32

3.3.1　基坑土方开挖施工组织设计 ………………… 32

3.3.2　土方施工前准备工作 …… 33

3.3.3　土方开挖的分类 ………… 33

3.3.4　土方开挖的方式与顺序 … 34

3.3.5　基坑土方开挖施工注意事项 ………………… 36

3.4　锚杆施工 ……………………… 37

3.4.1　概述 ……………………… 37

3.4.2　锚杆围护结构的构造 …… 37

3.4.3　土层锚杆施工 …………… 39

3.4.4　土层锚杆试验 …………… 41

3.5　水泥土重力式围护墙施工 …… 42

3.5.1　水泥土重力式围护墙的概念和类型 ……………… 42

3.5.2　水泥土重力式围护墙的施工 ……………………… 43

3.6　排桩施工 ……………………… 45

3.6.1　排桩的种类与特点 ……… 46

3.6.2 柱列式灌注桩施工 …… 46
3.6.3 人工挖孔桩施工 …… 48
3.6.4 钻孔压浆桩施工 …… 48
3.6.5 桩-锚支护结构施工 …… 49
3.7 型钢水泥土搅拌桩施工 …… 49
3.7.1 型钢水泥土搅拌墙施工顺序 …… 50
3.7.2 型钢插入和拔除施工 …… 51
3.8 钢板桩施工 …… 52
3.8.1 钢板桩施工前的准备 …… 53
3.8.2 钢板桩沉桩设备及其选择 …… 53
3.8.3 钢板桩的沉桩方法 …… 55
3.8.4 钢板桩的拔除 …… 56
3.9 内支撑系统施工 …… 57
3.9.1 支撑施工总体原则 …… 58
3.9.2 钢筋混凝土支撑 …… 58
3.9.3 钢支撑 …… 61
3.9.4 支撑立柱的施工 …… 63
3.10 旋喷桩施工 …… 63
3.10.1 旋喷桩分类 …… 64
3.10.2 旋喷桩检验 …… 65
本章小结 …… 66
思考题 …… 66

第4章 地下连续墙施工 …… 67

4.1 概述 …… 68
4.2 地下连续墙施工工艺流程 …… 69
4.3 地下连续墙施工过程 …… 71
4.3.1 导墙施工 …… 71
4.3.2 泥浆护壁 …… 73
4.3.3 槽段开挖 …… 76
4.3.4 钢筋笼加工与吊放 …… 78
4.3.5 水下混凝土浇筑 …… 80
4.3.6 槽段间的接头处理 …… 81
本章小结 …… 85
思考题 …… 85

第5章 地下工程逆作法施工 …… 86

5.1 概述 …… 87
5.1.1 逆作法施工原理 …… 87
5.1.2 逆作法施工优点 …… 87
5.1.3 逆作法施工中存在的问题 …… 89
5.2 逆作法施工程序 …… 90
5.2.1 封闭式逆作法 …… 90
5.2.2 开敞式逆作法 …… 90
5.2.3 中顺边逆法 …… 91
5.3 盖挖逆作法 …… 91
5.3.1 盖挖逆作法的特点与施工程序 …… 91
5.3.2 盖挖逆作法的适用条件与施工步骤 …… 92
本章小结 …… 94
思考题 …… 94

第6章 新奥法隧道施工 …… 95

6.1 概述 …… 96
6.1.1 新奥法施工的基本原则 …… 96
6.1.2 新奥法施工程序 …… 97
6.2 新奥法的基本施工方法 …… 98
6.2.1 全断面法 …… 98
6.2.2 分断面两次开挖法 …… 99
6.2.3 台阶法 …… 100
6.2.4 分部开挖法 …… 102
6.3 新奥法开挖技术 …… 105
6.3.1 钻眼机具 …… 105
6.3.2 炮眼掏槽与布置 …… 106
6.3.3 炮眼控制爆破 …… 109
6.4 出渣运输 …… 111
6.4.1 装渣 …… 112
6.4.2 运输 …… 114
6.5 新奥法支护技术 …… 117
6.5.1 预支护 …… 117
6.5.2 初期支护 …… 121
6.5.3 模筑混凝土衬砌 …… 125
本章小结 …… 130
思考题 …… 130

第7章　全断面岩石隧道掘进机施工 …… 131

7.1　概述 …… 132

7.1.1　全断面岩石隧道掘进机的发展 …… 132

7.1.2　全断面岩石隧道掘进机的优点 …… 133

7.1.3　全断面岩石隧道掘进机的缺点 …… 134

7.2　隧道掘进机的分类、构造与选型 …… 134

7.2.1　掘进机的分类 …… 134

7.2.2　掘进机的构造 …… 138

7.2.3　掘进机的选型 …… 144

7.3　隧道掘进机施工 …… 148

7.3.1　施工准备 …… 148

7.3.2　TBM的运输、组装与调试 …… 150

7.3.3　掘进作业 …… 150

7.3.4　支护作业 …… 153

7.3.5　出渣与运输 …… 154

7.3.6　通风与除尘 …… 155

本章小结 …… 156

思考题 …… 156

第8章　盾构法隧道施工 …… 157

8.1　概述 …… 158

8.1.1　盾构法隧道施工的优缺点 …… 158

8.1.2　盾构法隧道的发展历史 …… 160

8.2　盾构的构造、分类与选型 …… 161

8.2.1　盾构的构造 …… 161

8.2.2　盾构的分类 …… 172

8.2.3　盾构的选型 …… 177

8.3　盾构施工 …… 179

8.3.1　出洞进洞技术 …… 179

8.3.2　盾构推进作业 …… 182

8.4　盾构隧道衬砌 …… 187

8.4.1　衬砌管片类型与结构尺寸 …… 187

8.4.2　管片拼装 …… 190

8.4.3　衬砌防水 …… 192

本章小结 …… 194

思考题 …… 195

第9章　沉管法隧道施工 …… 196

9.1　概述 …… 197

9.1.1　沉管隧道修建历史及发展动态 …… 198

9.1.2　沉管法隧道施工的特点 …… 200

9.1.3　沉管隧道的分类与断面选型 …… 201

9.2　沉管隧道施工流程 …… 203

9.3　管段制作与浮运 …… 204

9.3.1　干坞 …… 204

9.3.2　混凝土管段制作 …… 206

9.3.3　管段浮运 …… 211

9.4　管段沉放与连接 …… 212

9.4.1　管段沉放 …… 212

9.4.2　管段连接 …… 217

9.5　基槽浚挖与基础处理 …… 219

9.5.1　基槽浚挖 …… 219

9.5.2　基础处理 …… 221

本章小结 …… 225

思考题 …… 225

第10章　顶管法施工 …… 226

10.1　概述 …… 227

10.1.1　顶管法的历史与发展 …… 227

10.1.2　顶管法施工的原理 …… 228

10.1.3　顶管法施工的特点、分类及适用范围 …… 229

10.2　顶管机构造与选型 …… 231

10.2.1　手掘式顶管机 …… 231

10.2.2　泥水平衡式顶管机 …… 232

10.2.3　土压平衡式顶管机 …… 233

10.2.4　顶管机的选型 …… 235

10.3　工作井形式、选择与布置 …… 236

10.3.1　工作井的形式 …… 236

10.3.2　工作井的选择 …… 237

10.3.3　工作井的布置 …… 238

10.4 顶管施工技术 …………………… 242
10.4.1 顶管施工准备 ………… 242
10.4.2 顶管出洞段施工 ……… 242
10.4.3 顶管正常顶进施工 …… 243
10.4.4 顶管进洞段施工 ……… 244
10.4.5 施工测量 ……………… 245
10.5 长距离顶管施工技术 ………… 246
10.5.1 注浆减摩技术 ………… 246
10.5.2 中继间技术 …………… 247
10.6 曲线顶进技术 ………………… 248
10.6.1 曲线顶进施工方法 …… 249
10.6.2 曲线顶进主要技术措施 ………………… 250
10.7 管节接缝防水 ………………… 252
10.7.1 钢筋混凝土管节接缝的防水 ………………… 252
10.7.2 钢管顶管的接口形式 … 254
本章小结 ……………………………… 254
思考题 ………………………………… 254

第 11 章 地下工程特殊施工技术 …… 255

11.1 注浆法施工技术 ……………… 256
11.1.1 概述 …………………… 256
11.1.2 注浆材料 ……………… 258
11.1.3 注浆法施工 …………… 262
11.2 冻结法施工技术 ……………… 264
11.2.1 概述 …………………… 264
11.2.2 冻结制冷设备 ………… 266
11.2.3 冻结法施工 …………… 269
11.3 沉井法施工技术 ……………… 274
11.3.1 概述 …………………… 274
11.3.2 沉井的分类 …………… 275
11.3.3 沉井的构造 …………… 278
11.3.4 沉井法施工 …………… 281
11.3.5 沉井的防偏与纠偏 …… 284
本章小结 ……………………………… 286
思考题 ………………………………… 286

第 12 章 地下工程排水、降水与防水 ………………………… 287

12.1 概述 …………………………… 288
12.1.1 地下水的分类 ………… 288
12.1.2 水对地下工程的有害作用 ………………… 289
12.2 地下工程施工排水 …………… 290
12.2.1 普通明沟和集水井排水法 ………………… 291
12.2.2 分层明沟排水 ………… 292
12.2.3 深沟降排水法 ………… 292
12.2.4 综合降排水法 ………… 292
12.2.5 工程集水、排水设施降排水法 ………………… 292
12.2.6 板桩支撑集水井排水法 ………………… 293
12.3 地下工程施工人工降水 ……… 293
12.3.1 人工降低地下水位原理 ………………… 293
12.3.2 轻型井点降水 ………… 295
12.3.3 喷射井点降水法 ……… 296
12.3.4 管井井点降水法 ……… 297
12.3.5 电渗井点降水 ………… 298
12.3.6 回灌井点 ……………… 299
12.4 地下工程防水 ………………… 300
12.4.1 地下工程防水原则与防水等级 ………………… 300
12.4.2 地下工程混凝土结构主体防水 ………………… 302
本章小结 ……………………………… 307
思考题 ………………………………… 307

第 13 章 地下工程施工组织与管理 ………………………… 308

13.1 概述 …………………………… 309
13.2 施工准备 ……………………… 309
13.2.1 施工准备的内容 ……… 309
13.2.2 施工准备工作计划 …… 312
13.3 施工组织设计 ………………… 312
13.3.1 施工组织设计的分类 … 312
13.3.2 施工组织设计的内容 … 313
13.4 施工方案 ……………………… 314
13.4.1 施工方案编制依据 …… 314
13.4.2 施工方案的主要内容 … 314

13.5 施工进度计划 …………………… 316
13.5.1 编制依据和编制程序 … 316
13.5.2 施工项目划分 ………… 316
13.5.3 计算工程量和确定项目延续时间 …………… 316
13.5.4 流水作业组织 ………… 317
13.5.5 网络计划技术 ………… 318
13.5.6 施工进度计划的执行与调整 ………………… 321
13.6 施工平面图 ………………… 321
13.6.1 施工平面图设计要求 … 321
13.6.2 施工平面图的主要内容 …………… 322
13.6.3 施工平面图设计步骤 … 322
13.7 质量管理与现场管理 ………… 327
13.7.1 质量管理 …………… 327
13.7.2 现场管理 …………… 331
13.8 合同管理与风险管理 ………… 333
13.8.1 合同管理 …………… 333
13.8.2 风险管理 …………… 334
本章小结 ………………………… 334
思考题 …………………………… 335

第 14 章 地下工程施工监测 ………… 336

14.1 概述 ………………………… 337
14.2 施工监测方案的编制 ………… 337
14.3 施工监测的组织与实施 ……… 339
14.3.1 监测的前期准备 ……… 339
14.3.2 监测实施 …………… 340
14.4 施工监测项目与方法 ………… 342
14.4.1 沉降监测 …………… 342
14.4.2 水平位移监测 ………… 344
14.4.3 支护结构变形监测 …… 345
14.4.4 支护结构内力监测 …… 347
14.4.5 地下水土压力和变形监测 …………… 348
14.4.6 建筑物变形监测 ……… 351
14.4.7 地下管线变形监测 …… 354
14.5 施工监测资料的整理与分析 … 355
14.5.1 资料采集 …………… 355
14.5.2 采集质量控制 ………… 355
14.5.3 误差与检验方法 ……… 355
本章小结 ………………………… 356
思考题 …………………………… 356

第 15 章 地下工程施工环境影响与保护 ……………………… 357

15.1 概述 ………………………… 358
15.2 深基坑工程施工环境影响与保护 ………………………… 358
15.2.1 深基坑施工的影响范围 ………………… 358
15.2.2 深基坑工程施工的环境保护措施 …………… 360
15.3 公路、铁路隧道施工环境影响与保护 ………………………… 361
15.3.1 新奥法隧道施工引起的地表沉降 …………… 361
15.3.2 新奥法隧道施工引起土体变形与地表沉降的影响因素 ………………… 362
15.3.3 新奥法隧道施工的环境保护措施 …………… 363
15.4 城市地铁施工环境影响与保护 ………………………… 364
15.4.1 盾构施工的地层移动过程与地表变形预测 ………… 364
15.4.2 盾构施工地层移动的影响因素 …………… 367
15.4.3 盾构施工的环境保护措施 ………………… 368
本章小结 ………………………… 368
思考题 …………………………… 369

参考文献 ……………………………… 370

第1章 绪论

教学目标

本章主要讲述地下工程施工技术的分类、现状与发展情况。通过学习应达到以下目标：

(1) 掌握地下工程的概念与分类；

(2) 掌握地下工程施工技术的分类；

(3) 了解地下工程施工技术的发展；

(4) 掌握地下工程施工课程的任务与特点，理解相应学习方法。

教学要求

知识要点	能力要求	相关知识
地下工程的概念与分类	(1) 掌握地下工程的概念； (2) 掌握地下工程的分类	(1) 地下工程与地下空间的概念； (2) 地下工程的类型
地下工程施工技术的现状与发展	(1) 掌握地下工程施工技术的分类； (2) 掌握信息化施工技术的概念； (3) 理解地下工程施工技术的发展	(1) 地下工程施工技术的分类； (2) 信息化施工技术的概念； (3) 地下工程施工技术的发展
课程任务、特点与学习方法	(1) 掌握地下工程施工课程的任务与特点； (2) 理解地下工程施工技术的学习方法	(1) 课程的任务与特点； (2) 课程学习方法

基本概念

地下工程；地下空间；地下工程施工技术；信息化施工技术

1.1 地下工程的概念与分类

1.1.1 地下工程的概念

地下工程（Underground Engineering）泛指修建在地面以下岩层或土层中的各种工程设施，是地层中所建工程的总称，通常包括矿山井巷工程、城市地铁隧道工程、水工隧洞工程、交通山岭隧道工程、水电地下硐室工程、地下空间工程、军事国防工程、建筑基坑工程等。地下工程与地下空间（Underground Space）是两个密切相关的基本概念，后者是在岩层或土层中天然形成或经人工开发形成的空间。天然地下空间，是与溶蚀、火山、风蚀、海蚀等地质作用有关的地下空间资源，按其成因分为喀斯特溶洞、熔岩洞、风蚀洞、海蚀洞等，天然地下空间可作为旅游资源加以开发利用，也可用作地下工厂、地下仓库、地下电站、地下停车场等，战时亦可作为防空洞使用；人工地下空间包括两类，一类是因城市建设需要开发的地下交通空间、地下物流空间、地下贮存空间等，另一类是开发地下矿藏、石油而形成的废旧矿井空间。改造利用已经没有价值的废旧矿井，用作兵工厂、军火库、储油库等，相对来说投资少、见效快，可以变废为宝，是充分利用地下空间资源的好途径。

1.1.2 地下工程的分类

随着国民经济的发展，地下工程的范围越来越广泛，其分类也越来越复杂。按领域分，有矿山、交通、水电、军事、建筑、市政等；按用途分，有交通、采掘、防御、贮存、工业、商业、农业、居住、旅游、娱乐、物流等；按空间位置分，有水平式、倾斜式和垂直式；按形状分，有洞道式和厅房式；按埋藏深度分，有深埋式和浅埋式；按照工程周围介质分，有岩石地下工程与土层地下工程等。

在洞道式和厅房式的分类中，洞道式是指长度较大、径向尺寸相对较小的地下工程；厅房式又称硐室式（也有的称硐室），是指长度相对较短、径向尺寸较大的地下工程。两者在支护上有不同的要求，在开挖方式的选择上有着一定的差异。对洞道式工程，不同的行业领域有不同的称谓，如公路及铁路部门称之为隧道，在矿山中称之为巷道，水利水电部门称之为隧洞，而军事部门则称之为坑道或地道，在市政工程中又称之为通道或地道。下面按照用途，介绍一些主要的地下工程类型：

(1) 地下交通工程：包括地下铁路、地下公路（含车行立交）、地下人行通道、地下停车库等。在有些发达国家，如日本正在向地下悬浮列车、地下飞机场等新领域进军；

(2) 地下民用建筑：主要包括地下公共建筑和居住建筑。地下居住建筑是供人们起居生活的场所，如突尼斯的地下聚居点、中国的窑洞民居、美国的覆土住宅等；地下公共建筑主要指用于各种公共活动的单体地下空间建筑，涉及办公、娱乐、商业、体育、文化、学校、托幼、广播、邮电、旅游、医疗、纪念等建筑，小型地下街及集散广场也属于地下公共建筑；

(3) 地下市政管线工程：一般应包括供水、能源供应、通信和废弃物的排除四大系统，涉及给水管道、排水沟管、电力线路、电信线路、热力管道、城市垃圾输送管道、可燃和助燃气体管道、空气管道、液体燃料管道、灰渣管道、地下建筑线路及工业生产专用管道等。在发达国家，通常将设在地面、地下或架空的各类公用管线集中设置在留有供检修人员行走通道的隧道结构中，该隧道结构被称为“城市地下管道综合走廊”，又名“共同沟”或“公共沟”。在我国，广州大学城（小谷围岛）综合管沟是广东省规划建设的第一条共同沟，也是目前国内距离最长、规模最大、体系最完善的综合管沟，它的建设是我国城市市政设施建设及公共管线管理的一次有益探索和尝试。2015年国家出台了《国务院办公厅关于推进城市地下综合管廊建设的指导意见》，将极大地推进我国城市地下综合管廊建设的发展；

（4）地下贮库工程：在20世纪60年代以前，地下贮库一般仅用于军用物资与装备、石油与石油制品的贮存，类型不多。但在近几十年中，新类型不断增加，使用范围迅速扩大，涉及人类生产与生活的许多重要方面。到目前为止，地下贮库可大体上概括为五大类，即地下水库，包括饮用水库和工业水库；地下食物库，如地下粮库、地下食油库、地下冷冻库和地下冷藏库等；地下能源库，如地下化学能库、地下电能库、地下机械能库和地下热（冷）能库；地下物资库，如用以存放车辆、武器、装备、军需品、商品等；地下废物库，如地下核废料库、地下工业废料库和城市废物库等；

（5）地下街：是指修建在大城市繁华的商业街下或客流集散量较大的车站广场下，由许多商店、人行通道和广场等组成的综合性地下建筑，也被称为“地下综合体”。城市地下街具体可划分为地下商业街、地下娱乐文化街、地下步行街、地下展览街及地下工厂街等，目前建设较多的为地下商业街和文化娱乐街，其他各种类型的地下街不久也会出现。随着城市地下空间建设规模的发展，把各种类型地下街与其他各种地下设施进行组合并连接起来，将发展成为“地下城”；

（6）其他城市地下建筑：包括地下工业工程与地下人防建筑等。

1.2 地下工程施工技术的现状与发展

1.2.1 地下工程施工技术的分类与发展

地下工程施工技术可分为基础技术和应用技术两大类，基础技术一般不能单独地用于修建地下设施，而是作为应用技术的一部分来应用。基础技术可分为地层改良技术、锚固技术、支挡技术、衬砌技术、爆破技术与量测技术等，如图1-1所示。

地下工程的施工技术是结合土木工程基础技术与地下工程的特点而形成的。地下工程的施工方法，大致可按表1-1分类。

目前在我国城市地下工程中，盾构法、新奥法和浅埋暗挖法等应用较为广泛，其中盾构法是地铁和市政隧道采用的主要方法，已取得较好的效果，并具备自主创新的能力，处于国际先进水平。此外还有一些其他方法，如顶管法、沉管法、沉箱法、TBM法、非开挖技术法、盖挖法和明挖法等。从地下工程相对于地面工程的特点出发，可将其施工方法和技术总结为“一个中心，两个基本点”，一个中心就是岩土体和工程结构的稳定与和谐，两个基本点是指开挖和支护，这三者之间联系密切、息息相关。因此，无论是何种特定的施工方法，除了必须包括最基本的开挖技术和支护技术外，还必须具有相应的辅助技术。

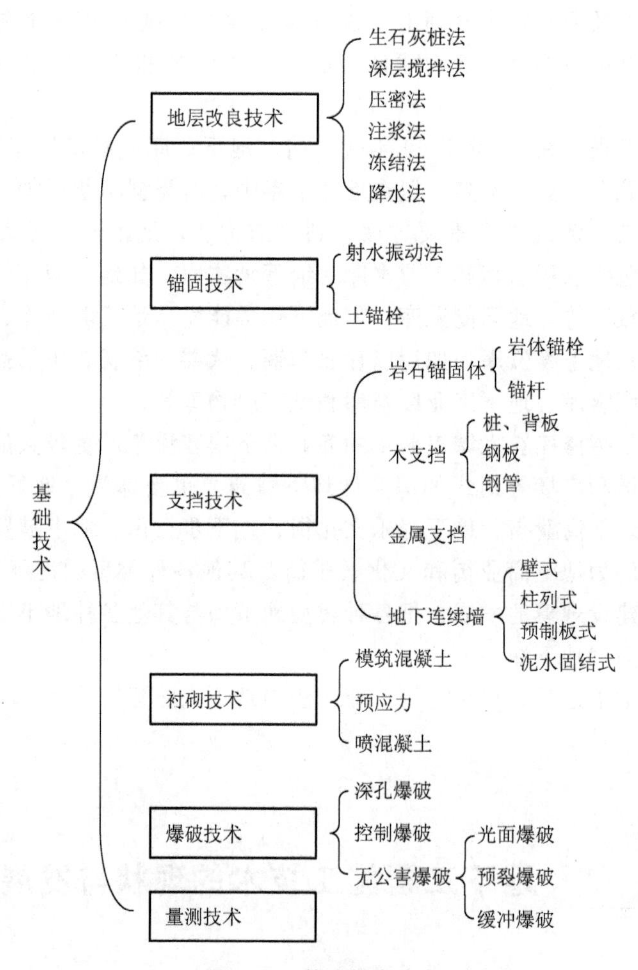

图 1-1　基础技术分类

表 1-1　地下工程施工方法的分类

大分类	小分类		细分类
明挖法	基坑开挖法		—
	盖挖法		逆作法
			顺作法
	沉管法		—
暗挖法	钻爆法	矿山法	传统矿山法
			新奥法
	非钻爆法	盾构法	—
		掘进机法	全断面隧道掘进机（TBM）
			悬臂式隧道掘进机
		顶管法	—

与地面建筑相比，地下工程处于岩土介质之中，其最大的特点就是地质环境复杂，影响因素众多，基础信息匮乏，是涉及岩土力学、结构力学、基础工程、原位测试和施工技术等多学科的复杂系统工程。这使得地下工程在变形特性、结构特征、初始应力场分布、温度和地下水作用效应等方面都表现出明显的非均质性、非连续性、离散性和非线性等特点，令地下工程在施工、运营阶段表现出相当独特和复杂的力学特征，其变形规律和受力特点无论是理论分析、数值模拟或室内外试验，均难以对其准确把握。为此，在地下工程施工中提出了“信息化施工技术”。所谓信息化施工技术，是指在施工过程中以质量控制为目标，通过对大量施工监测信息的采集、分解、分类及处理，提取施工参数中影响施工质量的控制变量及其对应的信息因子，通过渐进逼近的方法将控制变量进行全过程调整和优化，指导整个施工过程，同时依据前步施工监测信息及施工参数的变化规律，推断下一步施工工况及其对策。施工影响与控制贯穿整个施工过程，是一个动态跟踪的过程。信息化施工技术可以贯穿在前述任何类型的地下工程施工技术当中，它不是一门独立的地下工程施工技术，而属于辅助施工技术，在地表工程如边坡工程、地基工程等施工中，也有广泛的应用。

1.2.2 地下工程施工技术的发展

随着我国地下空间开发与利用高潮的到来，地下工程施工技术发展十分迅速，主要表现在以下方面：

(1) 重视TBM和盾构机施工技术的引进、消化、应用和开发。当前技术开发的方向应当是降低成本，提高施工质量与速度，并延长机械使用寿命。此外让盾构技术产品化、系列化，盾构管片设计和施工自动化、省力化、高速化及经济化，也是重要的发展方向；

(2) 对TBM隧道掘进机和混合型盾构掘进机的研制和应用。通过研发，使其更好地适应复杂的地质条件，使掘进机向着机械、电气、液压和自动控制一体化、智能化方向发展；

(3) 对异形断面盾构掘进机的研究，如双圆盾构、自由断面盾构、局部扩大盾构等，推广应用ECL（挤压成型混凝土衬砌）施工技术；

(4) 大力发展浅埋暗挖技术、沉管技术、沉井技术、非开挖技术，促进中小口径顶管掘进机的标准化、系列化和推广应用；

(5) 开发多媒体监控和仿真系统、三维仿真计算机管理系统，实现管理信息化和智能化；

(6) 深入研究并充分利用信息技术，重视隧道动态设计与动态施工，提高施工技术水平。充分利用先进的监测技术和方法特别是3S技术（遥感技术RS、地理信息系统技术GIS、全球定位系统GPS）来建立地表、地层变形与位移数据库，并开发相关的自动评判分析系统；

(7) 制定相应的地下工程规划、勘察、设计、施工等技术和经济方面的法规、标准等，以保证有法可依、有章可循；引进、消化、吸收国外先进管理方法和经验，进行本土化改造和自主创新研发，从制度上给地下工程技术以科学合理的保证；

(8) 努力实现城市地下工程施工新技术(新材料、新机械、新工艺)与规划勘察技术、设计计算技术、安全防灾与管理技术等的配套化、系列化、规范化和国际化。

1.3 地下工程施工课程的任务、特点与学习方法

1.3.1 地下工程施工课程的任务

"地下工程施工"是城市地下空间工程专业或土木工程专业地下工程方向的一门专业课,它的任务在于使学生通过本课程的学习,了解和掌握地下工程的基本施工工艺、技术、方法和理论,培养地下工程施工与组织管理的能力。

1.3.2 地下工程施工的特点

地下工程施工所形成的地下结构物与地面结构物相比,两者在赋存环境、力学作用机理等方面都存在着明显的差异。地面结构体系一般都是由上部结构和地基组成,地基只在上部结构底部起约束或支承作用,除了自重外,荷载都是来自结构外部;而地下结构是埋入地层中的,四周都与地层紧密接触,其承受的荷载来自洞室开挖后引起周围地层的变形和坍塌而产生的力,同时结构在荷载作用下发生的变形又受到地层的约束。

地下结构周围的地层是千差万别的,地下开挖形成的洞室是否稳定,不仅取决于岩土体强度,也取决于地层构造的完整程度。相比之下,周围地层构造的完整性对于洞室稳定有更大的影响。各类岩土地层在洞室开挖之后都具有一定程度的自稳能力,当地层自稳能力较强时,地下结构将不受或少受地层压力的荷载作用,否则地下结构将承受较大的荷载甚至独立承受全部荷载作用。因此周围地层能与地下结构一起承受荷载,共同组成地下结构体。地层既是承载结构的基本组成部分,又是形成荷载的主要来源,且洞室周围的地层在很大程度上是地下结构体系中承载的主体。地下结构的安全性,首先取决于地下结构周围的地层能否保持稳定,并应充分利用和更好地发挥围岩的承载能力。在需要设置支护结构时,支护结构能够阻止围岩的变形,并使其达到稳定,这种合二为一的作用机理与地面结构是完全不同的。所以在地下工程施工中,必须根据地下结构所具有的这些显著特点采取合适的施工方法与施工设备。

随着国民经济的快速发展,地下工程尤其是城市地下工程进入了蓬勃发展阶段,预计21世纪初至中叶将是我国大规模建设地铁及其他地下工程的年代。目前,我国城市地下工程埋深多在20m以内,由于埋深较浅又地处城市,所以城市地下工程施工具有以下特点。

1. 地质条件差

在城市地下工程埋深范围内大多为第四纪冲积或沉积层,或为全、强风化岩层,地层

多处在松散无胶结状态，存在上层滞水或潜水。同时我国部分城市如武汉、南京、杭州、上海等，部分区域承压水位高，承压水含水层顶板埋藏浅，对地下工程施工影响巨大。

2. 施工环境复杂

城市地铁工程多建在建筑物已高度集中的地区，一般在城市道路下面及各种管线附近通过。施工往往引起地层变形和地表沉降，这些变形和沉降对邻近固有建（构）筑物和设施的损伤不可忽视。例如，地铁施工将产生一定范围的地表沉降，当沉降过大时会引起建筑物的倾斜、开裂等，甚至导致建筑物功能丧失。因此研究地下工程在施工过程中对周围环境的影响及其控制技术就显得尤为重要。

3. 结构埋深浅且与邻近结构相互影响

城市地下的管网设施、商业街、停车场等十分集中，它们相互影响，相互制约，给工程的修建带来众多设计与施工技术方面的难题。例如，新建地铁工程与既有建筑物或构筑物的基础紧邻，产生相互作用；处于较浅位置的地下管线结构，与深部的大型停车场或地铁工程形成上、下位置的邻接关系；多条隧道形成平面上的邻接问题等。在施工中如何控制近邻建筑物的变形以及建筑结构的内在反应，是城市地下工程施工应该着重考虑与解决的问题。

4. 围岩稳定性难于判断

地下工程的围岩稳定问题，一直是地下工程设计与施工研究的重点问题。对于城市地下工程而言，其地质、环境以及结构方面的特殊性又给这一问题的研究增加了特殊的内容。围岩稳定性理论认为在地下工程施工过程中，地下工程周围岩体发生应力重分布，当这种重分布应力超过围岩的强度极限时，将造成围岩的失稳破坏。在浅埋条件下是否存在承载拱，对其稳定性判别非常重要，有必要通过监测与研究解决。

1.3.3 地下工程施工课程的学习方法

地下工程施工是在材料力学、结构力学、土力学、岩石力学与结构设计原理等课程之后开设的后续课程，在学习过程中，要在掌握力学原理与结构设计原理的基础上，理解各种地下工程施工的原理、方法、工艺流程与设备选择。

本课程涉及的知识十分广泛，在老师讲授的基础上要加强自学，多方查找资料，包括相关图书、期刊、施工实例，加强对各类施工方法特点、适用范围、选择依据与施工组织等方面的掌握与理解。

地下工程施工是一门实践性很强的课程，可通过施工过程视频教学、参观、实习等手段加深感性认识，通过理论教学与工程实践的良性互动，加深对地下工程施工方法与技术的认识与理解。

本章小结

通过本章学习，应深化对地下工程施工技术在概念、内容、分类等方面的认识，以及地下工程施工这门课程在任务、特点与学习方法等方面的理解，使得在学习之初就如何学好本课程有一个明确的认识。

思考题

1. 什么是地下工程？按照用途分类，地下工程有哪些主要类型？
2. 什么是地下空间？地下空间分为哪两类？
3. 地下工程主要的施工方法有哪些？如何分类？
4. 地下工程施工中包含哪些基础技术？
5. 什么是信息化施工技术？
6. 地下工程施工具有哪些特点？

第2章

大开挖基坑工程施工

教学目标

本章主要讲述基坑开挖的基本理论和方法。通过学习应达到以下目标：

(1) 掌握基坑土方开挖的基本原则；

(2) 熟悉不同基坑开挖方法的选择；

(3) 掌握各种开挖方法的施工流程；

(4) 熟悉基坑开挖边坡稳定性分析方法；

(5) 了解边坡失稳防治措施。

教学要求

知识要点	能力要求	相关知识
基坑开挖	(1) 熟悉基坑开挖的方法； (2) 熟悉土方运输的方法； (3) 了解开挖土方的机械	(1) 地质勘察和环境调查； (2) 基坑开挖方法； (3) 开挖机械和土方运输方法
基坑边坡稳定性	(1) 掌握基坑边坡失稳的破坏形式和原因； (2) 熟悉基坑边坡稳定性计算方法	(1) 边坡失稳破坏形式和原因； (2) 无黏性土和黏性土边坡稳定性计算方法
基坑边坡失稳防治	(1) 掌握基坑边坡失稳防治措施； (2) 熟悉开挖注意事项	(1) 基坑土方开挖注意事项； (2) 基坑边坡失稳防治措施

基本概念

基坑开挖；开挖机械；基坑开挖边坡稳定性分析；边坡失稳；边坡失稳防治

引例

基坑开挖是基坑工程的重要部分，对于土方数量大的基坑，基坑工程工期的长短在很大程度上取决于挖土的速度。

某工程基础全部为大开挖，基坑开挖尺寸为柱外皮外放3.8m，长73.1m，宽27.4m，深3.6m；开挖面积2003.4m^2，开挖土方工程量6576.3m^3。基坑土方开挖依据现场情况，计划采用基坑放边坡处理，其放坡系数为1∶0.33。计划基础开挖及回填工程用60天时间完成。开挖施工流程如下：开挖坡度的确定→机械设备的配置→选择合理的开挖顺序→分段分层依次开挖→修边和清底。在基坑土方开挖之前，要详细了解施工区域的地形和周围环境，土层种类及其特性，地下设施情况和土方运输的出口。要优化选择挖土机械和运输设备，确定挖土方案和施工组织，对地下水位及周围环境进行必要的监测和保护，对开挖的基坑边坡进行稳定性分析，并做好相应的防治措施。

2.1 概　　述

大开挖基坑工程是指不采用支撑形式而采用直立或放坡的方法进行开挖的基坑工程，有时又称放坡基坑开挖。对于基坑挖深较浅、施工场地空旷、周围建筑物和地下管线及其他市政设施距离基坑较远的情况，一般可采用大开挖，大开挖在这些情况下是最为经济合理的施工方法。

大开挖基坑工程可以为地下结构的施工创造最大限度的工作面，方便施工布置，因此，在场地允许的情况下，应优先选择大开挖方法进行基坑施工。在基坑大开挖边坡施工过程中，由于开挖等施工活动导致土体原始应力场的平衡状态遭到破坏，当土体抗剪强度下降或附加应力超过极限值时，便会出现土体的快速或渐进位移，即发生边坡失稳。大开挖基坑工程的边坡设计，必须保证基坑边坡具有足够的稳定性安全系数。

边坡稳定性安全系数，一般定义为沿假定滑裂面的抗滑力与滑动力的比值，当该比值小于1时，边坡即发生破坏。边坡设计需要确定两个基本参数：边坡开挖深度和坡度。在边坡分析中，边坡开挖深度称作坡高 H，边坡的坡度则用坡角 β 或高宽比 m 表示。这两个参数的确定取决于许多因素，包括土体抗剪强度的高低、地下水位的变化、地面超载的大小、基坑底的支承强度和刚度，以及施工顺序及施工工期的安排等。

基坑大开挖需要综合考虑地质、环境、结构和施工等各方面的影响因素，达到施工安全、可靠、经济、合理的目的。大开挖基坑工程的设计和施工内容包括：①地质勘察和环境调查；②基坑开挖施工；③基坑边坡设计与稳定性计算；④基坑边坡的失稳防治。

2.2 大开挖基坑工程施工的地质勘察与环境调查

2.2.1 地质勘察

进行基坑大开挖的地质勘察应该达到如下目的：查明基坑边坡所处的工程地质条件和水文地质条件，提出边坡开挖的最优坡形、坡角与边坡稳定性计算参数。

1. 基坑边坡稳定性计算的岩土参数测试

边坡稳定性计算岩土测试参数宜包括下列内容：

(1) 含水率及密度试验，测试含水率 W 及重力密度 γ；

(2) 直剪切试验，测试固结快剪强度峰值指标 c、φ；

(3) 三轴固结不排水试验，测试三轴不排水强度峰值指标 c_{cu}、φ_{cu}；

(4) 室内或原位试验，测试渗透系数 K；

(5) 测试水平与垂直变位计算所需的参数。

2. 水文地质勘察

水文地质勘察宜包括如下内容：

(1) 查明开挖范围及邻近场地地下水特征，各含水层（包括上层滞水、潜水、承压水）及隔水层的层位、埋深和分布条件；

(2) 测量各含水层的水位及其变幅；

(3) 查明各地层的渗透系数及水压、流速、流向、补给来源和排泄方向；

(4) 查明施工过程中水位变化对基坑边坡及周围环境的影响，提出应采取的措施；

(5) 提出地下水的控制方法及计算参数的建议；

(6) 提出施工中应进行的具体现场监测项目和布置建议；

(7) 提出基坑开挖过程中应注意的问题及其防治措施的建议。

2.2.2 环境调查

对基坑周围的建（构）筑物等的详细调查，可以为基坑边坡设计中确定地面超载、边坡变形限制和安全系数的取值提供依据。例如，采用桩基础的房屋，比采用浅基础的房屋对邻近基坑产生的地面超载小得多；材料和接头刚度较好的地下管线，允许基坑边坡产生较大的位移而能正常使用；重要性等级高的建筑物或构筑物要求较高的安全储备，即边坡的安全系数取值应较一般情况高。

一般情况下，进行基坑大开挖的环境调查应包括如下内容：

(1) 基坑周围影响范围内的建（构）筑物的结构类型、层数、基础类型、埋深及结构现状；

(2) 基坑周围地下设施（包括上下水管线、电缆、煤气管道、热力管道、地下箱涵等）的位置、材料和接头形式；

(3) 场地周围和邻近地区地表和地下水的分布，水位标高，距基坑距离，以及补给、排泄关系等，对开挖的影响程度；

(4) 基坑周围的道路、车流量及载重情况。

2.3 基坑开挖施工

由于放坡开挖的基坑一般都是针对浅埋地下工程而设的，土方开挖的工程量大，若采用人工开挖，其劳动强度大，工期在工程总工期中所占的比重达25%～30%，成为影响工程进度的重要因素。所以，除使用适当人力作为辅助开挖外，应尽可能采用生产率高的大型挖土和运输机械施工。

对于放坡开挖，目前常用的方法有人工开挖、小型机械开挖和大型机械开挖。人工开挖效率低，劳动强度大，一般只在土方量小如修坡或缺乏机械开挖的情况下采用。

小型机械常见的有蟹斗、绳索拉铲等简易挖土机械。小型机械开挖一般在施工空间受限制而无法采用大型机械的情况下采用。

对于大面积的土方开挖，可采用大型机械如单斗挖土机、铲运机。大型机械工作效率很高，一台大型机械可以代替数百人的劳动，可以大大节约人力，加快进度。

由于机械挖土对土的扰动较大，且不能准确地将基底挖平，容易出现超挖现象，所以要求施工中机械挖土只能挖至基底以上 20～30cm 位置，其余 20～30cm 的土方则采用人工或其他方法挖除。

2.3.1 机械挖土

单斗挖土机是一种常用的挖土机械，常用于基坑开挖。单斗挖土机按其工作结构，可分为正向铲、反向铲、索铲（拉铲）和合瓣（抓斗）式挖土机；按其动力装置，可分为机械单斗挖土机和液压单斗挖土机。它们的工作装置可以拆换、互相改装，此外这种挖土机还可以改装成起重机、打桩架等，在建筑工程中被广泛使用。

1. 正向铲挖土机开挖

正向铲挖土机用于开挖停机平面以上的土，如图 2－1 所示。它的工作装置由下列主要部分组成：

图 2－1　正向铲挖土机

(1) 支杆，用来支撑斗柄和保证挖土或卸土时所需的纵向行程，它的下端铰接于转台上，头部装有起升滑轮和保持动臂倾斜度的滑轮组，在中部装有推压轴，以保证斗柄的往复运动，动臂倾斜角为 45°与 60°；

(2) 斗柄，用来安装并伸缩土斗，以便挖掘土方，它利用柄座与支杆相连，斗柄能沿柄座的导轨做往复运动，同时还可以柄座的铰接点为中心在垂直方向移动；

(3) 土斗，直接用来挖掘土方和运送土方，其上口敞开，斗底可以开启以卸土，用于切土的斗齿是用锰钢制成的，强度很高。

正向铲挖土机挖土时具有强制力大和灵活性大的特点，可开挖各种砂土、粉质黏土、轻黏土与重黏土等。正向铲可开挖大型基坑，还可以装卸颗粒材。由于正向铲挖土机是开挖停机平面以上的土，在开挖基坑时要通过坡道下坑开挖，停机平面要求干燥，故要求挖土前做好基坑排水工作。

正向铲挖土机的工作过程是用土斗挖土，动臂旋转至土堆（或运输工具上）卸土，再旋转至工作面进行下一次挖土。正向铲挖土时，一次开行所能挖掘的工作面叫做掌子。正向铲挖土时常配备自卸汽车或有轨运输车。根据挖土机运输工具的相对位置不同，开挖方式有以下两种：

(1) 正向开行，即正面掌子。挖土机向前进的方向挖土，运输工具停在它的后面，挖土机与运输工具在同一水平面上。

这种开行方式，挖土机卸土时必须旋转较大的角度，影响生产效率，同时只能采用汽车运输（倒退进入）。为了缩小旋转角度并保证运输工具的灵活性，可以采用最大宽度的正面掌子，这样可以减少挖土机移动通道的次数并提高效率。此外，其挖土高度可大一些。工作面的确定与土的性质、挖土机和汽车的技术性能有关，主要是确定工作面宽度与工作面高度；

(2) 侧向开行。挖土机向前进方向挖土，运输工具停在机身的侧面与挖土机开行路线平行。

这种开行方式卸土时只要回转 90°，运输设备的形式不受限制，运输条件也较好。挖土机与运输工具可处在同一平面上，称为层状工作面；如果不在同一平面上，则称为阶梯工作面。受卸土高度的影响，阶梯工作面的挖土高度低一些。

用正向铲挖土机开挖大面积基坑时，必须对挖土机开行路线及工作面进行设计，绘出开挖平面与剖面图，再进行放线，挖土机按计划进行开挖。为了便于挖土机及汽车进入基坑，要设置进出口通道。

用正向铲挖土机开挖大面积基坑时，如基坑的开挖深度较小，除第一个开挖通道需用阶梯工作面开挖外，其余开挖通道都可以采用层状工作面，而当基坑深度超过挖土机的工作面高度时，则都采用阶梯工作面进行挖土。在布置工作面时，应力求减少人工修坡的土方量。

2. 反向铲挖土机开挖

反向铲挖土机用来开挖停机平面以下的土，如图 2－2 所示。挖土机在基坑上面工作，它的工作装置也由支杆、斗柄、土斗等部分组成。

图 2－2　反向铲挖土机

(1) 支杆：下端铰接于回转台上，上端和中部有滑轮和滑轮组。

(2) 斗柄：是一根不等臂的杠杆，用铰固定在动臂上端，只能做前后转动。

（3）土斗：刚接于斗柄前端，斗上装有牵引滑轮组。

反向铲的工作特点如下：

（1）斗柄固定在动臂端部，斗柄只能相对于铰接点做旋转运动；

（2）挖土工作依靠斗柄做朝向机身的向下运动和不断改变动臂倾角（一般为45°～60°）来实现。

液压传动的反向铲，它的支杆、斗柄以及挖土部分通过液压传动，挖掘力大，操作灵活。由于挖土机的构造限制，其强制力和灵活性不如正向铲，只能开挖砂土、黏质粉土及轻黏土。反向铲是用来开挖停车平面以下的土，在开挖基坑时不必下坑工作，工作条件较好，可以开挖湿土，只需要配合简易排水法即可。

反向铲挖土时，根据挖土机与基坑的相对位置关系有两种开行方式，即沟端开行与沟侧开行。

（1）沟端开行：挖土机沿挖土轴线后退开行，将土卸至两侧或一侧，故卸土回转角度小（30°～60°），挖土宽度较大，土坡较陡。

（2）沟侧开行：挖土机平行于挖土轴线开行，将土卸至开行的一侧，卸土角度较大，挖土宽度较小。因受挖土半径的限制，挖土机一直沿坑边移动，故要求土坡稳定性好。

3. 索铲挖土机开挖

索铲挖土机用来开挖停机平面以下的土，如图2-3所示，其工作装置包括支杆、土斗、工作钢索等。

（1）支杆：和起重机支杆一样，下端铰接于转台上，上端装有起升支杆的滑轮组。

（2）土斗：其前部和上部均为敞开的。

（3）工作钢索：包括起升索、牵引索、卸载索及滑轮组。

图2-3　索铲挖土机

索铲挖土机的挖土工作是靠钢索来操纵，其工作特点如下：

（1）支杆轻便，没有斗柄；

(2) 土斗用钢索悬挂在动臂上，挖土时土斗做朝向机身的运动，在工作循环中支杆的倾斜角不变。

索铲挖土机可以开挖大型基坑和沟渠，因土斗工作时强制力较小，故只能开挖软土(砂土、粉质黏土)，配合简易的排水方法即可开挖湿土。索铲挖土机大多将土弃在土堆上，也可以卸到运输工具上，但技术要求高、效率较低。与反向铲挖土机比较，它的挖土和卸土半径较大，因为操纵悬挂在钢索上的土斗困难较大，所以其开挖的基坑精确性也较差。

索铲挖土机开挖基坑时，也有沟端开行与沟侧开行两种方式。

4. 合瓣式挖土机开挖

合瓣式挖土机又称蟹斗或抓斗挖土机，如图 2 - 4 所示，它的工作装置由抓斗、工作钢索与支杆组成。

(1) 由两个夹板组成的抓斗，靠起升索和闭合索悬在支杆上，抓斗可在起升高度范围中的任何位置开闭其颚板。

(2) 工作钢索由起升索、闭合索和稳定索组成，稳定索是用于稳定土斗不游动。

(3) 支杆铰接于转台。

抓斗式挖土机挖土的特点是抓斗的起升索和闭合索可以独立工作，也可以同步工作。抓斗可以在基坑内任何位置上挖掘土方，并可以在任何高度卸土(装车或弃土堆)。在工作循环中，支杆的倾斜角不变。

图 2 - 4 合瓣式挖土机

抓斗挖土机用于开挖土坡较陡的基坑，可挖砂土、黏质粉土或水下淤泥等。当基坑需要水下开挖时，抓斗挖土机最为适合，而且可以装在简易机械上工作，故在工程中应用广泛。

2.3.2 土方运输方法

开挖基坑土方时，除了正确组织挖土工作面及运土道路外，对土方运输有两个基本要求：

(1) 必须保证连续供应运土工具，以保证挖土机的正常工作；

(2) 每个运输工具的容量必须不小于挖土机斗容量的3～4倍，因为小容量的运输工具容易引起挖土机停歇，增加道路堵塞，会使运输工具调动工作复杂化。

土方运输工具可用自卸汽车、拖拉机拖车、窄轨铁路翻斗车，此外还可用带式运输机及索铲挖土机调运土方。自卸汽车运输最适用于地下建筑工程，它有较大的载重幅度（25～400kN），机动性好，可以克服较陡的斜坡（在载重开行时，可用0.1坡度），而且允许有较小的道路转弯半径（12～14m）。但自卸汽车对道路有一定要求，如果在软土、松土或雨后的黏土道路上开行，则通行能力差。在不好的道路上，用大功率的履带式拖车来进行运输较合理。窄轨车用于大规模土方工程中。带式运输机用于大型挖方运土至填土处或弃土处，特别在地势起伏处敷设道路有困难时最为合适。索铲挖土机用于挖土运土距离不大的场合。

2.4 基坑边坡稳定计算

2.4.1 基坑边坡失稳的破坏形式和原因

大量计算和实际观测数据表明，基坑边坡破坏形式与土层的岩土性质、地面超载以及边坡形状等因素有密切关系。

1. 基坑边坡主要的破坏形式

(1) 沿近似圆弧的滑动面转动，这种破坏常常发生在较为均质的黏性土层中。

(2) 沿近乎平面的滑移，这种破坏常常发生在无黏性土层中。

2. 基坑边坡失稳的原因

土坡的失稳常常是在外界不利因素的影响下触发和加剧的，一般有如下几种原因可能导致边坡受力状态失去平衡。

1) 受荷

由于地震或临近基坑打桩、车辆行驶、爆破等原因，使得侧向水平压力增加，破坏了原来的应力平衡状态。

2) 土体抗剪强度降低

由于水的作用而发生风化、淋溶、矿物成分的变化，或当边坡暴露时，雨水和地面水渗入边坡，导致含水率增加、孔隙水压力上升、土体软化或发生蠕变，从而最终造成土体的抗剪强度逐渐降低。对于饱和砂性土，打桩、车辆行驶、爆破、地震等引起的振动常常导致砂土的液化，从而降低土体的抗剪强度。

3) 静水压力的作用

降雨或人为因素导致地下水位升高，增加了边坡的侧向静水压力。

2.4.2 基坑边坡稳定性计算

1. 无黏性土层放坡开挖基坑的稳定性分析

图 2-5 所示为一坡角为 β 的无黏性土边坡。假定所分析的边坡处于同类型土中，并认为这种土是均质的、无渗流土层。

由于无黏性土颗粒之间没有黏聚力，只有摩擦力，只要坡面不滑动，边坡即处于稳定状态。对于这类土构成的基坑边坡，其稳定性的平衡条件可由图 2-5 所示的力系来说明。

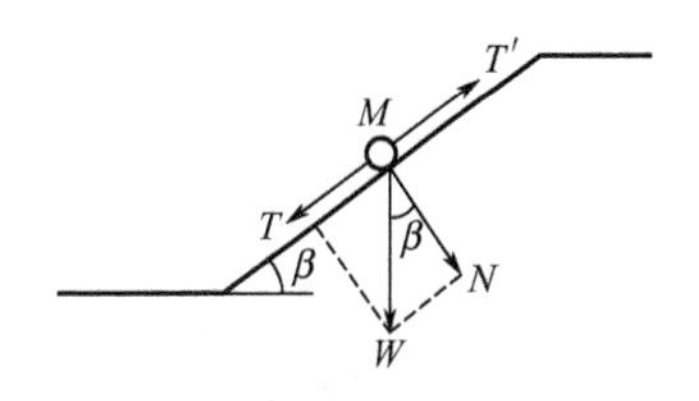

图 2-5 无黏性土边坡稳定性分析

设在斜坡上的土颗粒 M 其重量为 W，砂土的内摩擦角为 φ，则土颗粒重力垂直和平行于坡面方向的分力分别为

$$N=W\cos\beta \tag{2-1}$$

$$T=W\sin\beta \tag{2-2}$$

分力 T 将使土颗粒 M 向下滑动，是滑动力；而阻止土颗粒下滑的则是由垂直于坡面上的分力 N 所引起的摩擦力，其值为

$$T'=N\tan\varphi=W\cos\beta\tan\varphi \tag{2-3}$$

抗滑力和滑动力的比值称为稳定安全系数，用 K 表示，即

$$K=\frac{T'}{T}=\frac{W\cos\beta\tan\varphi}{W\sin\beta}=\frac{\tan\varphi}{\tan\beta} \tag{2-4}$$

由上式可见，当坡角与土的内摩擦角相等（$\beta=\varphi$）时，稳定安全系数 $K=1$，此时抗滑力等于滑动力，土坡处于极限状态。由此可知，土坡稳定的极限坡角等于砂土的内摩擦角 φ，特称之为自然休止角。在无黏性土层中放坡开挖基坑，边坡的稳定性只与坡角 β 有关，而与坡高 H 无关，只要满足 $\beta<\varphi$（即 $K>1$），土坡即处于稳定状态。工程上为使土坡具有一定的安全储备，常取安全系数 $K=1.1\sim1.5$。

2. 黏性土层放坡开挖基坑的稳定性分析

黏性土层的边坡由于剪切破坏产生滑移，其破坏面大多呈现圆簸形，为理论分析方便起见，通常近似假定为各种数学曲线，如圆弧面、对数螺旋形弧面等。在工程运用上，常常采用圆弧滑动面的假定，并且按平面问题进行分析。这里介绍目前运用最广泛的三种方法：①瑞典条分法（或称瑞典法）；②简化毕肖普法；③泰勒稳定数法。

1）瑞典条分法（或称瑞典法）

条分法最初是由瑞典工程师 W. 费伦纽斯（Fellenius，1927）提出的，这个方法虽然起初只是针对黏性土的，但具有普遍的意义，它不仅可以分析简单边坡，还可以分析比较复杂的情况，如土质不均匀的边坡等。这一方法为我国许多地区如上海等地的规范所采用。

采用条分法分析边坡稳定性时，一般选取垂直滑动方向 1m 宽圆弧，先按比例将边坡剖面绘出，然后任意选定一原点 O 和半径 R 作圆弧，以此作为假定的滑动面进行稳定性验算。将滑动面以上的土体等分为 n（通常取 $\frac{1}{10}R$）个土条。取出其中的第 i 条作为隔离体进行分析，如图 2-6 所示。作用在土条上的力有：土条的自重 W_i（包括作用在土条上的荷载，如地面超载、地震荷载等），作用在滑动面 ab（简化为直线段）上的法向反力 N_i 和剪切力 T_i，以及作用在土条侧面 ac 和 bd 上的法向力 P_i、P_{i+1} 和剪力 D_i、D_{i+1}。这些力系是高次超静定的，如不增加补充条件方程，仅由静力平衡方程是无法求得其解的。费伦纽斯假定 $P_i=P_{i+1}$ 和 $D_i=D_{i+1}$，这样作用在土条上的力仅有 W_i、N_i 和 T_i。

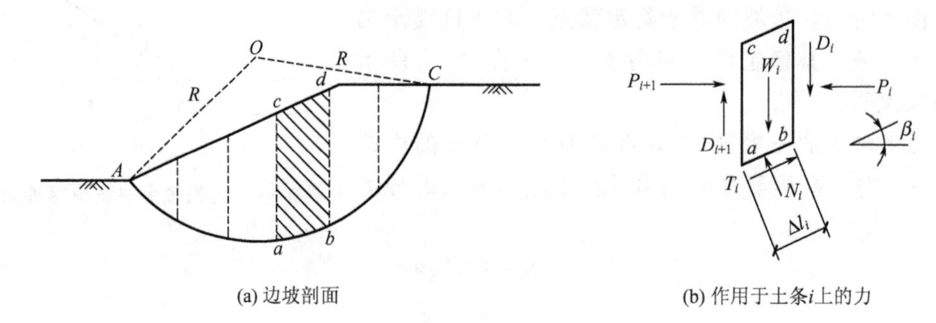

(a) 边坡剖面　　(b) 作用于土条i上的力

图 2-6　黏性土边坡的稳定性分析

根据隔离体的平衡条件得

$$N_i=W_i\cos\beta_i \tag{2-5}$$

$$T_i=W_i\sin\beta_i \tag{2-6}$$

作用在 ab 面上的单位反力为

$$\sigma_i=\frac{1}{\Delta l_i}\cdot N_i=\frac{1}{\Delta l_i}\cdot W_i\cos\beta_i \tag{2-7}$$

定义稳定性安全系数 K 为土体抗滑力矩与下滑力矩之比，即

$$K=\frac{M_{抗滑}}{M_{下滑}} \tag{2-8}$$

假定土条的内聚力和内摩擦角分别为 c_i 和 φ_i，则土条 ab 上的抵抗剪力为

$$\tau_i=c_i+\sigma_i\tan\varphi_i=c_i+\frac{1}{\Delta l_i}\cdot W_i\cos\beta_i\tan\varphi_i \tag{2-9}$$

所有土条相对于假定圆心 O 的抗滑力矩 $M_{抗滑}$ 为

$$M_{抗滑}=\sum\tau_i\cdot\Delta l_i\cdot R=R\sum(c_i\cdot\Delta l_i+W_i\cos\beta_i\tan\varphi_i) \tag{2-10}$$

由于 $x_i=R\sin\beta_i$，下滑力矩 $M_{下滑}$ 为

$$M_{下滑}=\sum W_i x_i=\sum W_i\cdot R\sin\beta_i=R\sum W_i\sin\beta_i \tag{2-11}$$

故边坡稳定性安全系数 K 为

$$K=\frac{\sum(c_i\cdot\Delta l_i+W_i\cos\beta_i\tan\varphi_i)}{\sum W_i\sin\beta_i} \tag{2-12}$$

由于每次计算的滑弧圆心是任意选定的，因此所选的滑动面不一定是最危险的滑动面。为了求得最危险滑动面，需要利用试算方法，即选择其他多个滑动圆心，按上述方法分别计算出它们的相应稳定性安全系数，其中最小安全系数所对应的滑动面就是最危险滑动面。理论上稳定边坡的最危险滑动面的安全系数必须大于 1。实际工程设计中，视工程的重要性一般取 1.1～1.5。通常这种试算方法的工作量很大，目前许多单位编制了计算机程序进行工作，可以使计算达到设计者要求的精度。

2）简化毕肖普法

和瑞典条分法一样，简化毕肖普（Bishop）法也是一种条分法，它也假定边坡滑动面为圆弧面，但另外考虑了土条间的作用力，即假定 $D_i=D_{i+1}$，但 $P_i\neq P_{i+1}$；同时还假定各土条的强度安全系数（土条滑动面上抗剪力与剪切力比值）等于滑弧整体安全系数（抗滑力矩与滑动力矩比值）。

根据第 i 土条在垂直方向上的静力平衡条件可得

$$W_i-T_i\sin\beta_i-N_i\cos\beta_i=0 \tag{2-13}$$

考虑到以下关系

$$T_i=\frac{\tau_i}{K}\cdot\Delta l_i=(c_i+\sigma_i\tan\varphi_i)\cdot\Delta l_i/K=\left(c_i+\frac{N_i}{\Delta l_i}\tan\varphi_i\right)\cdot\Delta l_i/K=(c_i\cdot\Delta l_i+N_i\tan\varphi_i)/K \tag{2-14}$$

可求得土条底部总法向反力为

$$N_i=\left(W_i-\frac{c_i\cdot\Delta l_i\cdot\sin\beta_i}{K}\right)\cdot\frac{1}{m_{\beta i}} \tag{2-15}$$

式中 $m_{\beta i}=\cos\beta_i+\dfrac{\tan\varphi_i\sin\beta_i}{K}$。

于是可求得所有土条相对于假定圆心 O 的抗滑力矩 $M_{抗滑}$ 和下滑力矩 $M_{下滑}$ 分别为

$$\begin{aligned}M_{抗滑}&=\sum T_i\cdot R=\frac{R}{K}\cdot\sum\left[c_i\cdot\Delta l_i+\left(W_i-\frac{c_i\cdot\Delta l_i\cdot\sin\beta_i}{K}\right)\cdot\frac{1}{m_{\beta i}}\cdot\tan\varphi_i\right]\\&=\frac{R}{K}\cdot\sum\frac{1}{m_{\beta i}}\cdot(c_i\cdot\Delta l_i\cdot\cos\beta_i+W_i\tan\varphi_i)\end{aligned} \tag{2-16}$$

$$M_{下滑}=\sum W_ix_i=\sum W_i\cdot R\sin\beta_i=R\sum W_i\sin\beta_i \tag{2-17}$$

根据边坡在极限平衡状态时，边坡各土条对圆心的力矩等于零，即 $M_{抗滑}=M_{下滑}$，可求得边坡稳定性安全系数为

$$K=\frac{\sum\frac{1}{m_{\beta i}}(c_i\cdot\Delta l_i\cdot\cos\beta_i+W_i\tan\varphi_i)}{\sum W_i\sin\beta_i} \tag{2-18}$$

由于上式中的 $m_{\beta i}$ 也含有安全系数 K，故而是一个迭代方程。在计算时，一般先假定 $K=1$，求出 $m_{\beta i}$，再求 K；然后将求得的 K 代入 $m_{\beta i}$ 中以求得新的 $m_{\beta i}$，再由上式求出 K；如此反复迭代，直到前后两次的 K 值很接近为止。这种计算工作目前也是通过编制计算机程序来完成，该方法目前在国内外应用也相当普遍。

3）泰勒稳定数法

尽管目前计算机程序已用于边坡稳定性分析，但现场工程师进行初步设计或对计算机计算结果进行粗略校核时，采用一些现成的图表会更加方便。稳定数法又称稳定图表法。自从泰勒（Taylor，1937）首次发表稳定图表以来，Bishop（1960）、Morgenstern（1983）、Spencer（1967）等人都制作了各种边坡的稳定图表。这里主要介绍泰勒稳定数法。

泰勒稳定数法是基于摩擦圆法提出来的。他假定边坡滑动面为圆弧面，半径为 R，另有摩擦圆和滑动圆弧同心，半径为 $R\sin\varphi$，在极限状态时，任何与摩擦圆相切的直线必和滑动圆弧的法线方向成 φ 角，因此任一表示土体单元反力的向量，如果与单元滑动面法线交成 φ 角，一定与摩擦圆相切，如图 2-7 所示。按照总应力法，并假定土体的内聚力 c 不随埋深变化，则对于某一给定的 φ 值，边坡的临界高度可表示为

$$H_c = N_s \cdot \frac{c}{\gamma} \tag{2-19}$$

式中 H_c——边坡临界高度（m）；

c——土体的内聚力（kN/m²）；

γ——土的重度（kN/m³）；

N_s——稳定数。

稳定数 N_s 是一个无量纲数，取决于边坡坡角 β 和内摩擦角 φ。泰勒将 N_s、β 和 φ 的关系绘制成图表，如图 2-8 所示。图中 β 变化范围为从 0°～90°，φ 变化范围为从 0°～25°。利用泰勒稳定数图表，可以解答简单边坡稳定的下列问题：

（1）已知坡角 β、土的内聚力 c、内摩擦角 φ 和土的重度 γ，求稳定的坡高 H_c；

（2）已知坡高 H_c、土的内聚力 c、内摩擦角 φ 和土的重度 γ，求稳定的坡角 β；

（3）已知坡高 H_c、坡角 β、土的内聚力 c、内摩擦角 φ 和土的重度 γ，求稳定安全系数 K。

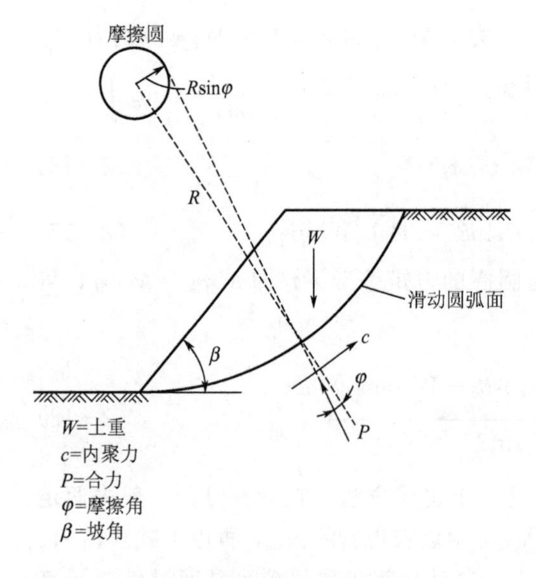

图 2-7 泰勒摩擦圆法

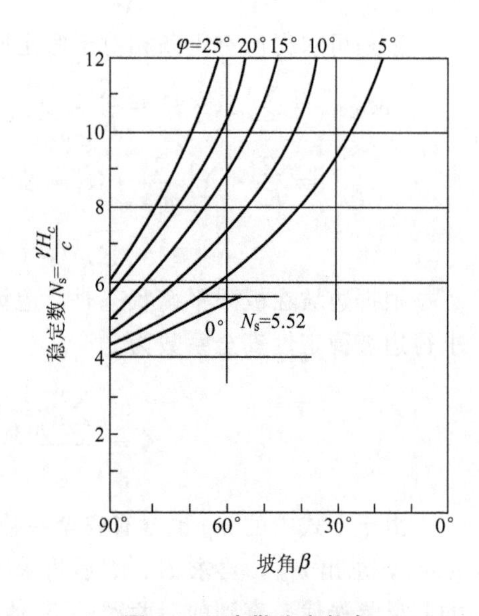

图 2-8 泰勒稳定数表

对于饱和软黏土，$\varphi=0$，泰勒给出了坡角 β 和稳定数 N_s 之间的关系，如图 2－9 所示。图中 η_d 为坚硬土层面离坡顶的距离与边坡高度之比，称为深度系数。

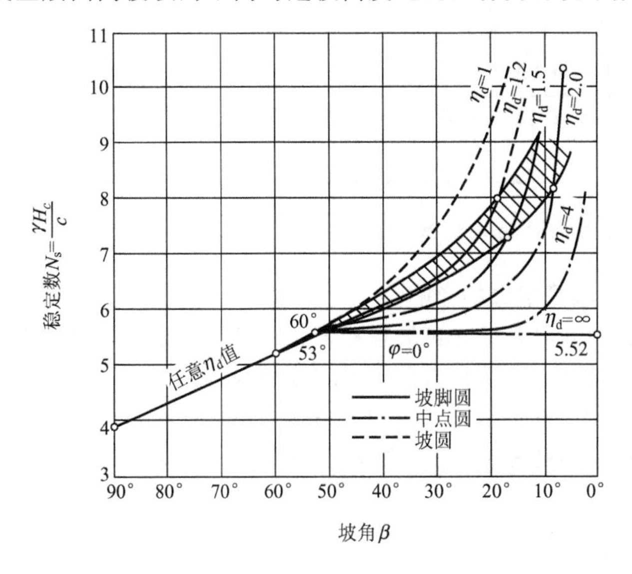

图 2－9　坡角与稳定数之间的关系

当坡角 $\beta>53°$时，滑动面通过坡脚，称为坡脚圆，在图表中为阴影线范围。

当坡角 $\beta<53°$时，滑动面可能通过坡脚并和坚硬土层相切，称为坡圆；也可能是滑动圆弧中心 O 在通过坡面中点的垂线上，称为中点圆，中点圆在坑底某一深度处与坚硬土层相切。

3. 不需进行稳定性验算的基坑边坡高度和坡度

基坑放坡大开挖需通过边坡稳定分析来设计边坡高度和坡度。但对于边坡坡高较小的简单边坡，可以根据当地经验参照同类土体的稳定坡高和坡度值加以确定。当土体较为均匀以及坡顶无堆积荷载以及坡底无地下水，若当地无经验，放坡坡高和坡度可采用如表 2－1 所列的值。

表 2－1　土质边坡允许坡高和坡度

土层类别	土的状态	坡高允许值/m	坡高（高宽比）允许值	土层类别	土的状态	坡高允许值/m	坡高（高宽比）允许值
人工填土	中密以上	5	1∶(1.00～1.50)	粉土	灵敏度≤5	5	1∶(1.00～1.25)
黏性土	坚硬	6	1∶(0.50～1.00)	碎石土	密实	6	1∶(0.40～0.50)
	硬塑	5	1∶(0.80～1.25)		中密	5	1∶(0.50～0.75)
	可塑	5	1∶(1.00～1.50)		稍密	5	1∶(0.75～1.00)

注：表中碎石土的充填物为坚硬或硬塑状态的黏性土。

在无地下水的情况下，各种软土直立开槽的容许深度可以参考表 2－2 的值。

表 2-2 无地下水时直立开槽的允许高度

土层类别	坡高允许值/m
密实、中密的砂土和碎石类石（充填物为砂土）	1.00
硬塑、可塑的黏质粉土及粉质黏土	1.25
硬塑、可塑的黏性土和碎石类石（充填物为黏性土）	1.50
坚硬的黏性土	2.00

4. 考虑各种影响因素时的基坑边坡稳定性分析

1）坡顶超载对边坡稳定性的影响

当进行基坑开挖时，经常会遇到坡顶堆置建筑材料、施工机械或在坡顶行驶载重车辆的情况，此时进行边坡稳定性分析必须考虑坡顶超载的因素。

对于无黏性土边坡，理论上，由于坡顶超载和土颗粒自重一样，同比例地增加土的抗滑力和下滑力，故而对边坡稳定性没有影响。在实际工程中，可以适当减缓放坡坡度，以增加安全储备。

对于黏性土边坡，可以采用前述条分法，计算时应将各种静止超载设为 Q，分摊到相应土条上即为 Q_i。此时按瑞典条分法，边坡稳定性安全系数 K 为

$$K=\frac{\sum[c_i\cdot\Delta l_i+(W_i+Q_i)\cos\beta_i\tan\varphi_i]}{\sum(W_i+Q_i)\sin\beta_i} \tag{2-20}$$

按简化毕肖普法，边坡稳定性安全系数 K 为

$$K=\frac{\sum\frac{1}{m_{\beta i}}[c_i\cdot\Delta l_i\cdot\cos\beta_i+(W_i+Q_i)\tan\varphi_i]}{\sum(W_i+Q_i)\sin\beta_i} \tag{2-21}$$

如果超载为动载（如行驶车辆），应在超载上乘以一动载系数 K_D，各相应土条的超载为 K_DQ_i，则按瑞典条分法，边坡稳定性安全系数 K 为

$$K=\frac{\sum[c_i\cdot\Delta l_i+(W_i+K_DQ_i)\cos\beta_i\tan\varphi_i]}{\sum(W_i+K_DQ_i)\sin\beta_i} \tag{2-22}$$

按简化毕肖普法，边坡稳定性安全系数 K 为

$$K=\frac{\sum\frac{1}{m_{\beta i}}[c_i\cdot\Delta l_i\cdot\cos\beta_i+(W_i+K_DQ_i)\tan\varphi_i]}{\sum(W_i+K_DQ_i)\sin\beta_i} \tag{2-23}$$

2）浮力和渗流力对边坡稳定性的影响

当基坑边坡浸水后，在浸润线（或水位线）以下的土体，会受到水的浮力（静水压力）和渗流力（动水压力）的作用，而抗剪强度指标也会下降。这些都会影响基坑边坡的稳定性，分析时必须引起注意。对于土体浸水导致抗剪强度指标下降的情况这里暂不做讨论，下面主要介绍基坑边坡稳定性分析中如何考虑浮力和渗流力影响的方法。

在静水位条件下，各土条周围的孔隙水压力的合力（即浮力）与其浸水部分体积的水重必定取得平衡。此时的稳定性分析，只要将浸水部分采用浮重度来计算土的自重即可。

当基坑内、外出现水位差时，就会产生渗流力。浸润线（水力坡降线）以下的部分除

受到浮力作用外，还受到渗流力的作用。若坑内的水位突然降落，则渗流力指向基坑，这对基坑边坡稳定最为不利。渗流力的精确计算通常采用绘制流网的方法求得，但很复杂。工程上一般采用滑动土体周界上的水压力及其浸水部分体积的水重来代替渗流力的作用。

3）地震力和其他振动力对边坡稳定性的影响

由于基坑工程为施工临时措施，一般不考虑地震力的作用，或通过适当加大土坡稳定性安全系数 K 加以考虑。但对于重要建筑物附近的基坑，如采用放坡开挖，需要验算地震力对边坡稳定性的影响。地震作用力分为竖向和水平两种。一般竖向地震力比水平地震力小得多，故在基坑边坡稳定性计算时，只考虑水平地震力的影响。

计算时，地震力荷载作为一个与滑动方向一致的水平力施加于每一土条上，其值为

$$P_{ei}=kW_i \tag{2-24}$$

式中 P_{ei}——第 i 土条的地震力荷载。

k——地震系数，$k=\dfrac{a}{g}$，其中 a 为地震水平加速度，g 为重力加速度。当地震设计烈度为 7 度时，$k=\dfrac{1}{40}$；8 度时，$k=\dfrac{1}{20}$；9 度时，$k=\dfrac{1}{10}$。

采用瑞典条分法，边坡稳定性安全系数 K 为

$$K=\frac{\sum(c_i\cdot\Delta l_i+W_i\cos\beta_i\tan\varphi_i)}{\sum\left(W_i\sin\beta_i+k\cdot W_i\cdot\dfrac{h_i}{R}\right)} \tag{2-25}$$

式中 h_i——第 i 土条相对于滑动面圆心 O 点的力臂。

一般来说，振动周期短、振动频率高的振动荷载对边坡的影响很小，因为土体对振动加载的反应还未发生，振动就已停止。由于打桩或爆破引起的振动荷载属于振动周期短、振动频率高的振动荷载，只要排水良好，防止出现超孔隙水压力和土体液化，在实际设计中可以不考虑其影响。

5. 土体参数的选用

基坑边坡稳定性计算，需要知道土体重度 γ、滑动面上的抗剪强度指标 c 及 φ 等岩土参数。岩土参数需根据基坑实际工况，结合试验结果确定。

基坑大开挖边坡的稳定性分析有两种情况，即短期稳定性分析和长期稳定性分析。短期稳定性分析一般为针对基坑开挖后较短时间内的稳定性验算，此时土体处于不排水卸载的工况下，理论上进行边坡稳定性验算时可以采用总应力法，也可以采用有效应力法。由于不容易确定孔隙水压力的分布，所以采用总应力法更方便。前述关于黏土边坡稳定性计算公式都是基于总应力方法推导出来的，此时土体强度指标采用快剪强度指标。对于基坑开挖后暴露时间较长的情况，除了要验算基坑边坡的短期稳定性外，还要验算基坑边坡的长期稳定性，这时需要考虑孔隙水压力消散与土体固结的影响。验算稳定性时一般采用有效应力法，此时土的强度指标采用固结快剪指标。对于具有明显流变特性的土层，还需考虑土体蠕变的因素，此时通常选用长期强度指标。这里介绍采用有效应力分析基坑边坡稳定性的方法。

采用有效应力表示土体抗剪强度，有

$$\tau_i = c_i + \sigma_i' \tan\varphi_i = c_i + (\sigma_i - u_i)\tan\varphi_i$$
$$= c_i + \left(\frac{1}{\Delta l_i} \cdot W_i \cos\beta_i - u_i\right)\tan\varphi_i \qquad (2-26)$$

如采用瑞典条分法，可得

$$K = \frac{\sum [c_i \cdot \Delta l_i + (W_i \cos\beta_i - u_i \cdot \Delta l_i)\tan\varphi_i]}{\sum W_i \sin\beta_i} \qquad (2-27)$$

如采用简化毕肖普条分法，则可得

$$K = \frac{\sum \frac{1}{m_{\beta i}} [c_i \cdot \Delta l_i \cdot \cos\beta_i + (W_i - u_i \cdot \Delta l_i \cdot \cos\beta_i)\tan\varphi_i]}{\sum W_i \sin\beta_i} \qquad (2-28)$$

式中　σ_i'——第 i 土条所受的有效应力；

u_i——第 i 土条所受的孔隙水压力。

6. 基坑边坡安全系数的取值

基坑边坡稳定性安全系数的取值与所采用的方法相联系，对于同一基坑边坡，不同的计算方法所得的稳定性安全系数通常是不一样的，因此不同的计算方法所对应的安全系数取值标准也不一样，目前可以参看 JGJ 120—2012《建筑基坑支护技术规程》、GB 50330—2013《建筑边坡工程技术规范》、GB 50007—2011《建筑地基基础设计规范》、DGJ08 - 11—2010《上海市地基基础设计规范》与 DL/T 5395—2007《碾压式土石坝设计规范》等规范。

2.5 基坑边坡失稳防治

2.5.1 大开挖基坑土方开挖注意事项

由于种种原因，常常出现施工工况和原设计条件不符的情况，或者设计中难以考虑周全的情况，此时必须对基坑边坡重新验算。如果安全度不足，应采取相应的补救措施。施工过程中应注意以下事项：

(1) 不要在已开挖的基坑边坡的影响范围内进行动力打桩或静力压桩的施工活动，如必须打桩，应对边坡削坡和减载，打桩采用重锤低击、间隔跳打；

(2) 不要在基坑边坡顶堆加过重荷载，若需在坡顶堆载或行驶车辆时，必须对边坡稳定性进行核算，控制堆载指标；

(3) 施工组织设计应有利于维持基坑边坡稳定，如土方出土，宜从已开挖部分向未开挖方向后退，不宜沿已开挖边坡顶部出土，应按由上至下的开挖顺序，不得先切除坡脚；

(4) 注意地表水的合理排放，防止地表水流入基坑或渗入边坡；

(5) 采用井点等排水措施，降低地下水位；

（6）注意现场观测，发现边坡失稳先兆（如产生裂纹）时应立即停止施工，并采取有效措施，提高施工边坡的稳定性，待符合安全度要求时方可继续施工。

2.5.2 基坑边坡失稳的防治措施

1. 修坡

修坡是指改变边坡外形，将边坡修缓或修成台阶形，如图 2－10 所示。这种方法的目的是减少基坑边坡的下滑重量，因此必须结合在坡顶卸载（包括卸土）才更有效果。

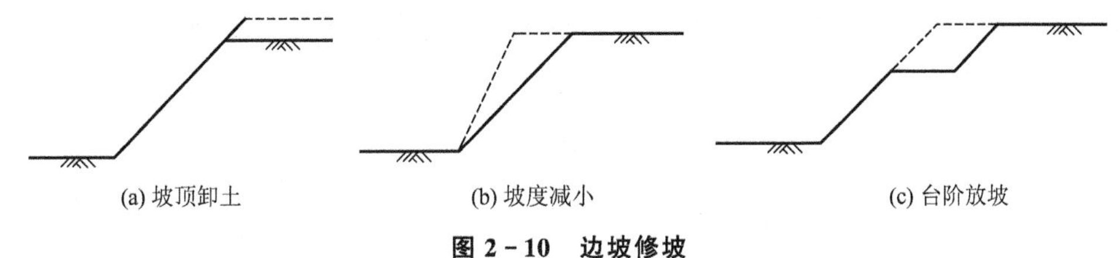

图 2－10 边坡修坡

2. 设置边坡护面

设置基坑边坡混凝土护面的目的是控制地表排水经裂缝渗入边坡内部，从而减少因为水的因素导致土体软化和孔隙水压力上升的可能性，如图 2－11 所示。护面可以做成 10cm 混凝土面层。为增加边坡护面的抗裂强度，内部可以配置一定的构造钢筋（如 ϕ6@300）。

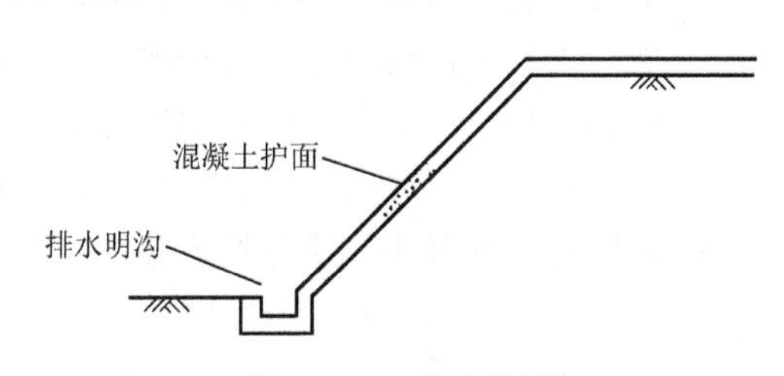

图 2－11 边坡护面

3. 边坡坡脚抗滑加固

当基坑开挖深度大，而边坡又因场地限制不能继续放缓时，可以考虑对边坡抗滑范围的土层进行加固，如图 2－12 所示。采用的方法有设置抗滑桩、旋喷法、分层注浆法、深层搅拌法等。采用这类方法的时候，必须注意加固区应穿过滑动面并在滑动面两侧保持一定范围。一般对于混凝土抗滑桩，此范围应大于 5 倍桩径。

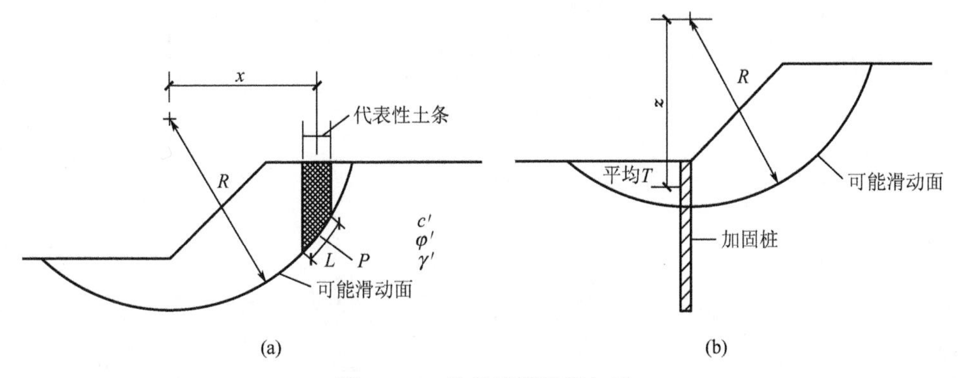

图 2－12 边坡坡脚抗滑加固

本章小结

在场地条件允许的情况下，基坑采用大开挖方式进行施工是最经济合理的方法。通过本章学习，可以加深对大开挖基坑工程在开挖方法、土方运输、开挖机械、基坑边坡稳定性分析与失稳防治措施等方面的理解，具备编制大开挖基坑工程施工方案与组织现场施工的初步能力。

思考题

1. 什么是大开挖基坑工程？
2. 基坑放坡开挖有哪些方法？各有何特点？
3. 大机械放坡开挖有哪些常用的开挖方法与机械？
4. 基坑边坡失稳有哪些形式？其失稳的原因是什么？
5. 黏性土基坑边坡稳定性分析的方法有哪些？
6. 瑞典条分法与简化毕肖普法有什么区别？
7. 作基坑边坡稳定性分析时土体参数如何选用？边坡的安全系数如何取值？
8. 基坑边坡有哪些失稳防治措施？

第3章

深基坑工程施工

教学目标

本章主要讲述深基坑工程施工的基本理论和方法。通过学习应达到以下目标：

(1) 掌握深基坑开挖土方施工；

(2) 熟悉各种类型的基坑支护的施工。

教学要求

知识要点	能力要求	相关知识
基坑围护结构	(1) 熟悉基坑围护结构的类型； (2) 掌握围护结构的选型	(1) 各类基坑围护结构的特点； (2) 基坑围护结构的选择
深基坑土方施工	(1) 熟悉基坑土方开挖施工组织设计； (2) 掌握基坑土方施工开挖方法	(1) 基坑土方开挖施工组织设计； (2) 土方开挖的分类和开挖顺序； (3) 基坑土方开挖施工应注意的问题
各类型基坑支护方式与施工	(1) 熟悉锚杆与土钉墙施工； (2) 熟悉水泥重力围护墙施工； (3) 熟悉排桩施工； (4) 熟悉型钢水泥土搅拌墙； (5) 熟悉钢板桩与钢筋混凝土板桩施工； (6) 熟悉内支承系统施工； (7) 熟悉旋喷桩施工	(1) 各类基坑支护的构造和选择； (2) 各类基坑支护的施工方法和注意事项

基本概念

深基坑开挖；基坑围护；深基坑土方施工；深基坑各类支护；支护施工方法

引例

深基坑支护是指为保证地下结构施工及基坑周边环境的安全，对深基坑侧壁及周边环境采用的支挡、加固与保护措施。各种类型的深基坑支护方式与施工方法是本章的教学要点。

某工程于2000年9月开始基坑开挖，同年年底完成桩基础施工。因各种原因，时隔近一年才进行后续施工。2001年9月复工前，局部未进行桩、墙护壁的基坑出现了坍塌，在基坑顶部地面出现直线型裂缝，裂缝总长约60余米，距基坑边缘1.5～3.0m。基坑需支护的部位为弧形、直线形两段，总长68m，其中弧形段长度42m，直线形段长度26m，基坑底标高为−13.4m。基坑开挖的放坡宽度为1.8m，现经开挖后坍塌，目前在－8m处以上较为严重。相应的支护工程主要有三项要求：①支护工程施工要与基坑内承台施工同时进行，但前提是不能影响承台施工；②支护工程的施工必须确保本身及承台地下两层的施工安全，并保证土方不再出现新的坍塌（包括小面积的坍塌）；③施工速度要快，且经济节约。

3.1 概　　述

基坑工程是一个古老而又有时代特点的岩土工程课题。在20世纪30年代，Terzaghi等人已开始研究基坑工程中的岩土工程问题。在以后的时间里，世界各国的许多学者都投身到这个领域，并不断取得丰硕的成果。我国对基坑工程进行较广泛的研究始于20世纪80年代初，那时我国的改革开放方兴未艾，基本建设如火如荼，高层建筑不断涌现，开挖深度不断增加，特别是自90年代以来，大多数城市都进入了大规模的旧城市改造阶段，在繁华的市区内进行深基坑开挖，给这一古老课题提出了新的要求，并促进了深基坑开挖技术的研究与发展，产生了许多先进的设计计算方法与施工工艺。

3.2 基坑围护结构选型

3.2.1 围护结构的类型

基坑的围护结构主要承受基坑开挖卸荷所产生的土、水压力，并将此压力传递到支撑，是稳定基坑的一种临时性支挡结构。相关的围护结构可归纳为以下6种，如图3－1所示。

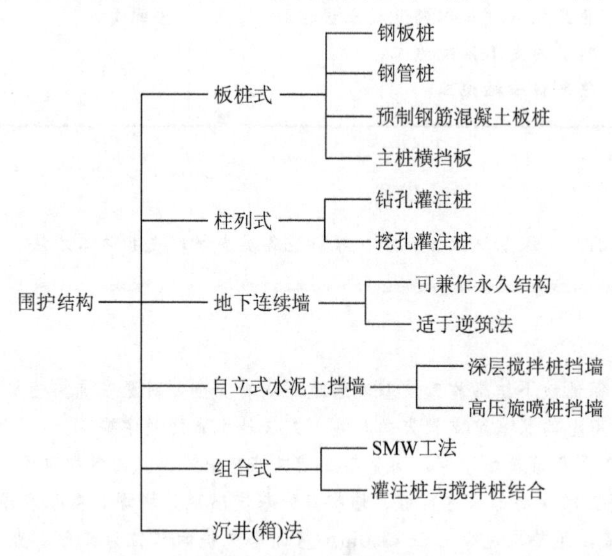

图3－1　围护结构类型

以上分类的围护结构特点见表 3-1。

表 3-1 各类围护结构的特点

类型	形式	特点
板桩式	钢板桩	(1) 钢板桩系工厂成品，强度、品质、接缝精度等有质量保证，可靠性高； (2) 具有耐久性，可回拔修正再行使用； (3) 与多道钢支撑结合，适合软土地区的较深基坑； (4) 施工方便、工期短； (5) 施工中须注意接头防水，以防止桩缝水土流失所引起的地层塌陷及失稳问题； (6) 钢板桩刚度比排桩和地下连续墙小，开挖后挠度变形较大； (7) 打拔桩振动噪声大，容易引起土体移动，导致周围地基较大沉陷
	钢管桩	(1) 承载力大，抗横向力强，能承受较大的冲击力，穿透和贯入性能优越； (2) 设计的灵活性大，桩长易调节； (3) 接缝安全； (4) 管桩与上部结构容易结合； (5) 施工扰动较小，适合于快速施工，相对而言可节省工程费用
	预制钢筋混凝土板桩	(1) 施工方便、快捷，造价低，工期短； (2) 可与主体结构结合； (3) 打桩振动及挤土对周围环境影响较大，不适合在建筑密集城市市区使用； (4) 接头防水性差； (5) 不适合在硬土层中施工
	主桩横挡板	(1) 施工方便、造价低，适合开挖宽度较窄、深度较浅的市政排管工程； (2) 止水性较差，软弱地基施工容易产生坑底隆起和覆土后的沉降； (3) 容易引起周围地基沉降
柱列式	钻孔灌注桩	(1) 噪声低、振动小，刚度较大，就地浇制施工，对周围环境影响小； (2) 适合软弱地层，接头防水性差，要根据地质条件从注浆、搅拌桩、旋喷桩等方法中选用适当方法解决防水问题； (3) 在砂砾层和卵石中施工慎用； (4) 整体刚度较差，不适合兼作主体结构； (5) 桩质量取决于施工工艺及施工技术水平，施工时需做排污处理
	挖孔灌注桩	(1) 施工方便、造价较低廉，成桩质量容易保证； (2) 施工、劳动保护条件较差； (3) 不能用于地下水位以下不稳定地层
地下连续墙		(1) 施工噪声低、振动小，就地浇制，墙接头止水效果较好、整体刚度大，对周围环境影响小； (2) 适合于软弱地层和建筑设施密集城市市区的深基坑； (3) 墙接头构造有刚性和柔性两种类型，并有多种形式，高质量的刚性接头的地下连续墙可作永久性结构，还可施工成 T 形、Π 形等，以增加抗弯刚度作自立式结构； (4) 施工的基坑范围可达基地红线，可提高基地建筑物的使用面积，若建筑物工期紧、施工场地小，可将地下连续墙作主体结构并可采用逆筑法、半逆筑法施工； (5) 泥浆处理、水下钢筋混凝土浇制的施工工艺较复杂，造价较高； (6) 为保证地下连续墙质量，要求较高的施工技术和管理水平

（续）

类　　型	形　　式	特　　点
自立式水泥土挡墙	深层搅拌桩挡墙	（1）适合于软土地区、环境保护要求不高、深度≤7m 的基坑工程； （2）施工噪声低、振动小，结构止水性较好，造价经济； （3）护挡墙较宽，一般需 3～4m，需占用基地红线内一部分面积
	高压旋喷桩挡墙	（1）适合于软土地区环境要求不很高的挖深≤7m 的基坑； （2）施工噪声低、振动小，对周围环境影响小，止水性好； （3）如做自立式水泥土挡墙，墙体较厚，需占用基坑红线内一部分面积； （4）施工需做排污处理，工艺复杂，造价高； （5）作为围护结构的止水加固措施，旋喷桩深度可达 30m
组合式	SMW 工法	（1）噪声低，对周围环境影响小； （2）结构止水性好、强度可靠，适合于各种土层，配以多道支撑，可适用于深基坑； （3）此施工方法在一定条件下可取代作为围护的地下连续墙，具有较大的发展前景
	灌注桩与搅拌桩结合	（1）灌注桩作受力结构，搅拌桩作止水结构； （2）适用于软弱地层中的挖深≤12m 的深基坑，当开挖深度超过 12m 且地层可能发生流砂时要慎用； （3）施工噪声低、振动小，施工方便，造价经济，止水效果较好； （4）搅拌桩与灌注桩结合可形成连拱形结构，搅拌桩作受力拱，灌注桩作支承拱脚，沿灌注桩竖向设置数道适量的支撑，这种组合式结构可因地制宜取得较好的技术经济效果
沉井法		（1）施工占地面积小，挖土量少； （2）应用于工程用地与环境条件受到限制或埋深较大的地下构筑施工中； （3）沉井施工只要措施选择恰当、技术先进，可适用于环境保护要求较高和地质条件较差的基坑工程

3.2.2　围护结构的选型

我国幅员辽阔，对于围护结构的施工工艺各地做法不一，有传统的，也有引进国外技术结合当地情况改进的。如何合理地选择围护结构的类型，应根据地质情况、周围环境要求、工程功能、当地的常用施工工艺设备以及经济技术条件综合考虑，因地制宜地做出选择。表 3 - 2 所列为目前对于我国不同开挖深度、不同地质环境条件下的围护结构方案的归纳，可作为围护方案选型的参考。

表 3-2 我国基坑工程围护结构类型的选择方案

开挖深度	我国沿海软土地区软弱土层，地下水位较高情况	我国西北、西南、华南、华北、东北地区地质条件较好，地下水位较低情况
≤6m （一层地下室）	方案1：搅拌桩（格构式）挡土墙。 方案2：灌注桩后加搅拌桩或旋喷桩止水，设一道支撑。 方案3：环境允许，打设钢板桩或预制混凝土板桩，设1～2道支撑。 方案4：对于狭长的排管工程，采用主柱横挡板或打设钢板桩加设支撑	方案1：场地允许可放坡开挖。 方案2：以挖孔灌注桩或钻孔灌注桩做成悬臂式挡墙，需要时也可设一道拉锚或锚杆。 方案3：土层适于打桩同时环境又允许打桩时，可打设钢板桩
6～11m （二层地下室）	方案1：灌注桩后加搅拌桩或旋喷桩止水，设1～2道支撑。 方案2：对于要求围护结构作永久结构的，可采用设支撑的地下连续墙。 方案3：环境条件允许时，可打设钢板桩，设2～3道支撑。 方案4：可应用SMW工法。 方案5：对于较长的排管工程，可采用打设钢板桩，设3～4道支撑，或灌注桩后加必要的降水帷幕，设3～4道支撑	方案1：挖孔灌注桩或钻孔灌注桩加锚杆或内支撑。 方案2：钢板桩支护并设数道拉锚。 方案3：较陡的放坡开挖，坡面用喷锚混凝土及锚杆支护，也可用土钉墙
11～14m （三层地下室）	方案1：灌注桩后加搅拌桩或旋喷桩止水，设3～4道支撑。 方案2：对于环境要求高的，或要求围护结构兼作永久结构的，采用设支撑的地下连续墙；可逆筑法、半逆筑法施工。 方案3：可应用SMW工法。 方案4：对于特种地下构筑物，在一定条件下可采用沉井（箱）法	方案1：挖孔灌注桩或钻孔灌注桩加锚杆或内支撑。 方案2：局部地区地质条件差，环境要求高的可采用地下连续墙作临时围护结构，也可兼作永久结构，采用顺筑法或逆筑法、半逆筑法施工。 方案3：可研究应用SMW工法
>14m （四层以上地下室或特种结构）	方案1：有支撑的地下连续墙作临时围护结构，也可兼作主体结构，采用顺筑法或逆筑法、半逆筑法施工。 方案2：对于特殊地下构筑物，特殊情况下可采用沉井（箱）法	方案1：在有经验、有工程实例前提下，可采用挖孔灌注桩或钻孔灌注桩加锚杆或内支撑。 方案2：围护结构，也可兼作永久结构，采用顺筑法或逆筑法、半逆筑法施工。 方案3：可应用SMW工法

3.3 深基坑土方施工

土方开挖是深基坑工程施工的关键工序，必须严格按照围护结构设计的要求及施工组织设计内容进行精心准备、精心组织施工。

3.3.1 基坑土方开挖施工组织设计

深基坑工程的土方开挖施工组织设计是施工承包单位用以直接指导现场施工活动的技术经济文件，它是基坑开挖前必须具备的。在施工组织设计中，应根据工程的具体特点、建设要求、施工条件和施工管理要求，选择合理的施工方案，制订施工进度计划，规划施工现场平面布置，组织施工技术物资供应，以降低工程成本，保证工程质量和施工安全。

在制订基坑开挖施工组织设计前，应该认真研究工程场地的工程地质和水文地质条件、气象资料、场地内和邻近地区地下管线图和有关资料，以及邻近建筑物、构筑物的结构、基础情况等。深基坑开挖工程的施工组织设计内容，一般包括如下方面。

1. 开挖机械的选择

除很小的基坑外，一般基坑开挖均优先采用机械开挖方案。目前基坑工程中常用的挖土机械较多，有推土机、铲运机、正铲挖土机以及反铲、拉铲、抓铲挖土机等，前三种机械适用于土的含水率较小且基坑较浅时，而后三种机械则适用于土质松软、地下水位较高或不进行降水的较深大基坑，或者是在施工方案比较复杂时采用，如用于逆作法施工等。总之，挖土机械的选择应考虑到地基土的性质、工程量的大小、挖土机和运输设备的行驶条件等。

2. 开挖程序的确定

较浅基坑可以一次开挖到底，较深大的基坑则一般采用分层开挖方案，每次开挖深度可结合支撑位置来确定，挖土进度应根据预估位移速率及气候情况来确定，并在实际开挖后进行调整。为保持基坑底土体的原状结构，应根据土体情况和挖土机械类型，在坑底以上保留 15～30cm 土层由人工挖除。

3. 施工现场的平面布置

基坑工程往往面临施工现场狭窄而基坑周边堆载又要严格控制的难题，因此必须根据有限场地对装土运土及材料进场的交通路线、施工机械放置、材料堆场、工地办公以及食宿生活场所等进行全面规划。

4. 降、排水措施及冬季、雨季、汛期施工措施的拟定

当地下水位较高且土体的渗透系数较大时，应进行井点降水，可采用轻型井点、喷射井点、电渗井点、深井井点等，具体根据降水深度要求、土体渗透系数及邻近建构物和管

线情况选用。排水措施在基坑开挖中的作用也比较重要，设置得当，可有效防止雨水浸透土层而降低土体的强度。

5. 合理施工监测计划的拟订

施工监测计划是基坑开挖施工组织计划的重要组成部分，从工程实践来看，凡是在基坑施工过程中进行了详细监测的工程，其失事率都远小于未进行监测的基坑工程。

6. 合理应急措施的拟定

为预防在基坑开挖过程中出现意外，应事先对工程进展情况进行预估，并制定可行的应急措施，做到防患于未然。

3.3.2 土方施工前准备工作

(1) 根据施工组织设计提出的计划，组织所需进场的材料、设备、供电、供水和技术人工等；下达施工进度计划，按照图纸和施工组织设计要求向技术人员和工人进行技术和安全交底；进行场地平整，清除地上和地下障碍，做好测量放线与检查复核工作，做好防洪、降水、排水施工。

(2) 做好开工前的准备工作检查。包括检查所有材料、设备、运输工具、水、电进场情况和施工人员就位情况；检查场地测量标高、水准点设置，复核基坑开挖放线；检查弃土地点是否准备就绪，运输线路是否畅通；检查坑内外降排水设施安装是否就绪，排水渠道是否畅通，井点降水和回灌系统要经过试抽试灌，检查其运转是否正常；检查围护结构是否达到预定强度，支撑系统是否准备就绪，场地周围建筑物、构筑物、管线、道路是否加固完毕；检查可能发生事故的应急措施是否准备就绪；检查施工监测系统是否准备就绪等。

3.3.3 土方开挖的分类

基坑土方开挖形式，大体可分为放坡开挖与挡土开挖；开挖方法，可分为人工开挖与机械开挖，排水开挖与不排水开挖等。采用哪种形式和方法，要视基坑的深浅，围护结构的形式，地基土的岩性，地下水位及渗水量，开挖设备及场地大小，周围建筑物、构筑物情况等条件来综合决定。

1. 放坡开挖

放坡开挖是基坑土方开挖常用的一种形式，其优点是施工方便、造价较低，适应于硬质、可塑性黏土和良好的砂性土，基坑深度一般小于5m，并需要有效的排水措施。

在黏性土、砂性土的地基中放坡开挖还要处理好地下水和地面排水，要视情况采取坑外或坑内降水、回灌措施。如在坑内采用多级井点降水时，井管布置需设台阶，宽度一般不宜小于1.5m，以保证边坡稳定。边坡斜面高度一般在5m之内，超过这个高度则必须采用分层分段开挖，且应分别设平台，其宽度一般为2～3m。若采用机械开挖，则应留有足够的坡道。

边坡表面要采取保护措施，确保不被雨水冲刷，减少雨水渗入土体而降低边坡强度。通常可采用在土坡表面抹一层钢丝网水泥砂浆或喷射砂浆，或铺设薄膜塑料等进行保护。降雨时，土体含水率将有所变化，时常会发生涌水，从边坡的某个部位冒出来，因此在采用砂浆或塑料保护时，应在边坡设置排水孔，排水孔的末端应设滤水层以防混浊水流出。当有混浊水流出时，就是斜面开始崩坏或发生其他破坏的前兆，应引起特别注意。在坡顶外1m左右要挖排水沟或筑挡水土堤，坑内设排水沟和集水井，用水泵抽除积水。

2. 挡土开挖

挡土开挖是在建筑物密集的场地或深度在5m以上基坑的常见开挖方法。其方法是先在挡土围护结构之间采用单层或多层支撑系统，或采用拉锚结构，以增强围护结构的稳定性。它的优点是占地面积小，比较安全可靠，适用范围广。放坡开挖要受土质条件和基坑深度等因素的影响。挡土开挖即使在很软弱的土层中或很深的基坑工程中也可以使用，但这种方法造价高，工期较长。有挡土围护结构的基坑土方开挖时，有时间与空间效应问题，因此要因地制宜选择好开挖方法，安排好开挖顺序。

3.3.4 土方开挖的方式与顺序

基坑开挖应重视时空效应问题，要根据基坑面积大小、围护结构形式、开挖深度和工程环境条件等因素而定，大体有四种方式：分层开挖、分段开挖、盆式开挖和中心岛开挖。

1. 分层开挖

这种方式在我国应用较为广泛，一般适用于基坑较深，且不允许分块分段施工混凝土垫层或土质较软弱的基坑。分层开挖，整体浇灌混凝土垫层和基础，分层厚度要视土质情况进行稳定性计算，以确保在开挖过程中土体不滑移、桩基不位移倾斜，分层厚度一般要求软土地基控制在2m以内，硬质土控制在5m以内为宜。开挖顺序也视工作面与土质情况而定，可从基坑的某一端向另一端平行开挖，也可以从基坑两端对称开挖，也可从基坑中间向两端平行对称开挖，也可交替分层开挖。最后一层土开挖后，应立即浇灌混凝土垫层，避免基底土暴露时间过长。开挖方法，可采用人工开挖或机械开挖。挖运土方方法应根据工程具体条件、开挖方式方法以及挖运土方机械设备综合确定。

2. 分段开挖

分段分块开挖是基坑开挖中常见的一种挖土方式，特别是在基坑周围环境复杂、土质较差，或基坑开挖深浅不一，或基坑平面不规则等情况下，为了加快支撑的形成、减少时效影响，可采用这种方式。分段与分块大小、位置和开挖顺序要根据开挖场地工作面条件、地下室平面与深浅和施工工期等要求决定。分块开挖，即开挖一块，便施工一块混凝土垫层或基础，必要时可在已封底的基底与围护结构之间加斜撑。土质较差的要在开挖面放坡，坡度视土质情况而定，以防开挖面滑坡。在挖某一块土时，在靠近围护结构处可先挖一至二层土，然后留一定宽度和深度的被动土区，待被动土区外的基坑浇灌混凝土垫层后，再突击开挖这部分被动土区的土，边开挖边浇灌混凝土垫层。其开挖顺序为：第一区先分层开挖2～3m→预留被动土区后继续开挖，每层挖2～3m直到基底浇灌混凝土垫层→安装斜撑→挖预留的被动土区→边挖边浇灌混凝土垫层→拆斜撑（视土质情况而定)→继续开挖另一个区。

3. 盆式开挖

盆式开挖是首先在基坑中心开挖，而周围一定范围内的土暂不开挖，视土质情况可按1∶(1～1.25) 放坡，或做临时性支护挡土，使之形成对四周围护结构的被动土反压力区，保护围护结构的稳定性。四周的被动区土可视情况，待中间部分的混凝土垫层、基础或地下结构物施工完成之后，再用斜撑或水平撑在四周围护结构与中间已施工完毕的基础或结构物之间对撑，然后进行四周土的开挖和结构施工。如四周土方量不大，可采取分块挖除、分块施工混凝土垫层和顶板结构的方法，然后与中间部分的结构连接在一起。也可采用“中顺边逆”的施工工艺，即先开挖基坑中心部分的土方，由下而上顺序施工中间部分的基础和结构，然后把中心岛的结构与周边围护结构连接成支撑体系后，再对周边结构进行逆作法施工，自上而下边开挖土方边施工结构物，直至基础、底板。

4. 中心岛式开挖

在某种情况下，也可视土质与场地情况，采取与盆式开挖法施工顺序相反的做法，称为中心岛式开挖法，即先开挖两侧或四周的土方，并进行周边支撑或基础和结构物施工，然后开挖中间残留的土方，再进行地下结构物的施工。

盆式开挖和中心岛式开挖两种开挖法适用于土质较好的黏性土和密实的砂质土，对于软弱土层，要视开挖深度而定，如基坑开挖较深，残留的土方量就要大，才能满足形成被动土压力的要求。这两种方法的优点是基坑内有较大的空间，有利于机械化施工，并可使坑内反压土和围护结构共同承担坑外荷载的土压力、水压力，对特别大型的基坑，其内支撑体系设置有困难，采用这种开挖方法可以节省时间。分两次开挖时，如果开挖面积不大，先施工中间或两侧的基础、结构物的混凝土，待养护后再施工残留部分，可能会延长工期。同时，这种分次开挖和分开施工底板、基础的开挖方式，要在设计允许可不连续浇灌混凝土的前提下才可采用。

这种分部开挖方法应注意以下技术关键。

(1) 不论是先开挖中心还是先开挖四周，其关键是被动土压力区的稳定问题。被动土压力区土的稳定与土本身的性质、挖土深度、坡度大小、施工时间长短等一系列因素有关。

坑内被动土压力区能否与围护结构共同承担坑外荷载的土压力、水压力，能形成多大的被动土压力，目前尚无这方面的计算理论和确切的计算方法，只能用条分法估算或依靠经验。一般通过控制被动土压力区的留土宽度和坡度，来控制被动土压力区的本身稳定和对围护结构起被动压力作用。

(2) 中心岛的范围：该范围取决于被动土压力区的土体稳定性，一般来说坡度和预留土区应尽量小一些，但原则上其自身必须稳定，这样中心岛范围就可以大一些，第一次土方开挖量就可多一些，中心岛与围护结构之间的支撑就可短一些，支撑长细比就可小一些，支撑强度就能充分利用，施工速度就会快些，经济效益也会较显著。

中心岛结构范围边界还必须是结构施工能留设施工缝的部位。施工期间还须考虑排水沟设置及施工缝处钢筋错开留设的要求。

(3) 降水：坑内降水不仅是土方开挖的需要，而且降水后坑内土体排水固结，更有利于基坑内被动土压力区土体的稳定。所以要选择可靠的降水方式和设备，尽可能提前降水，以提高土体的固结度，这是此种开挖施工中重要的一个因素。

(4) 中心岛与围护结构之间的施工：中心岛结构完成后，可在围护结构与中心岛之间设置临时支撑，然后再逐步完成中心岛与围护结构之间的土方和结构施工。如果中心部分土方挖完，并做了混凝土垫层之后，不施工基础和结构物，那就在围护结构与已封底的垫层之间设置临时斜撑，或设置通长的水平支撑。

(5) 采用中心岛或盆式开挖，应重视开挖面的边坡稳定性，防止塌方。

3.3.5 基坑土方开挖施工注意事项

深基坑工程有着与其他工程不同的特点，它是一项系统的工程，而基坑土方开挖施工是这一系统中的一个重要环节，对工程的成败起着相当大的作用，因此，在施工中必须非常重视以下方面：

(1) 做好施工管理工作，在施工前制订好施工组织计划，并在施工期间根据工程进展及时做必要调整；

(2) 对基坑开挖的环境效应做出事先评估，开挖前对周围环境做深入的了解，并与相关单位协调好关系，确定施工期间的重点保护对象，制订周密的监测计划，实行信息化施工；

(3) 当采用挤土和半挤土桩时，应重视其挤土效应对环境的影响；

(4) 重视围护结构的施工质量，包括围护桩（墙）、止水帷幕、支撑以及坑底加固处理等；

(5) 重视坑内及地面的排水措施，以确保开挖后土体不受雨水冲刷，并减少雨水渗入；在开挖期间若发现基坑外围土体出现裂缝，应及时用水泥砂浆灌堵，以防雨水渗入，导致土体强度降低；

(6) 当围护体系采用钢筋混凝土或水泥土时，基坑土方开挖应注意其养护龄期，以保证其达到设计强度；

(7) 挖出的土方以及钢筋、水泥等建筑材料和大型施工机械不宜堆放在坑边，应尽量减少坑边的地面堆载；

(8) 当采用机械开挖时，严禁野蛮施工和超挖，挖土机的挖斗严禁碰撞支撑，注意组织好挖土机械及运输车辆的工作场地和行走路线，尽量减少它们对围护结构的影响；

(9) 基坑开挖前应了解工程的薄弱环节，严格按施工组织规定的挖土程序、挖土速度进行挖土，并备好应急措施，做到防患于未然；

(10) 注意各部门的密切协作，尤其是要注意保护好监测单位设置的测点，为监测单位提供方便。

3.4 锚杆施工

3.4.1 概述

锚杆是一种在深基坑围护工程中广泛应用的受拉杆件，它的一段与围护结构（地下连续墙、各种排桩及其他构件）连接，另一端锚固在土体中，将围护结构所承受的侧向荷载通过锚杆的拉结作用传递到周围的稳定地层中去，如图3-2所示。

首先将锚杆技术成功应用于深基坑工程的是德国的Karl. Bauer公司。由于锚杆技术具有许多优点，逐渐引起各国的重视，并被广泛应用于各类工程中，如边坡稳定、结构抗浮、抗滑及深基坑围护结构。工程的实际应用推动了锚杆技术的研究，设计理论和施工技术均日臻完善，并逐步形成为一项专门技术，各国也相继制定了设计和施工规程。

图3-2 锚杆挡墙

我国锚杆技术的发展已有30多年的历史。最初主要用于铁路、公路的边坡工程和矿区的边坡及洞室的围护工程。自20世纪80年代以来，由于高层建筑深基坑工程的需要，锚杆技术在这一领域的应用得到了迅速的发展。据有关文献介绍，土层锚杆技术已可施工长达50m的锚杆，在黏性土中最大锚固力可达1000kN，在非黏性土中可达2500kN。我国的锚杆技术经过多年的实践和研究，在施工机具、施工技术、锚杆承载能力提升、土层锚杆与支护结构共同作用以及稳定性计算等方面都已有着成套的技术成果。

3.4.2 锚杆围护结构的构造

锚杆围护结构包括围护结构、腰梁和锚杆三个主要部分。围护结构可以是钢板桩、地下连续墙、排桩等各种挡土结构，当围护结构为非连续体时，在锚撑标高处应加设腰梁，使之形成整体共同受力。

1. 锚杆的构造

基坑围护使用的锚杆大多是土层锚杆。基坑周围土层以主动滑动面为界，可分为稳定区与不稳定区。每根锚杆位于稳定区部分的为锚固段，位于不稳定区部分的为自由段。土层锚杆一般由锚头、拉杆与锚固体组成，如图3-3所示。

(1) 锚固体：锚固体是由水泥砂浆或水泥浆将拉杆（预应力筋）与土体黏结在一起形成的，通常近似呈圆柱体状。为了增大锚杆的抗拔力，许多情况下将锚固段做成能增加锚

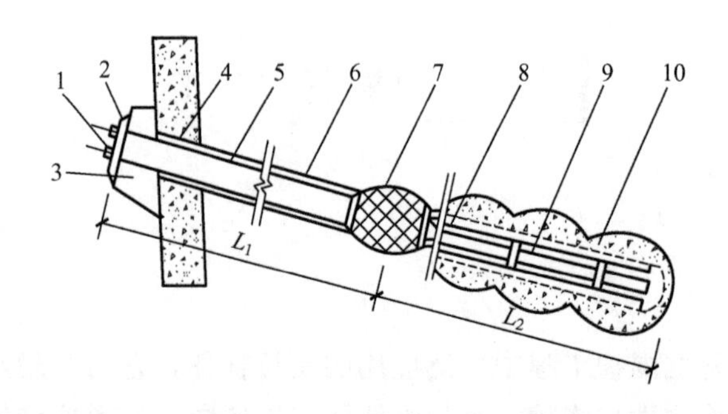

图 3－3 锚杆结构图

1—锚具；2—承压板；3—台座；4—支挡结构；5—钻孔；6—塑料套管；7—止浆密封装置；8—预应力筋；9—注浆套管；10—异形扩头体；L_1—自由段长度；L_2—锚固段长度

固体与土体之间摩阻力的形状，如端部扩大头型锚杆及其他异形扩大头型锚杆。

（2）锚头：锚头是锚杆体的外露部分，由锚杆台座、承压垫板及紧固器三部分组成，这三部分各有其作用。

① 锚杆台座：锚杆通过台座与围护结构接触，台座起到分散其集中力的作用，避免围护结构承受过大的局部应力而损坏。

② 承压垫板：通过垫板传递拉杆的拉力于台座。根据受力的大小，承压垫板的厚度一般为 20～40mm（钢板）。

③ 紧固器：拉杆通过紧固器将台座、垫板及围护结构牢固联结。当拉杆为钢筋时，紧固器可为螺母、专用连接器或电焊螺纹端杆。当拉杆采用钢丝绳或钢绞线时，锚杆端部紧固器则为专用锚具。

（3）拉杆：拉杆是锚杆的主要部分，长度取决于锚固段的长度和自由段的长度。拉杆可以用粗钢筋、钢丝绳或钢绞线构成，其选用应根据工程的具体条件确定。拉杆的安装、锚固体的受力需要以及拉杆的保护层厚度要求，是决定锚杆钻孔直径的因素。

2. 锚杆的空间布置

在锚杆围护结构中，根据围护构件的受力情况、土质以及基坑的深度，拉杆可设一道、两道或多道。锚杆在空间上的排列布置，一般情况下应满足如下要求。

（1）锚杆的锚固体应设置在地层的稳定区域内，且上覆土层厚度不宜小于 4m。锚固段只有置于稳定区内，才能使锚杆具有外支撑能力。锚固段足够的上覆土层厚度，可保证土体与锚固体间有足够的抗剪阻力；在锚杆正常受力时，锚固体的抗拔力不足将使上覆土层隆起，而导致锚固体失稳；此外，足够厚度的上覆土层还能防止锚杆压力注浆时出现地表漏浆现象，以确保锚杆的安装质量。

（2）锚杆的垂直间距不宜小于 2.5m，水平间距不宜小于 1.5m。对锚杆最小间距做上述限定，主要是为了防止产生“群锚效应”，使所有锚杆的抗拔能力都得到充分发挥。此外，对锚杆间距的选择，应根据锚杆、腰梁等各部分构件的受力情况及设计能力来进行。

（3）锚杆的倾角以 15°～35°为宜，且不应小于 10°或大于 45°。在同样的地层条件下，锚杆倾角越大，它对锚拉有效的水平分力越小，而无效的垂直分力却越大，如果围护结构底部土质不好，太大的锚杆垂直分力对围护结构的稳定不利，因此对锚杆倾角有个上限要求。从受力要求来看，锚杆的倾斜角度应以与土压力作用方向一致为宜。而上述对锚杆倾角的下限要求，主要出于对钻孔及注浆等施工工艺的考虑。锚孔倾角太小，施工难度大且影响成孔质量。在允许的角度范围内，锚杆倾角主要应根据地层情况优化选取。

锚杆空间布置应因地制宜。例如，一般基坑边长中央1/2长度范围内的位移值要远大于拐角处的位移值，这是因为拐角处的位移受到另一边的约束。这一现象在采用锚杆围护的情况下尤为突出。因此，在基坑周边工程地质条件和地面条件相同的情况下，为了抑制周边的位移，维护基坑的稳定，可在基坑边长中央1/2的长度范围内适当增加锚杆的数量。

3.4.3 土层锚杆施工

锚杆围护结构的施工，包括围护结构的施工和锚杆的施工。土层锚杆的施工，包括钻孔、拉杆制作与安装、灌浆、张拉锁定等工序，施工前需做必要的准备工作。

1. 施工准备工作

(1) 了解施工区土层分布及各土层的物理力学性能，以便实施锚杆的布置、选择钻孔方法；了解地下水赋存状况及其化学成分，以确定排水、截水措施与拉杆的防腐措施。

(2) 查明施工区范围内地下埋设物的位置状况，预测锚杆施工对其影响的可能性与后果。

(3) 锚杆长度超建筑红线时，应征得有关部门和单位的批准和许可。

(4) 请设计单位做技术咨询，以全面了解其设计意图，正确编制施工组织设计。

2. 钻孔

1) 钻机

旋转式钻机、冲击式钻机和旋转冲击钻机均可用于土层锚杆的钻孔。具体选择何种设备，应根据钻孔孔径、孔深、土质及地下水情况而定。

国内目前使用的土层锚杆钻孔机具，一部分是土锚专用钻机，另一部分则是经适当改装的常规地质钻机和工程钻机。专用锚杆钻机可用于各种土层，非专用钻机若不能带套管钻进，则只能用于不易塌孔的土层。

2) 钻孔方法

钻孔机具选定之后，再根据土质条件选择成孔方法。常用的土锚成孔方法，有螺旋钻孔干作业法与压水钻进成孔法。

(1) 螺旋钻孔干作业法：由钻机的回转机构带动螺旋钻杆，在一定钻压和转削下，将切削下的松动土体顺螺杆排出孔外。这种造孔方法宜用于地下水位以上的黏土、粉质黏土、砂土等土层。

(2) 压水钻进成孔法：土层锚杆施工多用压水钻进成孔法，其优点是能把钻孔过程中的钻进、出渣、固壁、清孔等工序一次完成，可防止塌孔，不留残土，对软、硬土都适用。应当注意，土层锚杆钻孔要求孔壁平直，不得坍塌松动，不得使用膨润土循环泥浆护壁，以免在孔壁形成泥皮，降低土体对锚固体的摩阻力。

在砂性土地层，孔位处于地下水位以下钻孔时，由于静水压力较大，水及砂会从外套管与预留孔之间的空隙向外涌出，一方面造成继续钻进困难，另一方面水、砂土流失过多会造成地面沉降，从而造成危害。为此必须采取防止涌水、涌砂的措施。一般采用孔口止水装置，并采用快速钻进、快速接管，入岩后再冲洗，这样既能保证成孔质量，又能解决钻进过程中涌水、涌砂的问题。在注浆时，可采用高压稳压注浆法，用较稳定的高压水泥浆压住流砂和地下水，并在水泥浆中掺外加剂，使之速凝止水。拔外套管到最后两节时，可把压浆设备从高压快速挡改成低压慢速挡，并在浆液中改变外加剂，增大水泥浆稠度，待水泥浆把外套管与预留孔之间空隙封死，并使水泥浆呈初凝状态后，再拔出外套管。

3）扩孔方法

为了提高锚杆的抗拔能力，往往采用扩孔方法扩大钻孔端头。扩孔有四种方法：机械扩孔、爆炸扩孔、水力扩孔及压浆扩孔。目前国内多用爆炸扩孔与压浆扩孔。扩孔锚杆的钻孔直径一般为90～130mm，扩孔段直径一般为钻孔直径的3～5倍。扩孔锚杆主要用于松软地层。

3. 拉杆制作及其安装

国内土层锚杆用的拉杆，承载力较小的多用粗钢筋，承载力较大的多用钢绞线。

1）拉杆的防腐处理

土层锚杆用的钢拉杆，加工前应首先清除铁锈与油脂。在锚固段内的钢拉杆，靠孔内灌水泥浆或水泥砂浆，并留有足够厚度的保护层来防腐。在无腐蚀性物质的环境中，这种保护层厚度不小于25mm；在有腐蚀性物质的环境中，保护层厚度应不小于30mm。

非锚固段内的钢拉杆，应根据不同情况采取相应的防腐措施。在无腐蚀性物质的土层中，只使用6个月以内的临时性锚杆，可不做防腐处理，一次灌浆即可；使用期在6个月以上2年以内的，须经一般简单的防腐处理，如除锈后刷2～3道富锌或船底漆等耐湿、耐久的防锈漆；对使用2年以上的锚杆，则须做认真的防腐处理，如除锈后涂防锈油膏，并套聚乙烯管，两端封闭，在锚固段与非锚固段交界处大约20cm范围内浇注热沥青，外包沥青纸以隔水。

2）拉杆制作

钢筋拉杆由一根或数根粗钢筋组合而成，如果为数根粗钢筋，则应绑扎或电焊连成一体。

钢拉杆长度为设计长度加上张拉长度。为了将拉杆安置在钻孔中心，并防止入孔时搅动孔壁，沿拉杆体全长每隔1.5～2.5m布设一个定位器。粗钢筋拉杆若过长，为了安装方便可分段制作，并采用套筒机械连接或双面搭接焊法连接。若采用双面搭接焊法，则焊接长度不应小于8d（d为钢筋直径）。

4. 注浆

锚孔注浆是土层锚杆施工的重要工序之一，目的是形成锚固段，并防止钢拉杆腐蚀。此外，压力注浆还能改善锚杆周围土体的力学性能，使锚杆具有更大的承载能力。

锚杆注浆用水泥砂浆，宜用强度等级不低于32.5级的普通硅酸盐水泥，其细骨料、含泥量、有害物质含量等均应符合相应规范的要求。注浆常用水灰比0.4～0.45的水泥浆，或灰砂比1～1.2、水灰比0.38～0.45的水泥砂浆，必要时可加入一定量的外加剂或掺合料，以改善其施工性能。锚杆注浆用水、水泥及其添加剂应注意氯化物与硫酸盐的含量，以防对钢拉杆的腐蚀。

注浆方法有一次注浆法和两次注浆法两种。一次注浆法是指泥浆泵通过一根注浆管自孔底起开始注浆，待浆液流出孔口时，将孔口封堵，继续以0.4～0.6MPa的压力注浆，并稳压数分钟结束。两次注浆法是在锚孔内同时装入两根注浆管，注浆管可用镀锌铁管制成，两根注浆管分别用于一次注浆与二次注浆。一次注浆管的管底出口用黑胶布封住，以防沉放时管口进土。开始注浆时，管底距孔底50cm左右，随一次浆注入，一次注浆管可逐步拔出，待一次浆量注完即收回；二次注浆用注浆管，管底出口封堵严密，从管端起向上沿锚固段全长每隔1～2m做一段花管，花管段用黑胶布封口。一次注浆可注水泥浆或水泥砂浆，注浆压力为0.3～0.5MPa，待一次浆初凝后，即可进行二次注浆；二次注浆压力2MPa左右，要稳压2min。二次注浆实为劈裂注浆，二次浆液冲破一次注浆体，沿锚固体与土的界面，向土体挤压劈裂扩散，使锚固体直径加大，径向压力也增大，周围一定范围内土体密度及抗剪强度均有不同程度的增加。因此二次注浆可显著提高土层锚杆的承载能力。

5. 张拉和锁定

土层锚杆灌浆后，预应力锚杆还需张拉锁定。张拉锁定作业在锚固体与台座的混凝土强度达15MPa以上时进行。在正式张拉前，应取设计拉力值的0.1～0.2倍预拉一次，使其各部位接触紧密，杆体完全平直。对永久性锚杆，钢拉杆的张拉控制应力不应超过拉杆材料强度标准值f_{pok}的0.6倍；对临时性锚杆，不应超过0.65倍。钢拉杆张拉至设计拉力的1.1～1.2倍，并维持10min（在砂土中）或15min（在黏土中），然后卸载至锁定荷载予以锁定。

6. 与坑壁位移有关的土层锚杆施工因素

1）时空效应

力学分析及工程实践，均表明锚杆施工与基坑坑壁位移量之间存在一定程度的时空效应。依据这种时空效应概念，合理组织基坑开挖与锚杆施工的时空顺序，可有效控制坑壁的位移量。工程实践显示，采用大面积开挖至同一深度再施工锚杆的做法，将使坑壁出现较大位移，这是因为这种开挖支护的方式使大面积坑壁长时间暴露，在锚杆约束未形成前，大部分坑壁必然产生较大的位移增量。较好的做法应该是：采用分层、分台阶、分段开挖，开挖一段到位立即施工锚杆，尽可能做到锚杆施工紧跟开挖工作面。

2）水的影响

土层锚杆的锚固体多埋设于黏土或粉质黏土中。这些土质的特点是，浸水后土体的强度与变形等力学特性急剧劣化，导致基坑壁变形增加。大量工程实践证明，在大暴雨后基坑都会出现一次明显的变形增幅，这种现象在锚杆围护的情况下尤为明显。为了使这种影响尽量减小，应做好坑外地面的排水，包括做好基坑周边地面的隔水层和设置周边顺畅的排水系统。坑外地面排水，也是减小锚杆围护结构变形的有效措施之一。

3.4.4 土层锚杆试验

在土层锚杆工程中，试验是必不可少的。因为决定土层锚杆承载能力的因素很多，包括土层性状、材料性质、施工因素等，而目前的理论尚不可能全面考虑这些因素，因此不可能精确计算土层锚杆的承载能力。

试验的主要目的是确定锚固体在土体中的抗拔能力，以此验证土层锚杆设计及施工工艺的合理性或检验土层锚杆的质量。

土层锚杆试验主要有基本试验和验收试验两种，对于塑性指数大于 17 的淤泥及淤泥质土层中的锚杆，还应进行蠕变试验。土层锚杆试验装置，主要有千斤顶、油泵以及测力计、位移计、计时表等。

1. 基本试验

任何一种新型锚杆或已有锚杆用于未曾用过的土层时，都必须进行基本试验，以确定锚杆的极限承载力和锚杆参数，为土层锚杆的设计与施工提供依据。

基本试验应在土层锚杆的实际施工场地进行，土层条件、所用锚杆的参数、材料、施工工艺等均与实际使用条件相同。试验数量应不少于 3 根。基本试验必须把荷载加到锚杆破坏为止，以求得其极限承载能力。如果试验时破坏发生于拉杆或锚头上，则必须缩减锚固体直径或长度，重新试验，务必使试验破坏发生在土与锚固体的结合处。

2. 验收试验

锚杆验收试验是对工程锚杆施加大于设计轴向拉力值的短期荷载而进行的，目的在于检验锚杆的施工质量与承载力是否满足设计要求，及时发现设计施工中存在的缺陷，以便采取相应措施，确保锚杆质量和工程安全。验收试验锚杆的数量应取锚杆总数的 5%，且不得少于 3 根。

3. 蠕变试验

土层锚杆的蠕变是导致锚杆预应力损失的主要因素，大量实践表明，软弱黏性土对蠕变非常敏感，荷载水平对锚杆的蠕变有明显影响。因此在软弱黏性土类地层与大型重要的锚杆工程中，设计锚杆应充分了解其蠕变特性，以便合理确定设计参数。用作蠕变试验的锚杆也不应少于 3 根。

3.5 水泥土重力式围护墙施工

3.5.1 水泥土重力式围护墙的概念和类型

水泥土重力式围护墙是以水泥系材料为固化剂，通过搅拌机械采用喷浆施工将固化剂和地基土强行搅拌，以形成连续搭接的水泥土柱状加固体挡墙，如图 3－4 所示。近年来，水泥系材料和原状土强行搅拌的施工技术得到了大力发展和改进，加固深度和搅拌密实性、均匀性均得到提高。目前常用的施工机械，包括双轴水泥土搅拌机、三轴水泥土搅拌机、高压喷射注浆机。

图3-4 水泥土搅拌桩围护墙

由于搅拌机械搅拌轴数的不同，搅拌桩的截面主要有双轴和三轴两类，前者由双轴搅拌机形成，后者由三轴搅拌机形成。国外尚有用四、六、八搅拌轴等形成的块状大型截面，以及单搅拌轴同时做纵向和横向移动而形成的长度不受限制的连续一字形截面。此外，搅拌桩还有加筋和非加筋，或加劲和非加劲之分。目前在我国，除型钢水泥土(SMW)工法为加筋（劲）工法外，其余各种工法均为非加筋（劲）工法。

近年来，以水泥土为主体的复合重力式围护墙得到了一定的发展，主要有水泥土结合钢筋混凝土预制板桩、钻孔灌注桩、型钢、斜向或竖向土锚等结构形式。

水泥土重力式围护墙按平面布置区分，有满膛布置、格栅型布置和宽窄结合的锯齿形布置等形式，常见的为格栅型布置；水泥土重力式围护墙按竖向布置区分，有等断面布置、台阶形布置等形式，常见的为台阶形布置。

水泥土重力式围护墙，是通过固化剂对土体进行加固后形成有一定厚度和嵌固深度的重力墙体，以承受墙后水、土压力的一种挡土结构，是无支撑自立式挡土墙。其特点是依靠墙体自重、墙底摩阻力和墙前基坑开挖面以下土体的被动土压力稳定墙体，以满足围护墙的整体稳定性、抗倾稳定性、抗滑稳定性和控制墙体变形等要求。

3.5.2 水泥土重力式围护墙的施工

喷浆形式的水泥土搅拌机是以水泥浆作为固化剂的主剂，通过搅拌头强制将软土和水泥浆拌和在一起，目前国内有单轴和双轴两种机型，现主要介绍双轴水泥土搅拌机。

1. 施工准备

1）技术准备

依据岩土工程勘察资料，对于无成熟施工经验的土层，必要时应进行加固土室内配合比试验，依据设计施工图和环境调查与分析，编制施工组织设计，安排好围护搅拌桩的施工顺序，通过试成桩选择最佳水泥掺量，确定水泥土搅拌桩施工工艺参数。

2）材料准备

水泥进场，按每一袋装水泥或散装水泥出厂编号进行取样、送检，不得有两个以上的出厂编号混合取样，并需在开工前取得水泥检验合格证。搭设水泥棚，布置浆液拌站，面积宜大于 $40m^2$，一般泵送距离不宜大于 100m。

3）场地准备

清表及原地面整平。首先对路基地面做清表处理，在开挖表土后应彻底清除地表，地下的石块、树根块等一切障碍物，同时应清除高空障碍物；路基两侧必须开挖排水沟，以保证在施工期间不被水浸泡。沟槽开挖时应使沟槽平直，尽量往基坑外侧平移 10cm 左右，以免搅拌桩墙直接侵占底板施工面。根据布桩图现场布桩，桩位应用小木桩或竹片定位并做出醒目标志以利查找，定位误差应小于 2cm。

4）设备准备

认真检查搅拌桩机的主要技术性能（包括桩机的加固深度、成桩直径、桩机转速、浆泵压力和泵送能力等）。搅拌头直径误差不大于 5mm，喷浆口直径不宜过大，应满足喷浆要求，从而确保所用桩机能满足该施工段的施工要求。桩机到达指定桩位，桩机置平，检查钻杆垂直度、钻头直径、桩位对中、道木铺设等是否满足要求。若遇地表软弱时，应采取措施确保机架平稳，要求钻杆垂直度偏差小于 1%，桩位偏移（纵横向）容许误差为±50mm。

2. 施工工艺

水泥土搅拌桩施工流程如图 3－5 所示。

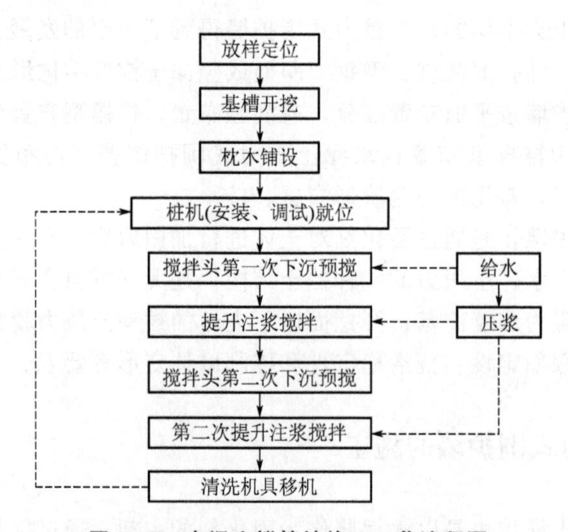

图 3－5　水泥土搅拌桩施工工艺流程图

水泥土搅拌桩（喷浆）施工顺序如下（图 3－6）。

（1）桩机（安装、调试）就位。

（2）预搅下沉。待搅拌机及相关设备运行正常后，启动搅拌机电动机，放松桩机钢丝绳，使搅拌机旋转切土下沉，钻进速度≤1.0m/min。

（3）制备水泥浆。当桩机下降到一定深度时，即开始按设计及实验确定的配合比拌制水泥浆。水泥浆采用普通硅酸盐水泥，强度等级为 42.5 级，严禁使用快硬型水泥。制浆

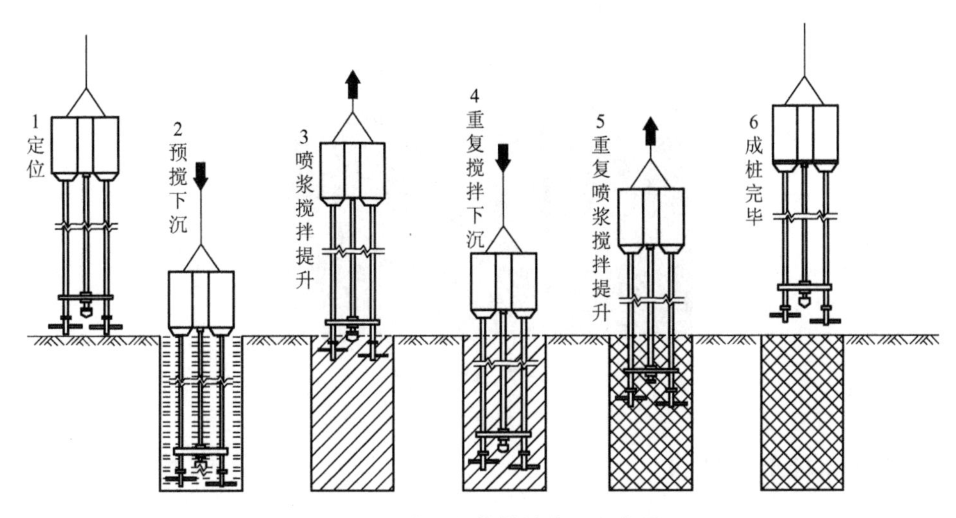

图3-6 水泥土搅拌桩施工顺序图

时，水泥浆拌和时间不得少于5～10min，制备好的水泥浆不得离析、沉淀，每个存浆池必须配备专门的搅拌机具进行搅拌，以防水泥浆离析、沉淀；已配制好的水泥浆在倒入存浆池时，应加箍过滤，以免浆内结块。水泥浆存放时间不得超过2h，否则应予以废弃。注浆压力控制在0.5～1.0MPa，流量控制在30～50L/min。单桩水泥用量严格按设计计算量，浆液配比为水泥：清水=1：(0.45～0.55)，制好水泥浆后，通过控制注浆压力和泵量，使水泥浆均匀地喷搅在桩体中。

(4) 提升喷浆搅拌。当搅拌机下降到设计标高后，打开送浆阀门，喷送水泥浆。确认水泥浆已到桩底后，边提升边搅拌，确保喷浆均匀性，同时严格按照设计确定的提升速度提升搅拌机，平均提升速度≤0.5m/min。确保喷浆量，以满足桩身强度达到设计要求。在水泥土搅拌桩成桩过程中，如遇到故障停止喷浆时，应在12h内采取补喷措施，补喷重叠长度不小于1.0m。

(5) 重复搅拌下沉和喷浆提升。当搅拌头提升至设计桩顶标高后，再次重复搅拌至桩底，第二次喷浆搅拌提升至地面停机，复搅时下钻速度≤1m/min，提升速度≤0.5m/min。

(6) 移位。钻机移位，重复以上步骤，进行下一根桩的施工。相邻桩施工时间间隔保持在16h内，若超过16h，在搭接部位应采取加桩防渗措施。

(7) 清洗。当施工告一段落后，向集料斗中注入适量清水，开启灰浆泵，清洗全部管路中残存的水泥浆，并将黏附在搅拌头上的软土清洗干净。

3.6 排桩施工

排桩围护体是利用常规的各种桩体如钻孔灌注桩、挖孔桩、预制桩及混合式桩等，并排连续起来形成的地下挡土结构，如图3-7所示。

图 3-7 排桩支护

3.6.1 排桩的种类与特点

按照单个桩体成桩工艺的不同，排桩围护体桩型大致有以下几种：钻孔灌注桩、预制混凝土桩、挖孔桩、压浆桩、SMW 工法（型钢水泥土搅拌桩）等。这些单个桩体可在平面布置上采取不同的排列形式形成挡土结构，用以支挡不同地质和施工条件下基坑开挖时的侧向水土压力。

分离式排列适用于无地下水或地下水位较低、土质较好的情况。在地下水位较高时应与其他防水措施结合使用，如在排桩后面另行设置止水帷幕。一字形相切或搭接排列式，往往因在施工中桩的垂直度不能保证及桩体扩颈等原因影响桩体搭接施工，从而达不到防水要求。当为了增大排桩围护体的整体抗弯刚度时，可把桩体交错排列；当需要进一步增大排桩的整体抗弯刚度和抗侧移能力时，可将桩设置成为前后双排，将前后排桩桩顶的帽梁用横向连梁连接，形成双排门架式挡土结构；有时还可将双排桩式排桩进一步发展为格栅式排列，在前后排桩之间每隔一定的距离设置横隔式的桩墙，以寻求进一步增大排桩的整体抗弯刚度和抗侧移能力。

排桩围护体与地下连续墙相比，优点在于施工工艺简单、成本低、平面布置灵活，缺点是防渗和整体性较差，一般适用于中等深度（6～10m）的基坑围护，但近年来也应用于开挖深度 20m 以内的基坑。其中压浆桩适用的开挖深度一般在 6m 以下，在深基坑工程中，有时与钻孔灌注桩结合，作为防水抗渗措施。采用分离式、交错式排列式布桩以及双排桩时，当需要隔离地下水时，需要另行设置止水帷幕。在这种情况下，止水帷幕防水效果的好坏直接关系到基坑工程的成败，须认真对待。非打入式排桩围护体与预制式板桩围护相比，有无噪声、无振害、无挤土等许多优点，成为国内城区软弱地层中等深度基坑（6～15m）围护的主要形式。

3.6.2 柱列式灌注桩施工

1. 钻孔灌注桩干作业成孔施工

钻孔灌注桩干作业成孔的主要方法，有螺旋钻孔机成孔、机动洛阳挖孔机成孔及旋挖钻机成孔等方法。螺旋钻孔机主要利用螺旋钻头切削土壤，被切的土块随钻头旋转，并沿螺旋叶片上升而被推出孔外。这类钻机结构简单，使用可靠，成孔作业效率高、质量好，无振动、无噪声、耗用钢材少，最宜用于地下水位以上的匀质黏土、砂性土及人工填土，并能较快穿透砂层。

旋挖钻机是近年来引进的先进成孔机械，利用功率较大的电动机驱动，采用可旋转取土的钻斗，将钻头强力旋转压入土中，通过钻斗把旋转切削下来的钻屑提出地面。该方法在土质较好的条件下可实现干作业成孔，不必采用泥浆护壁。

2. 钻孔灌注桩湿作业成孔施工

(1) 成孔方法。钻孔灌注桩湿作业成孔的主要方法，有冲击成孔、潜水电钻机成孔、工程地质回转钻机成孔及旋挖钻机成孔等。潜水电钻机的特点是将电动机、变速机构加以密封，并同底部钻头连接在一起，组成一个专用钻具，可潜入孔内作业，多以正循环方式排泥。潜水电钻体积小、重量轻，机器结构轻便简单、机动灵活、成孔速度较快，适用于地下水位高的淤泥质土、黏性土以及砂质土等，其常用钻头为笼式钻头。

工程水文地质回转钻机由机械动力传动，配以笼式钻头，可多挡调速或液压无级调速，以泵吸或气举的反循环方式进行钻进。有移动装置，设备性能可靠，噪声和振动小，钻进效率高，钻孔质量好。

用作挡墙的灌注桩施工前必须试成孔，数量不得少于2个，以便核对地质资料，检验所选的设备、机具、施工工艺以及技术要求是否适宜。如孔径、垂直度、孔壁稳定和沉淤等检测指标不能满足设计要求时，应拟定补救技术措施，或重新选择施工工艺。成孔须一次完成，中间不要间断。成孔完毕至灌注混凝土的间隔时间不宜大于24h。为保证孔壁的稳定，应根据地质情况和成孔工艺配制不同的泥浆。成孔到设计深度后，应进行孔深、孔径、垂直度、沉浆浓度、沉渣深度等测试检查，确认符合要求后方可进行下一道工序的施工。根据出渣方式的不同，成孔作业分成正循环成孔和反循环成孔两种。

(2) 清孔。完成成孔后，在灌注混凝土之前应进行清孔。通常清孔应分两次进行。第一次清孔在成孔完毕后立即进行，第二次清孔在下放钢筋笼和灌注混凝土导管安装完毕后进行。

常用的清孔方式有正循环清孔、泵吸反循环清孔和空气升液反循环清孔，通常随成孔时采用的循环方式而定。清孔时先是钻头稍作提升，然后通过不同的循环方式排除孔底沉淤，与此同时不断注入洁净的泥浆水，用以降低桩孔泥浆水中的泥渣含量。清孔过程中应测定沉浆指标。清孔后的泥浆相对密度应小于1.15。清孔结束时应测定孔底沉淤，孔底沉淤厚度一般应小于30cm。第二次清孔结束后孔内应保持水头高度，并应在30min内灌注混凝土。若超过30min，灌注混凝土时应重新测定孔底沉淤厚度。

(3) 钢筋笼施工。钢筋笼宜分段制作，分段长度应按钢筋笼的整体刚度、来料钢的长度及起重设备的有效高度等因素确定。钢筋笼在起吊、运输和安装中应采取措施防止变形。

(4) 水下混凝土施工。配制混凝土必须保证能满足设计强度及施工工艺要求。混凝土是确保成桩质量的关键工序，灌注前应做好一切准备工作，保证混凝土灌注连续紧凑地进行。

钻孔灌注桩柱列式排桩采用湿作业法成孔时，要特别注意孔壁护壁问题。当桩距较小时，由于通常采用跳孔法施工，当桩孔出现坍塌或扩径较大时，会导致在两根已经施工的桩之间插入施工桩时发生成孔困难，必须把该根桩向排桩轴线外移才能成孔。一般而言，柱列式排桩的净距不宜少于 200mm。

3.6.3 人工挖孔桩施工

人工挖孔桩是采用人工开挖方式挖掘桩身土方，并随着孔洞的下挖，逐段浇捣钢筋混凝土护壁，直到设计所需深度，然后放置钢筋笼，最后浇筑桩身混凝土而形成的桩，如图 3-8 所示。土层好时，也可不用护壁，一次挖至设计标高，最后在护壁内一次浇筑完成混凝土桩身。挖孔桩作为基坑支护结构与钻孔灌注桩相似，它有如下优点：可分批挖孔，使用机具较少，无噪声、无震动、无环境污染；适应建筑物、构筑物拥挤的地区，对邻近结构和地下设施的影响小，场地干净，造价较经济。应当指出，选用挖孔桩作支护结构，除了对挖孔桩的施工工艺和技术要有足够的经验外，还要注意在有流砂和地下水较丰富的地区不宜采用。

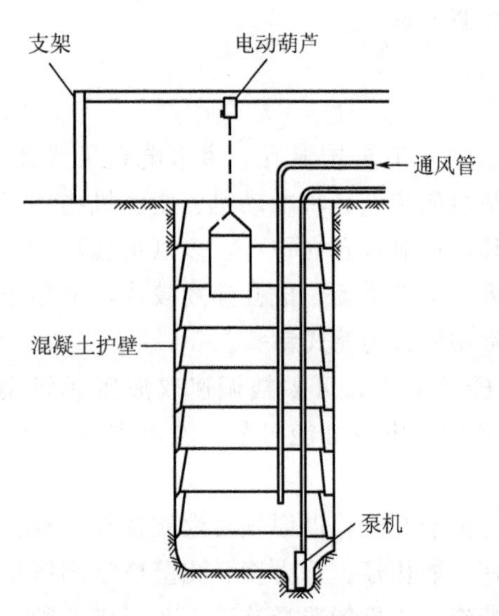

图 3-8 人工挖孔桩施工

人工挖孔桩在浇筑完成以后，即具有一定的防渗能力和抵挡水平土压力的能力。把挖孔桩逐个相连，即形成一个能承受较大水平压力的挡墙，从而起到防水、挡水等作用。人工挖孔桩支护原理与钻孔灌注桩挡墙或地下连续墙相类似。人工挖孔桩直径较大，属于刚性支护，设计时应考虑桩身刚度较大对土压力分布及变形的影响。挖孔桩选作基坑支护结构时，桩径一般为 100～120cm。桩身配筋应根据地质情况和基坑开挖深度计算确定。在实践中，也有一些工程采用挖孔桩与锚杆相结合的支护方案。

3.6.4 钻孔压浆桩施工

钻孔压浆桩施工工艺与钻孔灌注桩类似，不同之处是钻孔压浆桩孔径较小（小于 400mm)，桩身混凝土采用先下细石而后注浆成桩的工艺。该桩具有以下特点：水泥浆的泵送设备简单，使用方便；石子的清洗在钻孔中同时进行；压浆减少了泥浆水护壁时间，不易坍孔。

为了使成孔工作顺利，在钻孔之前应预先开挖沟槽和集水坑，钻孔在沟槽内进行，钻出的泥浆从沟槽流入集水坑。在施工结束后，沟槽可作为压浆桩帽的土模。

钻孔压浆桩钻孔通常采用长螺旋钻机，也可采用地质钻机改装而成。钻孔直径为 400mm 左右，孔深按设计要求，但受钻机起吊能力的限制。钻孔垂直精度小于 1/200，可由此定出相邻两桩之间的净间距为 $0.005H$（H 为桩深）。在钻孔过程中，如遇到黏性较好的黏土，可将钻杆反复上下扫孔，使其与清水混合成泥浆后排出。桩体采用的石料由直径 10～30mm 的石子组成，进场石料要求含泥量小于 2%。石子倒下完毕后，即开泵注清水，清水通过注浆管从孔底注出，达到清洗石子的目的。清洗时要求注水，直到孔口由冒出泥浆水变为冒出清水为止，然后可压住水泥浆形成钢筋混凝土桩体。

3.6.5 桩-锚支护结构施工

桩-锚支护结构的施工顺序如下：

（1）施工止水帷幕与排桩；

（2）施工桩顶帽梁；

（3）开挖土方至第一层锚杆标高以下设计开挖深度，挂网喷射桩间混凝土；

（4）逐根施工锚杆；

（5）安装腰梁和锚具，待锚杆达到设计龄期后逐根张拉至设计承载力的0.9～1.0倍，再按设计锁定值进行锁定；

（6）继续开挖下一层土方并施工下一排锚杆。

3.7 型钢水泥土搅拌桩施工

水泥土搅拌桩是指利用一种特殊的搅拌头或钻头，在地基中钻进至一定深度后，喷出固化剂，使其沿着钻孔深度与地基土强行拌和而形成的加固土桩体。型钢水泥土搅拌墙通常称为SMW（Soil Mixed Wall）工法，是一种在连续套接的三轴水泥土搅拌桩内插入型钢形成的复合挡土截水结构，即利用三轴搅拌桩钻机在原地层中切削土体，同时钻机前端低压注入水泥浆液，与切碎土体充分搅拌形成截水性较高的水泥土柱列式挡墙，在水泥土浆液尚未硬化前插入型钢的一种地下工程施工技术，如图3-9所示。

型钢水泥土搅拌墙是基于深层搅拌桩施工工艺发展起来的，这种结构充分发挥了水泥土混合体和型钢的力学特性，具有经济、工期短、截水性高、对周围环境影响小等特点。型钢水泥土搅拌墙围护结构在地下室施工完成后，可以将H型钢从水泥土搅拌桩中拔出，达到回收和再利用的目的。因此该工法与常规的围护形式相比，不仅工期短，施工过程无污染，场地整洁干净，噪声小，而且可以节约社会资源，避免围护体在地下室施工完毕后永久遗留于地下，成为地下障碍物。在提倡建设节约型社会、实现可持续发展的今天，推广应用该工法更加具有现实意义。

图3-9 型钢水泥土挡墙

目前工程上广为采用的水泥土搅拌桩主要分为双轴和三轴两种，考虑到型钢水泥土搅拌墙中的搅拌桩不仅起到基坑的截水帷幕作用，更重要的是还承担着对型钢的包裹嵌固作用，因此规定型钢水泥土搅拌墙中的搅拌桩应采用三轴水泥土搅拌桩，以确保施工质量及使围护结构有较好的截水封闭性。

3.7.1 型钢水泥土搅拌墙施工顺序

三轴水泥土搅拌桩应采用套接一孔法施工，为保证搅拌桩质量，对土性较差或周边环境较复杂的工程，搅拌桩底部应采用复搅施工。

型钢水泥土搅拌墙的施工工艺，是由三轴钻孔搅拌机将一定深度范围内的地基土和由钻头处喷出的水泥浆液、压缩空气进行原位均匀搅拌，在各施工单元间采取套接一孔法施工，然后在水泥土未结硬之前插入 H 型钢，形成一道有一定强度和刚度、连续完整的地下连续墙复合挡土截水结构。具体施工顺序如图 3－10 所示。

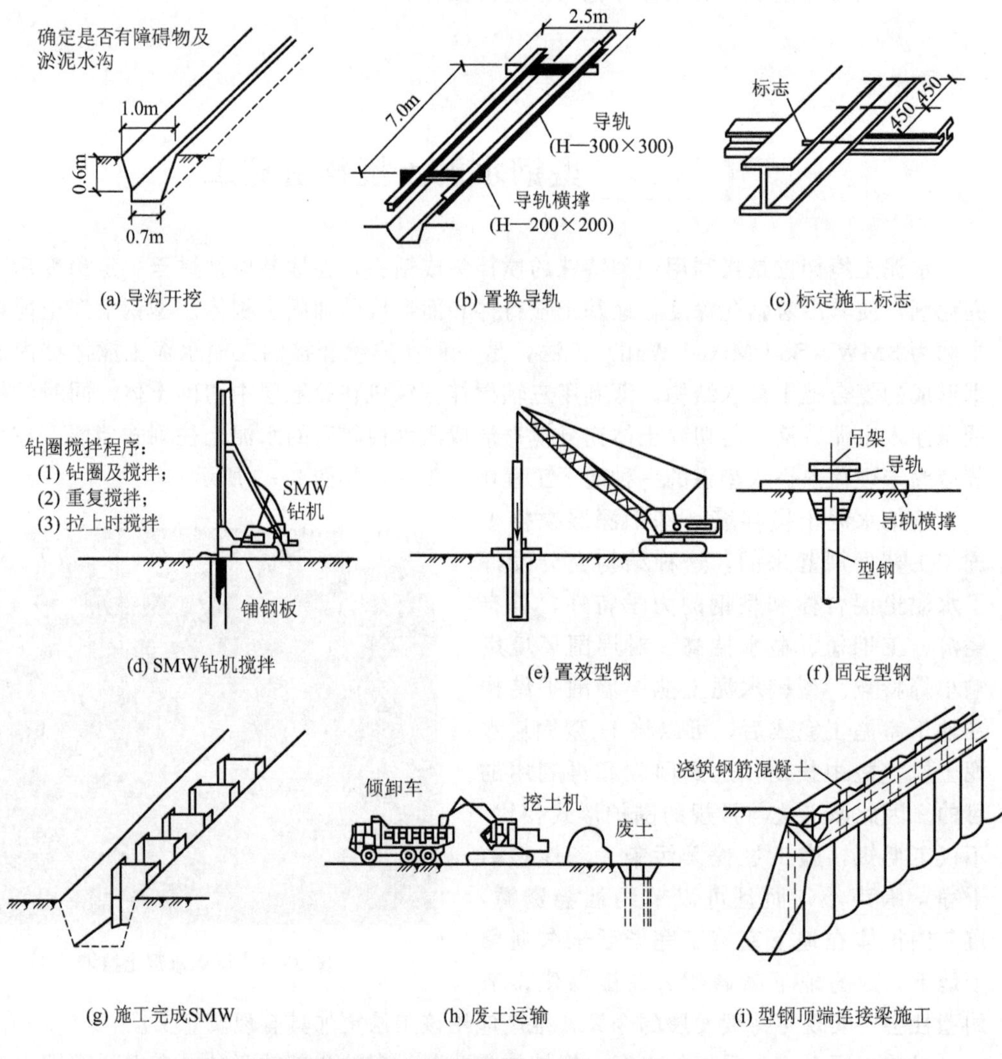

(a) 导沟开挖 (b) 置换导轨 (c) 标定施工标志

(d) SMW钻机搅拌 (e) 置效型钢 (f) 固定型钢

(g) 施工完成SMW (h) 废土运输 (i) 型钢顶端连接梁施工

图 3－10 型钢水泥土挡墙施工顺序（尺寸单位：mm）

采用三轴搅拌机设备施工时，应保证型钢水泥土搅拌墙的连续性和接头的施工质量，桩体搭接长度满足设计要求，以达到截水作用。在无特殊情况下，搅拌桩施工必须连续不间断地进行，如因特殊原因造成搅拌桩不能连续施工，间隔时间超过24h的，必须在其接头处外侧采取补做搅拌桩或旋喷桩的技术措施，以保证截水效果。对浅部不良地质现象应做事先处理，以免中途停工延误工期及影响质量。施工中如遇地下障碍物、暗浜或其他勘察报告未述及的不良地质现象，应及时采取相应的处理措施。

桩机移位结束后，应认真检查定位情况并及时纠正，保持桩机底盘的水平和立柱导向架的垂直，并调整桩架垂直度偏差小于1/250，具体做法是在桩架上焊接一半径为4cm的铁圈，10m高处悬挂一铅锤，利用经纬仪校直钻杆垂直度，使铅锤正好通过铁圈中心，每次施工前必须适当调节钻杆，使铅锤位于铁圈内，即把钻杆垂直度误差控制在0.4%以内，桩位偏差不得大于50mm。螺旋钻头及钻杆的直径应符合设计要求。

三轴搅拌机就位后，主轴正转喷浆搅拌下沉，反转喷浆复搅提升，完成一组搅拌桩的施工。对于不易匀速钻进下沉的地层，可增加搅拌次数，完成一组搅拌桩的施工，下沉速度应保持在0.5～1.0m/min，提升速度应保持在1.0～2.0m/min范围内，在桩底部分适当持续搅拌注浆，并尽可能做到匀速下沉和匀速提升，使水泥浆和原地基土充分搅拌，具体适用的速度值应根据地层的可钻性、水灰比、注浆泵的工作流量、成桩工艺等计算确定。

严格按设计要求控制配制浆液的水灰比及水泥掺入量，水泥浆液的配合比与拌浆质量可用比重计检测。控制水泥进货数量及质量，控制每桶浆所需用的水泥量，并由专人做记录。水泥土搅拌过程中置换涌土的数量是判断土层性状和调整施工参数的重要标志。对于黏性土特别是标贯N值和内聚力高的地层，土体易遇水湿胀、置换涌土多、螺旋钻头易形成泥塞，不易匀速钻进下沉，此时可调整搅拌翼的形式，增加下沉，提升复搅次数，适当增大送气量，水灰比控制为1.5～2.0；对于透水性强的砂土地层，土体湿胀性小，置换涌土少，此时水灰比宜调整为1.2～1.5，控制下沉，提升速度及送气量，必要时在水泥浆液中掺5%左右的膨润土，堵塞漏失通道，保持孔壁稳定，又可以用膨润土的保水性增加水泥土的变形能力，提高墙体的抗渗性。

3.7.2 型钢插入和拔除施工

1. 型钢的表面处理

(1) 型钢表面应进行除锈处理，并均匀涂刷减摩剂。

(2) 浇注压顶圈梁时，埋设在圈梁中的型钢部分必须用油毡等材料将其与混凝土隔离，以便起拔回收。

2. 型钢插入

(1) 型钢的插入宜在搅拌桩施工结束后30min内进行，插入前必须检查其直线度、接头焊缝质量，并确保满足设计要求。

(2) 型钢的插入必须采用牢固的定位导向架，用吊车起吊型钢，必要时可采用经纬仪校核型钢插入时的垂直度；型钢插入到位后，用悬挂物件控制型钢顶标高。

(3) 型钢宜依靠自重插入，也可借助带有液压钳的振动锤等辅助手段下沉到位，严禁采用多次重复起吊型钢并松钩下落的插入方法，若采用振动锤下沉工艺时，不得影响周围环境。

(4) 当型钢插入到设计标高时，用吊筋将型钢固定，溢出的水泥土必须进行处理。

(5) 待水泥土搅拌桩硬化到一定程度后，将吊筋与槽沟定位型钢撤除。

3. 型钢拔除

(1) 型钢回收应在主体地下结构施工完成，地下室外墙与搅拌墙之间回填密实后方可进行，在拆除支撑和腰梁时，应将型钢表面留有的腰梁限位或支撑抗滑构件、电焊等清除干净。

(2) 型钢拔除通过液压千斤顶配以吊车进行，对于吊车无法够到的部位，由塔式起重机配合吊运或采取其他措施。液压千斤顶顶升是通过专用液压夹具夹紧型钢腹板，构成顶升反力支座，咬合型钢受力后，使夹具与型钢一体共同提升。两只200t千斤顶分别放置在型钢两侧，坐落在混凝土压冠梁上，型钢套在液压夹具内，两边液压夹板咬合，顶紧型钢腹板。型钢端部中心的ϕ100mm圆孔通过钢销与丁字形钢结构构件支座孔套接，受力、传力。两只200t千斤顶左右两侧同步平衡顶升丁字形钢结构构件支座，千斤顶到位后，调换另一提升孔继续重复顶升，直到能使用液压夹具为止。型钢拔除过程中，逐渐升高的型钢用吊车跟踪提升，直至全部拔除。

(3) 型钢拔除回收时，根据环境保护要求，可采用跳拔、限制每天拔除型钢数量等措施，并及时对型钢拔出后形成的空隙注浆充填。

3.8 钢板桩施工

钢板桩是一种带锁口或钳口的热轧（或冷弯）型钢，靠锁口或钳口相互连接咬合，形成连续的钢板桩墙，用来挡土和挡水，具有高强、轻型、施工快捷、环保、美观、可循环利用等优点，如图3-11所示。钢板桩支护结构属板式支护结构之一，适用于地下工程因受场地等条件的限制，基坑或基槽不能采用放坡开挖而必须进行垂直土方开挖及地下工程施工时采用。钢板桩断面形式很多，英、法、德、美、日本、卢森堡、印度等国的钢铁集团都制定有各自的规格标准。常用的钢板桩截面形式有U型、Z型、直线型及组合型等。近年来钢板桩朝着宽、深、薄的方向发展，使得钢板桩的效率（截面模量与重量之比）不断提高，此外还可采用高强度钢材代替传统的低碳钢，或采用大截面模量的组合型钢板桩，这些都极大地拓展了钢板桩的应用领域。

钢板桩支护结构由打入土层中的钢板桩和必要的支撑或拉锚体系组成，以抵抗水、土压力，并保持周围地层的稳定，确保地下工程施工的安全。钢板桩支护结构从使用的角度可分为永久性结构和临时性结构两大类。永久性结构主要应用于码头、船坞坞壁、河道护岸、道路护坡等工程中；临时性结构则多用于高层建筑、桥梁、水利等工程的基

图3-11 钢板桩

础施工中，施工完成后钢板桩可拔除。根据基坑开挖深度、水文地质条件、施工方法以及邻近建筑和管线分布等情况，钢板桩支护结构形式主要分为悬臂板桩、单撑（单锚）板桩和多撑（多锚）板桩等，此外常见的围护结构还有桩板式结构、双排或格型钢板桩围堰等。

3.8.1 钢板桩施工前的准备

在钢板桩沉桩前，应该做充分的调查和准备，以在施工时制订可行的组织计划和施工工艺。施工场地条件的调查，主要包括场地周边环境与地质条件的调查。场地周边环境包括场地周边的建筑、地下管道等及其对施工作业在净空、噪声、振动方面的限制，周边道路交通状况，施工场地钢板桩堆放及运输的能力，施工设备及水电供应条件，沉桩条件（陆上打桩还是水上打桩），施工作业气象或海相条件以及钢板桩施工对周边通航等方面的环境影响等。地质条件主要调查地层的分布、颗粒组成、密实度、土体强度、静力与动力触探及标贯试验结果等。此外，还需掌握工程所用钢板桩数量、尺寸、截面形状、钢材材质及其施工难易程度，如Z型钢板桩由于形心不对称，可能造成钢板桩的旋转等。

3.8.2 钢板桩沉桩设备及其选择

钢板桩沉桩机械设备种类繁多且应用较为广泛，沉桩机械及工艺的确定受钢板桩特性、地质条件、场地条件、桩锤能量、锤击数、锤击应力、是否需要拔桩等因素影响，在施工中需要综合考虑上述因素，以选择既经济又安全的沉桩机械，同时又能确保施工的效率。常用的沉桩机械，主要有冲击式打桩机械、振动打桩机械、压桩机械等。表3-3给出了各种沉桩机械的适用情况，供选型时参考。

表 3-3 各类打桩机的特点

机械类别		冲击式打桩机械			振动锤	压桩机
		柴油锤	蒸汽锤	落锤		
钢板桩	形式	除小型板桩外所有板桩	除小型板桩外所有板桩	所有形式板桩	所有形式板桩	除小型板桩外所有板桩
	长度	任意长度	任意长度	适宜短桩	很长不适合	任意长度
地层条件	软弱粉土	不适	不适	合适	合适	可以
	粉土、黏土	合适	合适	合适	合适	合适
	砂层	合适	合适	不适	可以	可以
	硬土层	可以	可以	不可以	不可以	不适
施工条件	辅助设备	规模大	规模大	简单	简单	规模大
	发音	高	较高	高	小	几乎没有
	振动	大	大	小	大	无
	贯入能量	大	一般	小	一般	一般
	施工速度	快	快	慢	一般	一般
费用		高	高	便宜	一般	一般
工程规模		大工程	大工程	简易工程	大工程	大工程
其他	优点	燃料费用低、操作简单	打击时可调整	故障少，改变落距可调整锤击力	打拔都可以	打拔都可以
	缺点	软土启动难、油雾飞溅	烟雾较多	容易偏心锤击	瞬时电流较大或需专门液压装置	主要适用于直线段

由于在具体施工时可增加各种辅助沉桩措施，建议在正式施工前采用初选的机械进行试沉桩试验，证明合适后再最终选定为沉桩设备。

1. 冲击式打桩机械

冲击式打桩机械沉桩打桩力大，具有机动、可调节特性，施工快捷，但应选择适合的打桩锤以防止钢板桩桩头受损。冲击式打桩机械沉桩一般易产生噪声和振动，在居民区等区域使用受到限制。

2. 振动打桩机械

振动打桩机的原理是将机器产生的垂直振动传给桩体，导致桩周围的土体结构因振动而降低强度。对砂质土层，颗粒间的结合被破坏，产生微小液化；对黏土质土层，破坏了原来的构造，使土层密度改变、黏聚力降低、灵敏度增加，板桩周围的阻力便会减少。其中对砂土还会使桩尖下的阻力减少，利于桩的贯入。但对结构紧密的细砂层，这种减阻效果不明显，当细砂层本身较松散时，还会因振动而加密，更难于沉桩。

3. 压桩机械

由于板桩打桩带来的振动和噪声，使得开发新的“无污染”的施工工艺成为迫切需要，压桩机也就应运而生。压桩机特别适用于黏性土壤，在硬土地区可采用辅助措施沉桩。

4. 其他

除了上述通常的打桩设备外，也有许多特定的打桩设备，如有打桩锤设置特殊的缓冲设备来缓冲传递给桩的锤击力，有同时可以振动和静压的设备，有液压驱动、可以快速打桩的脉冲型冲击锤，有同时可以振动和冲击的打桩设备等。

3.8.3 钢板桩的沉桩方法

1. 沉桩方法

钢板桩沉桩方法分为陆上沉桩和水上沉桩两种。沉桩方法的选择，应综合考虑场地地质条件、是否能达到需要的平整度和垂直度以及沉桩设备的可靠性、造价等因素。

陆上打桩，导向装置设置方便，设备材料容易进入，打桩精度容易控制。应尽量争取按这种方法施工。在水深较浅时，也可回填后进行陆上施工，但需考虑水体可能受污染及河流流域面积减少等因素。当水深很大时，靠回填在经济上不合理，需用船施工，船上施工的桩架高度比陆上施工低，作业范围广，但材料运输不方便，作业受风浪影响大，精度不易控制，对导向装置要求较高。为解决此类不足，也可在水上搭设打桩平台，用陆上的打桩架进行施工，这样对精度控制较有利，但打桩平台的搭设在技术上和经济上要求均高。

2. 沉桩的布置方式

钢板桩沉桩时第一根桩的施工较为重要，应该保证其在水平向和竖直向平面内的垂直度，同时需注意后沉的钢板桩应与先沉入桩的锁口可靠连接。沉桩的布置方式一般有三种，即插打式、屏风式及错列式。

(1) 插打式打桩方法，即将钢板桩一根根地打入土中，这种施工方法速度快，桩架高度相对可低一些，一般适用于松软土质和短桩。由于锁口易松动，板桩容易倾斜，因而可在一根桩打入后把它与前一根根焊牢，既可防止倾斜，又可避免被后打的桩带入土中。

(2) 屏风式打桩法是将多根板桩插入土中一定深度；使桩机来回锤击，并使两端1～2根桩先打到要求深度，再将中间部分的板桩顺次打入。这种屏风施工法可防止板桩的倾斜与转动，对要求闭合的围护结构，常采用此法。此外还能更好地控制沉桩长度。其缺点是施工速度比单桩施工法慢且桩架较高。

(3) 错列式打桩是每隔一根桩进行打入，然后再打入中间的桩。这样可以改善桩列的线形，避免了倾斜问题。

3. 辅助沉桩措施

在用以上方法沉桩困难时，可能需要采取一定的辅助沉桩措施，如水冲法、预钻孔法、爆破法等。

(1) 水冲法包括空气压力法、低压水冲法、高压水冲法等。原理均是通过在板桩底部设置喷射口，并通过管道连接至压力源，通过水的喷射松散土体以利于沉桩。但其中大量的水可能引起副作用，如带来沉降问题等。高压水冲用水量比低压水冲要小，因此更为有利，而且低压水冲可能会影响土体性质，应慎用。

(2) 预钻孔法是通过预钻孔降低土体的抵抗力，以利于沉桩，但若钻孔太大需回填土体。钻孔的一般直径为150～250mm。该方法甚至可用于硬岩层的钢板桩沉桩，在没有土壤覆盖底岩的海洋环境中特别有效。

(3) 爆破法主要有常规爆破和振动爆破。常规爆破是先将炸药放进钻孔内，然后覆上土点燃，这样在沉桩中心线可以形成V形沟槽；振动爆破则是用低能炸药将坚硬岩石炸成细颗粒材料，这种方法对岩石的影响较小，爆破后板桩应尽快打入，以获得最佳沉桩时机。

3.8.4 钢板桩的拔除

钢板桩应用较早，拔桩方法也较成熟，不论何种方法，都是从克服板桩的阻力着眼。根据所用机械的不同，拔桩方法分为静力拔桩、振动拔桩、冲击拔桩、液压拔桩等。

(1) 静力拔桩所用的设备较简单，主要为卷扬机或液压千斤顶，受设备能力所限，这种方法往往效率较低，有时不能将桩顺利拔出，但其成本较低。

(2) 振动拔桩是利用机械的振动，激起钢板桩的振动，以克服板桩的阻力将桩拔出。这种方法的效率较高，由于大功率振动拔桩机的出现，使多根板桩一起拔出有了可能。

(3) 冲击拔桩是以蒸汽、高压空气为动力，利用打桩机的原理，给予板桩向上的冲击力，同时利用卷扬机将板桩拔出。这类机械国内不多，工程中不常运用。

(4) 液压拔桩采用与液压静力沉桩相反的步骤，从相邻板桩获得反力。液压拔桩操作简单，环境影响较小，但施工速度稍慢。

静力拔桩对操作人员的技能要求较高，必须配备有足够经验与操作技术的施工人员。由于总拔力很大，对地面的接地压力较高，要防止桩架或板桩设备的沉降，宜在桩架或拔桩设备下设置钢板或路基箱以扩散荷载；对拔桩所用卸扣、钢索、滑轮、浪风绳等要加强检查，经常更换。静力拔桩不同于振动或冲击拔桩，在拔桩初期因桩周阻力从静止到破坏需有一段过程，所以不能操之过急。宜将卷扬机间歇启动，渐渐地将桩拔出，切忌一次性地启动卷扬机，否则会引起钢索崩断，造成设备损坏甚至人身事故。

振动拔桩效率高，操作简便，是施工人员优先考虑的一种方法。振动拔桩产生的振动为纵向振动，这种振动传至土层后，对砂性土层，其颗粒间的排列被破坏，使土层强度降低；对黏性土层，由于振动使土的天然结构破坏，密度发生变化，黏着力减小，土的强度降低，最终大幅度减少桩与土间的阻力，板桩可被轻易拔出。

钢板桩拔除的难易，多数场合取决于打入时顺利与否，如果在硬土或密实砂土中打入板桩，则板桩拔除时也很困难，尤其是当一些板桩的咬口在打入时产生变形或者垂直度很差，在拔桩时就会碰到很大的阻力。此外，在基础开挖时，支撑不及时使板桩变形很大，拔除也很困难，这些因素都必须予以充分重视。在软土地层中，拔桩引起地层损失和扰动，会使基坑内已施工的结构或管道发生沉陷，并引起地面沉陷而严重影响附近建筑和设施的安全，对此必须采取有效措施，对拔桩造成的地层空隙及时填实。往往灌砂填充法效果较差，因此在控制地层位移有较高要求时，必须采取在拔桩时跟踪注浆等新的填充法。

3.9 内支撑系统施工

深基坑工程中的支护结构一般有两种形式，分别为围护墙结合内支撑系统的形式和围护墙结合锚杆的形式。作用在围护墙上的水土压力可以由内支撑有效地传递和平衡，也可以由坑外设置的土层锚杆平衡。内支撑可以直接平衡两端围护墙上所受的侧压力，构造简单，受力明确，如图3-12所示；锚杆设置在围护墙的外侧，为挖土、结构施工创造了空间，有利于提高施工效率。

图3-12 钢筋混凝土内支撑系统

内支撑系统由水平支撑和竖向支撑两部分组成，深基坑开挖中采用内支撑系统的围护方式已得到广泛的应用，特别对于软土地区基坑面积大、开挖深度深的情况，内支撑系统由于具有无须占用基坑外侧地下空间资源、可提高整个围护体系的整体强度和刚度，以及可有效控制基坑变形等特点而得到了大量的应用。

内支撑体系的基本构件，包括围檩、水平支撑、钢立柱和立柱桩。

(1) 围檩是协调支撑和在围护墙结构间受力与变形的重要受力构件，可加强围护墙的整体性，并将其所受的水平力传递给支撑构件，因此要求具有较好的自身刚度和较小的垂直位移。

(2) 水平支撑是平衡围护墙外侧水平作用力的主要构件，要求传力直接、平面刚度好且分布均匀。

(3) 钢立柱及立柱桩的作用是保证水平支撑的纵向稳定，加强支撑体系的空间刚度和承受水平支撑传来的竖向荷载，要求具有较好的自身刚度和较小的垂直位移。支撑材料可以采用钢或混凝土，也可以根据实际情况采用钢和混凝土组合的支撑形式。

钢结构支撑除了自重轻、安装和拆除方便、施工速度快以及可以重复使用等优点外，其安装后还能立即发挥支撑作用，对减少由于时间效应而增加的基坑位移是十分有效的，因此如有条件，应优先采用钢结构支撑。但是钢结构支撑的节点构造和安装相对复杂，如处理不当，会由于节点的变形或节点传力的不直接而引起基坑过大的位移，因此提高节点的整体性和施工技术水平是至关重要的。现浇混凝土支撑由于其刚度大、整体性好，可以采取灵活的布置方式以适应不同形状的基坑，而且不会因节点松动而引起基坑的位移，施工质量相对容易保证，所以使用面也较广。但是混凝土支撑在现场需要较长的制作和养护时间，制作后不能立即发挥支撑作用，需要达到一定的强度后才能进行其下土方的作业，施工周期相对较长；且混凝土支撑采用爆破方法拆除时，对周围环境（包括震动、噪声和城市交通等方面）也有一定的影响，爆破后的清理工作量也很大，支撑材料不能重复利用。

3.9.1 支撑施工总体原则

无论何种支撑，其总体施工原则都是相同的，土方开挖的顺序、方法必须与设计工况一致，并遵循“先撑后挖、限时支撑、分层开挖、严禁超挖”的原则进行施工，尽量减少基坑无支撑暴露时间和空间。同时应根据基坑工程等级、支撑形式、场内条件等因素，确定基坑开挖的分区及其顺序。宜先开挖周边环境要求较低的一侧土方，并及时设置支撑。周边环境要求较高一侧的土方开挖，宜采用抽条对称开挖、限时完成支撑或垫层的方式。

基坑应按支护结构设计、降排水要求等确定开挖方案，开挖过程中应分段、分层，随挖随撑，按规定时限完成支撑的施工，做好基坑排水，减少基坑暴露时间。在开挖过程中，应采取措施防止碰撞支护结构、工程桩或扰动原状土。支撑的拆除过程必须遵循“先换撑、后拆除”的原则进行施工。

3.9.2 钢筋混凝土支撑

钢筋混凝土支撑应首先进行施工分区和流程的划分，支撑的分区一般结合土方开挖方案，按照盆式开挖、“分区、分块、对称”的原则确定，随着土方开挖的进度及时跟进支撑的施工，尽可能减少围护体侧开挖段无支撑暴露的时间，以控制基坑工程的变形和稳定性。

混凝土支撑的施工由多项分部工程组成，根据施工的先后顺序，一般分为施工测量、钢筋工程、模板工程及混凝土工程。

1. 施工测量

施工测量的工作，主要有平面坐标系内轴线控制网的布设和场区高程控制网的布设。平面坐标系内轴线控制网应按照“先整体、后局部”“高精度控制低精度”的原则进行布设。应根据城市规划部门提供的坐标控制点，经复核检查后，利用全站仪进行平面轴线的布设。应在不受施工干扰且通视良好的位置设置轴线的控制点，同时做好显著标记。在施工全过程中，对控制点要妥善保护。根据施工需要，依据主轴线进行轴线加密和细部放线，形成平面控制网。施工过程中定期复查控制网的轴线，确保测量精度。支撑的水平轴线偏差应控制在30mm之内。

场区应根据城市规划部门提供的高程控制点，用精密水准仪进行闭合检查，布设一套高程控制网。场区内至少引测三个水准点，并根据实际需要另外增加，以此测设出建筑物的高程控制网。支撑系统中心标高误差控制在30mm之内。

2. 钢筋工程

钢筋工程的重点是粗钢筋的定位和连接及钢筋的下料、绑扎。要确保钢筋工程质量满足相关规范要求。

1）钢筋的进场及检验

钢筋进场必须附有出厂证明（试验报告）、钢筋标志，并根据相应检验规范分批进行见证取样和检验。钢筋进场时分类码放，做好标识，存放钢筋场地要平整，并设有排水坡度。堆放时，钢筋下面要垫设木枋或砖砌垫层，保证钢筋离地面高度不宜小于20cm，以防钢筋锈蚀和污染。

2）钢筋的加工制作

在钢筋的加工制作方面，受力钢筋加工应平直，无弯曲，否则应进行调直。各种钢筋弯钩部分弯曲直径、弯折角度、平直段长度应符合设计和规范要求。箍筋加工应方正，不得有平行四边形箍筋，截面尺寸要标准，这样有利于钢筋的整体性和刚度，使其不易发生变形。钢筋加工要注意首件半成品的质量检查，确认合格后方可批量加工。批量加工的钢筋半成品经检查验收合格后，按照规格、品种及使用部位分类堆放。

3）钢筋的连接

在钢筋的连接方面，支撑及腰梁内纵向钢筋接长根据设计及规范要求，可以采用直螺纹套筒连接、焊接或绑扎连接，钢筋的连接接头应设置在受力较小的位置，一般为跨度的1/3处，位于同一连接区段内纵向受拉钢筋接头数量不大于50%。

4）钢筋的质量检查

钢筋工程属于隐蔽工程，在浇筑混凝土前应对钢筋进行验收，及时办理隐蔽工程记录。钢筋均在现场加工成型，钢筋工程的重点是粗钢筋的定位和连接，梁的下料、绑扎和其他钢筋绑扎，以上工序均应严格按照相关规范要求进行。

3. 模板工程

模板工程的目标是令混凝土成型后，其表面颜色基本一致，无蜂窝、麻面、露筋、夹渣、锈斑和明显气泡存在；结构阳角部位无缺棱掉角，梁柱、墙梁的接头平滑方正，模板拼缝基本无明显痕迹；表面平整、线条顺直、几何尺寸准确，外观尺寸允许偏差在规范允许范围内。

钢筋混凝土支撑底模一般采用土模法施工，即在挖好的原状土面上浇捣10cm左右素混凝土垫层。垫层施工应紧跟挖土进行，及时分段铺设，其宽度为支撑宽度两边各加200mm。为避免支撑钢筋混凝土与垫层粘在一起，造成施工时清除困难，在垫层面上用油毛毡做隔离层。隔离层采用一层油毛毡，宽度与支撑宽等同；油毛毡铺设应尽量减少接缝，接缝处应用胶带纸满贴紧，以防止漏浆。

4. 混凝土工程

混凝土工程施工目标是要确保混凝土质量优良，确保混凝土的设计强度，特别是控制混凝土有害裂缝的发生。要保证混凝土密实、表面平整，线条顺直、几何尺寸准确，色泽一致，无明显气泡，模板拼缝痕迹整齐且有规律性，结构阴阳角方正顺直。

1）混凝土技术指标要求

混凝土采用输送泵浇筑的方式，其坍落度要求入泵时最高不超过20cm，最低不小于16cm；应确保浇筑时的坍落度能够满足施工生产需要，保证混凝土供应质量。为了保证混凝土在浇筑过程中不离析，在搅拌时，要求混凝土要有足够的黏聚性，要求在泵送过程中不泌水、不离析，保证混凝土的稳定性和可泵性。为了保证各个部位混凝土的连续浇筑，要求混凝土的初凝时间保证为7～8h；为了保证后道工序的及时跟进，要求混凝土终凝时间控制在12h以内。

2）混凝土输送管布置原则

根据工程和现场平面布置的特点，应按照混凝土浇筑方案划分的浇筑工作面和连续浇筑的混凝土量大小、浇筑的方向与混凝土输送方向进行管道布置。管道布置在保证安全施工、装拆维修方便、便于管道清洗和故障排除、便于布料的前提下，应尽量缩短管线的长度，少用弯管和软管。在输送管道中应采用同一内径的管道，输送管接头应严密，有足够强度，并能快速拆装。在管线中，高度磨损、有裂痕、有局部凹凸或弯折损伤的管段不得使用。当在同一管线中有新、旧管段同时使用时，应将新管布置在泵前的管路开始区、垂直管段、弯管前段、管道终端接软管处等压力较大的部位。

管道各部分必须保证固定牢固，不得直接支承在钢筋、模板及预埋件上。水平管线必须每隔一定距离用支架、垫木、吊架等加以固定，固定管件的支承物必须与管卡保持一定距离，以便于排除堵管、装拆清洗管道。垂直管宜在结构的柱或板的预留孔上固定。

3）混凝土浇筑

钢筋混凝土支撑采用商品混凝土泵送浇捣，泵送前应在输送管内用适量的与支撑混凝土成分相同的水泥浆或水泥砂浆润滑内壁，以保证泵送顺利进行。混凝土浇捣采用分层滚浆法浇捣，防止漏振和过振，确保混凝土密实。混凝土必须保证连续供应，避免出现施工缝。混凝土浇捣完毕后，用木泥板抹平、收光，在终凝后及时铺上草包或以塑料薄膜覆盖，防止水分蒸发而导致混凝土表面开裂。

4）施工缝处理

目前，基坑工程的规模呈愈大愈深的趋势，单根支撑杆件的长度甚至达到了200m以上，混凝土浇筑后会发生压缩变形、收缩变形、温度变形及徐变变形等效应，这些在超长钢筋混凝土支撑中的负作用非常明显。为减少这些效应的影响，必须分段浇筑施工。

支撑分段施工时设置的施工缝处，必须待已浇筑混凝土的抗压强度不小于1.2MPa时，才允许继续浇筑。在继续浇筑混凝土前，施工缝混凝土表面要剔毛，剔除浮动石子，用水冲洗干净并充分润湿，然后刷素水泥浆一道，下料时要避免靠近缝边，机械振捣点距缝边30cm，缝边人工插捣，使新旧混凝土结合密实。

临时支撑结构与围护体等连接部位都要按照施工缝处理的要求进行清理，如剔凿连接部位混凝土结构的表面，露出新鲜、坚实的混凝土，并剥出、扳直和校正预埋的连接钢筋。需要埋设止水条的连接部位，还须在连接面表面干燥时，用钢钉固定延期膨胀型止水条。冠梁上部需通长埋设刚性止水片，在混凝土浇筑前应做好预埋工作，保证止水钢板埋设深度和位置的准确性。在浇筑混凝土前要冲洗混凝土接合面，使其保持清洁、润湿，方可进行混凝土浇筑。

5）混凝土养护

支撑梁、栈桥上表面采用覆盖薄膜进行养护，侧面在模板拆模后采用浇水养护，一般养护时间不少于7天。

5. 支撑拆除

钢筋混凝土支撑拆除时，应严格按设计工况进行，遵循“先换撑、后拆除”的原则。采用爆破法拆除作业时，应遵守当地政府的相关规定。内支撑拆除要点主要为：①内支撑拆除应考虑现场周边环境特点，按“先置换、后拆除”的原则制定详细的操作条例，认真执行，避免出现事故；②当内支撑相应层的主体结构达到规定的强度等级，并可承受该层内支撑的内力，可按规定的换撑方式将支护结构的支撑荷载传递到主体结构后，方可拆除该层内支撑；③内支撑拆除应小心操作，不得损伤主体结构，在拆除下层内支撑时，支撑立柱及支护结构在一定时期内还处于工作状态，必须小心断开支撑与立柱、支撑与支护桩的节点，使其不受损伤；④最后拆除支撑立柱时，必须做好立柱穿越底板位置的防水处理；⑤在拆除每层内支撑的前后必须加强对周围环境的监测，出现异常情况要立即停止拆除并立即采取措施，以确保换撑安全、可靠。

3.9.3 钢支撑

钢支撑架设和拆除速度快，架设完毕后即可直接开挖下层土方，而且支撑材料具有可循环使用的特点，对节省基坑工程造价和加快工期具有显著优势，适用于开挖深度一般、平面形状规则、狭长形的基坑工程。但与钢筋混凝土结构支撑相比，其变形较大，比较敏感，且由于圆钢管和型钢的承载能力不如钢筋混凝土结构支撑的承载能力大，因而支撑水平向的间距不能很大，相对来说机械挖土不太方便。在大城市建筑物密集地区开挖深基坑，支护结构多以变形控制，在减少变形方面钢结构支撑不如钢筋混凝土结构支撑，如能根据变形发展分阶段多次施加预应力，也能控制其变形量。

钢支撑体系施工时，根据围护挡墙结构形式及基坑挖土施工方法不同，围护挡墙上的围檩形式也有所区别。一般情况下采用钻孔灌注桩、SMW、钢板桩等围护挡墙时，必须设置围檩，一般首道支撑设置钢筋混凝土围檩，下道支撑设置型钢围檩。混凝土围檩刚度大、承载能力高，可增大支撑的间距。钢围檩施工方便，钢围檩与挡墙间的空隙，宜用细石混凝土填实。

钢支撑的施工根据流程安排，一般分为测量定位、起吊、安装、施加预应力及拆撑等施工步骤。

1. 测量定位

钢支撑施工之前应做好测量定位工作，其基本上与混凝土支撑的施工相一致，包含平面坐标系内轴线控制网的布设和场区高程控制网的布设两个大方面的工作。

钢支撑定位必须精确控制其平直度，以保证钢支撑能轴心受压，一般要求在钢支撑安装时采用测量仪器（卷尺、水准仪、塔尺等）进行精确定位。安装之前应在围护体上做好控制点，然后分别向围护体上的支撑埋件上引测，将钢支撑的安装高度、水平位置分别认真地用红漆标出。

2. 钢支撑的吊装

从受力可靠的角度来看，纵横向钢支撑一般不采用重叠连接，而采用平面刚度较大的同一标高连接。

第一层钢支撑的起吊，与第二层及以下层支撑的起吊作业有所不同。第一层钢支撑施工时，空间上无遮拦，相对有利，如支撑长度一般时，可将某一方向（纵向或横向）的支撑在基坑外按设计长度拼接形成整体，其后采用1～2台吊车多点起吊的方式，将支撑吊运至设计位置和标高处进行某一方向的整体安装，但另一方向的支撑需根据支撑的跨度进行分节吊装，分节吊装至设计位置之后，再采用螺栓连接或焊接等方式与先行安装好的另一方向的支撑连接为整体。而第二层及以下层钢支撑在施工时，由于已经形成第一道支撑系统，已无条件将某一方向的支撑在基坑外拼接成整体后再吊装至设计位置；因此当钢支撑长度较长，需采用多节钢支撑拼接时，应按“先中间、后两头”的原则进行吊装，并尽快将各节支撑连起来，法兰盘的螺栓必须拧紧，以快速形成支撑。对于长度较小的斜撑，在就位前可将钢支撑先在地面上预拼装到设计长度，再拼装连接。

支撑钢管与钢管之间通过法兰盘以及螺栓连接。当支撑长度不够时，应加工饼状连接管，严禁在活络端处放置过多的塞铁，以免影响支撑的稳定。

3. 预加轴力

钢支撑安放到位后，吊机将液压千斤顶放入活络端顶压位置，接通油管后开泵，按设计要求逐级施加预应力。预应力施加到位后，在固定活络端烧焊牢固，防止支撑预应力损失与钢锲块掉落伤人。预应力施加应在每根支撑安装完毕后立即进行。由于支撑长度较长，有的支撑施加预应力很大，安装的误差难以保证支撑完全平直，所以施加预应力时为了确保支撑的安全性，预应力应分阶段施加。支撑上的法兰螺栓全部要求拧到拧不动为止。

支撑应力复加应以监测数据检查为主，以人工检查为辅。其复加位置应主要针对正在施加预应力的支撑之上的一道支撑，以及暴露时间过长的支撑。复加应力时应注意每一幅连续墙上的支撑应同时复加，复加应力的值应控制在预加应力值的110%之内，防止单组支撑复加应力影响到其周边支撑。

采用钢支撑施工基坑时，最大的问题是支撑预应力损失问题，特别是深基坑工程采用多道钢支撑作为基坑支护结构时，钢支撑预应力往往容易损失，对周边环境要求较高地区的施工、变形控制的深基坑很不利。造成支撑预应力损失的原因很多，一般有以下几点：

①施工工期较长，钢支撑的活络端松动；②钢支撑安装过程中钢管间连接不紧密；③基坑围护体系的变形；④下道支撑预应力施加时，基坑可能产生向坑外的反向变形，造成上道钢支撑预应力损失；⑤换撑过程中应力重分布。在基坑施工过程中，应加强对钢支撑应力的检查，并采取有效的措施，对支撑进行预应力复加。预应力复加通常按预应力施加的方式，通过在活络头子上使用液压油泵进行顶升，采用支撑轴力施加的方式来进行，施工时非常不方便，往往难以实现动态复加。目前，国内外也可设置专用预应力复加装置，一般有螺杆式及液压式两种动态轴力复加装置。采用专用预应力复加装置后，可以实现对钢支撑的动态监控及动态复加，确保了支撑受力与基坑的安全性。

4. 支撑的拆除

按照设计的施工流程拆除基坑内的钢支撑。支撑拆除前，应先解除预应力。

3.9.4 支撑立柱的施工

内支撑体系的钢立柱目前用得最多的形式为角钢格构柱，即每根柱由四根等边角钢组成柱的四个主肢，四个主肢间用缀板或缀条进行连接，共同构成钢格构柱。

钢格构柱一般均在工厂进行制作，考虑到运输条件的限制，一般均分段制作，单段长度一般不超过15m，运至现场后再组成整体进行吊装。钢格构柱现场安装一般采用“地面拼接、整体吊装”的施工方法，首先将工厂里制作好运至现场的分段钢立柱在地面拼接成整体，其后根据单根钢立柱的长度，采用两台或多台吊车抬吊的方式将钢格构柱吊装至安装孔口上方，调整钢格构柱的转向满足设计要求之后，和钢筋笼连接成一体后就位，再调整垂直度和标高，固定后进行立柱混凝土的浇筑施工。

钢格构柱作为基坑实施阶段重要的竖向受力支承结构，其垂直度至关重要，将直接影响钢立柱的竖向承载力，因此施工时必须采取措施控制其各项指标的偏差在设计要求的范围内。钢格构柱垂直度的控制应特别注意提高立柱桩的施工精度，立柱桩根据不同的种类，需要采用专门的定位措施或定位器械；其次，钢立柱的施工必须采用专门的定位调直设备对其进行定位和调直。

3.10 旋喷桩施工

旋喷法又称喷射注浆法，是通过高速喷射流切割土体并使水泥与土搅拌混合，形成水泥土加固体，如图3－13所示。由于用喷射流形成的加固体形状灵活，适用多种加固要求，在地铁隧道和其他交通隧道建设中用于盾构机工作井和进洞、出洞的工作面加固，在建筑物基坑的加固中多与保护相邻地铁车站、隧道、地下主要管线等有关；也用于形成挡水墙或底板，以阻止基坑侧壁或基坑底部地下水的涌入。

图 3-13　旋喷桩挡墙

3.10.1　旋喷桩分类

喷射注浆法施工可分为单管法、二管法、三管法。除此之外，又在此基础上发展出多重管法和与搅拌法相结合的方法，但其加固原理是一致的。

单管法和二管法中的喷射管较细，因此，当第一阶段贯入土中时，可借助喷射管本身的喷射或振动贯入，只是在必要时，才在地基中预先成孔（孔径为 ϕ60～100mm），然后放入喷射管进行喷射加固；采用三管法时，喷射管直径通常为 70～90mm，结构复杂，因此有时需要预先钻一个直径为 150mm 的孔，然后置入三管喷射进行加固。各种加固法，均可根据具体条件采用不同类型的机具和仪表，喷射注浆法施工的主要机具包括以下几种。

1. 高压泵

高压泵包括高压泥浆泵和高压清水泵。高压泵的压力通常要求能在 15MPa 以上，有的泵高达 40～60MPa。一个良好的高压泵应能在高压下持续工作，设备的主体结构和密封系统应有良好的耐久性，否则高压泥浆泵输送水泥时，就会经常发生故障，给施工带来很大困难。除此之外，高压泵在流量和压力方面还应具有适当的调节范围，以利于施工中选用。高压泵动力设备一般可分为柴油机和电动机两大类。前者不受电力的限制，但压力往往不很稳定；而后者的压力较稳定。仅用于喷射清水的高压柱塞泵，一般不像高压泥浆泵那样容易损坏。

2. 喷射机及钻机

喷射注浆法采用的喷射机，通常是专用特制的，有时也可对一般勘探用钻机根据喷射工艺的要求加以适当改造。机械的灵活性及功能对喷射注浆法的施工工艺起着重要作用。

3. 其他机具

1）喷射管

喷射管构造，根据所采用的单管法、二管法、三管法和多重管法而有所不同。单管法的喷射管仅喷射高压泥浆；二管法的喷射管则同时输送高压水泥浆和压缩空气，而压缩空气是通过围绕浆液喷嘴四周的环状喷嘴喷出的；三管法的喷射管要同时输送水、压缩空气和水泥浆，而这三种介质均有不同的压力，因此，喷射管必须保持不漏、不串、不堵，加工精度严格，否则将难以保证施工质量。三管法的喷射管可以由独立的三根构成，这种结构在加工制作上难度较小。

2）喷嘴

喷嘴是将高压泵输送来的液体压能最大限度地转换成射流动能的装置，它安装在喷头侧面，其轴线与钻杆轴线成90°或120°角。喷嘴是直接影响射流质量的主要因素之一。根据流体力学的理论，射流破坏土体冲击力的大小与流速平方成正比，而流速的大小除和液体出喷嘴前的压力有关外，喷嘴的结构对射流特性值的影响也是很大的。高压液体射流喷嘴通常有圆柱形、收敛圆锥形和流线形三种。试验结果表明，流线形喷嘴的射流特性最好，但这种喷嘴极难加工，在实际工作中很少采用；收敛圆锥形喷嘴的流速系数、流量系数与流线形喷嘴相比所差无几，又比流线形喷嘴容易加工，经常被采用。在实际应用中，圆锥形喷嘴的进口端增加了一个渐变的喇叭口形的圆弧角，使其更接近于流线形喷嘴，出口端增加一段圆柱形导流孔，通过试验，其射流收敛性较好。

为了保持喷射管管道的畅通，及时冲洗是十分必要的，绝对不能让水泥浆在管道中硬化。因此，每一节喷射管、每一个泵和接头的部位都要仔细冲洗干净，只有这样，才能保持施工机具连续正常使用。

3.10.2 旋喷桩检验

旋喷固结体系在地层下直接形成，属于隐蔽工程，因而不能直接观察到旋喷桩体的质量，必须用比较切合实际的各种检查方法来鉴定其加固效果。喷射质量的检查方法，有开挖检查、室内试验、钻孔检查及载荷试验等。

1. 开挖检查

旋喷完毕，待凝固具有一定强度后，即可开挖。这种检查方法，因开挖工作量很大，一般限于浅层。由于固结体完全暴露出来，因此能比较全面地检查喷射固结体质量，也是检查固结体垂直度和固结形状的良好方法，这是当前较好的一种质量检查方法。

2. 室内试验

在设计过程中，先进行现场地质调查，并取得现场地基土，以标准稠度求得理论旋喷固结体的配合比，在室内制作标准试件，进行各种力学物理性能的试验，以求得设计所需的理论配合比。施工时可依此作为浆液配方，先做现场旋喷试验，开挖观察并制作标准试件进行各种力学物理性能试验，检查与理论配合比相比较是否符合一致。它是现场实验的一种补充试验。

3. 钻孔检查

(1) 钻取旋喷加固体的岩芯：可在已旋喷好的加固体中钻取岩芯来观察判断其固结整体

性，并将所取岩芯做成标准试件进行室内物理力学试验，以求得其强度特性，鉴定其是否符合设计要求。取芯时的龄期根据具体情况确定，有时采用在未凝固的状态下“软取芯”。

(2) 渗透试验：现场渗透试验，一般有钻孔压力注水和抽水观测两种。

4. 载荷试验

在对旋喷固结体进行载荷试验之前，应对固结体的加载部位进行加强处理，以防加载时固结体受力不均而损坏。

施工前应进行成桩工艺性试验（不少于3根），在确定各项工艺参数并报监理单位确认后，方可进行施工。

旋喷桩大面积施工前，应进行单桩或复合地基承载力试验，以确认设计参数。

本章小结

随着城市建设的不断发展，深基坑工程越来越多。通过本章学习，可以加深对深基坑围护结构类别、选型、土方开挖方法与各类基坑围护结构施工方法等内容的理解，具备编制深基坑施工方案与组织现场施工的初步能力。

思考题

1. 深基坑围护结构的类型有哪些？各有何特点？
2. 深基坑围护结构如何进行选型？
3. 深基坑土方开挖的方法有哪几种？
4. 锚杆在空间上的排列布置一般情况下应该满足什么要求？
5. 排桩支护与地下连续墙支护相比有什么特点？
6. 型钢水泥土搅拌墙施工顺序如何？
7. 钢板桩施工中有哪些辅助沉桩措施？
8. 内支承系统有哪些基本构件？这些基本构件的作用是什么？

第4章

地下连续墙施工

教学目标

本章主要讲述地下连续墙的施工工艺和方法。通过学习应达到以下目标：

(1) 理解地下连续墙施工技术的特点与适用范围；

(2) 掌握地下连续墙施工工艺；

(3) 掌握地下连续墙施工方法。

教学要求

知识要点	能力要求	相关知识
地下连续墙的特点与适用范围	(1) 掌握地下连续墙施工技术的优缺点； (2) 掌握地下连续墙的适用范围	(1) 地下连续墙的优点与缺点； (2) 地下连续墙适用条件
地下连续墙施工工艺	(1) 掌握钢筋混凝土壁板式地下连续墙的构造形式； (2) 掌握地下连续墙槽段施工程序； (3) 理解地下连续墙施工工艺流程	(1) 壁板式地下连续墙的构造形式； (2) 地下连续墙槽段施工程序； (3) 地下连续墙施工工艺流程
地下连续墙施工	(1) 导墙施工； (2) 泥浆护壁； (3) 槽段开挖； (4) 钢筋笼加工与吊放； (5) 水下混凝土浇筑； (6) 槽段间的接头处理	(1) 导墙作用、形式与施工方法； (2) 泥浆的作用、成分、质量控制指标，泥浆的制作与再生处理； (3) 槽段长度、宽度、深度、平面形状与接头位置，槽段挖槽顺序； (4) 钢筋笼的加工与吊放； (5) 清底，对混凝土的要求与混凝土水下浇筑； (6) 接头分类，施工接头与结构接头

基本概念

地下连续墙；导墙；膨润土泥浆、触变泥浆；槽段；清底、水下混凝土浇筑；施工接头、结构接头

引例

地下连续墙施工技术在城市地下工程中的应用越来越广泛，其施工工艺主要包括导墙施工、泥浆护壁、槽段开挖、钢筋笼加工与吊放、水下混凝土浇筑与槽段接头处理等。地下连续墙施工工艺与技术是本章的重点。

某工程为单栋建筑，其中地上建筑31层，结构类型为框架-核心筒结构，结构总高度约200m；地下室4层。该工程基坑南北向边长为88m，东西向边长为74m左右，面积约6169m²；基坑围护结构均采用1000mm厚“两墙合一”地下连续墙；在地下连续墙成槽前，采用ϕ850@600三轴水泥土搅拌桩进行槽壁加固。连续墙混凝土强度等级为C30，抗渗等级为S10，墙顶标高－2.95m、底标高－38.9m，自基坑底面向下锚入16m；地下连续墙分A、B、C、D四种槽段类型，共55幅，槽段之间采用圆形锁口管柔性接头连接；连续墙钢筋以HRB400级ϕ28与ϕ32为主，连续墙与地下室底板之间钢筋用直螺纹接驳器及预埋插筋连接，与各层结构楼板环梁和梁板、顶板等通过预埋插筋连接。连续墙每幅槽段内设置注浆管，管底位于槽底200～500mm，墙身混凝土达到设计强度的70%后注浆。该地下连续墙很好地保证了施工期间基坑的稳定，也作为主体结构的承重外墙发挥着永久结构的作用。

4.1 概　　述

地下连续墙是一种较为先进的地下工程结构形式和施工工艺。它是在地面上用特殊的挖槽设备，沿着基坑周边，在泥浆护壁的情况下，开挖一条狭长的深槽，在槽内放置钢筋笼并浇灌水下混凝土，筑成一段钢筋混凝土墙段，然后将若干墙段连接成整体，形成一条连续的地下墙体。地下连续墙可供截水、防渗或挡土承重之用。

地下连续墙施工技术自1950年首次应用于意大利米兰的工程以来已有60多年的历史。近年来不仅在欧洲国家和日本相当普及，而且在我国也日益得到广泛的应用，特别是在1997年上海成功研制了导板抓斗和多头钻成槽机等专用设备后，我国的地下连续墙技术无论在理论研究还是施工技术方面都取得了很大进步，在工程实践中取得了很好的经济效益。

地下连续墙之所以能得到广泛的应用，是因为它具有以下优点：

(1) 适用于各种各样的土质情况。在我国除岩溶地区和承压水头很高的砂砾层难以采用地下连续墙工法外，在其他各种土质中皆可应用地下连续墙技术。在某些条件下，它几乎成为唯一可采用的有效的施工方法；

(2) 施工时振动小、噪声低，有利于城市建设中的环境保护；

(3) 能在建筑物、构筑物密集地区施工。地下连续墙的刚度大，能承受较大的侧向压力，在基坑开挖时，变形小，周围地面的沉降少，不会影响或较少影响邻近的建筑物或构筑物。国外有在距离已有建筑物基础几厘米处就可进行地下连续墙施工的成功案例；

(4) 能兼作临时设施和永久地下主体结构。地下连续墙强度高、刚度大，不仅能用作深基坑护壁的临时支护结构，满足挡土挡水要求，而且在采取一定结构构造措施后可用作高层建筑的基础或地下工程的部分结构。一定条件下可大幅度减少工程总造价，取得良好的经济效益；

（5）可结合“逆作法”施工，缩短施工总工期。地下连续墙与“逆作法”结合改变了传统施工方法“先地下、后地上”的施工顺序，可以做到地上地下同时施工，大大压缩了施工总工期。

当然，地下连续墙施工方法也有一定的局限性和缺点，比如：

（1）对于岩溶地区和含承压水头很高的砂砾层或很软的黏土中，目前尚难采用地下连续墙工法；

（2）如施工现场组织管理不善，可能会造成现场潮湿和泥泞，影响施工的条件，而且要增加对废弃泥浆的处理工作；

（3）如施工不当或土层条件特殊，容易出现不规则超挖和槽壁坍塌；

（4）现浇地下连续墙的墙面较粗糙，如果对墙面要求较高，墙面的平整处理将增加工期和造价；

（5）地下连续墙如仅用作施工期间的临时挡土结构，在基坑工程完成后就失去其使用价值，当基坑开挖不深时，不如其他方法经济；

（6）需有一定数量的专用施工机具和具有一定技术水平的专业施工队伍，使该项技术推广受到一定限制。

目前，地下连续墙已广泛应用于高层建筑的深大基坑、大型地下商场、地下停车场、地下铁道车站以及地下泵站、地下变电站、地下油库等地下特殊构筑物。采用地下连续墙的基坑规模长宽已达几百米，基坑开挖深度已达30m以上，连续墙深度已超过50m。

选用地下连续墙施工方法必须经过仔细的技术经济比较，通常情况下，地下连续墙的造价是高于钻孔灌注桩与深层搅拌桩的。一般来说，采用地下连续墙方案有以下几种情况：

（1）处于软弱地基的深大基坑，周围又有密集的建筑群或重要的地下管线，对基坑工程周围地面沉降和位移值有严格限制的地下工程；

（2）既作为土方开挖时的临时基坑围护结构，又可用作主体结构一部分的地下工程；

（3）采用逆作法施工，地下连续墙同时作为挡土结构、地下室外墙、地面高层房屋基础的工程。

4.2 地下连续墙施工工艺流程

地下连续墙按其填筑的材料，分为土质墙、混凝土墙、钢筋混凝土墙和组合墙。混凝土墙又有现浇与预制之分；组合墙又有预制钢筋混凝土墙板和现浇混凝土的组合，或预制钢筋混凝土墙板和自凝水泥膨润土泥浆的组合。按其成墙方式，分为桩排式、壁板式、桩壁组合式；按其用途，分为临时挡土墙、防渗墙、用作主体结构兼作临时挡土墙的地下连续墙、用作多边形基础兼作墙体的地下连续墙。

目前在我国应用最多的，还是现浇钢筋混凝土壁板式地下连续墙。壁板式地下墙既可作为临时性的挡土结构，也可兼作地下工程永久性结构的一部分，它的构造形式分为分离壁式、单独壁式、整体壁式与重壁式四种，如图4－1所示。其中分离壁式、整体壁式与重壁式均是基坑开挖以后再浇筑一层内衬而成，内衬厚度一般为20～40cm。

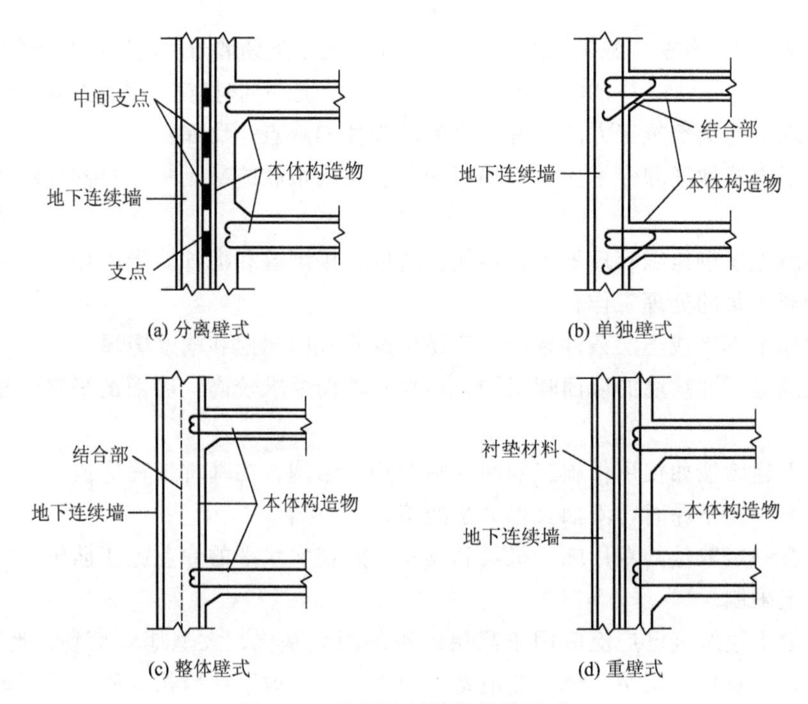

(a) 分离壁式　(b) 单独壁式　(c) 整体壁式　(d) 重壁式

图 4－1　地下连续墙的构造形式

地下连续墙采用逐段施工方法，且周而复始地进行。每段的施工过程大致可分为以下五步（图 4－2 所示）：

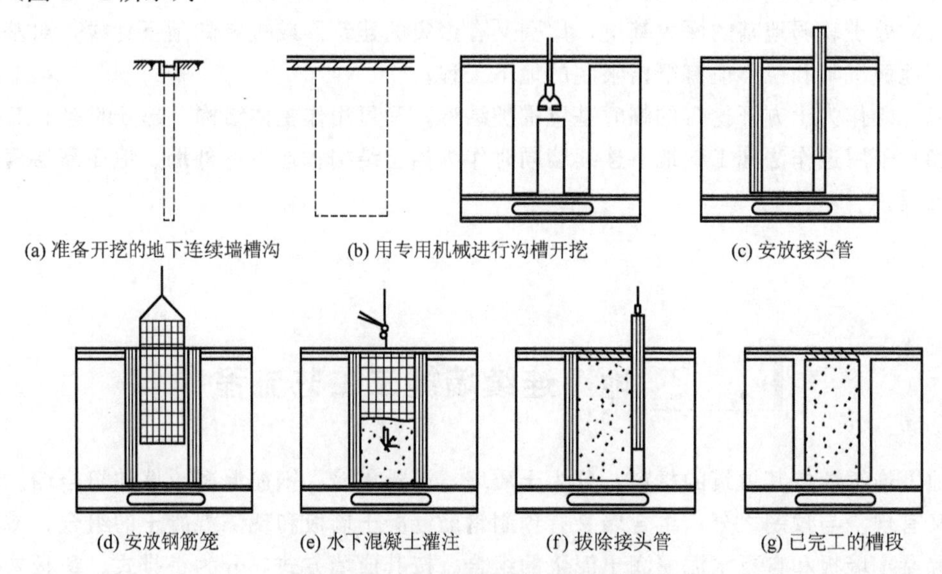

(a) 准备开挖的地下连续墙槽沟　(b) 用专用机械进行沟槽开挖　(c) 安放接头管　(d) 安放钢筋笼　(e) 水下混凝土灌注　(f) 拔除接头管　(g) 已完工的槽段

图 4－2　地下连续墙施工程序图

(1) 利用专用挖槽机械开挖地下连续墙槽段，在进行挖槽过程中，沟槽内始终充满泥浆，以保证槽壁的稳定；

(2) 当槽段开挖完成后，在沟槽两端放入接头管（又称锁口管）；

(3) 将事先加工好的钢筋笼插入槽段内，下沉到设计高度。当钢筋笼太长，一次吊沉有困难时，须将钢筋笼分段焊接，逐节下沉；

(4) 待插入用于水下浇筑混凝土的导管后，即可进行混凝土灌筑；

(5) 待混凝土初凝后，及时拔去接头管。

地下连续墙的施工工艺流程，包括施工准备、导墙修筑、泥浆制备与处理、槽段挖掘、钢筋笼制作与吊装、混凝土浇筑等工序，如图4-3所示。

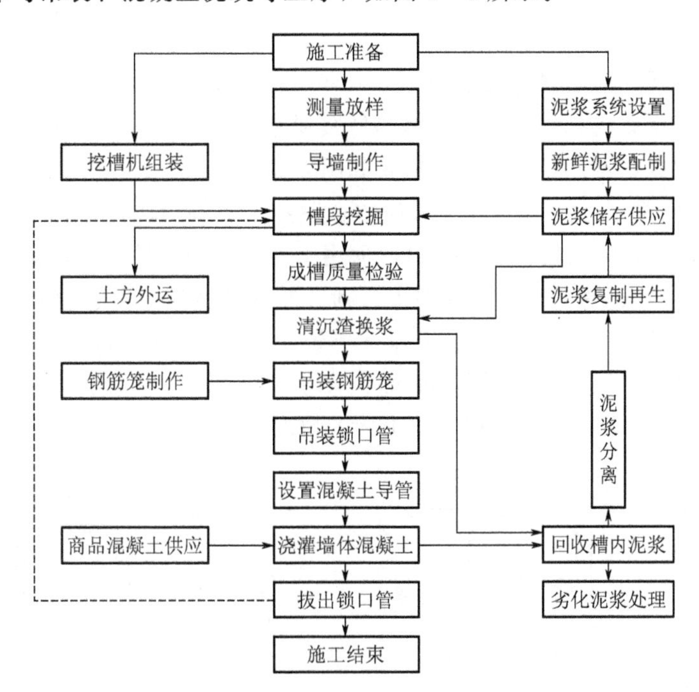

图4-3 现浇钢筋混凝土地下连续墙施工工艺流程

4.3 地下连续墙施工过程

地下连续墙施工过程较为复杂，施工工序较多，其中导墙修筑、泥浆制备与处理、钢筋笼制作与吊装以及水下混凝土浇筑是其主要工序。

4.3.1 导墙施工

1. 导墙的作用

导墙作为连续墙施工中必不可少的构筑物，具有以下作用：

(1) 控制地下连续墙施工精度。导墙与地下墙中心相一致，确定沟槽走向，是量测挖槽标高、垂直度的基准；导墙顶面也是机架式挖土机械导向钢轨的架设位置；

(2) 挡土作用。地表土层受地面超载影响，容易坍陷，导墙可以起到挡土作用。为防止导墙在侧向土压作用下产生位移，一般应在导墙内侧每隔1～2m加设上下两道木支撑；

(3) 重物支承台。施工期间，导墙可以承受钢筋笼、灌筑混凝土用的导管、接头管以及其他施工机械的静、动荷载；

（4）维持稳定液面。导墙内存蓄泥浆，为保证槽壁的稳定，泥浆液面始终保持高于地下水位一定的高度。此高度值的确定，各国不尽相同，大多数国家规定为1.25～2.0m。一般情况下使泥浆液面保持高于地下水位1.0m，基本能满足要求。

2. 导墙的形式

导墙一般采用现浇钢筋混凝土结构，但也有钢制的或预制钢筋混凝土装配式结构。在工程实践中，采用现场浇筑的混凝土导墙容易做到底部与土层贴合，防止泥浆流失，而预制式导墙较难做到这一点。导墙的常见形式如图4-4所示。

图4-4中，形式（a）、（b）断面最简单，适用于表层土质良好、导墙上荷载较小的情况；形式（c）、（d）为应用较多的两种，适用于表层土为杂填土、软黏土等承载能力较弱的土层；形式（e）适用于作用在导墙上的荷载很大的情况，可根据荷载的大小计算确定其伸出部分的长度；形式（f）适用于邻近建筑物的情况，有相邻建筑物的一侧应适当加强；形式（g）适用于地下水位很高而又不采用井点降水时，为确保导墙内泥浆液面高于地下水位1m以上，需将导墙上提高出地面的情况。

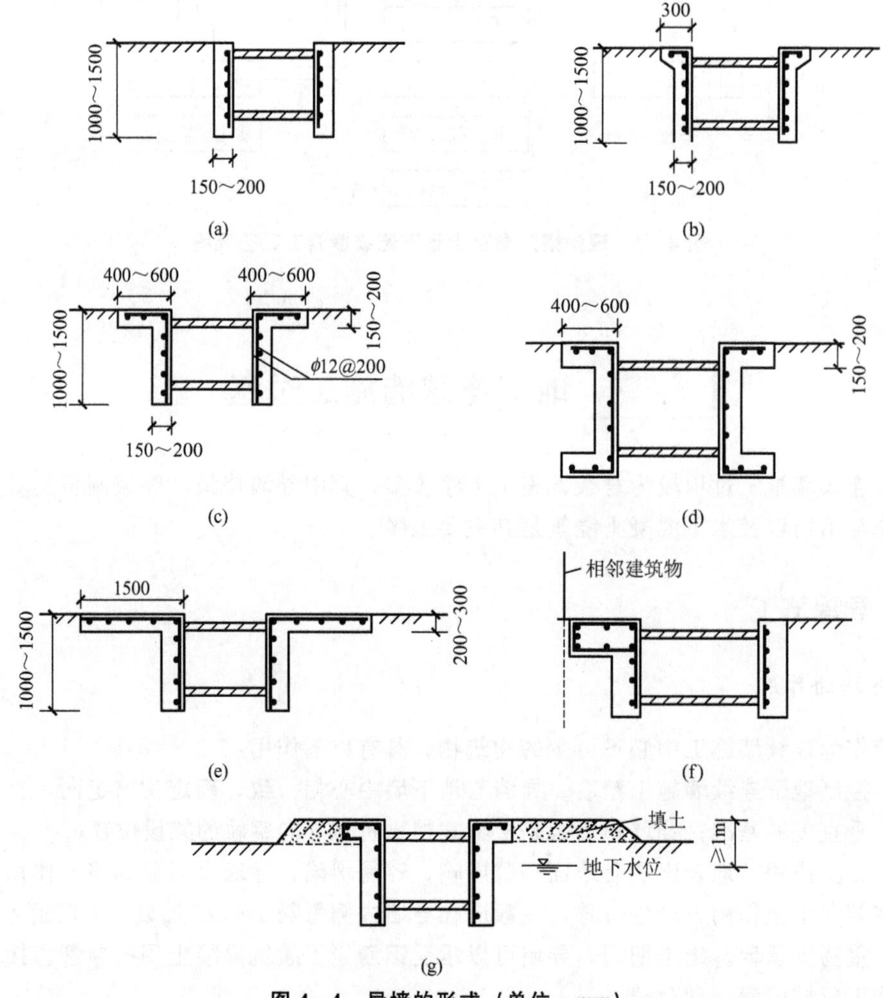

图4-4 导墙的形式（单位：mm）

3. 导墙施工

导墙一般采用C20混凝土浇筑，配筋通常为ϕ12～ϕ14@200。当表土较好，在导墙施工期间能保持外侧土壁垂直自立时，则以土壁代替外模板，避免回填土，以防槽外地表水渗入槽内。如表土开挖后外侧土壁不能垂直自立，外侧需设模板。导墙外侧应用黏土回填密实，防止地面水从导墙背后渗入槽内，引起槽段塌方。地下墙两侧导墙内表面之间的净距，应比地下连续墙厚度略宽，一般宽40mm左右。导墙顶面应高于地面100mm左右，以防雨水流入槽内稀释及污染泥浆。现浇钢筋混凝土导墙拆模以后，应沿其纵向每隔1m左右设上、下两道木支撑，将两片导墙支撑起来，在导墙的混凝土达到设计强度之前，禁止任何重型机械和运输设备在旁边行驶，以防导墙受压变形。倒L形导墙配筋构造如图4-5所示。

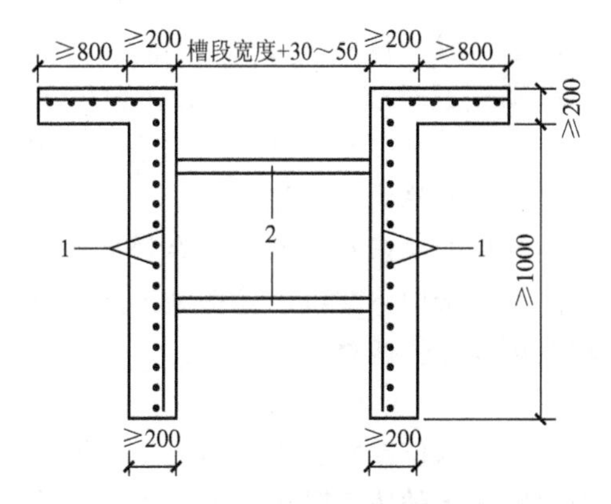

图4-5 倒L形导墙配筋构造图（单位：mm）

1—双向配筋；2—加撑

4.3.2 泥浆护壁

1. 泥浆作用

泥浆的主要作用是护壁、携渣、冷却机具和切土滑润，其中护壁为最重要的功能。泥浆的正确使用，是保证挖槽成败的关键。

泥浆具有一定的密度，在槽内对槽壁有一定的静水压力，相当于一种液体支撑。泥浆能渗入土壁形成一层透水性很低的泥皮，有助于维护土壁的稳定性。泥浆具有较高的黏性，能在挖槽过程中将土渣悬浮起来，这样就可使钻头时刻钻进新鲜土层，避免土渣堆积在工作面上影响挖槽效率，又便于土渣随同泥浆排出槽外。泥浆既可降低钻具因连续冲击或回转而上升的温度，又可减轻钻具的磨损消耗，有利于提高挖槽效率并延长钻具的使用时间。

2. 护壁泥浆的成分

地下连续墙挖槽护壁用的泥浆除通常使用的膨润土泥浆外，还有聚合物泥浆、CMC（羧甲基纤维素）泥浆及盐水泥浆，其主要成分和外加剂见表4-1。

表 4-1　护壁泥浆类型与主要成分

泥浆类型	主要成分	常用外加剂
膨润土泥浆	膨润土、水	分散剂、增黏剂、加重剂、防漏剂
聚合物泥浆	集合物、水	纯碱
膨润土泥浆	膨润土、水	CMC
盐水泥浆	膨润土、盐水	分散剂、特殊黏土

目前，我国工程中使用最多的是膨润土泥浆。膨润土泥浆的成分为膨润土、水和一些外加剂。膨润土是一种颗粒极其细小、遇水显著膨胀（在水中膨胀后的重量可增到原来干重量的6～7倍）、黏性和可塑性都很大的特殊黏土。

膨润土并不是单一的黏土矿物，而是由几种黏土矿物所组成，其中最主要的是蒙脱石。膨润土分散在水中，其片状颗粒表面带负电荷，端头带正电荷。如膨润土的含量足够多，则颗粒之间的电键使分散系形成一种机械结构，膨润土水溶液呈固体状态。这种水溶液一经触动（摇晃、搅拌、振动或通过超声波、电流），颗粒之间的电键即遭到破坏，膨润土水溶液就随之而变为流体状态；如果外界因素停止作用，该水溶液又变回固体状态。这种特性称为触变性，这种水溶液就称为触变泥浆。

制备泥浆的水，一般选用纯净的自来水，水中的杂质和pH过高或过低，均会影响泥浆的质量。为了使泥浆的性能适合于地下连续墙挖槽施工的要求，通常要在泥浆中加入适当的外加剂。外加剂按其功能可以分为四类。

1）加重剂

在很松软的土层、较高的地下水位或承压水的情况下，可能需要加大泥浆的密度，以维护槽壁的稳定性。单靠增大膨润土的浓度是不行的，因为泥浆太浓既难于运送，也影响挖槽速度。故需要加入一些密度较大的物质来增大泥浆的密度，这类外加剂就称为“加重剂”，如重晶石、珍珠岩、方铅矿粉末和铁砂等。

2）增黏剂

增黏剂一般用CMC，其主要成分是羧甲基纤维素钠。在泥浆中掺入少量的CMC，可提高泥浆的黏度，增大屈服值，防止沉淀，维护槽壁的稳定性。如果单独使用CMC，会降低钢筋与混凝土间的握裹力，宜与分散剂共同使用，常用量为：增黏剂CMC为水重的0.05%～0.1%，分散剂FCL（商品名为泰钠特）为水重的0.1%～0.5%。

3）分散剂

分散剂可增多膨润土颗粒表面吸附的负电荷，以便有阳离子混入时与之中和；还可使有害的离子产生惰性，并可对有害的离子进行置换。

4）防漏剂

开挖沟槽时，如槽壁为透水性较大的砂或砂砾层，或由于泥浆黏度不够、形成泥皮的能力较弱等因素，会出现泥浆漏失现象。此时需在泥浆中掺入一定数量的防漏剂，如锯末（用量为1%～2%）、蛭石粉末、稻草末、水泥（用量在17kg/m^{3}以下）、有机纤维素聚合物等。

3. 泥浆质量的控制指标

在施工过程中，要保证泥浆的物理、化学的稳定性和合适的流动特性，既要使泥浆在长时间静置情况下不致产生离析沉淀，又要使泥浆有很好的触变性。因此要对泥浆的各项控制指标进行监控，以便及时调整。泥浆的控制指标见表4-2。

表4-2 泥浆质量的控制指标

指标名称与单位	新制备的泥浆	使用过的循环泥浆
黏度/s	19～21	19～25
密度/(kg/cm³)	<1.05	<1.20
失水量/(mL/h)	<20	<40
泥皮厚度/mm	<1	<2.5
稳定性	100%	—
pH	8～9	<11

4. 泥浆制作与再生处理

泥浆制作的基本流程如图4-6所示。搅拌泥浆的方法和设备有：①胶质灰浆搅拌器；②螺旋桨式搅拌器；③压缩空气搅拌（把压缩空气喷入膨润土和水的混合物引起充分搅动）；④离心泵重复循环（离心泵将膨润土和水混合物以高速送回料斗，在料斗底部形成旋涡）。

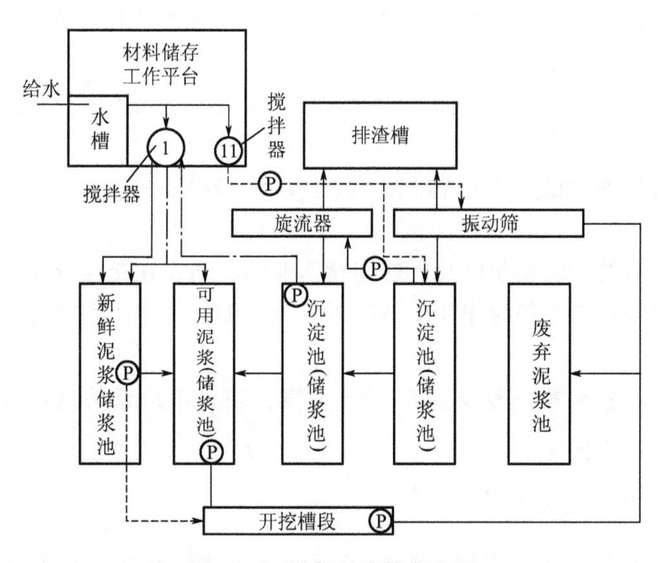

图4-6 泥浆制作基本流程

通过沟槽循环或混凝土置换而排出的泥浆，由于膨润土、CMC等主要成分的消耗以及土渣和电解质离子的混入，其质量比原泥浆显著恶化。应根据泥浆的恶化程度，决定舍弃或进行再生处理。

对于携带土渣的泥浆，一般采用重力沉降和机械处理两种方法。重力沉降处理是利用泥浆和土渣的密度差使土渣沉淀的方法。沉淀池的容积越大或停留时间越长，沉淀分离的效果越显著，所以最好采用大沉淀池，其容积一般为一个单元槽段有效容积的2倍以上。

沉淀池设在地上或地下均可，要考虑循环、再生、舍弃、移动等操作方便，再结合现场条件进行合理配置。机械处理方法通常是使用振动筛和旋流器。振动筛是通过强力振动将土渣与泥浆分离的设备；经过振动筛除去较大土渣的泥浆，尚带有一定量的细小砂粒，旋流器是使泥浆产生旋流，使砂粒在离心力作用下集聚在旋流器内壁，再在自重作用下沉落排渣。

4.3.3 槽段开挖

1. 槽段长度确定

槽段开挖是地下连续墙施工中的重要环节，约占工期的一半，挖槽精度决定墙体制作精度，槽段开挖是决定施工进度和质量的关键工序。地下连续墙通常是分段施工的，每一段称为地下连续墙的一个槽段（又称一个单元），一个槽段是一次混凝土灌筑单位。

槽段开挖长度的确定是由许多因素决定的，一般应考虑以下因素：

(1) 地质情况的好坏。当地层很不稳定时，为了防止沟槽壁面坍塌，应减少槽段长度，以缩短造孔时间；

(2) 周围环境。如果近旁有高大建筑物或有较大的地面荷载时，为了确保沟槽的稳定，也应缩减槽段长度，缩短槽壁暴露时间；

(3) 工地所具备的起重机能力。根据工地所具备的起重机能力是否能方便地起吊钢筋笼等重物，来决定槽段长度；

(4) 单位时间内供应混凝土的能力。通常要求每槽段长度内全部混凝土量在4h内灌筑完毕；

(5) 工地上所具备的稳定液槽容积。稳定液槽的容积一般应是每一槽段沟槽容积的两倍；

(6) 工地所占用的场地面积以及能够连续作业的时间。在交通繁忙而又狭窄的街道上进行施工，或仅允许在晚上进行作业的情况下，为了缩短每道工序的施工时间，不得不减小槽段的长度。

从我国的施工经验来看，槽段以6～8m为宜。在日本最长的槽段长度为20m，但通常一段不超过10m。

2. 槽段平面形状与接头位置

槽段一般多为纵向连续一字形，但为了增大地下连续墙的抗挠曲刚度，也可采用L形、T形或多边形，墙身还可设计成格栅形，如图4-7所示。

划分单元槽段应十分注意槽段之间的接头位置的合理设置，一般情况下应避免将接头设在转角处及地下连续墙与内部结构的连接处，以保证地下连续墙有较好的整体性。

3. 槽孔深度

对各种形式的抓斗来说，随着孔深的增加，它的升降时间加长，挖槽效率逐渐降低，其挖槽深度存在一个极限。对于水下挖槽机来说，机械提升力和高油（水）压的密封问题

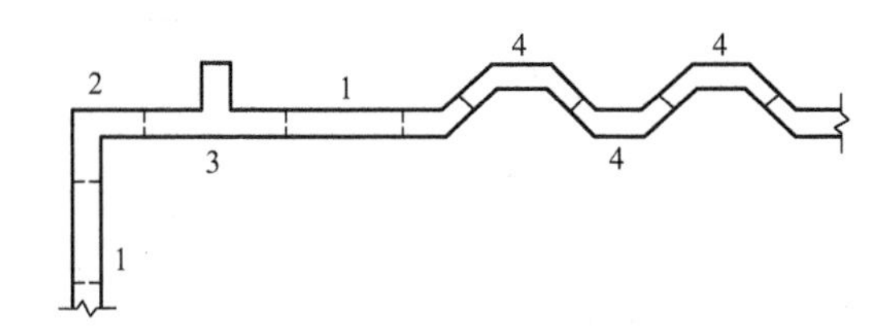

图4-7 地下连续墙平面形状与槽段划分

1—矩形槽段；2—转角L形槽段；3—T形槽段；4—U形槽段

是影响其挖深的主要因素，到目前为止，抓斗的最大挖槽深度不超过120m，而BM型多头钻的最大挖槽深度可达130m，电动铣槽机的深度可达170m。我国冲击钻机的最大挖深已突破80m。当前，在工程上使用较多的成槽机有液压抓斗式成槽机（图4-8）与双轮铣成槽机（图4-9）。

图4-8 液压抓斗式成槽机

图4-9 双轮铣成槽机

4．挖槽宽度

各种挖槽机都规定有最大和最小的挖槽宽度，可以根据这种变化范围来选择所需要的墙厚和施工工法。地下连续墙的墙厚根据结构受力计算确定，一般来说，用作临时挡土结构时，厚度多为400～600mm，用作永久结构墙时，多为600～1200mm。随着地下连续墙深度的增加，其厚度可达1500～2500mm。

在任何情况下，墙体厚度的最后实际完工尺寸不得小于设计墙厚。如果挖槽机宽度与设计墙厚一致，一般来说，由于超挖的影响，实际槽宽不会小于设计墙厚。但是由于在软弱地基中挖槽时可能产生“缩颈”现象，或由于泥皮质量不好而在孔壁上形成了很厚的泥皮，均会使墙体的实际厚度小于设计墙厚。在实际工程中，常使挖槽机的挖槽宽度比设计墙厚小1～2cm，再计入挖槽时的超挖量，实际槽孔宽度（墙厚）一般是会大于设计墙厚的。

5．挖槽顺序

地下连续墙挖槽常常是按两期挖槽法进行的，即先挖奇数槽孔，后挖偶数槽孔，最后建成一道连续墙体。近年来出现了一种新挖槽法，它除了在第1个槽孔内放2根接头管

（箱）外，从第2个槽孔开始，按序号（2，3，4，5，…）一直做下去，此时每个槽孔内只需放置1根接头管。这种挖槽法可称顺序挖槽法，如图4-10所示。

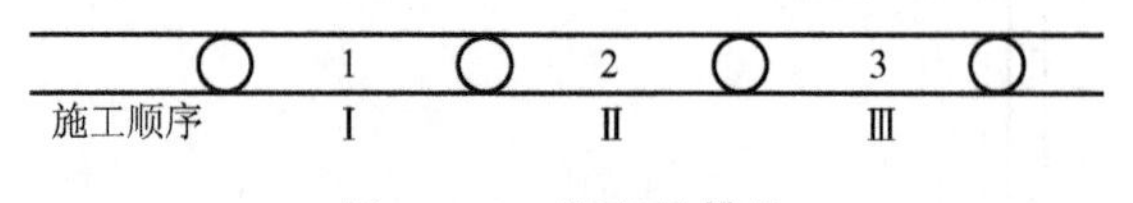

图4-10 顺序挖槽法

上述两种挖槽法都是可行的。两期挖槽法的二期槽孔不需放置接头管，施工简易些；顺序挖槽法每次只用一根导管，但每槽都用。应根据工程的实际情况来选用适当的挖槽法。

4.3.4 钢筋笼加工与吊放

1. 钢筋笼加工

地下连续墙的受力钢筋一般采用Ⅱ级钢，直径不宜小于16mm，构造筋可采用Ⅰ级钢，直径不宜小于12mm。

钢筋笼根据地下连续墙墙体配筋图和单元槽段的划分来制作。钢筋笼最好按单元槽段做成一个整体。如果地下连续墙很深或受起重设备起重能力的限制，可分段制作，然后在吊放时再逐段连接。钢筋笼的拼接一般应采用焊接，且宜用绑条焊，不宜采用绑扎搭接接头。

钢筋笼端部与接头管或混凝土接头面间应留有15～20cm的空隙。主筋净保护层厚度通常为7～8cm，保护层垫块厚5cm，在垫块和墙面之间留有2～3cm的间隙。一般用薄钢板制作垫块，焊于钢筋笼上。

制作钢筋笼时，要在密集的钢筋中预留出导管的位置，以便于浇筑水下混凝土时导管的插入。由于横向钢筋有时会阻碍导管插入，所以纵向主筋应放在内侧，横向钢筋放在外侧。纵向钢筋的底端应距离槽底面10～20cm。纵向钢筋底端应稍向内弯折，以防止吊放钢筋笼时擦伤槽壁，但向内弯折的程度也不应影响浇灌混凝土的导管插入。

加工钢筋笼时，要根据钢筋笼重量、尺寸以及起吊方式和吊点布置，在钢筋笼内布置一定数量的纵向桁架。地下连续墙与基础底板以及内部结构板、梁、柱、墙的连接，如采用预留锚固钢筋的方式，锚固筋一般用光圆钢筋，直径不宜超过20mm。

如果钢筋笼是分段制作，吊放时需要接长，下段钢筋笼要垂直悬挂在导墙上，然后将上段钢筋笼垂直吊起，上段钢筋笼的下端与下段钢筋笼上端用电焊直线连接。焊接接头一种方法是将上下钢筋笼的钢筋逐根对准焊接，另一种方法是采用钢板接头，如图4-11所示。第一种方法很难做到逐根钢筋对准，焊接质量没有保证且焊接时间很长；后一种方法是在上下钢筋笼端部将所有钢筋焊接在通长的钢板上，上下钢筋笼对准后用螺栓固定，以防止焊接变形，并用同主筋直径的附加钢筋@300一根与主筋点焊接以加强焊缝和补强，最后将上下钢板对焊，即完成钢筋笼分段连接。

2. 钢筋笼吊放

钢筋笼起吊时，顶部要用一根横梁（常用工字钢），其长度要和钢筋笼尺寸相适应。钢丝绳须吊住四个角。为了不使钢筋笼在起吊时产生很大的弯曲变形，通常采用两台吊车

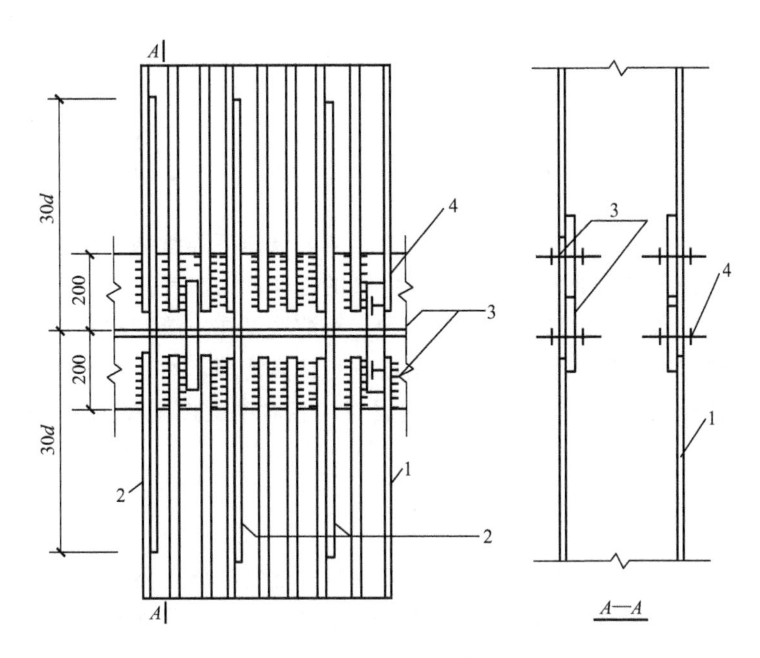

图 4-11 钢筋笼分段连接构造（单位：mm）

1—主筋；2—附加筋同主筋直径，长度50倍主筋@300一根；3—连接钢板厚度根据主筋等截面计算，不足部分附加筋补；4—定位钢板300×60×16，用ϕ20螺栓定位及防焊接变形

同时操作，其中一钩吊住顶部，另一钩吊住中间部位，如图4-12所示。为了不使钢筋笼在空中晃动，钢筋笼下端可系绳索用人力控制。起吊时不允许使钢筋笼下端在地面上拖引，以防造成下端钢筋笼的变形。插入钢筋笼时，吊点中心必须对准槽段中心，然后徐徐下降，垂直而又准确地将钢筋笼吊入槽内。在钢筋笼进入槽内时，必须注意不要使钢筋笼产生横向摆动，造成槽壁坍塌。钢筋笼插入槽内后，检查其顶端高度是否符合设计要求，然后用槽钢等将其搁置在导墙上。如果钢筋笼不能顺利插入槽内，应该重新吊出，查明原因并加以解决。如有必要，则在修槽之后再吊放。

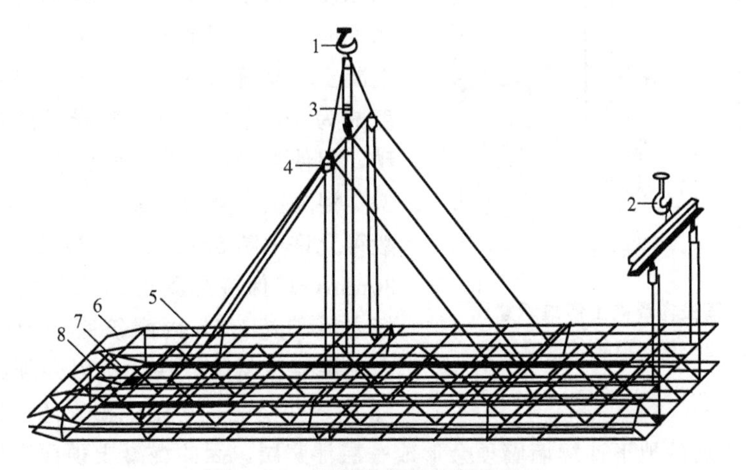

图 4-12 钢筋笼构造与起吊方法

1、2—吊钩；3、4—滑轮；5—卸甲；6—钢筋笼底端向内弯折；7—纵向桁架；8—横向架立桁架

4.3.5 水下混凝土浇筑

1. 浇筑混凝土前的清底工作

沉渣过多时，会使钢筋笼插不到设计位置，或降低地下连续墙的承载力，增大墙体的沉降，所以清除沉渣的工作非常重要。清除沉渣的工作称为清底。

清底的方法，一般有沉淀法和置换法两种。沉淀法是在土渣基本都沉淀到槽底之后再进行清底；置换法是在挖槽结束之后，对槽底进行认真清理，然后在土渣还没有沉淀之前就用新泥浆把槽内的泥浆置换出来，使槽内泥浆的相对密度控制在1.15以下。我国多采用置换法进行清底。

2. 混凝土质量要求

地下连续墙槽段的浇筑过程具有一般水下混凝土浇筑的施工特点。混凝土强度等级一般不应低于C20。混凝土的级配除了满足结构强度要求外，还要满足水下混凝土施工的要求，比如流态混凝土的坍落度宜控制在15～20cm，水泥用量一般大于400kg/m^3，水灰比一般须小于0.6。

3. 混凝土浇筑

地下连续墙混凝土是用导管在泥浆中灌筑的，如图4-13所示。在混凝土浇筑过程中，导管下口插入混凝土深度应控制在2～4m，不宜过深或过浅。插入深度太深，容易使下部沉积过多的粗骨料，而混凝土面层聚积较多的砂浆；插入太浅，则泥浆容易混入混凝土，影响混凝土的强度。因此导管埋入混凝土的深度不得小于1.5m，也不宜大于6m。只有当混凝土浇灌到地下连续墙墙顶附近，导管内混凝土不易流出的时候，方可将导管的插入深度减为1m左右，并可将导管适当地做上下运动，促使混凝土流出导管。

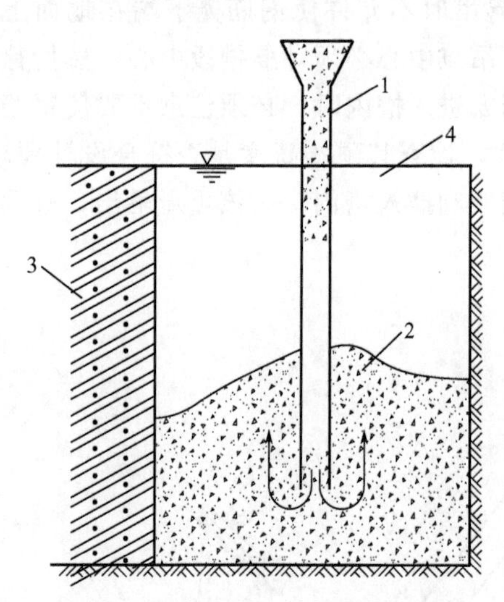

图4-13 槽段内混凝土浇筑示意图

1—导管；2—正在浇筑的混凝土；3—已经浇筑混凝土的槽段；4—泥浆

混凝土要连续灌筑，不能长时间中断。一般可允许中断5～10min，最长只允许中断20～30min，以保持混凝土的均匀性。混凝土搅拌好之后，以1.5h内灌筑完毕为原则。在夏天由于混凝土凝结较快，所以必须在搅拌好之后1h内尽快浇完，否则应掺入适当的缓凝剂。

在浇筑完成后的地下连续墙墙顶会形成一层浮浆层，因此混凝土顶面需要比设计标高超浇0.5m以上。凿去该浮浆层后，地下连续墙墙顶才能与主体结构或支撑相连成整体。

4.3.6 槽段间的接头处理

1. 接头形式分类

地下连续墙是分成若干个槽段分别施工后再连成整体的，各槽段之间的接头就成为挡土、挡水的薄弱部位。此外，地下连续墙与内部主体结构之间的连接接头，要承受弯、剪、扭等各种内力，必须保证节点的受力可靠。

目前所采用的地下连续墙接头形式很多，可分为两大类：施工接头和结构接头。施工接头是浇筑地下连续墙时纵向连接两相邻单元墙段的接头；结构接头是已竣工的地下连续墙在水平方向与其他构件（地下连续墙内部结构的梁、柱、墙、板等）相连接的接头。

2. 施工接头

施工接头应满足受力和防渗的要求，并要求施工简便、质量可靠，并对下一单元槽段的成槽不会造成困难。

1）直接连接接头

单元槽段挖成后，随即吊放钢筋笼，浇灌混凝土。混凝土与未开挖土体直接接触。在开挖下一单元槽段时，用冲击锤等将与土体相接触的混凝土改造成凹凸不平的连接面，再浇灌混凝土，形成所谓的“直接接头”，如图 4 - 14 所示。此种接头受力与防渗性能均较差，目前已很少使用。

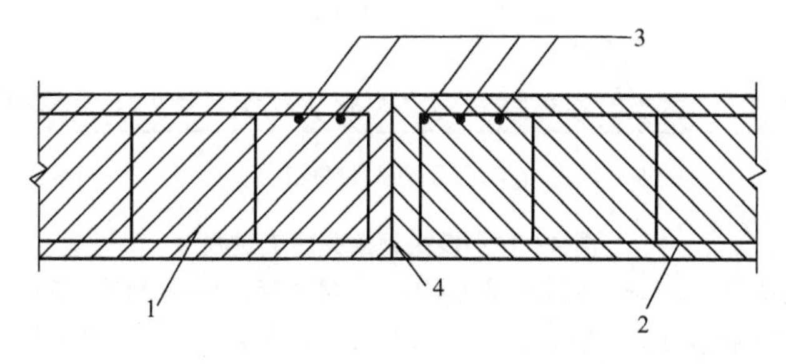

图 4 - 14 直接连接接头

1—已施工槽段；2—新施工槽段；3—钢筋；4—接缝

2）接头管接头

使用接头管（也称锁口管）形成槽段间的接头，其施工过程如图 4 - 15 所示。为了使施工时每一个槽段纵向两端受到的水、土压力大致相等，一般可沿地下连续墙纵向将槽段分为一期和二期两类槽段。先开挖一期槽段，待槽段内土方开挖完成后，在该槽段的两端用起重设备放入接头管，然后吊放钢筋笼和浇筑混凝土。这时两端的接头管相当于模板的作用，将刚浇筑的混凝土与还未开挖的二期槽段的土体隔开。待新浇混凝土开始初凝时，用施工机械将接头管拔起。这时已施工完成的一期槽段的两端和还未开挖土方的二期槽段之间分别留有一个圆形孔。继续一期槽段施工时，与其两端相邻的一期槽段混凝土已经结硬，只需开挖一期槽段内的土方。当二期槽段完成土方开挖后，应对一期槽段已浇筑的混凝土半圆形端头表面进行处理。在接头处理后，即可进行二期槽段钢筋笼吊放和混凝土的浇筑。这样，二期槽段外凸的半圆形端头和一期槽段内凹的半圆形端头相互嵌套，形成整体。

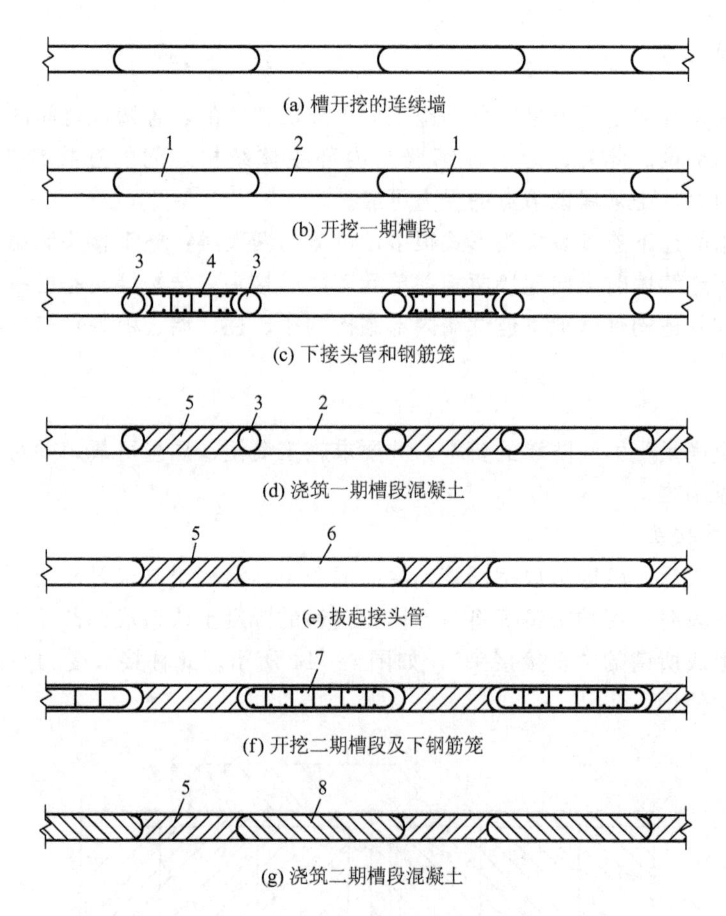

图 4 - 15　接头管接头施工过程

1—已开挖的一期槽段；2—未开挖的二期槽段；3—接头管；4—钢筋笼；5——期槽段混凝土；6—拔去接头管的二期槽段；7—二期槽段钢筋笼；8—二期槽段混凝土

3）接头箱接头

接头箱接头的施工方法与接头管接头类似，只是以接头箱代替接头管。一个单元槽段挖土结束后，吊放接头箱，再吊放钢筋笼。由于接头箱在浇筑混凝土的一面是开口的，所以钢筋笼端部的水平钢筋可插入接头箱内。浇筑混凝土时，由于接头箱的开口面被焊在钢筋笼端部的钢板封住，因而浇筑的混凝土不能进入接头箱。混凝土初凝后，逐步吊出接头箱，在后一个单元槽段再浇筑混凝土时，通过两相邻单元槽段的水平钢筋交错搭接，形成整体接头，其施工过程如图 4 - 16 所示。接头箱接头可以使地下连续墙形成整体接头，接头的刚度较好。

4）隔板式接头

隔板式接头按隔板的形状分为平隔板、榫形隔板和 V 形隔板，如图 4 - 17 所示。由于隔板与槽壁之间难免有缝隙，为防止新浇筑的混凝土渗入，要在钢筋笼的两边铺贴聚酰胺

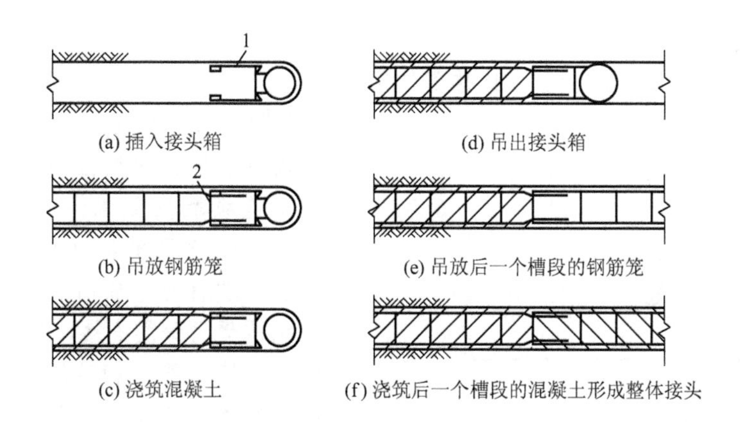

图 4-16 接头箱接头施工过程

1—接头箱；2—埋在钢筋笼端部的钢板

等化纤布。有接头钢筋的榫形隔板式接头，能使各单元墙段连成一个整体，是一种受力较好的接头方式。但插入钢筋笼较困难，施工时必须特别加以注意。

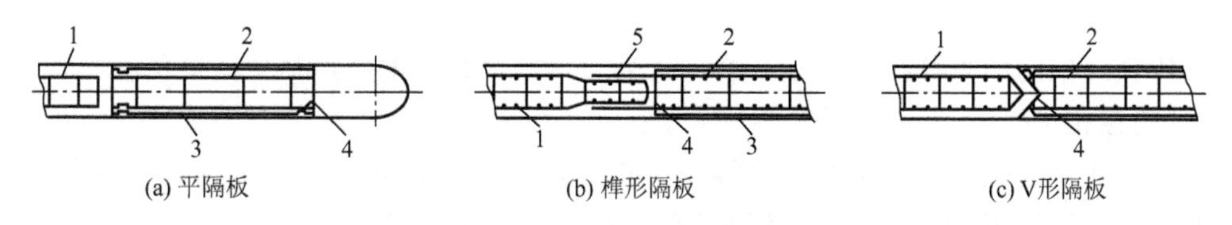

图 4-17 隔板式接头

1—钢筋笼（正在施工地段）；2—钢筋笼（完工地段）；3—用化纤布铺盖；4—钢制隔板；5—连接钢筋

5）预制构件接头

用预制构件作为接头的连接件，按材料可分为钢筋混凝土和钢材。如图 4-18 所示为日本大阪等地工程所采用的波形半圆钢板式接头，使用后认为该接头受力和防渗效果均较理想。如图 4-19 所示为英国某工程所采用的接头，该接头是用钢板桩加接头管连接，拔去接头管后，通过钢板桩将两个槽段连接，并承受两者之间的剪力。

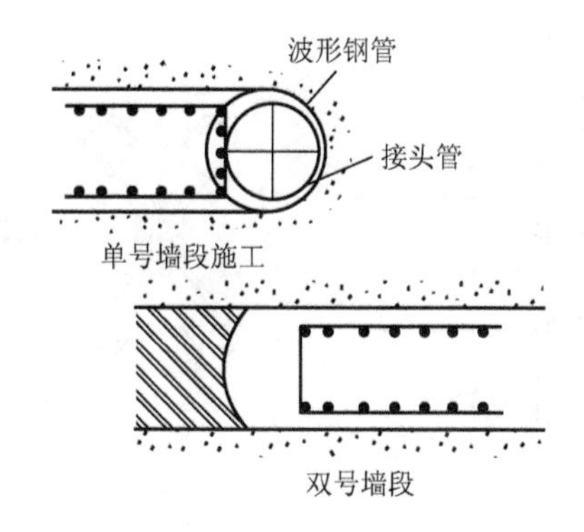

图 4-18 波形半圆钢板式接头

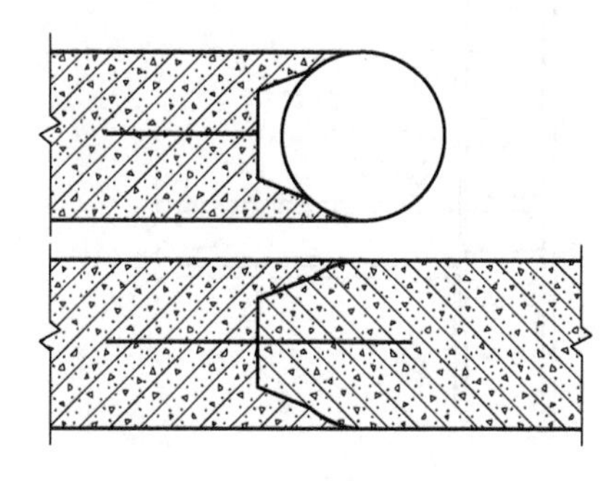

图 4-19 钢板桩式接头

3. 结构接头

地下连续墙与内部结构的楼板、柱、梁连接的结构接头，常用的有下列几种。

1）直接接头

在浇筑地下连续墙体以前，在连接部位预先埋设连接钢筋，即将该连接筋一端直接与地下墙的主筋连接，另一端弯折后与地下连续墙墙面平行且紧贴墙面。待开挖地下连续墙内侧土体，露出此墙面时，凿去该处的墙面混凝土面层，露出预埋钢筋，然后再弯成所需的形状与后浇主体结构受力钢筋连接，如图4-20所示。预埋连接钢筋一般选用Ⅰ级钢筋，且直径不宜大于22mm。弯折预埋钢筋时可采用加热方法。如果能避免急剧加热并认真施工，钢筋强度几乎可以不受影响，考虑到连接处往往是结构薄弱环节，故钢筋数量可比计算需要量增加一定的余量。

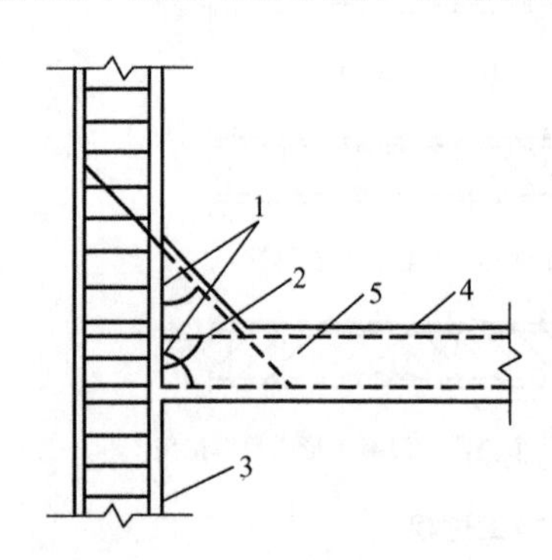

图4-20　预埋连接钢筋法

1—预埋的连接钢筋；2—焊接处；3—地下连续墙；4—后浇结构中的受力钢筋；5—后浇结构

采用预埋钢筋的直接接头，施工容易，受力可靠，是目前使用最广泛的结构接头。

2）间接接头

间接接头是通过钢板或钢构件作媒介，连接地下连续墙和地下工程内部构件的接头。一般有预埋连接钢板（图4-21）和预埋剪力块（图4-22）两种方法：

（1）预埋连接钢板法是将钢板事先固定于地下连续墙钢筋笼的相应部位，待浇筑混凝土以及内墙面土方开挖后，将面层混凝土凿去露出钢板，然后用焊接方法将后浇的内部构件中的受力钢筋焊接在该预埋钢板上；

（2）预埋剪力块法与预埋钢板法类似。剪力块连接件也是事先预埋在地下连续墙内，剪力钢筋弯折放置于紧贴墙面处，待凿去混凝土外露后，再与浇筑构件相连。剪力块连接件一般主要承受剪力。

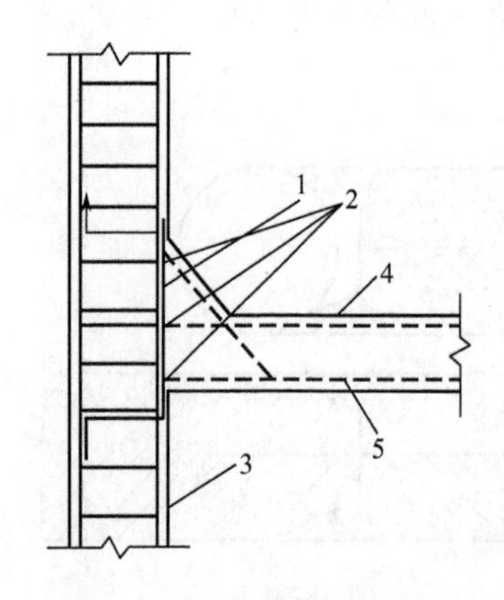

图4-21　预埋连接钢板法

1—预埋连接钢板；2—焊接处；3—地下连续墙；4—后浇结构；5—后浇结构中的受力钢筋

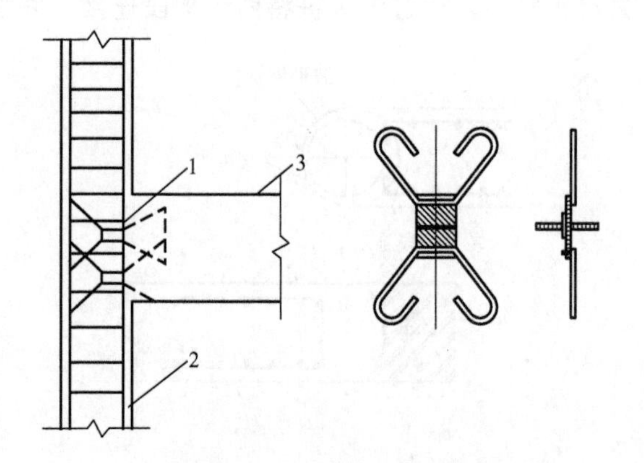

图4-22　预埋剪力块法

1—预埋剪力块；2—地下连续墙；3—后浇结构

本章小结

地下连续墙是一种较为先进且应用广泛的地下工程结构形式和施工工艺。通过本章学习，可以加深对地下连续墙特点、适用范围、施工工艺流程、施工方法与技术等方面的理解，具备编制地下连续墙施工方案与组织现场施工的初步能力。

思考题

1. 什么是地下连续墙？地下连续墙具有哪些优点与缺点？
2. 地下连续墙的施工分为哪些步骤？
3. 导墙具有哪些作用？
4. 泥浆护壁中的泥浆具有哪些作用？
5. 如何确定地下连续墙槽段的长度与宽度？
6. 地下连续墙的混凝土浇筑有哪些具体要求？
7. 地下连续墙槽段的施工接头有哪些具体形式？
8. 地下连续墙结构接头有哪些具体形式？

第5章

地下工程逆作法施工

教学目标

本章主要讲述逆作法施工原理、施工程序与地下工程盖挖逆作法。通过学习应达到以下目标：

（1）掌握逆作法施工原理与施工程序；

（2）理解逆作法施工的优点与存在的问题；

（3）掌握地下工程盖挖逆作法的施工程序与方法。

教学要求

知识要点	能力要求	相关知识
逆作法施工原理与施工程序	（1）掌握逆作法施工原理； （2）理解逆作法施工的优点与存在的问题； （3）掌握逆作法施工程序	（1）逆作法施工原理； （2）逆作法优点与存在的问题； （3）封闭式逆作法、开敞式逆作法、中顺边逆法施工程序
地下工程盖挖逆作法	（1）掌握盖挖逆作法的概念、特点与适用条件； （2）掌握盖挖逆作法施工程序	（1）盖挖逆作法的概念、特点与适用条件； （2）盖挖逆作法施工程序

基本概念

逆作法原理；封闭式逆作法；开敞式逆作法；中顺边逆法；盖挖逆作法

引例

逆作法施工技术在加快施工进度、节省施工工期等方面具有很大的优势，所以在施工工期较短的工程中应用较多。但逆作法施工难度较大，故而对施工单位的技术实力要求较高。地下工程盖挖逆作法施工技术是本章的要点。

某地铁车站主体结构为地下三层双柱三跨岛式结构，车站站台宽12.4m，车站长204.5m，平均覆土厚度约3.6m。设计基坑标准段宽度约22.1m，深度约24.6m。车站采用盖挖逆筑法施工，采用地下连续墙（墙厚1000mm、幅宽6m或4m）和钢筋混凝土支撑（800mm×1000mm）及钢管支撑（ϕ609mm×16mm）作为围护结构。除首层楼板外，设置了两道支撑，第一道支撑采用钢筋混凝土支撑，第二道支撑采用钢筋混凝土支撑加钢支撑。车站主体范围内每隔约50m设置一个出土孔，共设置4个，另有一个利用东端盾构吊出井兼作出土孔。车站施工期间，车站顶板采用倒边施工的方法进行管线改迁，部分横跨车站的管线采用悬吊保护。该车站采用盖挖逆作法施工保证了施工进度，更重要的是将地铁车站施工对周边道路交通的影响减到了最小。

5.1 概述

5.1.1 逆作法施工原理

沿建筑物地下室四周外墙施工地下连续墙或密排桩（当地下水位较高，上层透水性较强，密排桩外围需加止水帷幕），既作为地下室永久性承重外墙的一部分，又用作基坑开挖挡土、止水的围护结构，同时在地下室柱的中心和地下室纵横框架梁与剪力墙相交处等位置施工构建楼层中间支承柱，从而组成逆作阶段的竖向承重体系。随之从上向下挖一层土方，利用地模或木模（钢模），浇筑一层地下室楼层梁板结构（每一层留一定数量的混凝土楼板不浇筑，作为下层的出土口与下料口）。已施工并达到一定强度的地下室楼层梁板作为围护结构的内水平支撑，以满足继续往下开挖土方的安全要求，这样直至地下室各层梁板结构与基础底板施工完，然后自下向上浇筑地下室四周内衬墙混凝土、中间支承柱外包混凝土、剪力墙混凝土以及遗留下未浇筑混凝土的楼板，完成地下室结构施工。这种地下室施工顺序，不同于传统方法的先开挖土方到底、浇筑底板，再自下而上逐层施工的顺序，故称为“逆作”。逆作法施工如图 5－1 所示。

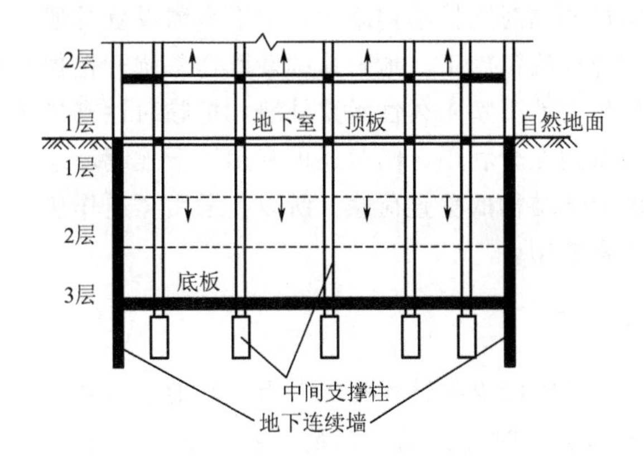

图 5－1 逆作法施工示意图

5.1.2 逆作法施工优点

利用地下连续墙和中间支承柱进行“逆作法”施工，对于市区建筑密度大、邻近建筑物及周围环境对沉降变形敏感、施工场地狭窄、施工工期紧、大面积软土地基、三层或多于三层的地下室结构施工是十分有效的。多层地下室采用"逆作法"施工，与采用常规的临时性支护结构进行"正作法"施工相比，具有下列优点。

1. 缩短施工总工期

多层地下室采用常规的"正作法"施工方法，其总工期为地下结构工期加地上结构工期，再加装修等所占的工期。采用"逆作法"进行多层地下室施工，一般情况下地下结构只有第一层占用绝对工期，其他各层可与地上结构同时施工，并不另占绝对工期，因此总工期可大为缩短。

2. 基坑变形小且相邻建筑物沉降少

采用"逆作法"施工，是利用逐层浇筑的地下室各层梁板结构作为地下连续墙的内水平支撑，由于地下室结构与临时性支撑相比刚度大得多，因此，地下连续墙在外侧压力作用下的变形就小得多。同时，由于中间支承柱的存在，增加了底板支承点，使浇筑后的底板成为多跨连续板结构，跨度减小。所以"逆作法"施工有利于减小基坑变形，使基坑四周地面沉降减小，既能保证邻近建筑物、道路和地下管线安全正常使用，又能保证基坑内安全施工。

3. 节省支护结构的水平内支撑或注浆外锚杆费用

深度较大的多层地下室，如采用常规的临时支护结构施工，为减少支护结构的变形，需设置强大的内水平支撑或注浆外锚杆，不但需要消耗大量材料，而且施工费用也相当高。采用"逆作法"施工，是利用地下室自身结构层梁板作为支护结构的地下连续墙内水平支撑，从而可省掉临时内水平支撑与中间支承柱或注浆外锚杆的费用。

4. 节省地下室外墙及外墙下工程桩费用

多层地下室采用常规的临时支护结构施工，地下室需设置外墙及外墙下工程桩，工程费用相当可观。采用"逆作法"施工，地下连续墙既作基坑开挖挡土阻水的支护结构，又与内衬墙组成复合结构作为地下室永久性承重外墙，把临时性支护结构与永久性地下室承重外墙合为一体，材料得到充分利用，同时还可利用地下连续墙承受地下室各楼层、地下室底板和地下室外墙的上部结构的垂直荷载。所以，采用"逆作法"施工可省掉地下室外墙及外墙下工程桩的工程费用。

5. 节省土方挖填方费用

多层地下室采用常规的临时支护结构施工，为了给地下室外墙支模和外防水层施工提供操作面，一般情况下基坑临时支护结构与地下室外墙之间要留 1m 净距的施工操作空间，所以基坑开挖要多增加土方量。待地下室施工好后，又要增加地下室外墙四周超挖的回填土方量。采用"逆作法"施工，可在地下室外墙处构筑地下连续墙，因此就可节省此部分土方挖填方工程量及其费用。

6. 可最大限度利用城市规划红线内地下空间及扩大地下室建筑面积

多层地下室采用常规的临时支护结构施工，地下室外墙势必要退至城市规划红线内，留有临时支护结构截面尺寸和上面所述的施工操作面空隙距离，而缩小了地下室建筑面积。采用“逆作法”施工，在满足室外管线或构筑物布置的条件下，作为地下室外墙的地下连续墙可紧靠规划红线，甚至踩规划红线构筑地下连续墙作为地下室永久性外墙，从而可达到最大限度利用地下空间、扩大地下室建筑面积的目的。

7. 节省地下室外墙建筑防水层费用

多层地下室采用常规的临时支护结构施工，一般情况下，建筑设计往往要做地下室外墙防水层。采用“逆作法”施工，是以地下连续墙与内衬墙组成复合式结构做成结构自防水的地下室外墙，从而也节省了地下室外墙建筑防水层费用。

8. 有利于结构抵抗水平风力和地震作用

多层地下室采用常规的临时支护结构施工，一般情况下临时支护结构与地下室外墙之间预留空间小，进行基坑四周回填土不容易夯填密实，甚至有的施工单位没有意识到高层建筑地下室外墙四周基坑回填土的重要性，往往利用建筑垃圾随意回填了事，从而削弱了地下室结构对高层、超高层建筑嵌固约束的作用。采用“逆作法”施工，地下连续墙与地下原状土体黏结在一起，地下连续墙与土体之间黏结力和摩擦力不仅可用来承受垂直荷载，而且还可充分利用它承受水平风力和地震作用所产生的建筑物底部巨大水平剪力和倾覆力矩。

5.1.3 逆作法施工中存在的问题

1. 不均匀沉降问题

逆作法施工中作为围护结构的地下连续墙又是地下室外墙，是地下室主体结构的一部分。在我国沿海有深厚软土层地区施工时，地下墙往往是“悬浮”在软土层中，而主楼的桩基往往采用长桩基础，深入持力层一定深度。在“逆作法”施工中地下墙的沉降值常超过主楼基础的沉降值，使沉降不均匀，造成地下结构开裂。这是软土地基的“逆作法”施工中较难解决的技术问题。可选用如下方法进行处理：

(1) 采用承重式地下连续墙；

(2) 地下连续墙墙底注浆加固；

(3) 加强地下连续墙的刚度。

2. 地下连续墙的止水和隔离

“逆作法”施工时，地下连续墙不仅作为基坑开挖时的围护结构，也作为地下室外墙结构，所以地下连续墙必须具有止水性能。保障地下连续墙的墙身厚度和密实度可使其具有良好的止水性能。地下连续墙漏水一般仅产生在地下连续墙接缝处，为解决接头漏水，可采用如下办法：

(1) 采用止水接头；

(2) 采用柔性接头加墙外注浆（或喷浆）；

(3) 采用内衬墙和隔墙。

3. 地下连续墙的沉降缝设置

当主楼桩基与裙房桩基不在同一持力层时，主楼基础与裙房基础应采用脱开做法。逆作法施工中作为地下室外墙的地下连续墙也应脱开，设置沉降缝。沉降缝应设在一幅槽段的中间，地下连续墙的横向钢筋在伸缩缝处断开，为方便施工，应通过薄钢板临时连接使之形成整幅钢筋笼。横向钢筋断开的两头用封头钢板隔开，中间设置既止水又可变形的橡胶两片；在地下室开挖时再割断连接薄钢板，形成左右互不相连、仅有止水橡胶过渡的地下连续墙沉降缝；在主楼结构封顶后，再在互不相连的两边用两层止水橡胶，利用端头预埋螺栓压紧止水，形成中间层与内层双层止水。当止水橡胶年久老化时，可及时更换。

5.2 逆作法施工程序

对“逆作法”施工程序，一般要根据工程地质、水文地质、建筑规模、地下室层数、地下室承重结构体系与基础形式、建筑物周围环境、施工机具与施工经验等因素，确定采用“封闭式逆作法”施工还是采用“开敞式逆作法”施工，或采用“中顺边逆”方法施工。

5.2.1 封闭式逆作法

封闭式逆作法又称全逆作法施工，这种施工方法常用于地下层数多于3层的地下工程中围护结构采用地下连续墙，地下中间支承柱本身及其下面基础在底板封底之前，足以承受地下各层与地上预加控制的最多层数的结构自重与施工荷载的情况。此时已完成首层地面梁板结构，在地下连续墙顶部构成刚度巨大的水平支撑系统，从而以地面层为起始面，由上而下进行地下结构“逆作法”施工，与此同时由下而上进行上部结构施工，组成上、下部结构施工的平行立体作业。在建筑规模大、上下层数多时，大约可缩短施工总工期的1/3。当地下室四周场地条件允许放坡开挖土方，或地质条件较好，地下一层以上围护结构顶点侧向位移许可时，可从地下一层梁底以上开挖土方，利用地模施工地下一层梁板，从地下二层开始“逆作法”施工。

5.2.2 开敞式逆作法

开敞式逆作法又称半逆作法，这种施工方法与上述方法一样，只是为了使土方开挖的机械化作业和材料垂直运输方便。每次浇筑地下楼层混凝土时，先施工T形楼盖的肋梁部分，有的同时浇筑四周部分板带混凝土，使之与地下四周围护结构连接，组成水平框格式支撑系统，大部分楼板混凝土留待以后浇筑。土方全部开挖完成后，先施工好底板，然后自下而上逐层浇筑四周围护结构的内衬墙、柱子外包混凝土、剪力墙与未浇筑楼板。水平框格梁在不影响水平支撑效果的情况下，也可留出部分肋梁（次梁）暂不施工，更便利土方开挖和材料垂直运输。一般待围护结构的内衬墙、支承柱外包混凝土、剪力墙以及地面层楼板混凝土施工完并达到一定强度后，方可进行上部结构施工，地下一层及以下各层未浇筑的楼板也可与上部结构平行立体作业。围护结构可以是地下连续墙兼作地下室承重外墙，也可以是密排桩与内衬墙组成桩墙合一的地下室承重外墙。

5.2.3 中顺边逆法

中顺边逆法亦称中心岛-局部逆作法，该方法适用于建筑规模大、一至二层地下室工程、围护结构采用地下连续墙兼作地下室承重外墙的情形，也可采用密排桩与内衬墙组成桩墙合一的地下室承重外墙。

1. 一层多跨地下室“中顺边逆”施工程序

工程桩与围护结构施工→地下室中部土方开挖，保留四周一跨土方，以平衡围护结构外侧压力→地下室中部桩承台板混凝土浇筑→地下室中部柱或核心筒剪力墙混凝土顺（正）作法施工→首层梁板结构混凝土浇筑，并与四周围护结构连接形成内水平支撑→混凝土养护→挖除地下室四周的保留土方，浇筑四周基础底板和内衬墙混凝土→完成地下室结构施工→地上结构施工。

2. 二层多跨地下室“中顺边逆”施工程序

工程桩与围护结构施工→地下一层以上土方开挖，围护结构悬臂受力，继续开挖地下室中部地下一层以下土方至基础底板垫层底，保留地下二层四周一跨土方，以平衡围护结构外侧压力→地下室中部桩、承台板混凝土浇筑→混凝土养护→地下室中部二层柱与剪力墙及地下一层梁板混凝土浇筑→混凝土养护→开挖地下二层四周的保留土方→地下室四周底板、地下一层柱与剪力墙及首层梁板混凝土浇筑→完成地下室结构施工→地上结构施工。

5.3 盖挖逆作法

盖挖法又称盖板法，最早在20世纪60年代用于西班牙马德里城市隧道的建设，随后在很多城市的隧道建造中被采用，并且在建造方式、结构形式等方面也有不同改变。盖挖法适用于松散的地质条件下隧道处于地下水位线以上的情形。当隧道处于地下水位线以下时，需附加施工排水设施。

5.3.1 盖挖逆作法的特点与施工程序

盖挖法施工，只需在短时间内封闭地面的交通，盖板建好后，后续的开挖作业不受地面条件的限制。另外，开挖对邻近建筑物影响较小，隧道结构可延伸到地下水位以下，适用于覆盖高度较小的隧道及城市隧道。它的缺点是盖板上不允许留下过多的竖井，故后续开挖的土方需要采用水平运输，且工期较长，作业空间较小，和基坑开挖、支挡开挖相比费用较高。盖挖法分为盖挖顺作法与盖挖逆作法。

盖挖顺作法是在现有道路上，按所需宽度由地表面完成挡土结构后，以定型的预制标准覆盖结构（包括纵、横梁和路面板）置于挡土结构上维持交通，往下反复进行开挖和加设横撑，直至设计标高；依序由下而上施工主体结构和防水措施，回填土并恢复管线路或埋设新的管线路；最后视需要拆除挡土结构的外露部分及恢复道路。如图 5－2 所示为盖挖顺作法施工程序。

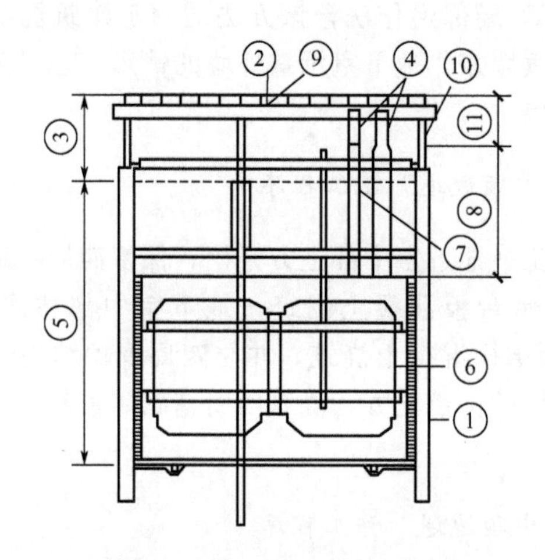

图 5－2　盖挖顺作法施工程序

①—支挡柱（墙）；②—路面盖板；③—上段开挖；④—埋设物防护；⑤—主体开挖；
⑥—修筑结构物；⑦—恢复埋设物；⑧—回填；⑨—拆除路面盖板；
⑩—拔除支挡桩或拆除支挡墙头部；⑪—恢复路面

盖挖逆作法是指在地铁洞室施工中，先修筑地下洞室的围护墙和支撑柱以及结构顶板，然后利用出入口、通风道或单独设置竖井，采用自上而下的逆作法施作单层或多层地下洞室结构。这种施工方法介于明挖和暗挖施工方法之间，除了地下洞室结构顶板采用明挖施工外，其他都为暗挖施工。在地铁隧道工程中，特别是在结构复杂的地铁站施工中，常常采用这种施工方法。

5.3.2　盖挖逆作法的适用条件与施工步骤

1. 盖挖逆作法的适用条件

盖挖逆作法适用于以下条件：

（1）接近开挖地点有重要结构物时；

（2）有强大土压力和其他水平力作用，用一般挡土支撑不稳定，而需要强度和刚度都很大的支撑时；

（3）开挖深度大，开挖或修筑主体结构需较长时间，特别需要保证施工安全时；

(4) 因进度上的原因，需要在底板施工前修筑顶板，以便进行上部回填和开放路面时。

2. 盖挖逆作法的施工步骤

如果开挖面较大、覆土较浅、周围沿线建筑物过于靠近，为尽量防止因开挖基坑而引起邻近建筑物的沉陷，或需及早恢复路面交通但又缺乏定型覆盖结构时，可采用盖挖逆作法施工。其施工步骤为：先在地表面向下做基坑的围护结构和中间桩柱，和盖挖顺作法一样，基坑围护结构多采用地下连续墙，或钻孔灌注桩或人工挖孔桩；中间桩柱则多利用主体结构本身的中间立柱，以降低工程造价。随后即可开挖表层土至主体结构顶板底面标高，利用未开挖的土体作为土模浇筑顶板；后者还可以作为一道强有力的横撑，以防止围护结构向基坑内变形，待回填土后将道路复原，恢复交通。以后的工作都是在顶板覆盖下进行，即自上而下逐层开挖并建造主体结构直至底板。在特别软弱的地层中，邻近地面建筑物时，除以顶、楼板作为围护结构的横撑外，还需设置一定数量的临时横撑，并施加不小于横撑设计轴力 70%～80% 的预应力。盖挖逆作法施工步骤如图 5-3 所示。

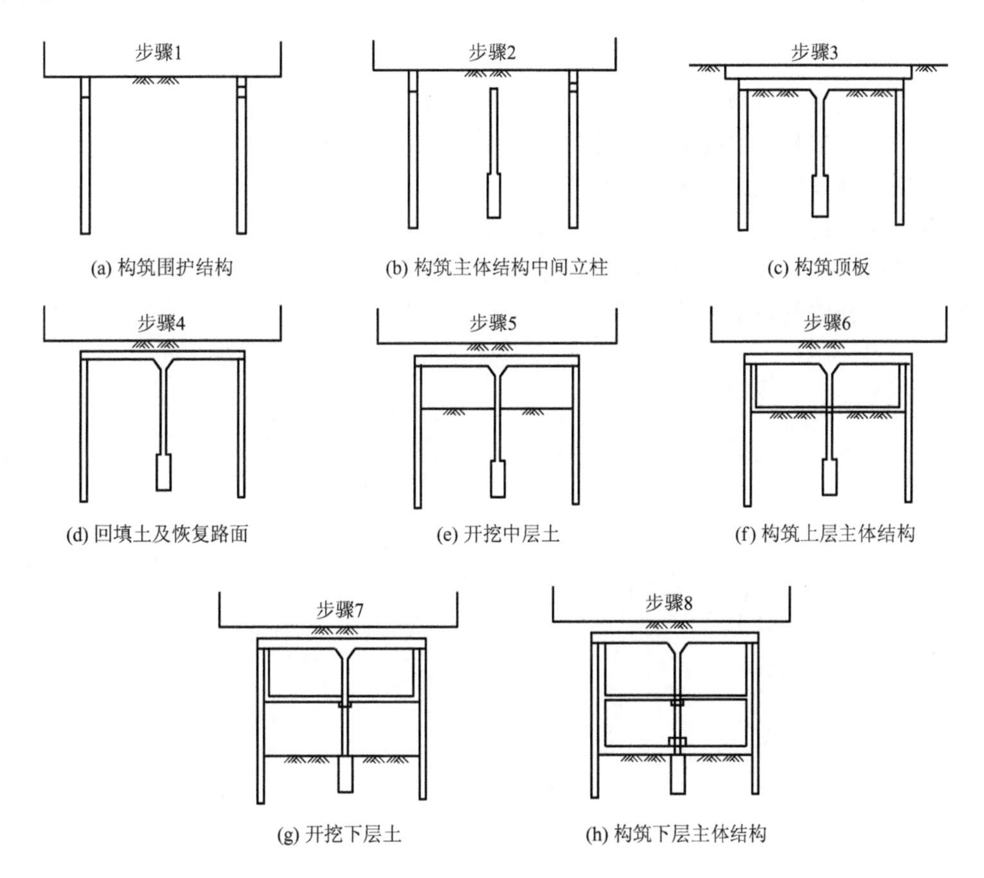

(a) 构筑围护结构　(b) 构筑主体结构中间立柱　(c) 构筑顶板

(d) 回填土及恢复路面　(e) 开挖中层土　(f) 构筑上层主体结构

(g) 开挖下层土　(h) 构筑下层主体结构

图 5-3　盖挖逆作法施工步骤

采用盖挖逆作法施工时，若采用单层墙或复合墙，结构的防水层较难做好。只有采用双层墙，即围护结构与主体结构墙体完全分离，无任何连接钢筋，才能在两者之间敷设完整的防水层。但需要特别注意中层楼板在施工过程中因为悬空而引起的强度与稳定性问题，一般可在顶板和楼板之间设置吊杆来予以解决。另外，盖挖逆作法在挖土和出土时，因受到盖板的限制，无法使用大型机具，必须采用特殊的小型、高效机具，并应精心组织施工以保证施工进度。

本章小结

逆作法施工具有很多优点，可以加快施工进度，缩短施工工期。通过本章学习，可以加深对逆作法原理、施工流程与施工技术等内容的理解，具备编制逆作法施工方案与组织现场施工的初步能力。

思考题

1. 逆作法的施工原理是什么？
2. 逆作法施工具有哪些优点？目前逆作法施工还存在哪些问题？
3. 封闭式逆作法施工程序如何？
4. 什么是盖挖逆作法？盖挖逆作法具有哪些优点？
5. 在什么样的条件下适合采用盖挖逆作法施工？
6. 盖挖逆作法的施工步骤如何？

第6章

新奥法隧道施工

教学目标

本章主要讲述新奥法隧道施工的基本原理、基本施工方法、开挖技术、出渣运输与支护技术。通过学习应达到以下目标：

(1) 掌握新奥法的概念、基本原则与施工程序；

(2) 掌握新奥法隧道的基本施工方法；

(3) 掌握钻爆法开挖技术；

(4) 掌握新奥法施工的出渣运输方式；

(5) 掌握新奥法施工的常见支护技术。

教学要求

知识要点	能力要求	相关知识
新奥法概念、基本原则与施工程序	(1) 掌握新奥法的基本概念； (2) 掌握新奥法施工的基本原则； (3) 掌握新奥法的施工程序	(1) 新奥法的概念以及与传统矿山法的区别； (2) "少扰动、早喷锚、勤量测、紧封闭"的施工原则； (3) 新奥法的施工程序
新奥法隧道基本施工方法	(1) 掌握基本施工方法的分类与概念； (2) 理解基本施工方法的优缺点与具体施工步骤	(1) 全断面法、分断面两次开挖法、台阶法、分部开挖法四类施工方法的概念； (2) 基本施工方法的施工步骤与优缺点
新奥法开挖技术	(1) 了解钻眼机具； (2) 掌握炮眼掏槽形式与布置； (3) 理解控制爆破技术	(1) 钻眼机具的类型与特点； (2) 炮眼掏槽形式与掏槽眼、辅助眼以及周边眼的布置； (3) 光面爆破与预裂爆破的基本原理、优缺点、技术参数与措施
新奥法出渣运输方式	(1) 熟悉出渣方式、出渣机械与出渣量计算； (2) 熟悉无轨与有轨运输方式	(1) 出渣方式、常见出渣机械与出渣量计算； (2) 无轨运输与有轨运输的特点，有轨运输的运输车辆、单线与双线运输形式及轨道铺设等
新奥法支护技术	(1) 掌握预支护技术； (2) 掌握初期支护技术； (3) 掌握模筑混凝土衬砌技术	(1) 超前锚杆与小钢管、管棚、超前小导管注浆、预注浆加固围岩； (2) 喷射混凝土、锚杆、钢支撑与锚喷支护； (3) 模筑混凝土衬砌施工技术、机械化施工与机具

基本概念

新奥法；全断面法；分断面两次开挖法；台阶法（长台阶法、短台阶法、超短台阶法）；分部开挖法（台阶分部开挖法、单侧壁导坑法、上侧壁导坑法、中隔壁法）；预支护技术（超前锚杆与小钢管、管棚、超前小导管注浆、预注浆加固围岩）；初期支护技术（喷射混凝土、锚杆、钢支撑与锚喷支护）；模筑混凝土衬砌

引例

新奥法隧道施工技术在我国公路与铁路隧道施工中应用十分广泛。新奥法隧道基本施工方法、开挖技术、支护技术与出渣运输方式是本章的重点。

某铁路隧道全长4340m，采用新奥法施工，开挖前用TSP203、地质雷达、红外探测等综合地质预测预报方法进行了超前地质预报；施工中用地质素描法、经验法对比分析，必要时采取超前探孔取芯验证，并及时将地质信息反馈给设计及监理单位，以正确的地质信息选定开挖方案及支护方法；开挖后进行不间断的围岩量测工作，及时掌握开挖后的围岩变化信息，以便及时加强开挖段的支护，改进后续施工断面的开挖方案及支护方法，确保结构稳定及施工安全。该隧道采用钻孔台车钻爆法，Ⅲ级围岩采用全断面法施工；Ⅳ级围岩浅埋地段采用CD法施工，Ⅳ级围岩深埋地段采用短台阶法（必要时增设临时仰拱）；拱部采用超前小导管超前注浆加固地层；Ⅴ级围岩浅埋段采用CRD法施工，其中在隧道进口端和出口端开始进洞时拱部采用ϕ108mm大管棚配合小导管超前注浆加固地层，其他地段拱部采用超前小导管超前注浆加固地层。隧道支护采用锚喷结构，喷射混凝土采用湿喷法，锚杆采用锚杆钻机在喷锚台架上打设。衬砌采用衬砌台车，仰拱超前施作，并使用仰拱栈桥以减少对其他工序施工的干扰。施工排水为顺坡段自然排水，反坡段设集水坑接力将水排出洞外。采用独头压入式通风，出渣均采用无轨运输方案。隧道配备三臂液压凿岩台车钻孔、挖掘装载机、装载机、衬砌模板台车、重载汽车等大型机械配套设备，组成钻爆、装运、喷锚支护、衬砌等机械化作业线。

6.1 概　　述

新奥法即新奥地利隧道施工法（New Austria Tunneling Method，NATM），是奥地利隧道工程师腊布希维1963年首先提出的。它是以控制爆破为主要掘进手段、以喷射混凝土和锚杆为主要支护措施，通过监测控制围岩的变形，动态修正设计参数和变动施工方法的一种隧道施工方法，其核心内容是充分发挥围岩的自承能力。新奥法与传统矿山法都属于矿山法，矿山法因最早应用于矿山开采而得名，这种方法多数情况下都需要采用钻眼爆破进行开挖，故又称为钻爆法。有时为了强调新奥法与传统矿山法的区别，而将新奥法从矿山法中分出来另立系统。新奥法在采用钻爆施工的隧道工程中应用十分广泛。

6.1.1 新奥法施工的基本原则

新奥法隧道施工强调充分发挥围岩的自承能力，因此，围绕这一核心问题，在施工中必须遵循以下原则。

(1) 岩体是隧道结构体系中的主要承载单元，在施工中必须充分保护岩体，尽量减少对它的扰动，避免过度破坏岩体的强度。为此，施工中断面分块不宜过多，开挖应当采用光面爆破、预裂爆破或机械掘进。

(2) 为了充分发挥岩体的承载能力，应允许并控制岩体的变形。一方面允许变形，使围岩中能形成承载环；另一方面又必须限制变形，使岩体不致过度松弛而丧失或大大降低承载能力。所以在施工中应采用能与围岩密贴、及时砌筑又能随时加强的柔性支护结构，如锚喷支护等，这样就能通过调整支护结构的强度、刚度和参与工作的时间（包括底拱闭合时间）来控制岩体的变形。

(3) 为了改善支护结构的受力性能，施工中应尽快使支护结构闭合，成为封闭的筒形结构。为此，应尽量采用能先修筑仰拱（或临时仰拱）或底板的施工方法，使断面及早封闭。另外，隧道断面形状要尽可能地圆顺，以避免拐角处的应力集中。

(4) 在施工的各个阶段，应进行现场量测监测，及时提出可靠的、数量足够的量测信息，并及时反馈用来指导施工和修改设计。量测信息包括坑道周边的位移、接触应力等。

(5) 为保证二次衬砌的质量和整体性，应采用先墙后拱的施工顺序。

(6) 在隧道施工过程中，必须建立设计—施工检验—地质预测—量测反馈—修正设计的一体化施工管理系统，以不断提高和完善隧道施工技术。

上述新奥法的基本原则可扼要概括为：“少扰动、早喷锚、勤量测、紧封闭”。

6.1.2 新奥法施工程序

隧道施工过程通常包括在地层中挖出土石，形成符合设计轮廓尺寸的坑道；进行必要的初期支护和修筑最后的永久衬砌。同时为保证隧道良好的施工环境，洞内的排水、通风、除尘、照明、供水、供电等辅助作业也是必不可少的。新奥法的施工流程如图 6－1 所示。

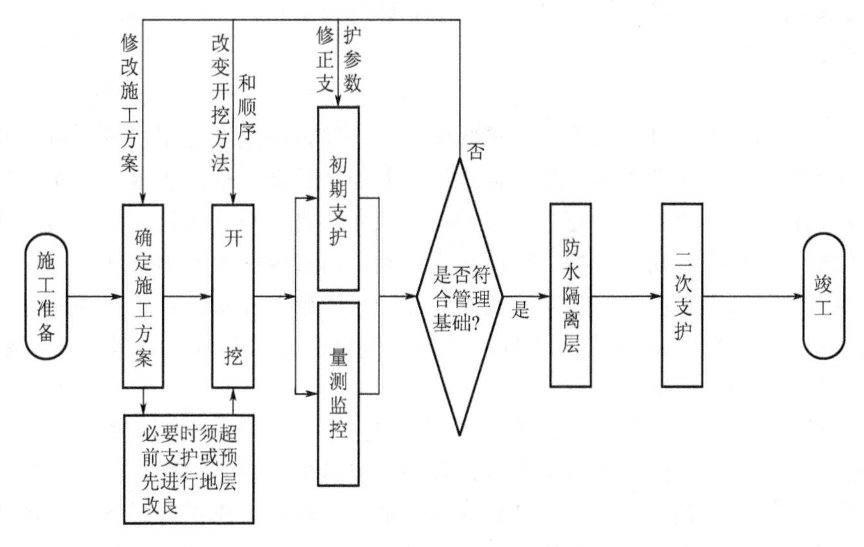

图 6－1 新奥法施工流程

隧道施工的主要作业，包括基本作业与辅助作业（图 6－2)。基本作业包括开挖、出渣与支护；辅助作业包括通风与除尘，照明，供水、供电与压缩空气，防、排水等。

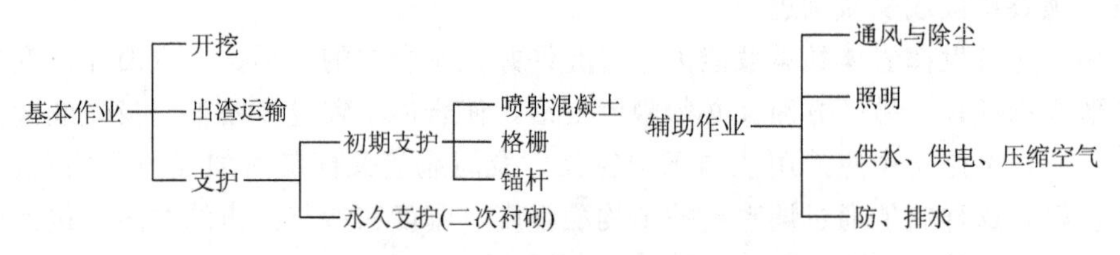

图 6－2　施工过程主要作业

6.2　新奥法的基本施工方法

新奥法施工按其开挖断面的大小及位置，基本上可分为全断面法、分断面两次开挖法、台阶法、分部开挖法四大类方法及若干变化方案。

6.2.1　全断面法

按照隧道设计轮廓线一次爆破成型的施工方法，称为全断面法，它的施工顺序如下：

(1) 用钻孔台车钻眼，然后装药、连接导火线；

(2) 退出钻孔台车，引爆炸药，开挖出整个隧道断面；

(3) 排除危石，安设拱部锚杆和喷第一层混凝土；

(4) 用装渣机将石渣装入出渣车，运出洞外；

(5) 安设边墙锚杆和喷混凝土；

(6) 必要时可喷拱部第二层混凝土和隧道底部混凝土；

(7) 开始下一轮循环；

(8) 在初期支护变形稳定后或按施工组织中的规定日期，灌注内层衬砌。

全断面法适用于Ⅰ～Ⅲ级岩质较完整的硬岩，必须具备大型施工机械。隧道长度或施工区段长度不宜太短，否则采用大型机械化施工的经济性差。根据经验，这个长度不应小于 1km。根据围岩稳定程度，也可以不设锚杆或设短锚杆。可先出渣，然后再施作初期支护，但一般仍先施作拱部初期支护，以防止应力集中而造成围岩松动剥落。

全断面法的优点是工序少，相互干扰少，便于组织施工和管理；工作空间大，便于组织大型机械化施工，施工进度快。目前，我国公路隧道成洞月施工进度一般都能保持在 150m 左右，高的接近 300m。

采用全断面法应注意下列问题：摸清开挖面前方的地质情况，随时准备好应急措施（包括改变施工方法等)，以确保施工安全；各种施工机械设备务求配套，以充分发挥机械设备的效率；加强各项辅助作业，尤其加强施工通风，保证工作面有足够的新鲜空气；加强对施工人员的技术培训。实践证明，施工人员对新奥法基本原理的了解程度和技术熟练状况，直接关系到施工的效果。

6.2.2 分断面两次开挖法

该法是将断面分成两部分，在全长范围内或一个较长的区段内先开挖好一部分，再开挖另一个部分。它适合于稳定岩层中断面较大、长度较短或要求快速施工以便为另一隧道探明地质情况的隧道施工。根据各分层施工顺序不同，有上半断面先行施工法、下半断面先行施工法和先导洞后全断面扩挖法。

1. 上半断面先行施工法

该法是先将隧道上半断面在全长范围内开挖完毕，然后再开挖下半断面。上下断面面积的比值取决于所采用的开挖设备和岩石的稳定性。隧道上部的开挖与全断面一次开挖完全相同。下分层可采取垂直、倾斜或者水平的炮眼进行爆破开挖，钻孔和装岩可同时进行。

与全断面一次开挖相比，该法优点是：开挖面高度不大；混凝土衬砌不需要笨重的模板，可降低造价；不需笨重的钻架；遇松软地层时可迅速改变为其他开挖方法；下分层开挖时运岩和钻孔可平行作业，进度快；下分层爆破有两个临空面，效率高、成本低。但上下分层施工循环各自独立，与全断面一次开挖相比工期增长，且必须在两个平面上铺设道路和管道。

2. 下半断面先行施工法

该法是先将隧道的下半断面在全长范围内开挖完，然后再开挖上半断面。下半断面采用全断面开挖并进行衬砌。上部断面可以站在岩堆上钻孔（水平孔）或从隧道地板向上钻垂直孔。在不采用对头施工的隧道中，下部掘通后，上部可从两个洞口组织钻孔和装岩作业。

该法不需要钻架，上部施工有两个临空面，钻爆成本低；开挖上部时钻孔和装岩可平行作业；涌水大时可有效排水。但上下分层需要有两个单独的掘进循环，总工期长；在岩堆上钻孔不方便，也不安全。只在一定地质条件下及没有钻架或使用钻架不经济时采用。

3. 先导洞后全断面扩挖法

该法先沿隧道的中线按全长开挖导洞，然后再扩挖至设计断面。导洞的位置，可根据具体条件设在隧道底板、拱顶或中部（拱基线水平）。导洞可用掘进机或钻爆法挖掘。该法优点很多，可对隧道范围内的地质进行连续的地质调查，能进行涌水的预防和连续排放，以及进行瓦斯的防爆，能在扩挖之前预先加固岩体，能使岩体中的高应力预先释放，有利于扩挖期间的通风，便于增加一些中间入口，多头同时扩挖，缩短整个隧道的开挖时间。

因为导洞提供了扩挖的爆破临空面，不需掏槽，可使用深孔爆破，从而减小爆破震动，提高炮眼利用率和光爆效果，减少炸药消耗量。因此，目前该法被认为是一种能提高掘进速度的好方法。如秦岭Ⅱ线隧道，为了对Ⅰ线隧道进行地质预报及为全断面掘进机提供通风、排水、运输等辅助条件，在隧道的中线沿底板先掘了一个直墙半圆拱形导洞，设计掘进断面尺寸为4.8m×5.9m，采用钻爆法施工；待Ⅰ线隧道完工后再进行扩挖。另外，用掘进机掘进导洞是意大利广为采用的方法，因此也被称为“意大利施工法”，即先用小直径（3.5～5m）全断面掘进机沿隧道中线掘一贯通的导洞，然后用钻眼爆破法扩挖。该法充分利用了小直径全断面掘进机的成熟经验，又提高了机械化程度、减小了劳动强度，是值得推广的好方法。

6.2.3 台阶法

台阶法是将隧道断面分成若干个分层，各分层在一定距离内呈台阶状同时推进。这种方法的特点是缩小了断面高度，不需笨重的钻孔设备；后一台阶施工时有两个临空面，使爆破效率更高。

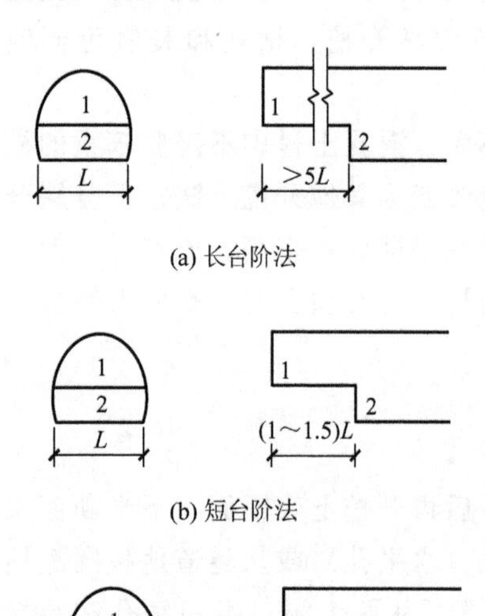

图6-3 台阶法施工形式

台阶法按照台阶长度，分为长台阶法、短台阶法和超短台阶法三种，如图6-3所示。台阶长度的选取要根据以下两个条件来决定：初期支护形成闭合断面的时间要求，围岩越差，闭合时间要求越短；上断面施工所用的开挖、支护、出渣等机械设备对施工场地大小的要求。

在软弱围岩中应以前一条件为主，兼顾后者，确保施工安全。在围岩条件较好时，主要考虑的是如何更好地发挥机械效率，保证施工的经济性，故只要考虑后一条件。

1. 长台阶法

这种方法是将断面分成上半断面和下半断面两部分进行开挖，上、下断面相距较远，一段上台阶超前50m以上或大于5倍洞跨。施工时上下都可配置同类机械进行平行作业，当机械不足时也可用一套机械设备交替作业，即在上半断面开挖一个进尺，然后再在下半断面开挖一个进尺。当隧道长度较短时，也可先将上半断面全部挖通后，再进行下半断面施工，即为半断面法。

长台阶法的作业顺序如下。

（1）对于上半断面：用两臂钻孔台车钻眼、装药爆破，地层较软时也可用挖掘机开挖；安设锚杆和钢筋网，必要时加设钢支撑、喷射混凝土；用推铲机将石渣推运到台阶下，再由装载机装入车内运至洞外。根据支护结构形成闭合断面的时间要求，必要时在开挖上半断面后可设置临时底拱，形成上半断面的临时闭合结构，然后在开挖下半断面时再将临时底拱挖掉。这种做法不经济，一般可改用短台阶法。

（2）对于下半断面：用两臂钻孔台车钻眼、装药爆破；装渣直接运至洞外；安设边墙锚杆（必要时）和喷混凝土；用反铲挖掘机开挖水沟；喷底部混凝土。开挖下半断面时，其炮眼布置方式有两种，即平行隧道轴线的水平眼与由上台阶向下钻进的竖直眼（又称插眼)，如图6-4所示。前一种方式的炮眼主要布置在设计断面轮廓线上，能有效地控制开挖断面；后一种方式的爆破效果较好，但爆破时石渣飞出较远，容易打坏机械设备。

(3) 待初期支护的变形稳定后，根据施工组织所规定的日期敷设防水层（必要时）和建造内层衬砌。

长台阶法的纵向工序布置和机械配置如图6-5所示。相对于全断面法来说，长台阶法一次开挖的断面和高度都比较小，只需配备中型钻孔台车即可施工，而且对维持开挖面的稳定也十分有利。所以它的适用范围较全断面法广泛，凡是在全断面法中开挖面不能自稳但围岩坚硬不用底拱封闭断面的情况，都可采用长台阶法。

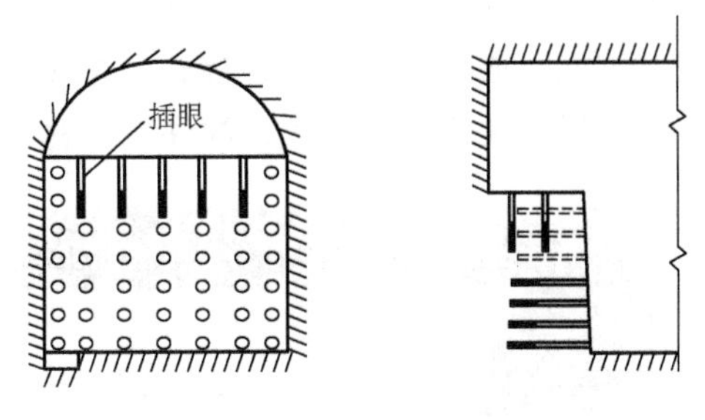

图6-4 插眼示意图

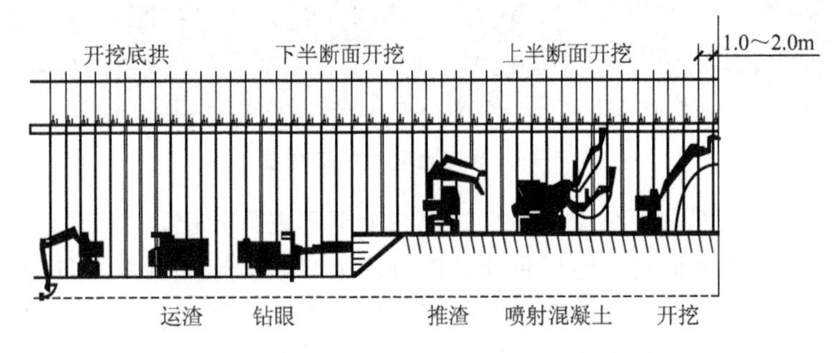

图6-5 长台阶法的纵向工序布置和机械配置

2. 短台阶法

这种方法也是分成上下两个断面进行开挖，只是两个断面相距较近，一般上台阶长度小于5倍但大于1倍洞跨。上下断面采用平行作业。

短台阶法的作业顺序和长台阶法相同。

由于短台阶法可缩短支护结构闭合的时间，改善初期支护的受力条件，有利于控制隧道收敛速度和量值，所以适用范围很广，Ⅰ～Ⅴ级围岩都能采用，尤其适用于Ⅳ、Ⅴ级围岩，是新奥法施工中主要采用的方法之一。

短台阶法的缺点是上台阶出渣时对下半断面施工的干扰较大，不能全部平行作业。为解决这种干扰，可采用长皮带机运输上台阶的石渣；或设置由上半断面过渡到下半断面的坡道，将上台阶的石渣直接装车运出。过渡坡道的位置可设在中间，也可交替设在两侧。过渡坡道法在断面较大的三车道隧道中尤为适用。

采用短台阶法时应注意下列问题：初期支护全断面闭合要在距开挖面30m以内，或距开挖上半断面开始的30天内完成。初期支护变形、下沉显著时，要提前闭合，在保证施工机械正常工作的前提下确定好台阶的最小长度。

3. 超短台阶法

这种方法也是分成上下两部分，但上台阶仅超前3～5m，只能采用交替作业。

超短台阶法施工作业顺序如下（图 6－6)。

用一台停在台阶下的长臂挖掘机或单臂掘进机开挖上半断面至一个进尺；安设拱部锚杆、钢筋网或钢支撑；喷拱部混凝土；用同一台机械开挖下半断面至一个进尺；安设边墙锚杆、钢筋网或接长钢支撑，喷边墙混凝土（必要时加喷拱部混凝土)；开挖水沟、安设底部钢支撑，喷底拱混凝土；灌注内层衬砌。

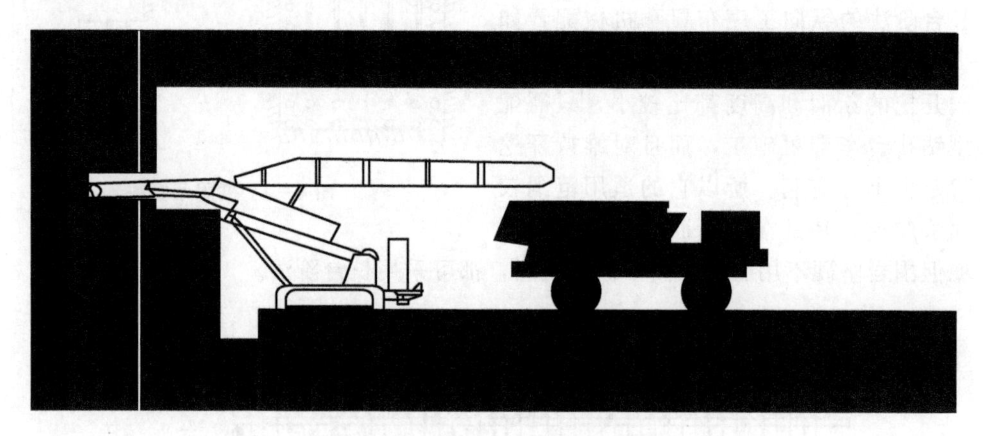

图 6－6　超短台阶法施工作业

如无大型机械，也可采用小型机具交替地在上下部进行开挖，由于上半断面施工作业场地狭小，常常需要配置移动式施工台架，以解决上半断面施工机具的布置问题。

超短台阶法初期支护全断面闭合时间更短，更有利于控制围岩变形，在城市隧道施工中，能更有效地控制地表沉陷。超短台阶法适用于膨胀性围岩和土质围岩要求尽早闭合断面的场合。当然，也适用于机械化程度不高的各类围岩地段。

超短台阶法的缺点是上下断面相距较近，机械设备集中，作业时相互干扰较大，生产效率较低，施工速度较慢。

采用超短台阶法施工时应注意以下问题：在软弱围岩中施工时，应特别注意开挖工作面的稳定性，必要时可采用辅助施工措施，如向围岩中注浆或打入超前水平小钢管，对开挖面进行预加固或预支护。

在所有台阶法施工中，开挖下半断面时要求做到以下几点。

(1) 下半断面的开挖（又称落底）应在上半断面初期支护基本稳定后进行，或采用其他有效措施确保初期支护体系的稳定性；采用单侧落底或双侧交错落底，避免上部初期支护两侧同时悬空；应视围岩状况严格控制落底长度，一般采用 1～3m，不得大于 6m。

(2) 下部边墙开挖后必须立即喷射混凝土，并按规定做初期支护。

(3) 量测工作必须及时，以观察拱顶、拱脚和边墙中部位移值，当发现位移速率增大时，应立即进行底（仰）拱封闭或采取缩短进尺、加强支护、分割掌子面等措施。

6.2.4　分部开挖法

分部开挖法可分为几种变化方案：台阶分部开挖法、单侧壁导坑法、双侧壁导坑法、中隔壁法等，如图 6－7 所示。

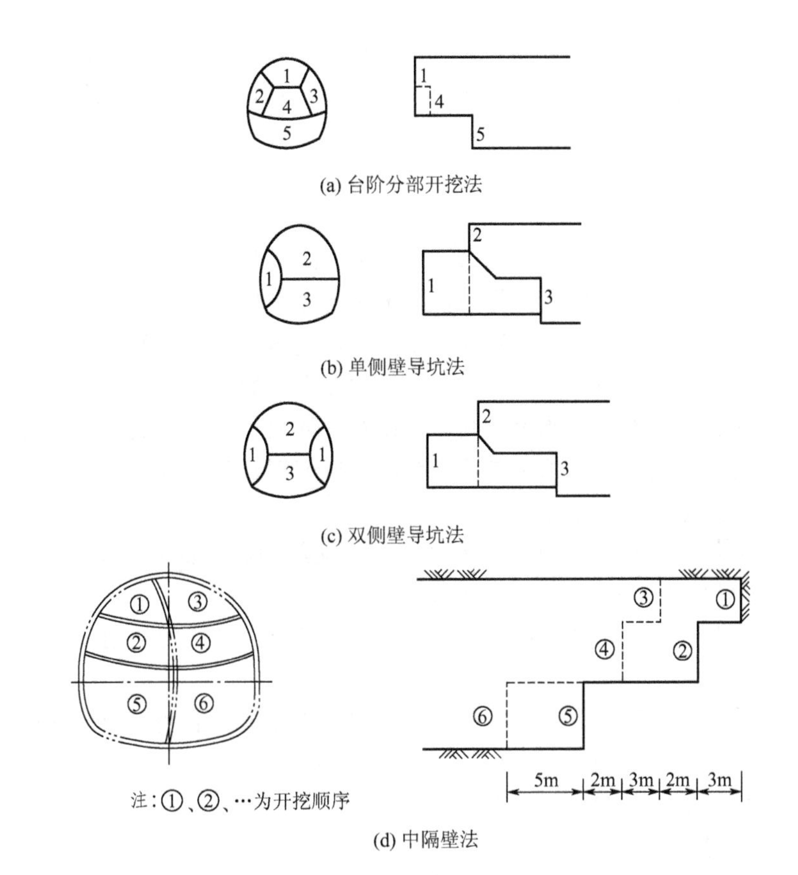

(a) 台阶分部开挖法

(b) 单侧壁导坑法

(c) 双侧壁导坑法

(d) 中隔壁法

图 6-7 台阶分部开挖法的几种变化方案

1. 台阶分部开挖法

台阶分部开挖法又称环形开挖留核心土法，一般将断面分为环形拱部［图 6-7(a) 中的 1～3］、上部核心土 4、下部台阶 5 三部分。根据断面的大小，环形拱部又可分成几块交替开挖。环形开挖进尺为 0.5～1.0m，不宜过长。上部核心土和下台阶的距离，一般为一倍洞跨。

台阶分部开挖法的施工作业顺序为：用人工或单臂掘进机开挖环形拱部；架立钢支撑、喷混凝土；在拱部初期支护保护下，用挖掘机或单臂掘进机开挖核心土和下部台阶，随时接长钢支撑和喷混凝土、封底；根据初期支护变形情况或施工安排建造内层衬砌。

由于拱形开挖高度较小，或地层松软锚杆不易成型，所以施工中不设或少设锚杆。在台阶分部开挖法中，因为上部留有核心土支挡着开挖面，而且能迅速及时地建造拱部初期支护，所以开挖工作面稳定性好。和台阶法一样，核心土和下部开挖都是在拱部初期支护保护下进行的，故施工安全性好。这种方法适用于一般土质或易坍塌的软弱围岩中。

台阶分部开挖法的主要优点是：与超短台阶法相比，台阶长度可以加长，减少上下台阶施工干扰；而与下述的侧壁导坑法相比，施工机械化程度较高，施工速度可加快。

采用台阶分部开挖时应注意下列问题：虽然核心土增强了开挖面的稳定，但开挖中围岩要经受多次扰动，而且断面分块多，支护结构形成全断面封闭的时间长，这些都有可能使围岩变形增大。因此，它常需要结合辅助施工措施对开挖工作面及其前方岩体进行预加固。

2. 单侧壁导坑法

这种方法一般是将断面分成三块［图 6－7(b)］：侧壁导坑 1、上台阶 2、下台阶 3。侧壁导坑尺寸应充分利用台阶的支撑作用，并根据机械设备和施工条件而定。一般侧壁导坑宽度不宜超过 0.5 倍洞宽，高度以到起拱线为宜，这样导坑可分两次开挖和支护，不需要架设工作平台，人工架立钢支撑也较方便。导坑与台阶的距离没有硬性规定，但一般应以导坑施工和台阶施工不发生干扰为原则，所以在短隧道中可先挖通导坑，而后再开挖台阶。上、下台阶的距离则视围岩情况参照短台阶法或超短台阶法拟定。

单侧壁导坑法的施工作业顺序如下：

（1）开挖侧壁导坑，并进行初期支护（锚杆加钢筋网，或锚杆加钢支撑，或钢支撑，喷射混凝土），应尽快使导坑的初期支护闭合；

（2）开挖上台阶，进行拱部初期支护，使其一侧支承在导坑的初期支护上，另一侧支承在下台阶上；

（3）开挖下台阶，进行另一侧边墙的初期支护，并尽快建造底部初期支护，使全断面闭合；

（4）拆除导坑临空部分的初期支护；

（5）建造内层衬砌。

单侧壁导坑法是将断面横向分成三块或四块，每步开挖的宽度较小，而且封闭型的导坑初期支护承载能力大，所以单侧壁导坑法适用于断面跨度大、地表沉陷难于控制的软弱松散围岩中。

3. 双侧壁导坑法（眼镜工法）

当隧道跨度很大，地表沉陷要求严格，围岩条件特别差，单侧壁导坑法难以控制围岩变形时，可采用双侧壁导坑法。现场实测表明，双侧壁导坑法所引起的地表沉陷仅为短台阶法的 1/2 左右。

这种方法一般是将断面分成四块［图 6－7(c)］：左右侧壁导坑 1、上部核心土 2、下台阶 3。导坑尺寸拟定的原则同前，但宽度不宜超过断面最大跨度的 1/3。左、右侧导坑错开的距离，应根据开挖一侧导坑所引起的围岩应力重分布不致影响另一侧已成导坑的稳定为原则来确定。

双侧壁导坑法施工作业顺序为：

（1）开挖一侧导坑，并及时地将其初期支护闭合；

（2）相隔适当距离后开挖另一侧导坑，并建造初期支护；

（3）开挖上部核心土，建造拱部初期支护，拱脚支承在两侧壁导坑的初期支护上；

（4）开挖下台阶，建造底部的初期支护，使初期支护全断面闭合；

（5）拆除导坑临空部分的初期支护，建造内层衬砌。

双侧壁导坑法虽然开挖断面分块多、扰动大、初期支护全断面闭合的时间长，但每个分块都是在开挖后立即各自闭合的，所以在施工过程中变形几乎不发展。双侧壁导坑法施工安全，但速度较慢，成本较高。

4. 中隔壁法

中隔壁法是在软弱围岩大跨隧道中常用的一种方法。这种方法是将断面分成左、右两部分，每一部分又分为上下几个台阶。

其施工顺序如下［图 6－7(d)］：

(1) 先后开挖一侧台阶①和台阶②，同时施作初期支护和中隔壁墙；

(2) 相隔适当距离后开挖另一侧台阶③和台阶④，并同时施作初期支护和中隔壁墙；

(3) 开挖台阶⑤和台阶⑥，施作初期支护和中隔壁墙；

(4) 建造内层衬砌。

此工法又称 CD 法。若每一施工步修建临时仰拱，使步步封闭成环，则每一施工阶段都是一个封闭的承载体系，可有效地控制地表下沉，这种方法就称为 CRD 法。

6.3 新奥法开挖技术

目前，开挖隧道的主要方法仍然是钻孔爆破法，开挖工作包括钻眼、装药、爆破等几项内容。

6.3.1 钻眼机具

隧道工程中常使用的凿岩机有风动凿岩机、液压凿岩机。电动凿岩机和内燃凿岩机较少采用。凿岩机工作原理是利用镶嵌在钻头体前端的凿刃反复冲击并转动破碎岩石而成孔，有的可通过调节冲击功大小和转动速度以适应不同硬度的岩石，从而达到最佳成孔效果。

1. 风动凿岩机

风动凿岩机俗称风钻，主要是手持式气腿凿岩机，以压缩空气的膨胀为驱动力。它具有结构简单、使用灵活方便、制造维修简便、操作便利、使用安全等优点，如图 6－8 所示。风动凿岩机空压设备比较复杂，工人劳动强度大、机械效率低、能耗大、噪声大，凿岩速度比液压凿岩机低。

图 6－8 风动凿岩机

2. 液压凿岩机

液压凿岩机是以电力带动高压油泵，通过改变油路使活塞往复运动，以实现冲击作用。

与风动凿岩机相比，液压凿岩机具有动力消耗少、凿岩速度快、凿岩功效高、环境保护较好等特点。

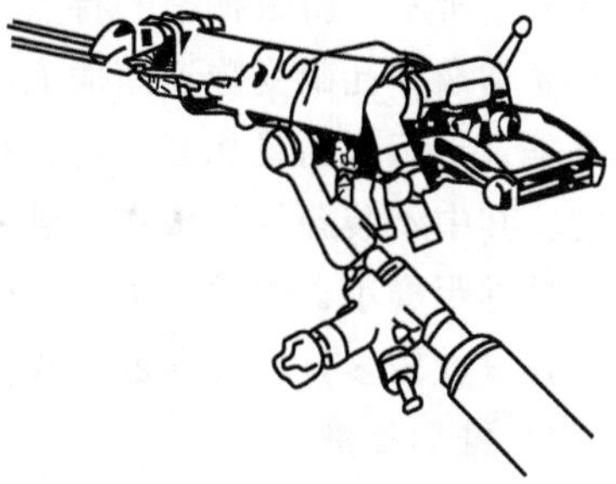

3. 液压凿岩台车

凿岩台车是将一台或多台液压凿岩机连同推进装置安装在钻臂导轨上，并配以行走机构，使凿岩作业实现机械化，具有效率高、机械化程度高、可打中深孔眼、钻眼质量高等优点。近十几年来，隧道施工机械化水平不断提高，台车式钻车得到了越来越多的使用。如图 6－9 所示为工程中应用较多的实腹结构轮胎走行的全液压凿岩台车。

图 6－9　全液压凿岩台车

6.3.2　炮眼掏槽与布置

在全断面一次开挖或导坑开挖时，只有一个临空面，必须先开出一个槽口作为其他部分的临空面以提高爆破效果，先开的这个槽口即称为掏槽。掏槽的好坏直接影响其他炮眼的爆破效果。

1. 掏槽方式

掏槽形式分为斜眼和直眼两类，每一类又有各种不同的布置方式，常用的掏槽方式如图 6－10 所示。斜眼掏槽的特点是：适用范围广，爆破效果较好，所需炮眼少，但炮眼方向不易掌握，孔眼受隧道断面大小的限制，碎石抛掷距离大。直眼掏槽的特点是：所有炮眼都垂直于工作面且相互平行，技术易于掌握，可实现多台钻机同时作业或采用凿岩台车作业；其中不装药的炮眼作为装药眼爆破时的临空面和补偿空间，有较高的炮眼利用率；岩石抛掷距离小，岩堆集中；不受断面大小限制，但总炮眼数目多，炸药消耗量大，使用的雷管段数较多，有瓦斯的工作面不能采用。

1）锥形掏槽

爆破后槽口呈角锥形，常用于坚硬或中硬整体岩层。根据孔数的不同，有三眼锥形和四眼锥形，如图 6－10(a)、(b) 所示，前者适用于较软一些的岩层。这种掏槽不易受工作面岩层层理、节理及裂隙的影响，掏槽力量集中，故较为常用，但打眼时眼孔方向较难掌握。

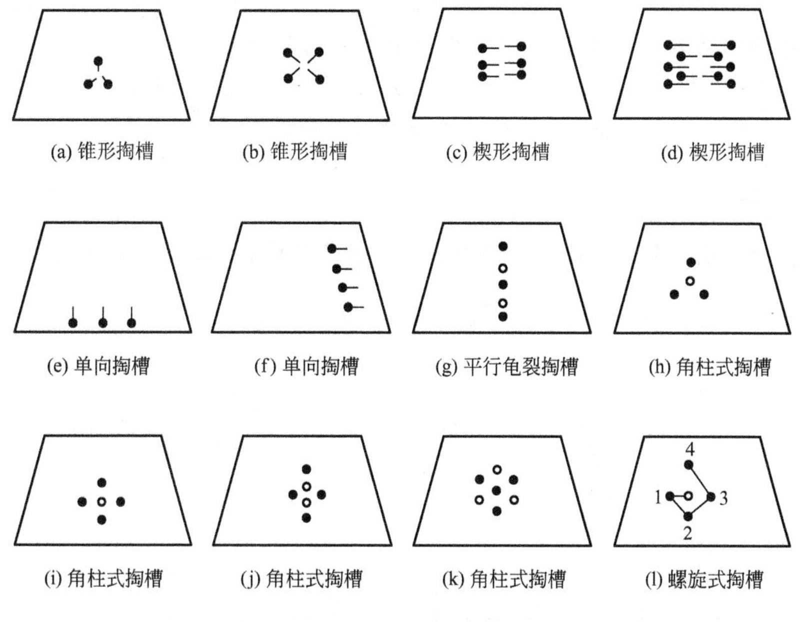

(a) 锥形掏槽 (b) 锥形掏槽 (c) 楔形掏槽 (d) 楔形掏槽

(e) 单向掏槽 (f) 单向掏槽 (g) 平行龟裂掏槽 (h) 角柱式掏槽

(i) 角柱式掏槽 (j) 角柱式掏槽 (k) 角柱式掏槽 (l) 螺旋式掏槽

图 6－10 常用掏槽方式

2）楔形掏槽

楔形掏槽适用于各种岩层，特别是中硬以上的稳定岩层，因其掏槽可靠、技术简单而应用最广。它一般由两排、三对相向的斜眼组成。槽口垂直的为垂直楔形掏槽，如图 6－10(c) 所示；槽口水平的为水平楔形掏槽。炮眼底部两眼相距 200～300mm，炮眼与工作面相交角度为 60°左右。断面较大、岩石较硬、眼孔较深时，还可采用复楔形，如图 6－10(d) 所示，其内楔眼深较小，装药也较少，并先行起爆。在层理大致垂直、机械化程度不高、浅眼掘进等情况下，采用垂直楔形较多。

3）单向掏槽

单向掏槽适用于中硬或具有明显层理、裂隙或松软夹层的岩层。根据自然弱面的赋存情况，可分别采用底部掏槽［图 6－10(e)］、侧部［图 6－10(f)］或顶部掏槽。底部掏槽中炮眼向上的称爬眼，向下的称插眼。顶、侧部掏槽一般向外倾斜，倾斜角度为 50°～70°。

4）平行龟裂掏槽

平行龟裂掏槽的炮眼相互平行，与开挖面垂直，并在同一平面内。隔眼装药，同时起爆。眼距一般取（1～2)d（d 为空眼直径），如图 6－10(g) 所示。平行龟裂掏槽适用于中硬以上、整体性较好的岩层及小断面隧道掘进。

5）角柱式掏槽

角柱式掏槽是应用最广泛的直眼掏槽方式，适用于中硬以上岩层。各眼相互平行且与工作面垂直，其中有的眼不装药，称为空眼。根据装药眼、空眼的数目及布置方式的不同，有各种各样的角柱形式，如单空孔三角柱形［图 6－10(h)］、中空四角柱形［图 6－10(i)］、双空孔菱形［图 6－10(j)］、六角柱形［图 6－10(k)］等。

6）螺旋式掏槽

所有装药眼都围绕空眼呈螺旋线状布置，如图 6－10(l) 所示。按 1、2、3、4 号孔顺序起爆，逐步扩大槽腔。这种方式在实用中取得了较好效果。其优点是炮眼较少而槽腔较大，后继起爆的装药眼易将碎石抛出。空眼距各装药眼（1、2、3、4 号眼）的距离可依次取空眼直径的 1～1.8 倍、2～3 倍、3～3.5 倍、4～4.5 倍。遇到难爆岩石时，也可在 1、2 号和 2、3 号眼之间各加一个空眼。空眼比装药眼深 30～40cm。

2. 炮眼布置

掘进工作面的炮眼除掏槽眼外，还有辅助眼和周边眼，如图 6－11 所示。

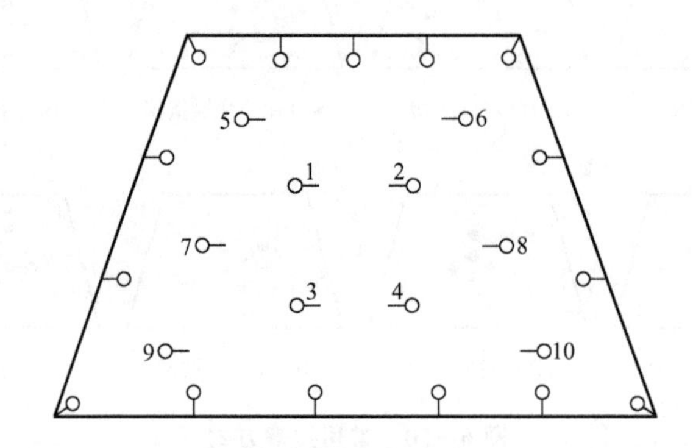

图 6－11　炮眼布置图

1～4—掏槽炮眼；5～10—辅助炮眼；其余为周边炮眼

1）掏槽眼布置

掏槽眼一般要比其他炮眼深 10～20cm，以保证爆破后开挖深度一致。

近年来，由于重型凿岩机投入施工，尤其是能钻大于 100mm 直径大孔的液压钻机投入施工以后，直眼掏槽的布置形式有了新发展。对于钻孔深度为 3.0～3.5m 的深孔爆破，采用双临空孔型［图 6－12(a)］，爆破效果最佳；钻孔深度 3.5～5.15m 的深孔爆破，采用三临空孔型最佳［图 6－12(b)］；钻孔深度在 3m 以下的，则可采用单临空孔型［图 6－12(c)］。以上几种掏槽形式基本上适用于中硬和坚硬的各种岩层中。

实践证明，直眼掏槽的爆破效果与临空孔的数目、直径及其与装药眼的距离密切相关。在硬岩爆破中，爆破效果随空眼至装药眼中心距离 W 与空眼直径 ϕ 的比值而有很大变化。当 $W>2\phi$ 时，爆破后岩石仅产生塑性变形，而不能产生真正的破碎；$W=(0.7\sim1.5)\phi$ 之间时效果最好，为破碎抛掷型掏槽；眼距过小时，爆炸作用有时会将相邻炮眼中的炸药（主要指粉状硝铵类炸药）挤实，使之因密度过高而拒爆。为保证空眼所形成的空间足够供岩石膨胀，在考虑临空孔数目时，一般要求所形成的空间不小于装药眼至空眼间的岩柱体积的 10%～20%。

2）辅助眼布置

辅助眼的作用是进一步扩大掏槽体积和增大爆破量，并为周边眼创造有利的爆破条件。其布置主要是解决间距和最小抵抗线问题，这可以由工地经验决定。最小抵抗线为炮眼间距的 60%～80%。

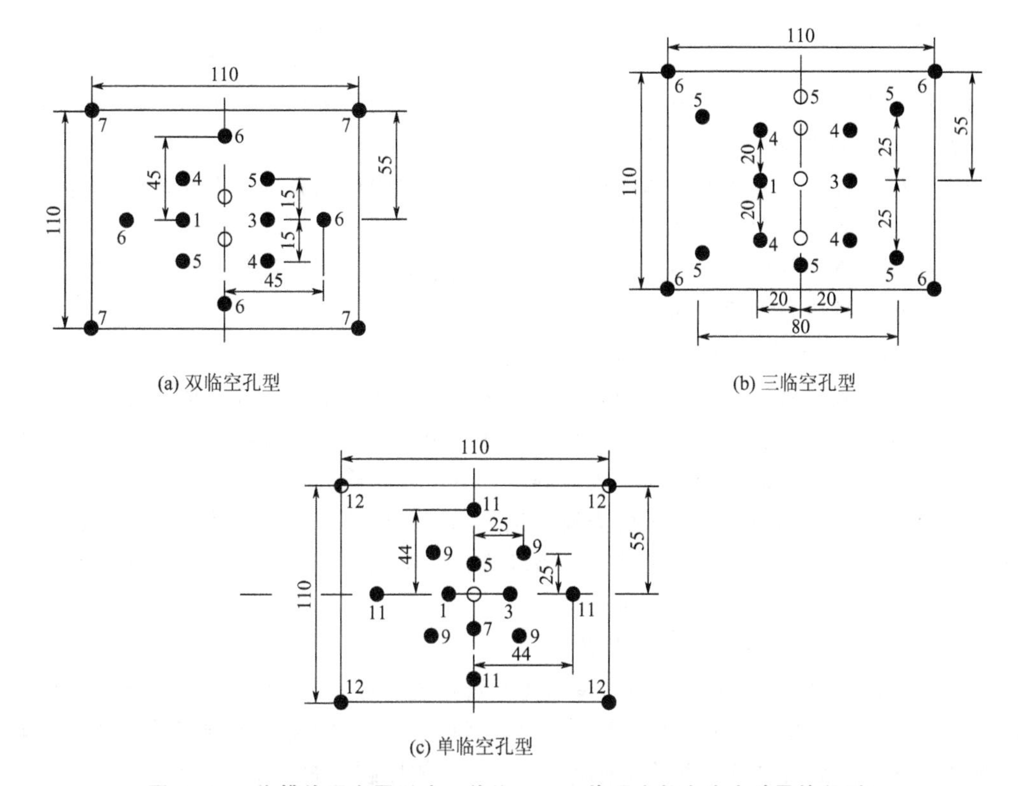

(a) 双临空孔型

(b) 三临空孔型

(c) 单临空孔型

图 6－12 掏槽炮眼布置形式（单位：cm，炮眼旁数字为毫秒雷管段别）

3）周边眼布置

周边眼的作用是爆破后使坑道断面达到设计的形状和规格。周边眼原则上沿着设计轮廓均匀布置，间距和最小抵抗线应比辅助眼的小，以便爆出较为平顺的轮廓。眼口距设计轮廓线为 0.1～0.2m，便于钻眼。

周边眼的底端，对于松软岩层应放在设计轮廓线以内，对于中硬岩层可放在设计轮廓线上，对于坚硬岩层则应略超出设计轮廓线外。为了避免欠挖，底板眼底端一般都超出设计轮廓线。

6.3.3 炮眼控制爆破

在新奥法隧道爆破施工中，要求炮眼利用率高，开挖轮廓及尺寸准确，对围岩震动小。按通常的周边炮眼布置，若全断面一次开挖，常常难以爆破出理想的设计断面，对围岩扰动又大。采用光面爆破与预裂爆破技术，可以控制爆破轮廓，尽量保持围岩的稳定。

1. 光面爆破

光面爆破是指爆破后断面轮廓整齐，超挖和欠挖符合规定要求的爆破。其主要标准是：开挖轮廓成型规则，岩面平整；岩面上保存50%以上孔痕，并无明显的爆破裂缝；爆破后围岩壁上无危石。

隧道施工中采用光面爆破，对围岩的扰动比较轻微，围岩松弛带的范围只有普通爆破法的1/9～1/2；大大减少了超欠挖量，节约了大量的混凝土和回填片石，加快了施工进度；围岩壁面平整、危石少，减轻了应力集中现象，有利于避免局部坍落，增进了施工安全，并为喷锚支护创造了条件。

光面爆破的优点，在完整岩体中可以从直观感觉中明显地看到。而在松软的特别是不均质和构造发育的岩体中采用光面爆破时，表面效果则较差，但对于减轻对围岩的震动破坏、减少超挖和避免冒顶等方面，其实质作用都是很大的。所以从围岩稳定性着眼，越是地质不良地段，越应该采用光面爆破。

1）光面爆破的基本原理

实现光面爆破，就是要使周边炮眼起爆后优先沿各孔的中心连线形成贯通裂缝，然后由于爆炸气体的作用，使裂解的岩体向洞内抛散。裂缝形成的机理，国内外进行过不少研究，但目前还缺乏一致的认识。有代表性的理论有三种：第一种认为成缝主要是由于爆破应力波的动力作用引起的，提出了应力波理论；第二种则认为裂缝主要是由于爆破高压气体准静应力的作用引起的，提出了静压力破坏理论；第三种是应力波与爆破气体压力共同作用理论。当前更多的人赞同第三种理论。

2）光面爆破的主要参数及技术措施

确定合理的光面爆破参数，是获得良好光面爆破效果的重要保证。光面爆破的主要参数包括周边眼的间距、光面爆破层的厚度、周边眼密集系数、周边眼的线装药密度等。影响光面爆破参数选择的因素很多，主要有地质条件、岩石的爆破性能、炸药品种、一次爆破的断面大小及形状等，其中影响最大的是地质条件。光面爆破参数的选择，目前还缺乏一定的理论公式，目前多采用经验方法。为了获得良好的光面爆破效果，可采取以下技术措施。

（1）适当加密周边眼。周边眼孔距适当缩小，可以控制爆破轮廓，避免超欠挖，又不致过大地增加钻眼工作量。孔间距的大小与岩石性质、炸药种类、炮眼直径有关，一般为$E=(8\sim18)\,d$，其中E为孔距（图6－13），d为炮眼直径。一般情况下，坚硬或破碎的岩石宜取小值，软质或完整的岩石宜取大值。

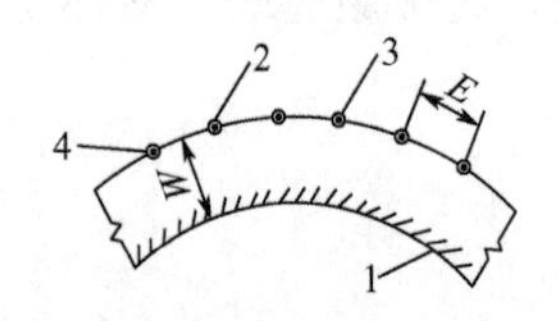

图6－13　光面爆破层厚度与周边眼的关系

1—外层辅助眼连线；2—周边眼；3—周边眼药包；4—光面爆破轮廓线

（2）合理确定光面爆破层厚度。所谓光面爆破层，就是周边眼与最外层辅助眼之间的一圈岩石层。光面爆破层厚度就是周边眼的最小抵抗线（图6－13）。周边眼的间距E与光面爆破层厚度W有着密切关系，通常以周边眼密集系数K表示为$K=E/W$。必须使应力波在两相邻炮眼间的传播距离小于应力波至临空面的传播距离，即$E<W$，所以K是小于1的变量。国内外大量工程实践的经验是取$K=0.8$左右，光面爆破层厚度W一般取50～90cm。

（3）合理用药。用于光面爆破的炸药，既要求有较高的破岩应力能，又要消除或减轻爆破对围岩的扰动，所以宜采用低猛度、低爆速、传爆性能好的炸药。但在炮眼底部，为了克服眼底岩石的夹制作用，应改用高爆速炸药。

周边眼的装药量是光面爆破参数中最重要的一个参数，通常以线装药密度表示。线装药密度是指炮眼中间正常装药段每延米的装药量。恰当的装药量应使得爆破时具有破岩所需的应力能，又不造成围岩的破坏。施工中应根据孔距、光面爆破厚度、石质及炸药种类等综合考虑。

（4）采用小直径药卷不耦合装药结构。在装药结构上，宜采用比炮眼直径小的小直径药卷连续或间隔装药。此时，药卷与炮眼壁间留有空隙，称之为不耦合装药结构。光面爆破的不耦合系数最好大于2，但药卷直径不应小于该炸药的临界直径，以保证稳定起爆。当采用间隔装药时，相邻炮眼所用药串的药卷位置应错开，以便充分利用炸药效能。

（5）保证光面爆破眼同时起爆。各炮眼的起爆时差超过0.1s时，就等同于单个炮眼爆破。使用即发雷管与导爆索起爆是保证光面爆破眼同时起爆的好方法，同段毫秒雷管起爆次之。

（6）要为周边眼光面爆破创造临空面。这个可以通过开挖程序和起爆顺序予以保证，并应注意不要使先爆落的石渣堵死周边眼的临空面。一个均匀的光面爆破层是有效地实现光面爆破的重要一环，应对靠近光面爆破层的辅助眼的布置和装药量给予特殊注意。

2. 预裂爆破

预裂爆破实质上也是光面爆破的一种形式，其爆破原理与光面爆破原理相同。在爆破的顺序上，光面爆破是先引爆掏槽眼，接着引爆辅助眼，最后才引爆周边眼；而预裂爆破则是首先引爆周边眼，使沿周边眼的连心线炸出平顺的预裂面。由于这个预裂面的存在，对后爆的掏槽眼和辅助眼的爆炸波能起反射和缓冲作用，可以减轻爆炸波对围岩的破坏影响，爆破后的开挖面整齐规则。由于成洞过程和破岩条件不同，在减轻对围岩的扰动程度上，预裂爆破较光面爆破的效果更好一些。

预裂爆破很适于稳定性差而又要求控制开挖轮廓的软弱岩层。但预裂爆破的周边眼间距和最小抵抗限都要比光面爆破的小，相应地要增多炮眼数量，钻眼工作量增大。与光面爆破一样，理想的预裂效果关键在于保证连心线上的预裂面产生贯通裂缝，形成光滑的岩壁。但由于预裂爆破受到只有一个临空面条件的制约，采取的爆破参数及技术措施均较光面爆破更严。由于预裂爆破可以沿设计轮廓线裂出一条一定宽度的裂缝，对开挖岩石的破坏比较轻微，保持了岩体的完整性，所以在短短的十多年内，它已在我国冶金、水电、煤炭、铁道等部门得到广泛应用。

6.4 出渣运输

出渣是隧道作业的基本项目之一。出渣作业能力的强弱，决定了它在整个作业循环中所占时间的长短（一般为40%～60%），因此，出渣运输作业能力的强弱在很大程度上影响施工速度。

在选择出渣方式时，应对隧道或开挖坑道断面的大小、围岩的地质条件、一次开挖量、机械配套能力、经济性及工期要求等相关因素综合考虑。出渣作业可分为装渣、运渣、卸渣三个环节。

6.4.1 装渣

装渣就是把开挖下来的石渣装入运输车辆。

1. 渣量计算

出渣量应为开挖后的虚渣体积，可按下式计算：

$$Z=R\cdot\Delta\cdot L\cdot S \tag{6-1}$$

式中 Z——单循环爆破后石渣量，m^3；

R——岩体松胀系数，见表 6-1；

Δ——超挖系数，视爆破质量而定，一般可取 1.15～1.25；

L——设计循环进尺，m；

S——开挖断面积，m^2。

表 6-1 岩体松胀系数 R 值

岩石类别	Ⅰ		Ⅱ		Ⅲ	Ⅳ	Ⅴ	Ⅵ
土石名称	砂砾	黏性土	砂夹卵石	硬黏土	石质	石质	石质	石质
松胀系数 R	1.15	1.25	1.30	1.35	1.6	1.7	1.8	1.85

2. 装渣方式

装渣的方式，可采用人力或机械。人力装渣劳动强度大，速度慢，仅在短隧道缺乏机械或断面小而无法使用机械时，才考虑采用；机械装渣速度快，可缩短作业时间，目前隧道施工中常用，但仍需少数人工辅助。

3. 装渣机械

装渣机械的类型很多，按其扒渣机构形式，可分为铲斗式、蟹爪式、立爪式、挖斗式。铲斗式装渣机为间歇性非连续装渣机，有翻斗后卸、前卸和侧卸三种卸渣方式。蟹爪式、立爪式和挖斗式装渣机是连续装渣机，均配备刮板（或链板）转载后卸机构。

装渣机的走行方式，有轨道走行和轮胎走行两种，也有配备履带走行和轨道走行两套走行机构的。轨道走行式装渣机需铺设走行轨道，因此其工作范围受到限制，但有些轨道走行式装渣机的装渣机构能转动一定角度，以增加其工作宽度，必要时可采用增铺轨道来满足更大的工作宽度要求；轮胎走行式装渣机移动灵活，工作范围不受限制，但在有水的土质围岩隧道中，有可能出现打滑和下陷。

装渣机扒渣的方式不同，走行方式不同，装备功率不同，则其工作能力也不同。装渣机的选择应充分考虑围岩及坑道条件、工作宽度及其与运输车辆的匹配和组织，以充分发挥各自的工作效能，缩短装渣的时间。

隧道施工中几种常用的装渣机如下。

(1) 翻斗式装渣机。这种装渣机多采用轨道走行机构，是利用前方的铲斗铲起石渣，然后后退并将铲斗后翻，把石渣倒入停在机后的运输车内，如图 6 - 14 所示。

翻斗式装渣机构造简单，操作方便，采用风动或电动，对洞内无废气污染。工作宽度一般只有 1.7～3.5m，工作长度较短，需将轨道延伸至渣堆，且一进一退间歇装渣，工作效率较低，其斗容量小，工作能力较低，一般只有 30～120m^3/h（技术生产率），主要适用于小断面或规模较小的隧道中。

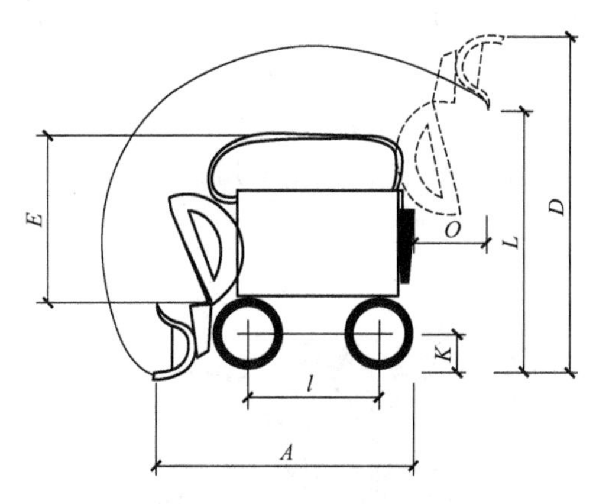

图 6 - 14　翻斗式装渣机

（2）蟹爪式装渣机。这种装渣机多采用履带走行、电力驱动。它是一种连续装渣机，其前方倾斜的受料盘上装有一对由曲轴带动的扒渣蟹爪。装渣时，受料盘插入岩堆，同时两个蟹爪交替将岩渣扒入受料盘，并由刮板输送机将岩渣装入机后的运输车内，如图 6 - 15 所示。

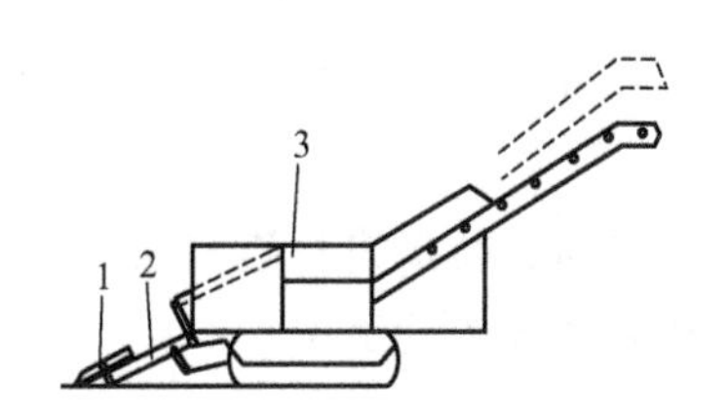

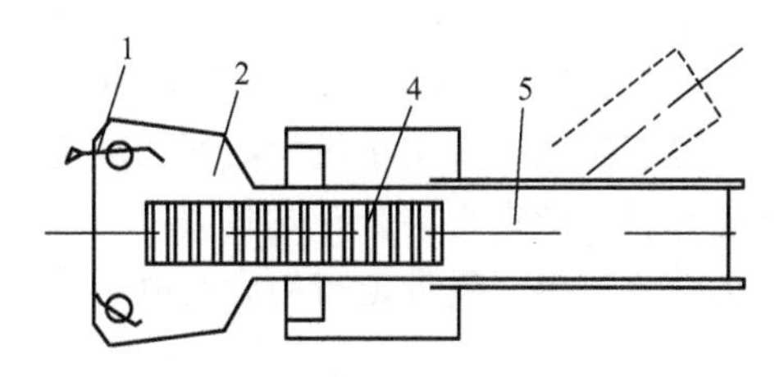

图 6 - 15　蟹爪式装渣机

1—蟹爪；2—受料盘；3—机身；4—链板输送机；5—带式输送机

因受蟹爪扒渣限制，岩渣块度较大时，其工作效率显著降低，故主要用于块度较小的岩渣及土的装渣作业。工作能力一般在 60～80m^3/h 之间。

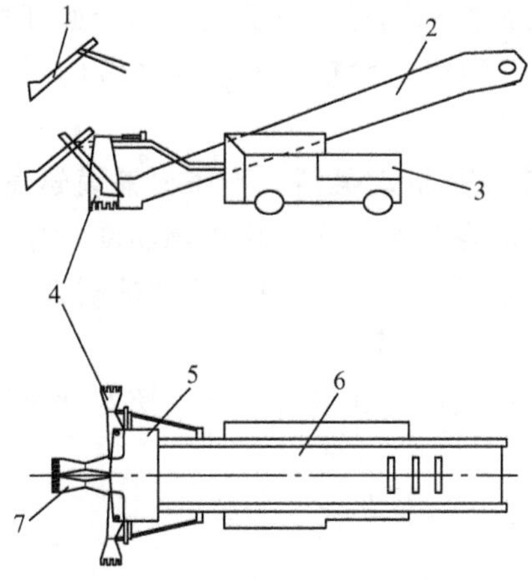

图 6 - 16　立爪式装渣机

1—立爪；2、6—链板输送机；3—机体；4—立爪（左右位置）；5—机架；7—立爪（前方位置）

（3）立爪式装渣机。这种装渣机多采用轨道走行，也有采用轮胎走行或履带走行的。以采用电力驱动、液压控制得较好。装渣机前方装有一对扒渣立爪，可以将前方或左右两侧的石渣扒入受料盘，其他同蟹爪式装渣机，如图 6 - 16 所示。立爪扒渣的性能较蟹爪式的好，对岩渣的块度大小适应性强，轨道走行时，其工作宽度可达到 3.8m，工作长度可达到轨端前方 3.0m，工作能力一般在 120～180m^3/h 之间。

（4）挖斗式装渣机。这种装渣机（如 ITC312 H4 型）是近几年发展起来的较为先进的隧道装渣机，其扒渣机构为自由臂式挖掘反铲，其他同蟹爪式装渣机，并采用电力驱动和全液压控制系统，配备有轨道走行和履带走行两套走行机构。立定时，工作宽度可达3.5m，工作长度可达轨道前方7.1m，且可以下挖2.8m和兼作高8.34m范围内的清理工作面及找顶工作。生产能力为250m³/h。

(5) 铲斗式装渣机。这种装渣机多采用轮胎走行，也有采用履带或轨道走行的。轮胎走行的铲斗式装渣机多采用铰接车身、燃油发动机驱动和液压控制系统，如图6-17所示。

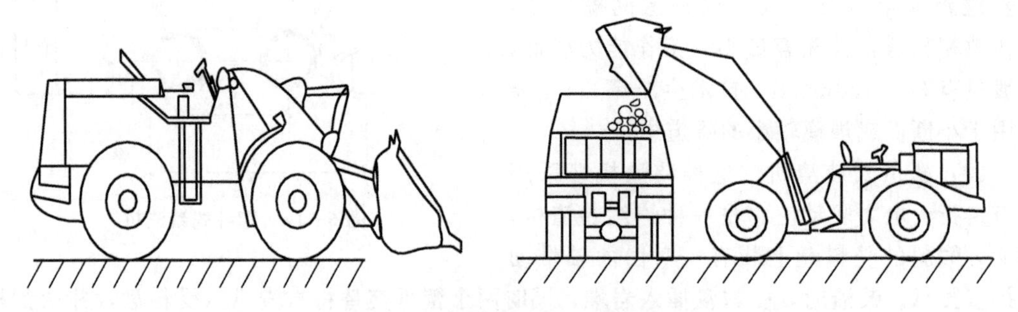

图6-17 轮胎走行铲斗式装渣机

轮胎走行铲斗式装渣机转弯半径小，移动灵活；铲取力强，铲斗容量达0.76～3.8m³，工作能力强；可侧卸也可前卸，卸渣准确，但燃油废气污染洞内空气，需配备净化器或加强隧道通风，常用于较大断面的隧道装渣作业。

轨道走行及履带走行的铲斗式装渣机，多采用电力驱动。轨道走行装渣机一般只适用于断面较小的隧道中，履带走行的大型电铲则适用于特大断面的隧道中。

6.4.2 运输

隧道施工的洞内运输（出渣和进料）可分为有轨运输和无轨运输两种方式。

有轨运输是铺设小型轨道，用轨道式运输车出渣和进料。有轨运输多采用电瓶车及内燃机车牵引，斗车或梭式矿车运渣，它既适应于大断面开挖的隧道，也适用于小断面开挖的隧道，尤其适应于较长的隧道运输（3km以上），是一种适应性较强和较为经济的运输方式。

无轨运输是采用各种无轨运输车出渣和进料，其特点是机动灵活，不需要铺设轨道，能适用于弃渣场离洞口较远和道路坡度较大的场合。其缺点是由于多采用内燃驱动，作业时在整个洞中排出废气，污染洞内空气，故一般适用于大断面开挖和中等长度的隧道中，并应注意加强通风。

运输方式的选择，应充分考虑与装渣机的匹配和运输组织，还应考虑与开挖速度及运量的匹配，以尽量缩短运输和卸渣时间。

1. 有轨运输

1) 运输车辆

常用的轨道式运输车辆有斗车、梭式矿车。

(1) 斗车。斗车结构简单，使用方便，适应性强。斗车运输是较经济的运输方式。按其容量大小，可分为小型斗车（容量小于3m³）和大型斗车。

小型斗车轻便灵活，满载率高，调车便利，一般均可人力翻斗卸渣。在无牵引机械时还可以人力推送，它是最常用的运输车辆。大型斗车单车容量较大，可达 20m³，需用动力机车牵引，并配用大型装渣机械装渣才能保证快速装运。根据斗车类型，采用驼峰机构侧卸或翻车机构卸渣；其对轨道要求严格，但可以减少装渣中调车作业次数，从而缩短装渣时间。

(2) 梭式矿车。梭式矿车采用整体式车体，下设两个转向架，车箱底部设有刮板式或链式转载机构，便于将整体车厢装满和转载或向后卸渣，如图 6－18 所示。它对装渣机械要求条件不高，能保证快速运输，但机构复杂，使用费较高。

梭式矿车单车容量为 6～18m³，可以单车使用，也可以 2～4 节搭接使用，以减少调车作业次数。其刮板式自动卸渣机构，可以向后（即码头前方）卸渣，也可以使前后转向架分别置于相邻的两股道上，实现向轨道侧面卸渣，而扩大弃渣的范围。轨道间距应为 2.0～2.5m，车体与轨道的交角可达 35°～40°。

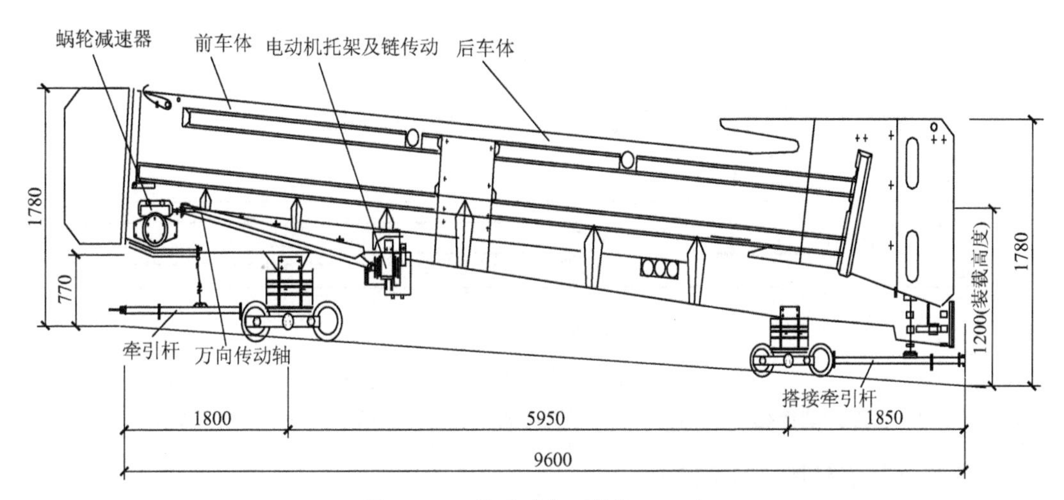

图 6－18 梭式矿车（单位：mm）

2) 有轨运输牵引类型

常用的轨道式牵引机车有电瓶车、内燃机车，主要用于坡度不大的隧道运输牵引。当采用小型斗车和在坡度较缓的短隧道施工时，还可以采用人力推送。

电瓶车牵引无废气污染，但电瓶需充电，能量有限；必要时可增加电瓶车台数，以保证行车速度和运输能力。内燃机车牵引能力较大，但会增加洞内噪声污染和废气污染，必要时需要配备废气净化装置和加强通风。

3) 单线运输

单线运输能力较低，常用于地质条件较差或小断面开挖的隧道中。单线运输时，为调车方便和提高运输能力，在整个路线上应合理布设会让站（错车道）。会让站间距应根据装渣作业时间和行车速度计算确定，并编制和优化列车运行图，以减少避让时间。会让站的站线长度应能够容纳整列车，并保证会车安全，如图 6－19 所示。

4) 双线运输

双线运输时，进出车分道行驶，无须避让等待，故通过能力较单线有显著提高。为了调车方便，应在两线间合理布设渡线。渡线间距应根据工序安排及运输调车需要来确定，一般间距为 100～200m 或更长，并每隔 2～3 组渡线设置一组反向渡线，如图 6－20 所示。

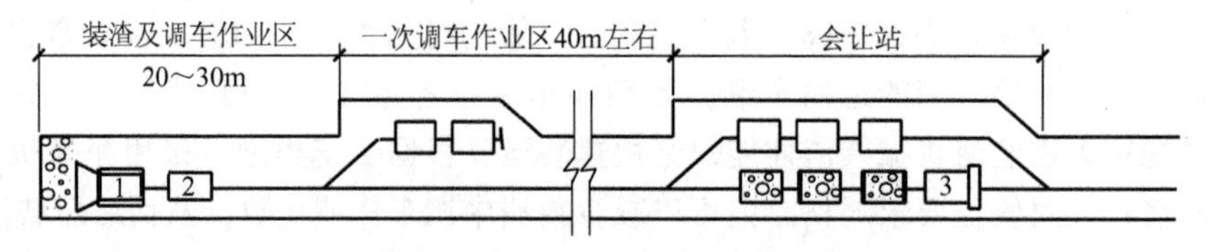

图 6-19 单线运输轨道布置

1—翻斗式装渣机；2—斗车；3—牵引电瓶车

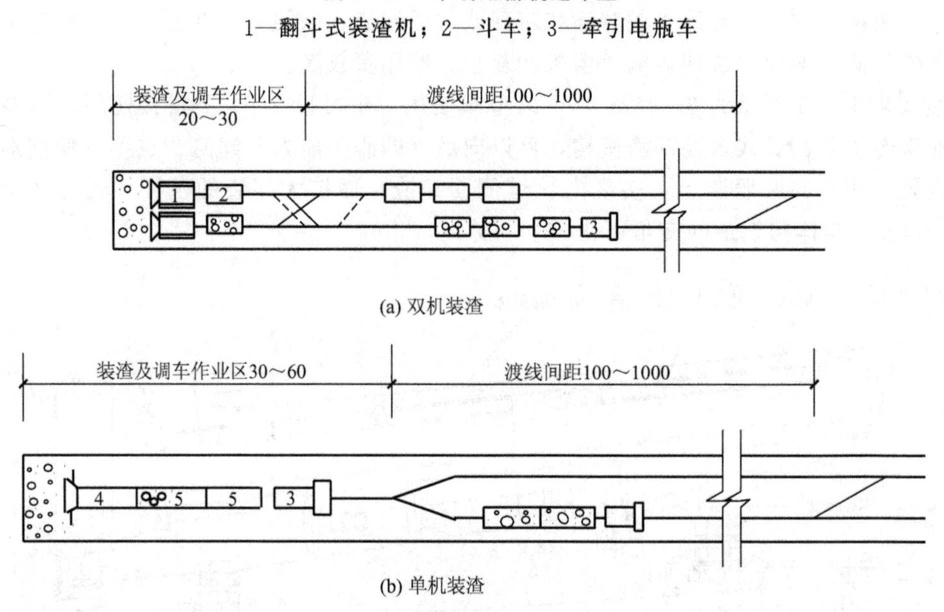

图 6-20 双线运输轨道布置（单位：m）

1—翻斗式装渣机；2—斗车；3—牵引电瓶车；4—立爪装渣机；5—梭式矿车

5）工作面轨道延伸及调车措施

（1）工作面的轨道延伸，应及时满足钻眼、装渣、运输机械的走行和作业要求，并避免轨道延伸与其他工作的干扰。延伸的方法可以采用浮放“卧轨”“爬道”及接短轨。待开挖面向前推进后，将连接的几根短轨换成长轨。

（2）工作面附近的调车措施，应根据机械走行要求和转道类型来合理选择确定，并尽量离开挖面近一些，以缩短调车的时间。

单线运输时，首先应利用附近的会让站线调车；当开挖面距离会让站较远时，可以设置临时岔线、浮放调车盘或平移调车器来调车，并逐步前移。双线运输时，应尽量利用就近的渡线来调车，当开挖面距渡线较远时，则可以设置浮放调车盘，并逐步前移。

6）洞口轨道布置

洞口外轨道布置包括卸渣线、上料线、修理线、机车整备线以及调车场等。

卸渣线应搭设卸渣码头，其重车方向应设置一段0.5%～1.0%的上坡，并在轨端加设车挡，以保证卸渣车列安全。

7）轨道铺设要求

（1）轨距常用的有600mm、762mm、900mm三种。双线线间净距不小于20cm；单线会让站线间净间距不小于40cm。车辆距坑道壁式支撑净间距不小于20cm；双线不另设人行道；单线需设人行道，其净宽不小于70cm。

(2) 轨道平面最小曲线半径，在洞内应不小于机车车辆轴距的7倍，洞外不小于机车车辆轴距的10倍；使用有转向架的梭式矿车时，最小曲线半径不小于12m，并应尽量使用较大的曲线半径。

(3) 洞内轨道纵坡按隧道坡度设置。洞外轨道除卸渣线设置上坡外，其余应尽量设置为平坡或0.5%以下的纵坡。

(4) 钢轨重量有15kg/m、24kg/m、30kg/m、38kg/m、43kg/m几种，轨枕截面有10cm×12cm、10cm ×15cm、12cm×15cm、14cm×17cm（厚×宽）几种。钢轨和枕木的选择，应根据各种机械的最大轴重来确定，轴重较大时应选用较重的钢轨和较粗的枕木；枕木间距一般不大于70cm。

(5) 轨道铺设时可利用开挖下来的碎石渣作为道渣，并铺设平整、顺直、稳固。若有变形和位移，应及时养护和维修，以保证线路处于良好的工作状态。

2. 无轨运输

隧道用无轨运输车的类型很多，多为燃油式动力、轮胎走行的自卸卡车。载重量为2～25t不等。为适应在隧道内运输，有的还采用了铰接车身或双向驾驶的坑道专用车辆。

无轨运输车的选择应注意与装渣机的匹配，尤其是能力配套，以充分发挥各自的工作效率，提高整体工作能力。此外，一般应选用载重自重比大、体型小、机动灵活、能自卸、配有废气净化器的运输车。对洞内转向，还可以局部扩大洞径，设置车辆转向站，或设置机械转向盘。

6.5 新奥法支护技术

为了有效地约束和控制围岩的变形，增强围岩的稳定性、防止塌方，保证施工和运营作业的安全，必须及时、可靠地进行支护。根据围岩的不同稳定状态，由喷射混凝土、锚杆、钢筋网、钢支撑等按不同组合形式进行初期支护，也称喷锚支护。为保证隧道投入使用后的稳定、耐久、减少阻力和美观等，一般要修筑混凝土或钢筋混凝土二次衬砌。为了保证在软弱破碎围岩中隧道开挖面的稳定或控制隧道产生过大的变形，需要对围岩采取预加固措施以提高其自稳能力。

6.5.1 预支护

隧道施工过程中，当遇到软弱破碎围岩时，其自稳能力是比较弱的，需要采用预支护技术。经常采用的预支护措施有超前锚杆、插板或小钢管、管棚、超前小导管注浆、预注浆加固围岩及开挖工作面等。

1. 超前锚杆和小钢管

此法的要点是开挖掘进前，在开挖面顶部一定范围内，沿坑道设计轮廓线，向岩体内打入一排纵向锚杆（或型钢，或小钢管），以形成一道顶部加固的岩石棚，在此棚保护下进行开挖作业，如图 6-21 所示。至一定距离后（在尚未开挖的岩体中必须保留一定的超前长度），重复上述步骤，如此循环前进。

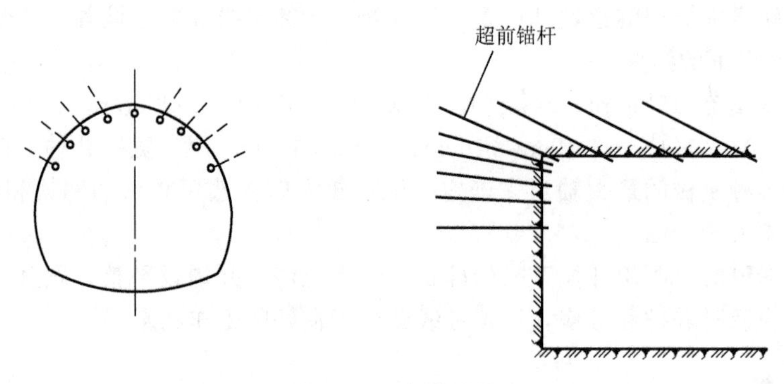

图 6-21　超前支护

超前锚杆宜采用早强砂浆锚杆，锚杆可用不小于 $\phi 22$ 的螺纹钢筋。其超前量、环向间距、外插角等参数应视具体的施工条件而定。超前锚杆主要适用于地下水较少的软弱破碎围岩的隧道工程中，如土砂质地层、弱膨胀性地层、流变性较小的地层、裂隙发育的岩体、断层破碎带与浅埋无显著偏压的隧道，也适宜于采用中小型机械施工。

2. 管棚

管棚是沿隧道开挖断面外轮廓，以较小的外插角向开挖面前方打入钢管构成的棚架体系。为增加钢管外围岩的抗剪切强度，从插入的钢管内压注充填水泥浆或砂浆，使钢管与围岩一体化，如图 6-22 所示。

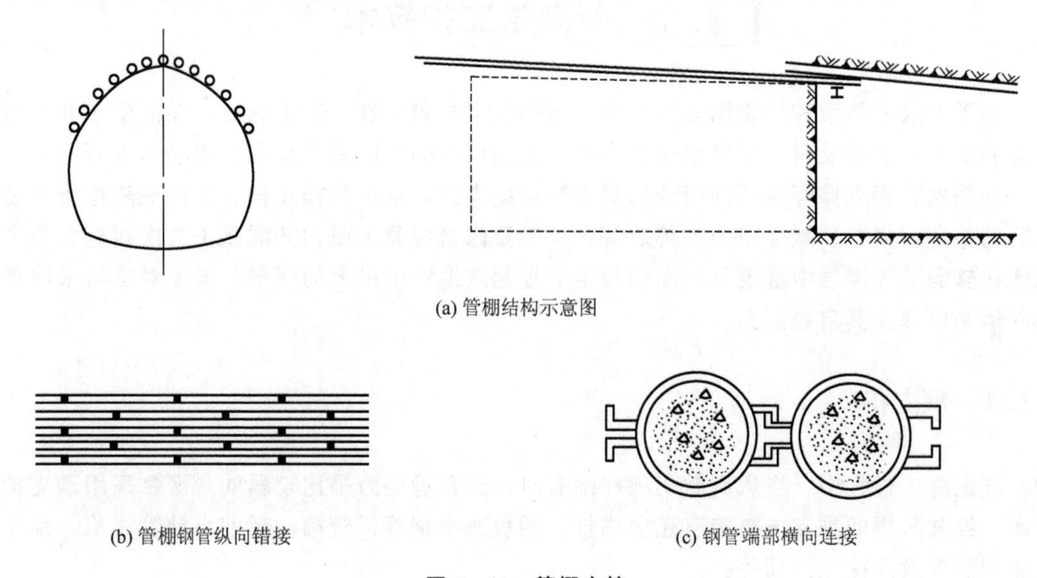
(a) 管棚结构示意图

(b) 管棚钢管纵向错接

(c) 钢管端部横向连接

图 6-22　管棚支护

管棚对围岩变形的限制能力较强，且能提前承受早期围岩压力，主要适用于对围岩变形及地表下沉有较严格限制要求的软弱破碎围岩隧道工程中，如土砂质地层、强膨胀性地层、强流变性地层、裂隙发育的岩体、断层破碎带、浅埋有显著偏压等围岩的隧道中。此外，在一般无胶结的土及砂质围岩中，采用插板封闭较为有效；在地下水较多时，则可利用钢管注浆堵水和加固围岩。

管棚的配置、形状、施工范围、管棚间隔及断面等应根据地质条件、周边环境、隧道开挖断面、埋深以及开挖方法等因素来决定。一般多采用如图6-23所示的形状。

短管棚（长度小于10m的小钢管）一次超前量小，基本上与开挖作业交替进行，占用循环时间较大，但钻孔安装或顶入安装较容易。

长管棚（长度10～45m，直径较粗的钢管）一次超前量大，单次钻孔或打入长钢管的作业时间较长，但减少了安装钢管的次数，减少了与开挖作业之间的干扰。

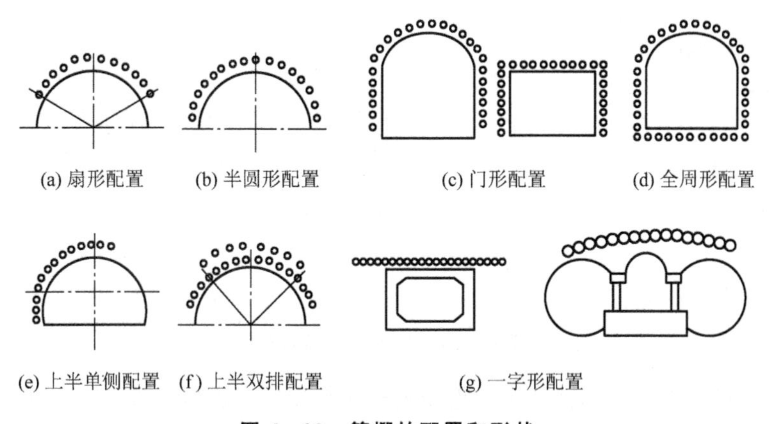

图6-23 管棚的配置和形状

3. 超前小导管注浆

超前小导管注浆是在开挖掘进前，先用喷射混凝土将开挖面和5m范围内的坑道封闭，然后沿坑道周边打入带孔的纵向小导管并通过小导管向围岩注浆，待浆液硬化后，在坑道周围形成了一个加固圈，在此加固圈的防护下即可安全地进行开挖，如图6-24所示。

超前小导管注浆不仅适用于一般软弱破碎围岩，也适用于地下水丰富的松软围岩。超前小导管注浆对围岩加固的范围和强度是有限的，在围岩条件特别差而变形又严格控制的隧道施工中，超前小导管注浆常常作为一项主要的辅助措施，与管棚结合起来加固围岩。

自进式注浆锚杆是将超前锚杆与超前小导管注浆相结合的一种超前措施。它是在小导管的前端安装了一次性钻头，从而将钻孔和顶管同时完成，缩短了导管的安装时间，尤其适用于钻孔易坍塌的地层。

4. 预注浆加固围岩

预注浆方法是在掌子面前方的围岩中将浆液注入，从而提高了地层的强度、稳定性和抗渗性，形成了较大范围的筒状封闭加固区，然后在其范围内进行开挖作业。

预注浆一般可超前开挖面30～50m，可以形成有相当厚度和较长区段的筒状加固区，从而使得堵水的效果更好，也使得注浆作业的次数减少，它更适用于有压力地下水及地下水丰富的地层中，也更适用于采用大中型机械施工。

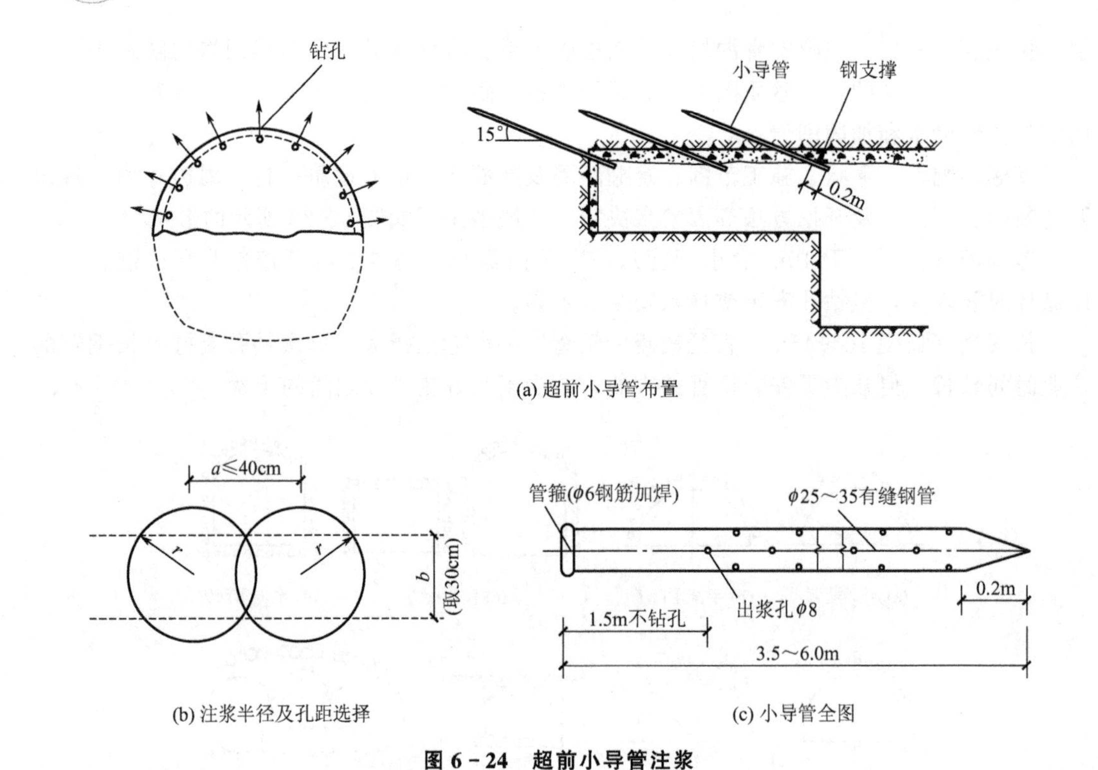

(a) 超前小导管布置

(b) 注浆半径及孔距选择

(c) 小导管全图

图 6-24　超前小导管注浆

预注浆加固围岩有洞内超前注浆、地表超前注浆和平导超前注浆三种方式。图 6-25(a) 所示为在开挖工作面上打超前长导管注浆的加固方式；对于浅埋隧道，可以从地表向隧道所在区域打辐射状或平行状钻孔注浆，如图 6-25(b) 所示；对于深埋长大隧道，可设置平行导坑，由平行导坑向正洞所在区域钻孔注浆，如图 6-25(c) 所示。

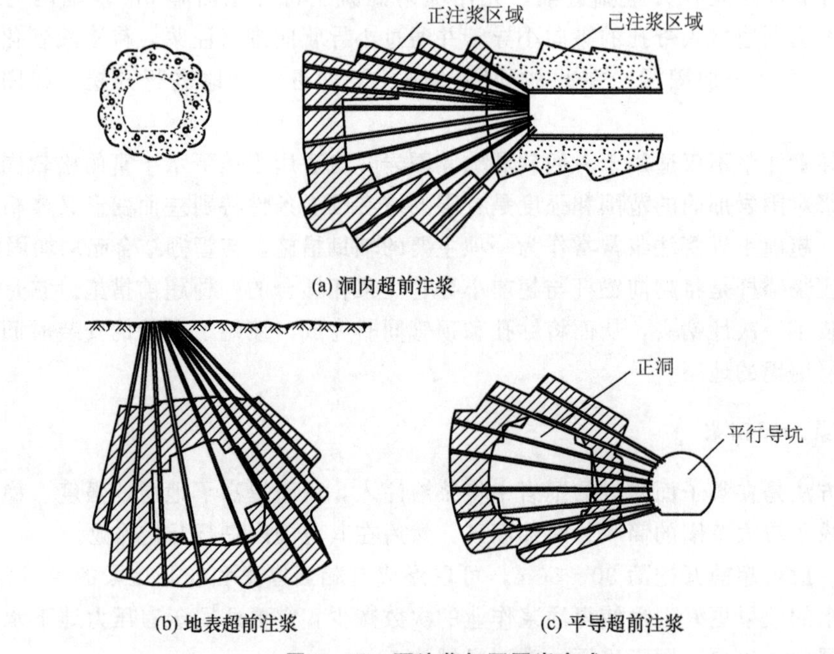

(a) 洞内超前注浆

(b) 地表超前注浆

(c) 平导超前注浆

图 6-25　预注浆加固围岩方式

6.5.2 初期支护

1. 喷射混凝土

喷射混凝土支护是将一定配比的混凝土，由压缩空气以较高的速度喷射到围岩表面，形成混凝土支护层的一种支护形式，常用于灌注隧道内衬、墙壁、天棚等薄壁结构，或做其他结构的衬里以及钢结构的保护层。喷射混凝土支护是新奥法施工中标准支护手段之一，既可以作为围岩的临时支护和永久支护，也可与锚杆、锚索、钢筋网、钢拱架等构成联合支护。喷射混凝土支护能够立即封闭新开挖的围岩，很快获得较高的强度，从而可以迅速发挥支护作用。

1）喷射混凝土的作用原理

在隧道周边围岩上喷射一层混凝土层，相当于在围岩周边施加了径向支护阻力，从而改变了围岩的应力应变状态。在弹性的二次应力状态下，由于径向支护阻力的存在使得围岩的径向应力增大、切向应力减小，围岩从单向（双向）应力状态转变为双向（三向）应力状态，提高了围岩的承载力。

在形成的塑性区二次应力状态下，塑性区半径随径向支护阻力的增加而减小。径向支护阻力的存在可以控制围岩塑性区的发展，约束围岩的变形与位移，从而提高围岩的承载能力。

此外，喷射混凝土起到了封闭围岩的作用，隔绝了空气、水与围岩的接触，有效防止了风化、潮解引起的围岩破坏和强度降低。高速喷射的混凝土充填到围岩的节理、裂隙及凹凸不平的岩石中，将围岩黏结成一个整体，大大提高了围岩的整体性和强度。

2）喷射混凝土的施工工艺

喷射混凝土的工艺流程，有干喷、潮喷、湿喷和混合喷。

(1) 干喷法是将水泥、砂、石在干燥状态下拌和均匀，用压缩空气送至喷嘴并与压力水混合后进行喷射的方法。因喷射速度大，粉尘污染及回弹情况较严重，但其施工机械简单，易于操作。干喷混凝土强度可达到C20。

(2) 潮喷法是将骨料预加少量水，使之呈潮湿状，再加水泥拌和，送至喷嘴处并与压力水混合后进行喷射的方法。与干喷相比，其上料、拌和及喷射时的粉尘少，目前施工现场使用较多。潮喷混凝土强度可达到C20。

(3) 湿喷法是将水泥、砂、石和水按比例拌和均匀，用湿喷机压送至喷嘴进行喷射的方法。湿喷法的粉尘和回弹量少，喷射混凝土的质量容易控制，但对喷射机械要求较高，机械清洗和故障处理较麻烦。软弱围岩特别是黄土隧道及渗水隧道，不易使用潮喷而改用湿喷较好。湿喷混凝土强度可达到C30～C35。

(4) 混合喷射采用两套搅拌机，在第一套搅拌机内将一部分砂加第一次水拌湿，再投入全部水泥强制搅拌，然后加第二次水和减水剂拌和成SEC砂浆，用砂浆泵压送到混合管；在第二套搅拌机内将部分砂石和速凝剂强制搅拌均匀，用干喷机压送到混合管后经喷嘴喷出。混合喷混凝土强度可达到C30～C35。

混合喷射工艺的粉尘和回弹率较干喷法有大幅度降低，但工艺复杂，使用机械多，机械清洗和故障处理很麻烦，一般只用在喷射混凝土量大和大断面的隧道工程中。

在混凝土中加入一定量的钢纤维，可制成钢纤维喷射混凝土。用钢纤维喷射混凝土作初期支护可代替钢筋网喷射混凝土，并可提高喷射材料与岩壁的黏结强度，提高结构的耐久性，改善喷层的受力状态。

2. 锚杆

锚杆是用金属、木质、化工等材料制作的一种杆状构件。锚杆支护是首先在岩壁上钻孔，然后通过一定施工操作将锚杆安设在地下工程的围岩或其他工程体中，形成承载结构、阻止变形的围岩拱结构或其他复合结构的一种支护方式。锚杆支护以其结构简单、施工方便、成本低和对工程适应性强等特点，在土木工程领域尤其地下工程中得到了广泛应用。

锚杆支护通过锚入围岩内部的锚杆改变了围岩本身的力学状态，与围岩共同组成支护体系，承受各种围岩应力，是一种“主动”的支护方式，代表地下工程支护技术的重大变革。

1）锚杆的作用原理

锚杆的作用原理，有悬吊作用、组合梁作用、挤压加固拱作用与三向应力平衡作用等理论。

悬吊作用理论认为通过锚杆可将不稳定的岩层和危石悬吊在上部坚硬稳定的岩体上，以防止其离层滑脱，如图 6 - 26 所示。悬吊理论直观地揭示了锚杆的悬吊作用，但若顶板中没有坚硬稳定的岩层或顶板软弱岩层较厚、围岩破碎区范围较大，势必无法将锚杆锚固到上面的坚硬岩层或未松动岩层，这时悬吊理论就不适用了。

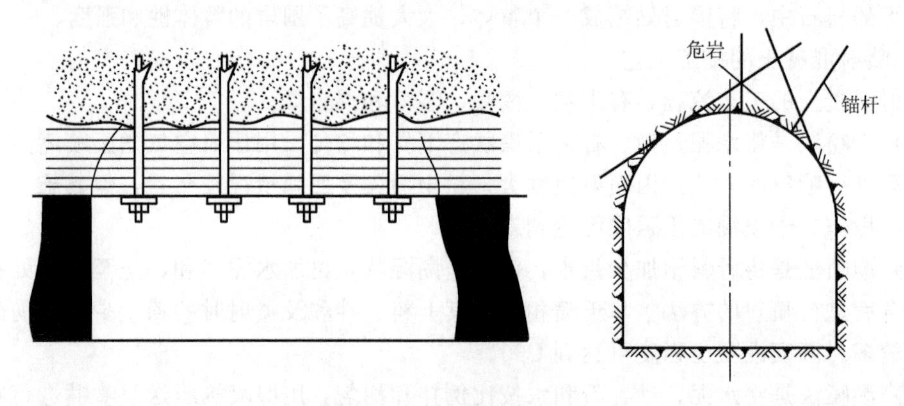

图 6 - 26 锚杆的悬吊作用

组合梁作用是指把层状岩体看成简支梁，没有锚固时，它们只是简单地叠合在一起；由于层间抗剪能力不足，各层岩石都是各自单独地弯曲。若用锚杆将各层岩石锚固成组合梁，则层间摩擦阻力大为增加，从而增加了组合梁的抗弯强度和承载能力，图 6 - 27 所示的模型即较好地诠释了这种作用。但当顶板较破碎、连续性受到破坏与层状性不明显时，组合梁作用也就不存在了。

锚杆的挤压加固作用认为，对于被纵横交错的弱面所切割的块状或破裂状围岩，在锚杆挤压力作用下，在每根锚杆周围都形成一个以锚杆两头为顶点的锥形体压缩区，各锚杆所形成的压缩区彼此重叠，便形成一条拱形连续压缩带（组合拱），如图 6 - 28 所示。

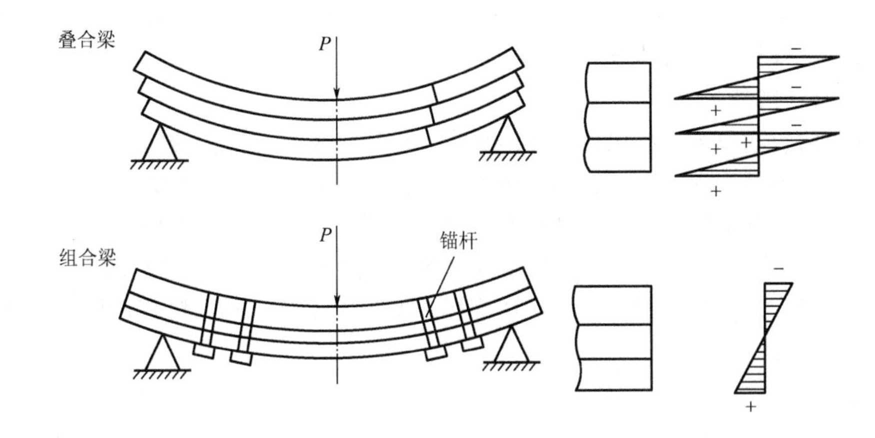

图 6－27 锚杆的组合梁作用

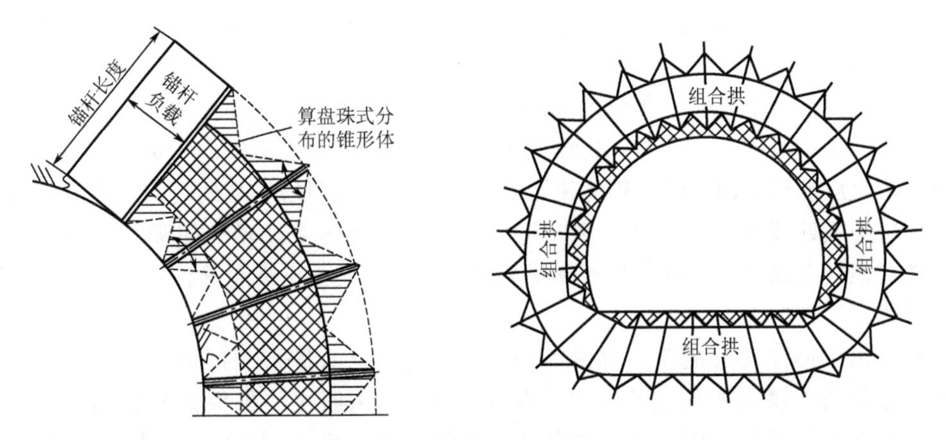

图 6－28 锚杆的挤压加固作用

地下工程的围岩在未开挖前处于三向受压状态，开挖后围岩则处于二向受力状态，故易于破坏而丧失稳定性。锚杆安装以后，相当于岩石又恢复了三向受力状态，从而增大了它的强度。

上述锚杆的支护作用原理在实际工程中并非孤立存在，往往是几种作用同时存在并综合作用，只是在不同的地质条件下某种作用占主导地位而已。

2）锚杆的种类

锚杆种类繁多，形式不一，分类方法也各不同。一般按锚固形式、锚固原理和锚杆材料分类。锚杆按锚固形式分，有端头锚固和全长锚固两大类，锚固力集中在岩体内一端的锚杆，称为端头锚固锚杆；锚固力分布在岩体内全长范围的锚杆，称为全长锚固锚杆。常用的端头锚固式锚杆，有金属倒楔式、金属楔缝式、快凝水泥式、树脂药包式、胀壳式等；全长锚固式锚杆，有金属砂浆式、水力膨胀式、吹胀式、管缝式、树脂药包式、内注浆式等。

锚杆按锚固原理分，有机械锚固、黏结式锚固和自锚固三种；按材料分，有金属锚杆、木质锚杆和化工材料锚杆，工程中以金属锚杆应用为多。为了能满足围岩变形的需要，近些年研制出了具有一定伸长量、可拉伸让压的锚杆，如可控式金属伸长锚杆、管缝式可拉伸锚杆、锯齿形胀壳让压锚杆、套管摩擦式伸长锚杆、孔口弹簧压缩式伸长锚杆、蛇形伸长锚杆、杆体可伸长锚杆等。

3）锚杆支护的技术参数

锚杆支护的技术参数主要包括锚杆的直径、锚杆的长度、锚杆的间距与排距、锚杆的安装角度、锚固力等，其中长度、间排距为主要参数。锚杆支护参数的确定方法，有经验法、理论计算法、数值模拟法和实测法等，目前应用较多的是经验法和计算法。

锚杆直径主要依据锚杆的类型、布置密度和锚固力而定，常用锚杆直径为16～24mm。依据国内外锚喷支护的经验和实例，常用锚杆长度为1.4～3.5m。锚杆间距一般为0.8～1.0m，最大不超过1.5m。

3. 钢支撑

钢支撑具有承载能力大的特点，常常用于软弱破碎或土质隧道中，并与锚杆、喷射混凝土等共同使用。钢支撑按其材料的组成，可分为钢拱架和格栅钢架。

1）钢拱架

钢拱架是用工字钢或钢轨制作而成的刚性拱架。这种钢架的刚度和强度大，可作临时支撑并单独承受较大的围岩压力，也可设于混凝土内作为永久衬砌的一部分。钢拱架的最大特点是架设后能够立即承载，因此多设在需要立即控制围岩变形的场合，在Ⅴ、Ⅵ级软弱破碎围岩中或处理塌方时使用较多。钢拱架与围岩间的空隙难以用喷射混凝土紧密充填，与喷射混凝土黏结也不好，导致钢拱架附近喷射混凝土出现裂缝。

2）格栅

格栅是由钢筋经冷弯成型后焊接而成，其断面形状有圆形、门形、三边形、四边形等。格栅断面有3根和4根主筋组成的两种形式。4主筋式的每根钢筋相同，在等高情况下，其抗弯和抗扭惯性矩大于3主筋式。主筋直径不宜小于22mm，并宜采用20MnSi或A3钢制成钢筋；断面高度应与喷射混凝土厚度相适应，一般为120～180mm；主筋和联系钢筋的连接方式较多，主要采用如图6-29所示形式，联系钢筋直径不宜小于10mm；接头形式一般有连接板焊于主筋端部，通过螺栓将两段钢架连接板紧密地连在一起的螺栓连接板接头，以及套管螺栓直接套在主筋上，将两段钢架连接在一起的套管螺栓接头。

格栅能够很好地同喷射混凝土一起与围岩密贴，喷射混凝土能够充满格栅及其与围岩的空隙，且能和锚杆、超前支护结构连成一体，支护效果好。

4. 锚喷支护

锚喷支护是目前常采用的一种围岩支护手段，包括锚杆支护、喷射混凝土支护、喷射混凝土锚杆联合支护、喷射混凝土钢筋网联合支护、喷射混凝土与锚杆及钢筋网联合支护、喷钢纤维混凝土支护、喷钢纤维混凝土锚杆联合支护，以及上述几种类型加设型钢（或钢拱架）而成的联合支护。作为初期支护，目前在隧道工程中使用最多的组合形式是锚杆（主要指系统锚杆）加喷射混凝土（素喷或网喷）。

锚喷联合支护的施工中，各分次施作的支护彼此要牢固相连，如超前锚杆与系统锚杆及钢拱架的连接。钢筋网及钢拱架要尽可能多地与锚杆头焊连，以充分发挥联合支护效

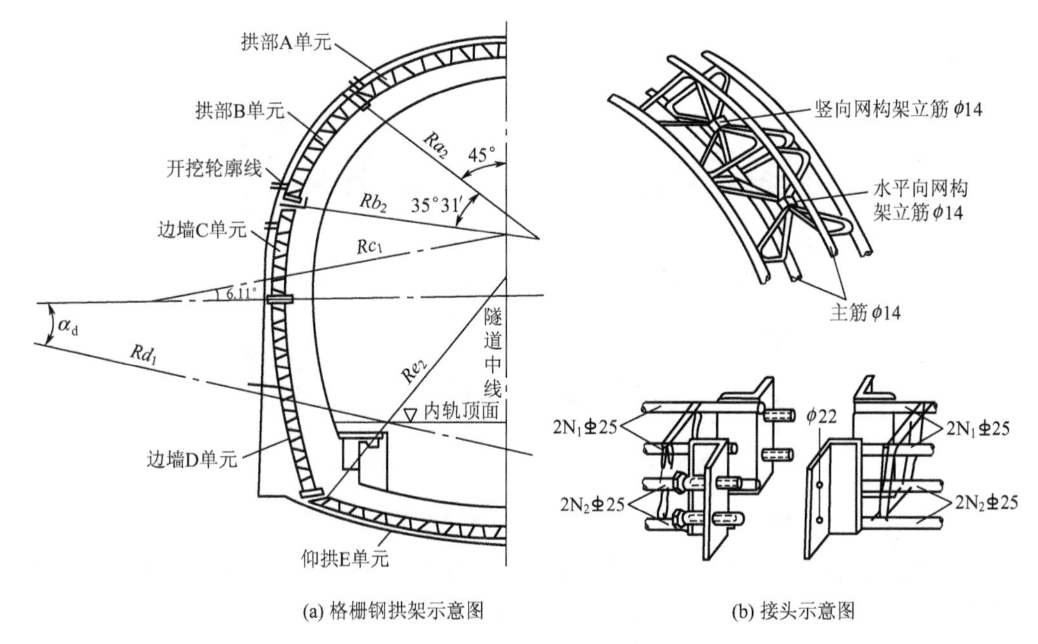

(a) 格栅钢拱架示意图　　(b) 接头示意图

图 6－29　格栅钢拱架构造（单位：mm）

应。锚杆要有适量的露头。钢筋网及钢拱架要被喷射混凝土所包裹、覆盖，即喷射混凝土要将钢筋网和钢拱架包裹密实。

6.5.3　模筑混凝土衬砌

单层衬砌中的现浇整体式混凝土衬砌常用于Ⅱ、Ⅲ级围岩中。复合式衬砌中的二次衬砌，除了起饰面和增加安全度的作用外，实际上也承受了在其施工后发生的外部水压、软弱围岩的蠕变压力、膨胀性地压或浅埋隧道受到的附加荷载等。

1. 模筑混凝土衬砌的施工

模筑混凝土衬砌是隧道施工的一个重要部分，衬砌施工质量直接影响隧道的使用寿命。因此施工中必须满足设计要求，严格遵照《公路隧道施工技术规范》的规定，以确保工程质量。

衬砌施工顺序，目前多采用由下到上、先墙后拱的顺序连续浇筑。在隧道纵向，则需分段进行，分段长度一般为 8～12m。在全断面开挖成型或大断面开挖成型的隧道衬砌施工中，应尽量使用金属模板台车灌注混凝土整体衬砌。

1）衬砌施工的准备工作

（1）组装式模板：在衬砌工作开始前，要进行中线和水平测量，检查开挖断面是否符合设计要求，欠挖部分应予修凿，然后放线定位，架设衬砌模板支架或拱架。

先墙后拱法施工，应按线路中线确定边墙模板的设计位置，然后搭设工作平台灌注边墙混凝土，如图 6－30 所示。整个支架模板系统必须牢靠，以免灌注混凝土时发生变形、移动和倾倒，特别应防止支架模板系统向隧道内凸出而使衬砌侵入限界。灌注前应清除边墙基底的虚渣和污物，排净积水。

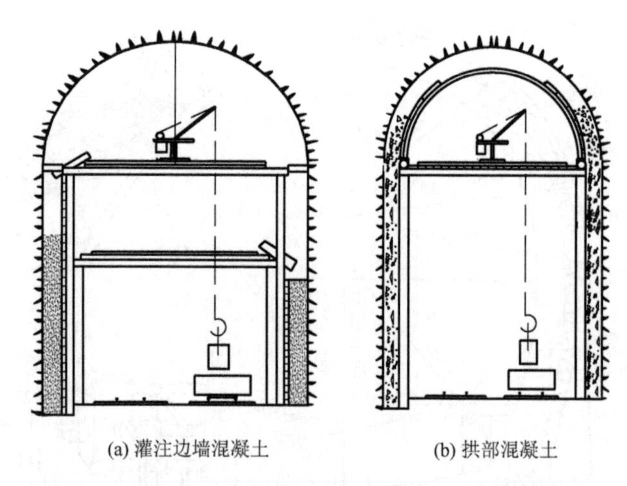

图 6-30　搭设工作平台灌注边墙混凝土和拱部混凝土

对于先墙后拱法施工，拱架是架设在墙架的立柱上。而先拱后墙法施工时，拱架的架设是在复核检查中线及拱部净空无误后，在拱脚放线定位，直接支承在地层上，现场广泛采用 38kg/m 的旧钢轨弯制成的钢拱架。为了运输和拆装方便，每根钢拱架分成左右两片。架立时在拱顶处用钢夹板和螺栓连接起来，采用不同长度的夹板，就能得出不同加宽值 W 的衬砌断面。

拱架的标高要预留沉落量，先墙后拱法不大于 5cm，先拱后墙法可参考表 6-2，并应在施工过程中按实际情况加以校正。另外，考虑到测量和施工误差以及灌注混凝土时拱脚内挤，为了保证设计净空，拱架的拱脚每侧应加宽 5～10cm，拱矢加高 5cm。

表 6-2　先拱后墙法施工拱架预留沉降量

围岩级别	Ⅲ以下	Ⅳ	Ⅴ	Ⅵ
预留沉落量/cm	≤5	5～10	10～15	15～20

拱架和边墙模板支架的间距，应根据衬砌地段的围岩情况、拱圈跨度和衬砌厚度，并结合模板长度来确定；一般采用 1m，最大不超过 1.5m。各拱架和边墙模板支架之间应设置纵向拉杆，最后一排应加设斜撑，并联结牢靠。

目前现场也多采用钢模板，但应注意在使用中尺寸型号要配套，并要经常将已有变形的钢模板予以修整，以保证衬砌尺寸准确，表面平顺光滑。

拼装式拱架模板常将整榀拱架分解为 2～4 节，进行现场组装。为减少安装和拆卸工作量，可以做成简易移动式拱架，即将几榀拱架连成整体，并安设简易滑移轨道。

拼装式拱架模板的灵活性大、适应性强，尤其适用于曲线地段。因其安装架设较费时费力，故生产能力较模板台车低，在中小型隧道及分部开挖时使用较多。传统的施工方法中，因受开挖方法及支护条件的限制，其衬砌施工多采用拼装式拱架模板。

(2) 整体移动式模板台车：整体移动式模板台车采用大块曲模板、机械或液压脱模、背附式振捣设备集装成整体，并在轨道上走行，有的还设有自行设备，从而缩短立模时间，墙拱连续浇筑，加快衬砌施工速度。

模板台车的长度即一次模筑段长度应根据施工进度要求、混凝土生产能力和浇筑技术要求以及曲线隧道的曲线半径等条件来确定。

整体移动式模板台车的生产能力大，可配合混凝土输送泵联合作业，是较先进的模板设备。我国较多的施工单位在现场自制简单的模板台车，效果也很好。

2）混凝土的制备与运输

（1）配料：在混凝土制备中应严格按照选定的原材料重量配合比配料，特别要严格控制加水量，保证水灰比的正确性，使混凝土硬化后能获得设计所要求的强度和耐久性，又使拌合物具有施工要求的和易性。新拌和好的混凝土坍落度，在边墙处为 1～4cm，在拱圈及其他施工不便之处为 2～5cm。

（2）搅拌：混凝土一般应采用机械搅拌。搅拌机有自落式和强制式两类，前者适于拌和低流动性和塑性混凝土，后者适用于拌和干硬性混凝土。隧道工程中大多采用自落式鼓筒搅拌机，其容量有 400L、800L、1200L、2400L 等规格。

混凝土拌和时要保证足够的搅拌时间，应搅拌至各种组成材料混合均匀、颜色一致，石子表面应被砂浆包裹。如出料情况不符合上述要求，可适当延长搅拌时间。

（3）混凝土的运输：混凝土可在设于隧道洞口外的中心搅拌站制备。当隧道较长时，也可在洞内设临时搅拌站进行拌和工作。把混凝土输送到灌注地点的运输工具，可结合工地情况选用，常用的有斗车、手推车、自卸汽车、搅拌车、吊筒、吊斗、带式输送机、输送泵等。

如运至浇筑地点的混凝土有离析现象，则必须在灌注前进行二次搅拌；但混凝土从搅拌机中卸出后，在任何情况下均不得再次加水。

3）混凝土的灌注

混凝土衬砌在灌注以前，必须做好对灌注段的清理检查，灌注后还须切实做好捣固工作。认真做好这两项工作，才能保证衬砌混凝土的密实性和整体性，拆模后混凝土表面平整光滑，无蜂窝、麻面，内实外光，衬砌内轮廓线能满足净空限界要求。

（1）灌注混凝土前的清理工作：混凝土灌注前，应按规范规定和设计要求对灌注混凝土地段的地基、基岩、围岩、旧混凝土面进行清理和准备工作。必须清除基底虚渣和污物，排除基坑积水。对于先拱后墙法施工的拱圈，灌注前应将拱脚支承面找平。

模板和钢筋上的杂物应清除干净。模板接合处如有缝隙应嵌塞严密，防止模板走动和漏浆。

（2）灌注混凝土的技术要求与顺序：混凝土灌注时的自由倾落高度不宜超过 2m。混凝土应分层灌注，每层厚度根据拌和能力、运输条件、灌注速度、捣固能力等决定，一般不超过表 6-3 的规定。

表 6-3　捣固方法与灌注层厚度

捣固方法	灌注层厚度/cm
用插入式振动器	振动器作用部分长度的 1.25 倍
（1）在无筋或配筋稀疏的结构中 （2）在配筋密列的结构中	25 15
用附着式振动器	30
人工捣固	20

混凝土灌注必须保证其连续性。灌注层之间的时间间隔，应能使混凝土在前一层初凝前灌注完毕。如必须中断灌注时，应按照施工接缝进行处理，才能继续灌注。

灌注边墙混凝土时，要求两侧混凝土保持分层对称地均匀上升，以免两侧边墙模板因受力不均而倾斜或移位。

灌注拱圈混凝土时，应从两侧拱脚开始，同时向拱顶分层对称地进行，层面应保持辐射状。当灌注到拱顶时，需要改为沿隧道纵向进行灌注，边灌注边铺封口模板，这种封顶叫做“活封口”。当衬砌灌注到最后一个节段时，只能在拱顶中央留出一个 50cm×50cm 的缺口，进行“死封口”封顶，如图 6-31 所示。

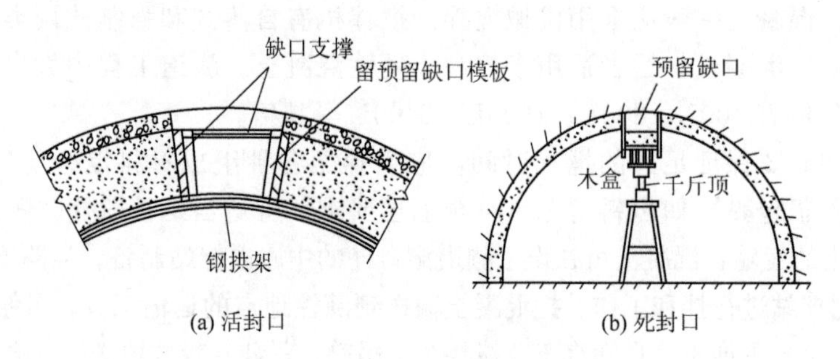

图 6-31　拱顶中央留出封口

在模板台车拱顶部设有仰角 45°～60°的向上灌注口，拱顶部的混凝土可从向上灌注口进行灌注。为了密实地充填拱顶部，可采用具有自充填性的难以离析的高流动性混凝土。

(3) 混凝土捣固：混凝土的捣固工作，应使用振动器进行；在无条件使用振动器时，允许人工捣固。振动器捣固可产生强烈的机械振动，克服混凝土拌合物颗粒间的摩擦力和黏聚力，增强砂浆的流动性，使骨料滑动下沉，使砂浆填满骨料间的空隙，气泡上浮，并使拌合物填满模板的各个角落。

振动器按工作方式分，有插入式内部振动器、表面（平板）振动器、附着式振动器等。隧道衬砌混凝土施工中应用最多的是插入式振动器。

振动延续时间，应保证混凝土获得足够的密实度，但也要防止振动过量。采用人工捣固时，应保证捣固密实。

4) 混凝土的养护与拆模工作

为保证混凝土有良好的硬化条件，防止早期干缩产生裂纹，应在灌注后 12h 内，根据气候条件使用适当的材料覆盖混凝土的外露面，洒水养护，并做好受冻害范围的防寒保温工作。

洒水养护时间，应根据养护地段的气温、空气相对湿度和使用的水泥品种来确定。

拱架、墙架和模板的拆除时间，应根据围岩压力、衬砌部位、环境温度、所用水泥品种和标号等因素确定，并应在满足有关的施工规则要求时方可拆模。

2. 模筑混凝土衬砌的综合机械化施工及其机具

在全断面开挖时，灌注整体式混凝土衬砌有着良好的条件来实行综合机械化。综合机械化是把配料、混凝土搅拌、运输、立模、灌注、捣固等主要施工过程按机械化方式配套进行，其中以机械化搅拌站、混凝土输送泵和活动式模板的配套使用为主。目前，隧道工地采用的混凝土搅拌站，分为集中搅拌式和分散搅拌式两种。对于长隧道或隧道群施工，现在都趋向于以集中搅拌式为主。

混凝土输送泵，有风动输送泵和活塞输送泵两类。风动混凝土输送泵（图 6 - 32）是利用压缩空气将混凝土从钢罐内压入输送管中，并沿管道吹送到终端，经减压器降低速度和冲力后卸出。风动输送泵装置的结构比较简单，操作方便，能间歇输送，每次压送后管道内没有剩余的混凝土拌合物，消耗动力少，清洗容易，故在灌注混凝土衬砌中得到广泛采用。

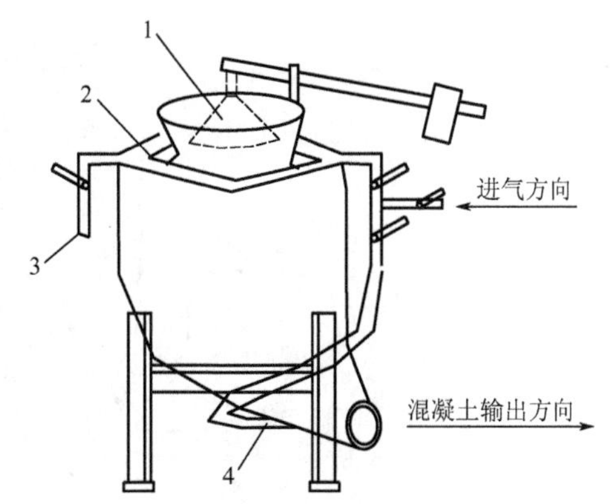

图 6 - 32　风动混凝土输送泵

1—锥形阀；2—环形进气管；3—排气管；4—底部进气管

活塞式混凝土输送泵是利用活塞作用压送混凝土的机械，又可分为连杆式和液压式两种。如图 6 - 33 所示为连杆活塞式混凝土输送泵的工作原理图。活塞泵的优点是能保证混凝土输送的连续性，生产效率较高。

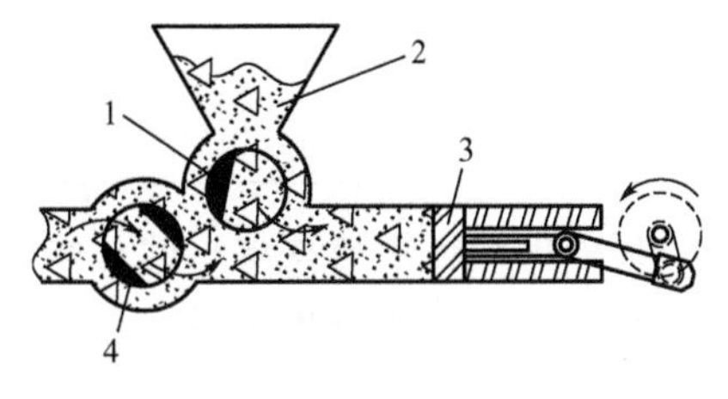

(a) 吸入行程

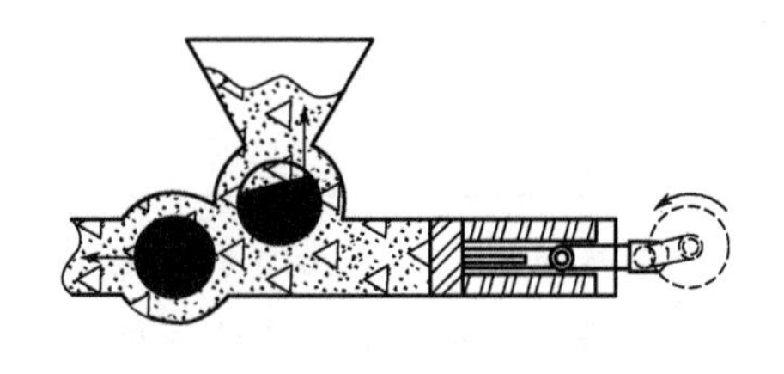

(b) 压送行程

图 6 - 33　连杆活塞式混凝土输送泵的工作原理图

1—吸入阀；2—盛料漏斗；3—活塞；4—压出阀

使用混凝土输送泵时，为了不使混凝土在输送过程中发生离析和堵管现象，对混凝土的坍落度、水灰比、水泥用量、最大骨料粒径都有较严格的要求。坍落度以 5～10cm 为佳，如要增加混凝土的流动性，可掺加塑化剂；水灰比在 0.5～0.6 之间为好，水灰比过大易引起混凝土离析；水泥用量不宜少于 300kg/m^3；粗骨料最大粒径，除符合一般混凝土施工要求外，尚须符合表 6 - 4 的要求。

表 6 - 4　粗骨料最大粒径要求　　单位：mm

输送管道的内径	粗骨料最大粒径	
	碎石	卵石
200	70	80
180	60	70
150	40	50

金属模板台车是衬砌灌注综合机械化的重要设备。它是用厚 4～6mm 的钢板和型钢肋条组成模板壳，其长度视一次灌注的环节长度而定，约为 8～12m。如适用于双线隧道施工的 GKK 型钢模板台车，总长度为 12m，由 36 块模板拼装而成，分为拱模、侧模和底模，整个

模板可上下左右移动，最大行程为300mm；侧模、底模可伸缩。该台车以电动机为自行动力，利用液压和螺旋千斤顶调节模板位置。如图6－34所示为整体移动式模板台车。

图6－34　整体移动式模板台车

本章小结

通过本章学习，可以加深对新奥法施工基本原则与施工程序的理解，掌握新奥法基本施工方法、开挖技术、出渣运输技术与支护技术，具备编制新奥法隧道施工方案与组织现场施工的初步能力。

思考题

1. 什么是新奥法？新奥法与传统的矿山法有什么区别？
2. 如何理解新奥法施工的基本原则？
3. 新奥法隧道有哪几类基本施工方法？各有何优缺点？
4. 根据台阶的长度，台阶法可以分为哪几类？各有何特点？
5. 单侧壁导坑法与双侧壁导坑法有什么区别？
6. 直眼掏槽与斜眼掏槽各有何特点？
7. 光面爆破与预裂爆破的基本原理是什么？两者各有什么优缺点？
8. 无轨运输与有轨运输各有什么特点？
9. 隧道预支护通常包括哪些技术？
10. 隧道初期支护包括哪些技术？
11. 根据工艺流程的不同，喷射混凝土施工可以分为哪几种类型？各有何特点？
12. 模筑混凝土施工时，如何选择施工模板？

第 7 章

全断面岩石隧道掘进机施工

教学目标

本章主要讲述全断面岩石隧道掘进机的类别、构造、选型与掘进机施工技术。通过学习应达到以下目标：

(1) 掌握岩石隧道掘进机施工的概念、特点；

(2) 熟悉岩石隧道掘进机的分类，了解掘进机的构造，掌握掘进机的选型；

(3) 掌握岩石隧道掘进机施工技术。

教学要求

知识要点	能力要求	相关知识
掘进机施工概念与优缺点	(1) 掌握掘进机施工的概念； (2) 了解掘进机的发展历史； (3) 掌握掘进机施工的优点与缺点	(1) 掘进机施工的概念； (2) 掘进机的历史； (3) 掘进机施工的优点与缺点
掘进机的分类、构造与选型	(1) 熟悉掘进机的分类； (2) 了解掘进机的构造； (3) 掌握掘进机的选型	(1) 敞开式 TBM、护盾式 TBM、扩孔式 TBM； (2) 掘进机构造； (3) 掘进机选型的原则、依据与主要技术参数选择
掘进机施工技术	掌握掘进机施工工艺流程与施工技术	施工准备、TBM 的运输组装与调试、掘进作业、支护作业、出渣与运输、通风与除尘

基本概念

掘进机施工；敞开式 TBM、护盾式 TBM、扩孔式 TBM

引例

当隧道长度与直径之比大于 600 时，采用全断面岩石隧道掘进机（TBM）进行隧道施工是经济的。TBM 的施工速度是常规钻爆法的 3～10 倍，此外 TBM 施工还有优质、安全、环保和节省劳动力等优点，所以在长隧道施工方案选择时，TBM 成为一种可能方案。

万家寨引黄工程是从根本上解决山西水资源紧缺、维系国家能源重化工基地发展的生命工程，由万家寨水利枢纽、总干线、南干线、连接段、北干线等部分组成。总干线的6#、7#、8#洞全长约22km，采用世界上最先进的全断面双护盾隧道掘进机（TBM）施工，开挖直径6.125m，成洞直径5.46m，于1994年7月至1997年9月历时3年2个月贯通；南干线的4#、5#、6#、7#隧洞全长约90km，采用四台全断面双护盾TBM施工，隧洞开挖直径4.82～4.94m，成洞直径4.20～4.30m，于1997年9月至2001年5月历时3年8个月贯通；连接段7#隧洞长13.5km，采用一台全断面双护盾TBM施工，隧洞开挖直径4.819m，成洞直径4.14m，创造了最高日掘进113m和最高月进尺1645m的纪录，于2001年年底贯通。施工时每台TBM有三个班组，其中一个班组每日上午进行机械检修、保养、清理、测量等工作，其他时间为正式掘进、管片安装、回填砾石、灌水泥浆等工作，其余的两个班组轮换工作。衬砌结构采用预制混凝土管片，每环均分为4片；根据不同洞径，管片厚度分别为22cm、25cm和28cm，管片宽度分别为1.2m、1.4m和1.6m。

7.1 概　　述

7.1.1 全断面岩石隧道掘进机的发展

全断面岩石隧道掘进机简称隧道掘进机（Tunnel Boring Machine，TBM），是一种用于圆形断面隧道、采用滚压式切削盘在全断面范围内破碎岩石，集破岩、装岩、转载、支护于一体的大型综合掘进机械，现已成为国内外较长隧道开挖普遍采用的方法。TBM具有驱动动力大、能全断面连续破岩、生产能力大、效率高、操作自动化程度高等特点，具有快速、一次性成洞、衬砌量少等优点。

全断面岩石隧道掘进机施工法始于20世纪30年代，限于当时的机械技术和掘进机技术水平，应用事例相当少。20世纪50～60年代随着机械工业和掘进机技术水平不断提高，掘进机施工得到了很快的发展。到目前为止，据不完全统计，世界上采用掘进机施工的隧道已超过1000座，总长度超过4000km。掘进机施工法已逐步成为长大隧道修建主要选择的施工方法。

掘进机施工案例中最典型的工程是英吉利海峡隧道，该工程的顺利贯通体现了掘进机法施工技术的最高水平。英吉利海峡隧道全长48.5km，海底段长37.5km，隧道最深处在海平面下100m。这条隧道全部采用掘进机法施工技术，英国侧共用6台掘进机，3台掘进机施工岸边段，3台掘进机施工海底段，施工海底段的掘进机要向海峡中央单向推进21.2km，与法国侧推进而来的掘进机对接贯通施工；法国侧共用5台掘进机，2台施工岸边段，3台施工海底段。海峡隧道由2条外径8.6m的单线铁路隧道及1条外径为5.6m的辅助隧道组成。掘进机在地层深处要承受10个大气压的水压力，单向作距离21.2km推进，推进速度达到平均月进尺1000m，因此，掘进机的构造先进性、配套设备的可靠性和耐久性均需采用高标准、高质量、高技术的设计和制造来保证，同时所采用的材料必须具备耐磨耗与耐腐蚀的特性，所以该隧道的建成标志了掘进机法施工技术的最高水平，也是融合了英、美、法、德等国家掘进机法施工技术于一体的最高成就。

全断面岩石隧道掘进机在国外的研究与应用较早，我国始于20世纪60年代关注该技术。1966年我国生产出第一台直径3.4m的掘进机，70年代试制出SJ55、SJ58、SJ64、EJ30等型号掘进机；80年代进入实用性阶段，研制出SJ58A、EJ50等多种机型，应用于河北引滦、青岛引黄、贵阳煤矿、山西古交煤矿等工程，这段时间也开始从国外引进二手掘进机用于施工。到20世纪90年代，随着我国大型水利、交通隧道工程的出现，逐步从欧美引进大型的先进掘进机和管理方法，如秦岭Ⅰ线铁路隧道全长18.46km，首次采用世界先进的德国产Wirth TB3880E型敞开式硬岩掘进机，掘进直径为8.8m。

全断面岩石隧道掘进机利用圆形的刀盘破碎岩石，故又称刀盘式掘进机。刀盘的直径多为3～10m，3～5m直径的较适用于小型水利水电隧道工程和矿山巷道工程，5m以上直径的适应于大型的隧道工程。国外生产的岩石掘进机直径较大，目前最大可达13.9m。全断面岩石隧道掘进机的基本功能是掘进、出渣、导向和支护，并配置有完成这些功能的机构；此外还配备有后配套系统，如运渣运料、支护、供电、供水、排水、通风等系统。全断面岩石掘进机总长度较大，一般为150～300m，如图7-1所示。

图7-1 全断面岩石隧道掘进机

7.1.2 全断面岩石隧道掘进机的优点

全断面岩石隧道掘进机作为一种长隧道掘进的先进设备，其主要优点是综合机械化程度高、掘进速度快、劳动效率高、人力劳动强度低、工作面条件好、隧道成型好、围岩不受爆破的震动和破坏、有利于隧道的支护等，可概括为快速、优质、安全、经济四个方面。

(1) 掘进效率高，施工速度快。掘进机开挖时，可以实现连续作业，从而可以保证破岩、出渣、支护一条龙作业，特别在稳定的围岩中长距离施工时，此特征尤其明显。与此对比，钻爆法施工中，钻眼、放炮、通风、出渣等作业是间断性的，因而开挖速度慢、效率低。掘进机开挖速度一般是钻爆法的3～5倍，而且可减少辅助斜井和竖井，大大缩短了建设工期，因此修建长大隧道时应优先采用。掘进机的掘进速度，在花岗片麻岩中月进尺可达500～600m，在石灰岩、砂岩中可达1000m。

(2) 开挖质量好，而且超挖量少。掘进机开挖的隧道（洞）内壁光滑，不存在凹凸现象，从而可以减少支护工程量，降低工程费用。钻爆法开挖的隧道内壁粗糙不平，且超挖量大，衬砌厚，支护费用高。掘进机开挖的洞径尺寸精确、误差小，可以控制在±2cm 范围内；开挖隧道的洞线与预期洞线误差也小，可以控制在±5cm 范围内。

(3) 对围岩扰动小，施工安全性高。掘进机开挖隧道对洞外的围岩扰动少，影响范围一般小于 50cm，容易保持围岩的稳定。TBM 可在防护棚内进行刀具的更换，并配置有一系列的支护设备，再加上密闭式操纵室、高性能集尘机的采用，使安全性和作业环境有了较大的改善。掘进机是采用机械能破岩，没有钻爆法的炸药等化学物质的爆炸和污染。

(4) 经济效果优。虽然掘进机的纯开挖成本高于钻爆法，但掘进机在施工长度超过 3km 的长隧道中，成洞的综合成本要比钻爆法低。采用掘进机掘进时可改变钻爆法长洞短打、直洞折打的费时费钱的施工方法，代之以聚短为长、裁弯取直，从而省时省钱。掘进机施工洞径尺寸精确，对洞壁影响小，可以不衬砌或减少衬砌，从而降低衬砌成本。掘进机的作业面少、作业人员少，因而人工费用少。掘进机的掘进速度快，提早成洞可提早得益。这些促使掘进机施工的综合成本降低到可与钻爆法竞争。

7.1.3 全断面岩石隧道掘进机的缺点

全断面岩石隧道掘进机的缺点也十分明显，主要表现在以下方面。

(1) 掘进机对多变的地质条件（断层、破碎带、挤压带、涌水及坚硬岩石等）的适应性不如钻爆法灵活。不同的地质条件需要不同种类的掘进机并配置相应的设施，岩石太硬时刀具磨损严重。

(2) 设备投资高，制造周期长，难用于短隧道。由于掘进机结构复杂，对材料、零部件的耐久性要求高，因而制造价格较高。在施工之前就需要花大量资金购买部件和制造机器，一台直径 10m 的全断面掘进机加后配套设备价格要上亿元人民币。掘进机的设计制造周期一般要 9 个月，从确定选用到实际使用约需一年时间。

(3) 施工中不能改变直径与断面形状，只能掘进圆形断面，从而限制了其应用。

(4) 由于掘进生产效率高，需要有效的后配套排渣系统，否则会减慢推进速度。

(5) 操作维修水平要求高，一旦出现故障，如不能及时维修便会影响施工进度。

(6) 刀具及整体体积大，更换刀具和拆卸困难，作业时能量消耗大。

7.2 隧道掘进机的分类、构造与选型

7.2.1 掘进机的分类

全断面掘进机按掘进的方式，分为全断面一次掘进式和分次扩孔掘进式；按掘进机是否带有护壳，分为敞开式和护盾式。掘进机的结构部件可分为机构和系统两大类，机构包

括刀盘、护盾、支撑、推进、主轴、机架及附属设施设备等，系统包括驱动、出渣、润滑、液压、供水、除尘、电气、定位导向、信息处理、地质预测、支护、吊运等，它们各具功能、相互连接、相辅相成，构成一个有机整体，完成开挖、出渣和成洞功能。对于刀具、刀盘、主轴、刀盘驱动系统、刀盘支承、掘进机头部机构、司机室以及出渣、液压、电气等系统，不同类型的掘进机都大体相似。从掘进机头部向后的机构和结构、衬砌支护系统，敞开式掘进机和双护盾式掘进机则有较大区别。

1. 敞开式 TBM

敞开式 TBM 是一种用于中硬岩及硬岩隧道掘进的机械。由于围岩比较好，在掘进机的顶护盾之后，洞壁岩石可以裸露在外，故称为敞开式。敞开式掘进机的主要类型有 Robbins、Jarva MK27/8.8、Wirth 780－920H、Wirth TB880E 等。Robbins 型（ϕ8.0m）如图 7－2 所示，它主要由三大部分组成：切削盘、切削盘支承与主梁、支撑与推进系统。切削盘支承和主梁是掘进机的总骨架，两者联为一体，为所有其他部件提供安装位置；切削盘支承分顶部支承、侧支承、垂直前支承，每侧的支承用液压缸定位；主梁为箱形结构，内置出渣胶带机，两侧有液压、润滑、水气管路等。

敞开式 TBM 的支撑分主支撑和后支撑。主支撑由支撑架、液压缸、导向杆和靴板组成，靴板在洞壁上的支撑力由液压油缸产生，并直接与洞壁贴合。主支撑的作用一是支撑掘进机中后部的重量，保证机器工作时的稳定；二是承受刀盘旋转和推进所形成的扭矩与推力。后支撑位于掘进机的尾部，用于支撑掘进机尾部的机构。

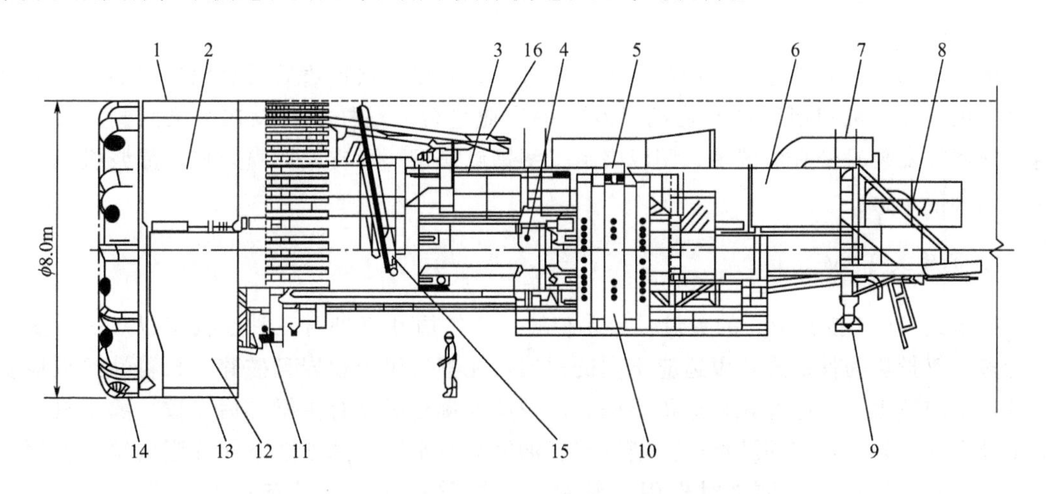

图 7－2 Robbins 型（ϕ8.0m）敞开式全断面掘进机

1—顶部支承；2—顶部侧支承；3—主机架；4—推进油缸；5—主支撑架；6—TBM 主机架后部；7—通风管；8—带式输送机；9—后支承带靴；10—主支撑靴；11—刀盘主驱动；12—左右侧支承；13—垂直前支承；14—刀盘；15—锚杆钻；16—探测孔凿岩机

主支撑的形式分单 T 形支撑和双 X 形支撑。单 T 形采用一组水平支撑，如图 7－3(a) 所示，位于主机架的中后部，结构简单，调向时人机容易统一；双 X 形采用前、后两组 X 形结构的支撑，如图 7－3(b) 所示，支撑位置在掘进机的中部，支撑油缸较多，支撑稳定，对洞壁比压小，其不足之处是整机重量大，不利于施工小拐弯半径的隧道。

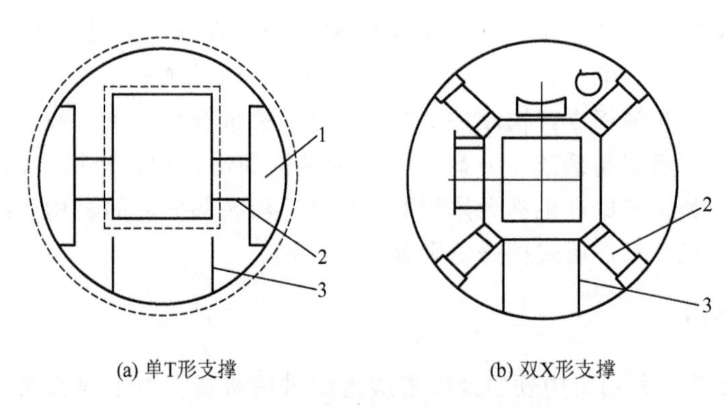

(a) 单T形支撑　　(b) 双X形支撑

图 7－3　敞开式掘进机的支撑形式

1—靴板；2—液压油缸；3—支撑架

掘进机的工作部分由切削盘、切削盘支承及其稳定部件、主轴承、传动系统、主梁、后支撑腿及石渣输送带组成。其工作原理是支撑机构撑紧洞壁，刀盘旋转，液压油缸推进，盘型滚刀破碎岩石，出渣系统出渣，从而实现连续开挖作业。其工作步骤是：①主支撑撑紧洞壁，刀盘开始旋转；②推进油缸活塞杆伸出，推进刀盘掘够一个行程，停止转动，后支撑腿伸出抵到仰拱上；③主支撑缩回，推进油缸活塞杆缩回，拉动机器的后部前进；④主支撑伸出，撑紧洞壁，提起后支撑腿，给掘进机定位，转入下一个循环。

掘进机掘进时由切削头切削下来的岩渣，经机器上部的输送带运送到掘进机后部，卸入其后配套运输设备中。掘进机上装备有打顶部锚杆孔和超前探测（注浆）孔的凿岩机，探测孔超前工作面 25～40m。

敞开式掘进机掘进时，支护在顶护盾后进行，所以在顶护盾后设有锚杆安装机、混凝土喷射机、灌浆机和钢环梁安装机以及支护作业平台。锚杆机安设在主梁两侧，每侧一台；钢环梁安装机带有机械手，用以夹持工字钢或槽钢环形支架；喷射机、灌浆机等安设在后配套拖车上。

2. *护盾式* TBM

护盾式 TBM 按其护壳的数量，分单护盾、双护盾和三护盾三种，我国以双护盾掘进机为多。双护盾为伸缩式，以适应不同的地层，尤其适用于软岩且破碎、自稳性差或地质条件复杂的隧道。与敞开式掘进机不同，双护盾式掘进机没有主梁和后支撑，除了机头内的主推进油缸外，还有辅助油缸。辅助推进油缸只在水平支撑油缸不能撑紧洞壁进行掘进作业时使用，辅助油缸推进时作用在管片上。护盾式掘进机只有水平支撑，没有 X 形支撑。

刀盘支承用螺栓与上、下刀盘支撑体组成掘进机机头，与机头相连的是前护盾，其后是伸缩套、后护盾、盾尾等构件，它们均用优质钢板卷成。前护盾的主要作用是防止岩渣掉落、保护机器和人员安全、增大接地面积以减小接地比压，有利于通过软岩或破碎带。伸缩套的外径小于前护盾的内径，四周设有观察窗，其作用是在后护盾固定、前护盾伸出时，保护前后护盾之间推进缸和人员的安全。后护盾前端与推进缸及伸缩套油缸连接，中部装有水平支撑机构，水平支撑靴板的外圆与后护盾的外圆相一致，构成了一个完整的盾壳；后部与混凝土管片安装机相接。后护盾内四周留有布置辅助推进油缸的孔位，盾壳上沿四周留有超前钻作业的斜孔。盾尾通过球头螺栓与后护盾连接，以利于安装和调向，其尾部与混凝土管片搭接。

护盾式掘进机的主要类型有 Robbins、TB880H/TS、TB1172 H/TS 、TB539 H/MS 等，其中德国的 TB880H/TS（ϕ8.8m）型如图 7-4 所示，它由装切削盘的前盾、装支撑装置的后盾（主盾）、连接前后盾的伸缩部分以及用于安装预制混凝土块的盾尾组成。该类掘进机在围岩状态良好时，掘进与预制块支护可同时进行，在松软岩层中，两者须分别进行。机器所配备的辅助设备有衬砌回填系统、探测（注浆）孔钻机、注浆设备、混凝土喷射机、粉尘控制与通风系统、数据记录系统、导向系统等。

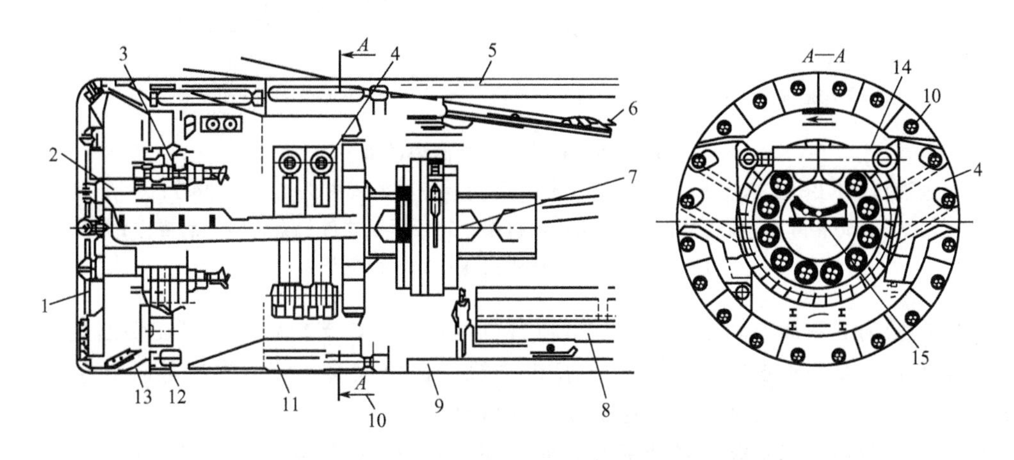

图 7-4 TB880H/TS（ϕ8.8m）型护盾式全断面掘进机

1—刀盘；2—石渣漏斗；3—刀盘驱动装置；4—支撑装置；5—盾尾密封；6—凿岩机；7—砌块安装器；8—砌块输送车；9—盾尾面；10—辅助推进液压缸；11—后盾；12—主推进液压缸；13—前盾；14—支撑油缸；15—带式输送机

3. 扩孔式全断面掘进机

当隧道断面过大时，会带来电能不足、运输困难、造价过高等问题。在隧道断面较大、采用其他全断面掘进机一次掘进技术经济效果不佳时，可采用扩孔式全断面掘进机。

扩孔式全断面掘进机是先采用小直径 TBM 先行在隧道中心用导洞导通，再用扩孔机进行一次或两次扩孔。扩孔机的结构如图 7-5 所示。为保证掘进机支撑有足够的撑紧力，导洞的最小直径为 3.3m，扩孔的孔径一般不超过导洞孔径的 2.5 倍。对于直径 6m 以上的隧道，除在松软破碎的围岩中作业的护盾式掘进机外，设备制造商比较主张先打直径 4m 左右的导洞，再用扩孔机扩孔。国外在 1970 年施工的一条隧道，先用直径 3.5m 的掘进机开挖，然后用扩孔机扩大到 10.46m。

掘进系统需要两套设备，即一台小直径全断面导洞掘进机和一台扩孔机。扩孔机的切削盘由两半式的主体与六个钻臂组成，用螺栓装成一体并用拉杆相连。六个钻臂上装有刮刀，将石渣送入钻臂后面的铲斗中。切削盘转动，石渣经铲斗、圆柱形石渣箱与一斜槽送到输送机上运出。整个机架分前后两部分，前机架在导洞内，后机架在扩挖断面内。扩孔机的支撑系统在导洞内的外凯氏机架上，支撑形式为双 X 形。在扩孔机的前端和扩孔刀盘后均具有支承装置，用以将扩孔机定位在隧道的理论轴线位置。扩孔机的大部分结构在导

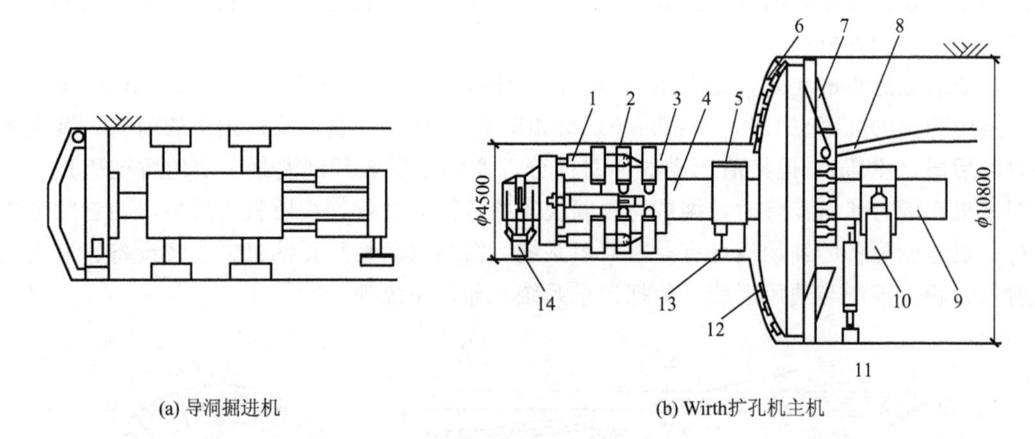

(a) 导洞掘进机

(b) Wirth扩孔机主机

图 7-5 扩孔式全断面掘进机

1—推进液压缸；2—支撑液压缸；3—前凯式外机架；4—前凯式内机架；5—护盾；6—切削盘；
7—石渣槽；8—输送带；9—后凯式内机架；10—后凯式外机架；11—后支撑；
12—滚刀；13—护盾液压；14—前支撑

洞内，故在切削盘后面空间较大，后配套设备可紧跟其后，支护砌块也可在切削盘后面安装。如同敞开式全断面掘进机一样，扩孔机主机后面仍配有出渣、支护等辅助系统的设备，这些设备安置在一台拖车上，独立于扩孔机自行前移。

导洞内一般不考虑临时支护或只在表面喷一层混凝土；如果必须设置锚杆时，则应在扩孔机前面将其拆除，除非采用非金属锚杆。

采用扩孔机掘进的优点是：中心导洞可探明地质情况，以作安全防范；扩孔时不存在排水问题，通风也大为简化；打中心导洞速度快，可早日贯通或与辅助通道接通；扩孔机后面的空间大，有利于紧后进行支护作业；扩孔机容易改变成孔直径，以便于在不同的工程项目中重复使用。

7.2.2 掘进机的构造

1. 刀具

刀具是全断面岩石隧道掘进机破碎岩石的工具，是掘进机主要研究的关键部件和易损件。经过几十年的工程实践，目前公认为 $\phi432$mm 的窄形单刃滚刀是最佳刀具。

刀具由轴、端盖、金属浮动密封、轴承、刀圈、挡圈、刀体、压板、加油螺栓等部分组成，如图 7-6 所示，其中刀圈、轴承、浮动密封是刀具的关键件。有的结构中两轴承间采用隔圈形式。刀圈在均匀加热到 150～200℃后热套在刀体上。轴承均采用优质高承载能力的圆锥推力轴承，采用金属密封以确保刀体内油液保持一定的压力。

掘进机在掘进过程中，刀具做三维空间的复合运动：

（1）刀具随掘进机刀盘轴线推进做直线运动；

（2）刀具随掘进机刀盘回转沿着大轴承中心线做公转运动；

（3）刀具靠刀圈和岩石的摩擦力绕刀具轴做自转运动。

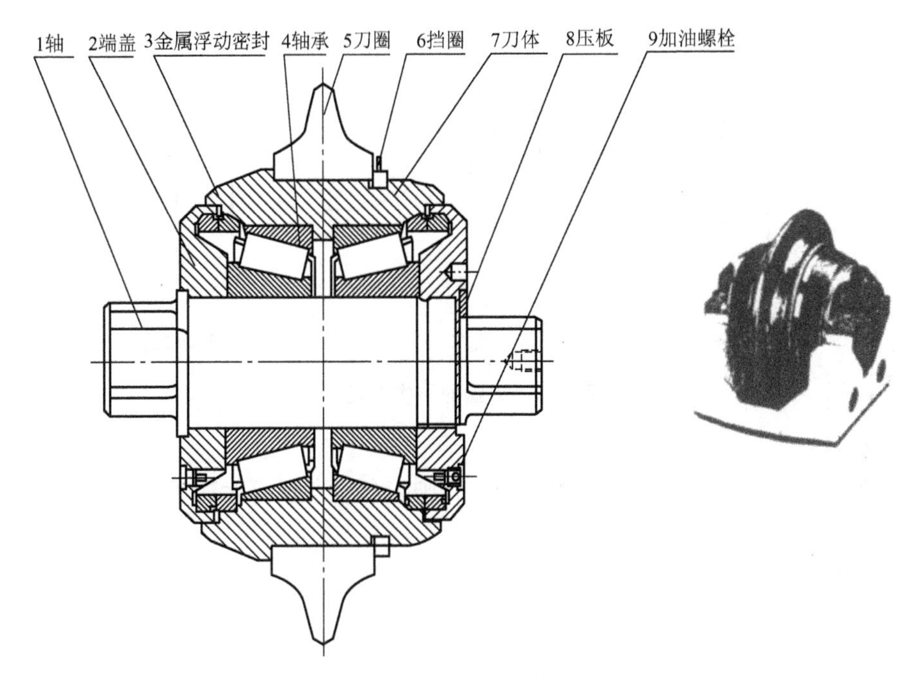

图7-6 正刀示意图

由于刀具在刀盘上安装位置不同，可以分为中心刀、正刀和边刀三类。

(1) 中心刀：中心刀安装在刀盘中央范围内。因为刀盘中央位置较小，所以中心刀的刀体做得较薄，数把中心刀一起用楔块安装在刀盘中央部位。

(2) 正刀：这是最常用的刀具，见图7-6。正刀是统一规格，可以互换。

(3) 边刀：边刀是布置在刀盘四周圆弧过渡处的刀具。刀具安装与刀盘有一个倾角，而边刀的刀间距也逐渐减小，从布置要求出发，边刀的特点是刀圈偏置在刀体的向外一侧，而中心刀、正刀都是正中安置在刀体上。

2. 刀盘

刀盘由钢板焊接而成，用来安装刀具，是掘进机中几何尺寸最大、单件最重的部件，因此它是装拆掘进机时起重设备和运输设备选择的主要依据。刀盘与大轴承转动组件通过专用大直径高强度螺栓相连接。

1) 刀盘的结构形式

刀盘的形式按外形可以分成如下三种。

(1) 中锥形：这种形式借鉴早期的石油钻机，如图7-7(a) 所示。

(2) 球面形：这种形式适用于小直径掘进机，直接借用大型锅炉容器的端盖而制成，如图7-7(b) 所示。

(3) 平面圆角形：这种形式的刀盘中部为平面，边缘圆角过渡。其制作工艺较简单，安装刀具较方便，也便于掘进时刀盘对中和稳定，是目前掘进机刀盘最佳又最普遍的结构形式，如图7-7(c) 所示。

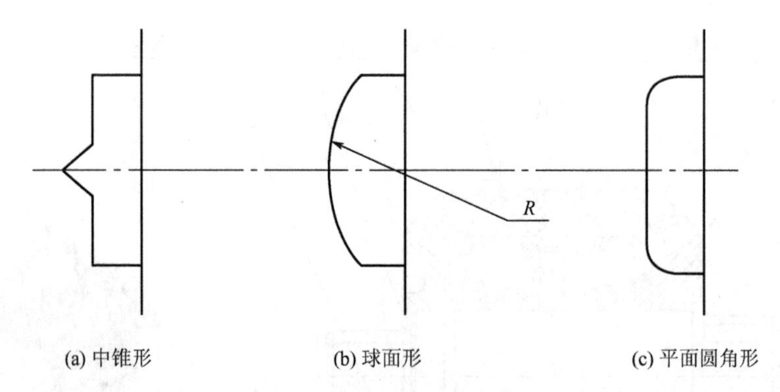

图 7-7　刀盘的结构形式

2）刀盘直径

刀盘的最大直径必须小于刀盘开挖直径，否则刀盘将卡死而无法回转。刀盘的最大直径必须满足下式要求：

$$D_{max} \leqslant D - 2\Delta \quad (7-1)$$

式中　D_{max}——刀盘最大直径。

D——隧道理论开挖直径。

Δ——最外一把边刀的允许最大磨损量在刀盘正面的投影值；边刀磨损量为12.7～15mm，其投影值略小于此值。

3）刀盘的运动特性

刀盘在掘进过程中沿着掘进机轴线向前做直线运动，同时又环绕掘进机轴线做单向回转运动，这是典型的螺旋运动轨迹。全断面岩石掘进机的刀盘回转运动的特点是：在掘进硬岩时必须单向回转，即刀盘回转只能顺着铲斗铲着岩渣方向进行，任何逆向回转都有可能损坏刀盘。

3. 大轴承及其密封

大轴承及其密封是掘进机最关键的部件，是决定掘进机使用寿命的机构。

1）大轴承

大轴承的作用，是承受刀盘推进时的巨大推力和倾覆力矩，传递给刀盘支承；承受刀盘回转时的巨大回转力矩，将其传递给刀盘驱动系统；连接回转的刀盘和固定的刀盘支撑，以实现转与不转的交接。

目前掘进机采用的大轴承有三种结构形式：三排三列滚柱大轴承（图 7-8）；三排四列滚柱大轴承（图 7-9）；双列圆锥滚柱大轴承（图 7-10）。

大轴承的预定使用寿命由用户根据工程需要和投资成本提出。目前大轴承的使用寿命一般为15000～20000h，这一使用寿命是确保掘进机掘进20km不更换轴承的依据。其他大型结构件一般使用40～60km也是完全可能的。

2）大轴承的密封

大轴承的密封分内密封（大轴承内圈处）和外密封（大轴承外圈处），如图 7-8～图 7-10 所示。每处的密封通常由三道优质密封圈和二道隔圈组成。三道密封圈的唇口有一定的压力，压在套于刀盘支承上的耐磨钢套上；二道隔圈四周分布有小孔，润滑油和压缩空气从这些小孔喷出成雾状以润滑三道密封圈的唇口，以确保密封圈的使用寿命。正常情况下，密封圈的使用寿命与大轴承使用寿命相一致。

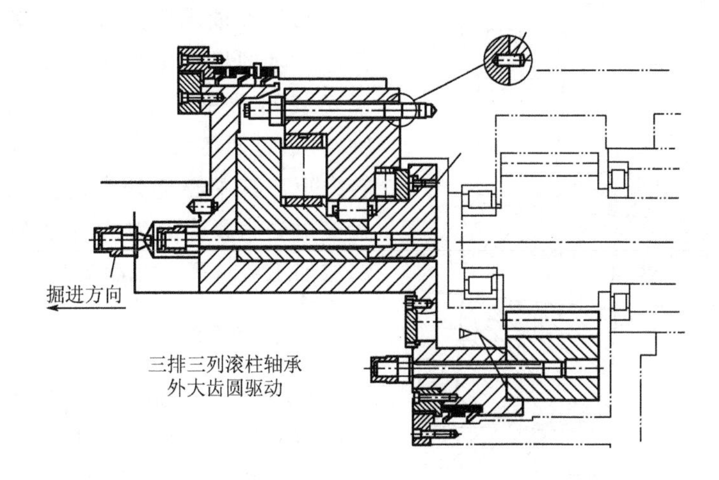

图7-8 双护盾掘进机大轴承及其密封

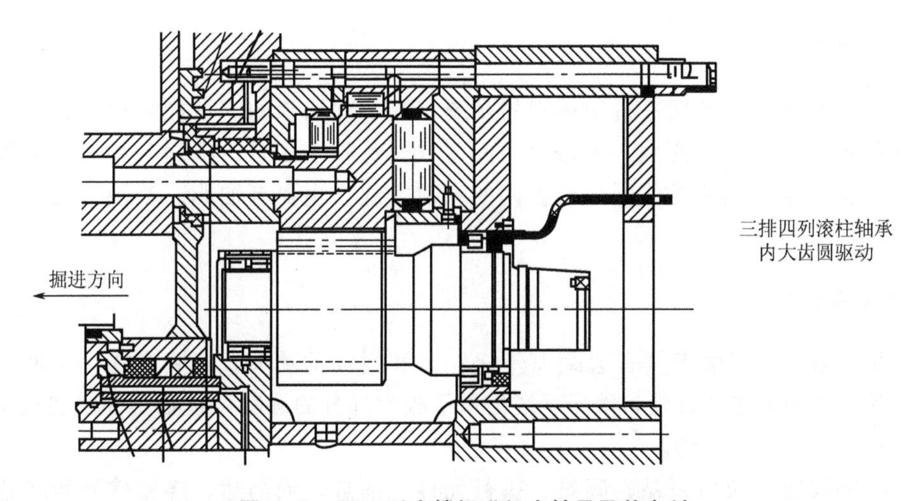

图7-9 双X形支撑掘进机大轴承及其密封

4. *刀盘驱动系统*

该驱动系统由电动机、离合器、制动器、二级行星减速机、点动马达、长轴（后置式）、小齿轮和大齿圈组成。

驱动系统的布置形式，有前置式和后置式两种。前置式驱动系统的减速箱、电动机直接连在刀盘支承上，结构紧凑，但掘进机头部比较拥挤，增加了头部重量；后置式驱动系统的减速箱、电动机布置在掘进机的中部或后部，通过长轴与安装在刀盘支承内的小齿轮相连，这样布置有利于掘进机头部设施的操作和维修，也对掘进机整机重量的均衡布置有益，但增加了整机重量。

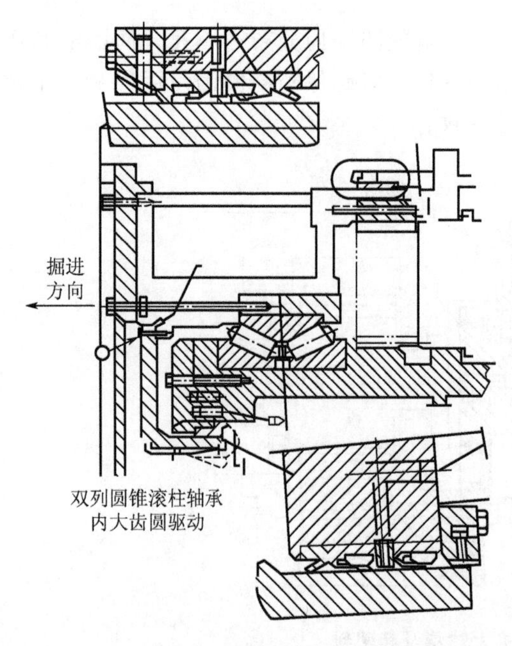

图 7-10 单T形支撑掘进机大轴承及其密封

5. 刀盘支撑

刀盘支撑是一个主要受力的钢结构构件，其前部与大轴承固定圈相连接，通过大轴承传递刀盘的巨大破岩力，其四周有一组圆孔以安装驱动系统的小齿轮、减速机（或长轴），通过回转大齿圈传递刀盘的巨大破岩回转力矩，其中心部分有出渣胶带机通过。刀盘支撑受力复杂，对大轴承和驱动系统安装部位加工要求高，刀盘支撑的外形尺寸较大。

6. 出渣系统

全断面岩石掘进机的出渣系统由主机部分的溜渣槽、主机胶带机和主机后部的转载渣斗、转载胶带机、后配套上的转载渣斗和长胶带输送机组成。

7. 润滑系统

掘进机的润滑系统是掘进机最关键的系统，其中大轴承的润滑如果出现故障，可能几分钟内就能致掘进机于死地，而修复时间却要长达一个多月。根据各相对运动部件的功能、受力大小及运动速度快慢采取不同的润滑方式，主要有油脂、油液、混合润滑三种方式。

8. 液压系统

掘进机的液压系统由于具有远距离传递能量和运动的功能，又具有占用空间小的优点，所以除掘进时刀盘回转外，液压系统控制了极大部分的运动，包括用油缸实现的直线运动和用油马达实现的转动。

掘进机的液压系统由泵站、阀站、执行元件（油缸、油马达、连接软硬管和连接管件）等组成。

9. 水系统

水系统是掘进机中比较简单的系统，由进、排水两个独立的部分组成。

进水系统主要用于冷却、降尘和清洗，一般按照每开挖 $1m^3$ 岩石供给 $0.25 \sim 0.3m^3$ 水量即可，进水压力一般小于 2MPa。可以用泵站供水，也可以用洞外高位水池供水。

排水系统主要根据隧道坡度和隧洞最大涌水量设置。在掘进上坡时，可采用隧洞排水沟自流方式排水；在掘进下坡时，必须配置抽水量大于最大涌水量的排水泵。隧洞中隔一定距离设置集水坑。排水泵应设置两台，一台工作另一台备用，避免排水泵发生故障而造成掘进机整机泡在涌水中的大事故。

10. 空气系统

空气系统在掘进机中也是一个较为简单的系统，分为压缩空气和多级串联的轴流风机两个独立的系统，分别完成气泵、空气离合器、油雾气供气和新鲜空气的供气。

11. 除尘系统

掘进机在掘进时，刀具在破碎岩石的同时产生了大量粉尘，这是掘进机粉尘污染的根源。

为了将粉尘堵在掘进机刀盘前部，不向机头后溢出，在掘进机机头刀盘支撑外侧设有挡尘板。挡尘板可以弥补掘进机头部顶护盾、侧护盾、下支撑封闭不到的部位。挡尘板外侧有 80～100mm 橡胶圈与洞壁相接，既起密封作用又可避免被洞壁磨损。

沿刀盘四周设置喷嘴，其喷水可以形成环状水雾，与较大颗粒粉尘结合沉降，可去除一部分粉尘。在掘进机机头上部两侧顶护盾下方开有排风口，与排风管相接，由高效抽风机将中小颗粒粉尘从风管中抽出，送入设在胶带桥或后配套拖车上的水膜除尘器中，足量的水膜能在水膜除尘器上除去中小颗粒的粉尘。经喷嘴喷水除尘和水膜除尘后的空气再经过多层滤网除尘器后，排入洞内就是合格的。

12. 电气系统

掘进机的破岩、运岩过程是一个消耗电能、由电能转化成机械能不断做功的过程。掘进机的用电特点是耗电量大、负荷波动大、电动机单机功率大，因此在使用掘进机的地方，首先必须保证有足够大的电源容量。另外，掘进机的工作环境是在阴暗潮湿的山洞中，潮湿、粉尘、振动等恶劣的工作环境对电气设备及其保护系统都提出了更高的要求。

掘进机一般都采用高压供电方式。洞外变电所的 10kV 或 6kV 高压电源经高压电缆卷筒送到机上变压器的高压侧。机内电动机工作电压一般为 380V，控制、照明电源工作电压一般为 220V，手持式或移动式电气设备工作电压一般为 24V 或 12V。

因掘进机开挖的山洞截面空间有限，掘进机施工一般采用电缆供电。后配套的尾部设置有高压电缆卷筒。

13. 定位导向系统

为了确保掘进机在长隧道施工中能连续地按设计的洞线进行施工，在掘进机系统中都配置有定位导向装置，目前较常用的有 GPS 网、陀螺导向仪、激光导向系统三种。洞线的偏离可控制在±50mm 以内，足以满足工程需要。

14. 信息处理系统

掘进机是一个由许多子系统组合成的复杂的机械系统，数十个信息同时汇送到司机室，有些经计算机处理，再经操作人员综合判断识别后，及时做出相应的操作处理。信息处理系统包含信息的采集、传递、处理、显示及相关处理措施再传递的全过程，信息及时，正确的采集、传递和处理，是确保掘进机正常工作的必要条件。大部分信息的采集通常由检测元件执行，如显示位置的行程开关，显示速度的电流信号，显示温度、压力的传感元件，显示运转状态的摄像系统等。信息的传递通过通信设备、屏蔽电缆等进行。信息的处理由 PLC 或计算机完成，最终在模拟屏上显示。也有部分信息是由操作人员直接观察收集的。

15. 地质预测系统

随机掘进时，需要随时观察主机胶带机出渣口岩渣的粒度、品质、含水率，同时观察推进速度、压力、电动机功率，可以据此对现有开挖的掌子面做出判断。对地质资料中预测的破碎带、断层、软地质状况等，在必要时，可用超前钻进行掘进机头部 100m 范围内的取样探测。

16. 衬砌支护系统

根据预报的地质资料，对断层、破碎带、溶洞等不良地质段，掘进机都配备有支护、衬砌设备。这些设备主要通过采用锚、撑、衬、灌、喷、冻等方法，使掘进机通过不良地质段，并获得所需的隧道断面。

敞开式掘进机和护盾式掘进机由于洞壁裸露情况不一，而配置有不同的衬砌、支护系统。敞开式掘进机的顶护盾后，洞壁岩石就裸露在外，因此，在顶护盾后必须设置锚杆机和钢环梁安装机；由于双护盾掘进机的机后有拼装式的混凝土管片，所以就必须配置混凝土管片安装机和相应的灌浆设备。

7.2.3 掘进机的选型

1. 掘进机选型的原则

一个工程是否选用掘进机及怎样选择掘进机，一般要涉及以下五个层次的问题进行论证：

(1) 隧道与非隧道的决策；

(2) 洞挖与明挖；

(3) 掘进机与钻爆法技术经济比较；

(4) 掘进机的选型；

(5) 掘进机主参数的确定。

严格地说，掘进机的选型是一个在工程第四层次探讨的问题，但它往往又与其他几个层次的问题相关联。因此，选型决策人员应对掘进机施工及其他施工方法都有一定的了解，才能做出正确的选择。

决定使用掘进机开挖后，要确定隧道的总体开挖方案，如隧道的施工顺序、方向与开挖方式等。方案确定后再对掘进机设备进行选型，选择掘进机的形式、台数、直径等。

掘进机选型应遵循以下原则。

(1) 安全性、可靠性、实用性、先进性与经济性相统一。一般应按照安全性、可靠性、实用性优先，兼顾技术先进性和经济性的原则进行。经济性从两方面考虑，一是完成隧道开挖、衬砌的成洞总费用，二是一次性采购掘进机设备的费用。

（2）满足隧道外径、长度、埋深和地质条件要求，和沿线地形以及洞口条件等环境条件要求。

（3）满足安全、质量、工期、造价及环保要求。

（4）考虑工程进度、生产能力对机器的要求，以及配件供应、维修能力等因素。

掘进机设备选型时，首先根据地质条件确定掘进机的类型，然后根据隧道设计参数及地质条件确定主机的主要技术参数，最后根据生产能力与主机掘进速度相匹配的原则，确定配套设备的技术参数与功能配置。

2. 掘进机选型的依据

掘进机选型的依据包括以下方面。

（1）隧道设计参数：

① 隧道界面的形状与几何尺寸；

② 隧道的座数和相互位置；

③ 隧道的长度；

④ 隧道的坡度；

⑤ 隧道的转弯半径；

⑥ 隧道的埋深。

（2）隧道沿线的地质资料：

① 隧道沿线岩质的种类、物理特性、节理走向和发育程度；

② 隧道沿线的断层数量、宽度、充填物种类和物理特性；

③ 隧道沿线的岩体自稳性；

④ 隧道沿线的含水层和水系分布情况，涌水点和涌水量；

⑤ 隧道的地应力；

⑥ 隧道沿线的有害、可燃性气体的分布情况。

（3）地理位置环境因素：

① 隧道经过的地方或附近是否有城市、江河、湖泊、水库、文物保护区；

② 隧道进出口是否有足够的组装场地；

③ 是否具有掘进机的大件运输、吊装的条件；

④ 隧道施工现场水、电供应状况；

⑤ 隧道施工现场交通情况；

⑥ 隧道施工现场或附近可提供的备品备件、专用工具及维修能力。

（4）隧道施工进度：

① 隧道施工总工期；

② 隧道准备工期；

③ 隧道开挖工期；

④ 掘进机拆除工期；

⑤ 隧道衬砌工期；

⑥ 隧道全部成洞工期。

（5）施工队伍的经济实力。

(6) 施工队伍的技术水平和管理水平。

(7) 预期下一个工程的有关参数。

3. 掘进机主要技术参数的选择

1) 理论开挖直径

掘进机的理论开挖直径可按照下式计算：

$$D=D'+2\delta_{\max} \tag{7-2}$$

式中 D——理论开挖直径，m；

D'——成洞后的直径，m；

$\delta_{\max}$——最大衬砌厚度，m。

2) 刀盘转速

掘进机掘进岩石时，刀盘转速按下式计算：

$$n=\frac{60V_{\max}}{D} \tag{7-3}$$

式中 $V_{\max}$——边刀回转最大线速度，m/s；

D——理论开挖直径，m；

n——刀盘转速，r/min。

3) 刀盘总回转力矩

掘进机总回转力矩按下式计算：

$$T=\sum(f\cdot F_i\cdot R_i)+\sum T_{\mathrm{m}} \tag{7-4}$$

式中 T——掘进机刀盘总回转力矩，kN·m；

f——滚刀滚动阻力系数，可取0.15～0.2；

F_i——每把滚刀最大承载力，可取210～310kN，常用240kN；

R_i——每把滚刀在刀盘上的回转半径，m；

T_{m}——摩擦转矩，kN·m，可按常规方法计算，当 T_{m} 无法确定时，可按20%($f\cdot F_i\cdot R_i$) 选取。

4) 刀盘回转功率

掘进机刀盘回转功率可按下式计算：

$$W=\frac{T\cdot n}{0.975\eta} \tag{7-5}$$

式中 W——刀盘回转功率，kW；

η——机械回转效率，0.9～0.95；

其他符号意义同前。

5) 掘进机推力

在计算掘进推力之前，先要估计刀盘上刀具的数量。

(1) 盘形刀具数量。滚刀数量可按下式确定：

$$N=\frac{D}{2\lambda} \tag{7-6}$$

式中 N——滚刀数量；

D——理论开挖直径，mm；

λ——刀间距，mm。

相邻滚刀的间距从理论上分析，主要取决于岩石种类、岩石抗压强度、岩石节理分布等因素，但每条隧道的上述因素均是沿隧道洞线发生变化的，在设计时为了便于操作，一般采用以岩石种类为主要依据、参考岩石抗压强度的方法来确定滚刀间距，见表7-1。

表7-1 滚刀间距选用参考表 单位：mm

岩石种类	片麻岩	花岗岩	石灰岩	砂岩	页岩
滚刀间距	60～70	65～75	70～85	70～85	85～100

(2) 掘进机总推力。掘进机总推力按照下式计算：

$$F = N \cdot F_i + \sum F_m \tag{7-7}$$

式中 F——掘进机总推力，kN；

F_m——摩擦阻力，kN，可按常规方法计算，在不能确定时按$0.3N \cdot F_i$选取；

其他符号意义同前。

掘进机最大总推力由掘进机推进缸数量、供油压力、油缸与掘进机轴线交角、油缸大端直径等所决定。掘进机实际推力是在最大设计推力范围内，由掌子面岩石的软硬、完整程度与所需破岩推力和掘进机移动部分的摩擦力的总和所决定。

6) 掘进速度

掘进机理论最大掘进速度为6m/h，这个指标由推进油缸数量、大端直径、进油与掘进机轴线交角和油缸供油流量等所决定。

实际月进度可按照下式计算：

$$v=24v_{max} \cdot d \cdot \mu \tag{7-8}$$

式中 v——月进度，m/月；

v_{max}——最大设计每小时掘进速度，m/h；

d——每月工作天数；

μ——掘进机作业率，一般取0.4～0.6。

常见种类的全断面掘进机平均月进尺见表7-2。

表7-2 掘进机平均月进尺 单位：m/月

全断面掘进机种类	硬岩	中硬岩	软岩	破碎岩
敞开式	～300	500～600	～200	100～200
双护盾式		500～600	800～1200	100～200
单护盾式		300	300～400	100～200

7) 掘进行程

合理选择掘进机行程，对加快掘进速度、提高施工质量是十分有利的。目前可供选择的一次掘进行程，有0.6m、0.8m、1m、1.2m、1.4m、1.5m、1.8m和2.1m几种。

在设备制造能力许可的条件下，建议选用长的行程，这样可以减少换行程次数，从而提高总体施工速度；减少停开机次数也有利于延长掘进机寿命；在水利隧洞中可减少混凝土管片数量，减少管片间的拼缝数量，从而减少渗漏水的概率。选择掘进行程还涉及混凝土管片宽度、后配套接轨长度以及后配套接长处的水、风管长度，要求这些参数与掘进行程互成公倍数，这样有利于施工的配套作业。

8）切深

刀具切深是刀盘每回转一圈，刀圈切入掌子面岩石的深度。切深可按下式计算：

$$P=\frac{V}{n} \tag{7-9}$$

式中 P——切深，mm/r；

V——掘进速度，mm/min；

n——刀盘回转速度，r/min。

7.3 隧道掘进机施工

掘进机的基本施工工艺是刀盘旋转破碎岩石，岩石由刀盘上的铲斗运至掘进机的上方，靠自重下落至溜渣槽，进入机头内的运渣胶带机，然后由带式输送机转载到矿车内，利用电动机车拉到洞外卸载。掘进机在推力的作用下向前推进，每掘进一个行程便根据情况对围岩进行支护，其掘进工艺如图 7－11 所示。

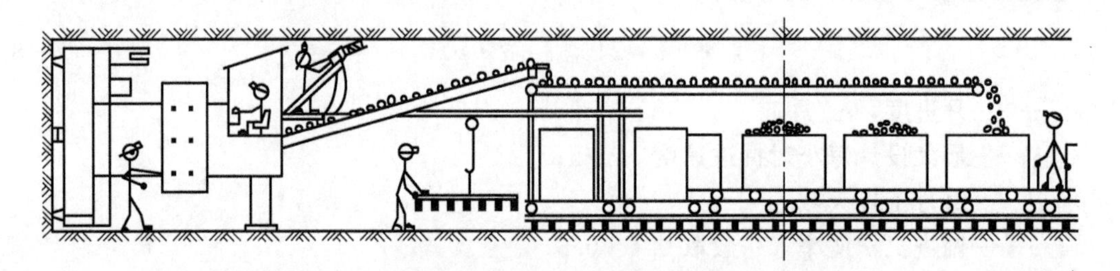

图 7－11 全断面岩石隧道掘进机掘进工艺示意图

隧道掘进机的施工过程，包括施工准备、TBM 的运输组装与调试、掘进作业、支护作业、出渣与运输、通风与除尘等。

7.3.1 施工准备

掘进机施工具有速度快、效率高的特点，因此，施工前的准备工作非常重要。诸如施工的准确放线定位、机械设备的调试保养、各种施工材料的配备、施工记录表格的配备等都应有充分的准备，以免影响正常作业和施工进度。

1. 技术准备

掘进机施工前应熟悉和复核设计文件和施工图，熟悉有关技术标准、技术条件、设计原则和设计规范。应根据工程概况、工程水文地质情况、质量工期要求、资源配备情况，编制可实施性的施工组织设计，对施工方案进行论证和优化，并按相关程序进行审批；施工前必须制定工艺实施细则，编制作业指导书。

2. 设备和设施准备

按工程特点和环境条件配备好试验、测量及监测仪器。长大隧道应配置合理的通风设施和出渣方式，选择合理的洞内供料方式和运输设备，并达到环境保护的要求。供电设备必须满足掘进机施工的要求，掘进机施工用电和生活、办公用电应分开，并保证两路电源正常供应。

3. 材料准备

掘进机施工前必须备好施工所需要的各种材料，应当结合进度、地质条件制订合理的材料供应计划，做好钢材、木材、水泥、砂石料和混凝土等材料的试验工作。所有原材料必须有产品合格证，且经过检验合格后方可使用。隧道施工前应结合工程特点积极进行新材料、新技术、新工艺的推广应用，积极推进材料供应本地化。

4. 作业人员准备

隧道施工作业人员应专业齐全、满足施工要求，人员需经过专业培训，持证上岗。

5. 施工场地布置

隧道洞外场地应包括主机及后配套拼装场、混凝土搅拌站、预制车间、预制块（管片）堆放场、维修车间、料场、翻车机及临时渣场、洞外生产房屋、主机及后配套存放场、职工生活房屋等，其临时占地面积为60～80亩（1亩＝666.67m^2），洞外场地开阔时可适当放大。施工场地布置应进行详尽的总平面规划设计，要有利于生产、文明施工、节约用地和保护环境，实现统筹规划，分期安排，便于各项施工活动有序进行，避免相互干扰。应保证掘进、出渣、衬砌、转运、调车等的场地需要，满足设备的组装和初始条件。

施工场地临时工程布置包括：确定弃渣场的位置和范围；有轨运输时，做好洞外出渣线、备料线、编组线和其他作业线的布置；做好汽车运输道路和其他运输设施的布置；确定掘进机的组装和配件储存场地；确定风、水、电设施的位置；确定管片、仰拱块预制厂的位置；确定砂、石、水泥等材料、机械设备配件存放或堆放场地；确定各种生产、生活等房屋的位置；做好场内供、排水系统的布置。

弃渣场地要符合环境保护的要求，不得堵塞沟槽和挤压河道，渣堆坡脚应采用重力式挡土墙挡护。拼装场应位于洞口，场地应用混凝土硬化，强度满足承载力要求。

组装场地的长度应至少等于掘进机长度、牵引设备和转运设备总长、调转轨道长度和机动长度之和。

6. 预备洞与出发洞

由于一般隧道洞口处覆盖层薄（30～40m），且可能有石质风化等原因，通常不适合敞开式 TBM 施工，为确保 TBM 早日投入正常掘进施工，一般采用人工开挖至围岩条件较好的洞段（此时 TBM 依靠自身步行装置进洞），称为预备洞。TB880E 掘进机在秦岭Ⅰ线隧道的预备洞长 300m，在西南线桃花铺 1 号隧道的预备洞长 190m。

出发洞是指 TBM 步行至预备洞工作面开始掘进时，由于 TBM 本身要求有支撑靴撑紧洞壁，以克服刀盘破岩的反扭矩及推进油缸的反推力，而设计用作 TBM 最早掘进的辅助洞室，施工长度根据 TBM 的自身结构尺寸而定，预备洞和出发洞连接处应留有足够的空间，用以拆卸 TBM 的步行装置。

7.3.2 TBM 的运输、组装与调试

TBM 集机械、电子、液压、技术于一体，技术复杂、结构庞大，集开挖、支护、出渣、通风、排水于一身，是工厂化的隧道生产线。保证装配工艺的质量和精度对 TBM 以后的使用性能、使用寿命乃至维修周期影响重大，组装时应严格遵守其装配工艺规程要求。TBM 成套设备以裸件形式及集装箱形式运抵工地现场，主机部分以大总成裸件抵达，主机附属设备大部分装箱到达，后配套系统大多以裸件运到工地，而其上关键液压、电气均装箱到达。需要将这些不同形式、不同类型的部件按照 TBM 设计文件要求、精度要求用专用机具组装起来，分别完成主机、连接桥、后配套及附属设备的组装并用相关部件连接成一体。

7.3.3 掘进作业

1. 掘进模式

TBM 主控室有三种工作模式可供选择，即自动控制推进模式、自动控制扭矩模式和手动控制模式。选择何种工作模式，由操作人员根据岩石状况决定。

（1）在均质硬岩条件下，应选择自动控制推进模式，此时既不会过载，又能保证有最高的掘进速度。选择此种工作模式的判断依据是：如果在掘进时，推力先达到最大值，而扭矩未达到额定值，可判定其为硬岩状态，即可选择自动控制推进模式。

（2）在均质软岩条件下，一般推力都不会太大，刀盘扭矩变化是主要的，此时应选择自动控制扭矩模式。选择此种工作模式的判断依据是：如果在掘进时，扭矩先达到额定值，而推力未达到额定值或同时达到额定值，则可判定其为软岩状态，若地质较均匀，即可选择自动控制扭矩模式。

（3）如果不能肯定岩石状态，或岩石硬度变化不均或岩石节理发育，存在破碎带、断层或裂隙较多时，必须选择手动控制模式，靠操作者来判断岩石的属性。在手动控制模式作业过程中，如岩石较硬，推进力先达到额定值，且岩石较完整，此时应根据推进力模式操作，限制推进压力不超过额定值；如果岩石节理较发育，裂隙较多或存在破碎带、断层等，此时应依据扭矩模式操作，主要以扭矩变化并结合推进力参数来选择掘进参数。无论在何种岩石条件下，手动控制模式都能适用。

2. 掘进参数

在不同地质条件下，TBM 的推力、刀盘转速和刀盘扭矩等掘进参数是不同的。虽然 TBM 配备自动推力和自动扭矩操作模式，但是由于岩石的均匀性相对较差，所以在 TBM 掘进作业中，通常是采用人工操作模式，根据不同的地质条件及时地调整 TBM 的掘进参数，以使 TBM 安全、高效地通过不同的地质地段。

TBM 从硬岩进入软弱破碎围岩时，相应的掘进主参数和胶带输送机的渣量、渣粒会出现明显的变化，据此变化可大致判断 TBM 刀盘工作面的围岩状况，并应采用人工手动调节操作模式，及时调整掘进参数。

(1) 推进速度（贯入度）：在硬岩情况下，贯入度一般为 9～12mm。当进入软弱围岩过渡段时，贯入度有微小的上升趋势，出于 TBM 胶带输送机出渣能力的考虑，现场操作一般不允许有较长的贯入度上升时间，此时贯入度随给定推进速度的下降而降低；当完全进入软弱围岩时，贯入度相对稳定，一般在 3～6mm。

(2) 推力（推进压力）：在硬岩情况下，推进速度一般为额定值的 75%左右，推进压力也成相应比例。当进入软弱围岩过渡段时，推进压力呈反抛物线形态下降，下降时间与过渡段长度成正比，推进速度随推进压力的下降而适当调低；当完全进入软弱围岩时，压力趋于相对平稳，此时推进速度一般维持在 40%左右。

(3) 扭矩：在硬岩情况下一般为额定值的 50%；当进入软弱围岩过渡段时，扭矩有缓慢上升趋势，上升时间与过渡段长度成正比，当完全进入软弱围岩时，由于推进速度的下降，扭矩相应降低，一般在 80%左右为宜。

(4) 刀盘转速：在硬岩情况下一般为 6r/min 左右，当进入软弱围岩过渡段后期时，调整刀盘转速为 3～4r/min，当完全进入软弱围岩时，刀盘转速维持在 2r/min 左右。

(5) 撑靴支撑力：在硬岩情况下一般为额定值；当撑靴进入软弱围岩过渡段时，撑靴支撑力一般调整为额定值的 90%左右；当撑靴进入软弱围岩地段时，撑靴支撑力一般调整为最低限定值，必要时需要改变 PLC 程序来设定限值，并根据刀盘前部围岩状况随时调整推进速度，以确保 TBM 有足够的稳定性。

3. 掘进

掘进机在进入预备洞和出发洞后即可开始掘进作业。掘进作业分起始段施工、正常掘进和到达掘进三个阶段。

1) 掘进机始发及起始段施工

掘进机空载调试运转正常后即开始进入施工。开始推进时，通过控制推进油缸行程使掘进机沿始发台向前推进，因此始发台必须固定牢靠，位置正确。刀盘抵达工作面开始转动刀盘，直至将岩面切削平整后，即开始正常掘进。在始发掘进时，应以低速度、低推力进行试掘进，了解设备对岩石的适应性，对刚组装调试好的设备进行试机作业。在始发磨合期，要加强掘进参数的控制，逐渐加大推力。

推进速度要保持相对平稳，控制好每次的纠偏量。灌浆量要根据围岩情况、推进速度、出渣量等及时调整。始发操作中，司机需逐步掌握操作的规律性，班组作业人员应逐步掌握掘进机作业工序，在掌握掘进机的作业规律性后，再加大掘进机的有关参数。

始发时要加强测量工作，把掘进机的姿态控制在一定的范围内，通过管片、仰拱块的铺设和掘进机本身的调整来达到状态的控制。

掘进机始发后进入起始段施工，一般根据掘进机的长度、现场及地层条件将起始段定为 50～100m。起始段掘进是掌握、了解掘进机性能及施工规律的过程。

2）正常掘进

掘进机推进时的掘进速度及推力应根据地质情况确定，在破碎地段严格控制出渣量，使之与掘进速度相匹配，避免出现掌子面前方大范围坍塌。

掘进过程中，随时观察各仪表显示是否正常，检查风、水、电、润滑系统、液压系统的供给是否正常，检查气体报警系统是否处于工作状态和气体浓度是否超限。

施工过程中要进行实际地质的描述记录、相应地段岩石物理特性的实验记录、掘进参数和掘进速度的记录并加以图表化，以便根据不同地质状况选择和及时调整掘进参数，减少刀具过大的冲击荷载。

掘进机推进过程中必须严格控制推进轴线，使掘进机的运动轨迹在设计轴线允许偏差范围内。双护盾掘进机自转量应控制在设计允许值范围内，并随时调整。双护盾掘进机在竖曲线与平曲线段施工时，应考虑已成环隧道管片竖、横向位移对轴线控制量的影响。

掘进中要密切注意和严格控制掘进机的方向。掘进机方向控制包括两个方面：一是掘进机本身进行导向和纠偏；二是确保掘进方向的正确。导向功能包含方向的确定、方向的调整、偏转的调整。掘进机的位置采用激光导向系统确定，激光导向、调向油缸、纠偏油缸是导向、调向的基本装置。在每一循环作业前，操作司机应根据导向系统显示的主机位置数据进行调向作业。采用自动导向系统对掘进机姿态进行监测，并定期进行人工测量，对自动导向系统进行复核。

当掘进机轴线偏离设计位置时，必须进行纠偏。掘进机开挖姿态与隧道设计中线及高程的偏差应控制在±50mm 内。实施掘进机纠偏不得损坏已安装的管片，并保证新一环管片的顺利拼装。

掘进机进入溶洞段施工时，利用掘进机的超前钻探孔，对机器前方的溶洞处理情况进行探测。每次钻设 20m 长，两次钻探间搭接 2m，在探测到前方溶洞都已经处理过后，再向前掘进。

3）到达掘进

到达掘进是指掘进机到达贯通面之前 50m 范围内的掘进。掘进机到达终点前，要制定掘进机到达施工方案，做好技术交底，施工人员应明确掘进机适时的桩号及刀盘距贯通面的距离，并按确定的施工方案实施。

到达前必须做好以下工作：检查洞内的测量导线；在洞内拆卸时应检查掘进机拆卸段的支护情况；检查到达所需材料、工具；检查施工接收导台；做好到达前的其他工作，如接收台检查、滑行轨的测量等，要加强变形监测，及时与操作司机沟通。

掘进机掘进至离贯通面 100m 时，必须做一次掘进机推进轴线的方向传递测量，以逐渐调整掘进机轴线，保证贯通误差在规定的范围内。到达掘进的最后 20m 时，要根据围岩情况确定合理的掘进参数，要求低速度、小推力和及时的支护或回填灌浆，并做好掘进姿态的预处理工作。

应做好出洞场地、洞口段的加固。应保证洞内、洞外联络畅通。

7.3.4 支护作业

隧道支护按支护时间，分为初期支护和二次衬砌支护；按支护形式，有锚喷支护、钢拱架支护、管片支护和模筑混凝土支护。

1. *初期支护*

初期支护紧随着掘进机的推进进行。可用锚喷、钢拱架或管片进行支护。地质条件很差时还要进行超前支护或加固。因此，为适应不同的地质条件，应根据掘进机类型和围岩条件配备相应的支护设备。开敞式掘进机一般需配置超前钻机及注浆设备、钢拱架安装机、锚杆钻机、混凝土喷射泵、喷射机械手，以及起吊、运输和铺设预制混凝土仰拱块的设备。开敞式掘进机在软弱破碎围岩掘进时必须进行初期支护，以满足围岩支护抗力，确保施工安全。初期支护包括初喷混凝土，架设锚杆、钢架等。双护盾掘进机一般配置多功能钻机、喷射机、水泥浆注入设备、管片安装机、管片输送器等。

1）喷射混凝土施工

喷射混凝土前用高压水或高压风冲刷岩面，设置控制喷混凝土的标志。喷射混凝土的配合比应通过试验确定，满足混凝土强度和喷射工艺的要求。喷射作业应分段、分片、分层，由下而上顺序进行。分层喷射混凝土时，一次喷射的最大厚度，拱部不得超过8cm，边墙不得超过10cm，后一层喷射应在前一层混凝土终凝后进行。喷射后应进行养护和保护。喷射混凝土的表面平整度应符合要求。

2）锚杆施工

锚杆类型应根据地质条件、使用要求及锚固特性和设计文件来确定。锚杆杆体的抗拉力不应小于150kN，锚杆直径宜为20～22mm。锚杆孔应按设计要求布置，孔径应符合设计要求；孔位允许偏差为±10cm，锚杆孔距允许偏差为±10cm；锚杆孔的深度应大于锚杆体长度10cm；锚杆用的水泥砂浆，其强度不应低于M20。

3）钢架施工

钢架安装利用刀盘后面的环形安装器及顶升装置完成。钢架间距允许偏差为±10cm，横向和高程偏差为±5cm，垂直度偏差为±2°。钢架与喷射混凝土应形成一体，沿钢架外缘每隔2m应用钢楔或混凝土预制块与初喷层顶紧，钢架与围岩间的间隙必须用喷射混凝土充填密实，钢架必须被喷射混凝土覆盖，厚度不得小于4cm。

2. *管片支护*

1）管片施工

管片拼装时，一般情况下应先拼装底部管片，然后自下而上左右交叉拼装，每环相邻管片应均匀拼装并控制环面平整度和封口尺寸，最后插入封顶块成环。管片拼装成环时，应逐片初步拧紧连接螺栓，脱出盾尾后再次拧紧。当后续掘进机掘进至每环管片拼装之前，应对相邻已成环的3环范围内的连接螺栓进行全面检查并再次紧固。

逐块拼装管片时，应注意确保相邻两管片接头的环面平整、内弧面平整、纵缝密贴。封顶块插入前，检查已拼管片的开口尺寸，要求略大于封顶块尺寸，拼装机把封顶块送到位，伸出相应的千斤顶将封顶块管片插入成环，做圆环校正，并全面检查所有纵向螺栓。封顶成环后应进行测量，并按测得数据做圆环校正，再次测量并做好记录。最后拧紧所有纵、环向螺栓。

2）混凝土仰拱施工

混凝土仰拱是隧道整体道床的一部分，也是 TBM 后配套承重轨道的基础，同时又是机车运输线路的铺设基础。TBM 每掘进一个循环需要铺设一块仰拱块。仰拱块在洞外预制，用机车运入后配套系统，在铺设区转正方向，用仰拱吊机起吊，移到已铺好的仰拱块前就位。仰拱块铺设前要对地板进行清理，做到无虚渣、无积水、无杂物，铺设后进行底部灌注。

3. 模筑混凝土衬砌

模筑衬砌必须采用拱墙一次成型法施工，施工时中线、水平、断面和净空尺寸应符合设计要求。衬砌不得侵入隧道建筑限界。衬砌材料的标准、规格、要求等应符合设计规范。防水层应采用无钉铺设，并在二次衬砌灌注前完成。衬砌的施工缝和变形缝应做好防水处理。混凝土灌注前及灌注过程中，应对模板、支架、钢筋骨架、预埋件等进行检查，发现问题应及时处理，并做好记录。

顶部混凝土灌注时，按封顶工艺施工，确保拱顶混凝土密实。模筑衬砌背后需填充注浆时，应预留注浆孔。模筑衬砌应连续灌注，必须进行高频机械振捣。拱部必须预留注浆孔，并及时进行注浆回填。

隧道的衬砌模板有台车式和组合式，前者优于后者。全断面衬砌模板台车为轨行自动式，台车的伸缩和平移采用液压油缸操纵。模板台车应配备混凝土输送泵和混凝土罐车，并自动计量，形成衬砌作业线。衬砌作业线合理配套，才能确保衬砌不间断施工、混凝土灌注的连续性和衬砌质量。

混凝土灌注应分层进行、振捣密实，防止收缩开裂，振捣时不应破坏防水层，不得碰撞模板、钢筋和预埋件。模板台车的外轮廓在灌注混凝土后应保证隧道净空，门架结构的净空应保证洞内车辆和人员的安全通行，同时预留通风管位置；模板台车的门架结构、支撑系统及模板的强度和刚度应满足各种荷载的组合；模板台车长度宜为 9～12m；模板台车侧壁作业窗宜分层布置，层高不宜大于 1.5m，每层宜设置 4～5 个窗口，其净空不宜小于 45cm×45cm，并设有相应的混凝土输送管支架或吊架；模板台车应采用 43kg/m 及以上规格钢轨作为行走轨道。

二次衬砌在初期支护变形稳定前施工的，拆模时的混凝土强度应达到设计强度的 100％；在初期支护变形稳定后施工的，拆模时的混凝土强度应达到 8MPa。

7.3.5 出渣与运输

在掘进机掘进的隧道内，用于出渣运输的系统有列车轨道运输系统、无轨车辆运输系统、带式输送机运输系统、压气输送系统和浆液输送系统。

（1）隧道内石渣和材料最普通的运输办法是轨道运输，这种系统是用多组列车在有站线的单轨道或有渡线的双轨道上运行。目前多数创造掘进机开挖速度新纪录的隧道，所使用的都是轨道运输系统。石渣由装在掘进机刀盘上的铲斗或铲臂从工作面前提升起来，卸到掘进机的带式输送机上，转运到掘进机后的辅助输送机上再卸进斗车内运至洞外。这种运输系统有下列优点：安装设备简单、适应性强、故障比较少；在直径较大的隧道中，有利于使用较多的调车设备，能做到接近连续地接受从掘进机后卸出的石渣，掘进机的利用率高，施工进度快。

采用列车轨道运输系统应符合安全规定。机车牵引不得超载。车辆装载高度不得大于矿车顶面 50cm，宽度不得大于车宽。列车连接必须良好，编组和停留时，必须有刹车装置和防溜车装置。车辆在同一轨道行驶时，两组列车的间距不得小于 100m。轨道旁临时堆放材料距钢轨外缘不得小于 80cm，高度不得大于 100cm。车辆运行时，必须鸣笛或按喇叭，并注意瞭望，严禁非专职人员开车、调车和搭车，以及在运行中进行摘挂作业。采用内燃机车牵引时，应配置排气净化装置，并符合环保要求。

牵引设备的牵引能力应满足隧道最大纵坡和运输重量的要求，车辆配置应满足出渣、进料及掘进速度的要求，并考虑一定的余量。列车编组与运行应满足掘进机连续掘进和最高掘进速度的要求，根据洞内掘进情况安排进料。材料装车时，必须固定牢靠，以防运输中途跌落。

(2) 无轨车辆运输由于适应性强和短巷道内使用方便，因而在矿山开挖中广泛使用，特别是用在坡度不大的倾斜巷道施工条件下。如果用于隧道，则隧道的长度将是选用列车轨道运输还是车辆无轨运输的主要依据，无轨运输系统都是用于短隧道的开挖，因为在这种隧道内铺设轨道系统是不经济的。

(3) 带式输送机运输在安装时应做到留有一条开阔的通道，以便运送人员和材料到工作面。如隧道直径够大，输送机可沿一侧起拱线，悬吊在拱部或以支架支承。输送机的支撑架随着隧道掘进而接到运输系统内。输送机的运输是连续的，可按掘进机最高生产能力来设计，输送机运用时，很少能超过其能力的 60%，但是又必须具备这种能力，以便地质条件允许达到最大利用率时能高速出渣。带式输送机的优点是可靠、维修费低、能力大，但不具备轨道运输系统的适应性和机动性。在适合掘进机开挖的好地层中，它是做到连续出渣的较好方法。

(4) 压气输送系统已在矿山中采用，但在隧道工程中只是试验和有限使用。高效、连续和经济的压气输送系统，在加拿大、英国和美国已经过试验并投入使用。在隧道内有限使用的结果表明，这种系统能有效地运输直径达到 15cm 的石渣，水平距离达 750m，在有一定水平运距且垂直升高 300m 的情况下，每小时最大运量为 300t。在长隧道中，当隧道向前推进时，可采取一系列独立系统串联起来使用。

(5) 在开挖隧道的过程中，如果岩层能够浆液化，就可以采用水力石渣运输系统，其先决条件是石渣要碎成要求的尺寸，并具有悬浮在浆液中的适当性质。

7.3.6 通风与除尘

掘进机施工的隧道通风，其作用主要是排出人员呼出的气体、掘进机的热量、破碎岩石的粉尘和内燃机等产生的有害气体等。

TBM 通风方式有压入式、抽出式、混合式、巷道式、主风机局扇并用式等，施工时要根据所施工隧道的规格、施工方式与周围环境等进行选择。一般多采用风管压入式通风，其最大的优点是新鲜空气经过管道直接送到开挖面，空气质量好，且通风机不必经常移动，只需接长通风管即可。压入式通风可采用由化纤增强塑胶布制成的软风管。

掘进机施工的通风分为两次：一次通风和二次通风。一次通风是指从洞口到掘进机后面的通风，二次通风是指掘进机后从配套拖车后部到掘进机施工区域的通风。一次通风管采用软风管，用洞口风机将新鲜空气压入到掘进机后部；二次通风管采用硬质风管，在拖车两侧布置，将一次通风经接力增压、降温后继续向前输送，送风口位置布置在掘进机的易发热部件处。

掘进机工作时产生的粉尘，是从切削部与岩石的结合处释放出来的，必须在切削部附近将粉尘收集，通过排风管将其送到除尘机处理。另外，粉尘还需用高压水进行喷洒。

本章小结

通过本章学习，可以加深对全断面岩石隧道掘进机概念与特点的理解，掌握掘进机的分类、构造、选型与施工技术，初步具备编制掘进机隧道施工方案的能力。

思考题

1. 什么是掘进机施工？掘进机施工具有哪些优缺点？
2. 掘进机通常情况下可以分为哪几种类型？各有什么特点？
3. 掘进机选型的原则是什么？
4. 掘进机的主要技术参数如何确定？
5. 掘进机的掘进模式如何选择？
6. 掘进机的掘进参数如何确定？
7. 掘进机的出渣运输系统有哪些类型？各有什么特点？

第 8 章

盾构法隧道施工

教学目标

本章主要讲述盾构机的构造、分类、选型以及盾构法施工和衬砌技术。通过学习应达到以下目标：

（1）掌握盾构法的概念、优缺点，了解盾构法的发展历史；

（3）了解盾构机的构造，熟悉盾构机的分类，掌握盾构机的选型；

（3）掌握盾构法施工与衬砌技术。

教学要求

知识要点	能力要求	相关知识
盾构法概念、优缺点与发展历史	（1）掌握盾构法的概念； （2）掌握盾构法的优缺点； （3）了解盾构法发展历史	（1）盾构法概念； （2）盾构法优点与缺点； （3）盾构法发展历史
盾构机构造、分类与选型	（1）了解盾构机的构造； （2）熟悉盾构机的分类； （3）掌握盾构机的选型	（1）盾构机构造； （2）手掘式、挤压式、网格式、半机械式、敞开机械式、土压平衡式与泥水平衡式盾构机； （3）盾构机选型原则与依据
盾构法施工与衬砌技术	（1）掌握盾构法施工技术； （2）掌握盾构法衬砌技术	（1）盾构机出洞进洞技术、盾构推进、盾构机偏向与纠偏、盾构机自转与纠正、壁后注浆； （2）衬砌管片类型与尺寸、管片拼装、衬砌防水

基本概念

盾构法；土压平衡式盾构；泥水平衡式盾构；出洞、进洞

引例

盾构法是当前地铁隧道施工的主要方法之一，在城市地下工程中应用越来越广泛，故又被称为“城市隧道工法”。盾构法隧道施工与衬砌技术是本章的重点。

某地铁区间隧道由上下行线、旁通道及泵站组成，采用两台 ϕ6340mm 土压平衡式盾构机施工，隧道

内尺寸为 ϕ5500mm，隧道外尺寸为 ϕ6200mm。衬砌采用预制钢筋混凝土管片，通缝拼装，衬砌环共计2274 环，其中上行线 1140 环，下行线 1134 环。为满足盾构出洞需要，需制作 24 环后座管片。衬砌每环由 6 块管片构成，环宽 1200mm，厚度为 350mm。管片设计强度为 C55，抗渗等级为 1.0MPa。管片纵向和环向均采用 M30 直螺栓连接，管片环与环之间用 17 根纵向螺栓连接，每环管片块与块之间以 12 根环向螺栓连接。接缝防水均采用遇水膨胀橡胶止水条。盾构轴线控制偏离设计轴线不得大于±50mm，地面沉降量控制在＋10～－30mm。每环的压浆量一般为建筑空隙的 200％～250％，即每推进一环，同步注浆量为 3.32～4.14m^3，泵送出口处的压力应控制在 0.3MPa 左右。管片、施工材料等的垂直运输由地面井口行车实施，水平运输则采用 JXK 系列交流传动窄轨蓄电池 14t 电动机车运送管片、弃土和施工材料。该工程 2004 年 6 月 1 日开始盾构机组装，6 月 30 日盾构开始推进，2005 年 7 月 15 日区间隧道贯通并通过验收。

8.1 概　　述

盾构（Shield）一词的含义，在土木工程领域中为遮盖物、保护物，在隧道施工领域是指外形与隧道横截面相同，但尺寸比隧道外形稍大的钢筒或框架压入地中构成保护掘削机的外壳。该外壳及壳内各种作业机械、作业空间的组合体称为盾构机（以下统一简称为盾构）。实际上盾构是一种既能支承地层的压力又能在地层中掘进的施工机具，以盾构为核心的一整套完整的建造隧道的施工方法称为盾构工法。该工法的施工过程如下：先在隧道某段的一端建造竖井或基坑，以供盾构安装就位；盾构从竖井或基坑的墙壁开孔处出发，在地层中沿着设计轴线，向另一竖井或基坑的设计孔洞推进。盾构推进中所受到的地层阻力，通过盾构千斤顶传至盾构尾部已拼装的预制隧道衬砌结构，再传到竖井或基坑的后靠壁上。在钢筒外壳的前面设置各种类型的支撑与开挖土体的装置，在钢筒外壳中段四周安装顶进所需的千斤顶，在外壳尾部可以拼装一至二环预制的隧道衬砌环。盾构每推进一环距离，就在盾尾支护下拼装一环衬砌，并及时向紧靠盾尾后面的开挖坑道周边与衬砌环外周之间的空隙中压注足够的浆体，以防止隧道及地面下沉。在盾构推进过程中不断从开挖面排出适量的土方。盾构施工如图 8－1 所示。

在上述施工过程中，保证掘削面稳定的措施、盾构沿设计路线的高精度推进（即盾构的方向、姿态控制）、衬砌作业的顺利进行等三项工作最为关键，有人将其称为盾构工法的三大要素。另外，使用盾构法往往需要根据穿越土层的工程水文地质特点辅以其他施工技术措施，主要包括：①疏干掘进土层中地下水的措施；②稳定地层、防止隧道及地面沉陷的土壤加固措施；③隧道衬砌的防水堵漏技术；④配合施工的监测技术；⑤气压施工中的劳动防护措施；⑥开挖土方的运输及处理方法等。

8.1.1 盾构法隧道施工的优缺点

盾构工法问世以前，构筑隧道的主要施工方法是明挖法，但对城市隧道的施工而言，由于明挖法受地形、地貌、环境条件的限制，易造成周围地层的沉降，进而威胁周围建

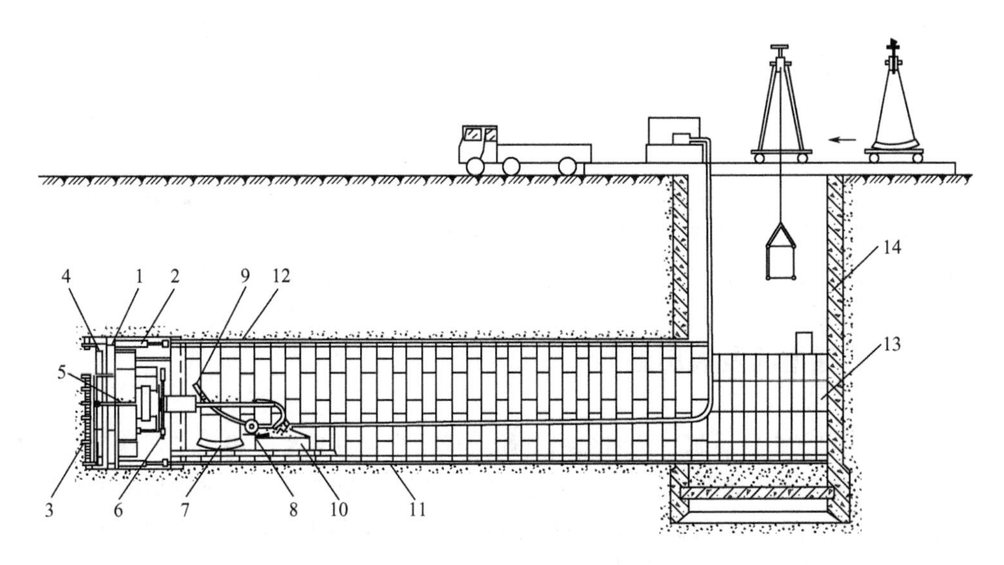

图 8－1　盾构施工示意图

1—盾构；2—盾构千斤顶；3—盾构正面网格；4—出土转盘；5—出土带式运输机；
6—管片拼装机；7—管片；8—压浆泵；9—压浆孔；10—出土机；11—隧道衬砌结构；
12—盾尾空隙处压浆；13—后盾管片；14—竖井

(构）筑物的安全；长时间中断交通，会给周围居民出行带来麻烦，特别是商业街停业会造成巨大的经济损失；长时间切断供水管道、通信电缆、电力电缆、下水道、煤气管道等地下管线，会给周围居民生活带来诸多不便；施工中的出土、回填土等土方作业会严重影响空气质量；施工中会存在噪声和振动等环境污染；另外施工易受天气影响。盾构工法由于是地下施工，属暗挖法，所以明挖法的上述诸多缺点均不存在，因此得以迅速发展。现在人们不仅开发了软土层盾构工法，而且还开发了适合于硬地层（如卵石层、软岩层等地层)、岩层的盾构工法。归纳起来，盾构工法具有以下优点。

(1）对环境影响小。出土量少，所以周围地层的沉降小，对周围构造物的影响小；不影响地表交通；不影响商店营业，无经济损失；无须切断、搬迁地下管线等各种地下设施，故可节省搬迁费用；对周围居民生活、出行影响小；无空气、噪声等污染问题。

(2）施工不受地形、地貌、江河水域等地表环境条件的限制。

(3）地表占地面积小，故征地费用少。

(4）适于大深度、大地下水压施工，相对而言施工成本低。

(5）施工不受天气条件限制。

(6）挖土、出土量少，利于降低成本。

(7）盾构法构筑的隧道的抗震性能好。

(8）适用地层范围宽，软土、砂卵土、软岩等均可适用。

目前盾构工法已在城市隧道施工技术中确立了稳固的统治地位，所以有人将其称为城市隧道工法。目前它正朝着全部机械化、自动化、智能化、地下大深度、特殊断面、特殊形态的方向发展。虽然盾构工法具有许多优点，但也存在以下不足。

(1）当隧道曲线半径过小时，施工较为困难。

（2）在陆地上建造隧道时，如隧道覆土太浅，开挖面稳定甚为困难，甚至不能施工；在水下施工时，如覆土太浅则不够安全，需确保一定的覆土厚度。

（3）盾构施工采用全气压方法以疏干地下水和稳定地层时，对劳动保护要求较高，施工条件差。

（4）盾构法隧道上方一定范围内的地表沉降尚难完全防止，特别是在饱和含水松软土层中，要采取严密的技术措施才能把沉降限制在要求的范围内。

（5）在饱和含水地层中，盾构工法所用拼装衬砌的防水性要求较高。

8.1.2 盾构法隧道的发展历史

1818 年 Brurel（布鲁诺尔）从蛆虫腐蛀船底成洞中得到启发，提出了盾构工法并取得专利，即所谓的敞口式手掘盾构的原型问世。Brurel 后来制作了一个改进型的方形铸铁框盾构，用于横贯伦敦泰晤士河的一条隧道的施工，经过 7 年的精心施工，在 1841 年终于贯通。Brurel 因为对盾构工法的卓越贡献而被后人称颂。

1869 年 Burlow 和 Great 负责建造横贯泰晤士河的第二条隧道。Great 采用新开发的圆形盾构，采用扇形铸铁管片，工程进展十分顺利。1887 年，Great 在南伦敦铁道隧道施工中使用了盾构和压气组合工法获得成功，为现在的盾构工法奠定了基础。

19 世纪末到 20 世纪中叶，盾构工法相继传入美国、法国、德国、日本、苏联及我国，并得到不同程度的发展。在美国巴尔的摩，法国巴黎，德国柏林、易北河，苏联莫斯科、圣彼得堡，日本东京，我国阜新、北京，均用以建造了各种不同用途的隧道。这一时期盾构工法有诸多的技术进步，但主要特点还是其在世界各国得以推广普及。

20 世纪 60 年代中期至 80 年代，盾构工法继续发展，不断完善了圆形断面各种不同平衡方式的盾构工法，包括压气盾构、挤压盾构（网格盾构）、土压盾构、泥土加压盾构、泥水盾构等，但以泥水盾构和土压盾构工法为主。

进入 20 世纪 90 年代以后，盾构工法发展速度很快，成绩卓著，归纳起来主要有以下表现。

（1）泥水、土压盾构技术不断普及推广，技术细节不断完善、改进及提高。例如，向舱内注入泥水、泥土成分配比、注入压力、出泥与出土的速度等参数的优化选取，排出泥水的分离处理，排出废泥的处理及再利用等。

（2）特种盾构工法相继问世。出现了双圆搭接形、三圆搭接形、椭圆形、矩形（矩形、凸凹矩形）、马蹄形等盾构工法及球体盾构工法、母子盾构（异径盾构、分岔盾构）工法、扩径盾构工法、断面变形盾构工法、硅胶盾构工法、ECL 盾构工法（Extruded Concrete Lining，意为加压灌注混凝土衬砌）等技术。

（3）成功运用各种施工技术措施与方法解决了在大深度、大直径、长距离、高速施工、高地下水压等各种条件下的施工问题。

（4）特种施工技术不断涌现。如盾构接合技术（对接、侧接）、竖井隧道一体化施工技术、盾构刀盘直接掘削竖井井壁的盾构直接进出井技术、掘削废泥的现场处理直接背后填充技术、新型填充注浆材料、多种新型管片的设计、制造、自动组装技术、管片的快速运输技术、掘削面前方障碍物的预报、掘除技术等。

发达国家的盾构技术发展水平较高，尤其值得一提的是日本。日本盾构工法虽然起步晚于英国100多年，但该工法在日本的发展速度很快。从20世纪80年代以来，日本无论是新型盾构工法的开发（双圆、三圆、椭圆形、矩形、球体盾构，母子盾构、地中对接技术等很多新工法、新工艺源于日本），还是施工机械盾构机的制作数量（1964年到1984年日本制作的各式盾构机不少于5000台）、盾构法建造的隧道的长度（仅东京地铁隧道一项的累积长度就已经超过300km），乃至承包海外盾构隧道工程的数量和地区、刊登有关盾构工法的刊物的数量、向国际隧道学会历届学术会议提交的论文数量等均名列前茅。

虽然日本的盾构技术水平把英国抛在后面，但英、美、法等国近年也在奋起直追。英、法两国集英、法、日、美、德等国的先进盾构施工技术于一体，联合建造了世界上最长的第一条英吉利海峡隧道。该隧道全长48.5km，海底段37.5km，管片承受的最大水压力为1MPa。1999年，英法两国又提出了建造第二条英吉利海峡隧道的计划。

我国盾构技术在新中国成立前是个空白。新中国成立后，在第一个五年计划期间，在阜新煤矿的疏水道工程及1957年的北京市下水道工程中进行过小口径盾构工法的尝试。1963年在上海塘桥进行了系统全面的网格式挤压盾构法的实验。上海隧道公司于1966年开始了ϕ10.22m打浦路过江隧道的建造工程。1988年上海隧道公司又建成了ϕ11.3m的延安东路过江隧道。20世纪90年代以来，上海隧道公司成功地掌握了土压平衡盾构（ϕ6.34m）工法和泥水平衡盾构工法技术。迄今为止，仅由上海隧道股份有限公司用盾构法建造的各类隧道总长度已超过100km。近年来，该公司还开发了矩形盾构、双圆搭接土压盾构技术。随着地铁建设热潮的到来，国内出现了很多的盾构机制造商，主要包括上海隧道工程股份有限公司、中铁隧道装备制造有限公司、中国铁建重工集团有限公司、北方重工集团有限公司、北京华隧通掘进装备有限公司、中交天和机械设备制造有限公司、成都南车隧道装备有限公司等，另外还有大连重工起重集团（以美国罗宾斯技术为主）、无锡巨力重工（德国海瑞克技术）、湖北天地重工（日本三菱技术）、天津天城隧道设备（日本川崎技术）、宝钢工程入主控股的苏州大方等公司、徐工集团和三一重工也开始涉足隧道掘进装备制造领域。这些都充分说明我国已步入了世界盾构技术的先进行列。尽管我国的盾构技术取得了巨大成绩，但还存在着一些不足之处，如盾构工法种类不多，各种特种异圆形断面及特种功能盾构工法应用少，地中盾构对接技术、竖井隧道的一体化施工技术、盾构直接切削竖井井壁的进出洞技术等课题目前均属空白。

盾构技术目前已成为构筑地铁、电信和电力管道、上下水道等城市隧道的主要施工方法。今后盾构技术将朝着大深度化、大口径化、长距离化、施工机械化、省力化、自动化、智能化、施工高速化、断面异圆化等方向发展。

8.2 盾构的构造、分类与选型

8.2.1 盾构的构造

盾构机由通用机械（外壳、掘削机构、挡土机构、推进机构、管片拼装机构、附属机构等部件）和专用机构组成，如图8-2所示。专用机构因机种的不同而异，譬如对土压盾构而言，专用机构即为排土机构、搅拌机构、添加材注入装置；而对泥水盾构而言，专用机构是指送、排土机构与搅拌机构。

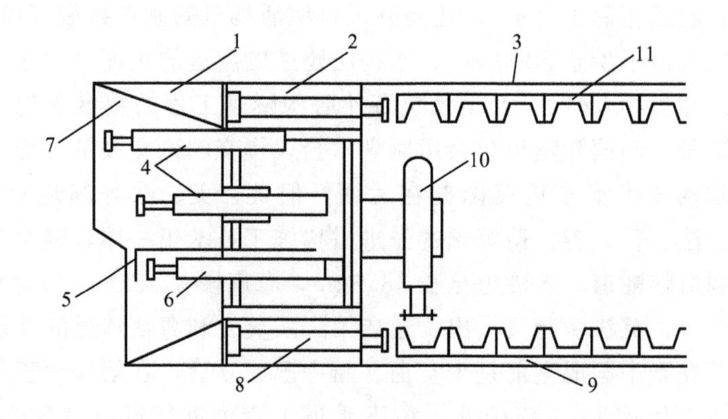

图 8－2　盾构基本构造示意图

1—切口环；2—支撑环；3—后尾；4—支撑千斤顶；5—活动平台；6—平台千斤顶；7—切口；8—盾构千斤顶；9—盾尾空隙；10—管片拼装机；11—管片

1. 外壳

设置盾构外壳的目的，是保护掘削、排土、推进、施工衬砌等所有作业设备、装置的安全。外壳用钢板制作，并用环形梁加固支承。盾构壳体从工作面开始可分为切口环、支承环和盾尾三部分。

1）切口环

切口环位于盾构的最前端，装有掘削机械和挡土设备，起开挖和挡土作用。施工时最先切入地层并掩护开挖作业。全敞开、部分敞开式盾构切口环前端还设有切口，以减少切入时对地层的扰动。通常切口的形状有垂直形、倾斜形和阶梯形三种，如图 8－3 所示。切口的上半部分较下半部突出，呈帽檐状，突出的长度因地层的不同而异，通常为 300～1000mm。

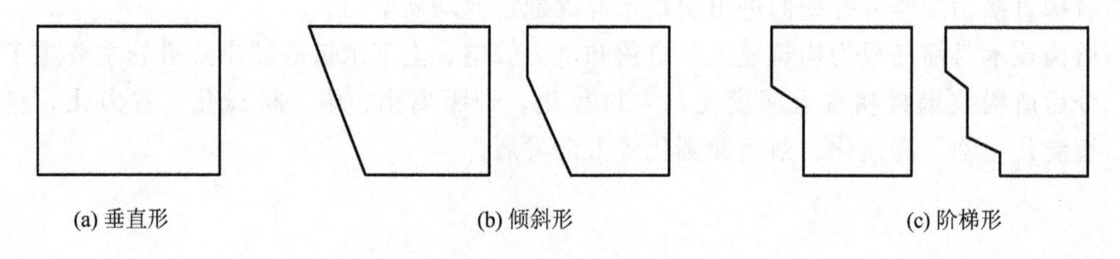

图 8－3　切口形状

切口环保持工作面的稳定，并由此把开挖下来的土砂向后方运输。因此，采用机械化开挖、土压式、泥水加压式盾构时，应根据开挖下来的土砂状态，确定切口环的形状与尺寸。切口环的长度主要取决于盾构正面支承与开挖方法。对于机械化盾构，切口环长度应由各类盾构所需安装的设备确定。泥水盾构，在切口环内安置有切削刀盘、搅拌器和吸泥口；土压平衡盾构，安置有切削刀盘、搅拌器和螺旋输送机；网格式盾构，安置有网格、提土转盘和运土机械的进口；棚式盾构安置有多层活络平台、储土箕斗；水力机械盾构安置有水枪、吸口和搅拌器。在局部气压、泥水加压、土压平衡盾构中，因切口内压力高于隧道内，所以在切口环处还需布设密封隔板及人行舱的进出闸门。

2）支承环

支承环紧临切口环，是一个刚性很好的圆形结构，是盾构的主体构造部。因要承受作用于盾构上的全部荷载，所以该部分的前方与后方均设有环状梁和支柱。在支承环外沿布置有盾构千斤顶，中间布置拼装机及部分液压设备、动力设备与操纵控制台。支承环的长度应不小于固定盾构千斤顶所需的长度；对于有刀盘的盾构，还要考虑安装切削刀盘的轴承装置、驱动装置和排土装置的空间。

3）盾尾

盾尾主要用于掩护管片的安装工作。盾尾末端设有密封装置，以防止水、土及压注材料从盾尾与衬砌间隙进入盾构内。盾尾厚度应尽量薄，可以减小地层与衬砌之间形成的建筑空隙，从而减少压浆工作量，对地层扰动范围也小，有利于施工，但盾尾也需承担土压力，在遇到纠偏及隧道曲线施工时，还有一些难以估计的载荷出现，所以其厚度应综合上述因素来确定。盾尾密封装置要能适应盾尾与衬砌间的空隙，由于施工中纠偏的频率很高，所以要求密封材料要富有弹性、耐磨且能防撕裂，其最终目的是要能够止水。止水的形式有多种，目前常用的是多道、可更换的盾尾密封装置，密封材料有橡胶和钢丝束两种。如图8-4所示盾尾的密封道数根据隧道埋深、水位高低来确定，一般取2～3道。

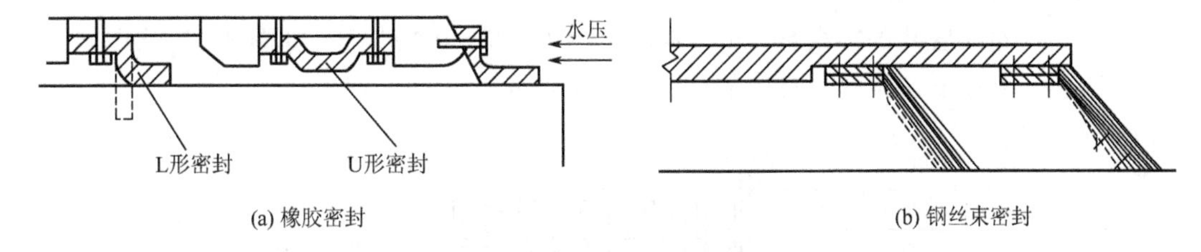

(a) 橡胶密封　　(b) 钢丝束密封

图8-4　盾尾密封示意图

进行盾构外壳的构造设计时，必须考虑土压、地下水压、自重、变向荷载、盾构千斤顶的反力、挡土千斤顶的反力等条件。覆盖土较厚时，对较好的地层（砂质土、硬黏土）而言，可把松弛土压作为竖直土压进行设计。地下水压较大的场合下，虽然作用弯矩小，但会给安全设计带来一定的难度，故需慎重地选择辅助工法（降低地下水位法、压气工法、注浆工法）。在做曲线推进或做方向修正推进时，切口部、支承部应能承受地层的被动土压力。盾尾部无腹板，采用加固肋加固，故刚性小，所以设计时可以把尾部前端看成是轴向固定，后端可按自由三维圆筒设计。选定尾板时还必须考虑变向荷载因素。通常切口部和盾尾部的壳板厚度要稍厚一些，这是由于这两个部位没有采用环梁和支承柱加固的原因所致。一般把圆形断面盾构的外壳板的厚度定在50～100mm。

2. 盾构机尺寸和质量的确定

1）盾构机的外径

盾构机的外径 D_e 由下式确定：

$$D_e = D_0 + 2(x + t) \tag{8-1}$$

式中　D_e——管片外径，mm；

x——盾尾间隙，mm；

t——盾尾外壳的厚度，mm。

2）盾构机的长度

盾构机的长度 L 与地层条件、开挖方式、出土方法、操作方式及衬砌形式等多种因素有关，通常由下式确定：

$$L = L_C + L_G + L_T \tag{8-2}$$

式中　L_C——切口环长度，m；

L_G——支承环长度，m；

L_T——盾尾长度，m。

切口环的长度 L_C 对全（半）敞开式盾构而言，应根据切口贯入掘削地层的深度、挡土千斤顶的最大伸缩量、掘削作业空间的长度等因素确定；对封闭式盾构而言，应根据刀盘厚度、刀盘后面搅拌装置的纵向长度、土舱的容量（长度）等条件确定。支承环长度 L_G 取决于盾构推进千斤顶、排土装置、举重臂支承机构等设备的规格大小，且不应小于千斤顶最大伸长状态的长度。盾尾 L_T 的长度可按下式确定：

$$L_T = L_D + B + C_F + C_R \tag{8-3}$$

式中　L_D——盾构千斤顶撑挡的长度，m；

B——管片的宽度，m；

C_F——组装管片的富余量，m，通常 $C_F=(0.25 \sim 0.33)B$，如图 8-5 所示；

C_R——包括安装尾封材在内的后部富余量，m。

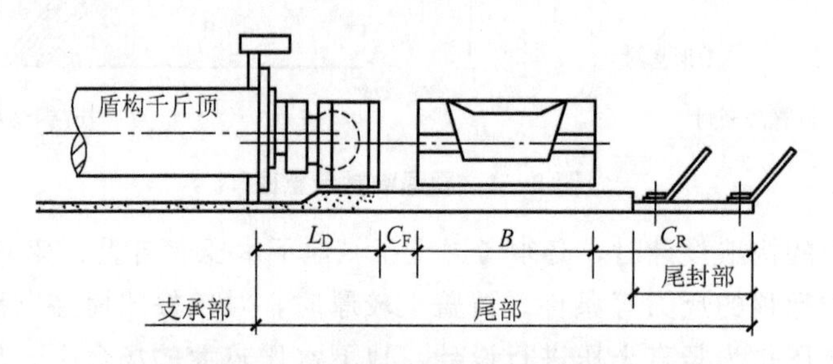

图 8-5　盾尾构成与尺寸分布情况

通常把 $\xi = L/D_e$ 记作盾构机的灵敏度。ξ 越小，操作越方便。一般在盾构直径确定后，灵敏度值有以下一些经验数据可供参考。

（1）小直径盾构（$D_e < 3.5$m）：$\xi = 1.2 \sim 1.5$（多取 1.5）。

（2）中直径盾构（3.5m $\leqslant D_e \leqslant$ 6m）：$\xi = 0.8 \sim 1.2$（多取 1.0）。

（3）大直径盾构（$D_e > 6$m）：$\xi = 0.7 \sim 0.8$（多取 0.75）。

3）盾构机的质量

盾构机的质量是盾构机的躯体、各种千斤顶、举重臂、掘削机械和动力单元等质量的总和。盾构机的重心位置极为重要，因为它直接影响盾构机的运转特性。盾构机的解体、运输、运入竖井等作业也应予以重视。有文献对盾构机的自重 W 与直径 D_e 的关系做了统计调查，得出的大致规律如下。

对人工掘削盾构或半机械盾构有

$$W \geqslant (25 \sim 40)\text{kN/m}^2 \times D_e^2 \tag{8-4}$$

对机械掘削盾构有

$$W \geqslant (45 \sim 50)\text{kN/m}^2 \times D_e^2 \tag{8-5}$$

对泥水盾构有

$$W \geqslant (45 \sim 65)\text{kN/m}^2 \times D_e^2 \tag{8-6}$$

对土压盾构有

$$W \geqslant (55 \sim 70)\text{kN/m}^2 \times D_e^2 \tag{8-7}$$

3. 推进机构

推进机构是指可使盾构机在土层中向前推进的机构，它是盾构机关键性的构件，主要设备是设置在盾构外壳内侧环形中梁上的推进千斤顶群。

(1) 设计推力。根据地层和盾构机的形状尺寸参数，按下式计算出的推力称为设计推力。

$$F_d = F_1 + F_2 + F_3 + F_4 + F_5 + F_6 \tag{8-8}$$

式中 F_d——设计推力，kN；

F_1——盾构外壳与周围地层的摩阻力，kN；

F_2——盾构推进时的正面阻力，kN；

F_3——管片与盾尾之间的摩阻力，kN；

F_4——盾构机切口环贯入地层时的阻力，kN；

F_5——变向阻力，即曲线施工、纠偏等因素的阻力，kN；

F_6——后接台车的牵引阻力，kN。

以上6种阻力的计算方法，随盾构机型号、地层性质的不同而不同。从大量的实际计算结果中发现，$F_3 \sim F_6$ 的贡献极小，在一般情况下，不论是砂层还是黏土层，前两项之和占总推力的95%～99%。

(2) 装备推力。盾构机的推进是靠安装在支承环内侧的盾构千斤顶的推力作用在管片上，进而通过管片产生的反推力使盾构前进的。各盾构千斤顶顶力之和就是盾构的总推力，推进时的实际总推力可由推进千斤顶的油压读数求出。盾构的装备推力必须大于各种推进阻力的总和（设计推力），否则盾构无法向前推进。

① 由设计推力确定装备推力。盾构机的装备推力可在考虑设计推力和安全系数的基础上，按下式确定：

$$F_e = A \cdot F_d \tag{8-9}$$

式中 F_e——装备推力，kN；

A——安全系数，通常取2。

② 经验估算法确定装备推力。按盾构机的外径确定装备推力的估算公式为

$$F_e = 0.25\pi D_e^2 P_J \tag{8-10}$$

式中 D_e——盾构外径，m。

P_J——开挖面单位截面积的经验推力，kN/m^2。采用人工开挖，半机械化、机械化开挖盾构时，$P_J=(700\sim1100)kN/m^2$；采用封闭式盾构、土压平衡式盾构、泥水加压式盾构时，$P_J=(1000\sim1300)kN/m^2$。

(3) 千斤顶的选择与布设方式。

① 千斤顶的选择与配置。盾构千斤顶的选择和配置应根据盾构的灵活性、管片的构造、拼装管片的作业条件等来决定：宜选用压力大、直径小的液压千斤顶；选用质量轻、耐久性好，保养、维修及更换方便的千斤顶；采用高液压系统，使千斤顶机构紧凑，目前使用的液压系统压力值为30～40MPa；一般情况下，盾构千斤顶应等间距地设置在支撑环的内侧，紧靠盾构外壳，在一些特殊情况下也可考虑非等间距设置；千斤顶的伸缩方向应与盾构隧道轴线平行。

② 千斤顶的推力与数量。盾构千斤顶的数量和每只千斤顶的推力大小，与盾构的外径、要求的总推力、管片的结构、隧道轴线的形状有关。选用的千斤顶的推力范围，对中小直径的盾构来说，每只千斤顶的推力以600～1500kN为好；对大直径的盾构来说，每只千斤顶的推力以2000～4000kN为好。千斤顶的数量N可按下式确定：

$$N=D_e/0.3+(2\sim3) \tag{8-11}$$

③ 千斤顶的最大伸缩量。盾构千斤顶的最大伸缩量，应考虑到盾尾管片拼装及曲线施工等因素，通常取管片宽度加上100～200mm的富余量。另外，成环管片有一块封顶块，若采用纵向全插入封顶时，在相应的封顶块位置应布置双节千斤顶，其行程约为其他千斤顶的两倍，以满足拼装成环需要。

④ 千斤顶的推进速度。盾构千斤顶的推进速度必须根据地质条件和盾构形式来确定，一般取50～100mm/min，并且可无级调速。为了提高工作效率，千斤顶的回缩速度越快越好。

⑤ 撑挡的设置。通常在千斤顶伸缩杆的顶端与管片的交界处，设置一个可使千斤顶推力均匀地作用在管环上自由旋转的接头构件，即撑挡。另外，在钢筋混凝土管片、组合管片的场合下，撑挡的前面应装上合成橡胶垫片或者压顶材，其目的在于保护管环。盾构千斤顶伸缩杆的中心与撑挡中心的偏离允许值，一般为30～50mm。

4. 掘削机构

对人工掘削式盾构而言，掘削机构即鹤嘴锄、风镐、铁锹等；对半机械式盾构而言，掘削机构即铲斗、掘削头；对机械式盾构、封闭式（土压式、泥水式）盾构而言，掘削机构即掘削刀盘。

1) 刀盘的构成与功能

掘削刀盘是做转动或摇动的盘状掘削器，由掘削地层的刀具、稳定掘削面的面板、出土槽口、转动或摇动的驱动机构、轴承机构等构成。刀盘设置在盾构机的最前方，其功能是既能掘削地层的土体，又能对掘削面起一定支承作用，从而保证掘削的稳定。刀盘掘削方式如图8-6所示。

2) 刀盘与切口环的位置关系

刀盘与切口环的位置关系有三种，如图8-7所示。图8-7(a)是刀盘位于切口环内，适用于软弱地层；图8-7(b)是刀盘外沿突出切口环，适用的土质范围较宽、适用范围最

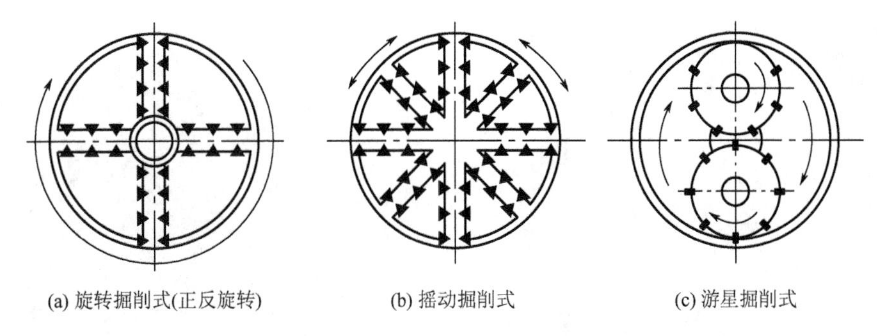

(a) 旋转掘削式(正反旋转)　(b) 摇动掘削式　(c) 游星掘削式

图8-6　刀盘掘削方式

广；图8-7(c)是刀盘与切口环平齐，位于同一条直线上，适用范围居中。

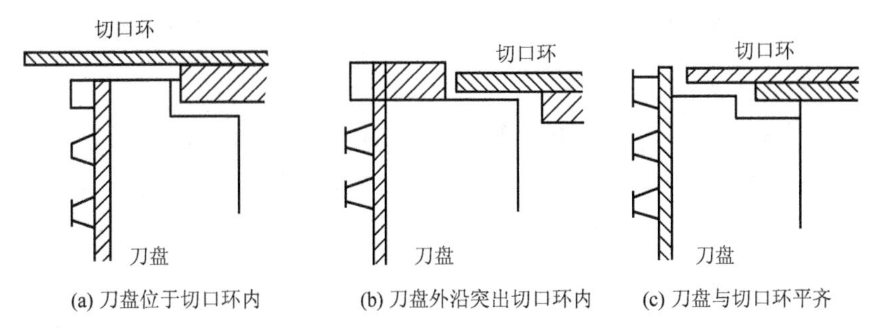

(a) 刀盘位于切口环内　(b) 刀盘外沿突出切口环内　(c) 刀盘与切口环平齐

图8-7　刀盘与切口环的位置关系

3）刀盘的形状

刀盘的纵断面形状有垂直平面形、突芯形、穹顶形、倾斜形和缩小形五种，如图8-8所示。垂直平面形刀盘以平面状态掘削、稳定掘削面；突芯形刀盘的中心装有突出的刀具，掘削的方向性好，有利于添加剂与掘削土体的拌和；穹顶形刀盘设计中引用了岩石掘进机的设计原理，主要用于巨砾层和岩层的掘削；倾斜形刀盘的倾角接近于土层的内摩擦角，有利于掘削的稳定，主要用于砂砾层的掘削；缩小形刀盘主要用于挤压式盾构。

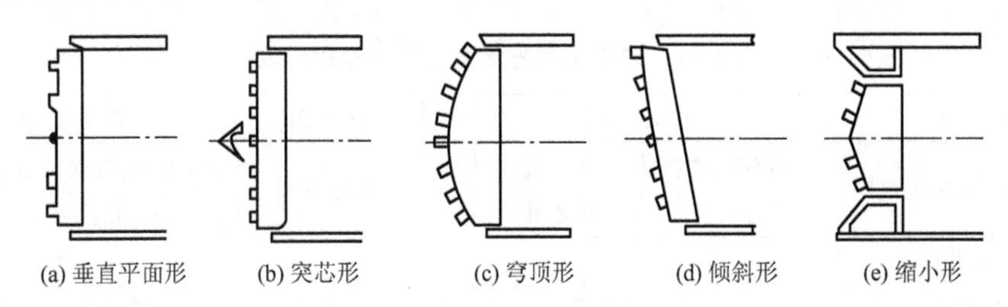

(a) 垂直平面形　(b) 突芯形　(c) 穹顶形　(d) 倾斜形　(e) 缩小形

图8-8　刀盘纵断面的形状

刀盘的正面形状有轮辐形（图8-9）和面板形（图8-10）两种。轮辐形刀盘由辐条及布设在辐条上的刀具构成，属敞开式，其特点是刀盘的掘削扭矩小、排土容易、土舱内土压可有效地作用到掘削面上，多用于机械式盾构及土压盾构。面板式刀盘由辐条、刀具、槽口与面板组成，属封闭式，面板式刀盘的特点是面板直接支承掘削面，有利于掘削面的稳定；另外，多数情况下面板上都装有槽口开度控制装置，当停止掘进时可使槽口关闭，防止掘削面坍塌。控制槽口的开度还可以调节土砂排出量，控制掘进速度。面板式刀盘对泥水式和土压式盾构均适用。

图 8-9　轮辐形盾构刀盘

图 8-10　面板形盾构刀盘

4）刀盘的支承形式

掘削刀盘的支承方式，可分为中心支承式、周边支承式和中间支承式三种，如图 8-11 所示。以中心支承式、中间支承式采用居多。支承方式与盾构直径、岩土介质、螺旋输送机、土体黏附状况等多种因素有关，确定支承方式时必须综合考虑各种因素的影响。不同支承方式的性能对比见表 8-1。

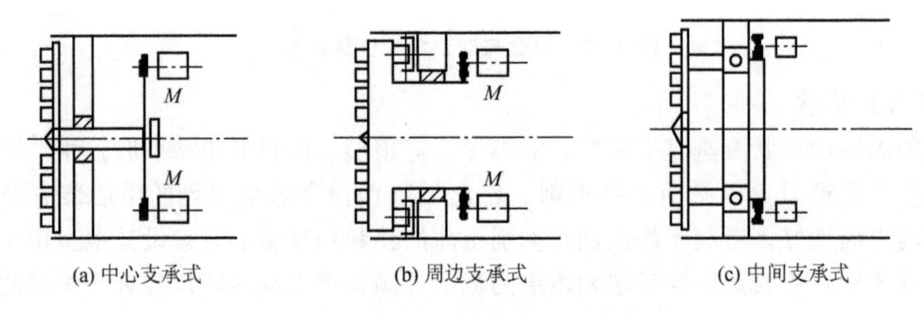

图 8-11　刀盘支承方式示意图

表 8-1　刀盘不同支承方式的性能对比表

性　　能	中心支承式	中间支承式	周边支承式
螺旋输送机与驱动扭矩	螺旋输送机安装在土舱下部，叶轮小，转矩小	位于两者中间	螺旋输送机安装在土舱中间，叶轮大，转矩大
螺旋输送机直径	小	大	大
机械转矩损耗	损耗小、效率高	损耗小、效率高	损耗大、效率低
土体黏附状态	小	居中	大
掘削硬土能力	一般	好	好
适用盾构直径	中、小	中、大	大
土砂密封效果	密封材长度短、耐久性好	居中	密封材长度大、耐久性差
舱内作业空间	小	中	大
长距离掘进能力	强	居中	差
制作难度	小	小	大
盾构推进时的摆动	大	中	小

5. 排土机构

机械式盾构的排土系统由铲斗、滑动导槽、漏斗、带式传输机或螺旋传输机、排泥管等构成。铲斗设置在掘削刀盘背面，可把掘削下来的土砂铲起倒入滑动导槽，经漏斗输送给带式传输机或螺旋传输机和排泥管。

手掘式盾构排土系统如图 8－12 所示，掘出的土经胶带输送机装入斗车，由电动机车牵引到洞口或工作井底部，再垂直提升到地面；土压平衡盾构排土系统由螺旋输送机、排土控制器及盾构机以外的泥土运出设备构成，排土系统如图 8－13 所示，盾构机后方的运输方式与手掘式类似或相同；泥水盾构的排土系统即是送排泥水系统，泥水送入系统由泥水制作设备、泥水压送泵、泥水输送管、测量装置及泥水舱壁上的注入口组成，泥水排放系统由排泥泵、测量装置、中继排泥泵、泥水输送管及地表泥水储存池构成，如图 8－14 所示。

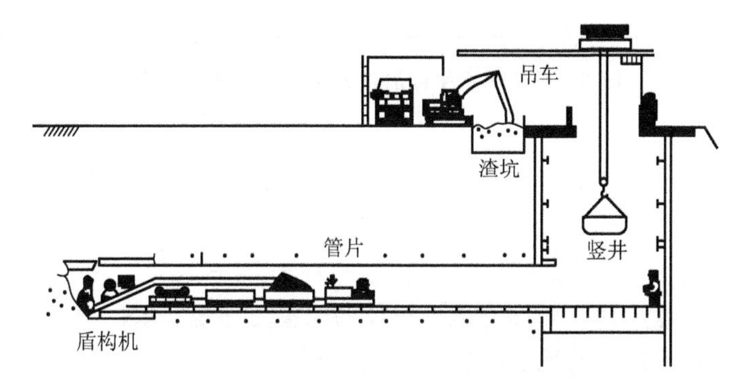

图 8－12　手掘式盾构排土系统示意图

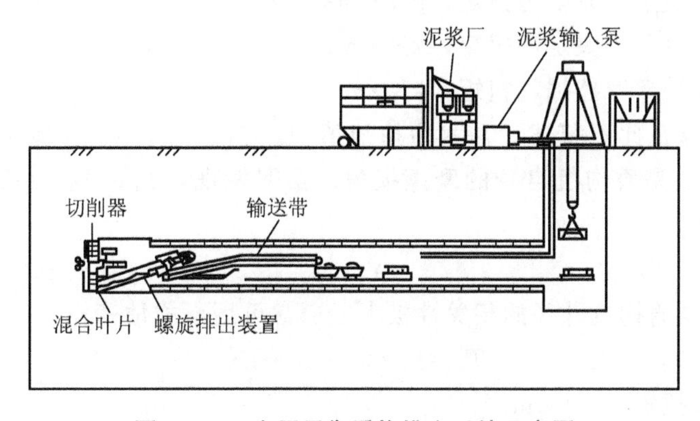

图 8－13　土压平衡盾构排土系统示意图

6. 驱动机构

驱动机构是指向刀盘提供必要旋转扭矩的机构。该机构是由带减速机的油压马达或电动机，经过副齿轮驱动装在掘削刀盘后面的齿轮或销锁机构。有时为了得到大的旋转力，也有利用油缸驱动刀盘旋转的方式。油压式对启动和掘削砾石层等情形较为有利；电动机式的优点是噪声小、维护管理容易，后方台车的规模也可相应得以缩减。两者各有优缺点，应据实际要求选用。

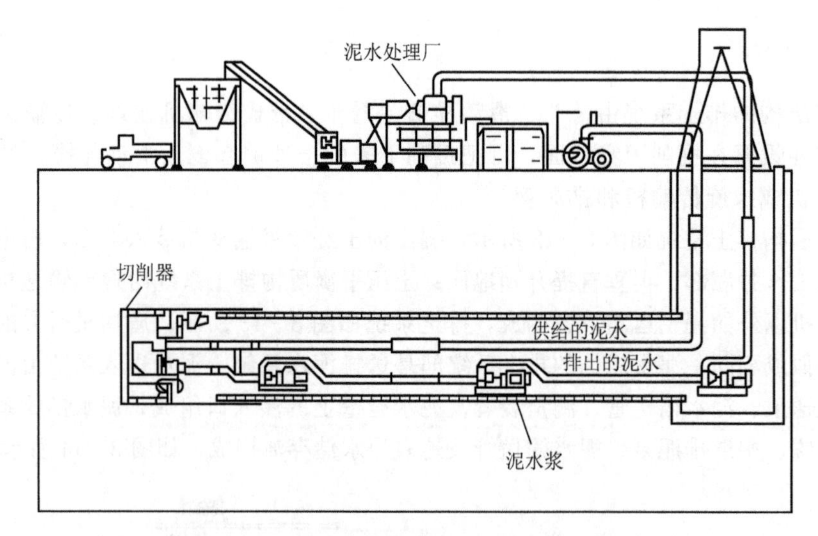

图 8-14 泥水平衡盾构送排泥水系统示意图

1）设计扭矩

掘削扭矩与地层条件，盾构机的种类、构造及直径等有关，设计扭矩 T_d 可由下式确定：

$$T_d = T_1 + T_2 + T_3 + T_4 + T_5 + T_6 \tag{8-12}$$

式中 T_1——掘削刀盘正面、侧面与地层土体的摩擦力扭矩，kN·m；

T_2——刀盘切入地层时地层的抗力扭矩，kN·m；

T_3——刀盘和搅拌叶片的搅拌扭矩，kN·m；

T_4——密封决定的摩阻力扭矩，kN·m；

T_5——轴承摩阻力决定的扭矩，kN·m；

T_6——减速装置摩擦损耗扭矩，kN·m。

$T_1 \sim T_6$ 的计算在此不赘述，在六项扭矩值中，T_1、T_2、T_3 与地层中土体参数密切相关，T_4、T_5、T_6 是盾构机自身的摩擦损失。实践发现，T_1、T_2 两项扭矩值的和占六项总和的 90%以上。

2）装备扭矩

装备扭矩 T_e 与盾构机外径的相关性极大，通常可用下式估算：

$$T_e = \alpha_1 \cdot \alpha_2 \cdot \alpha_0 \cdot D_e^2 \tag{8-13}$$

式中 T_e——装备扭矩，kN·m。

D_e——盾构机外径，m。

α_1——刀盘支承方式决定系数，简称支承系数。对中心支承刀盘，$\alpha_1 = 0.8 \sim 1.0$；对中间支承刀盘，$\alpha_1 = 0.9 \sim 1.2$；对周边支承刀盘，$\alpha_1 = 1.1 \sim 1.4$。

α_2——土质系数。对密实砂砾、泥岩，$\alpha_2 = 0.8 \sim 1.0$；对固结粉砂、黏土，$\alpha_2 = 0.8 \sim 0.9$；对松散砂，$\alpha_2 = 0.7 \sim 0.8$；对软粉砂土，$\alpha_2 = 0.6 \sim 0.7$。

α_0——稳定掘削扭矩系数。对土压盾构，$\alpha_0 = 14 \sim 23\text{kN/m}^2$；对泥水盾构，$\alpha_0 = 9 \sim 18\text{kN/m}^2$；对开放式盾构，$\alpha_0 = 8 \sim 15\text{kN/m}^2$。

装备扭矩必须大于设计扭矩，否则刀盘无法工作。

7. 挡土机构

挡土机构是为了防止掘削时掘削面坍塌和变形，确保掘削面稳定而设置的机构。该机构因盾构机种类不同而不同。对全敞开式盾构而言，挡土机构是挡土千斤顶；对全敞开式网格盾构而言，挡土机构是刀盘面板；对机械盾构而言，挡土机构是网格式封闭挡土板；对泥水盾构而言，挡土机构是泥水舱内的加压泥水和刀盘面板；对土压盾构而言，挡土机构是土舱内的掘削加压土和刀盘面板。此外，采用气压法施工时，由压缩空气提供的压力也可起挡土作用，保持开挖面稳定。开挖面支撑上常设有土压计，以监测开挖面土体的稳定性。

8. 管片拼装机构

管片拼装机构设置在盾构的尾部，由举重臂和真圆保持器构成。

1）举重臂

举重臂是在盾尾内将管片按照设计所需要的位置安全迅速地拼装成管环的装置。拼装机在钳捏住管片后，还必须具备沿径向伸缩、前后平移和360°旋转等功能。举重臂为油压驱动方式，有环式、空心轴式、齿轮齿条式等，一般常用环式拼装机，如图8－15所示。这种举重臂如同一个可自由伸缩的支架安装在具有支承滚轮的、能够转动的中空圆环上的机械手。

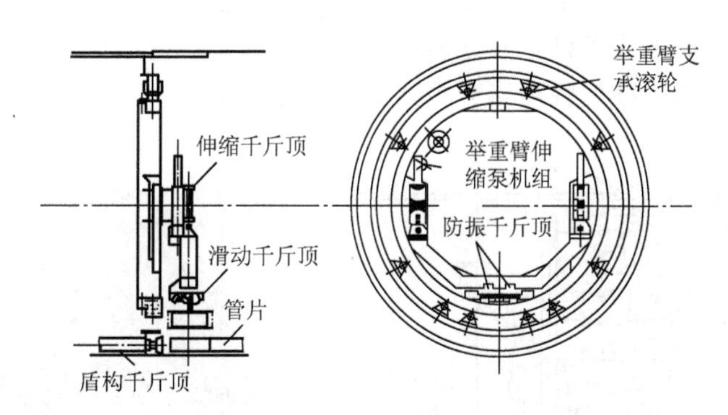

图8－15 环式拼装机

2）真圆保持器

当盾构向前推进时，管片拼装环（管环）就从盾尾部脱出，管片受到自重和土压力的作用会产生横向变形，使横断面成为椭圆形，已成环管片与拼装环在拼装时就会产生高低不平的现象，给安装纵向螺栓带来困难，所以就需要使用真圆保持器，使拼装后的管环保持正确（真圆）位置。真圆保持器（图8－16）支柱上装有可上下伸缩的千斤顶和圆弧形的支架，它在动力车架的伸出梁上是可以滑动的。当一环管片拼装成环后，就将真圆保持器移到该管片环内，当支柱的千斤顶使支架圆弧面密贴管片后，盾构就可推进。

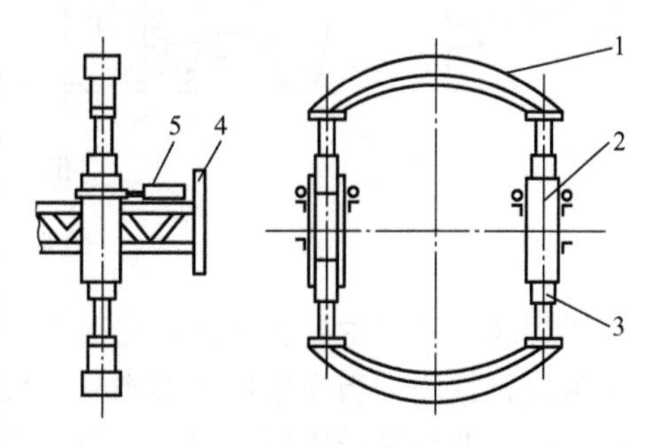

图8－16 真圆保持器

1—扇形顶块；2—支撑臂；
3—伸缩千斤顶；4—支架；
5—纵向滑动千斤顶

8.2.2 盾构的分类

盾构的分类方法很多，按掘削地层的种类，分为硬岩盾构、软岩盾构、软土盾构、硬岩软土盾构（复合盾构）；按盾构横断面形状，分为圆形盾构、椭圆形盾构、马蹄形盾构、双圆搭接形盾构、三圆搭接形盾构、矩形盾构；按盾构横截面大小，分为超小型盾构（直径 $\phi<1m$）、小型盾构（$3.5m\geqslant\phi\geqslant1m$）、中型盾构（$6m\geqslant\phi>3.5m$）、大型盾构（$14m\geqslant\phi>6m$）、超大型盾构（$18m\geqslant\phi>14m$）、特大型盾构（$\phi>18m$）；按盾构掘削面的敞开程度，分为全部敞开式盾构、部分敞开式盾构、封闭式盾构；按掘削出土机械的机械化程度，分为人工挖掘式盾构、半机械掘削式盾构、机械掘削式盾构；按掘削面加压平衡方式，分为外加支承式盾构、气压式盾构、泥水式盾构、土压式盾构；按刀盘不同运动方式，分为转动掘削式盾构、多轴摇动掘削式盾构、摆动掘削式盾构。此外，还可以按照盾构的特殊构造、盾构隧道衬砌施工方法与盾构的不同用途来分类。下面介绍几种典型的盾构。

1. 手掘式盾构

手掘式盾构如图 8-17 所示。手掘式盾构是盾构的基本形式，世界上仍有工程采用手掘式盾构。按照不同的地质条件，开挖面可全部敞开人工开挖，也可用全部或部分的正面支撑，根据开挖面土体的稳定性适当分层开挖，随挖随支。

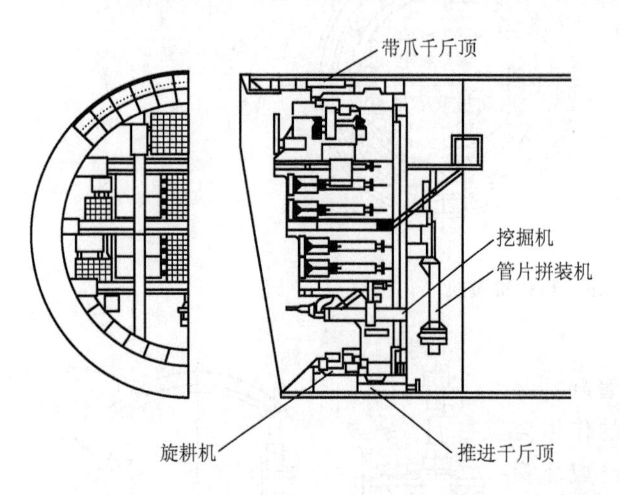

图 8-17 手掘式盾构

手掘式盾构的主要优点是：正面是敞开的，施工人员随时可以观测地层变化情况，及时采取应付措施；当在地层中遇到桩、大石块等地下障碍物时，比较容易处理；可向需要方向超挖，容易进行盾构纠偏，也便于曲线施工；造价低，结构设备简单，容易制造，加工周期短。它的主要缺点是：在含水地层中，往往需要辅以降水、气压等措施加固地层；工作面发生塌方易引起危及人身及工程安全的事故；劳动强度大、效率低、进度慢，在大直径盾构中尤为突出。

手掘式盾构有各种各样的开挖面支撑方法，从砂性土到黏性土地层均能适用，因此较适用复杂地层，迄今为止施工实例也最多。

2. 挤压式盾构

挤压式盾构，如图 8－18 所示，它是将手掘式盾构胸板封闭，以挡住正面土体。这种盾构分为全挤压式或局部挤压式两种，适用于软弱黏性土层。盾构全挤压向前推进时，封闭全部胸板，不需要出土，但会引起很大的地表变形；当采用局部挤压式盾构时，要打开部分胸板，将需要排出的土从开口处挤入盾构内，然后装车外运，这种盾构施工引起的地表变形也较大。

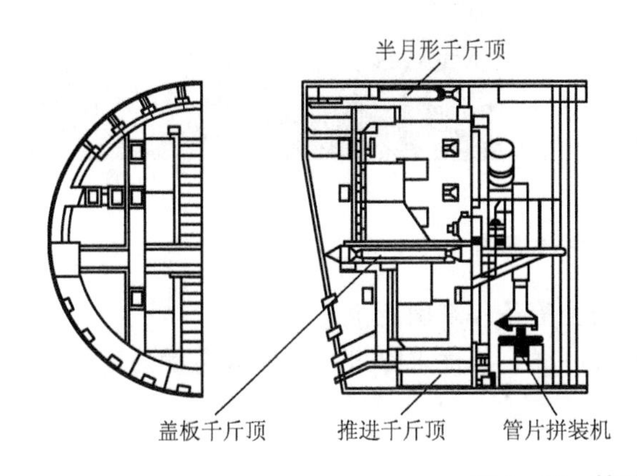

图 8－18 挤压式盾构

挤压式盾构仅适用于松软可塑的黏性土层，适用范围较狭窄。因为会产生较大的地表隆起变形，所以在地面有建筑物的地方不能使用，只能在空旷的地区或江河底下、海滩处等区域使用。

3. 网格式盾构

网格式盾构是介于半挤压和手掘之间的一种半敞开式盾构，如图 8－19 所示。这种盾构在开挖面装有钢制的开口格栅，称为网格。当盾构向前掘进时，土体被网格切成条状，进入盾构后被运走。当盾构停止推进时，网格起到支护土体的作用，从而能有效防止开挖面的坍塌，且引起地表的变形也较小。

网格式盾构也仅适用于松软可塑的黏性土层，当土层含水率大时，尚需辅以降水、气压等措施。

4. 半机械式盾构

半机械式盾构是在敞开式人工盾构的基础上安装掘土机械和出土装置，以代替人工作业，掘土装置有铲斗、掘削头及两者兼备三种，如图 8－20 所示。盾构的机械装备有如下形式：①铲斗、掘削头等装置设在掘削面的下半部；②铲斗装在掘削面的上半部，掘削头装在下半部；③掘削头装在掘削面中心；④铲斗装在掘削面中心。选择哪种形式，可根据

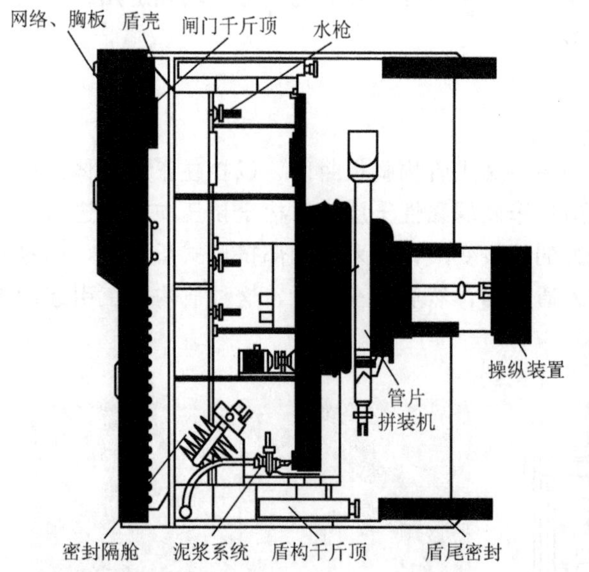

图 8-19　网格式盾构

土质情况、掘削面的自稳程度、确保操作员安全等条件来确定。

半机械式盾构的适用范围基本上和手掘式一样，其优点除可减轻工人劳动强度外，其余均与手掘式相似。

图 8-20　半机械式盾构

5. 敞开式机械盾构

敞开式机械盾构，如图 8-21 所示，是一种采用紧贴着开挖面的旋转刀盘进行全断面开挖的盾构。它具有连续不断地挖掘土层的功能，能一边出土一边推进，连续不断地进行作业。这种盾构的切削机构采用最多的是大刀盘形式，有单轴式、双轴转动式、多轴式数种，以单轴式使用最为广泛。多根辐条状槽口的切削头绕中心轴转动，由刀头切削下来的土从槽口进入设在外圈的转盘中，再由转盘提升到漏斗中，然后由传送带把土送入出土车。

机械式盾构的优点除能改善作业环境、省力外，还能显著提高推进速度，缩短工期。但机械式盾构的造价较高，当隧道长度较短时，就不够经济，与手掘式盾构相比，在曲率半径小的情况下施工以及盾构纠偏都比较困难。

机械式盾构可在极易坍塌的层中施工，但是在黏性土层中施工时，切削下来的土容易黏附在转盘内，压密后会造成出土困难，所以较适用于砂性土层。

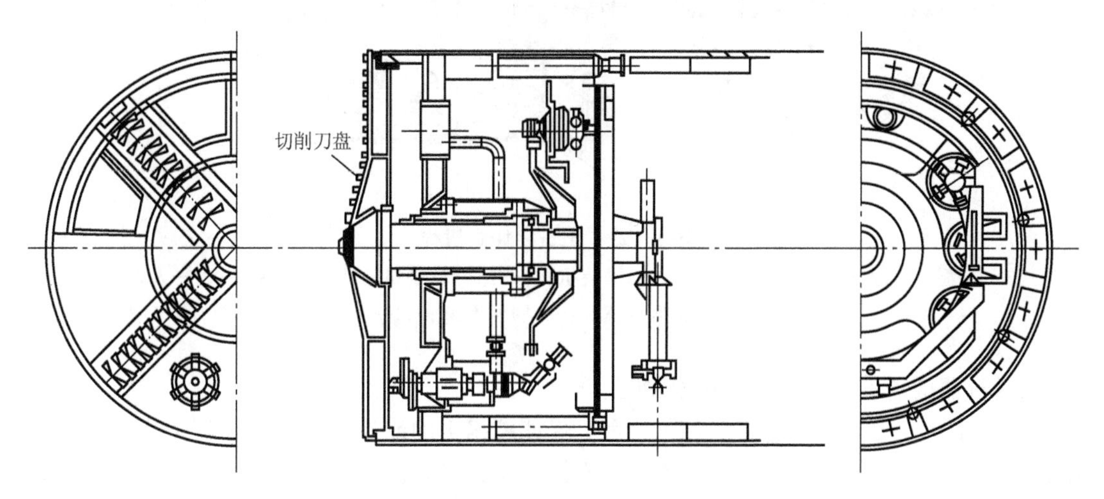

图8－21 敞开式机械盾构

6. 土压平衡式盾构

土压平衡式盾构属于封闭式机械盾构，如图8－22所示。它的前端有一个全断面切削刀盘，后面有一个贮留切削土体的密封舱，在密封舱中心线下部装有长筒形螺旋输送机，输送机一头设有出入口。当盾构推进时其前端刀盘旋转掘削地层土体，掘削下来的土体涌入土舱，当掘削土体充满土舱时，由于盾构的推进作用，致使掘削土体对掘削面加压，以平衡地层的土压与水压，减小对土体的扰动，控制地表沉降。这种盾构机主要适用于黏性土或具有一定黏性的粉砂土，是目前最为先进的掘进机之一。通常把注入添加材的掘削土（称为泥土）盾构称为泥土盾构；削土盾构和泥土盾构统称为土压盾构，两者的区别是前者不用添加材，后者使用添加材。

土压盾构的掘削刀盘有面板型和辐条型两种。从稳定掘削面方面看，选择面板型刀盘较为有利，这是因为面板有挡土和搅拌掘削土的功效。另外，掘削槽口可以限制砾径。对拆除障碍物、刀具更换等作业来说，面板型也比辐条型有利，但面板型刀盘容易出现土舱内掘削土充填不满的情况，在黏性地层中掘进时，切削槽口处和隔板上容易黏附掘削土。辐条型刀盘掘削土时取土容易，故土舱易被充满，掘削面上的土压、水压和土舱内设置的土压计的检测值的差距小，掘削土在土舱内不易被压密，故黏附现象少，刀盘切削扭矩小；其缺点是当地层中混有巨砾时，巨砾无法通过螺旋输送机，当存在必须拆除的障碍物时须慎重。

开挖面的稳定机构可分为以下几种形式。

（1）切削土加压搅拌方式：在土腔内喷入水、空气或者添加混合材料，来保证土腔内的土砂流动性。在螺旋输送机的排土口装有可止水的旋转式送料器（转动阀或旋转式漏

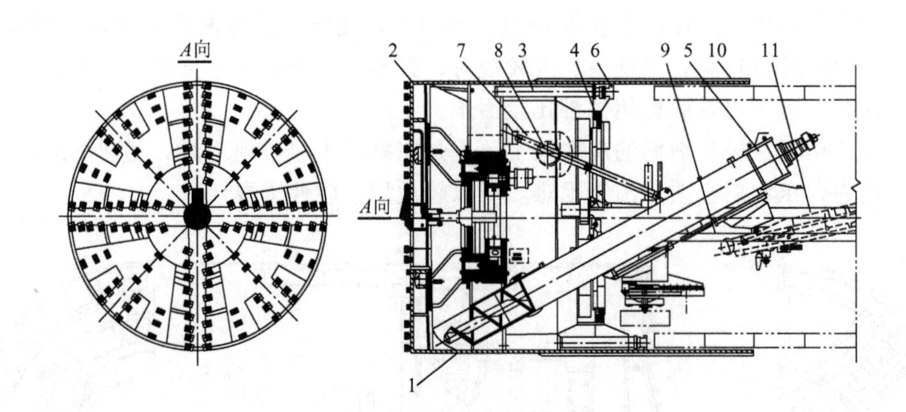

图 8-22 土压平衡式盾构

1—盾壳；2—刀盘；3—推进油缸；4—拼装机；5—螺旋输送机；6—油缸顶块；7—人行闸；8—拉杆；9—双梁系统；10—密封系统；11—工作平台

斗)，送料器的隔离作用能使开挖面稳定。

(2) 加水方式：向开挖面加入压力水，保证挖掘土的流动性，同时让压力水与地下水压相平衡。开挖面的土压由土腔内的混合土体的压力平衡。为了确保压力水的作用，在螺旋输送机的后部装有排土调整槽，通过控制调整槽的开度使开挖面稳定。

(3) 高浓度泥水加压方式：向开挖面加入高浓度泥水，通过泥水和挖掘土的搅拌来保证挖掘土体的流动性，开挖面土压和水压由高浓度泥水的压力来平衡。在螺旋输送机的排土口装有旋转式送料器，送料器的隔离作用使开挖面稳定。

(4) 加泥式：向开挖面注入黏土类材料和泥浆，由辐条形的刀盘和搅拌机构混合搅拌挖掘的土，使挖掘的土具有止水性和流动性。由这种改性土的土压与开挖面的土、水压平衡，从而使开挖工作面稳定。

7. 泥水平衡式盾构

泥水平衡式盾构也属于封闭式机械盾构。泥水平衡式盾构就是在盾构刀盘的后方设置一道封闭隔板，隔板与刀盘间的空间称为泥水舱。将水、黏土及添加剂混合制成的泥水，经输送管道压入泥水舱，待泥水充满整个泥水舱，盾构机推进系统的推进力经舱内泥水传递到掘削面的土体上，即泥水对掘削面上的土体作用有一定的压力，该压力称为泥水压力，通过该泥水压力来保持开挖面的稳定。刀盘掘削下来的土砂进入泥水舱，经搅拌装置搅拌后，含掘削土砂的高浓度泥水经泥浆泵泵送到地表的泥水分离系统，待土、水分离后，再把滤除掘削土砂的泥水重新压送回泥水舱。如此不断的循环，以完成掘削、排土与推进。因为是泥水压力使掘削面稳定平衡的，故其得名泥水加压平衡式盾构，简称泥水盾构，如图 8-23 所示。

泥水的配制材料，包括水、颗粒材料、添加剂。颗粒材料多以黏土、膨润土、陶土、石粉、粉砂、细砂为主，添加剂多以化学试剂为主。泥水的作用主要有以下两个方面。

(1) 形成泥膜保持掘削面稳定。泥水与掘削面接触后，可迅速地在掘削面的表面形成隔水泥膜。泥膜生成后，泥水舱内的泥水便不能进入掘削地层，杜绝了泥水损失，保证了

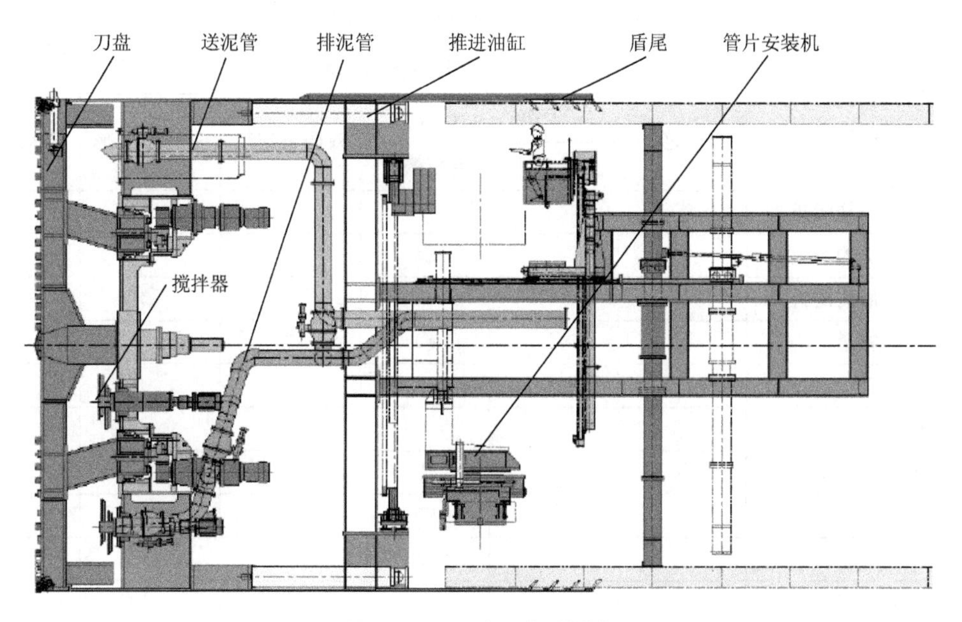

图 8-23 泥水平衡式盾构

外加推进力有效地作用在掘削面上，与此同时掘削地层中的地下水也不能涌入泥水舱，可以防止喷泥。泥水的这种双向隔离作用保证了掘削面的稳定，可防止掘削面的变形、坍塌及地层沉降。

(2) 运送排放掘削土砂。泥水与掘削下来的土砂在泥水舱内混合、搅拌，但掘削土砂在泥水中始终呈悬浮状态，且不失其流动性，故可通过泥浆泵经管道将其排至地表，经泥水分离处理后，重新注入泥水舱循环再用。

泥水要想很好地发挥上述作用，必须满足物理稳定性好、化学稳定性好，泥水的粒度级配、相对密度、黏度适当以及流动性好、成膜性好等要求。

泥水加压盾构对地层的适用范围非常广泛，软弱的淤泥质土层、松动的砂土层、砂砾层、卵石砂砾层等均能适用，但是在松动的卵石层和坚硬土层中采用泥水加压盾构施工会产生逸水现象，因此在泥水中应加入一些胶合剂来堵塞漏缝。

8.2.3 盾构的选型

根据工程需求（隧道尺寸、长度、覆盖土厚度、地层状况、环境条件需求等）选定盾构机类型（具体构造、稳定掘削面的方式、施工方式等）的工作，称为盾构选型。选择盾构机时，必须遵守以下原则：①选用与工程地质匹配的盾构机型，确保施工安全；②可以采用合理的辅助工法；③盾构的性能应能满足工程推进的施工长度和线形的要求；④选定的盾构机的掘进能力与后续设备、始发基地等施工设备匹配；⑤选择对周围环境影响小的机型。以上原则中以能保证掘削面稳定、确保施工安全为最重要。

按照用途选择盾构机的断面形状，可以参照表 8-2。综合考虑技术、经济与其他因素影响，可以参考表 8-3 所列的盾构选型比较表。

表 8-2　按用途选择盾构机断面形状

不同用途的盾构隧道	可以选择的断面形状					
	圆形	矩形		双圆搭接形	三圆搭接形	马蹄形
		竖长横短	竖短横长			
单线铁路盾构隧道	○					◎
复线铁路盾构隧道	○		◎	◎		
地铁车站盾构隧道					◎	
公路隧道	○		◎	◎		◎
下水道隧道	○					
供水隧道	○					
电力电缆隧道	○	◎	◎			
通信电缆隧道	○	◎	◎			
供气隧道	○		◎			
共同沟隧道	○		◎			
地下蓄水池隧道	○					
地下车库、商业街等隧道			◎			

注：○表示可以选用，目前使用最多；◎表示理论上具有一些优点，但目前尚未普及。

表 8-3　盾构选型比较表

项目＼机种	手掘式盾构	挤压式盾构	半机械式盾构	机械盾构	泥水平衡式盾构	土压平衡式盾构		
						削土式	加水式	加泥式
工作面稳定	千斤顶、气压	胸板、气压	千斤顶、气压	大刀盘、气压	大刀盘、泥水压	大刀盘、切削土压	大刀盘、加水作用	加泥作用
工作面防塌	胸板、千斤顶	调整开口率	胸板、千斤顶	大刀盘	泥水压、开闭板	大刀盘、土压	大刀盘、泥水压	泥水压
障碍物处理	可能	非常困难	可能	困难	非常困难	非常困难	非常困难	非常困难
砾石处理	可能	—	可能	困难	砾石处理装置	困难	砾石取出装置	砾石取出装置
适用土质	黏土、砂土	软黏土	黏土、砂土	均匀土为宜	软黏土、含水砂土	软黏土、粉砂	含水粉质黏土	软黏土、含水砂土
问题	可能	地表沉降	可能	黏土多易产生固结	黏土不易分离	砂土时排水困难	细颗粒少、施工困难	地表隆起或沉降
经济性	隧道短时较经济	较经济，沉降或隆起较大	长隧道时较手掘经济	劳务管理费较低	泥水处理设备昂贵	介于机械式与泥水式之间	比泥水式盾构经济	介于机械式和泥水式之间

8.3 盾构施工

盾构施工的配套工程，分地上和地下两部分。地上部分完全是为地下服务的，地下部分由隧道区间和工作井组成。通常条件下，盾构施工应具备盾构拼装井（出洞井）和盾构接收井（进洞井），才能完成区间隧道的掘进施工。

8.3.1 出洞进洞技术

盾构机从拼装井开始向隧道内推进时称为出洞（进发），到达接收井时称为进洞（到达）。盾构机出洞、进洞是盾构法施工的重要环节。

1. 拼装井与接收井

盾构拼装井应先于盾构掘进之前在设计位置施工完毕。工作井的设置间距可根据使用要求和工程配套要求而定，以地铁隧道和公路隧道为例，通常的工作井间距为500～1000m。盾构拼装井的设置目的是在井内拼装及调试盾构，然后通过拼装井的预留孔口，让盾构按设计要求进入土层。盾构前进的推力由盾构千斤顶提供，而盾构千斤顶的反作用力由拼装井井壁（后靠墙）外侧的土体抗力和一部分井壁摩阻力与其平衡。当后靠墙外侧的土体不能提供足够的土体抗力时，宜考虑在后靠墙外侧做土体改良，以提高土体的强度指标。设置盾构接收井的目的是接收在土层中已完成了某一阶段推进长度的盾构。盾构进入接收井后，或实施解体，或进行维修保养以为继续推进做准备，或做折返施工。拼装井与接受井的建筑尺寸应根据盾构拼装、拆卸及施工工艺来确定，以满足盾构装、拆的施工要求，一般井宽应大于盾构直径1.6～2.0m，井的长度主要考虑盾构设备安装余地，以及盾构出洞施工所需最小尺寸。盾构拆卸井要满足起吊、拆卸工作的方便，其要求一般比拼装井稍低，但应考虑留有进行洞门与隧道外径间空隙充填工作的余地。

工作井的结构形式较多地采用沉井和地下连续墙，工作井的平面尺寸较小，平面形状为可封闭形。当附近的地表沉降控制要求不是很高，井深较浅时，由于沉井的结构造价较低，工作井应尽量采用沉井方案。在实施井点降水及其他辅助施工条件后，适宜采用沉井方案的工作井开挖深度可控制在15m左右，采用不排水下沉的沉井宜控制在25m左右。当盾构工作井的深度大于25m时，采用地下连续墙方案更容易实施，它可作为工作井的挡土结构，又可作为工作井永久结构的一部分。采用地下连续墙结构是解决大型隧道工作井和地铁车站深基坑最常用的方法之一。目前采用地下连续墙施工的盾构工作井的最大深度已经达到140m。

2. 盾构基座与后座

盾构基座置于工作井的底板上，用于安装及稳妥地搁置盾构机，更重要的是通过设在基座上的导轨使盾构在施工前获得正确的导向。因此，导轨需要根据隧道设计轴线及施工要求进行平面、高程和坡度等测量定位。基座可以采用钢筋混凝土（现浇或预制）或钢结构。导轨夹角一般为60°～90°，如图8-24所示为常用的钢结构盾构基座。盾构基座除承受盾构自重外，还应考虑盾构切入土层后，进行纠偏时产生的集中荷载。

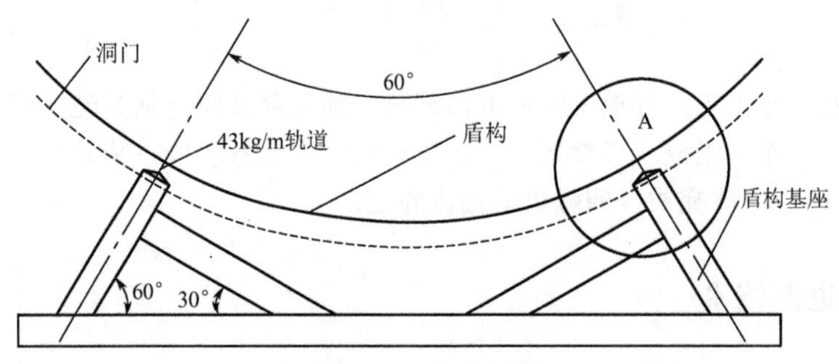

图8-24　盾构基座

盾构刚开始向前推进（出洞）时，其推力要靠工作井后井壁来承担，因此在盾构与后井壁之间要有传力设施，此设施称为后座，通常由隧道衬砌管片或专用顶块与顶撑作后座。图8-25表示的拼装井后座形式是由后盾环（负环）和细石混凝土组成，盾构掘进的轴向力由其传递至井壁上。

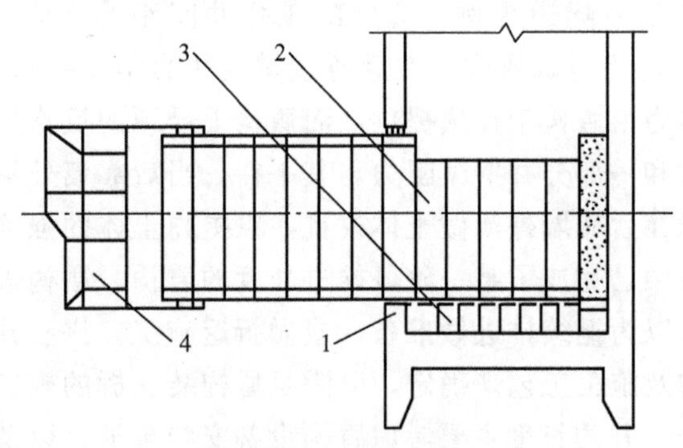

图8-25　拼装井后座

1—工作井井壁；2—盾构后座管片；3—盾构基座；4—盾构

后座不仅要做推进顶力的传递，还是垂直水平运输的转折点。所以后座不能是整环，应有开口，以作垂直运输通口，而开口尺寸需由盾构施工的进出设备材料尺寸决定，在第一环（闭口环）上都要加有后盾支撑，以确保盾构顶力传至后井壁。由于工作井平面位置的施工误差影响到隧道轴线与井壁的垂直度，为了调正洞口第一环管片与井壁洞口的相交尺寸，因而后盾管片与后井壁之间要留有一定的间隙，这个间隙采用混凝土填充，可使盾构推力均匀地传给后井壁，也为拆除后盾管片提供方便。当盾构向前掘进达到一定距离，盾构顶力可由隧道衬砌与地层间的摩阻力来承担时，后座即可拆除。

3. 进发导口及导口密封垫圈

为了确保盾构机出井贯入地层的轴线精度，通常在井内进发口处构筑一个一定宽度、一定厚度、内径略大于盾构机外径、与盾构机纵断面形状相同的环形断面形状的筒状物。该筒状物与井壁连接到一起，即为进发导口。进发导口的作用是限制盾构机的掘削摆动，确保盾构机的位置精度。导口密封垫圈填充在导口与盾构机或导口与管环的间隙中，其作用是止水，以确保施工的可靠性和安全性。盾构机开始推进后，可对掘削面加压，盾构机尾部通过之后，即可进行背后注浆，尽早稳定导口。

4. 进发（出洞）工法与到达（进洞）工法

盾构进发工法根据拆除临时挡土墙方法和防止掘削面地层坍塌方法的不同，可以分为以下几种类型：掘削面自稳法、拔桩法、直接掘削井壁法、大深度进发保护法、到达部位保护法。

掘削面自稳法，是采取加固措施使掘削地层自稳，随后将盾构机贯入加固过的自稳地层中掘进，加固方法多采用注浆加固法、高压喷射法、冻结法。

拔桩法包括双重钢板桩法、开挖回填法与SMW拔芯法。双重钢板桩法，是把进发竖井的钢板桩挡土墙做成两层，拔除内层钢板桩后盾构机掘进，由于外层钢板桩的挡土作用，可以确保外侧土体不会坍塌；当盾构推进到外层钢板桩前面时，停机拔除外侧钢板桩，由于内、外钢板桩间的加固土体的自稳作用，完全可以维持到外侧钢板桩拔除后的盾构机的继续推进。开挖回填法，是把进发竖井做成长方形（长度大于2倍盾构机的长度），井中间设置隔墙（或者构筑两个并列竖井），一半作盾构机组装进发用，当盾构机推进到另一半井内时回填；由于回填土的隔离支承作用，可以确保拔除终边井壁钢板桩时地层不坍塌，为盾构安全贯入地层提供了可靠的保障。SMW拔芯法，是用SMW法挡土墙作竖井进发墙体，盾构机进发前拔除芯材工字钢，随后盾构进发掘削没有芯材的井壁。

直接掘削井壁法包括NOMST工法和EW工法。NOMST工法的进发口墙体材料特殊，可用刀具直接掘削，但不损破刀具，该工法进发作业简单，无须辅助工法，安全性、可靠性较好；EW工法的原理是盾构进发前，通过电蚀手段，把挡土墙中的芯材工字钢腐蚀掉，给盾构直接进发掘削带来方便，优点与NOMST工法相同。NOMST工法和EW工法可参考有关文献。

近年来随着盾构隧道的大深度化、大口径化，若再采用注浆法加固或高压喷射法加固，因加固深度大，加固的可靠性差；若采用冻结法，冻结土膨胀将使得竖井井壁产生变形。从安全性、成本、施工性等多方面考虑，上述工法均不理想，故开发了适于大深度、大口径的进发保护工法，即所谓的砂浆进发保护工法。砂浆进发保护工法是利用地下连续墙工法中使用的挖掘机，从地表直接挖出进发保护部位的土体，随后浇筑低强度（月龄期抗压强度大于10MPa）的水中不分离砂浆，待砂浆全部形成强度后，再将砂浆的上方（直到地面）的护壁泥浆进行固化。因砂浆的固结强度大于该部位的侧向水、土压力，即进发部位的固砂体可以自立，在盾构推进时掘削面完全可以自稳。

盾构机的到达工法有两种，一种是盾构机到达后拆除竖井的挡土墙再推进；另一种是事先拆除挡土墙，再推进到指定位置。

盾构机到达后拆除挡土墙再推进的工法是将盾构机推进到竖井的挡土墙外，利用地层加固使地层自稳，同时拆除挡土墙，再将盾构机推进到指定位置。该方法拆除挡土墙时，盾构机刀盘与到达竖井间的间隙小，故自稳性强，由于工序少、施工性好而被广泛采用，但因盾构机再推进时地层易发生坍塌，所以多用于地层稳定性好的中小断面盾构工程中。

盾构机到达前拆除挡土墙再到达的工法是要在拆除挡土墙前进行高强度的地层加固，在井内构筑易拆除的钢制隔墙，用水泥土或贫配比砂浆顺次充填地层及加固体与隔墙间的空隙，完全转换成水泥土或贫配比砂浆后，将盾构机推进到隔墙前，再从下至上拆除挡土墙，完成到达。因不存在盾构机再次推进问题，可以防止地层坍塌，洞口防渗效果也较好，但地层加固的规模增大，而且必须设置隔墙，故扩大了到达准备作业的规模。这种方法多在大断面盾构工程中使用。

1）盾构进发作业

（1）进发准备作业：进发准备作业，包括进发台的设备及盾构机的组装、导口密封垫圈的安装、反力座的设置、后续设备的设置、盾构机试运转等。若采用拆除临时挡土墙随后盾构掘进的进发方式，则需对地层加固。通常把出口、背后注浆等设备设置与进发准备作业及地层加固集中在同一时期内进行。作业内容将视具体情况而定。

(2) 拆除临时挡土墙：因为进发口的开口作业易造成地层坍塌、地下水涌入，故拆除临时挡土墙前要确认地层自稳、止水等状况，本着对土体扰动小的原则，把挡土墙分成多个小块，从上往下逐块拆除，拆除时应注意在盾构机前面进行及时支护，拆除作业要迅速、连续。

(3) 掘进：挡土墙进发口拆除后，立即推进盾构机。盾构机贯入地层后，对掘削面加压，监测导口密封垫圈状况的同时缓慢提高压力，直到预定压力值。盾构机尾部通过导口密封垫圈时，因密封垫圈易成反转状态，所以应密切监测。盾构应低速推进，盾构机通过导口后即进行壁后注浆，稳定洞口。

2) 盾构到达作业

(1) 到达前的掘进：盾构机到达之前，要充分地进行基线测量，以确保盾构机的准确定位。盾构到达时，挡土墙容易发生变形，对于特别容易变形的板桩之类的挡土墙，应预先进行加固，并对挡土墙的状态进行实时监测。加固方法一般采用从竖井内用工字钢支承或埋入临时支撑梁。综合考虑盾构机的位置、地层加固范围、挡土墙位移与地表沉陷等因素，来确定掘削面的压力与盾构机的推进速度。

(2) 盾构机到达：当盾构机逐渐靠近洞门时，要在临时挡土墙上开设观察孔，加强对其变形和土体的观测，并控制好推进时的土压值。在盾构机距洞门 20～50cm 时，停止盾构推进。停止推进后，为防止临时墙拆除后漏水，应仔细进行壁后注浆施工。

(3) 临时墙拆除：临时墙的拆除与进发时相同，因地层的自稳性随时间而变化，所以拆除作业必须迅速。在拆除了临时墙将盾构机向竖井内推进时，应仔细监测地层变化，谨慎施工。

8.3.2 盾构推进作业

1. 盾构推进开挖方法

盾构推进开挖方法因盾构机的种类不同而异。为了减少对地层的扰动，要求靠千斤顶顶力使盾构切入地层，然后在切口内进行土体开挖和外运。

1) 敞开式挖土

手掘式与半机械式盾构都属于敞开开挖形式。这类方法主要用于地质条件较好、开挖面在切口保护下能维持稳定的自立状态或在采取辅助措施后能稳定自立的地层，其开挖方式是从上到下逐层掘进。若土层地质较差，还可借助支撑进行开挖，每环要分数次开挖、推进。支撑所用千斤顶应为差压式，即在支撑力的作用下可自行缩回，以确保支撑的效果，又不破坏正面土体的结构。敞开掘进对正面障碍处理方便，并便于超挖，配合盾构操作，可提高盾构的纠偏效果。

2) 网格式开挖

网格式开挖是针对网格盾构而言，开挖面由网格梁与隔板组成许多格子，对开挖面土体既起支撑作用又起切土作用。盾构推进时，土体从格子里挤进来，所以在不同土质的地层中施工应采用不同尺寸的网格，否则会丧失支撑作用，造成过量的土层扰动。在网格后配有提土转盘，把土提升到盾构中心筒体端头的斗内，然后由筒体内运输机将土送到平板车上的土箱中运至地面。

3）挤压式开挖

挤压式开挖根据盾构机的形式，有全挤压和局部挤压两种。由于靠挤压掘进，所以挤压式开挖可不出土或少出土。在挤压施工时，盾构在一定范围内将周围土体挤压密实，使正面土体向四周运动。由于上部自由度大，大部分土体被挤向地表面，造成盾构推进轴线上方地面土体拱起，也有部分土体挤向盾尾及下部，故在隧道轴线设计时，必须避开地面建筑物。挤压开挖时，由于正面土体受到盾构推力作用，部分土体被挤向后面填充盾尾与衬砌的建筑空隙，故可以不压浆。

4）机械切削式开挖

机械切削式开挖方式是利用刀盘的旋转来切削土体。过去曾有由多个刀盘组成的行星式刀盘及由千斤顶操纵的摆动式刀盘，目前常用的是以液压或电动机为动力的、可以双向转动的切削刀盘。

2. 盾构的掘进管理

严格来说，掘进管理是指从盾构离开进发竖井到到达竖井为止的整段盾构隧道构筑过程中所有的施工工序及环境保护等环节的全面质量管理。由于目前封闭式盾构已成为盾构的主流，所以施工管理由可直接目视管理（敞开式盾构）转向了靠传感器的测量数据和计算机做控制处理的间接可视的管理。

封闭式掘进管理包括质量管理、进度管理、安全生产管理及环境保护管理等内容，见表8-4。

表8-4 施工管理内容

<table>
<tr><th colspan="2">项　目</th><th colspan="3">内　容</th></tr>
<tr><td rowspan="9">质量管理</td><td rowspan="4">掘削管理</td><td rowspan="2">掘削面稳定</td><td>泥水盾构</td><td>掘削面上泥水压力，泥水性能、质量</td></tr>
<tr><td>土压盾构</td><td>掘削面上泥水压力，泥水性能、质量</td></tr>
<tr><td colspan="2">掘削土、排土</td><td>掘削土量、排除泥土的性能</td></tr>
<tr><td colspan="2">盾构机</td><td>总推力、推进速度、掘削扭矩、搅拌扭矩、千斤顶推力</td></tr>
<tr><td>线型管理</td><td colspan="2">盾构机位置、姿态</td><td>纵摆动、横摆动、竖摆动、中折角、超挖量</td></tr>
<tr><td rowspan="2">衬砌管理</td><td colspan="2">一次衬砌管理</td><td>组装——紧固扭矩、真圆度；防水——漏水、缺损、裂缝；位置——摆动度、竖直角</td></tr>
<tr><td colspan="2">二次衬砌管理</td><td>混凝土强度、耐久性、抗渗性</td></tr>
<tr><td rowspan="2">背后注浆管理</td><td colspan="2">注浆材料</td><td>浆液黏度、相对密度、凝胶时间、固结强度、析水、pH、配比</td></tr>
<tr><td colspan="2">注入状态</td><td>注入量、注入压力</td></tr>
</table>

（续）

项　目	内　容
进度管理	随时掌握施工实际进展状况，与计划进度对比，制订相应措施，使全部工程顺利进行
安全生产管理	施工操作中必须遵照有关安全法规严格管理；防止火灾、爆炸、缺氧等灾祸的管理，急救措施的管理
环境保护管理	噪声、振动管理，水质污染防治管理，影响地下水的管理，渣土处置管理，对周围地层变位控制的管理

掘进管理是盾构施工管理的重要内容。掘进管理的关键是掘进速度的控制，速度快慢与开挖面的稳定有很大的关系，这在封闭式盾构中尤为重要。封闭式盾构速度控制的核心是排土量与工作面压力的平衡关系，控制的要点是排土量和排土速度。

1）泥水平衡盾构的掘进管理

泥水平衡盾构掘进中，速度控制的好坏直接影响开挖面水压稳定、掘削量管理和送排泥泵控制，也影响着同步注浆状态的好坏。正常情况下，掘进速度应设定为2～3cm/min。如遇到障碍物，掘进速度应低于1cm/min。

盾构启动时，必须检查千斤顶是否靠足，开始推进和结束推进之前速度不宜过快。每环掘进开始时，应逐步提高掘进速度，防止启动速度过大，掘进中千斤顶推进的推力应控制在装备推力的50%以下。控制推力增大的措施，有降低掘进速度、使用修边刮刀、在盾构机外壳板外侧注入滑材减摩等方法。因为壁后注浆不足可致使向地层传递推力的效果差，也可以产生推力上升现象，所以做好壁后注浆也可以防止推力增加。

一环掘进过程中，掘进速度值应尽量保持恒定，减少波动，以保证切口水压稳定和送排泥管的通畅。如发现排泥不畅，应及时转换至“旁路”，进入逆洗状态，逆洗中应提高排泥流量，但不能降低切口水压。

推进速度的快慢必须满足每环掘进注浆量的要求，保证同步注浆系统始终处于良好的工作状态。注浆的最低需要量为空隙量的150%，一般为150%～200%。

正常掘进时的扭矩应不超出装备扭矩的50%～60%，若出现扭矩大增时，应降低掘进速度或使刀盘逆转。调整掘进速度的过程中，应保持开挖面稳定。出现扭矩大增时，应降低掘进速度或使刀盘逆转。另外，在掘削刀具存在一定磨耗或刀具黏附黏土结块等情形下，扭矩也会上升。此时应使用喷射管射水冲洗掘削面，确认刀具的磨耗状况及面板的状况。

要保证开挖面的稳定，控制好掘进速度，必须对开挖面泥水压力、密封舱内的土压力以及出土量等进行必要的检测和管理。开挖面泥水压力的管理是通过设定泥水压力和控制推进时开挖面的泥水压力等环节实施的。设定的泥水压力为保证开挖面的稳定所必需的泥水压力，包括开挖面水压力、开挖面静止土压力和变动压力。变动压力为施工因素的附加压力，在一般的泥水加压平衡盾构中，作用于开挖面的变动压力换算成泥水压力，大多设定为20kPa左右。

2）土压平衡盾构的掘进管理

土压平衡盾构的掘进管理是通过排土机构的机械控制方式进行的。排土机构可以调整排土量，使之与挖土量保持平衡，以避免地面沉降或对邻近建（构）筑物的影响。为了确保掘削面的稳定，必须保持舱内压力适当。一般来说，压力不足易使掘削面坍塌，而压力过大易出现地层隆起和发生地下水喷射的现象。

管理方法主要有两种：第一种方法是先设定盾构的推进速度，然后根据容积计算来控制螺旋输送机的转速；这种方法在松软黏土中使用得比较多。第二种方法是先设定盾构的推进速度，再根据切削密封舱内所设的土压计的数值和切削扭矩的数值来调整螺旋输送机的转速和螺旋式排土机的转速；这种方法是将切削密封舱内的设定土压 P 和设定切削扭矩 T 作为基准值，同盾构推进时发生的土压 P' 和切削扭矩 T' 的数值做比较，如果 $P>P'$、$T>T'$，便降低螺旋输送机和螺旋式排土机的转速，减少排土量，如果 $P>P'$、$T<T'$，则提高螺旋输送机和螺旋式排土机的转速，增加排土量。

掘削土压靠设置在隔板下部土压计的测定结果间接估算舱内土压力。土压力要根据掘削面的掘削状况调节，掘削面的状况需根据排土量的多少和实际探查掘削面周围地层的状况来判定。

3. 盾构机偏向与纠偏

盾构偏向是指盾构掘削过程中，其平面、高程偏离设计轴线的数值超过允许范围。

1）盾构偏向的原因

盾构脱离基座导轨，进入地层后，主要依靠千斤顶编组及借助辅助措施来控制盾构的运动轨迹。盾构在地层中推进时，导致偏向的因素很多，主要包括地质条件的原因、机械设备的原因与施工操作的原因。由于地层土质不均匀，以及地层有卵石或其他障碍物，造成正面及四周的阻力不一致，从而导致盾构在推进中偏向；由于千斤顶工作不同步或由于加工精度误差造成伸出阻力不一致、盾构外壳形状误差、设备在盾构内安置偏重于某一侧或千斤顶安装后轴线不平行等，也会造成盾构偏向；在施工操作方面，如部分千斤顶使用频率过高，导致衬砌环缝的防水材料压密量不一致，累积后使推进后座面不正，挤压式盾构推进时有明显上浮，盾构下部土体有过量流失而引起盾构下沉，管片拼装质量不佳、环面不平整等，也将造成偏向。

2）盾构偏向的反映与测定

在盾构施工中的每一环推进前，先要充分了解盾构所处的位置和姿态，否则无法控制下一环推进轴线和制定纠偏措施。通过对盾构机现状位置的测量来反映盾构真实状态，测量的参数主要包括盾构切口、举重臂、盾尾三个中心的平面与高程的偏离设计轴线值、盾构的自转角、目前隧道的里程与环数、盾构的纵坡等。目前，在泥水平衡和土压平衡等先进的盾构机中均采用电脑显示各种信息，可随时监控盾构的姿态。

3）盾构方向纠偏

盾构机的方向控制，有控制推进千斤顶群的工作模式（以下简称模式法）和控制千斤顶推进压力（以下简称压力法）两种方法。

模式法是靠选择推进千斤顶群的工作模式实现方向控制的方法，这是一种根据测得的水平、竖直两个方向上的姿态偏差，选择所谓的最佳推进千斤顶的工作模式，即让千斤顶群中的部分千斤顶工作，另一部分千斤顶停止工作，以此同时修正上述两个方向姿态偏差的方法。此方法要求停止推进的千斤顶再次工作时，盾构机必须从停止掘进一直等到该千斤顶触及管片为止，即必须间歇一段时间，所以工作效率低；因需水平方向和竖直方向同时纠偏，故控制精度不高；因千斤顶模式选择属经验技术，故操作人员的技术因素致使偏差存在较大的起伏；自动控制时，必须输入以操作人员经验判断为基础的参数，所以初期调整需要一定时间。

压力法是为了克服模式法的上述弊病而开发的一种较为理想的方向控制系统，该系统把盾构机的推进千斤顶分成多组，控制各组千斤顶的输出推力，从而达到纠偏的目的。在该系统中，各组千斤顶推力的变化是连续的，而不是阶跃性的。此方法中，千斤顶操作点即推进千斤顶的合力点容易掌握，故容易设定目标方向；全部千斤顶参加推进，纠偏时靠追加给工作千斤顶上的压力完成，无千斤顶停止工作的现象，故效率高；千斤顶推力变化平滑，管片上偏载荷极小，控制精度较高；水平方向和竖直方向可以单独控制，可方便实现自动控制。

4. 盾构自转与纠正

由于土质不均匀，盾构两侧的土体有明显差别，则土体对盾构的侧向阻力不一，从而引起盾构旋转；在施工中为了纠正轴线，对某一处超挖过量，容易造成盾构两侧阻力不一而使盾构旋转；安装在盾构上大的旋转设备顺着一个方向使用过多，也会引起盾构自转；由于盾构制作误差、千斤顶位置与轴线不平行、盾壳不圆、盾壳的重心不在轴线上等，同样会使盾构在施工中产生旋转。盾构自转将使盾构设备操作、液压系统的运转不正常，隧道衬砌拼装困难，给隧道测量带来不便。

在盾构有少量自转时，可由盾构内的举重臂、转盘、大刀盘等大型旋转设备的使用方向来纠正。当自转量较大时，则采用压重的方法，使其形成一个纠旋转力偶以阻止自转。

5. 盾构机推进时的壁后注浆

随着盾构的推进，在管片和土体之间会出现建筑空隙，如果不及时填充这些空隙，地层就会出现变形，导致地表发生沉降。填充这些空隙的有效途径就是进行壁后注浆，壁后注浆的好坏直接影响对地层变形的控制。

1）注浆的作用

注浆的作用除了防止和减小地表变形外，还可减少隧道的沉降量，增加衬砌接缝的防水性能，改善衬砌的受力状况，用压浆的压力来调整管片与盾构的相对位置，有利于盾构推进纠偏。

2）注浆材料的选择

盾构壁后注入材料主要有水泥、石灰膏、黏土、粉煤灰、水玻璃、黄沙等。注浆浆液的选择受土质条件、工法的种类、施工条件、价格等因素支配，应在掌握浆液特性的基础上，按实际条件选用最合适的浆液材料。根据施工经验，在砂砾层、砂层中，60%使用双液型浆液；在淤泥层、黏土层中，使用双液型浆液的比例小于50%；使用急凝充气砂浆与瞬凝型注浆材料的比例大致相等，另外，对砂层、淤泥层来说，使用砂浆中添加纸浆纤维的浆液比例占10%。

3）注入时机与注入方法

壁后注浆的最佳时机，是应在盾构推进的同时进行注入或者推进后立即注入，注入的宗旨是必须完全填充空隙。地层的土质条件是确定注入工法的先决条件，对易坍塌的均粒系数小的砂质土和含黏性土少的砂、砂砾及软黏土而言，必须在尾隙产生的同时对其进行壁后注浆。当地层土质坚固、尾隙的维持时间较长时，并不一定非得在产生尾隙的同时进行壁后注浆。

注入方法，有后方注入式、即时注入式、半同步注入式和同步注入式。后方注入式是从数环后方的管片注入；即时注入式是掘进一环后立即注入一环；半同步注入式是注浆孔从尾封层处伸出，在推进的同时跟踪注入；同步注入式是在盾构推进过程中进行跟踪注入。近年来，随着新型浆液的问世，使即时注浆、同步注浆成为可能。同步注入法包括由盾构机上的注入管直接向尾隙注入的方法，利用管片上的前后两个注浆孔交替注入的方法，把管片上注浆孔的位置设置在管片的端头、边推进边注浆的方法。

4）注入量和注入压力

注入量必须能很好地填充尾隙。壁后注入量受渗漏损失、压力大小、土层性质、超挖、壁后注浆的种类等多种因素的影响，这些因素的影响程度目前尚不明确。一般来说，使用双液型浆液时，注入量多为理论空隙量的150%～200%，也少量有超过250%的情况。施工中如果发现注入量持续增多，必须检查超挖、漏失等因素。而注入量低于预定注入量时，可能是注入浆液的配比、注入时期、注入地点、注入机械不当或出现故障所致，必须认真检查并采取相应的措施。

壁后注浆必须以一定的压力压送浆液，才能使浆液很好地遍及于管片的外侧，压力大小大致等于地层阻力强度加上0.1～0.2MPa，一般为0.2～0.4MPa。与先期注入的压力相比，后期注入的压力要比先期注入的大0.05～0.1MPa，并以此作为压力管理的标准。

8.4 盾构隧道衬砌

盾构法修建的隧道常用的衬砌方法有预制的管片衬砌、现浇混凝土衬砌、挤压混凝土衬砌以及先安装预制管片外衬后再现浇混凝土内衬的复合式衬砌，其中以管片衬砌最为常见。复合式衬砌施工周期长、造价高，且它的止水效果在很大程度上还是取决于外层衬砌的施工质量、防渗漏情况，所以只有当隧道功能有特殊要求时，才选用复合式衬砌。如当隧道穿越松软含水地层，为防水、防蚀、增加衬砌的强度和刚度、修正施工误差，多采用复合式衬砌；如电力、通信等隧道对防渗漏要求严格，而进排水隧道要求减小内壁粗糙系数，且它一经运营后就无法检修，若外层衬砌有漏点，衬砌外侧土体随水渗入流失，时间一长，可能会危及结构本身，此时用复合式衬砌的较多。

8.4.1 衬砌管片类型与结构尺寸

1. *衬砌管片类型*

管片衬砌就是采用预制管片，随着盾构的推进在盾尾依次拼装衬砌环，由无数个衬砌环纵向依次连接而成的衬砌结构。管片按位置不同，有标准管片（A型管片）、邻接管片

（B型管片）和封顶管片（K型管片）三种，如图8－26所示，转弯时将增加楔形管片；按管片形状，分为箱形管片和平板形管片；按制作材料，分为球墨铸铁管片、钢管片、钢筋混凝土管片和复合管片等。

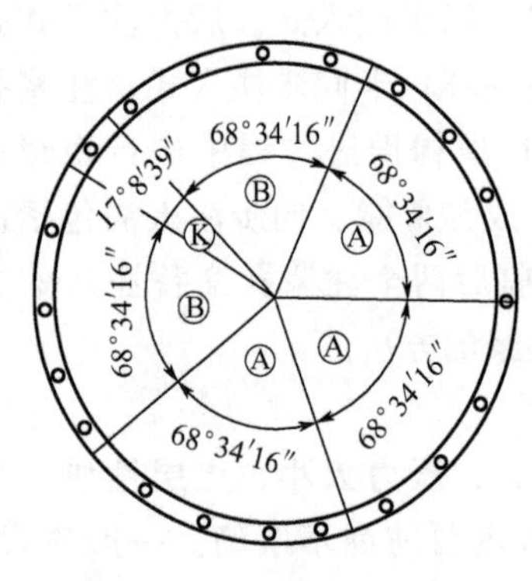

图8－26　管片拼装圆环

1）球墨铸铁管片

此种类型现采用的是以镁作为球化剂的球墨铸铁管片。该管片质量轻，耐腐蚀性好，材质均匀，强度高，机械加工后的精度高，接头刚度大，拼装准确，防水效果也好。但加工设备要求高、造价高，特别是有脆性破坏的特性，不宜承受冲击荷载。

2）钢管片

主要用型钢或钢板焊接加工而成，其强度高、延性好、运输安装方便，精度稍低于球墨铸铁管片。但在施工应力作用下易变形，在地层内也易锈蚀，造价也不低，所以采用得也不多，仅在如平行隧道的联络通道口部的临时衬砌等特殊场合使用。

3）钢筋混凝土管片

钢筋混凝土管片有一定强度，加工制作比较容易，耐腐蚀，造价低，是目前最常用的管片形式，但其较笨重，在运输、安装施工过程中易损坏。钢筋混凝土管片通常有箱形管片和平板形管片两种形式。箱形管片常用于大直径隧道施工，在等量材料条件下，箱形管片比平板形管片的抗弯刚度大，管片的背板厚度较薄，当管片的腔格偏大时，在千斤顶作用下，混凝土将易发生剥落、压碎等情况。实践证明，箱形管片在紧固螺栓时，扳手的操作空间较宽裕，便于连接螺栓，如图8－27所示。

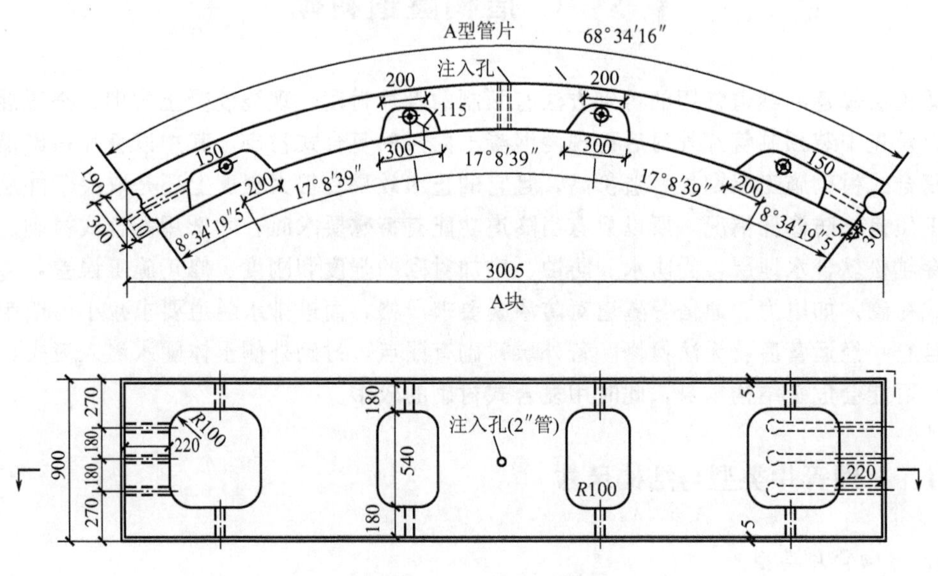

图8－27　钢筋混凝土箱形管片（A型管片；单位：mm）

4）复合管片

复合管片常用于区间隧道的特殊段，如隧道与工作井交界处、旁通道连接处、变形缝处、垂直顶升段以及有特殊要求的泵房交界和通风井交界处等，有时也用于高压水条件下的输水隧道中。该管片制作快，有抗渗性好、抗压性与韧性高等优点，但耐腐蚀性差，造价较高，无特殊要求时不宜大量采用。

复合管片有填充混凝土钢管片和扁钢加筋混凝土管片两种主要形式。填充混凝土钢管片（SSPC）以钢管片的钢壳为基本结构，在钢壳中用纵向肋板设置间隔，经填充混凝土后成为简易的复合管片结构；与原有钢管片相比，有制作容易、经济性能好、可省略二次衬砌等优点。扁钢加筋混凝土管片（FBRC）是以控制矩形和椭圆形等特殊断面管片厚度和钢筋用量，谋求降低制作成本为目的而开发出来的管片结构，由于使用扁钢作为主筋，和以往的管片相比，可以增加主筋的有效高度，其结构性能较好。

5）挤压混凝土衬砌

ECL（Extrude Concrete Lining）称为挤压混凝土衬砌，是指不采用常规管片而通过在盾尾现场浇筑混凝土来进行衬砌的隧道施工法，是开挖与衬砌同时进行的施工法的总称。因该施工法是在盾构机推进的同时对新拌混凝土加压，构成与地层紧密结合的衬砌体，故而能较好地控制围岩的变形。这类衬砌的施工速度比拼装衬砌快，防水效果更好，造价也低。挤压混凝土衬砌是盾构隧道衬砌施工的发展新趋势。

2. 管片几何尺寸

管片几何尺寸主要包括管片的宽度、厚度和弧长，如图8-28所示。

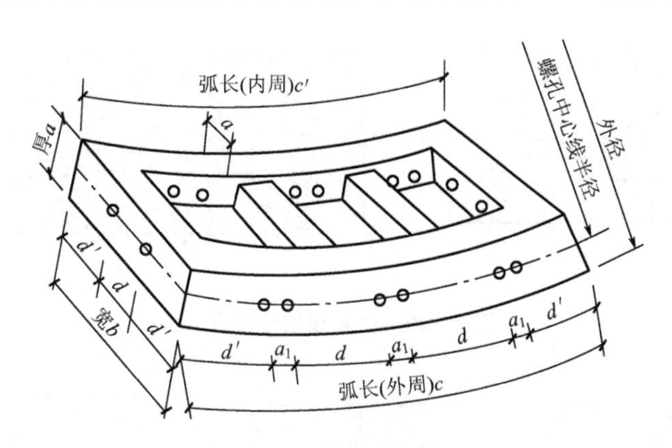

图8-28 管片几何尺寸

1）管片宽度

管片宽度即衬砌环的环宽b，b越大，隧道衬砌环接缝就越少，漏水环节、螺栓也越少，施工进度加快，衬砌环的制作费、施工费用减少，经济效益明显提高。但它受运输及盾构机械设备能力的制约，应综合考虑举重臂能力及盾构千斤顶的冲程。特别是盾构与隧道轴线坡度差较大的地段和曲线施工段，在一定曲率半径及盾尾长度情况下，b应由盾构千斤顶的有效冲程来决定。在目前施工中，对于直径为3.5～10m的隧道，环宽一般为750～1000mm。特大隧道环宽可适当加宽，如上海长江隧道管片衬砌环宽为2000mm。

2）管片厚度

衬砌管片的厚度 a 应根据隧道直径大小、埋深、承受荷载情况、衬砌结构构造、材质、衬砌所承受的施工荷载（主要是盾构千斤顶顶力）大小等因素来确定，一般为 0.05～0.06D_e。直径为 6.0m 以下的隧道，钢筋混凝土管片厚度约为 250～350mm；直径为 6.0m 以上的隧道，钢筋混凝土管片厚约为 350～600mm，如上海长江隧道管片壁厚为 650mm。

3）管片环向长度

管片的环向长度（即弧长）与衬砌圆环的分块块数有关。分块越多，管片的环向长度越短。以钢筋混凝土管片为例，10m 左右大直径隧道在饱和含水软弱地层中，为减少接缝形变和漏水可以分为 8～10 块，在较好土质情况下，为减少内力可增加分块数量，有的做成 27 块；6m 左右中直径隧道一般分成 6～8 块，尤以接头均匀分布的 8 块为佳，符合内力最小的原则；3m 左右小直径隧道可采用 4 等分管片，把管片接缝设置在内力较小的 45°和 135°处，使衬砌环具有较好的刚度和强度，接缝处内力达最小值，其构造也可相应得到简化，也有由 3 块组成的衬砌环。管片的最大弧、弦长度一般较少超过 4m，管片较薄时其长度也相应较短。

8.4.2 管片拼装

管片与管片之间可以采用螺栓连接（图 8-29）或无螺栓连接（图 8-30）形式。管片拼装后形成隧道，所以拼装质量直接影响工程的质量。

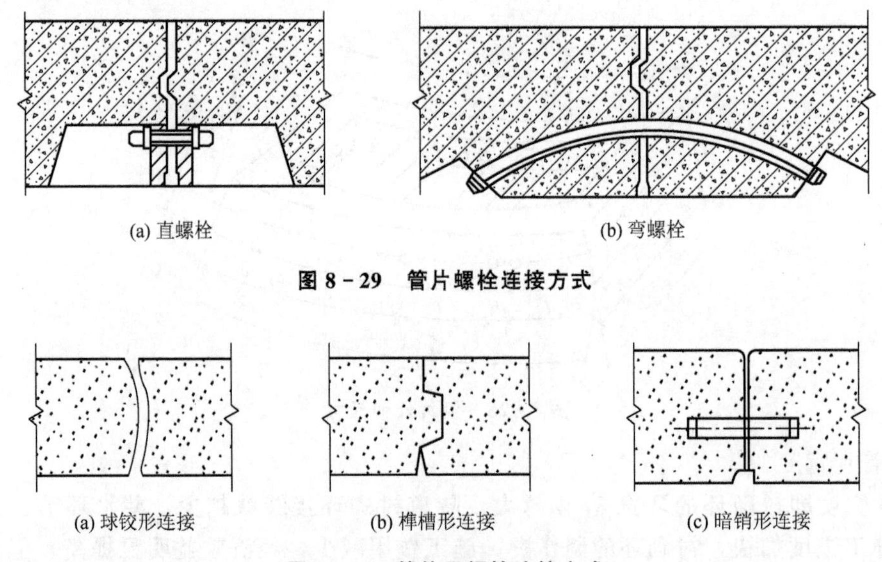

(a) 直螺栓　(b) 弯螺栓

图 8-29　管片螺栓连接方式

(a) 球铰形连接　(b) 榫槽形连接　(c) 暗销形连接

图 8-30　管片无螺栓连接方式

隧道管片拼装按其整体组合，可分为通缝拼装和错缝拼装。

(1) 通缝拼装：各环管片的纵缝对齐的拼装，这种拼法在拼装时定位容易，纵向螺栓容易穿，拼装施工应力小，但容易产生环面不平并有较大累计误差，而导致环向螺栓难穿、环缝压密量不够。

（2）错缝拼装：即前后环管片的纵缝错开拼装，一般错开1/3～1/2块管片弧长。用此法建造的隧道整体性较好，施工应力大，容易使管片产生裂缝，纵向穿螺栓困难，纵缝压密差，但环面较平整，环向螺栓比较容易穿。

针对盾构有无后退，可分先环后纵和先纵后环拼装。

（1）先环后纵：采用敞开式或机械切削开挖的盾构施工时，盾构后退量较小，可采用先环后纵的拼装工艺。即先将管片拼装成圆环，拧好所有环向螺栓，而穿进纵向螺栓后再用千斤顶使整环纵向靠拢，然后拧紧纵向螺栓，完成一环的拼装工序。采用该种拼装，成环后环面平整，圆环的椭圆度易控制，纵缝密实度好；但如前一环环面不平，则在纵向靠拢时，对新成环所产生的施工应力就大。

（2）先纵后环：用挤压或网格盾构施工时，其盾构后退量较大，为不使盾构后退，减少对地面的变形，则可用先纵后环的拼装工艺。即缩回一块管片位置的千斤顶，使管片就位，立即伸出缩回的千斤顶，这样逐块拼装，最后成环。用此种方法拼装，其主要优点是可防止盾构后退。其缺点是环缝压密好，纵缝压密差，圆环椭圆度较难控制；并且对拼装操作带来较多的重复动作，拼装也较困难。

按管片的拼装顺序，可分先下后上及先上后下拼装。

（1）先下后上：用举重臂拼装是从下部管片开始拼装，逐块左右交叉向上拼，这样拼装安全，工艺也简单，拼装所用设备少。

（2）先上后下：小盾构施工中，可采用拱托架拼装，即先拼上部，使管片支承于拱托架上。此拼装方法安全性差，工艺复杂，需有卷扬机等辅助设备。

封顶管片的拼装形式有径向楔入、纵向插入两种，如图8－31所示。径向楔入时其半径方向的两边线必须呈内八字形或至少是平行，受荷后有向下滑动的趋势，受力不利。采用纵向插入式的封顶块受力情况较好，在受荷后封顶块不易向内滑移；其缺点是在封顶块管片拼装时，需要加长盾构千斤顶行程。故也可采用一半径向楔入、另一半纵向插入的方法以减少千斤顶行程。

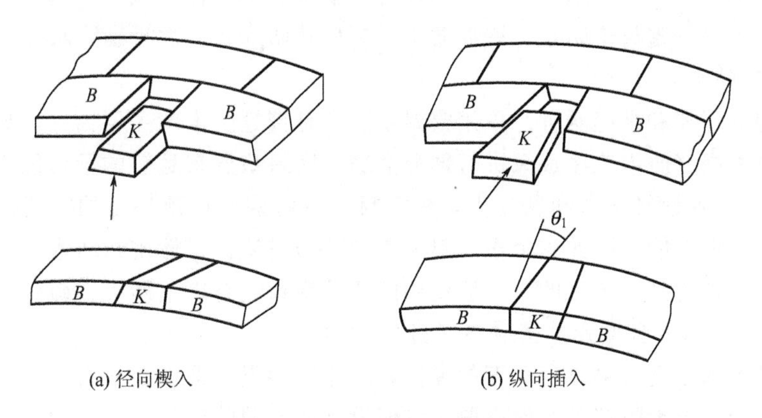

图8－31 封顶管片安装形式

目前所采用的管片拼装工艺，可归纳为先下后上、左右交叉、纵向插入、封顶成环。

8.4.3 衬砌防水

1. 衬砌管片自防水

衬砌管片应具有一定的抗渗能力，以防止地下水的渗入。在管片制作前，先应根据隧道埋深和地下水压力，提出经济合理的抗渗指标；对预制管片混凝土级配应采取密实级配；还应严格控制水灰比（一般不大于0.4），且可适当掺入减水剂来降低混凝土水灰比；在管片生产时要提出合理的工艺要求，对混凝土振捣方式、养护条件、脱模时间、防止温度应力而引起裂缝等均应提出明确的工艺条件。对管片生产质量要有严格的检验制度，并减少管片堆放、运输和拼装过程的损坏率。

在管片制作时，采用高精度钢模以减少制作误差，是确保管片接头面密贴、不产生较大初始缝隙的可靠措施。GB 50446—2008《盾构隧道施工与验收规范》中关于钢筋混凝土管片生产的允许偏差与检验方法见表8-5。

表8-5 管片允许偏差与检验方法

项目	允许偏差/mm	检验工具	检验数量
宽度	+1，-1	卡尺	3点
弧长、弦长	+1，-1	样板，塞尺	3点
厚度	+3，-1	钢卷尺	3点

2. 管片接缝防水

确保管片的制作精度的目的，主要是使管片接缝接头的接触面密贴，使其不产生较大的初始缝隙，但接触面再密贴，不采取接缝防水措施仍不能保证接缝不漏水。目前管片接缝防水措施，主要有密封垫防水、嵌缝防水、螺栓孔防水、二次衬砌防水等。

1）密封垫防水

管片接缝分环缝和纵缝两种。采用密封垫防水是接缝防水的主要措施，如果防水效果良好，可以省去嵌缝防水工序或只进行部分嵌缝。密封垫要有足够的承压能力（纵缝密封垫比环缝稍低）、弹性复原力和黏着力，使密封垫在盾构千斤顶顶力的往复作用下仍能保持良好的弹性变形性能。因此密封垫一般采用弹性密封垫，弹性密封防水主要是利用接缝弹性材料的挤密来达到防水目的。一般使用的弹性密封垫有以下两类：硫化橡胶类弹性密封垫（图8-32）与复合型弹性密封垫（图8-33）。

硫化橡胶类弹性密封垫具有高度的弹性，复原能力强，即使接头有一定量的张开，仍处于压密状态，有效地阻挡了水的渗漏。它们设计成不同的形状，有不同的开孔率和各种宽度、高度，以适应水密性要求的压缩率和压缩的均匀度，当拼装稍有误差时，密封垫的一定长度可以保证有一定的接触面积防水。为了使弹性密封垫正确就位，牢固固定在管片上，并使被压缩量得以储存，应在管片的环缝及纵缝连接面上设有粘贴及套箍密封垫的沟槽，沟槽在管片上的位置、形式等对防水密封效果有直接关系。

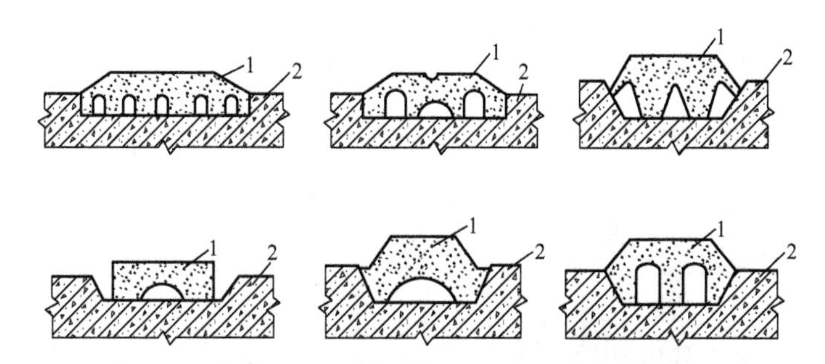

图 8-32 硫化橡胶类弹性密封垫

1—硫化橡胶弹性密封垫；2—钢筋混凝土衬砌

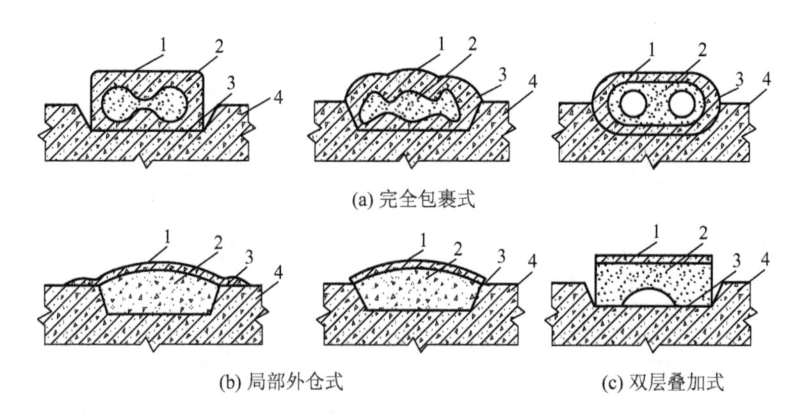

图 8-33 复合型密封垫

1—自粘性腻子带；2—海绵橡胶；3—黏合涂层；4—混凝土或钢筋混凝土衬砌

复合型密封垫是由不同材料组合而成的，它是用诸如泡沫橡胶类且具有高弹性复原力的材料为芯材，外包致密性、黏性好的覆盖层而组成的复合带状制品。芯材多用氯丁胶、丁基胶做成的橡胶海绵（也称多孔橡胶、泡沫胶），覆盖层多用未硫化的丁基胶或异丁胶为主材的致密自粘性腻子胶带、聚氯乙烯胶泥带等材料。复合型弹性密封垫的优点是集弹性、黏性于一身，芯材的高弹性使其在接头微张开下仍不失水密性，覆盖层的自黏性使其与接头面的混凝土之间和密封垫之间的黏结紧密牢固。

2）嵌缝防水

嵌缝防水是以接缝密封垫防水作为主要防水措施的补充措施，即在管片环缝、纵缝中沿管片内侧设置嵌缝槽，如图 8-34 和图 8-35 所示，用止水材料在槽内填嵌密实来达到防水目的，而不是靠弹性压密防水。嵌缝填料要求具有良好的不透水性、黏结性、耐久性、延伸性、耐药性、抗老化性、适应一定变形的弹性，特别要能与潮湿的混凝土结合好，具有不流坠的抗下垂性，以便于在潮湿状态下施工。目前采用环氧树脂系、聚硫橡胶系、聚氨酯或聚硫改性的环氧焦油系及尿素系树脂材料较多。

3）螺栓孔防水

目前普遍采用橡胶或聚乙烯及合成树脂等做成环形密封垫圈，靠拧紧螺栓时的挤压作用使其充填到螺栓孔间，起到止水作用，如图 8-36 所示。在隧道曲线段，由于管片螺栓插入螺孔时常出现偏斜，螺栓紧固后使防水垫圈局部受压，容易造成渗漏水，此时可采用

图 8－37 所示的防水方法，即采用铝制杯形罩，将弹性嵌缝材料束紧到螺母部位，并依靠专门夹具挤紧，待材料硬化后拆除夹具，止水效果很好。

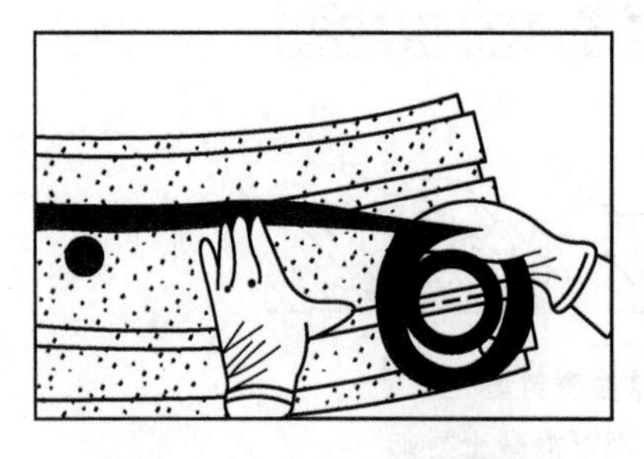

图 8－34　手工压贴密封带

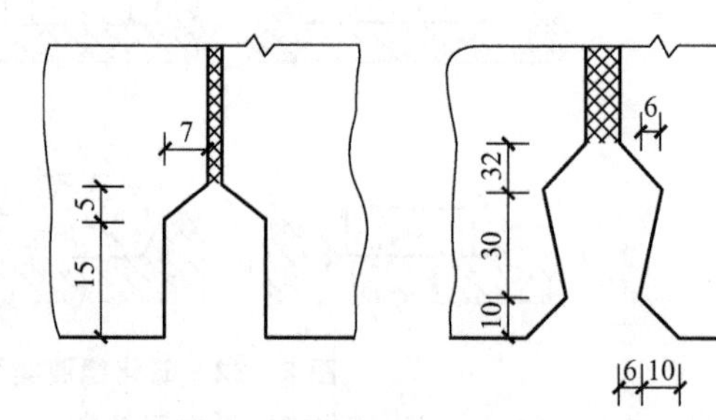

图 8－35　嵌缝槽形式（单位：mm）

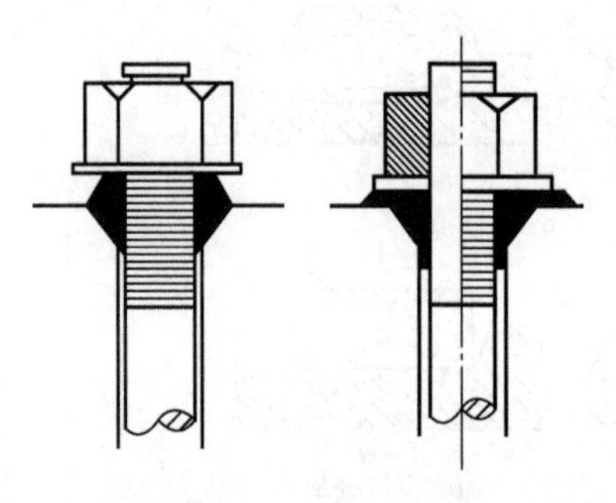

图 8－36　螺栓孔防水

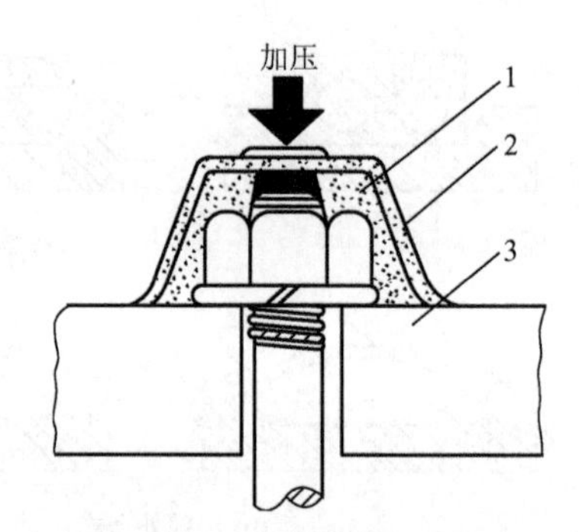

图 8－37　铝杯罩螺栓孔防水

1—嵌缝材料；2—止水铝质罩壳；3—管片

4）二次衬砌防水

以拼装管片作为单层衬砌，其接缝防水措施仍不能完全满足止水要求时，可在管片内侧再浇筑一层混凝土或钢筋混凝土二次衬砌，构成双层衬砌，以使隧道衬砌符合防水要求。在二次衬砌施工前，应对外层管片衬砌内侧的渗漏点进行修补堵漏，污泥必须冲洗干净，最好凿毛。当外层管片衬砌已趋于基本稳定时，方可进行二次衬砌施工。二次衬砌做法各异，有的在外层管片衬砌内直接浇筑混凝土内衬砌；有的在外层衬砌内表面先喷注一层 15～20mm 厚的找平层后粘贴油毡或合成橡胶类的防水卷材，再在内贴式防水层上浇筑混凝土内衬。混凝土内衬砌的厚度应根据防水和混凝土内衬砌施工的需要决定，一般为 150～300mm。

本章小结

盾构法是城市地下工程（地铁、城市管网等）修建的常用方法，通过本章学习，可以加深对盾构法概念与特点、盾构机分类与选型，以及盾构法施工技术与衬砌技术的理解，具备编制盾构法施工方案与组织盾构法施工的初步能力。

思 考 题

1. 简述盾构法施工的基本原理并指出盾构法施工有何特点。

2. 简述国内外盾构技术的发展史及盾构技术的发展趋向。

3. 盾构机主要由哪些部分组成？各组成部分的主要功能是什么？

4. 盾构有哪些分类方式？各种盾构的特点和开挖方法有什么不同？

5. 简述盾构施工有哪些进发工法与到达工法，各有什么特点。

6. 泥水盾构和土压盾构掘进管理的主要内容是什么？

7. 如何对盾构施工进行方向控制？

8. 盾构隧道壁后注浆的目的是什么？进行壁后注浆时，如何选择浆液和确定注入时间、注入方法、注入压力、注入量等？

9. 按照材料衬砌管片可以分为哪些类型？各有何特点？

10. 衬砌防水的主要内容有哪些？

第9章

沉管法隧道施工

教学目标

本章主要讲述沉管法隧道施工工艺与施工技术。通过学习应达到以下目标：

(1) 掌握沉管法隧道施工的概念、特点与适用条件；

(2) 熟悉沉管法隧道分类，掌握沉管法隧道断面形式与选型；

(3) 掌握沉管法隧道的施工流程；

(4) 掌握管段制作与浮运、管段沉放与连接、基槽浚挖与基础处理。

教学要求

知识要点	能力要求	相关知识
沉管法隧道施工概念、特点与适用条件	(1) 掌握沉管法隧道施工的概念； (2) 掌握沉管法隧道施工的特点与适用条件	(1) 沉管法隧道施工的概念； (2) 沉管法隧道施工的优点、缺点与适用条件
沉管法隧道施工流程	掌握沉管法隧道施工流程	沉管法隧道施工流程
管段制作与浮运	(1) 掌握干坞施工技术； (2) 掌握管段制作技术； (3) 熟悉管段浮运技术	(1) 干坞的组成与施工技术参数； (2) 管段施工要求、混凝土配比设计与高性能混凝土技术要求； (3) 管段浮运技术
管段沉放与连接	(1) 掌握管段沉放技术； (2) 掌握管段连接技术	(1) 管段沉放方法、沉放设备与施工步骤； (2) 水下混凝土连接法与水力压接法
基槽浚挖与基础处理	(1) 掌握基槽浚挖技术； (2) 掌握基础处理技术	(1) 基槽设计与浚挖； (2) 基础处理方法

基本概念

沉管法；干坞；干舷；水下混凝土连接法；水力压接法

引例

上海外环隧道工程东起浦东三岔港，西至浦西吴淞公园附近，全长2880m，投资17.48亿元人民币。隧道为双向八车道，设计车速80km/h，是上海第一次采用沉管法施工的特大型越江隧道，规模世界第二、亚洲第一。

隧道江中沉管段总长736m，分七节管段在陆上A、B两个干坞进行分批制作，最长管节为108m，最短为100m，每个管段外形为宽43m、高9.55m。沉管体量大，自重可达4.5万t，在干坞中依靠抽除管段内压舱水箱（长108m管段内为18个容量为300m^{3}的水箱），使庞大管段起浮，用绞车和拖轮拖运出坞，采用4条3000匹马力以上的大型拖轮，并用1～2条同马力拖轮辅助克服江中水流阻力，到达预定沉放点。管段采用水力压接法连接，使用“吉那”止水带初步止水，排除两管段封墙之间空隙内的水，使管段最终压接止水。沉管基础处理采用灌砂法。管段沉放后的两侧和顶部覆盖回填。

9.1 概 述

随着沿海、沿江城市大通道和城市地下交通的快速发展，常需修筑大量的海底隧道和跨江隧道。沉管法隧道施工技术具有施工速度快、地质水文条件适应性强、多车道大断面与造价低等特点，成为这些隧道的主要施工方法之一。沉管法自问世以来，在设计、施工及其配套技术等方面取得了长足的进步。从英国最初的沉管试验、美国沉管隧道的大量修建，到荷兰引入该项技术并不断研究、实践与总结，其修建技术日益成熟，并显示出其优越性。

沉管法是按照隧道的设计形状和尺寸，先在隧址以外的干坞中或船台上预制隧道管段，并在两端用临时隔墙封闭，然后舾装好拖运、定位、沉放等设备，将其拖运至隧址位置，沉放到江河中预先浚挖好的沟槽中，并连接起来，最后充填基础和回填砂石将管段埋入原河床中。用这种方法修建的隧道又称水下隧道或沉管隧道，如图9-1所示。沉管隧道的断面通常可分为圆形和矩形，圆形隧道管一般只能设两个车道，当建设多车道时，则需两管或多管并列，而矩形断面适于建造多车道。

(a) 上海外环沉管隧道

(b) 广州生物岛-大学城沉管隧道

图9-1 沉管隧道

9.1.1 沉管隧道修建历史及发展动态

1. 沉管隧道的修建历史

世界上最早的沉管法工程是1893—1894年在波士顿港内修建的横穿宽96m、深7.6m航道的下水管道。最早的沉管隧道是1910年美国穿越底特律河修建的水下双线铁路隧道。1927年德国首先应用钢筋混凝土结构修建了弗里德里希港沉管隧道，荷兰于1937—1942年修建了首座钢筋混凝土结构的双向四车道公路沉管隧道，该隧道管节为宽24.8m、高8.4m的矩形钢筋混凝土结构。

在1940年以后的大约40年内，在美国和欧洲一些国家修建了大量的沉管隧道，该项技术也取得了相当显著的成就，大大推动了沉管隧道的发展。荷兰工程师总结得出了矩形断面的有效空间利用率优于圆形断面，矩形断面隧道的高度、覆盖层比圆形断面小，隧道的长度也相应减少，因此矩形断面的沉管隧道得到广泛应用，同时在混凝土管节制作技术上，就混凝土原材料的组成、温度控制、收缩补强、模板选择、抗渗、防水等方面取得了许多成果。日本由于地处地震带，工程师对地震危害特别重视，在沉管隧道的抗震设计方面进行了大量的科学研究，取得了显著的成就。

迄今为止，世界上已建成两百多条沉管隧道。其中，横断面宽度最大的为比利时的亚泊尔隧道，宽度为53.1m；已建成的沉管隧道长度最长的为美国海湾地区的交通隧道，长达5825m；我国目前在建的港珠澳大桥的沉管隧道部分已达6000m。

我国沉管隧道施工起步较晚，20世纪60年代初，曾在上海开展过该工法的理论研究和模型制作；1976年，在我国杭州湾的上海金山石化工程中首次采用了沉管隧道修建技术，建成了一座排污水下隧道；1984年在广州珠江用该工法修建了第一条水底隧道，并对沉管法施工的各项关键性技术进行了大量的基础理论研究和充分论证。之后，于1995年又在宁波甬江建成了我国第二条沉管隧道，这为我国近年来在长江、黄河、海峡等修建沉管隧道积累了许多宝贵经验。我国香港特别行政区在穿越维多利亚海湾连接九龙半岛与香港岛的公路交通中，没有修建一座桥梁，均为沉管隧道。随着经济的发展，我国修建了越来越多的沉管隧道，见表9-1所列。

表9-1 我国部分已建和在建的沉管隧道

序号	目前状态	隧道名称	所在地	建设年代
1	已建	Cross Harbor	香港	1972
2		Mass Transit	香港	1979
3		东区海底隧道	香港	1989
4		西区海底隧道	香港	1997
5		跨港隧道	香港	1972
6		香港地铁	香港	1979
7		高雄港	高雄	1984

（续）

序　　号	目前状态	隧道名称	所在地	建设年代
8	已建	东区跨港	香港	1990
9		珠江沉管隧道	广州	1993
10		机场路先行段	香港	1994
11		宁波甬江隧道	宁波	1996
12		机场隧道	香港	1997
13		西区跨港	香港	1997
14		宁波常洪隧道	宁波	2002
15		上海外环隧道	上海	2003
16		仓头-生物岛隧道	广州	2010
17		生物岛-大学城隧道	广州	2010
18		海河隧道	天津	2013
19		沈家门海底隧道	舟山	2014
19		洲头咀沉管隧道	广州	2015
20	在建	红谷沉管隧道	南昌	在建
21		港珠澳大桥沉管隧道	珠江口	在建

2. 沉管隧道的发展趋势

沉管隧道的发展趋势主要体现在以下方面。

（1）单节管节的长度越来越长。1910年，在美国底特律河下用的沉管隧道，由10节管节组成，每节长78.2m；1970年，在美国旧金山建成的海湾地区沉管隧道，由57节管节组成，每节长102.2m；我国香港九龙西区地铁沉管隧道管段长113.5m；我国台湾高雄公路沉管隧道管段长120m。目前世界上已建成的沉管隧道单节管节长一般为100～130m，最大质量一般为30000～50000t。同时随着柔性管节技术等一系列技术的发展，管节的长度还在不断增加，在建与拟建沉管隧道单节管节长经常可达到180m。

（2）隧道向大型化发展，断面越来越大，隧道车道数已由最初的双车道，发展到目前城市隧道通用的6车道甚至8车道。如图9-2和图9-3所示的沉管隧道是迄今为止世界上车道数最多的水下道路隧道。

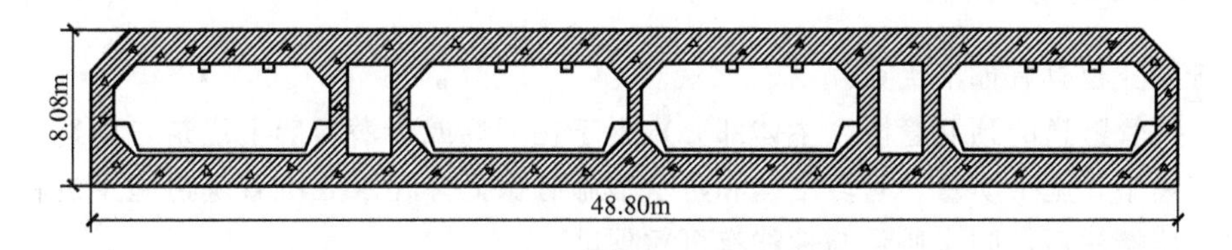

图9-2　荷兰Drecht沉管隧道结构横断面图

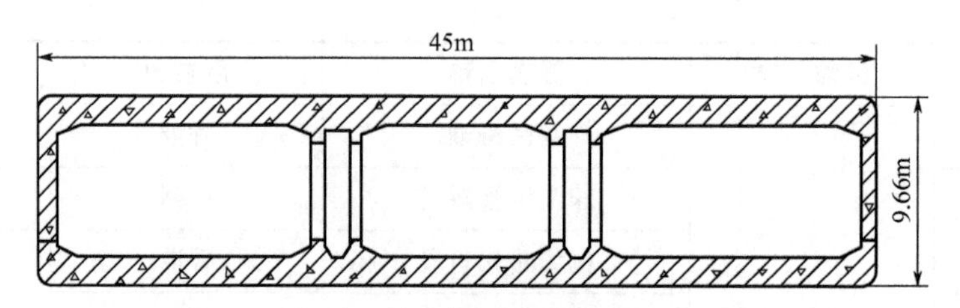

图 9-3 上海外环线沉管隧道结构横断面图

(3) 从单一用途向多用途发展。最初的沉管隧道用途较为单一，即为城市道路（公路）或为铁路（地铁）水下隧道。随着沉管技术的发展，其横断面宽度尺寸越来越大，这样就出现了城市道路与地铁、公路与铁路共管设置，甚至可同时设置公共管廊。

(4) 沉管隧道的地基、场地适应性越来越广。沉管隧道可修建在软弱地基上，也可修建在较坚硬地基上。目前，国内对于沉管隧道的修建大多选择在软弱地基上。

(5) 矩形钢筋混凝土管节的大量生产。随着交通日益发达，需要越来越多的车道来满足现代交通要求，断面要求越来越大，又开始大量采用矩形混凝土结构。

(6) 管节的抗裂、防渗能力越来越强。在钢筋混凝土管节预制过程中，需要采取多种混凝土裂缝控制技术措施，以确保钢筋混凝土管节的质量，特别是防止贯穿裂缝的出现。一些新建的沉管隧道除采用传统的混凝土裂缝控制措施外，为了增加管段结构的抗拉强度，还采用了纵向预应力措施。

(7) 管节底板防水形式多样。在圆形钢壳沉管隧道中，采用钢壳作为整体防水，而在矩形钢筋混凝土沉管隧道中，底板常采用钢底板，但随着防水施工工艺与技术的进步，已经有其他替代方案。

(8) 管节接头方式更为灵活。从最初的刚性接头发展为目前广泛采用的柔性接头，这有利于提高沉管隧道的防震、防渗能力，从而保证运营安全。

(9) 埋深设计选择更为灵活。沉管隧道根据埋深，可分为全埋、半埋和安放河床等形式。但无论采用哪种形式，均需要考虑所在水域的水文条件、规划线路的需要及隧底地质条件等众多因素。

(10) 预应力的采用。对于矩形钢筋混凝土管节，在单孔跨度大、沉管段所处水域回淤量大的情况下，管节的结构由纯刚性弯矩设计发展到采用预应力的部分柔性结构。

9.1.2 沉管法隧道施工的特点

1. 沉管法隧道的优点

沉管法隧道具有如下优点。

(1) 沉管隧道的预制管段（主体部分）由于在干坞或半潜驳船上浇筑，场地开阔，施工场地较集中，施工质量、管段结构和防水措施有保证。在水底沉管隧道施工过程中，采用了水力压接法后，防水质量与性能有可靠保障。

(2) 沉管隧道的单位体积密度小、有效质量小，隧道总质量比基槽内挖掘的土体要轻，作用于地基的恒载较小，可有效控制隧道沉降。

(3) 可用于修建大断面水底隧道。

(4) 管节长度灵活性好，且可以整体浇注，水密性好。

(5) 沉管隧道可以浅埋，与深埋较大的盾构隧道相比，更易于与岸边道路衔接，隧道全长缩短。

(6) 与桥梁相比，沉管隧道防护条件好，可以在隧道顶面做防护层，以提高防护能力。

(7) 管节制作可以采用预制、机械化流水线生产，效益高，施工安全与质量可控，大大缩短了施工工期。

(8) 沉管隧道能充分利用净空，可节省投资和运营成本，建筑单价和工程总造价容易调控。

(9) 沉管隧道基本上没有地下作业，水下作业也极少，施工较安全，作业条件好。

2. 沉管法隧道的缺点

沉管法隧道具有如下缺点。

(1) 混凝土的防水等级要求高，另外需保证干舷与抗浮系数，对混凝土工艺与质量的控制要求严格，在一定程度上会使造价提高。

(2) 当隧道跨度较大时，必须加大支托，不容许侵入净空。

(3) 在水流较急时，管节沉放困难，需用专业作业台施工。

3. 沉管法隧道的适用条件

沉管法隧道主要适应于以下条件。

(1) 沉管隧道多修建在江河的中下游河床演变较稳定和浅海（港）湾处。

(2) 沉管隧道广泛适用于各种软弱地基条件。

(3) 需要合适的干坞条件。

总的来说，该工法在软弱地层非常适用，而在硬岩地层，通过对工期、造价及安全等因素的分析，该工法是可行的。与盾构法相比，在同等条件下，能采用沉管法时宜尽量少用盾构法。

9.1.3 沉管隧道的分类与断面选型

1. 沉管隧道的组成

1) 沉管隧道的纵断面组成

沉管隧道在纵断面上一般由敞开段、暗埋段、岸边竖井及沉埋段等部分组成，如图9-4所示。

在沉埋段两端，通常设置竖井作为沉埋段的起讫点，竖井是沉埋隧道的重要组成部分，它可以作为通风、供电、排水、运料及监控等的通道。

2) 水下沉管隧道的组成

水下沉管隧道的整体结构是由管段基槽、基础、管段、覆盖层等组成，整体坐落于河（海）底，如图9-5所示。

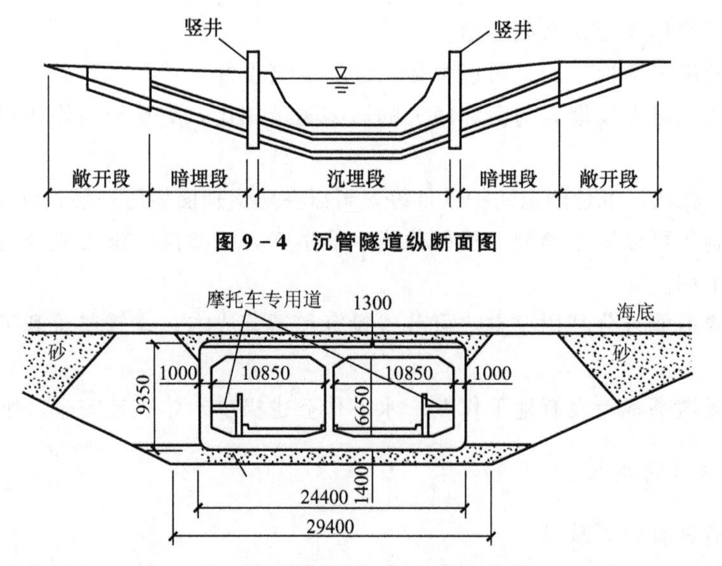

图 9-4　沉管隧道纵断面图

图 9-5　水下沉管隧道的整体结构（单位：cm）

2. 沉管隧道的分类

沉管隧道根据功能，可分为公路、地铁、铁路与市政隧道等；根据结构形式，可分为钢筋混凝土、钢与混凝土复合结构隧道；根据断面形式，可分为矩形沉管隧道与圆形沉管隧道。

3. 沉管隧道的断面形式

沉管隧道按断面形状分，有圆形、矩形和混合形；按断面布局分，有单孔式和多孔组合式，如图 9-6 所示。

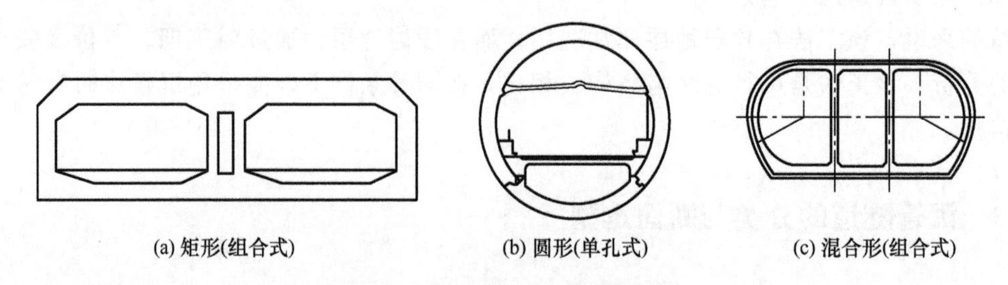

(a) 矩形(组合式)　(b) 圆形(单孔式)　(c) 混合形(组合式)

图 9-6　沉管隧道的管段断面结构

1）矩形断面

钢筋混凝土矩形管节一般在临时干坞中或半潜驳船上制作，管节预制好后将之托运至隧址沉放。一般来说，一个矩形断面可以同时容纳 4～8 个车道，选用矩形管节比圆形管节经济、空间大，且适用于多车道断面，故成为最常用的断面形式，如图 9-6(a) 所示。

2）圆形断面

圆形管节横断面的内轮廓为圆形，外轮廓有圆形、八角形和花篮形。通常，圆形沉管是钢壳与混凝土组合结构，钢壳是防水层，又是结构层，但混凝土结构承担主要的荷载压力。这种圆形管节内一般只能设两个车道，在建造 4 车道时就需制作两管并列的管节。这种制作方式在早期沉管隧道中应用较多，如图 9-6(b) 所示。

3）混合形断面

混合形断面具有空间较大、受力较好的特点，可根据实际工程需要选择，如图 9－6(c)所示。

4. 沉管隧道断面的选型

就圆形沉管隧道来说，主要包括单筒、双筒等类型。对于单筒圆形断面的隧道，每个筒一般设两个车道，若需设 4 个车道，则可采用双筒双圆形断面。沉管隧道是采用矩形混凝土结构，还是采用圆形钢壳结构，取决于工程本身和所在区域（国家和地区）的资源等多个方面。

圆形钢壳混凝土结构与矩形钢筋混凝土结构沉管隧道在抗浮层设置上有较大差异。圆形钢壳混凝土结构的管节，在浮态时干舷高度较大，因此压重层一般设在钢壳的外顶部；而矩形钢筋混凝土结构的管节，在浮态时干舷高度较小，因此压重层一般在管节内底部。

美国早期以双向两车道为主，所以多采用圆形钢壳管节，这是符合美国当时的实际需要的，但随着交通要求的提高，需要的车道数越来越多，目前也部分采用钢筋混凝土结构矩形管节，其在造价等方面更为经济。

我国已建成的和拟建的沉管隧道隧址多位于江河的下游，水流速度较小，且大部分都是多车道的城市道路或城市道路与轨道运输系统共管的隧道，多采用矩形钢筋混凝土的结构形式。

9.2 沉管隧道施工流程

沉管隧道施工的主要作业，包括管段制作、基槽浚挖、管段沉放与水下连接、管段基础处理以及回填覆盖等。矩形沉管隧道主要施工流程如图 9－7 所示。

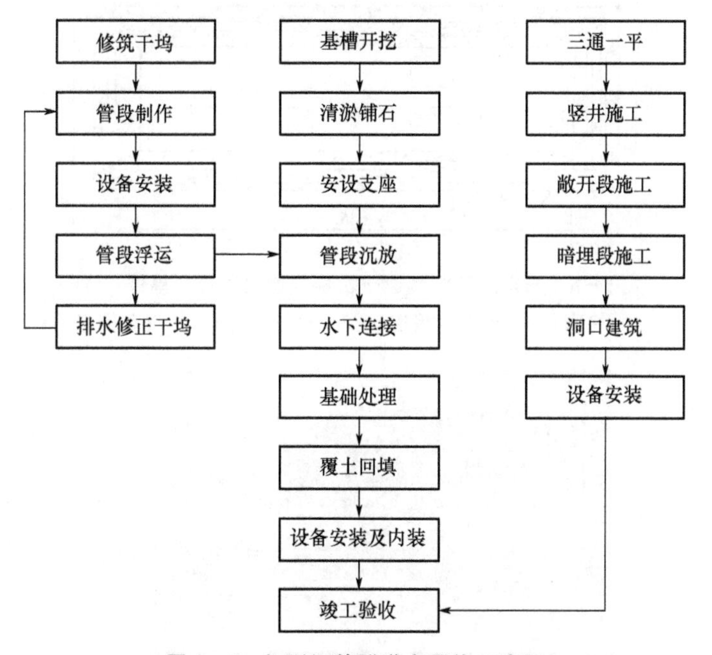

图 9－7 矩形沉管隧道主要施工流程

9.3 管段制作与浮运

沉管管段是在地面预制的，其基本工艺与地上制作其他大型钢筋混凝土构件类似。由于沉管预制管段采用浮运沉放的施工方式，而且最终是埋设在河底水中，因此对预制管段的对称均匀性和水密性要求很高。为保证浮运和下沉，管段上还要设置端封墙和压载设施。

9.3.1 干坞

管段是隧道的一个分段，作为一个整体单元下沉，多节管段即可装配成隧道。混凝土管段是在干船坞内或专门建造的内水湾中预先制作。

1. 干坞施工

在水底隧道开工之前，首先要制作一座专门用于管段制作的临时干坞，坞墙力求简单，一般可采用土围堰或钢板桩围堰，干坞面积必须满足管段制作所需，其深度应保证管段制作后能顺利进行浮运前的安装工作与浮运出坞，中水位时能确保管段自由浮升，干坞的坞底一般在砂垫层上铺设20～30cm素混凝土底板。当全部管段一批制作时可不设闸门，用土围堰或钢板桩围堰作为坞首。

干坞是为预制管段而专门修筑的临时性工作土坑，由坞墙、坞底、坞首、坞门、排水系统与车道等组成，如图9-8和图9-9所示。

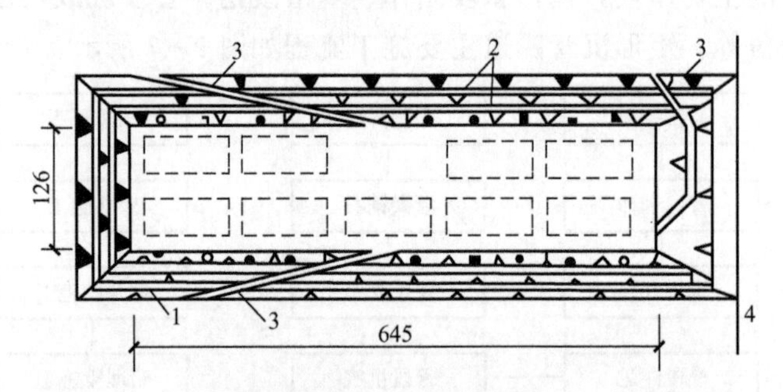

图9-8　东京港沉管隧道一次预制管段干坞（单位：m）

1—坞底；2—边坡（坞墙）；3—运输车道；4—坞首围堰

图9-9　广州生物岛-大学城沉管隧道预制管段干坞

1）干坞施工的流程

干坞施工一般采用“干法”土方开挖技术。具体施工流程为：施作干坞周围防渗墙→由端部向坞口开挖（部分回填、大部分弃渣）→坞底与坞外设排水沟、截水沟与集水井→塑料膜铺坡面并压砂袋→坞底处理（铺填砂与碎石）→坞内车道修筑。

2）干坞施工的主要参数

(1) 坞墙：坡率1∶2的自然土坡，可用喷射混凝土防渗墙或钢板桩。

(2) 坞底：承载力应大于100kPa。浮起时富余深度1.0m。

(3) 坞首及坞门：一次预制只设坞首，分批预制应设双排钢板桩坞首与坞门（闸门或浮动钢筋混凝土沉箱）。

(4) 排水系统：井点降水；坞底明沟、盲沟与集水井泵排；堤外截水沟、排水沟。

(5) 车道。

3）坞底处理方法

(1) 干砂层+厚25～30cm（钢筋）混凝土+砂砾或碎石层。

(2) 厚1.0～2.5cm黄砂层+厚20～30cm砂砾或碎石层。

(3) 松软的黏土或淤泥层可换填1.0m碎石或结合桩基础加固。

4）坞内主要设备

(1) 混凝土搅拌站：应能连续浇筑15～20m长的节段。

(2) 起重设备：轨行门式或塔式起重机（能力5.0～7.5t）。

(3) 运输设备：卡车、翻斗车、轨道车、混凝土输送车、混凝土输送泵及管道等。

(4) 管段拖运设备：电动卷扬机与绞车。

(5) 其他：钢筋加工、抽水、电焊机、空气压缩机、钢模板、拼装式脚手架、千斤顶、混凝土振捣与养护设备。

2. 管段

在干坞中制作钢筋混凝土管段的基本工艺与通常钢筋混凝土施工工艺相同，但在制作时必须采取特有的措施以防模板的变形与走动，在混凝土浇捣与浇后养护过程中应控制混凝土裂缝的产生，以免降低混凝土的水密性能。施工缝是水密的薄弱处，故在考虑混凝土浇捣工艺时要尽量设法减少不必要的施工缝产生，对必要的施工缝，其位置安排也应慎重，水平缝应留在管段的壁上，最下一道应浇出底板30～50cm，严格防止产生垂直缝。管段的施工缝与变形缝如图9-10所示。

1）封墙

封墙位置应离管段两端面一定距离，以便于拆除，一般该距离为50～100cm。封墙下部设置ϕ100mm口径的排水阀，而上部设有同口径进气管，如断面较大的管段还须设置人行门洞，而门洞需装有水密门扇。

封墙结构可根据不同工程采用砖、钢筋混凝土、钢材或木材制成，其强度按最大静水压力（即沉到底时的水压力）计算，但在海区，水底隧道的管段封墙还须考虑海上浮运时的海浪冲击力。

2）压载设施

管段在水中都是自浮的，下沉时必须施加一定重量使其下沉。这可采用加各种重物来

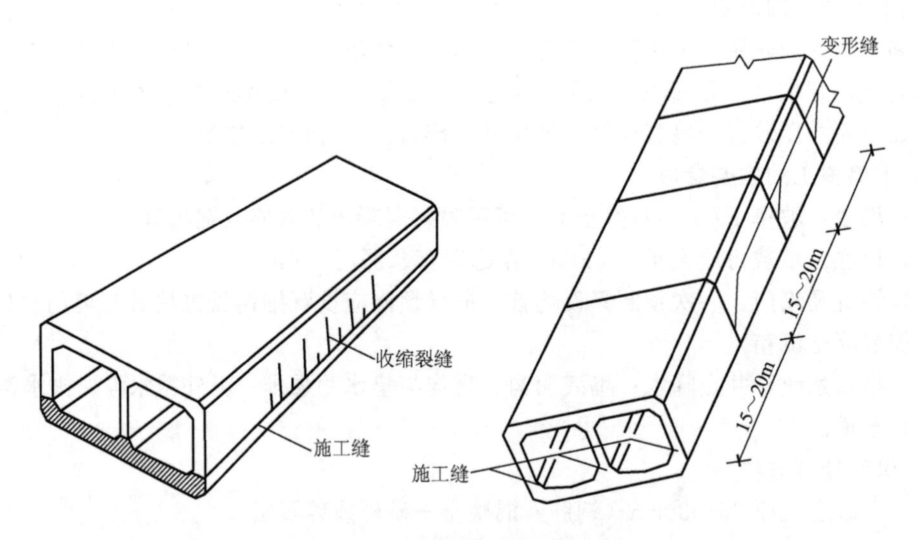

图 9-10 管段施工缝与变形缝

实施，而用水压来压载最方便，所以在封墙前需在管段内设置能容纳压载水的容器，每管段水容器至少有四只，并对称布置于四角，沉放时便于调整管段各角高差。容器一般采用水箱或水池形式，其容量由管段干舷大小与压密基础所需重量来决定。

3）管段检漏

管段预制后需做一次检漏。一般在干坞灌水之前，先往压载水箱里注水压载，然后再往干坞坞室内灌水（也有的在干坞灌水后进一步抽吸管段内的空气，使管段气压降到 0.6 倍大气压）。灌水 24～48h 后，工作人员进入管段内对管段所有内壁（包括顶板和底板）进行水底检漏，若无问题即可排水浮升管段；若有渗漏则在干坞室排干后修补。

4）干舷调整

干舷是指管段浮起来以后管段顶面至水面的垂直距离。经检漏合格后浮起的管段，还要在干坞中检查四边干舷是否合乎规定，是否有侧倾现象。如有上述现象，可用调整压载的办法来纠正。在一次制作多节管段的大型干坞中，经检漏与调整好干舷的管段应再次注水压载沉至坞底，待使用时再逐一浮升，拖运出坞。

9.3.2 混凝土管段制作

1. 混凝土管段设计与施工要求

1）混凝土性能要求

根据我国相关规范，要求重大工程满足 100 年使用寿命，混凝土等级不应小于 C30，抗渗强度等级不应小于 P8，而我国目前在沉管隧道方面尚没有统一的设计与施工规范，国家标准《沉管法隧道施工与验收规范》形成了征求意见稿，但尚未颁布，天津市 DB/T 29-219—2013《内河沉管法隧道设计、施工及验收规范》自 2013 年 11 月 1 日在天津市实施。在实际工程中多采用高性能混凝土标准或对普通混凝土做高性能优化处理。在具体工程中，因采用的混凝土不同，混凝土重度及各个参数根据实际情况调整。

在制作过程中，不允许混凝土出现贯穿裂缝，尽量避免表面裂缝，如有表面裂缝，其宽度通常应小于或等于0.2mm。浇筑混凝土时的入仓温度应小于28℃，且内外温差应小于25℃。

2）混凝土管段几何尺寸精度要求

管节几何尺寸误差将直接引起管节混凝土体积变化，即引起混凝土重力变化，干舷也随之变化。同时还会引起管节起浮和浮运时中心变化，影响其浮运时的稳定性。矩形管段在浮运时的干舷只有10～15cm，仅占管段全高的1.2％～2％。

若在管段体形几何尺寸中出现断面误差，将导致管节安装位置的误差而直接影响隧道线路平、纵剖面线形，同时也会影响管节的对接质量及管壁的渗漏，因此在灌注管段混凝土时，要求保证管段混凝土的匀质性和水密性。

管节预制时几何尺寸精度通常应符合以下规定：

（1）内孔净宽为0～＋10mm；

（2）内孔净高为0～＋10mm；

（3）壁厚为－10～0mm；

（4）管节宽度为－20～＋5mm；

（5）管节高度为－20～＋5mm；

（6）管节长度为－30～＋30mm。

管节两端面的精度应满足：表面的平整度公差小于±3mm，每延米的平整度公差小于±1mm，横向垂直度（左、右两点）之差小于3mm；竖向倾斜度（上、下两点）之差小于3mm。

3）管段防裂及防水要求

钢筋混凝土管段的防裂、防水技术措施主要有四种：管段自身防水、管段外侧防水、施工接缝防水及采用预应力提高抗裂性能。管节应以结构自身防水为主，尽量做到无裂缝，但要彻底解决长、宽、大、多孔箱形混凝土结构产生的收缩裂缝，特别是表面收缩裂缝问题，尚有一定的困难。施工中一般采用以下防止管段裂缝的措施：

（1）控制节段长度；

（2）控制混凝土内外的温差；

（3）降低混凝土灌注温度；

（4）减少施工缝两侧混凝土温差。

管外防水材料应具有优良的抗渗性能，且与钢筋混凝土表面的黏结力强，有一定的抗压、抗拉强度和一定的延伸率。长期浸泡在水中，要求其性能不发生明显变化及无环境污染，耐摩擦性能好。同时要求施工简单，操作方便。外侧防水的技术措施如下：

（1）采用钢壳、钢板防水；

（2）采用卷材、保护层防水；

（3）涂料防水。

在管段施工接缝防水中，一般将施工缝做成后浇带形式，如图9-11所示。如图9-12所示为最终接头施工缝的防水构造。另外为了保持管段的整体稳定性，变形缝一定要能传递由波浪及施工荷载引起的纵向弯矩，其构造如图 9－13 所示。通常采用如下两种工艺措施：

（1）把变形缝处所有的管壁内、外纵向（水平）钢筋全部切断；

（2）只将变形缝处所有的管壁外排纵向钢筋切断。

在变形缝中，一般设置 1～2 道止水缝带，以保证变形前后均能防止河水、海水流入。止水带的形式种类很多，其中橡胶止水带变形缝应用较多。

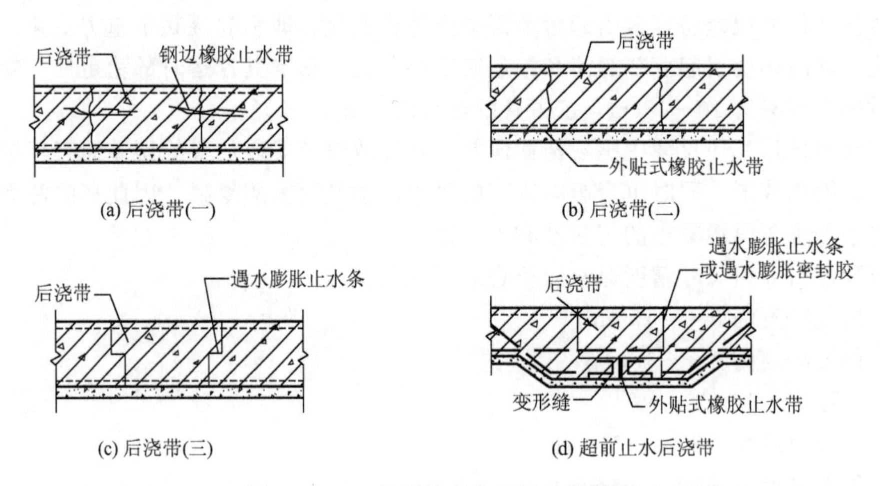

图 9－11　一般后浇带施工缝防水构造

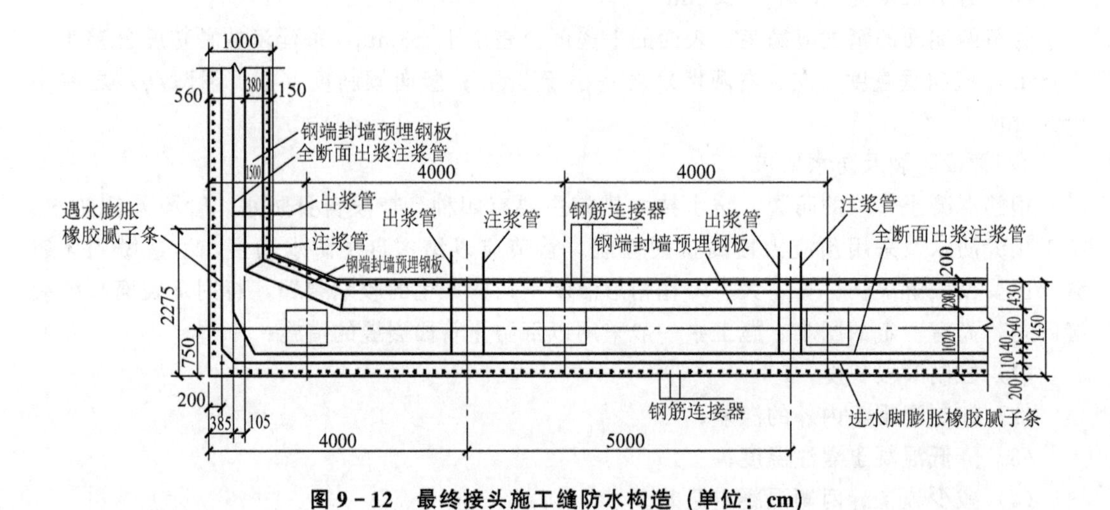

图 9－12　最终接头施工缝防水构造（单位：cm）

管段必须因地制宜地采取防裂、防水设计措施，同时符合 GB 50108—2008《地下工程防水技术规范》的要求。

4）施工工艺要求

在浇筑每一个管节的施工作业段（我国多采用 15～20m）时，侧墙纵向施工缝离底肋应不小于 200mm，横向施工缝间距应符合防裂要求，底板及顶板纵向不允许设计施工缝。

5）混凝土灌注工艺要求

在混凝土浇筑过程中，必须实行严格的密实度管理，每班 8 小时应取一定数量的混凝土试件，通过测试试件来控制混凝土的密实度变化，相关要求为

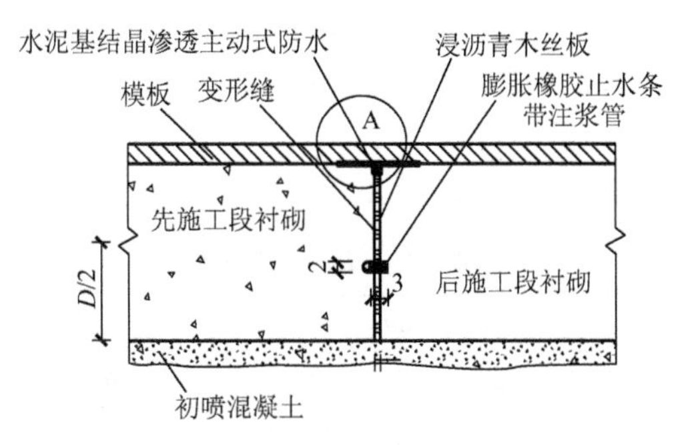

图 9-13 变形缝构造（单位：mm）

$$(\rho-\rho_m)/\rho_m \leqslant 0.6\% \tag{9-1}$$

式中 ρ——混凝土试件密实度；

ρ_m——混凝土试件的平均密实度。

水灰比应小于0.5，坍落度常为10～14cm，但由于各个地区的气候与环境条件等不同，结合具体工程的情况，在实际操作中可有所不同。例如对于钢筋密集区域，坍落度可考虑放宽到16～17cm，混凝土需进行缓凝处理，且要适应泵送的要求，同时要求限制水泥用量。

6）模板工程要求

模板要有足够的刚度，能整体移动，保证混凝土几何尺寸精度，其套数应满足工期需要。

7）施工材料计量误差

材料计量应符合现行计量标准与相关混凝土规范要求，误差要求水泥小于±1%，砂小于±2%，碎石小于±2%，外加剂小于±1%，几何尺寸误差按设计要求控制。

2. 管节混凝土的配合比设计

沉管管段为大体积混凝土构件，且结构形式复杂，耐久性要求较高。对于管段混凝土主要是要控制混凝土温度变形裂缝，从而提高混凝土的抗渗、抗裂、抗侵蚀性能。管段混凝土在配比上的特点为：掺加合格的矿物掺合料和高效减水剂，采用较低的水胶比和较少的水泥用量，并在制作上通过严格的质量控制，使其达到良好的工作性、均匀性、密实性和体积稳定性。

1）管节混凝土配合比设计原则

具体来说，沉管管节混凝土配合比设计必须遵循以下原则：

（1）满足管节混凝土设计重度、强度等级要求；

（2）满足混凝土可施工性要求（和易性）；

（3）满足混凝土耐久性要求（具有良好的体积稳定性、防渗抗裂性能）；

（4）满足经济性要求。

2）混凝土配合比对原材料的要求

（1）水灰比：0.4～0.8为宜。

（2）每立方米混凝土的水泥用量 m_{c0} 可按下式计算：

$$m_{c0}=\frac{m_{w0}}{W/C} \tag{9-2}$$

式中　m_{c0}——每立方米混凝土的水泥用量，kg；

m_{w0}——每立方米混凝土的用水量，kg；

W/C——水灰比。

（3）砂率：混凝土的砂率可按表 9－2 取值。

表 9－2　混凝土的砂率

水灰比 W/C	卵石最大粒径/mm			碎石最大粒径/mm		
	10	20	40	16	20	40
0.40	26～32	25～31	24～30	30～35	29～34	27～32
0.50	30～35	29～34	28～33	33～38	32～37	30～35
0.60	33～38	32～37	31～36	36～41	35～40	33～38
0.70	36～41	35～40	34～39	39～44	38～43	36～41

注：① 本表数值是中砂的选用砂率，对细砂或粗砂，可相应减少或增大砂率。

② 只用一个单粒级的集料配置混凝土时，砂率应适当增大。

③ 对薄壁构件，砂率取偏大值。

④ 本表中的砂率是指砂与集料总量的质量比。

（4）粗集料和细集料用量的确定，应符合下列规定。

①当采用质量法时，应按下列公式计算：

$$m_{cp}=m_{c0}+m_{g0}+m_{s0}+m_{w0} \tag{9-3}$$

$$\beta_s=\frac{m_{s0}}{m_{g0}+m_{s0}}\times 100\% \tag{9-4}$$

式中　m_{g0}——每立方米混凝土的粗集料用量，kg；

m_{s0}——每立方米混凝土的细集料用量，kg；

m_{cp}——每立方米混凝土拌合物的假定质量，kg，可取 2350～2450kg；

β_s——砂率，%；

其余符号含义同前。

②当用体积法时，应按下列公式计算：

$$\frac{m_{c0}}{\rho_c}+\frac{m_{g0}}{\rho_g}+\frac{m_{s0}}{\rho_s}+\frac{m_{w0}}{\rho_w}+0.01\alpha=1 \tag{9-5}$$

式中　ρ_c——水泥密度，kg/m^3，可取 2900～3100kg/m^3；

ρ_g——粗集料的表观密度，kg/m^3；

ρ_s——细集料的表观密度，kg/m^3；

ρ_w——水的密度，可取 1000kg/m^3；

α——混凝土的含气量百分数，在不使用引气型外加剂时，α 可取 1。

（5）混凝土配合比确定的其他要求：为满足混凝土管节预制的特殊要求，应由实验室专门设计混凝土配合比，并经试块验证。其中除常规实验项目外，还要专门进行水泥水化热、水泥干缩、混凝土收缩、混凝土温升、浮球试验、通电 Cl^{-1} 扩散系数等一系列项目的试验论证，从而得到符合强度、抗渗性、耐久性要求的最优配合比。

3）管节高性能混凝土的技术要求

对耐久性与防水性能要求很高的管节混凝土的设计，是以普通混凝土高性能化为指导，比一般混凝土配合比设计的要求更严格。

（1）水胶比（混凝土的用水量与限定范围的胶凝材料总量之比）：要求小于或等于0.42（掺膨胀剂和纤维水胶比小于或等于0.45）。

（2）胶凝材料（水泥加矿物掺合料）用量：C35、P10高性能混凝土要求低用水量，取$W \leqslant 175kg/m^3$，水胶比小于或等于0.45，则胶凝材料用量约为$400kg/m^3$。

（3）集料：在保证混凝土材料不泌水、离析、可施工性的前提下，砂采用洁净的河砂，其细度模数为2.5～3.1，且要求砂率尽可能减小，可减少混凝土收缩开裂；石子粒径满足钢筋间距的2/3，粒径较大越可减少收缩开裂，采用连续级配5～31.5mm。

（4）大掺量的矿物掺合料的使用：充分利用混凝土的后期强度，在不降低混凝土强度及抗渗性的情况下，最大限度地减少水泥用量。

（5）高效减水剂：掺入混凝土中的高效减水剂应能有效降低水泥水化时的放热峰值，延迟放热的速率。掺入高效减水剂应表现为早期强度稍低，7d以后的强度逐渐上升，且有利于大体积混凝土结构的温峰、温度应力、温度梯度和裂缝控制。

（6）膨胀剂：主要起补偿收缩作用。膨胀剂在水中养护通常只起膨胀作用，因此不能取代水泥，只能作为外加剂。

（7）纤维：能迅速而轻易地与混凝土材料混合，分布极其均匀、彻底，故能在混凝土内部构成一种均匀的乱向支撑体系，是控制混凝土塑性收缩、干缩等非结构性裂缝的有效手段，但对硬化后的混凝土起不到抗裂作用，对提高抗渗能力有一定的效果。

9.3.3 管段浮运

将管段从存泊区（或干坞）拖运到沉放位置的过程称为浮运。管段浮运可采用拖轮拖运或岸上绞车拖运，具体浮运方式很多。当水面较宽、拖运距离较长时，一般采用拖轮拖运；水面较窄时，可在岸上设置绞车拖运。

宁波甬江水底沉管隧道的预制沉管浮运时，由于江面窄、水流急，且受潮水的影响，采用了绞车拖运“骑吊组合体”方法浮运过江，如图9－14所示。

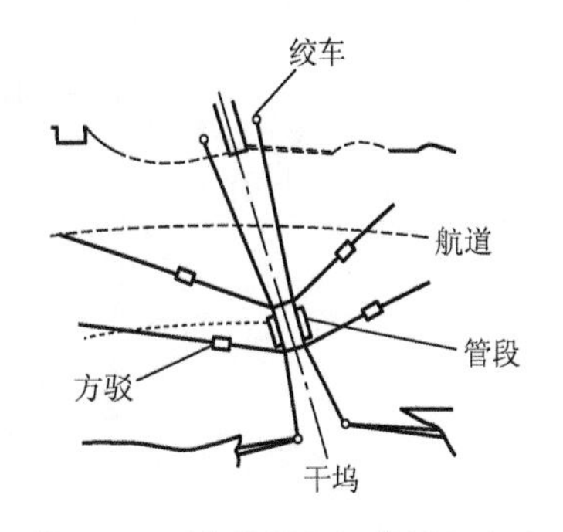

图9－14 宁波甬江沉管浮运方式

广州珠江沉管隧道施工时，由于干坞设在隧道的岸上段，江面宽只有400m左右，浮运距离短，主要采用绞车和拖轮相结合的方式，即在一艘方驳上安置一台液压绞车作为后制动，两台主制动绞车设在干坞岸上，三艘顶推拖轮顶潮协助浮运。这种方式简单易行，且施工中淤泥不会卷入基槽，如图9－15所示。

日本东京港沉管隧道采用的浮运方式如图9－16所示，该隧道运距4km，运距较长，前后各有一艘拖轮，两艘方驳在管段两侧护送，并用两艘拖轮做辅助顶推，浮运时间1d，纯运行时间为2h。

管段浮运到沉放位置后，要转向或平移，对准隧道中线待沉。

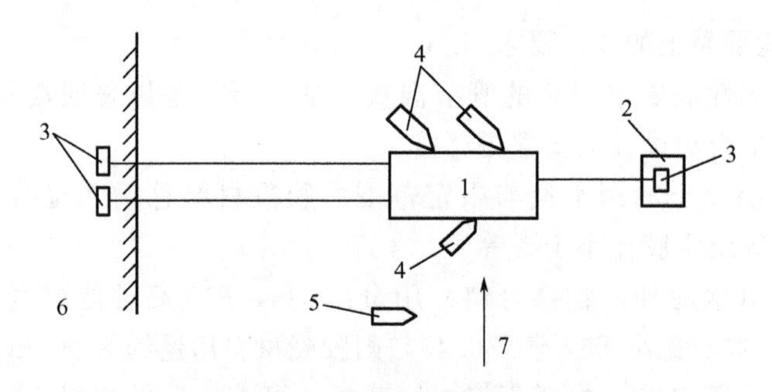

图 9-15　广州珠江沉管浮运方式

1—管段；2—方驳；3—液压绞车；4—顶推拖轮；
5—备用拖轮；6—芳村岸；7—水流方向

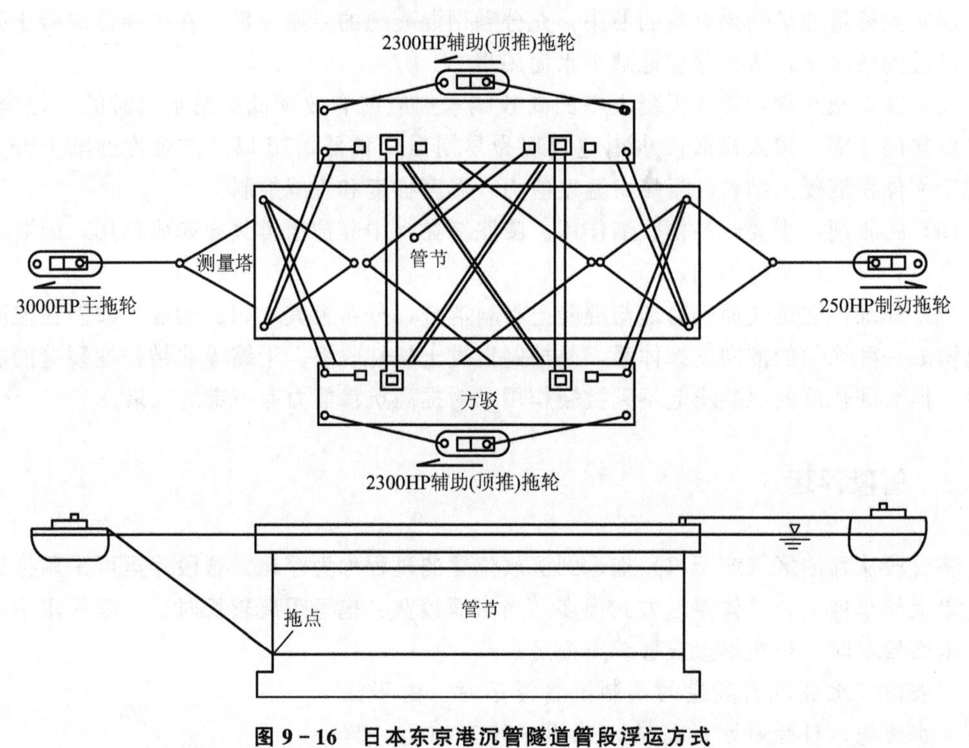

图 9-16　日本东京港沉管隧道管段浮运方式

9.4　管段沉放与连接

9.4.1　管段沉放

在管节浮运到沉放区域后，需要先对管节进行二次舾装，之后再进行沉放和对接，管段沉放作业是沉管隧道施工中的重要环节。管节沉放就是利用方驳提供的足够的吊力，通过调节水箱压载水以提供负浮力进行下沉，同时通过方驳提供的吊力来控制下沉速度。在施工过程中，它受到管段尺寸、气象、水流、地形等条件的直接影响，还受到航运条件的制约，因此在施工时需根据这些具体条件选择合适的沉放方法。目前，沉管隧道管段的沉放方法，主要有起重船吊沉法、浮箱吊沉法、水上自升式作业平台吊沉法、船组扛吊法、骑吊法、拉沉法等。其中采用吊沉法的居多。管段浮运与沉放施工流程如图 9－17 所示。

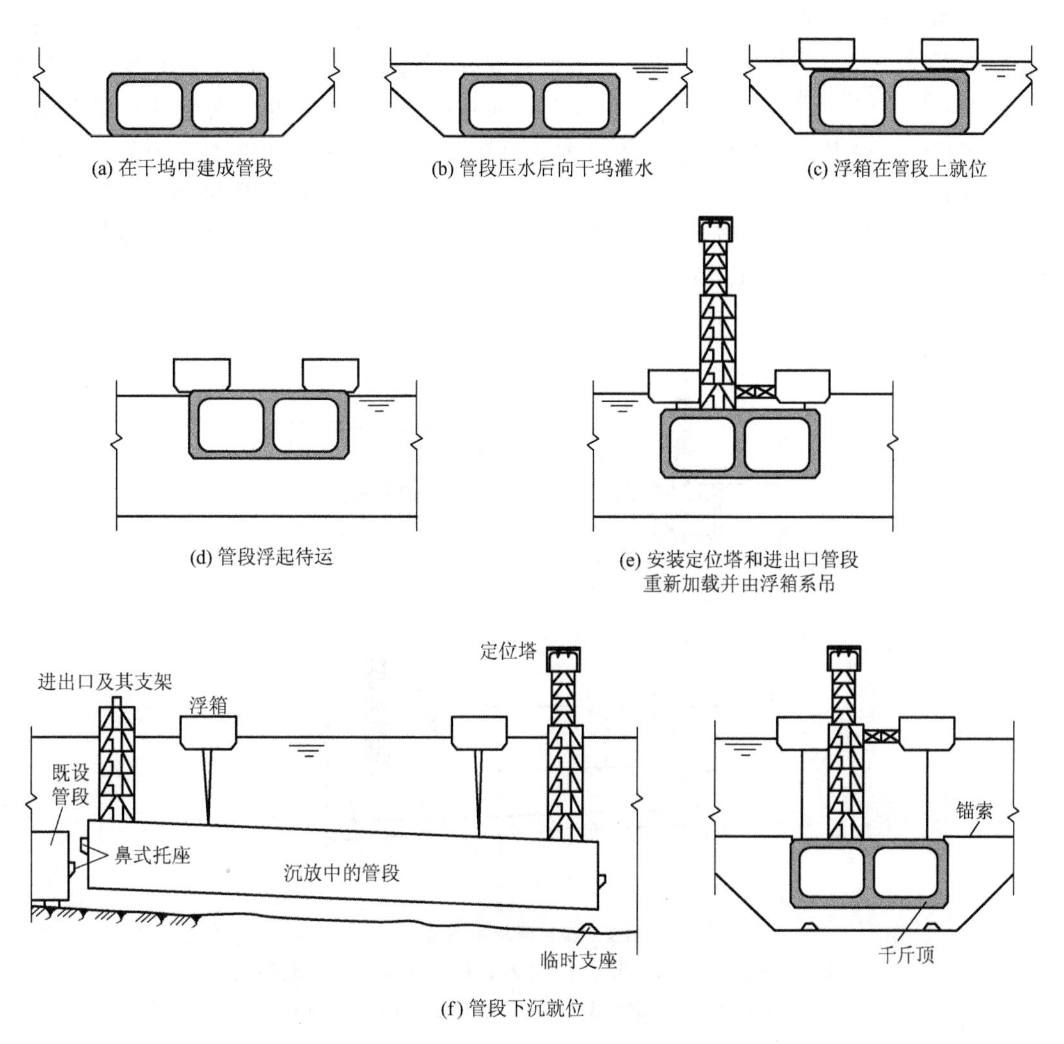

图 9－17　沉管法管段浮运和沉放施工流程

1．*沉放方法*

1）起重船吊沉法

起重船吊沉法又称浮吊法。早期的双车道管段几乎都用此法施工，后来沉管施工又逐渐改用扛沉法。20 世纪 70 年代以后，随着港务作业中大型浮吊的出现，浮吊法又被采用。采用浮吊法进行沉放作业时，一般用起重能力为 1000～2000kN 的 2～4 艘起重船提着管段顶板于预先埋设的吊点上（其位置要能保证各吊力的合力通过管段重心），同时逐渐给管

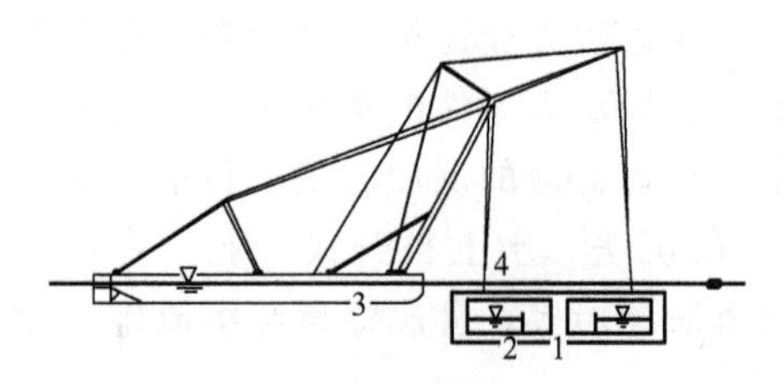

图 9-18 起重船吊沉法

1—沉管；2—压载水箱；3—起重船；4—吊点

段内压载，使管段慢慢沉放到规定的位置上，如图 9-18 所示。起重船的数量根据其起重能力和管段重量而定。但这种方法占用水面较宽，对航道干扰大。

2）浮箱吊沉法

通常在管段顶板上方用 4 只浮力为 1000～1500kN 的方形浮箱（边长约 10m，箱深约 4m）直接将管段吊起来，吊索起吊力要作用在各浮箱中心，四只浮箱分前后两组，每组两只浮箱用钢桁架连接起来，并用 4 根锚索定位。起用卷扬机和浮箱定位卷扬机均安放在浮箱顶部，管段本身则另用 6 根锚索定位（边锚 4 根，前后锚各 1 根），其定位卷扬机则安设在定位塔顶部。也可将浮箱组的定位锚索全部省去，只用管段本身的 6 根定位索来控制坐标，使水上作业大为简化。如图 9-19 所示为浮箱吊沉法的全过程。

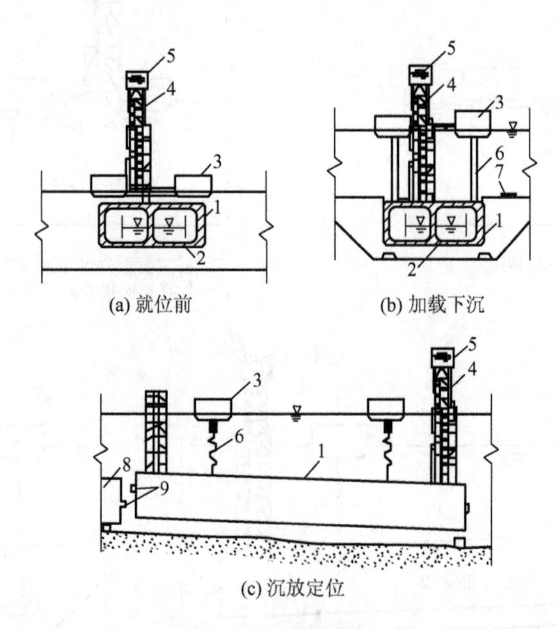

图 9-19 浮箱吊沉法

1—管段；2—压载水箱；3—浮箱；4—定位塔；5—指挥室；6—吊索；7—定位索；8—已设管段；9—鼻式托座

3）自升式平台吊沉法

自升式平台一般由 4 根柱脚与平台（船体）组成，如图 9-20 所示。移位时靠船体浮移。就位后柱脚靠液压千斤顶下压至河床以下。平台沿柱脚升出水面，利用平台上的起吊设备吊沉管段。施工完毕平台落到水面，利用平台船体的浮力拔出柱脚，浮运转移。自升式平台吊沉法适用于水深或流速较大的河流或海湾沉放管段，施工时不受洪水、潮水、波浪的影响，不需要锚锭，对航道干扰小。但这种方法的缺点是设备费用较大。

4）船组杠吊法

船组杠吊法是采用两副“杠棒”担在两组船体组成的船组上完成管段吊沉作业。所谓

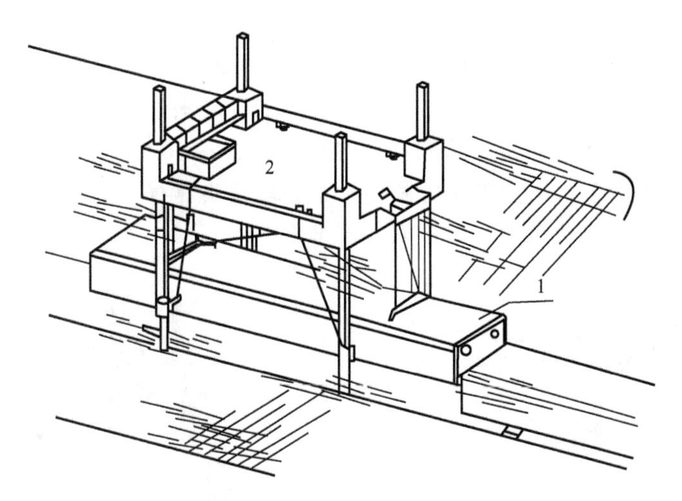

图 9-20 自升式平台吊沉法

1—沉管段；2—SEP 自升式平台

“杠棒”即钢梁（钢桁架梁或钢板梁）。每组船体可用两只铁驳或两组浮箱构成，将每组钢梁（杠梁）两头担在两只船体上，构成一个船组，再将前后两个船组用钢桁架梁连接起来形成一个整体船组（前后两个船组也可不用钢桁架梁连接）。船组和管段各用 6 根锚索定位（均为四边锚及前后锚），所有定位卷扬机均安设在船体上，起吊卷扬机安设在“杠棒”上，吊索的吊力通过“杠棒”传到船体上，如图 9-21 所示。

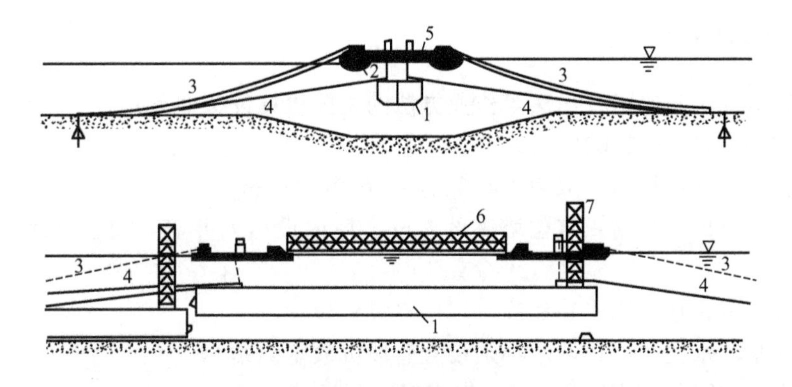

图 9-21 船组杠吊法

1—沉管；2—铁驳；3—船组定位索；4—杠棒；5—连接梁；6—定位塔

上述方法需要四只铁驳或浮箱，其浮力只需 1000～2000kN 就已足够，这种方法通常称为四驳杠吊法。也有采用两只吨位较大的铁驳代替四只小铁驳进行的管段吊沉作业，称为双驳杠吊法，如图 9-22 所示。这种方法船组整体稳定性好，操作较方便，施工时可充分发挥船组稳定性良好的有利条件，将管段定位索省去，而改用斜对角方法张拉的吊索系定于双驳船组上。此法因大型驳船较贵，一般很少采用。

船组杠吊法适用于小型管段的沉放，不仅沉放时较为平稳，而且浮运时还可以利用铁驳船组挟持着管段航行，使浸水面积对浮轴的惯性矩成倍增大，从而使浮运时抗倾覆稳定性及安全度大为提高。

5）拉沉法

这种方法的特点是既不用起重船，也不用铁驳、浮箱，管段沉放时也不靠灌注压载水来取得下沉力，而是利用预先埋置在基槽底面的水下桩墩当地垄，依靠安设在管顶钢桁架上的卷扬机，通过扣在地垄柱墩上的钢索，将具有2000～3000kN浮力的管段慢慢拉下水去，使管段沉放在桩墩上，再用斜拉方式使水下管段接头靠拢，如图9-23所示。使用此法必须设置水底桩墩，花费较大，因此未得到推广。

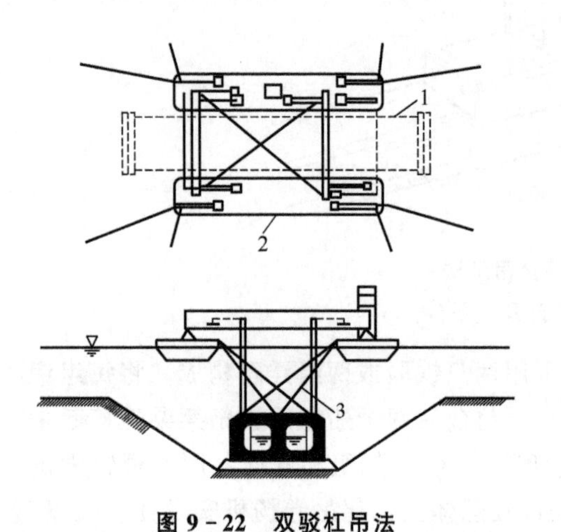

图9-22 双驳杠吊法

1—管段；2—大型铁驳；3—定位索

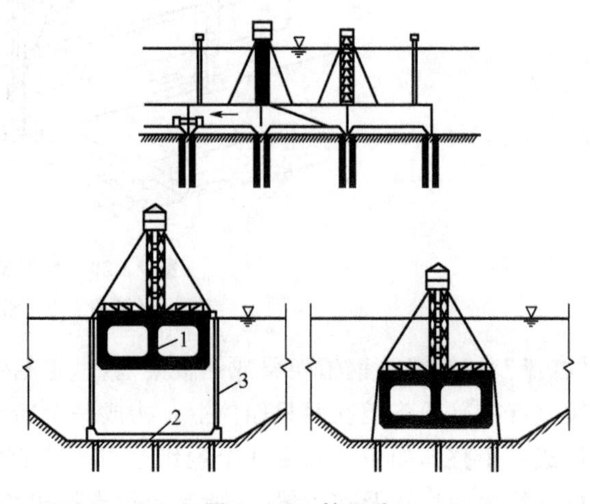

图9-23 拉沉法

1—沉管；2—桩墩；3—拉索

2. 沉放作业的主要设备

采用浮箱吊沉法与船组杠吊法等作业方法的主要机具设备如下。

（1）起重船：1000～2000kN。

（2）拉合千斤顶：拉力一般为1500kN，顶程为100cm。

（3）定位塔与出入井筒：定位塔高约20m，塔内设出入井筒，筒径多为80～120cm，供人出入。

（4）地锚：事先在河底安装地锚，以便安设定位索。

（5）定测站和水文站：在两岸都须设置管段沉放定测站。

（6）超声波测距仪：当距离在1m以内时，测量精度可达±5mm。

（7）斜度仪：能自动反映管段的纵横倾斜度。

（8）缆索测力计：在每一根锚索或吊索的固定端均设置自动测力计。

（9）压载水容量指示器：能随时向指挥部反映压载水容量及下沉力实际数量。

（10）通信器材：采用无线电步话机及广播器材等用于指挥室。

3. 沉放作业步骤

管段沉放作业全过程可按以下三个阶段进行。

1）沉放前准备工作

沉放前，在开始前的1～2d，需把管段基槽内和附近的回淤泥砂清除掉，保证管段能顺利地沉放到规定位置，避免沉放过程发生搁浅，临时延长沉放作业时间。

2）管段就位

在管段浮运到距离规定沉放位置的纵向10～20m处，挂好地锚，校正方向，使管段中线与隧道中线基本重合，误差不应大于10cm，管段纵坡调整到设计纵坡。定好完毕后即可开始灌水压载，至消除管段全部浮力为止。

3）管段下沉

管段下沉的全过程一般需要2～4h，因此应在潮位退到低潮平潮之前1～2h开始下沉。开始下沉时，水流速度宜小于0.15m/s，如流速超过0.5m/s，就要另行采取措施，如加设水下锚锭，使管段安全就位，如图9-24所示。

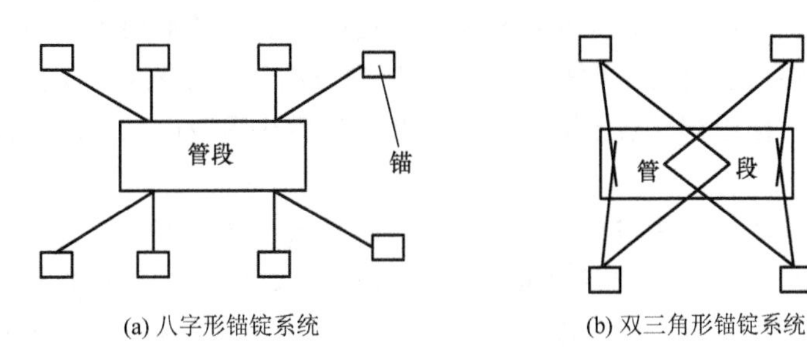

(a) 八字形锚锭系统　　(b) 双三角形锚锭系统

图9-24　锚锭系统图

沉放作业，一般可分初次下沉、靠拢下沉和着地下沉三个步骤进行，如图9-25所示。具体过程如下。

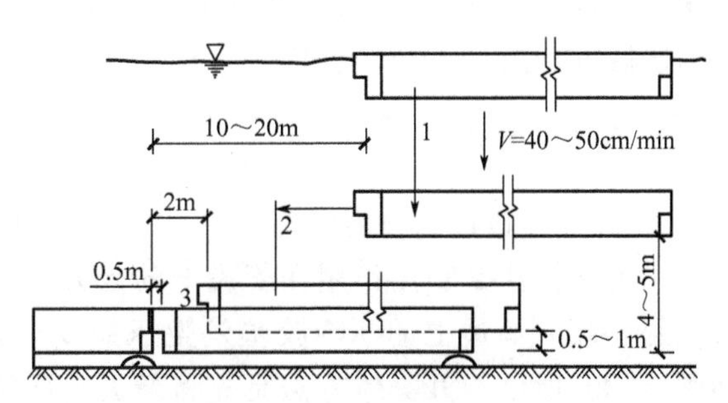

图9-25　沉放作业步骤

1—初步下沉；2—靠拢下沉；3—着地下沉

（1）初步下沉：压载至下沉力达50%规定值后校正位置，之后再继续压载至下沉力达100%规定值，然后按不大于30cm/min的速度下沉，直到管段底部离设计高程4～5m为止。在初步下沉过程中，要逐步调节压载水，并进行初步定位，使管节缓慢浮近已沉管节或接口段结构。

（2）靠拢下沉：将管段向前节既设管段方向平移至距前节管段2～2.5m处，再将管段下沉到管段底部离设计高程0.5～1.0m，稳定压载水，精确定位，管节靠拢已沉管节或接口段结构，再次校正管节位置。

（3）着地下沉：当管节相互靠拢，并确认位置无误后，先将管节前端搁置在已沉管节的鼻托上，通过鼻托上的导向装置使管节自然对中，然后将管节后端搁置在临时支座上。待管节位置校正稳定后，即可卸去全部吊力。

9.4.2 管段连接

管段沉放就位后，还要与已连接好的管段连成一个整体。该项工作在水下进行，故又称水下连接。水下连接技术的关键是要保证管段接头不漏水。水下连接有混凝土连接和水力压接两种方法。混凝土连接法作业工艺复杂，潜水工作量大，密封的可靠性差，故目前一般不再采用；水力压接法是20世纪50年代由丹麦工程师在加拿大开发应用的一种水下连接方法，它工艺简单、施工方便、施工速度快、水密性好，基本上不用潜水工作，故目前普遍采用。

1. 水下混凝土连接法

早期的水底沉管隧道，都采用浇筑水下混凝土的方法进行管段间的连接，目前这种方法仅在管段的最终接头时采用。

采用水下混凝土连接法时，先在接头两侧管段的端部安设平堰板（与管段同时制作），待管段沉放完后，在前后两块平堰板的左右两侧安放圆弧形堰板，围成一个圆形钢围堰，同时在隧道衬砌的外面用钢堰板把隧道内外隔开，最后往围堰内浇筑水下混凝土，形成管段的连接。

水下混凝土连接法的主要缺点是水下作业工艺复杂，潜水工作量大，一旦发生变形会导致接头处开裂漏水。但在管段最终接头（最后一个接头）处还必须采用水下混凝土连接。为确保接头混凝土质量，应对施工环境进行改进，即把围堰内有水时浇筑水下混凝土变成在无水的情况下浇筑普通混凝土。当水深较大时，可将接头临时性封闭，排干管段间的水，进行无水条件下施工；当水深不大时（一般于岸边），可于接头处做围堰，排除围堰内水后进行无水条件下施工。

2. 水力压接法

1）水力压接法的作用原理

水力压接法是利用作用在管段上的巨大水压力，使安装在管段前端面（靠近既设管段的那一端）周边上的一圈胶垫发生压缩变形，形成一个水密性相当良好可靠的接头，如图9-26所示。其具体方法是先将新设管段拉向既设管段并紧密靠上，这时接头胶垫产生了第一次压缩变形，并具有初步止水作用。随即将既设管段后端的封端墙与新设管段前端的封端墙之间的水（此时已与管段外侧的水隔离）排走。排水之前，作用在新设管段前、后两端封端墙上的水压力是相互平衡的，排水之后，作用在前封端墙的压力变成了大气压力，于是作用在后封端墙上的巨大水压力（数万千牛）就将管段推向前方，使接头胶垫产生第二次压缩变形。经两次压缩变形的胶垫，使管段接头具有非常可靠的水密性。

水力压接法工艺较简单、施工方便、水密性好，基本上不用潜水作业，施工速度较快、工料费较节省，因此水力压接法在世界各国得到迅速的推广应用。

2）接头胶垫

水力压接法所用的胶垫最初为矩形胶垫，1960年，荷兰发明了GINA（尖肋形）胶垫圈，改善了原垫圈性能，得到了广泛应用。

3）水力压接施工程序

用水力压接法进行连接的主要工序是：对位→拉合→压接→拆除封端墙。

(1) 对位：着地下沉后，管段对位连接精度应满足要求。鼻式托座与卡式托座可确保定位精度。

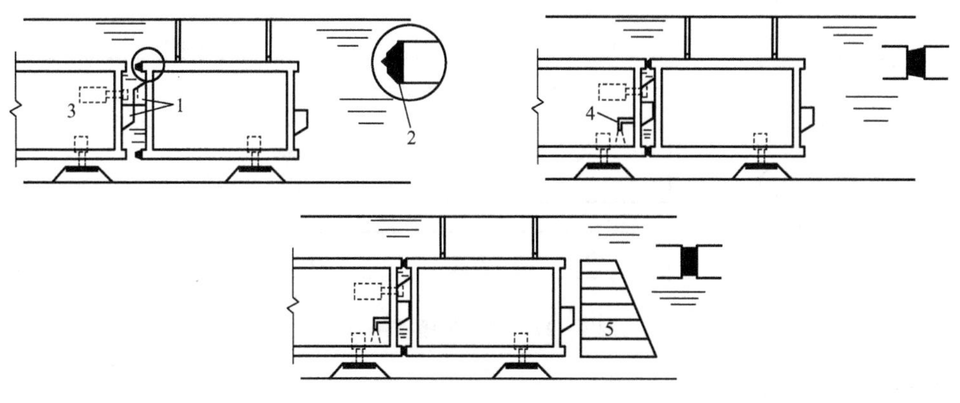

图 9-26 水力压接法

1—鼻托；2—胶垫；3—拉合千斤顶；4—排水管；5—水压力

(2) 拉合：用带有锤形拉钩的千斤顶将管段拉紧，压缩尖肋型橡胶垫初步止水。

(3) 压接：打开既设管段后封端墙下部的排水阀，排出前后两节沉管封端墙之间被胶垫所封闭的水。后封端墙水压力高达数十兆牛到数百兆牛，从而使管段紧密连接。

(4) 拆除封端墙：拆除封端墙，安装“Ω”或“W”形橡胶板，使管段向岸边延伸。压力结束后，即可从已设管段内拆除刚对接的两道封端墙，沉放对接作业即告结束。

9.5 基槽浚挖与基础处理

基槽浚挖和基础处理是管段沉放前的重要工作，其完成质量是沉放成功的重要保证。

9.5.1 基槽浚挖

沉管隧道的浚挖工作一般有沉管的基槽浚挖、航道临时改线浚挖、出坞航道浚挖、浮运管段线路浚挖、舾装泊位浚挖。

1. 沉管基槽设计

1) 横断面设计

沉管基槽的横断面主要由底宽、深度和边坡坡度三个基本要素确定，如图 9-27 所示。

2) 纵断面设计

基槽开挖纵断面形状基本上与沉管段的隧道纵断面一致。在采用临时支座作为管段沉放的定位基准时，临时支座基底标高可作为纵断面设计的控制标高。无临时支座时，以上述的开挖深度作为控制标高。

3) 平面设计

基槽开挖的平面轴线应与沉管段平面轴线相一致。基槽开挖的宽度要与沉管段平面轴线相对称，并随管段埋设深度及边坡稳定性要求不同而变化。

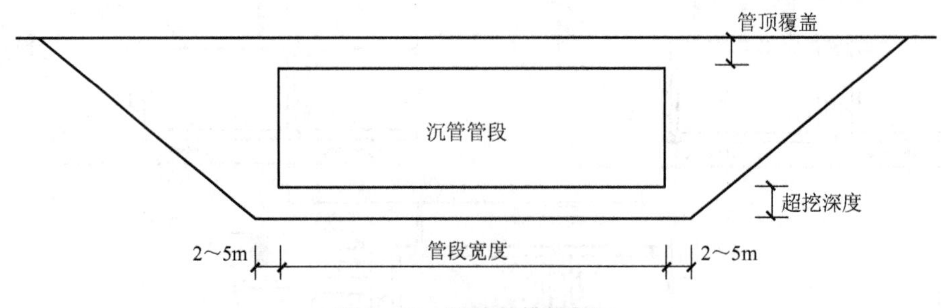

图 9-27　沉管基槽横断面

4）临时支座的设计

管段采用鼻托式对接时，每节管段需配置 2 块临时支座；采用定位梁搭接时，每节管段需配置 4 块临时支座。临时支座一般为钢筋混凝土支承块。

2. 基槽浚挖施工

基槽浚挖施工主要是利用浚挖设备，在水底沿隧道轴线、按基槽设计断面挖出一道沟槽，用以安放管段。基槽浚挖是所有浚挖工作中最为重要的一环，应根据现场地质与水力资料确定合理的浚挖方式和浚挖设备。选择浚挖方式时应尽量使用技术成熟、生产效率高、费用低的浚挖方式。

浚挖作业一般分层、分段进行。在基槽断面上，分几层逐层开挖；在平面沿隧道轴线方向划分成若干段，分段分批进行浚挖。管段基槽浚挖也可分粗挖和精挖两次进行。粗挖挖到离管底标高约 1m 处，精挖在临近管段沉放时超前 2～3 节管段进行，这样可以避免因管段基槽暴露过久、回淤沉积过多而影响沉放施工。

基槽开挖可选用戽斗式挖泥机、带切泥头的吸泥机或挖泥机、带爪斗的起重机等设备。切泥头挖泥机是对要浚挖的泥土进行混搅成浆后吸走，如使用浮放管路排泥时，这种挖泥机的垂直运输和水平运输都是封闭的，对环境的影响就比较小。戽斗式挖泥机、带抓斗的起重机在垂直运输泥土以及当泥土卸进驳船中供水平运走时产生的溢出都会对环境造成污染。一般采用吸泥船进行作业，如链斗式挖泥船、绞吸式挖泥船 、自航耙吸式挖泥船 、抓斗挖泥船 、铲扬式挖泥船等。如图 9-28 所示为大挖深绞吸挖泥船。

沉管基槽浚挖应符合下列规定。

（1）水下基槽浚挖前，应对管位进行测量放样复核，开挖成槽过程中应及时进行复测。

（2）根据工程地质和水文条件以及水上交通和周围环境要求，结合基槽设计要求选用浚挖方式和船舶设备。

（3）基槽采用爆破成槽时，应进行试爆确定爆破施工方式，并符合下列规定：

①炸药量计算和布置，药桩（药包）的规格、埋设要求和防水措施等，应符合国家相关标准的规定和施工方案的要求；

②爆破线路的设计和施工、爆破器材的性能和质量、爆破安全措施的制定和实施，应符合国家相关标准的规定；

③爆破时，应有专人指挥。

（4）基槽底部宽度和边坡应根据工程具体情况进行确定，必要时应进行试挖。

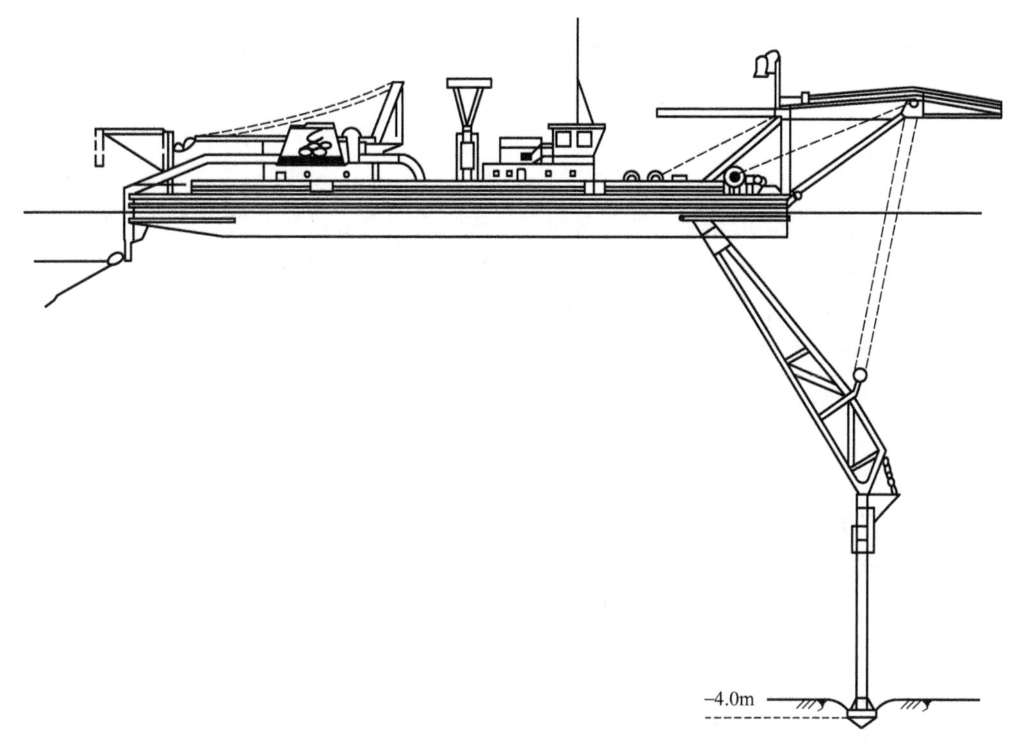

图9-28 大挖深绞吸挖泥船

9.5.2 基础处理

尽管沉管隧道基础所承受的荷载通常较低，对地质条件的适应性比较强，但由于在基槽开挖过程中，不论使用哪一种挖槽方法，槽底表面都不会太平整，槽底表面与沉管底面之间必将存在很多不规则的空隙，导致地基土受力不均而局部破坏，从而引起不均匀沉降，使沉管结构受到局部应力而开裂，故必须进行基础处理（基础填平）。

沉管隧道沉管段基础处理是沉管隧道的关键技术之一。处理管段基础的目的是使沟槽底面平整，而不是为了提高地基的承载力。因沉管隧道在基槽浚挖、管段沉放、基础处理和回填覆土后，其抗浮系数仅为1.1～1.2，因此作用在地基上的荷载一般比开挖前小，故沉管隧道一般不会产生沉降，不需要修建人工基础。但在沉管隧道施工过程中，仍须进行沉管的地基处理。究其原因，除了在基槽浚挖后的基槽底表面与沉管底面之间存在的不规则孔隙会导致地基受力不均匀而产生局部破坏，从而引起地基不均匀沉降，使沉管结构受到较大的局部应力而开裂外，这些空隙还极易形成淤泥的夹层，特别是在含泥量较大的水域中淤泥在沉管与下部基础之间会形成夹层，同样会使沉管管段产生不均匀沉降。沉管隧道基础处理的目的是将管段底面与地基之间的孔隙垫平、充填密实，以消除那些对沉管结构有危害的孔隙。

1. 影响基础处理方法选择的因素

选用何种基础处理方法的主要依据有：沉管管节基槽底的工程地质条件、抗震设计要求、航道通航及封航要求、管节尺寸（主要是管节底宽尺寸）、沉管隧道所在地区充填料供应条件、沉管隧道所在地区可供施工选择的工程船舶配备条件、河（海）水深、工期及经济性要求等。

2. 基础处理规定

（1）管道及管道接口的基础，所用材料和结构形式应符合设计要求，投料位置应准确；

（2）基槽宜设置基础高程标志，整平时可由潜水员或专用刮平装置进行水下粗平和细平；

（3）管基顶面高程和宽度应符合设计要求；

（4）采用管座、桩基时，施工应符合国家相关标准、规范的规定，管座、基础桩位置和顶面高程应符合设计和施工要求。

3. 基础处理方法

沉管隧道的基础处理主要是垫平基槽底部。其处理方法较多，主要有两大类八种方法：一类是先铺法（又称刮铺法），包括刮砂法、刮石法两种；另一类是后铺法，包括灌砂法、喷砂法、灌囊法、压砂法、压浆法和桩基法。

早期的沉管隧道多用刮铺法处理基础，其原因在于造价较低。早期刮铺法采用一个简单的钢刮板对铺垫材料进行扫平，后来采用一种不受潮汐影响的刮板船替代。刮铺法的缺点是需配置费用昂贵的专用设备，作业时间长，对航道有影响，且精度难以控制，工艺繁杂。先铺法现在应用较少，以下主要介绍后铺法。

1）灌砂法

灌砂法是在管节底板中等距离预埋灌砂管，通过灌砂管向管节底下预留基础空间进行灌砂。

2）喷砂法

喷砂法是把砂水混合填料通过管道喷入沉管管段底部和基槽之间的空隙中去，如图 9－29 所示。在喷砂管的两侧设有回吸管，使水在管段底部形成一个规则的流动场，从而使砂子有规律地分布沉淀。由于喷砂法存在喷砂台架干扰通航、喷砂系统设备费用昂贵等缺点，已逐渐被压砂法所取代。

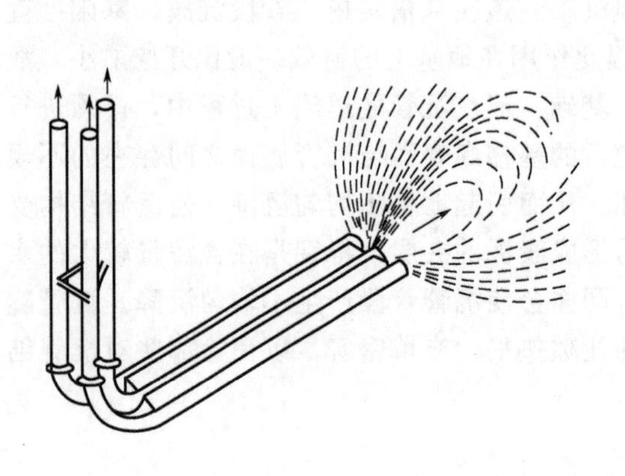

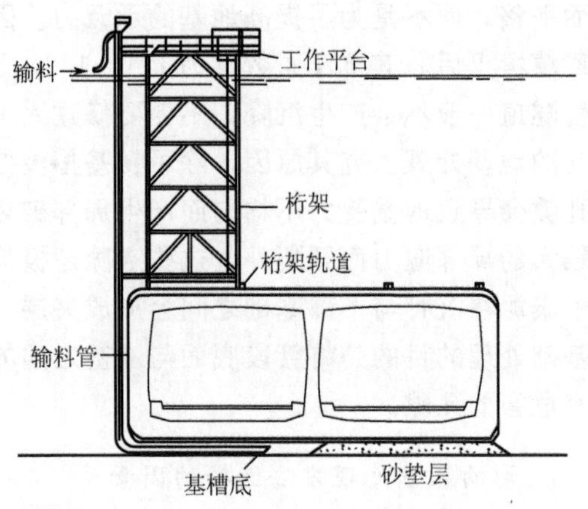

图 9－29　喷砂法

3）灌囊法

灌囊法是在砂石垫层面上用砂浆囊袋将剩余空隙填实，如图 9-30 所示。空囊事先固定在管段底部与管段一起沉放；沉放到位后，即向囊内注入注浆材料，囊的体积迅速膨胀以充填管段与下部地基之间的空隙。此法尚有不少技术难题，如囊的制作与管段的固定、沉放时空囊不受损坏等。

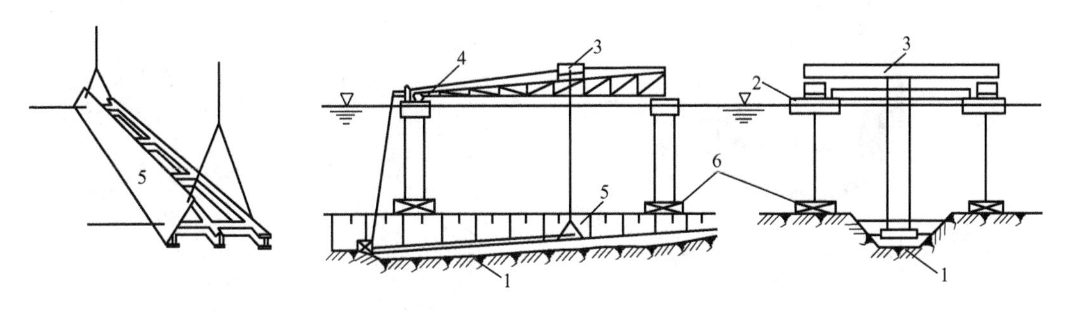

图 9-30 灌囊法

1—粗砂或砾石垫层；2—驳船组；3—车架；4—桁架及轨道；5—钢犁；6—锚块

4）压砂法

压砂法通常称为砂流法，是荷兰在 1975 年修建韦斯特谢尔德河沉管隧道时发明的，它是在管段底板上事先设置压砂孔，沉放就位后通过压砂孔向基底压注砂水混合物，如图 9-31 所示。由于压砂法砂粒粒径要求比喷砂法低，又可避免河上的喷砂台架对航道的影响，并省去喷砂法用的浮吊，20 世纪 70 年代后期开始，压砂法逐渐为各国采用。上海外环沉管隧道基础处理选用了压砂法。

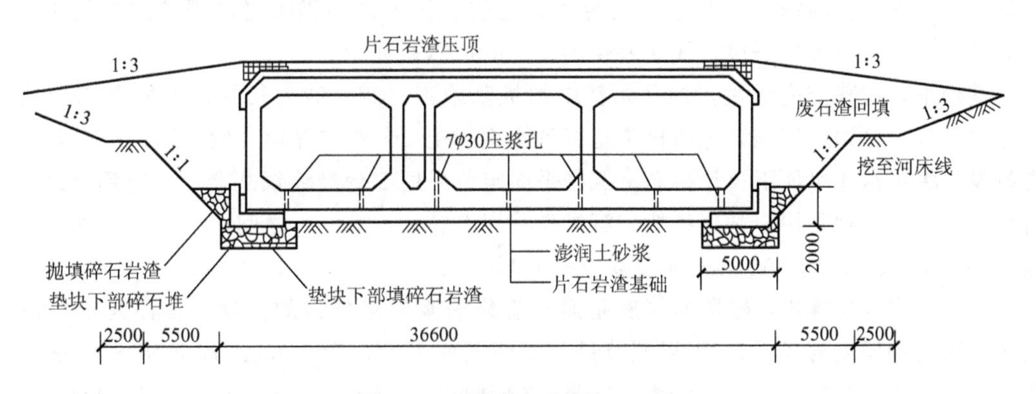

图 9-31 压砂法（单位：mm）

5）压浆法

压浆法是在管段沉放到位后，沿着管段边墙及后封端墙边堆高 0.6～1m 的砂石混合料，封闭管底空间，接着从管段里面通过预埋在管段底板上的压浆孔向管底空隙压注混合砂浆，充填管段底部与碎石垫层间的空隙。其优点是：设备简单，通用的注浆设备就可作业；注浆作业在管段内进行，不受水文气候影响，不影响通航；通过注浆孔测量和计量等参数（数据）可以确定充填状态。另外，可以通过控制注浆量和注浆压力使管段上抬，达到设计标高要求，这是其他基础处理方法难以做到的。

6）桩基法

当沉管下的地基极软弱时，其容许承载力很小，仅做“垫平”处理是不够的。采用桩基础支撑沉管，承载力和沉降都能满足要求，抗震能力也较强，且桩较短、费用较少，如图9-32所示。

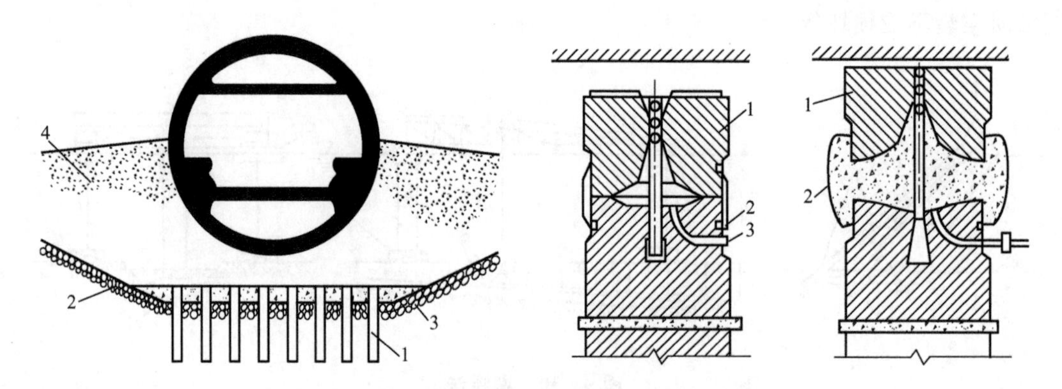

图9-32 桩基法

1—基桩；2—碎石；3—水下混凝土；4—砂石垫层

桩基法施工的关键是桩基施工的精度控制和管底与桩的囊袋灌浆连接传力。现以某工程为例进行说明。

(1) 桩基施工精度控制：桩基施工精度的控制，包括预制桩制作的精度和江中沉桩的精度控制。

预制桩可由60cm×60cm预应力钢筋混凝土方桩和长3m、直径750mm的钢接桩组合而成，便于桩顶标高修正。通过对混凝土方桩的制作工艺和钢桩自动焊接加工的工艺控制，确保钢管桩与方桩拼接轴线误差控制在3mm以内。

基槽第一次普挖完成后，即开始江中的桩基施工。27～37m长的桩可采用63.8m高桩架的打桩船分两步实施，先将桩顶施打到水面以上2m左右停锤，然后用5m或15m长送桩设备将桩送入水面下设计标高。沉桩平面定位采用2台经纬仪交会，并应用全站仪进行坐标校核；高程采用全站仪校核。沉桩高程误差在0～－5cm之间，沿管段平面横向误差≤10cm，纵向误差≤15cm，垂直误差≤0.4%。

(2) 管底囊袋灌浆：桩顶与管底是通过囊袋灌浆连接传力的。囊袋直径为1500mm，完全充涨后的厚度为40cm，可以调节桩与注浆孔间平面位置±35cm和间隙±20cm的位置偏差。囊袋灌浆材料为3.3砂率的砂浆，7d强度大于8MPa，28d强度大于14MPa。在管段沉放就位后立即在管内实施灌浆，以使管段由临时支承转换为桩基支承。施工时先灌注支承千斤顶附近的两排孔，再从管段自由端向压接端灌注。灌浆时先打开通气阀，当通气孔中冒出浓浆后再关闭通气阀灌注，直至达到每孔设计灌浆量。灌浆时对千斤顶压力和灌浆口压力进行严密观测，以防管段抬升。

(3) 管底充填灌浆：管段沉放到位后，为确保所有桩基与地基共同受力，须对管底空隙进行灌浆充填。管底充填灌浆在管段回填覆盖完成后进行。根据试验，充填灌浆的最大扩散半径可达到7m。灌浆的同时对管段接头间的相对位移和管段抬升情况进行监测，一旦有微小运动即停止灌浆，以防管段抬升。

4. 覆土回填

基础处理结束后，还要对管段两侧和顶部进行覆土回填，以确保隧道的永久稳定。覆土回填工作是沉管隧道施工的最终工序，包括沉管侧面与管顶压石回填。回填材料为级配良好的砂、石。为了使回填材料紧密地包裹在沉管管段上面和侧面不致散落，需要在回填材料上面再覆盖石块、混凝土块。

覆土回填在施工过程中应注意以下几点：

(1) 全面回填工作必须在相邻的管段沉放完成后方能进行；

(2) 采用压注法进行基础处理时，先对管段两侧回填，但要防止过多的岩渣沉落管段顶部；

(3) 管段上、下游两侧（管段左右侧）应对称回填；

(4) 在管段顶部和基槽的施工范围内应均匀地回填，不能在某些位置投入过量而造成航道障碍，也不得在某些地段投入不足而形成漏洞。

本章小结

沉管法是修建水下隧道的一项新技术，具有很多优点。通过本章学习，可以加深对沉管法概念、施工过程与施工方法的理解，具备编制沉管法隧道施工方案与现场组织沉管法隧道施工的初步能力。

思考题

1. 什么是沉管法隧道施工？
2. 沉管法隧道施工具有哪些优缺点？其适用条件如何？
3. 沉管隧道的断面形式有哪几种？如何进行沉管断面的选型？
4. 干坞施工包括哪些施工流程？
5. 管段制作时几何尺寸精度如何控制？
6. 管段防水有哪些具体做法？
7. 管段如何浮运至设计位置？
8. 管段沉放有哪些方法？
9. 管段如何在水下进行连接？水力压接的原理是什么？
10. 基础处理的常用方法有哪些？

第10章

顶管法施工

教学目标

本章主要讲述顶管法施工基本理论和施工方法。通过学习应达到以下目标：

(1) 掌握顶管法施工基本原理、特点与顶管的分类及适用范围；

(2) 了解顶管机的构造，掌握顶管机的选型；

(3) 掌握顶管工作井形式、选择与布置要求；

(4) 掌握顶管施工工艺与施工技术；

(5) 掌握长距离顶管施工技术；

(6) 了解曲线顶管技术；

(7) 掌握管节接缝防水技术。

教学要求

知识要点	能力要求	相关知识
顶管法施工基本原理、特点与顶管的分类及适用范围	(1) 掌握顶管法施工的基本原理； (2) 理解顶管法施工的特点； (3) 掌握顶管的分类； (4) 掌握常见顶管的适用范围	(1) 顶管法的基本原理； (2) 顶管法的优缺点； (3) 顶管的分类标准与分类； (4) 不同顶管的适用范围
顶管机的构造与选型	(1) 了解常见顶管机的构造； (2) 掌握顶管机的选型要求	(1) 手掘式、泥水平衡式与土压平衡式顶管机构造； (2) 顶管选型
工作井形式、选择与布置	(1) 掌握工作井的形式与特点； (2) 掌握工作井的选择要求； (3) 掌握工作井的布置要求	(1) 工作井的形式与特点； (2) 工作井的位置选择与数量选择； (3) 工作井的深度与布置
顶管施工技术	(1) 熟悉顶管施工准备； (2) 掌握顶管出洞段、正常顶进与进洞段施工技术； (3) 了解顶管施工中施工测量技术	(1) 施工准备； (2) 出洞段施工技术、正常顶进施工技术、进洞段施工技术； (3) 施工测量技术
长距离顶管技术	(1) 掌握注浆减摩技术； (2) 掌握中继间技术	(1) 注浆减摩； (2) 中继间
曲线顶管技术	(1) 了解曲线顶进施工方法； (2) 了解曲线顶进主要技术措施	(1) 蚯蚓式顶进法，单元式曲线顶进方法，半盾构法； (2) 接头处理、量测纠偏
管节接缝防水	掌握管节接缝防水技术	钢筋混凝土管节接缝的防水，钢管顶管的接口形式

基本概念

顶管法；手掘式顶管；泥水平衡式顶管；土压平衡式顶管；始发井、接收井；注浆减摩；中继间

引例

某顶管工程轴线为直线布置，长553.1m，采用直径为3.5m的土压平衡式顶管掘进机施工，穿越的土层主要为粉土、淤泥质粉质黏土和粉质黏土。该工程采用内径为3.5m、外径为4.16m的F型接头式钢筋混凝土顶管，管间净距4.94m，管顶覆土厚5.0～6.0m，顶管顶高程－6.0m，底高程－10.1m。为了减少顶进阻力、提高顶进质量、减小地表变形，施工中采用中间接力顶进。第一只中继间设于顶管机尾部处，以后每隔100m设置一只中继间，共设置5只，余下的53m由主顶承担；中继间采用二段一铰可伸缩的套筒承插式结构，偏转角$\alpha=\pm2°$，长度约2000mm，外形几何尺寸与管节相同。顶管的后座由钢后靠、后座墙和工作井后方的土体三者组成。顶管施工时，垂直运输采用100t履带吊进行工作井上下的物件（顶管管节、土箱、材料等）运输；管节内水平运输，采用轨道平板车配合卷扬机进行材料和土方的运输。顶进时通过顶管机铰接处及管节上预留的注浆孔，向管道外壁压入一定量的减阻泥浆，在管道四周外围形成一个泥浆套，以减小管节外壁和土层间的摩阻力。

10.1 概　　述

顶管法施工是继盾构施工之后发展起来的地下管道施工方法，是隧道或地下管道穿越铁路、道路、河流或建筑物等各种障碍物时采用的一种暗挖式施工方法。在施工时，通过传力顶铁和导向轨道，用支承于基坑后座上的液压千斤顶将管段压入土层中，同时挖除并运走管段正面的泥土。当第一节管段全部顶入土层后，接着将第二节管段接在后面继续顶进，这样将一节节管段顶入，做好管段之间的连接接口而将管段连成一体。

顶管法现已成为城市市政施工的主要手段，广泛用于穿越公路、铁路、建筑物、河流，以及在闹市区、古迹保护区、农作物和植被保护区等不允许或不能开挖的条件下进行煤气、电力、电讯、有线电视线路、石油、天然气、热力、排水等管道的铺设。

10.1.1 顶管法的历史与发展

顶管法施工最早始于1896年美国的北太平洋铁路铺设工程的施工中，已有百余年历史。1948年日本第一次采用顶管施工方法，在尼崎市的铁路下顶进了一根内径600mm的铸铁管，顶距只有6m。国内1953年北京第一次进行顶管施工，1956年上海也开始进行了顶管试验。1978年上海开发了适用于软黏土和淤泥质黏土的挤压法顶管。1984年前后，北京、上海、南京等地先后开始引进国外先进的机械式顶管设备，使我国的顶管技术上了一个新台阶。1988年，上海研制成功我国第一台ϕ2720mm多刀盘土压平衡掘进机，先后在虹漕路、浦建路等许多工地使用，取得了令人满意的效果。该类机种到目前为止，已有

4.6km 的累计顶进长度的业绩。1992 年，上海研制成功国内第一台加泥式 ϕ1440mm 土压平衡顶管掘进机，用于广东省汕头市金砂东路的繁忙路段施工，施工结束所测得的最终地面最大沉降仅有 8mm。该类型的掘进机目前已成系列，最小的为 ϕ1440mm，最大的为 ϕ3540mm。

到目前为止，顶管施工随着城市建设的发展已越来越普及，应用的领域也越来越广。顶管施工最初主要用于下水道施工，近年来已广泛应用到自来水管、煤气管、动力电缆、通信电缆和发电厂循环水冷却系统等许多管道的施工中，并在顶管的基础上发展成为了一门非开挖施工技术，还成立了各种非开挖施工协会，创办了有关的专业刊物。

过去，顶管是作为一种特殊的施工手段，不到万不得已一般不轻易采用，而且施工的距离一般也比较短，大多在 20～30m。现在，顶管施工已经作为一种常规施工工艺被广泛接受，一次连续顶进的距离也越来越长，一次连续顶进数百米已是司空见惯的事，最长的一次连续顶进距离达数千米之远。常用的顶管管径也日渐增大，最大的顶管口径已达 5m。

为了克服长距离大口径顶进过程中所出现的推力过大的困难，注浆减摩成了重点研究课题。现在顶管的减摩浆有单一的，也有由多种材料配制而成的。它们的减摩效果十分明显，在黏性土中，混凝土管顶进的综合摩阻力可降到 3kPa，钢管则可降到 1kPa。

顶管技术除了向大口径方向发展以外，也向小口径方向发展，最小顶进管的口径只有 75mm，称得上微型顶管，微型顶管在电缆、供水、煤气等工程中应用得最多。

过去顶管大多只能直线顶进，而现在已发展出曲线顶管。顶管的曲线形状也越来越复杂，不仅有单一曲线，而且有复合曲线，如 S 形曲线；不仅有水平曲线，而且有垂直曲线，以及水平和垂直曲线兼而有之的复杂曲线等。另外，顶管曲线的曲率半径也越来越小，这些都使顶管施工的难度增加了许多。

为了适应长距离顶管需要，目前已开发出一种玻璃纤维加强管，它的抗压强度可达 90～100MPa，可用其取代小口径的混凝土管或钢管作为顶管用管。顶管的附属设备、材料也得到不断的改良，如主顶油缸已有两级和三级等推力油缸。土压平衡顶管用的土砂泵已有各种形式。测量和显示系统已朝自动化的方向发展，可做到自动测量、自动记录、自动纠偏，而且所需的数据可以自动打印出来。

10.1.2 顶管法施工的原理

顶管施工一般是先在工作坑内设置支座和安装液压千斤顶，借助主顶油缸及管道中继间的推力，把工具管或掘进机从工作坑内顶推到接收坑内吊起，与此同时，紧随工具管或掘进机后面，将预制的管段顶入地层。顶管法施工流程如图 10－1 所示。

施工时，先制作顶管工作井及接收井，作为一段顶管的起点和终点，工作井中有一面或两面井壁，设有预留孔，作为顶管出口，其对面井壁是承压井壁，承压壁前侧安装有顶管的千斤顶和承压垫板（即钢后靠），千斤顶将工具管顶出工作井预留孔，而后以工具管为先导，逐节将预制管节按设计轴线顶入土层中，直至工具管后第一节管节进入接收井预留孔，即算施工完成一段管道。为进行较长距离的顶管施工，可在管道中间设置一个到几个中继间作为接力顶进，并在管道外周压注润滑泥浆。顶管施工可用于直线管道，也可用于曲线管道。

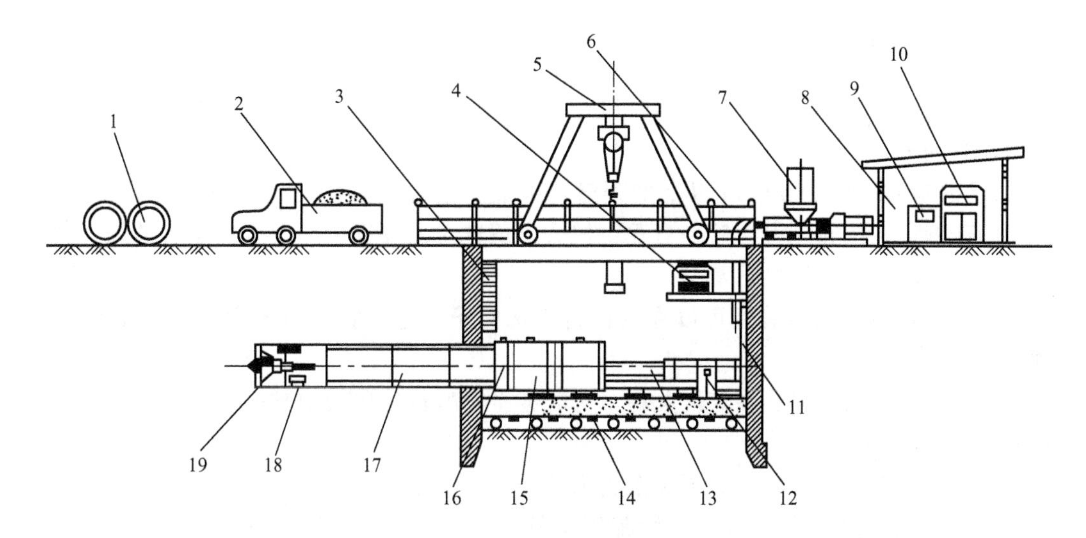

图10－1 顶管法施工流程

1—预制混凝土管；2—运输车；3—扶梯；4—主顶油泵；5—行车；6—安全扶栏；
7—润滑注浆系统；8—操纵房；9—配电系统；10—操纵系统；11—后座；12—测量系统；
13—主顶油缸；14—导轨；15—弧形顶铁；16—环形顶铁；17—已顶入混凝土管；
18—运土车；19—机头

顶管施工系统主要由工作基坑、掘进机（或工具管）、顶进装置、顶铁、后座墙、管节、中继间、出土系统、注浆系统，以及通风、供电、测量等辅助系统组成，其中最主要的是顶管机和顶进系统。顶管机是顶管用的机器，安装在所顶管道的最前端，是决定顶管成败的关键设备，在手掘式顶管施工中不用顶管机而只用一只工具管。顶进系统包括主顶进系统和中继间。主顶进系统由主顶油缸、主顶油泵、操纵台及油管四部分构成。主顶千斤顶沿管道中心按左右对称布置。主顶进装置除了主顶千斤顶以外，还有支承主顶千斤顶的顶架、供给主顶千斤顶压力油的主顶油泵、控制主顶千斤顶伸缩的换向阀等；油泵、换向阀和千斤顶之间均用高压软管连接。主顶油缸的压力油由主顶油泵通过高压油管供给。在顶管顶进距离较长时，顶进阻力超过主顶千斤顶的总顶力，无法一次达到顶进距离，需要设置中继接力顶进装置，即中继间。

10.1.3 顶管法施工的特点、分类及适用范围

1. 顶管法施工的特点

顶管法与盾构法相比，接缝少，容易达到防水要求；管道纵向受力性能好，能适应地层的变形；对地表交通的干扰少；工期短，造价低，人员少；施工时噪声和振动小；对小型、短距离顶管，使用人工挖掘时，设备少，施工准备工作量小；不需二次衬砌，工序简单。

顶管法最适用于直线管道铺设，曲线顶管困难；主顶工作坑开挖和支护工程量大；管道强度大、自重大，对地层承载力要求高；对操作人员的技术和经验要求高。

2. 顶管法的分类

顶管施工的分类方法很多，按顶管口径的大小来分，可分为大口径、中口径、小口径和微型顶管四种。

（1）大口径多指 ϕ2000mm 以上的顶管，人能在这样口径的管道中站立和自由行走。大口径的顶管设备比较庞大，管子自重也较大，顶进时比较复杂。大口径顶管的最大口径可达 5000mm，比小型盾构还大。

（2）中口径是指人猫着腰可以在其内行走的管子，这种管子口径为 1200～1800mm，在顶管中占大多数。

（3）小口径是指人只能在管内爬行，有时甚至于爬行也比较困难的管子，这种管子口径在 500～1000mm 之间。

（4）微型顶管其口径很小，人无法进入管子里，管子口径通常在 ϕ400mm 以下，最小的只有 ϕ75mm。这种口径的管子一般都埋得较浅，所穿越的土层有时也很复杂，已成为顶管施工中一个新的分支。

顶管也可以根据推进管前工具管或掘进机的作业形式来分类。推进管前只有一个钢制的带刃口的管子，具有挖土保护和纠偏功能的被称为工具管。人在工具管内挖土，这种顶管被称为手掘式；如果工具管内的土是被挤进来再做处理的，就被称为挤压式。这两种顶管方式在工具管内都没有掘进机械。

如果在推进管前的钢制壳体内有掘进机械的，则称为半机械式或机械式顶管。在钢制壳体中设有反铲之类的机械手进行挖土的，称为半机械式。这类半机械式顶管往往需要采用降水、注浆或采用气压等辅助施工手段。根据顶管前面所设掘进机的类型，顶管被分为泥水式、泥浆式、土压式和岩石式，这四种机械式顶管中，又以泥水式和土压式使用得最为普遍。

根据推进管的管材来分类，可分为钢筋混凝土管顶管、钢管顶管以及其他管材的顶管；根据顶管顶进的轨迹来分类，可分为直线顶管和曲线顶管；根据顶管顶进的距离分类，可分为普通顶管与长距离顶管。以前把 100m 左右的顶管就称为长距离顶管，随着注浆减摩技术水平的提高和设备的不断改进，百米顶进已经很常见了，现在通常把一次顶进 300m 以上距离的顶管才称为长距离顶管。

3. 顶管施工的适用性

针对不同的土质、不同的施工条件和不同的要求，必须选用与之适应的顶管施工方式，这样才能达到事半功倍的效果；反之则可能使顶管施工出现问题，严重的会使顶管施工失败，给工程造成巨大损失。

挤压式顶管只适用于软黏土中，而且覆土深度要求比较深。通常条件下，不用任何辅助施工措施。

手掘式顶管只适用于能自立的土中，如果在含水率较大的砂土中，则需要采用降水等辅助施工措施；如果是比较软的黏土则可采用注浆以改善土质，或者在工具管前加网格，以稳定挖掘面。手掘式的最大特点是在地下障碍较多且较大的条件下，最容易排除障碍物。

半机械式的适用范围与手掘式差不多，如果采用局部气压的辅助施工措施，则适用范围会更广一些。泥水式顶管适用的范围更广，而且在许多条件下不需要采用辅助施工措施。土压式顶管的适用范围最广，尤其是加泥式土压平衡顶管掘进机的适用范围最为广泛，可以称得上全土质型，即从淤泥质土到砂砾层它都能适应，通常条件下也不需要辅助施工措施。

10.2 顶管机构造与选型

顶管机的类型很多，以下主要介绍目前使用较多的手掘式、泥水平衡式和土压平衡式顶管机。

10.2.1 手掘式顶管机

手掘式顶管施工是最早发展起来的一种顶管施工方式，由于具有施工操作简便、设备少、施工成本低、施工进度快等优点，所以至今仍被许多施工单位采用。

手掘式顶管机是非机械的开放式（或敞口式）顶管机，适用于能自稳的土体中。在顶管的前端装有工具管，施工时，采用人工方法来破碎工作面的土层，破碎辅助工具主要有镐、锹以及冲击锤等。如果在含水率较大的砂土中，需采用降水等辅助措施。

手掘式顶管机主要由切土刃脚、纠偏装置、承插口等组成。所用的工具管有一段式和两段式。一段式如图10－2所示，这种工具管与混凝土管之间的结合不太可靠，常会产生渗漏现象，发生偏斜时纠偏效果不好，且千斤顶直接顶在其后的混凝土管上，第一节管容易损坏。因此，现多用两段式，如图10－3所示，前后两段之间安装有纠偏油缸，后壳体与后面的正常管节连接在一起。

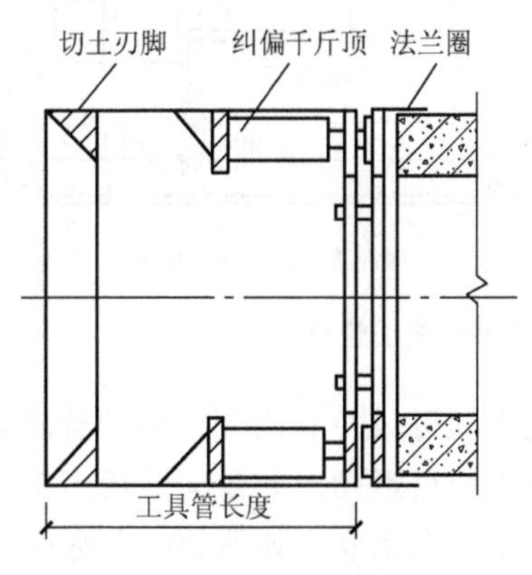

图10－2 一段式手掘工具管

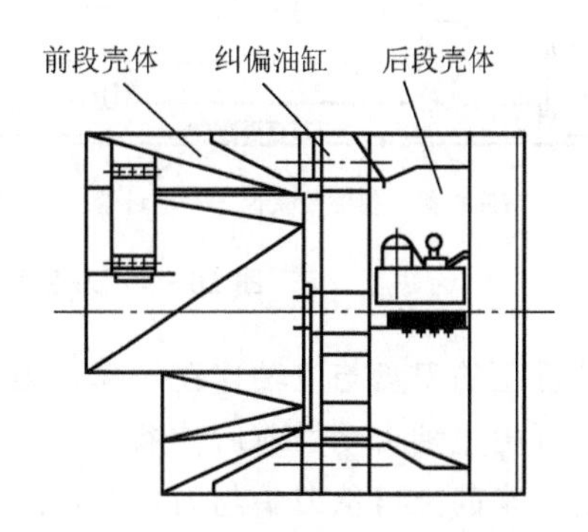

图10－3 两段式手掘工具管

还有一种与手掘式类似的挤压式顶管机，工具管前端切口的刃脚放大，由此可减小开挖面而采用挤土顶进，这种顶管适用于软黏土中，而且覆土深度要求比较大。另外，在极软的黏土层中也可采用网格式挤压工具管，网格式工具管也能作为手掘式使用。

开挖面是否稳定，是手掘式顶管成功与否的关键。这类工具管不加正面支撑，施工过程中极易引起正面坍塌。因此，采用手掘式工具管必须谨慎，必须仔细查清楚顶管穿越地层的工程地质和水文地质情况，在符合稳定的基本条件时，才可考虑采用手掘式工具管。

软弱黏土灵敏度高，开挖面土体受到开挖顶进的施工扰动后，抗剪强度降低，暴露面积较大，开挖面容易发生剥落和坍塌现象，顶管外径大于 1.4m 时，在开挖面要加网格式支撑或有正面支撑千斤顶的部分支撑。在埋深较大或地面超载较大而土壤抗剪强度较低、稳定条件较差时，应考虑安设较严密的正面支撑或施加适当压力的气压，以确保工程安全和周围环境的安全。

10.2.2 泥水平衡式顶管机

泥水平衡式顶管机是指采用机械切削泥土、利用泥水压力来平衡地下水压力和土压力、采用水力输送弃土的泥水式顶管机，是当今生产的比较先进的一种顶管机。泥水平衡式顶管机按平衡对象分为两种，一种是泥水仅起平衡地下水的作用，土压力则由机械方式来平衡；另一种是同时具有平衡地下水压力和土压力的作用。

泥水平衡式顶管机正面设有刀盘，并在其后设密封舱，在密封舱内注入稳定正面土体的泥浆，刀盘切下的泥土沉在密封舱下部的泥水中而被水力运输管道运至地面泥水处理装置。泥水平衡式工具管主要由大刀盘装置、纠偏装置、泥水装置、进排泥装置等组成。在前、后壳体之间有纠偏千斤顶，在掘进机上下部安装进、排泥管。泥水平衡式顶管机的结构形式有多种，如刀盘可伸缩的顶管机、具有破碎功能的顶管机、气压式顶管机等。图 10－4 所示为一种可伸缩刀盘的泥水平衡式顶管机结构。

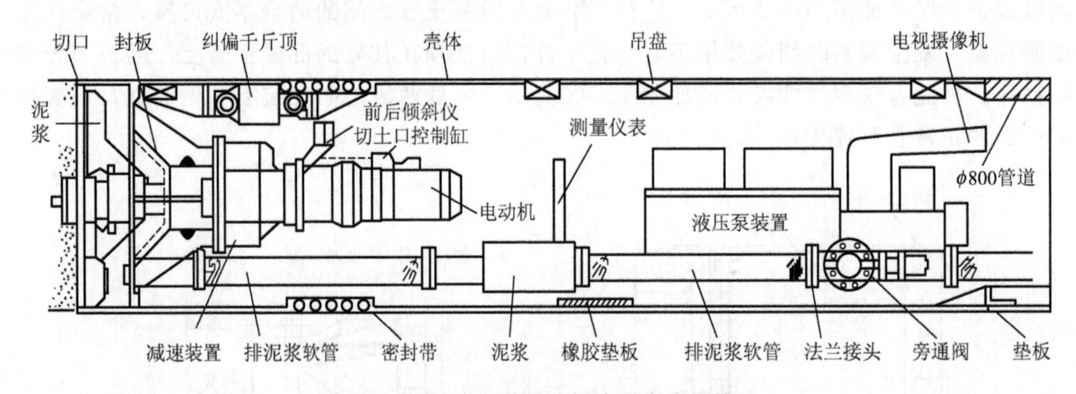

图 10－4　刀盘可伸缩式泥水平衡式顶管机

该种机型的刀盘与主轴连在一起，刀盘由主轴带动可做左右两个方向的旋转运动，同时刀盘又可由主轴带动做前后伸缩运动，刀头也可做前后运动。刀盘向后而刀头向前运动时，切削下来的土可从刀头与刀盘槽口之间的间隙进入泥水仓，如图 10－5 所示。

与其他顶管相比，泥水平衡式顶管具有平衡效果好、施工速度快、对土质的适应性强等特点，采用泥水加压平衡顶管工具管，若施工控制得当，地表最大沉降量可小于 3cm，每昼夜顶进速度可达 20m 以上。它采用地面遥控操作，操作人员不必进入管道。管道轴线和标高的测量是用激光仪连续进行，能做到及时纠偏，其顶进质量也容易控制。

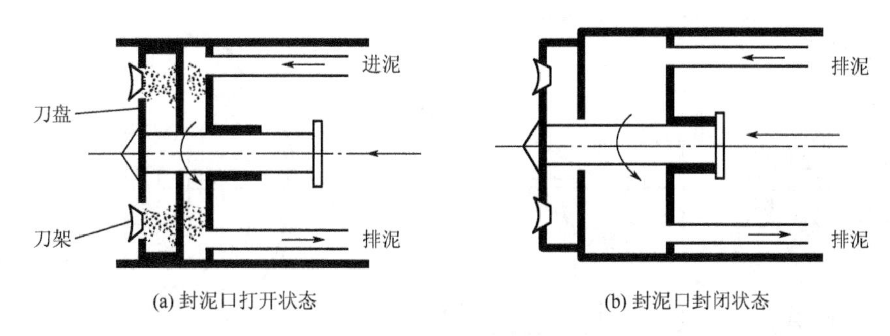

图 10－5 刀盘的开闭状态

泥水平衡式顶管适用于各种黏性土和砂性土的土层中直径为 800～1200mm 的各种口径管道。若有条件解决泥水排放问题或大量泥水分离问题，大口径管道同样适用；还可适应于长距离顶管，特别是穿越地表沉降要求较高的地段，可节约大量环境保护费用。所用管材可以是预制钢筋混凝土管，也可以是钢管。

10.2.3 土压平衡式顶管机

土压平衡式顶管机的平衡原理与土压平衡盾构相同。与泥水顶管施工相比，其最大的特点是排出的土或泥浆一般不需再进行二次处理，具有刀盘切削土体、开挖面土压平衡、对土体扰动小、地面和建筑的沉降较小等特点。

土压平衡式顶管机按泥土仓中所充的泥土类型分，有泥土式、泥浆式和混合式三种类型；按刀盘形式分，有带面板刀盘式和无面板刀盘式；按有无加泥功能分，有普通式和加泥式；按刀盘的机械传动方式分，有中心传动式、中间传动式和周边传动式；按刀盘的多少分，有单刀盘式和多刀盘式。下面主要介绍单刀盘式和多刀盘式顶管机。

1. 单刀盘式（DK 型）顶管机

单刀盘式土压平衡顶管机是日本在 20 世纪 70 年代初期开发的，它具有广泛的适应性、高度的可靠性和先进的技术性，又称为泥土加压式顶管机，国内称之为辐条式刀盘顶管机或加泥式顶管机。如图 10－6 所示为这种机型的结构之一，由刀盘及驱动装置、前壳体、纠偏油缸组、刀盘驱动电动机、螺旋输送机、操纵台、后壳体等组成。没有刀盘面板，刀盘后设有许多根搅拌棒。这种结构的 DK 型顶管机在国内已自成系列，适用于 1200～3000mm 口径的混凝土管施工，在软土、硬土中都可采用，并且可与盾构机通用，可在覆土厚度为 0.8 倍管道外径的浅埋土层中施工。

这种顶管机施工时，先由工作井中的主顶进油缸推动顶管机前进，同时大刀盘旋转切削土体，切削下的土体进入密封土仓与螺旋输送机中，并被挤压形成具有一定土压的压缩土体，经过螺旋输送机的旋转，输送出切削的土体。密封土仓内的土压力值可通过螺旋输送机的出土量或顶管机的前进速度来控制，使此土压力与切削面前方的静止土压力和地下水压力保持平衡，从而保证开挖面的稳定，防止地面的沉降或隆起。由于大刀盘没有面板，其开口率接近 100%，所以，设在隔仓板上的土压计所测得的土压力值就近似于掘削面的土压力。

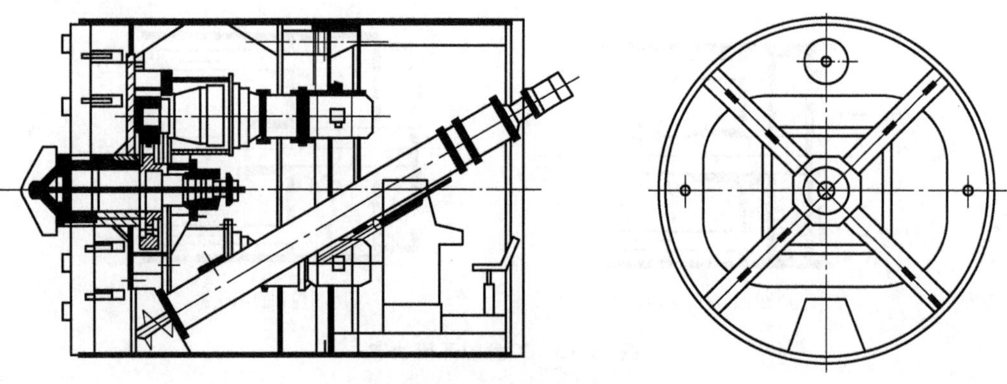

图 10-6　单刀盘式顶管机

2. 多刀盘式（DT型）顶管机

多刀盘式顶管机是一种非常适用于软土的顶管机，其主体结构如图 10-7 所示。四把切削搅拌刀盘对称地安装在前壳体的隔仓板上，伸入到泥土仓中。隔仓板把前壳体分为左右两仓，左仓为泥土仓，右仓为动力仓。螺旋输送机按一定的倾斜角度安装在隔仓板上，螺杆是悬臂式，前端伸入到泥土仓中。隔仓板的水平轴线左右和垂直轴线的上部各安装有一只隔膜式土压力表。在隔仓板的中心开有一人孔，通常用盖板把它盖住。在盖板的中心安装有一向右伸展的测量用光靶。由于该光靶是从中心引出的，所以即使掘进机产生一定偏转以后，只需把光靶做上下移动，使光靶的水平线和测量仪器的水平线平行就可以进行准确的测量，而且不会因掘进机偏转而产生测量误差。前后壳体之间有呈井字形布置的四组纠偏油缸连接。在后壳体插入前壳体的间隙里，有两道 V 形密封圈，可保证在纠偏过程中不会产生渗漏现象。

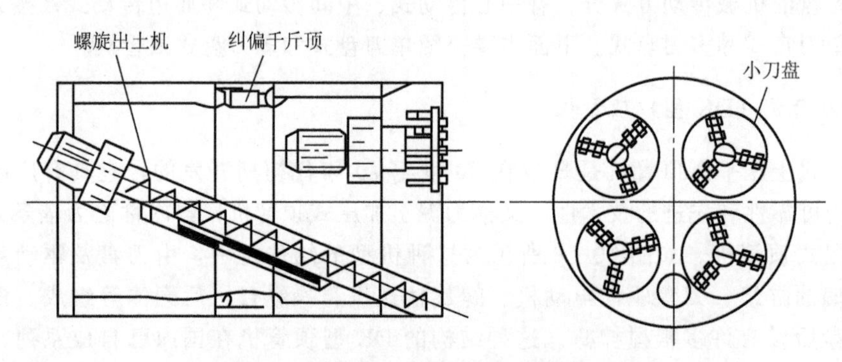

图 10-7　多刀盘式土压平衡顶管机

与单刀盘式相比，DT 型顶管机价格低、结构紧凑、操作容易、维修方便、质量轻。由于采用了四把切削搅拌刀盘对称布置，只要把它们的左右两把按相反方向旋转，就可使刀盘的转矩平衡，不会像大刀盘在出洞的初始顶进中那样产生偏转。四把刀盘及螺旋输送机叶片的搅拌面积可达全断面的 60%左右。使用 DT 型顶管机施工时需注意，不可在顶管沿线使用降低地下水的辅助措施，否则会使顶管机无法正常工作。

土压平衡式顶管适用于饱和含水地层中的淤泥质黏土、黏土、粉砂或砂性土，管径通常为 1650～2400mm，适于穿越建筑物密集的闹市区、公路、铁路、河流特殊地段等地层位移限制要求较高的地区。

10.2.4 顶管机的选型

管道顶进方式的选择，应根据管道所处土层性质、管径、地下水位、附近地上与地下建（构）筑物和各种设施等因素，经技术经济比较后确定，并应符合下列规定。

（1）在黏性土或砂性土层且无地下水影响时，宜采用手掘式或机械挖掘式顶管法；当土质为砂砾土时，可采用具有支撑的工具管或注浆加固土层的措施。

（2）在软土层且无障碍物的条件下，管顶以上土层较厚时，宜采用挤压式或网格式顶管法。

（3）在黏性土层中必须控制地面隆陷时，宜采用土压平衡顶管法。

（4）在粉砂土层中且需要控制地面隆陷时，宜采用加泥式土压平衡或泥水平衡式顶管法。

（5）在使用顶进长度较短、管径小的金属管时，宜采用一次顶进的挤密土层顶管法。

合理选择顶管机的形式，是整个工程成败的关键。顶管机的选型可参照表10－1及表10－2。

表10－1　顶管机选型参照表

序号	形式	管道内径 D/m	管道顶覆土厚度 H/m	地质条件	环境条件
1	手掘式	1.00～1.65	≥1.5D（不小于3m）	（1）黏性土或砂土； （2）极软流塑黏土慎用	允许地层最大变形为200mm
2	网格挤压式（水冲）	1.00～2.40	≥1.5D（不小于3m）	软塑、流塑的黏性土（或夹薄层粉砂）	允许地层最大变形为150mm
3	土压平衡式	1.80～3.00	≥1.5D（不小于3m）	（1）塑、流塑的黏性土（或夹薄层粉砂）； （2）黏质粉土慎用	允许地层最大变形为50mm
4	泥水平衡式	0.80～3.00	≥1.5D（不小于3m）	黏性土或砂性土	允许地层最大变形为50mm

注：表中所地层变形量指D=2.4m，H=1.5D的顶管。

表10－2　顶管掘进机的性能比较表

掘进机种 地质条件		敞开式掘进机		多刀盘土压平衡掘进机		单刀盘土压平衡掘进机		刀盘可伸缩式泥水平衡掘进机		偏心破碎泥水平衡掘进机		岩盘掘进机	
淤泥质黏土	掘进速度	适用	慢	适用	一般	适用	较快	适用	快	适用	快	适用	快
	耗电量		小		较大		一般		较大		较大		较大
	劳动力		较少		一般		一般		多		多		多
	环境影响		小		小		小		大		大		大

（续）

掘进机种 地质条件		敞开式掘进机		多刀盘土压平衡掘进机		单刀盘土压平衡掘进机		刀盘可伸缩式泥水平衡掘进机		偏心破碎泥水平衡掘进机		岩盘掘进机	
砂性土	掘进速度	不适用		适用	一般	适用	较快	适用	快	适用	快	适用	快
	耗电量				较大		一般		较大		较大		较大
	劳动力				一般		一般		多		多		多
	环境影响				小		小		大		大		大
黄土	掘进速度	适用	慢	不适用		适用	较快	适用	快	不适用		适用	快
	耗电量		小				一般		较大				较大
	劳动力		较少				一般		多				多
	环境影响		小				小		大				大
强风化岩	掘进速度	适用	慢	不适用		适用	较快	不适用		适用	较快	适用	快
	耗电量		小				一般				较大		较大
	劳动力		较少				一般				多		多
	环境影响		小				小				大		大
岩石	掘进速度	含水率小适用	慢	不适用		不适用		不适用		不适用		适用	快
	耗电量		小										大
	劳动力		大										多
	环境影响		小										小

10.3 工作井形式、选择与布置

工作井（工作坑或基坑），按其作用分为顶进井（始发井）和接收井两种。顶进井是安放所有顶进设备的场所，也是顶管掘进机的始发场所，是承受主顶油缸推力反作用力的构筑物，供工具管出洞、下管节、挖掘土砂的运出、材料设备的吊装、操纵人员的上下等使用。在顶进井内，布置主顶千斤顶、顶铁、基坑导轨、洞口止水圈，以及照明装置和井内排水设备等。在顶进井的地面上，布置行车或其他类型的起吊运输设备。接收井是接收顶管机或工具管的场所，与工作井相比，接收井布置比较简单。

10.3.1 工作井的形式

工作井按其形状来区分，有矩形、圆形、腰圆形、多边形等几种，其中矩形最为常见。在直线顶管中或在两段交角接近180°的折线中多采用矩形工作井；如果在两段交角比较小或者是在一个工作坑中需要向几个不同方向顶管时，则往往采用圆形工作井；腰圆形工作井的两端各为半圆形状，两边则为直线，这种形状的工作井多用成品的钢板构筑而成，而且大多用于小口径顶管中；多边形工作井使用基本上和圆形工作井相似。

工作井按其结构来分，有钢筋混凝土井、钢板桩井、瓦楞钢板井等。在土质条件好而所顶管子口径比较小，顶进距离又不长的情况下，工作井可采用放坡开挖方式，只不过在工作井中需浇筑一堵后座墙。

工作井按构筑方法，可分为沉井、地下连续墙井、钢板桩井、混凝土砌块或钢瓦楞板拼装井以及采用特殊施工方法构筑的井等。

沉井是最普遍的钢筋混凝土基坑，它是先在地面上按尺寸大小、洞口位置等要求浇筑矩形（或圆形）钢筋混凝土井，再通过挖掘井内的土方和其他手段将钢筋混凝土井壁沉到预定的位置并封底。

地下连续墙井是先在地下一定深度范围内用地下连续墙围成一个矩形（或圆形）井，同时处理单幅墙体与墙体之间的接缝，使其不透水，最后将井内的土挖去，加上支撑浇筑钢筋混凝土底板。

钢板桩是一种常用的基坑围护形式。根据其横断面形状，可以分为普通钢板桩和拉森钢板桩两种。普通的钢板桩即为槽钢，拉森钢板桩与普通钢板桩相比，一是断面形状不同，二是拉森钢板桩的边缘有个燕尾槽，相邻两块拉森钢板桩的燕尾槽相嵌，可以做到密不透水。

采用混凝土砌块或砖进行砌筑，施工时一边挖土一边砌筑。土质较好、深度不大时，也可一次挖到底再进行砌筑，必要时也可进行简易的支护。另外，还可采用类似管片的形式，随着开挖一环一环地往地下构筑井壁，管片可以是钢筋混凝土，也可以是钢结构。采用这种方法构筑成的工作井形状大多为圆形。

10.3.2 工作井的选择

1. 工作井位置选择

工作井在选址上应尽量避开房屋、地下管线、河塘、架空电线等不利于顶管施工作业的场所。尤其是顶进井，它不仅在坑内布置有大量设备，地面上堆放着管子、注浆材料与其他材料等，而且还要提供渣土运输或泥浆沉淀池的场地，还要布置排水管道等。

2. 工作井数量选择

工作井的数量要根据顶管施工全线的情况合理选择。顶进井的构筑成本会大于接收井，因此在全线范围内，应尽可能地把顶进井的数量降到最少。同时还要尽可能地在一个顶进井中向正反两个方向顶，这样会减少顶管设备转移的次数，有利于缩短施工周期。

3. 工作井构筑方式选择

工作井构筑方式的确定应综合考虑，不断优化。一般来说，应注意以下原则。

（1）在土质比较软，而地下水又比较丰富的条件下，首先应选用沉井法施工。

（2）在渗透系数为 1×10^{-4}左右的砂性土中，可以选择沉井法或钢板桩法。

（3）在地下水非常丰富的淤泥质软土中，可采用冻结法施工。

（4）在土质条件比较好、地下水少的条件下，应优先选用钢板桩工作井。顶进井采用钢板桩时，顶进距离不宜太长。如果地下水丰富，可配合井点降水等辅助措施。另外，拉森钢板桩可适用于较深和含水率较高的土质条件下的工作井。

（5）在覆土比较深的条件下，可采用多次浇筑和多次下沉的沉井法或地下连续墙法。

（6）在一些特殊条件下，如离房屋很近，则应采用特殊施工法。

（7）在一般情况下，接收井可采用钢板桩、砌砖等比较简易的构筑方式。

不论采用哪种形式构筑的工作坑，在施工过程中都应不断观察，看它是否有位移。如果有，应认真分析位移的原因、位移是否超限以及是否需要采取加强措施等。通常沉井或地下连续墙等整体性好的工作坑所产生的位移多是整体性的，钢板桩等工作坑的位移则是局部的。

10.3.3 工作井的布置

1. 工作井的深度

（1）顶进工作井的深度 H_1 ［图 10-8(a)］：

$$H_1=h_1+h_2+h_3 \tag{10-1}$$

式中 h_1——地表至导轨顶的高度，m；

h_2——导轨高度，m；

h_3——基础厚度（包括垫层），m。

（2）接收工作井的深度 H_2 ［图 10-8(b)］：

$$H_2=h_1+h_3+h_4 \tag{10-2}$$

式中 H_2——地表至基底的高度，m；

h_1——地表至支承垫顶的高度，m；

h_3——基础厚度（包括垫层），m；

h_4——支承垫厚度，m。

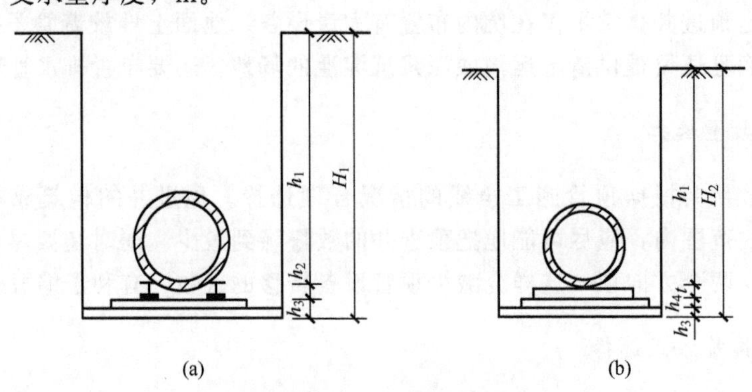

图 10-8 工作井的深度

2. 工作井的布置方式

顶进工作井的布置，分为地面布置和井内布置两大部分。

1）地面布置

地面布置可分为起吊、供电、供水、供浆、液压、气压等设备的布置、监控点布置等。

（1）起吊设备布置：起吊设备可以采用行车也可以采用吊车。采用行车时多采用龙门行车，其地面轨道与工作坑纵向轴线平行，埋设在工作坑的两侧。在其后座方向的地面上可堆准备顶进用管，这样布置可减小顶进过程中的地面荷载，从而减小顶进阻力。若采用吊车一般需配两台，一台是起吊管子用，另一台是吊土用，大多布置在工作坑两侧，一边一台；前者起重吨位大，后者吨位小，配合使用方便、经济。

（2）供电设备布置：供电设备除了提供所有动力电源以外，还需提供工作坑及周围地面的照明。如果顶进周期长、用电量大，可以布置配电间；若顶进周期短、用电量小，则可在工作坑边上安装一只配电箱或者用发电动机供电。

在一般情况下，动力电源是以三相380V电压直接接到掘进机的电气操纵台上。如果遇到长距离、大口径顶管时，为了避免产生太大的电压降，也可采用高压供电，供电电压一般在1kV左右。这时，在掘进机后的三到四节管子内的一侧，安装有一台干式变压器，再把1kV的电压转变成380V供掘进机用。高压供电的好处是所用的供电电缆的截面可小些，但高压供电对电缆接头、电缆、变压器等的绝缘要求很高，否则容易发生事故，甚至造成人员伤亡，所以要非常注意用电安全，要有可靠的触电、漏电保护措施和严格的操作规程，万不能粗心大意。另外，管内照明应采用24V的低压行灯。

（3）供水设备布置：在手掘式和土压式的顶管施工中，供水量小，一般只需接两只12.5～25mm的自来水龙头即可。泥水平衡式顶管施工中，用水量大，必须在工作井附近设置一只或多只泥浆池。

（4）供浆设备布置：供浆设备主要由拌浆桶和盛浆桶组成，盛浆桶与注浆泵连通。现在多用膨润土系列的润滑浆，它不仅需要搅拌，而且要有足够的时间浸泡，这样才能使膨润土颗粒充分吸水、膨胀。供浆设备一般应安放在雨棚下，防止雨水对浆液的稀释。另外，干膨润土需堆放在架子上以防受潮。

（5）液压设备布置：液压设备主要指为主顶油缸及中继站油缸提供压力油的油泵。油泵可以置在地上，也可在工作井内后座墙的上方搭一个台，把油泵放在台子上。一般不宜把油泵放在工作坑内，其原因在于油泵工作的噪声会影响各种指令的传达，或必须加大工作井尺寸而变得不经济。

（6）气压设备布置：在采用气压顶管时，空压机和储气罐及附件必须放置在地面上，而且空压机应远离坑边较好，因为大多数空压机工作时发出的噪声都比较大。

2）井内布置

井内布置包括前止水墙、后座墙、基础底板及排水井等。后座要有足够的抗压强度，能承受主顶千斤顶的最大顶力。前止水墙上安装有洞口止水圈，以防止地下水土及顶管用润滑泥浆的流失。在顶管工作井内，还布置有工具管、环形顶铁、弧形顶铁、基坑导轨、主顶千斤顶及千斤顶架、后靠背等，如图10-9所示。主顶千斤顶及千斤顶架的布置尤为重要，主顶千斤顶的合力的作用点对初始顶进的影响比较大。

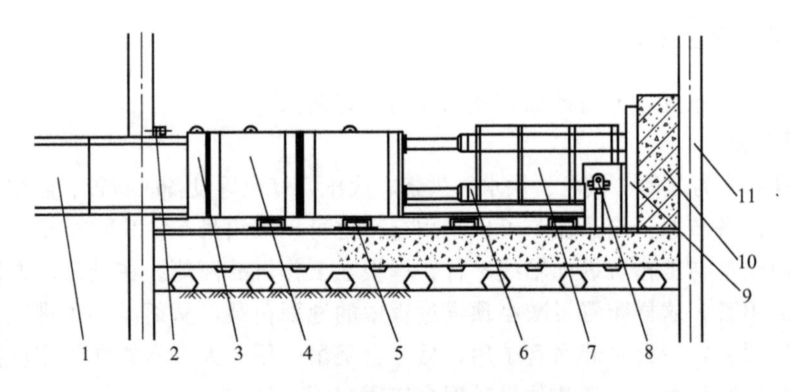

图 10－9　顶进工作井井内布置

1—管节；2—洞口止水系统；3—环形顶铁；4—弧形顶铁；5—顶进导轨；
6—主顶油缸；7—主顶油缸架；8—测量系统；9—后靠背；10—后座墙；11—井壁

顶管管节一般为钢筋混凝土管节或钢管节。

后座墙是把主顶油缸推力的反力传递到工作坑后部土体中去的墙体，是主推千斤顶的支承结构。它的构造会因工作坑的构筑方式不同而不同。在沉井工作坑中，后座墙一般就是工作井的后方井壁；在钢板桩工作坑中，必须在工作坑内的后方与钢板桩之间浇筑一座与工作坑宽度相等、厚度为 0.5～1.0m 的钢筋混凝土墙，其下部能插入到工作井底板以下 0.5～1.0m，目的是使推力的反力能比较均匀地作用到土体中去。另外，要注意后座墙的平面一定要与顶进轴线垂直。

后靠背是靠近主顶千斤顶尾部的厚铁板或钢结构构件，称之为钢后靠，其厚度在 300mm 左右。钢后靠的作用是尽量把主顶千斤顶的反力分散开来，防止将混凝土后座压坏。

洞口止水圈安装在顶进井的出洞洞口和接收井的进洞洞口，具有防止地下水和泥沙流到工作坑和接收坑的功能。洞口止水圈有多种多样，但其中心必须与所顶管节的中心轴线一致。

顶进导轨由两根平行的轨道所组成，其作用是使管节在工作井内有一个较稳定的导向，引导管节按设计的轴线顶入土中，同时使顶铁能在导轨面上滑动。在钢管顶进过程中，导轨也是钢管焊接的基准装置。

主顶装置由主顶油缸、主顶油泵、操纵台及油管四部分构成。主顶千斤顶沿管道中心按左右对称布置。主顶进装置除了主顶千斤顶以外，还有千斤顶架，以支承主顶千斤顶；供给主顶千斤顶以压力油的是主顶油泵；控制主顶千斤顶伸缩的是换向阀。油泵、换向阀和千斤顶之间均用高压软管连接。主顶油缸的压力油由主顶油泵通过高压油管供给。常用的压力在 32～42MPa 之间，高的可达 50MPa。在管径比较大的情况下，主顶油缸的合力中心应比管节中心低管内径的 5%左右。

如果采用的主顶千斤顶的行程不能一次将管节顶到位时，必须在千斤顶缩回后在中间加垫块或几块顶铁。顶铁有环形、弧形或马蹄形之分，如图 10－10 所示。环形顶铁的内外径与混凝土管的内外径相同，主要作用是把主顶油缸的推力较均匀地分布在所顶管子的端面上。弧形和马蹄形顶铁的作用有两个，一是用于调节油缸行程与管节长度的不一致，二是把主顶油缸各点的推力比较均匀地传递到环形顶铁上去。弧形顶铁用于手掘式、土压平衡式等顶管中，它的开口是向上的，便于管道内出土；马蹄形顶铁适用于泥水平衡式顶管和土压式顶管中采用土砂泵出土的顶管施工，它的开口方向与弧形顶铁相反，是倒扣在基坑导轨上的，只有这样，在主顶油缸回缩以后加顶铁时才不需要拆除输土管道。

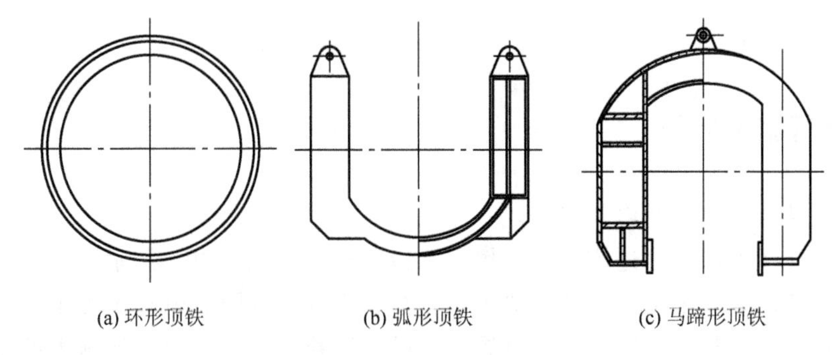

图 10-10 顶铁的形式

测量对减少顶管的偏差起着决定性作用。测量仪器（经纬仪和水准仪）应布置在一固定位置，并选好基准点，同时经常对仪器的原始读数进行核对。在机械式顶管中大多使用激光经纬仪。

3. *后背的受力分析*

后背在顶力作用下，产生压缩，压缩方向与顶力作用方向一致。当停止顶进后，顶力消失，压缩变形随之消失。顶管施工中后背不应当破坏，也不应产生不允许的压缩变形。

后背不允许出现上下或左右的不均匀压缩，否则千斤顶将会造成顶进偏差。如图 10-11 所示，为了保证顶进质量和施工安全，施工时作用在后背上的力可按下式计算：

$$R=\alpha B(\gamma H^2 K_p/2+2ch\sqrt{K_p}+\gamma hHK_p) \tag{10-3}$$

式中 R——总推力之反力，一般为推力的 1.2～1.6 倍。

α——系数，取 1.5～2.5 之间；此处取 2。

B——后座墙的宽度，m；此处取 4m。

γ——土的容重，kN/m^3。

H——后座墙的高度，m；此处取 3m。

K_p——被动土压系数。

c——土的内聚力，kPa；一般情况下取 10kPa。

h——地面到后座墙顶部土体的高度，m；此处取 3m。

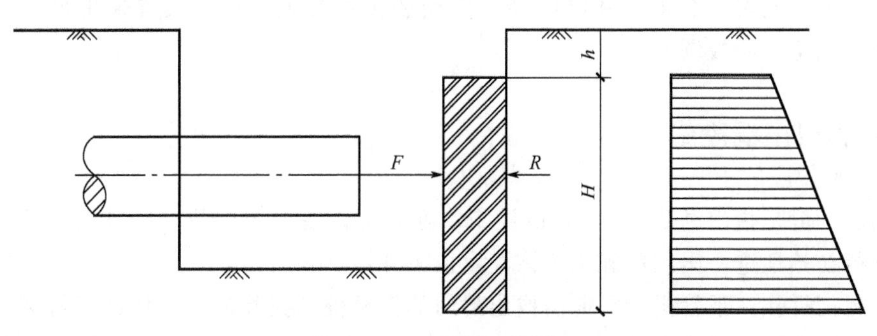

图 10-11 后背受力分析

10.4 顶管施工技术

10.4.1 顶管施工准备

顶管施工准备主要包括以下内容。

(1) 地面准备工作。顶进施工前，按实际情况进行施工用电、用水、通风、排水及照明等设备的安装。为满足工程的施工要求，管节、止水橡胶圈、电焊条等工程用料应备有足够数量，应建立测量控制网，并经复核、认可。顶管施工前，对参加施工的全体人员按阶段进行详细的技术交底，按工种分阶段进行岗位培训，考核合格后方可上岗操作。

(2) 工作井。工作井是顶管施工的必需工程，顶管顶进前必须按设计掘砌好。

(3) 洞门。洞门是顶管机进出洞的出入口，工具管能否安全顺利地出洞或进洞，关系到整个工程的成败。不论是始发井或是接收井，在施工工作井时，一般预先将洞门用砖墙与钢筋混凝土相结合的形式进行封堵。在始发井，为确保顶管机顺利进出洞，防止土体坍塌涌入工作井，出洞前在砖封门前施工一排钢板桩，钢板桩的入土深度应在洞圈底部 200mm。

(4) 测量放样。根据始发井和接收井的洞中心连线，定出顶进轴线，布设测量控制网，并将控制点放到井下，定出井内的顶进轴线与轨面标高，指导井内机架与主顶的安装。

(5) 后座墙组装。组装后的后座墙应具有足够的强度和刚度。

(6) 导轨安装。导轨选用钢质材料制作，两导轨安装应牢固、顺直、平行、等高，其纵坡与管道设计坡度一致。在安放基坑导轨时，其前端应尽量靠近洞口，左右两边可以用槽钢支撑。在底板上预埋好钢板的情况下，导轨应和预埋钢板焊接在一起。

(7) 主顶架安装。主顶架位置按设计轴线进行准确放样，安装时按照测量放样的基线，吊入井下就位。基座中心按照管道设计轴线安置，并确保牢固稳定。千斤顶安装时固定在支架上，并与管道中心的垂线对称，其合力的作用点在管道中心的垂线上。油泵应与千斤顶相匹配。

(8) 止水装置安装。为防止工具管出洞过程中洞口外土体涌入工作井，并确保顶进过程中润滑泥浆不流失，在工作井洞门圈上应安装止水装置。止水装置采用帘布止水橡胶带，用环板固定，插板调节。

10.4.2 顶管出洞段施工

出洞段一般是指出洞后的 5～10m 距离。在全部设备安装就位，经过检查并试运转合格后可进行初始顶进。出洞段施工应该注意以下几点。

(1) 封门拆除。顶管机出洞前需拔出封门的钢板桩。拔除前，应详细了解现场情况和封门图纸，制定拔桩顺序和方法。钢板桩拔除前应凿除砖墙，工具管应顶进至距钢板桩

10cm处的位置，并保持最佳工作状态，一旦钢板桩拔除后能立即顶进至洞门内。钢板桩拔除应该按由洞门一侧向洞门另一侧依次拔除的顺序进行。

(2) 施工参数控制。主要控制的施工参数包括土压力、顶进速度与出土量。土压力的设定值应介于上限值与下限值之间，为了有效地控制轴线，初出洞时，宜将土压力值适当提高，同时加强动态管理，及时调整。顶进速度不宜过快，一般控制在10mm/min左右。出土量应根据不同的封门形式进行控制，加固区一般控制在105%左右，非加固区一般控制在95%左右。

(3) 管节连接。为防止顶管机突然“磕头”，应将工具管与前三节管节连接牢靠。

(4) 施工偏差控制。出洞段施工的允许偏差为：轴线位置3mm，高程0～+3mm。当超过允许偏差时，应该采取措施进行纠正。

10.4.3 顶管正常顶进施工

顶管顶进10m左右后即进入正常顶进施工。正常顶进的施工程序是：安装顶铁→启动油泵，活塞伸出一个行程→关闭油泵，活塞收缩，添加顶铁→启动油泵，推进一节管节长度后下放一节管节，再开始顶进→周而复始，依次顶进。正常顶进施工中应注意以下几点。

(1) 顶铁安装。分块拼装式顶铁应有足够的刚度，并且顶铁的相邻面应相互垂直。安装后的顶铁轴线应与管道轴线平行、对称，顶铁与导轨之间的接触面不得有泥土、油污。更换顶铁时，先使用长度大的顶铁，拼装后应锁定。顶进时工作人员不得在顶铁上方及侧面停留，并随时观察顶铁有无异常现象。顶铁与管口之间采用缓冲材料衬垫，顶力接近管节材料的允许抗压强度时，管口应增加弧形或环形顶铁。

(2) 降水处理。采用手掘式顶管时，将地下水位降至管底以下不小于0.5m处，并采取措施防止其他水源进入顶管管道。顶进时，工具管接触或切入土层后，自上而下分层开挖。

(3) 地层变形控制。顶管引起地层变形的主要因素包括：工具管开挖面引起的地层损失；工具管纠偏引起的地层损失；工具管后面管道外周空隙因注浆填充不足引起的地面损失；管道在顶进中与地层摩擦而引起的地层扰动；管道接缝及中继间缝中泥水流失而引起的地层损失。在顶管施工中要根据不同土质、覆土厚度及地面建筑物情况等，结合监测信息的分析，及时调整土压力值，同时坡度要保持相对的平稳，控制好纠偏量，减少对土体的扰动。根据顶进速度控制出土量和地层变形，从而将轴线和地层变形控制在最佳状态。

(4) 施工参数控制。结合实践施工经验，实际土压力的设定值应介于上限值与下限值之间。顶进速度一般情况下控制在20～30mm/min，如正面有障碍物，应控制在10mm/min以下。严格控制出土量，防止超挖及欠挖。为防止土层沉降，顶进过程中应及时根据实际情况对土压力做相应调整，待土压力恢复至设计值后，才可进行正常顶进。

(5) 管节顶进。在中距离顶进中，实现管节按顶进设计轴线顶进，关键在于纠偏，需要认真对待，要及时调节顶管机内的纠偏千斤顶，使其及时回复到正常状态。要严格按实际情况和操作规程进行处理，勤量测、勤出报表、勤纠偏。纠偏时，应在顶进中采用小角度逐渐纠偏，应严格控制大幅度纠偏，不使管道形成大的弯曲而造成顶进困难、接口变形等。

当顶管机与管节发生自身旋转后，施工人员可根据实际情况利用顶管机械的刀盘正反方向的转动来调节，必要时可在管节旋转反方向加压铁块。

顶进管节视主顶千斤顶行程来确定是否添加垫块。为保证主顶千斤顶的顶力均匀地作用于管节上，必须使用O形受力环。当一节管节顶进结束后，吊放下一节管节，在对接拼装时应确保止水密封圈充分入槽并受力均匀，必要时可在管节承口涂刷黄油。对接完成并检查合格后，可继续顶进施工。为防止顶管产生“磕头”和“抬头”现象，顶进过程中应加强对顶管机状态的测量，及时利用纠偏千斤顶来调整。

(6) 压浆。为减少土体与管壁之间的摩阻力，应在管道外壁注入润滑泥浆，并保证泥浆的性能能够满足施工的要求。

顶管压浆时，必须坚持“先压后顶，随顶随压，及时补浆”的原则，泵送注浆出口处压力控制在0.1～0.125MPa。要制定合理的注浆工艺，并严格按压浆操作规程进行。压浆的顺序为：地面拌浆→启动压浆泵→总管阀门打开→管节阀门打开→送浆（顶进开始）→关节阀门关闭（顶进结束）→总管阀门关闭→井内快速将接头拆开→下管节→接总管→周而复始。由于存在泥浆流失及地下水的作用，泥浆的实际用量要比理论用量大很多，一般可达理论值的4～5倍，施工中要根据土质、顶进情况、地面沉降的要求等适当调整。顶进时应贯彻同步压浆与补压浆相结合的原则，工具管尾部的压浆孔要及时有效地进行跟踪注浆，确保能形成完整有效的泥浆环套。管道内的压浆孔进行一定量的补压浆，补压浆的次数及压浆量根据施工情况而定，尤其是对地表沉降要求高的部位，应定时进行重点补压浆。压浆浆液按质量进行配制，配比可为：膨润土400kg，水850kg，纯碱6kg，CMC（纤维素）2.55kg。pH为9～10，析水率小于2%。

(7) 管道断面布置。在管道内每节管节上布置一压浆环管。在管道右上方安装照明灯，在管道底部铺设电动机车轨道与人行走道板，同时在管道右下侧安装压浆总管及电缆等，如图10-11所示。

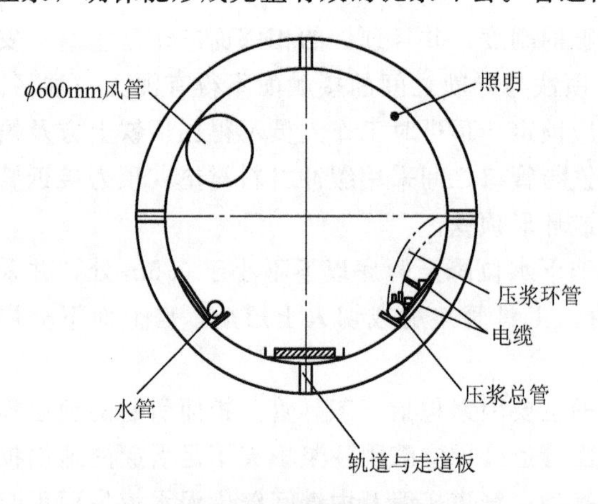

图10-12　管道断面布置图

10.4.4　顶管进洞段施工

接收井封门一般采用砖封门形式，在顶管机进洞过程中很容易造成顶管机正面土体涌入井内，从而给洞圈建筑孔隙的封堵带来困难。顶管进洞段施工应注意以下要点。

1. 进洞前的准备

在常规顶管进洞过程中，对洞口土体一般不做处理。若洞口土体含水率过高，为防止洞口外侧土体涌入井内，应对洞口外侧土体采用注浆、井点降水等措施进行加固。

在顶管机切口到达接收井前30m左右时，需做一次定向测量。定向测量的目的：一是重新测定顶管机的里程，精确算出切口与洞门之间的距离；二是校核顶管机姿态，以利进洞过程中顶管机姿态的及时调整。

顶管机在进洞前应先在接收井安装好基座，基座位置应与顶管机靠近洞门时的姿态相吻合，如基座位置差异较大，极容易造成顶管机顶进轨迹的变迁，引起已成管道与顶管机同心圆偏离值增大。另外，顶管机进入基座时也会改变基座的正常受力状态，从而造成基座变形、整体扭转等，所以应根据顶管机切口靠近洞口时的实际姿态，对基座做准确定位与固定，同时将基座的导向钢轨接至顶管机切口下部的外壳处。

当顶管机切口距封门约为2m时，在洞门中心及下部两侧位置设置应力释放孔，并在应力释放孔外侧安装相应的球阀，便于在顶管机进洞过程中根据实际情况及时开启或关闭应力释放孔。为防止顶管机进洞时正面压力的突降而造成前几节管节间的松脱，宜将顶管机与第一节管节、第1～5节管节的相邻两管连接牢固。

2. 施工参数控制

随着顶管机切口距洞门的距离逐渐减小，应降低土压力的设定值，以确保封门结构稳定，避免封门过大变形而引起泥水流入井内。在顶管机切口距洞门6m左右时，土压力设定值降为最低限度，以维持正常施工的条件。为控制顶进轴线、保护刀盘，正面水压设定值应偏低设置，顶进速度不宜过快，尽量将顶进速度控制在10mm/min以内。顶管机切口距封门外壁500mm时，停止压注中继间至第一节管节之间的润滑泥浆。另外，为避免工具管切口内土体涌入接收井内，在工具管进入洞门前应尽量挖空正面土体。

3. 封门拆除

封门拆除前，施工人员应详细了解施工现场情况和封门结构，分析可能发生的各类情况，准备相应措施。封门拆除前顶管机应保持最佳的工作状态，一旦拆除应立刻顶进至接收井内。为防止封门发生严重漏水现象，在管道内应准备好聚氨酯堵漏材料，便于随时通过第一节管节的压浆孔进行压注。在封门拆除后，顶管应迅速连续顶进管节，尽量缩短顶管机进洞时间。洞圈特殊管节进洞后，马上用弧形钢板将洞圈环板与进洞环管节焊成一个整体，并用浆液填充管节和洞圈的间隙，以减少水土流失。

4. 洞门建筑空隙封堵

顶管机进洞后，洞圈和顶管机、管节间建筑空隙是泥水流失的主要通道。当顶管机进洞第一节管节伸出洞门500mm左右时，应及时用厚16mm环形钢板将洞门上的预留钢板与管节上的预留钢套焊接牢固，同时在环形钢板上等分设置若干个注浆孔，利用注浆孔压注足量的浆液填充建筑空隙。

10.4.5 施工测量

顶管施工初次放样的正确性，对顶进尤为重要。要建立测量观测台，用它控制顶管轴线的位置。由于顶管后背在顶进中会产生变形，测量台的布置应牢靠地固定在工作井底板预埋铁板上，不与顶进机架和后背连接，并应经常复测，消除工作井位移产生的测量偏差，以确保顶管施工测量的正确性。

按三等水准连测两井之间的进出洞门高程，计算顶进设计坡度。一般情况下按照每200m左右设一个观察台，在观察台架设J2型经纬仪一台，后视出洞口红三角（即顶进轴线）测顶管机前标与后标的水平角和竖直角测一全测回，计算顶管头（切口）尾的平面和高程偏离值。

10.5 长距离顶管施工技术

长距离顶管是指每一段连续推进的距离都在300m以上的顶管施工，有的可达1000m或1000m以上。长距离顶管受到推力、后座承受能力、排土方式、管径、测量、通风与供电等许多因素的制约，与普通顶管有许多不同之处。

长距离顶管的主要困难在于设置在顶进坑内的主千斤顶的顶推力有限，不足以克服管道长距离顶进时遇到的总阻力。目前，在长距离顶管技术实施的过程中，注浆减摩和设置中继环（间）两项措施已成为成熟的技术。

10.5.1 注浆减摩技术

在管段外壁涂抹泥浆，或向管道外壁与地层间的空隙注入泥浆，都可有效地减少摩阻力，从而增加管道单程顶进的长度。注浆减摩是顶管中非常重要的一个环节，尤其是在长距离和曲线顶管中，它是顶管成功与否的一个极其重要的关键性的环节。目前，常用的顶管注浆润滑材料有两类：一类以膨润土为主，另一类则是人工合成的高分子材料。

1. 膨润土泥浆

膨润土至今仍然是顶管施工中主要的润滑材料，使用的历史也较长久。膨润土的主要成分是具有支承和润滑作用的蒙脱石。当水分子进入膨润土的分子中后，膨润土分子之间的间距可扩大到2倍以上。在膨润土浆液静止时，平板状的蒙脱石呈稳定的胶凝状；当它经过搅拌、振动后，其结构被破坏，则呈胶状液体；如果再静止下来，又会在新的条件下稳定下来再呈胶凝状。这就是膨润土浆液的触变性，所以膨润土泥浆又被称为触变泥浆。

膨润土分为两类：一类为钙基膨润土，另一类为钠基膨润土。钠基膨润土浆液与同体积的钙基膨润土浆液相比，前者含有比后者多15～20倍的极薄的硅酸盐层。由于这些非常小而且多的硅酸盐层的存在，蒙脱石的小粒子空隙构造就容易形成，浆液的膨润性就增加，触变以后的流动性和静止下来的胶凝性、固化性都变好。所以，作为顶管施工用的膨润土应选钠基膨润土。

在膨润土浆液中，一般用纯碱作为分散剂，用CMC作为增黏剂。在不同的土质中，应采用不同的配方，才能满足不同的需要。在一般情况下，可选用下列配方：膨润土100kg，废机油40L，CMC 2kg，高分子胶2kg，水900kg。如果在有地下水的砂土中，可以把CMC改成石膏1～2kg，水增加到950kg，膨润土减至80kg。

润滑浆液注入地层的部位、顺序、注入压力和注入量都会直接影响减摩效果。压注的浆液应尽可能均匀地分布在管壁周围，以便围绕整个管段形成环带。因此，注浆孔在管壁上应均匀分布。注浆孔的间距和数量主要取决于地层允许膨润土向四周扩散的程度。注浆孔一般设置在管子的中间位置，均布 3～4 个孔。通常在渗透性小的黏土地层中，孔距应小些；在松散的砂土地层中，孔距可大些。

一般来说，如在掘进机尾部顶入第一节管段后就开始注浆，可最大限度地发挥泥浆的减摩作用。由于存在向掘进机内窜浆的危险性，因此宜在顶入第一节管段后开始压浆。一般在顶管机后连续放 3～4 节有注浆孔的管子，不断地注浆，以后再在后面的管子中每隔 2～5 节管段设置一节有注浆孔的管子用以补浆。注浆压力不宜太高，压力太高容易发生冒浆，在注浆孔口周围形成高压密区，成为阻碍浆液继续流出和扩散的柱塞；此外，如果压力超过管道上覆土层的重量，还可能引起地层的隆起。

注浆作业时应注意与中继环的推顶协调一致，补浆宜与管段的推顶同步进行。对于静止不动的管段，不宜进行注浆。

2. 高分子化学减摩剂

除了膨润土系的润滑材料以外，国外还研究出许多高分子化学减摩剂。如日本市场上出售的专门供长距离顶管用的 IMG 减摩材料，就是由一种高分子的吸水材料制成。在没有吸水以前，它是一种微小的颗粒，在吸足水以后，直径可膨胀到 0.5～2mm，吸入的水是原来质量的数百倍。在放大镜下观察，它类似于鱼子。这种润滑浆有以下优点。

(1) 这种鱼子状的颗粒具有一定的弹性，其减摩作用犹如管子在无数的滚珠上推进，减摩作用非常显著。

(2) 与膨润土浆液比较，它在停止较长时间以后再推进时，启动时的推力增加不甚明显，不像膨润土系浆液启动时推力需增加较大。

(3) 由于这种减摩剂主要由颗粒状物体组成，吸水以后直径又比较大，所以它不易在土中扩散。即使在渗透系数比较大的土中，它的减摩作用也相当明显。

(4) 这种浆液的配制十分简单，只需加水搅拌即可，操作也十分方便。

10.5.2 中继间技术

中继间也称中继站或中继环，即在管道顶进的中途设置辅助千斤顶，靠辅助千斤顶提供的动力继续顶进管段，延长顶管的顶进长度，满足敷设长距离管道的需要。

1. 中继间的推进过程

设置中继间以后，顶管顶进时，每次都应先启用最前面的中继间，将其前方的管道连同工具管一起向前顶进，后面的中继间和主千斤顶保持不动，直至达到该中继间的一个顶程为止，接着后面的中继环开始推顶作业，将两个中继环之间的管道向前推进。与此同时，前面的一个中继间的千斤顶排放油压，活塞杆缩进套筒。可见，这时被推进的只是该中继间和前面一个中继间之间的管段。在顶进作业中，主千斤顶在每个循环中都最后推进。借助中继间的逐级接力过程，可将顶管的顶推距离延长以适应长距离顶管施工的需要。

2. 中继间的结构形式

中继间主要由前特殊管、后特殊管和壳体油缸、均压环等组成，如图 10－13 所示。在前特殊管的尾部有一个与T形套环相类似的密封圈和接口。中继间壳体的前端与T形套环的一半相似，利用它把中继间壳体与混凝土管连接起来。中继间的后特殊管外侧则设有两环止水密封圈，使壳体虽在其上来回运动而不会产生渗漏。中继环油缸被固定在壳体上，油缸均匀布置在壳体内。油缸两头装有均压钢环，钢环与混凝土管之间有衬垫环。衬垫环多用20mm 厚的木板做成。中继油缸为单作用油缸，只有当后一只中继间向前推进时，前一只中继间的油缸才能缩回。管子顶通后，把中继环油缸拆卸下来，管子可直接合拢。

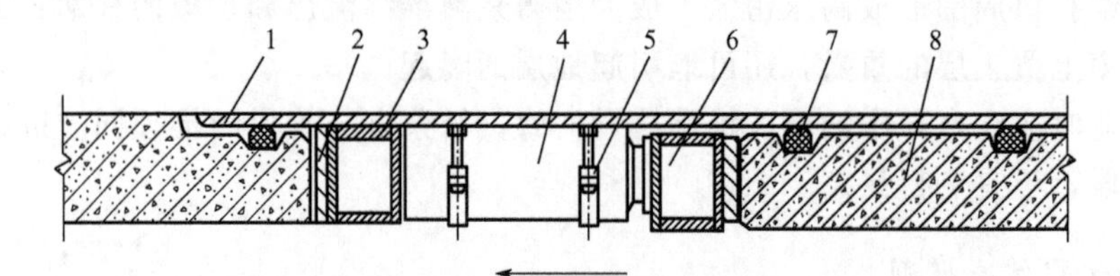

图 10－13　中继间结构形式

1—中继管壳体；2—木垫环；3，6—均压钢环；4—中继环油缸；
5—油缸固定装置；7—门水圈；8—特殊管

3. 中继间的布置

中继间的布置要满足顶力的要求，同时使其操作方便、合理，以提高顶进速度。中继间在安放时，第一只中继间应放在比较前面一些，因为掘进机在推进过程中推力的变化会因土质条件的变化而有较大的变化。当总推力达到中继环总推力的 40％～60％时，就应安放第一只中继间，以后每当达到中继间总推力的 70％～80％时，安放一只中继间。当主顶油缸达到中继间总推力的 90％时，就必须启用中继间。

10.6 曲线顶进技术

在顶管设计与施工过程中，由于地质条件的差异性、地面建筑物的环境保护要求以及原有市政管道及其他地下构筑物的拥挤程度等原因，迫使工程的路线定为曲线，在此情况下，采用顶管和盾构机械设施沿曲线进行顶进施工的特殊技术，即称为曲线顶进技术。国内目前的曲线顶进工程实例不多，有的也大都是曲率半径较大的曲线，而一些发达国家已有了曲率半径为 15m 的曲线和曲率半径分别为 200m 和 80m 的 S 形曲线施工的实例。

曲线顶进可分两种情况，一种是水平平面内的曲线顶进，另一种是在铅垂平面内的曲线顶进，这两种情况在本质上是一致的。

曲线顶进与直线顶进主要有如下三个不同点：一是曲线顶进采用的施工方法比直线顶进复杂；二是曲线顶进时存在管节的排列形状问题；三是曲线顶进时存在阻力与顶进管的

强度问题。基于上述与直线顶进的不同点，反映在曲线顶进施工技术上的问题主要有：主压千斤顶的顶进推力计算与分布；施工过程如何推进减阻；管节之间的接头处理；稳定土层的辅助工法和润滑材料的使用；曲线顶进施工中的方向控制等问题。

10.6.1 曲线顶进施工方法

在曲线顶进实际工程中，多按照以往的经验和当地的实际情况来选择施工方法，常用的施工方法主要有三种：蚯蚓式顶进方法、单元式曲线顶进法和半盾构法。

1. 蚯蚓式顶进法

以往的推进工法多采用后座千斤顶提供顶推力，将整个管列向前顶。蚯蚓式顶进法是先将整体分割成一节一节，然后在每节管的接头部位设置特制的耐压充气胶囊，当胶囊充气膨胀时，可依靠气压来推进一节管子，然后胶囊排气收缩，接着再让另一胶囊充气、排气，如此往复，即可推进后续管节。

如图10-14(a)所示，后续两节管的摩擦抵抗力为前进管的推进提供反力；如图10-14(b)所示，按图示顺序①～⑥施工来回6次，便推进了相当于胶囊充气量的距离。所有的充气、排气操作均为自动控制，在曲线部分，管段接头间可插入楔形材料，并利用胶囊的充气、排气来插入或去除。

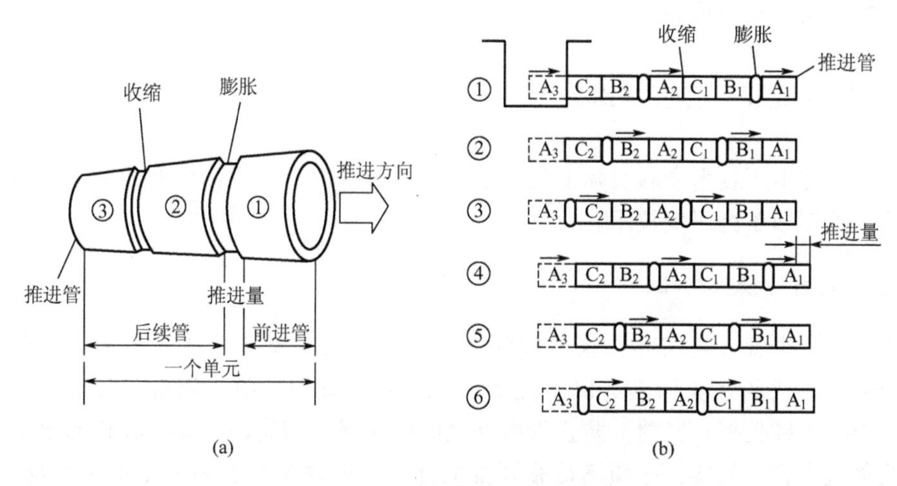

图10-14 蚯蚓式顶进法示意图

利用蚯蚓式的施工方法，即可进行长距离的顶进。在推进过程中，由于楔形材料的使用，可以减小推进的抵抗力。同时，也需要解决曲线外侧地层的强度问题以及管端点接触造成的应力集中问题。一旦曲线顶进的轨迹形成，则后续管可不必插入楔形材料，也能顺利通过曲线部分。这种施工方法有很多优越性，首先反力壁构造简单，工作坑小且对背面地层的反力也小；其次，推顶力在推进管端部均匀分布，推进管被破坏的可能性小；最后，采用空气加压充气，其作业环境清洁干净。

蚯蚓式顶进法在日本的名古屋市六番町干线S形曲线下水通道施工中得到了应用，并取得了良好的效果。

2. 单元式曲线顶进法

所谓单元，就是曲线部分的管列是由具有长度和特性合成的组。顶进管节也就是顶进一个一个的单元。采用这种单元顶进，其管与管之间张开度的调整是通过螺旋千斤顶（带有抗拉轴力为 100t、直径 128mm 的螺杆）配合钢制挡板来完成的，管端的应力集中通过橡胶环来分散，且接头采用 W 型接头。

3. 半盾构法

半盾构法就是在首节管前端装设盾头，盾头内部安装许多台盾头千斤顶，由盾头千斤顶负担盾头顶进工作，克服迎面阻力，并承担校正功能。后面靠主压千斤顶顶进管节，从而延长顶进距离。半盾构法兼有盾构和顶管两种施工技术的特点，由于使用盾头顶进，当土质不变时，盾头顶进的顶力是常数，主压千斤顶或中继管千斤顶只克服管壁与土之间的摩阻力。与盾构施工的区别在于半盾构方法采用管节以代替现场拼装衬砌块的工作，使施工程序得以简化。

半盾构法施工由盾头千斤顶担负全部的迎面阻力，从而减轻主压千斤顶的负荷，采用时应根据各方面条件综合平衡，且辅助以泥浆润滑。在正常工作状态下盾头千斤顶顶进时应同步，出现不同步现象应检查修理，以免产生误差。曲线顶进时，应根据弯曲程度开动相应部位的千斤顶。为了在曲线顶进时减少多余的超挖量，同时更容易控制掌握张开度，可将盾构的机头分成三折等。

10.6.2 曲线顶进主要技术措施

曲线顶进的主要技术措施实际上类同于普通的直线顶进，下面仅介绍曲线顶进中管节之间的接头处理和量测纠偏技术。

1. 管节之间的接头处理

曲线顶进管道管节之间存在张开度的情况下，接头类型有普通接头和中继环接头之分，无论哪种形式的接头均具有以下性能：连接相邻管段，防止错位；传递纵向、横向力，防止混凝土壁受损；密封，防止管内外之间的渗漏；防腐蚀，要有较长的使用寿命。

曲线顶进中管段的接头必须满足张开度的要求，同时又要在强度上能吸收应力集中，并保证纵向力的传导且同时传递横向力。如图 10-15(a) 所示为一种采用石棉水泥管时行之有效的管子接头方式，这种接头方式是用一个活动的导向钢圈套在两个管端上，在采用石棉水泥管的情况下，一般在管子与导向钢圈的空隙内配置软胶圈，以便在曲线顶进时能满足张开度的要求，并以此形成了一个适用于传递横向力的弹性四点支承。

还有一种在日本已投入使用的 W 型接头形式，如图 10-15(b) 所示。这种接头方式是在管端布置两个形状性能各异的橡胶环，同时在两个橡胶环之间注入止水剂，以达到密封的效果。

接头的处理是顶管工程中至关重要的一环，尤其是在曲线顶进时的复杂应力状态之下，管子接头既要满足张开度的要求，又要满足应力集中造成偏压的容许要求，随着施工经验的积累以及对缓冲材料的研究，将会有越来越多的接头形式被采用。

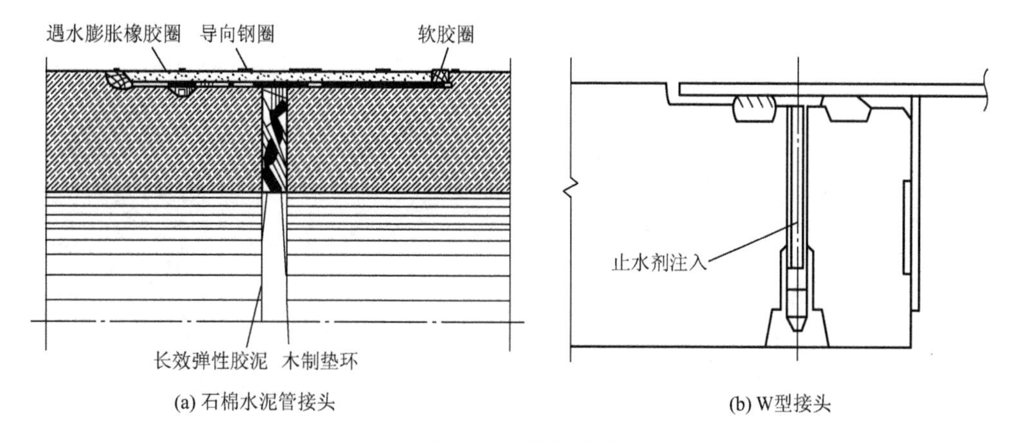

(a) 石棉水泥管接头

(b) W型接头

图 10-15 接头形式

2. 量测纠偏技术

如果在测量过程中，发现管子推进的路线有偏差，即要进行方向控制，尤其在曲线顶进中，一旦管子发生相对于设计路线的偏差，就要采取有效措施使刃脚回到设计路线上来。

为了正确地导入控制，在出现偏差的情况下，皆不允许方向有急剧的改变。在方向改变过急的情况下，由于管端的局部集中荷载和无法控制的强制力，管子便可能发生严重的损坏，这一点并非仅是针对顶管线路最前面的几节管子而言，对全部管子来说情况同样如此。因此，必须在纠偏时采取一种中间状态。与预定的路线之间的偏差越小，所需的控制运动也就越小，每次控制的导入必须及时且适中，否则会降低推顶效率和经济可行性。

控制误差是指实际路线与任意曲率弯曲路线之间的偏差，偏差可能出现在水平面上，也可能出现在垂直面上，或者同时出现在两个面上。误差可能是正误差，也可能是负误差。曲线顶进中，还有可能发生几种误差任意地叠加。

在刚开始导入控制时，一般导入反向控制，路线的偏差仍然会进一步增大，这种情况一直延续到实际路线平行于预定路线，只有从此时起，继续导入控制，方能向计划路线返回。在曲线顶进时，校正动作更需要特别仔细，其正误差和负误差时导入控制的原理如图 10-16 所示。

如图 10-16(a) 所示，正误差是由于曲线半径增大而引起的，即 $R_{误差}>R_{预定}$，在确定了正误差 $+\Delta f$ 之后，为使线路复原，引入校正半径 $R_{校正}$，很显然，$R_{校正}\leqslant R_{预定}$。从图中可见，虽然引入了校正半径，误差 $+\Delta f$ 仍需要增加至最大后才能向预定曲线返回，当误差 $+\Delta f$ 再次达到导入校正动作时，亦即开始采用校正半径时所测得的数值，即应停止使用校正半径，而导入一过渡弧线，其半径为 $R_{过渡}=R_{误差}$，以使工具管和后续管以相切的形式向预定曲线靠拢。如最后已达到该目的，即需通过最后的控制过程将顶管半径恢复至预定数值。

如图 10-16(b) 所示，负误差的处理也与正误差类似，负误差是由于规定的曲线半径意外地缩小所致，为了排除误差，需要导入一个大大超过预定半径的校正半径，当偏离达到最大时，即开始返回，因而也是一旦误差恢复到开始导入校正半径时测得的数值，即须

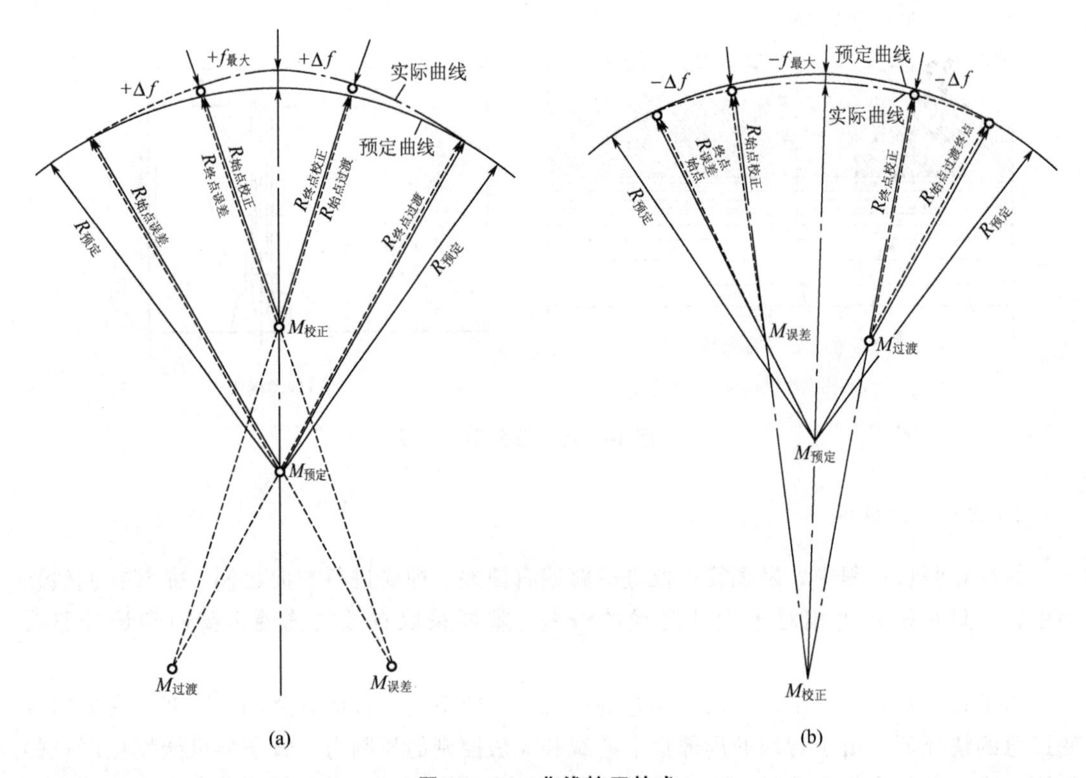

图 10－16　曲线校正技术

终止使用校正半径，最后也要插入一段等于误差半径的弧线，才能按预定半径继续前进。

曲线顶进过程中，发现有偏差一定要及时校正，控制运动的导入特别要注意和细心，同时也要结合当地的土层条件实际情况来进行处理。

10.7 管节接缝防水

常用的管节是钢筋混凝土管和钢管，其接口不允许有渗漏水现象。不同类别的管节，其接口形式不同，则其防水的方法也不一样。

10.7.1　钢筋混凝土管节接缝的防水

钢筋混凝土管节的接口有平口、企口和承口三种类型。管节类型不同，止水方式也不同。

1. 平口管接口及止水

平口管用 T 形钢套环接口，把两只管子连接在一起，在混凝土管和钢套环中间安装有两根齿形橡胶圈止水，如图 10－17 所示。

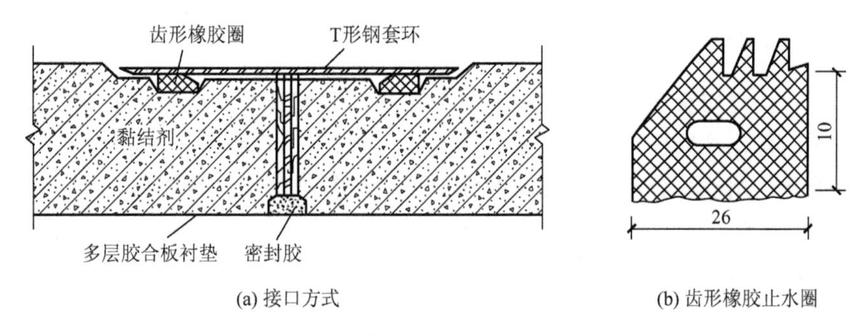

(a) 接口方式　　(b) 齿形橡胶止水圈

图 10－17　平口管接口与防水方式（单位：mm）

2. 企口接口及防水

企口管用企口式接口，用一根 q 形橡胶圈止水，如图 10－18 所示。止水圈右边腔内有硅油，在两管节对接连接过程中，充有硅油的一腔会翻转到橡胶体的上方与左边，增强了止水效果。

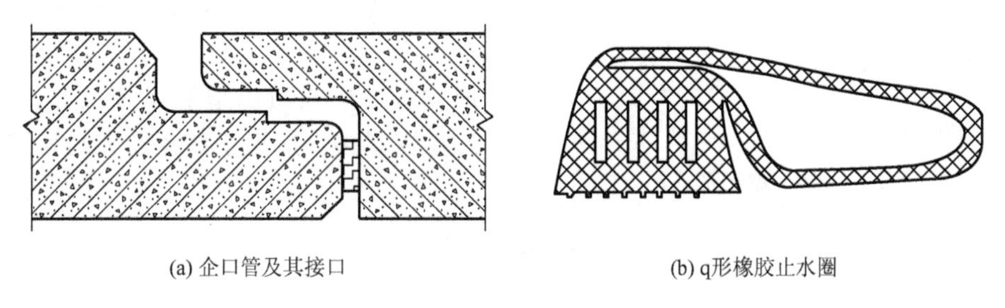

(a) 企口管及其接口　　(b) q形橡胶止水圈

图 10－18　企口管及止水方式

3. 承口接口及防水

承口管用 F 形套环接口，接口处用一根齿形橡胶圈止水，如图 10－19 所示。F 形接口管是最为常见的一种管节，它把 T 形钢套环的前面一半埋入混凝土管中，就变成了 F 形接口。为防止钢套环与混凝土结合面渗漏，在该处设了一个遇水膨胀的橡胶止水圈。

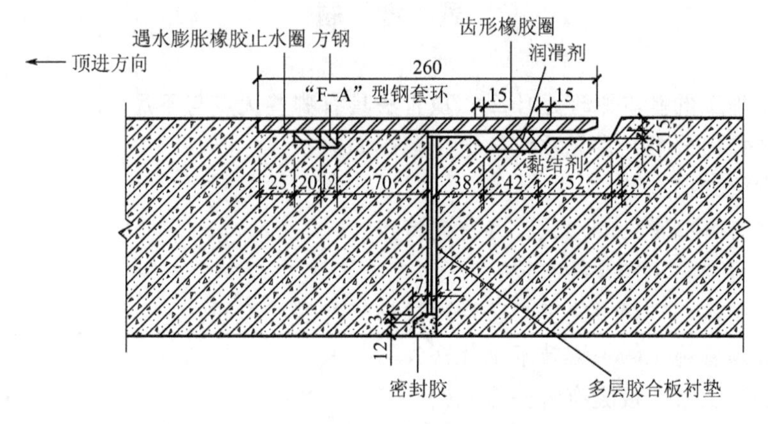

图 10－19　承口接口及防水方式（单位：mm）

4. 管节接缝的防渗漏水

顶管结束后，应用水泥砂浆并掺加适量粉煤灰，利用管节预留注浆孔对泥浆套的浆液进行全线置换，待浆液凝固后拆除压浆管路并用闷盖将孔口封堵。在确保整条隧道无渗漏水现象的前提下，用双组分聚硫密封膏对管节接缝进行嵌填，抹平接口。

10.7.2 钢管顶管的接口形式

顶管用的最为普遍的是混凝土管节，其次是钢管。钢管是用一定厚度的钢板先卷成圆筒，再焊成管节，两管节之间采用焊接连接，其整体性好，不易产生渗漏水。为保证焊接牢靠，应将管节端口按一定角度做成坡口后再焊接。常用的接口形式有两种：单边 V 形坡口与 K 形坡口，如图 10-20 所示。单边 V 形坡口适用于人员无法进入的小口径管，采用单边坡口和单面焊接；K 形坡口采用双面成型的焊接工艺，即管内外均需焊接，适用于口径较大的管道中。

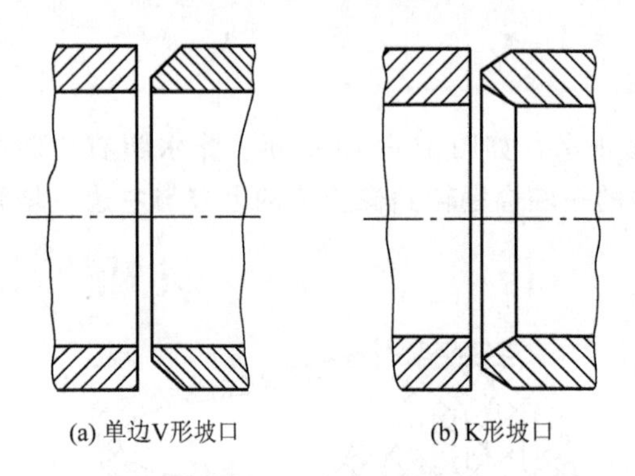

图 10-20　坡口形式

本章小结

顶管法是修建城市管道、箱涵等的一项新技术。通过本章学习，可以加深对地下工程顶管法施工原理、施工工艺与施工技术的理解，具备编制顶管法施工方案与现场组织顶管法施工的初步能力。

思考题

1. 顶管法施工的基本原理是什么？顶管法具有哪些优点与不足？
2. 顶管法如何分类？常见顶管的适用范围如何？
3. 简述顶管如何选型。
4. 工作井有哪些常见的形式？各有何特点？
5. 如何进行顶管工作井的布置？
6. 顶管出洞段、进洞段施工与正常顶进施工有哪些不同？
7. 长距离顶管施工的关键技术是什么？
8. 钢筋混凝土管节接缝有哪些形式？

第11章

地下工程特殊施工技术

教学目标

本章主要讲述地下工程特殊施工技术（注浆法、冻结法、沉井法）的基本原理与技术。通过学习应达到以下目标：

（1）了解注浆法的分类与应用范围，熟悉注浆材料的基本性质、注浆施工工艺与常见注浆设备；

（2）掌握冻结法的基本原理、施工工艺，熟悉冻结法施工技术，了解冻结制冷设备；

（3）熟悉沉井的分类，掌握沉井的构造、施工工艺，熟悉沉井防偏与纠偏技术。

教学要求

知识要点	能力要求	相关知识
注浆法	（1）了解注浆法的分类与应用； （2）熟悉注浆材料的基本性质； （3）熟悉注浆施工工艺、了解常见注浆设备	（1）注浆法类别、注浆法应用范围； （2）注浆材料基本性质； （3）施工工艺、钻机、注浆泵
冻结法	（1）掌握冻结法基本原理与施工工艺； （2）熟悉冻结施工技术； （3）了解冻结制冷设备	（1）冻结原理、冻结施工工艺； （2）冻结施工技术； （3）压缩机、冷凝器、蒸发器、节流阀
沉井法	（1）熟悉沉井的分类标准与分类； （2）掌握沉井的结构与构造； （3）掌握沉井施工工艺； （4）熟悉沉井防偏与纠偏技术	（1）沉井分类标准与分类情况； （2）套井、刃脚、井壁、内隔墙、井空凹槽、底板与顶盖； （3）井筒构筑、井筒下沉、井内挖土，封底与固井； （4）防偏措施、纠偏措施

基本概念

注浆法；冻结法；沉井法

引例

某市轨道交通11号线两个地铁车站区间旁通道地面标高为3.6m，所在地层埋深中心线为16.5m，上下行隧道中心距离为15.5m，主要土层为淤泥质黏土和粉质黏土。旁通道及泵站采取合并建造模式，由两个与隧道相交的喇叭口、通道及泵站等组成，采用“隧道内钻孔，冻结临时加固土体，矿山法暗挖构筑”的施工方案。冻结孔按上仰、近水平、下俯三种角度布置在旁通道和泵站的四周，在通道下部布置两排冻结孔，以加强通道冻结效果，把泵站和通道分为两个独立的冻结区域，旁通道冻结孔数各布置74个（下行线冻结站侧隧道62个，包括4个穿孔；上行线对侧隧道12个）。冻结施工时选用2台IS150-125～200型盐水泵（1台备用），2台IS150-125～200C型冷却水泵（1台备用），2台NBL-50型冷却塔；冷冻机油选用N46冷冻机油，制冷剂选用氟利昂R-22，冷媒剂选用氯化钙溶液。设计盐水温度为-30～-25℃，冻结孔单组流量不小于$5m^3/h$，冻结孔终孔间距L_{max}≤1000mm。由于冻结的土层极易发生冻胀和融沉，旁通道主体结构施工结束后采取强制解冻方案，对冻结后的土体进行二次加固处理，确保旁通道上部地层在解冻后的融沉控制在允许范围，对周围环境不造成影响。冻结法施工确保了旁通道与泵站的开挖与结构施工，历时103天，该工程顺利完工。

近年来，随着城市和现代交通建设的飞速发展，城市地铁、交通运输、管线、水利水电等地下空间开发规模越来越大，一些隧道及地下工程不得不在复杂地质条件下修建，当围岩稳定和结构变形控制不能满足隧道施工和环境安全时，需要对其进行处理。这种为了满足各种施工方法安全、快速施工、限制结构沉降、防治漏水等所采用的各种方法，统称为“特殊施工方法”。特殊施工已成为隧道及地下工程施工技术研究和应用的重要组成部分，这些特殊的施工方法与技术，主要包括注浆法、冻结法、沉井法等。

11.1 注浆法施工技术

11.1.1 概述

注浆是借助于压力（液压、气压）或电化学的原理将具有胶凝能力的浆液通过一定的管路注入土层（或岩层）中的空隙、裂隙与空洞中，将松散破碎的岩（土）层胶结起来，以达到改善降低岩土层的渗透性、提高岩土层的强度与承载能力以及减少岩土层变形等目的的一种施工方法。

1. 注浆法施工的历史

1802年法国土木工程师Charles Berigny用所谓“注入法”技术将悬浮的黏土浆和石灰浆注入砌筑墙基础，发明了压力注浆施工方法；1838年Collin首次将波特兰水泥用作注浆法材料，用于加固法国克鲁布斯大坝；1845年W. E. Worthln第一次在美国用注浆的方法将水泥浆注入一水库溢洪道的基础中，以提高基础的承载力；1864年，

P. W. Barlow 获得了第一个用于盾构的注浆专利；1880—1905 年期间在德国北部和比利时煤矿工作的 Reumax、Porticr、Saclier 和 Francois 等组成的矿山技术小组，研制出高压注浆泵，并改进了注浆材料的混合方式等注浆工艺，将之用到隧道和大坝的建设中，成为现代注浆法的先驱；1920 年，荷兰采矿工程师 Joosten 首次论证了化学注浆的可靠性，并创造了双液双系统二次压注法；德国的 Ians Jadde 研制了水玻璃和水泥浆液的一次压注法；20 世纪 50 年代，美国研制了黏度接近于水、胶凝时间可以任意调节的丙烯酰胺浆液（AM-90）；1960 年美国又出现了最早能控制胶凝时间的硅酸盐和铬木素；1963 年又出现了酚醛塑料；1974 年 3 月，日本福冈县发生了注丙烯酰胺引起中毒的事件，人们开始禁用有毒注浆材料；1978 年美国厂商也停止生产 AM-90。

我国自 1956 年起开始应用注浆法，并从 1959 年起对化学注浆进行研究，先后研究和开发出了丙烯、铬木素、聚氨酯、甲醛、环氧树脂、酚醛树脂等各种浆材，并应用到水利水电工程、矿山坑道建设和地质勘探钻孔漏失问题等的处理中。

注浆技术在国内以水工部门应用得较早，建井系统则以煤炭系统为早。1956 年在山东淄博夏家林煤矿用地面预注浆法恢复了淹没 20 余年的矿井；1960 年山东济宁 1 号井用水玻璃、铝酸钠首次处理 30.6t/h 的井壁淋水；1963 年 4 月，凡口铅锌矿金星岭矿井首次采用预注法凿井，顺利通过了喀斯特地层。

在我国铁路建设中，山岭隧道的施工中也广泛应用了注浆法，主要用于从地表进行帷幕注浆以截断地下水对隧道开挖的影响，或在隧道开挖的工作面上进行预注浆以加固围岩、堵塞地下水。如京广复线上的大瑶山隧道与京九线的岐岭隧道的施工中既使用了地表帷幕注浆，也使用了工作面预注浆方法，顺利通过了特大涌水层，优质高速地完成了隧道施工任务。

在我国城市地铁建设中，人们应用注浆法以提高施工的安全性。如在北京地铁建设中，人们用改性的水玻璃浆液固结细砂层；而在广州地铁施工中则使用加有超细水泥的黏土固化浆液，固结含水砂层。

当前，水泥仍是一种最广泛的基本注浆材料，它具有价格低廉、来源丰富、浆液结石体强度高、抗渗透性能好、注浆施工工艺设备简单、操作方便等优点。但由于水泥是颗粒性材料，可注性差，在细砂、粉细砂和细小裂隙中难以注入，并且水泥浆初凝与终凝时间长，不能准确控制，浆液早期强度低，强度增长速度慢，易沉降析水，因此水泥浆的应用有一定的局限性。为此，近年来国内外在改善水泥浆性能方面做了大量的工作，如用各种化学添加剂来提高水泥浆的可注性、缩短胶凝时间、提高浆液结石体的早期强度和稳定性、用工业废料（如尾砂）部分代替水泥以减少水泥的用量、生产各种超细水泥以降低水泥的粒度和使用高速搅拌设备、提高水泥浆的适用范围等。

2. 注浆法的分类

注浆的分类较多，根据注浆压力，分为静压注浆和高压喷射注浆两大类。

1）静压注浆

静压注浆一般压力较低，注浆压力随着浆流遇到的阻力增大而升高，浆液注入后为流动状态。通常所说的注浆泛指静压注浆。根据地质条件、注浆压力、浆液对土体的作用机理、浆液的运动形式和替代方式，可将静压注浆分为以下四种。

(1) 充填或裂隙注浆。充填或裂隙包括大洞穴、构造断裂带、隧道衬砌壁后注浆，以及岩土层面、岩体裂隙、节理和断层的防渗、固结注浆。

(2) 渗透注浆。渗透注浆是在不破坏地层颗粒排列的条件下，将浆液充填于颗粒间隙中，将颗粒胶结成整体。渗透注浆的必要条件是浆液的粒径远小于土颗粒的粒径。

(3) 压密注浆。压密注浆是注入极稠的浆液，形成球形或圆柱体浆泡，压密周围土体，使土体产生塑性变形，但不使土体产生劈裂破坏。

(4) 劈裂注浆。劈裂注浆是浆液在孔内随着注浆压力的增加，先压密周围土体，当压力大到一定程度时，浆液流动使地层产生劈裂，形成脉状或条带状胶结体。劈裂注浆主要用于土体加固，也用于裂隙岩体的防渗和补强。

2) 高压喷射注浆

高压喷射注浆一般压力较高（20～70MPa），流体在喷嘴外呈射流状。根据喷射管的类型，将高压喷射注浆分为单管法、双管法、三管法与多管法。单管法又分为单管法（CCP 法）和单管分喷法；双管法又分为浆气双管法（JSG 法）和水浆双管法；三管法又分为水、气、浆一次切割法（CJP 法）和水气、浆气两次切割法（RJP 法）；多管法又分为土壤超稳定管理施工法（SSS－HAN 法）和全方位大孔径旋喷法（MJS 法）。

3. 注浆法在地下工程中的应用

注浆法主要应用在治水防渗、地层加固与地基加固等方面。

1) 治水防渗

矿山巷道、竖井、隧洞、海底隧道、地铁等地下工程开挖时，采用注浆防渗帷幕可控制涌水或防渗堵漏。坝体坝基的防渗堵漏、基坑周边渗水和基底涌水、涌砂等，都可采用注浆法处理。

2) 地层加固

注浆可用于地下工程开挖时防止基础或地面沉陷、掌子面塌方，以及隧洞、巷道、竖井围岩加固和开挖基坑时对附近已有构筑物的防护、挡土构筑物背后加固、滑坡地层加固、岩溶地层加固、流砂层加固等。

3) 地基加固

注浆和高压喷射注浆广泛应用于各种地基加固，以提高地基承载力；已建构筑物沉陷地基的加固和抬升，桩底注浆加固以提高桩基承载力；铁路、公路路基和机场跑道下沉的加固等。

11.1.2 注浆材料

1. 注浆材料类别

早期人们使用水泥为主要注浆材料，19 世纪后期，注浆材料从水泥浆材发展到以水玻璃类浆材为主的化学浆材。第二次世界大战后，化学浆材得到飞速发展，尤其是近 30 多年来，有机高分子注浆材料发展迅速。注浆材料大体分为无机系和有机系两大类。无机系主要有单液水泥类、水泥-水玻璃类、黏土类、水玻璃类和水泥-黏土类等；有机系主要有丙烯酰胺类、木质素类、脲醛树脂类、聚氨酯类、环氧树脂类、糠醛树脂类、聚乙烯醇类、甲基丙烯酸甲酯类和丙烯盐酸类等。

水泥浆材结石体强度高、造价低廉、材料来源丰富、浆液配制方便、操作简单，是使用量最大的浆材。但是由于普通水泥颗粒大，这种浆液一般只能注入直径或宽度大于0.2mm的孔隙或裂隙中，使用上受到一定的限制。化学浆材可注性好、浆液黏度低，能注入细微裂隙中，但是一般的化学浆液都具有毒性并价格较贵，且结石体强度比水泥浆液的结石体强度低，因此化学浆液的应用范围也受到限制。针对水泥浆材和化学浆材的缺点，世界各国展开了改善现有注浆材料和研制新的注浆材料的工作，先后推出一批低毒、无毒、高效能的改进型浆材，至今国内外各种注浆浆材品种达百余种以上。我国基本上拥有国外的所有注浆材料，同时也有自己研制出的新浆液品种。

由于注浆目的和对注浆效果的要求不同，采用的注浆材料也不同，一种理想的注浆材料应满足以下要求：

(1) 浆液的稳定性好，在常温、常压下较长时间存放不改变其基本性质，不发生强烈的化学反应；

(2) 浆液黏度低、流动性好、可注性强，能注入细小裂缝或粉细砂层中；

(3) 浆液凝胶时间在一定范围内可调，并能准确地控制；

(4) 浆液无毒、无臭、不污染环境，对人体无害，属非易燃易爆物品；

(5) 浆液对注浆设备、管路、混凝土建（构）筑物及橡胶制品无腐蚀性，并且容易清洗；

(6) 浆液固化时无收缩现象，固化后与岩土体、混凝土等有一定的黏结性；

(7) 结石体具有一定的抗压抗拉强度，不龟裂，抗渗性能、防冲刷性及耐老化性能好，能长期耐酸、盐、碱、生物细菌等腐蚀，并且不受温度、湿度变化的影响；

(8) 材料来源丰富，价格低廉；

(9) 浆液配制方便，操作简便。

一般注浆材料较难同时满足上述所有要求，因此，根据工程具体情况选用某种或某些符合上述几项要求的注浆材料即可。

2. 浆液基本性能

浆液的性质对注浆工程来说是至关重要的，选择恰当的浆液可顺利达到注浆目的，如果浆液选择不当，会导致浆液难以注入或浆液流失、强度很低，将达不到注浆的目的。

1) 浆液密度

密度是指浆液中物质的质量与其体积的比，即

$$\rho=m/V \tag{11-1}$$

式中 m——物质质量，g；

V——浆液体积，cm^3。

浆液的重度（单位 kN/m^3）用下式计算：

$$\gamma=\rho \cdot g \tag{11-2}$$

式中 g——重力加速度，cm/s^2。

2) 浆液浓度

(1) 百分比浓度。一般浆液的浓度用百分比浓度 K 来表示，表达式为

$$K=(\text{溶质质量}/\text{浆液质量})\times 100\% \quad (11-3)$$

（2）水灰比。水泥浆液浓度用水灰比来表示，表达式为

$$\rho^{*}=m_{\mathrm{w}}/m_{\mathrm{c}} \quad (11-4)$$

式中 ρ^{*}——水灰比；

m_{w}——水的质量；

m_{c}——水泥质量。

水灰比与密度的关系可写为

$$\rho=1+2/(1+3\rho^{*}) \quad (11-5)$$

（3）波美度。水玻璃溶液的浓度用波美度（$^{\circ}Be'$）表示为

$$^{\circ}Be'=145-145/\rho \quad (11-6)$$

测定浆液密度是在该浆液所有成分混合后，在凝胶之前测定完毕。

3）浆液粒度

对悬浊液来说，注浆材料的颗粒大小直接影响溶液的可注性和扩散半径。悬浊液型浆液中颗粒大小及分布可采用 TZC－2 型自动记录粒度测定仪测定。

4）浆液黏度

黏度是量度浆液黏滞性大小的物理量，它表示浆液在流动时，由于相邻部分之间流动速度不同而发生的内摩擦力的一种指标。内摩擦力 τ 与沿接触面法线方向 $\boldsymbol{n}$ 的速度梯度 $\mathrm{d}v/\mathrm{d}n$ 成正比，与流体本身的性质有关，而与接触面上的压力无关，即

$$\tau=\mu\cdot \mathrm{d}v/\mathrm{d}n=\mu v \quad (11-7)$$

式中 τ——单位面积上的内摩擦力（或称剪切力），Pa；

μ——黏度系数，简称黏度，Pa·s；

v——为剪切速率。

浆液的黏度是指浆液刚制成后的黏度，表 11－1 是几种常见浆液的黏度。浆液的黏度主要与浆液浓度有关，还与温度有关。大多数浆液的黏度是随时间而增大的。

表 11－1 几种常见浆液的黏度

<table>
<tr><th>类　型</th><th>浆液类别</th><th>黏度/(mPa·s)</th><th>类　型</th><th>浆液类别</th><th colspan="2">黏度/(mPa·s)</th></tr>
<tr><td rowspan="6">溶液</td><td>水玻璃类</td><td>3～4</td><td rowspan="6">悬浊液</td><td>水泥浆</td><td colspan="2">1.096～145</td></tr>
<tr><td>铬木素类</td><td>3～4</td><td rowspan="5">黏土浆
（水/土）</td><td>11∶1</td><td>95</td></tr>
<tr><td>脲醛树脂类</td><td>5～6</td><td>10∶1</td><td>131</td></tr>
<tr><td>丙烯酰胺类</td><td>1～2</td><td>9∶1</td><td>133</td></tr>
<tr><td rowspan="2">聚氨酯类</td><td rowspan="2">几至几百</td><td>8∶1</td><td>236</td></tr>
<tr><td>7∶1</td><td>400</td></tr>
</table>

测定浆液黏度的方法有许多种，常用的有斯托默旋转式黏度计，用它可以测定剪切速率和剪切应力之间的关系，并绘出黏度曲线。然而工程上最常用的是锥形漏斗，通过测量一定浆量从漏斗流出的时间长短来表示浆液的黏度（用 s 表示）。另外，浆液还有运动黏度：

$$v=\mu/\rho \quad (11-8)$$

式中 v——运动黏度，$\mathrm{m}^{2}/\mathrm{s}$。

5）浆液 pH

浆液的酸碱度用 pH 表示。浆液的 pH 等于浆液中氢离子浓度（摩尔浓度）的负对数值，即

$$pH = -\lg[H^{+}] \tag{11-9}$$

测定 pH 时，最好是将浆液所有成分混合后，在凝胶前测定完毕，由于配方不同 pH 会有一个变化范围，故要测出最大值和最小值。

6）凝胶时间和凝结时间

凝胶时间，是指化学浆液从全部成分混合后至凝胶体形成的一段时间。初凝时间是指浆液凝胶至部分失去塑性所经历的时间；终凝时间是指浆液凝胶体已达到最终固有的性质，化学反应已终止所经历的时间。化学浆液凝胶时间可用凝胶时间测定仪测定。

凝结时间，是指水泥浆液水化反应所需的时间。由于水化反应缓慢，水泥浆液的凝结时间较长，水泥浆的凝结时间可用试锥稠度仪测定。

注浆过程中，当希望浆液渗透或扩散距离较远时，要求浆液的凝结时间或凝胶时间应足够长。当有地下水运动时，为防止浆液过分稀释或被冲走，要求浆液在注入过程中速凝。另外，在加固工程中，为减少瞬时沉降，则希望缩短水泥浆液的凝结时间。浆液的凝胶时间和凝结时间可以通过改变浆液配合比或加入附加剂来调节。

7）浆液稳定性

浆液的稳定性是针对悬浊型浆液而言的，是指浆液在其流动速度减慢及完全静止以后其均匀性变化的快慢。它是搅拌好的浆液在停止搅拌和流动后，继续保持原有分散度和流动性的时间。维持的时间越长，稳定性越好。该时间越短，稳定性越差。

稳定性测定方法是将刚搅拌均匀的浆液倒入特制的量筒中，静置 24h 后测量上半部与下半部浆液的密度，算出差值，该差值即反映了稳定性。反映稳定性的另一个指标是浆液的初始析水速率 V_e：

$$V_e = g(\rho_R - \rho_0)d_R^2/(18\mu) \tag{11-10}$$

式中 V_e——颗粒下沉速度，cm/s；

g——重力加速度，cm/s^2；

ρ_R——球形颗粒在水中的密度，g/cm^3；

ρ_0——球形颗粒的密度，g/cm^3；

μ——浆液黏性系数，Pa·s。

颗粒的初始析水速率（颗粒的下沉速度）越小，稳定性越好；初始析水速率越大，稳定性越差。

8）固结体性质

水泥类浆液凝结后的固体称为结石体，化学浆液胶凝后形成的固体称为凝胶体。

(1) 结石（凝胶体）率。凝胶体体积与浆液体积之比称为结石率，即

$$\beta = V_2/V_1 \tag{11-11}$$

式中 V_1——浆液体积；

V_2——结石体体积。

当 $\beta<1$ 时，结石体收缩，收缩率为 $(V_1-V_2)/V_1$；当 $\beta>1$ 时，结石体膨胀，膨胀率为 $(V_2-V_1)/V_1$。

对于悬浊浆液，浆液静止24h后，析出水的体积与原浆液体积之比称为浆液的自由析水率G，即

$$G=V_w/V_v \tag{11-12}$$

式中　V_w——浆液析出水的体积；

V_v——浆液原来的体积。

(2) 固结体强度。对于水泥类悬浊浆液，用纯浆液固结体试件进行强度试验，而对化学浆液，常在室内用标准砂注浆制成凝胶体试件，再进行强度试验。根据注浆的目的确定强度试验项目，相关强度包括单轴抗压强度、抗折或抗剪强度、抗拉强度、抗挤出强度等。

抗挤出(压)强度是化学浆液的凝胶体承受水头压力的能力。它的试验方法是用由几根外径和长度相同而内径不同的厚壁玻璃管和耐压保护装置组成试验装置，把浆液倒入玻璃管内凝胶，再将玻璃管装入耐压装置中加压，每加压0.1MPa，稳定10min，直到玻璃管中的凝胶体全部挤出为止，挤出的最小压力即为该凝胶体的抗挤出强度。

(3) 固结体的防渗性。对固结体进行抗渗试验，获得固结体的渗透系数。固结体的渗透系数越小，防渗性能越好。

(4) 固结体的耐久性。固结体在地下水的物理和化学作用下，某些组分的溶出、老化等现象使其强度降低或丧失作用。此外，固结体所处的环境发生变化，如地下水位升降、基坑开挖暴露等，可使其崩解风化。耐久性试验的试件，应在密封的干、湿、干湿循环以及压力渗透等条件下养护后进行测定。

11.1.3　注浆法施工

1. 注浆设备

1) 钻机

注浆采用的钻机与地质钻机相同，分为三大类：回转式、回转冲击式、冲击式。应根据注浆孔的大小、深度、地质情况与注浆工艺选用钻机型号。表11-2所列为目前国内常用的浅层工程钻机。

表11-2　国内常用浅层工程钻机

钻机型号	钻进深度/m	进给方式	开孔直径/mm	终孔直径/mm	钻杆直径/mm	功率	
						电动机/kW	柴油机/kW
70型振动机	25	振动	—	—	42	4.5	—
76型振动机	33	振动	—	—	—	—	—
1			100	75	42	7.5	8.8
XY-1A	100	油压	150	75	42	11	9.5
1B			150	75		11	13.2
XJ100	100	手轮	110	75	42	7.5	8.8
XU100	100	油压	110	75	42	7.5	—
YG-2	50	油压	150	110	42	—	—
SH-30工程钻机	30	冲击	142	110	42	4.5	7.5
坑道钻机	50	油压	150	75	42	11	—

2）注浆泵

注浆泵是注浆的主要设备。注浆泵大都是泥浆泵或在此基础上经过改进的一些代用泵，随着注浆领域的扩展和技术的提高，对注浆泵的功能和特点要求也越来越高。

最常用的注浆泵是往复式泵，它主要是靠缸内活塞往复运动来完成吸入和排出浆液。按活塞在缸内往复一次完成吸排的次数，分为单作用泵和双作用泵两类。

活塞往复运动一次只完成一个吸浆与排浆过程的注浆泵，称为单作用往复式注浆泵；在活塞两侧都装有吸排浆阀，活塞往复运动一次可完成两个吸浆和排浆过程的注浆泵，称为双作用往复式注浆泵。

使用盘状活塞的往复式泵，称为活塞泵；使用柱式活塞的往复式泵则称为柱塞泵。活塞泵的活塞与缸套直接接触，因而缸套与缸体磨损较快；柱塞泵是柱塞与橡皮密封圈接触，磨损的速度较慢，因而目前柱塞泵已基本替代了活塞泵，较为常用。

2. 施工工艺

1）注浆方法

选择注浆方法时，要考虑介质的类型和浆液的凝胶时间。土体注浆一般吸浆量较大，宜采用纯压式注浆；裂隙岩体注水泥浆时，吸浆量一般较小，可采用循环式注浆。双液化学注浆时，浆液的凝胶时间不同，混合的方法也不同。凝胶时间较长时，A、B 液在罐内混合后用单泵注入，称为单枪注射；凝胶时间中等（2～5min）时，A、B 液用双泵在孔口混合后注入，称为 1.5 枪注射；凝胶时间较短时，A、B 液用双泵泵入，在孔底混合后注入，称为双枪注射。

(1) 花管注浆。花管注浆是在注浆管前端的一段管上打许多直径 2～5mm 的小孔，使浆液从小孔水平地喷到地层。与钻杆注浆法相比，由于注浆管喷出的断面积明显增大，因此大大减小了压力急剧上升和浆液涌到地表的可能性。注浆钻杆的直径为 25～40mm，前端 1～2m 侧壁开孔眼，孔眼呈梅花形布置。有时为防止孔眼堵塞，可以在开口孔眼外包一圈橡皮环。花管注浆可用于砂砾层渗透注浆，也可用于土体的水泥-水玻璃双液劈裂注浆。与注浆塞组合，还可用于孔壁较好的裂隙岩体注浆。

(2) 袖套管注浆。此法为法国 Soletanche 公司首创，故又称 Soletanche 方法。在国内广泛用于砂砾层渗透注浆、软土层劈裂注浆（SRF 工法）和深层（超过 30m）土体劈裂注浆。

袖套管法施工步骤为：钻孔→插入袖套管→孔内灌套壳料→注浆。钻孔孔径一般为 80～100mm，采用泥浆护壁，钻孔垂直度误差应小于 1%。袖套管一般用内径 50～60mm 的塑料管，每隔 33～50cm 钻一组射浆孔外包橡皮套，插入钻孔，管端封闭。套壳料为泥浆，泥浆的配方直接影响注浆效果，要求泥浆收缩性小、脆性较高、早期强度高。在封闭泥浆达到一定强度后，在单向袖阀管内插入双向密封注浆芯管进行分段注浆。每段注浆时，首先加大压力使浆液顶开橡皮套，挤破套壳料，然后浆液进入地层。

(3) 双重双栓塞复合注浆。双重双栓塞复合注浆法的注浆管为双重管，双塞间为具有单向阀的混合射枪。复合注浆是先用廉价、高强的悬浊型（水泥）浆液进行脉状注浆，充填大空隙，提高地层的均质性，防止昂贵的浆液流失；然后用黏度低、凝胶时间长的溶液型化学浆液进行渗透注浆，以提高地层的致密性。

(4) 循环注浆。在土体中采用纯压式注浆，而对吸浆率较小的裂隙岩体，注水泥浆液或水泥黏土浆液可采用循环注浆，过剩浆液可以从孔中再返回到注浆泵继续循环注入。我国水电部门的防渗帷幕注浆多采用循环工艺，循环注浆的工序为：钻孔→钻孔冲洗→压水试验→注浆→全孔终了封孔。

(5) 岩溶注浆。岩溶注浆法是针对岩溶具有较大的缝、隙、洞的通道，在水的流速大到足以冲走浆液最大颗粒的情况时，不能产生浆液颗粒沉淀堵塞作用，出现所谓“灌不住”现象而研究的一种特殊的注浆工艺。一般岩溶注浆可以在浆液中掺加粗料，促使浆液产生沉积推移作用，堵塞流水通道。

2) 注浆顺序

根据注浆孔注浆时的顺序，分为顺序注浆与跳孔注浆。

(1) 顺序注浆。顺序注浆是按照排序逐孔注浆。以排除地下水为目的的注浆顺序为：先中间孔注浆，后外围孔的开放式注浆。以防止浆液逸失为目的的注浆顺序为：首先做周边封闭孔注浆，再做封闭圈内孔注浆的封闭式注浆。

(2) 跳孔式注浆。跳孔式注浆是在一孔注浆完后，间隔一孔或多孔注浆，也可以在一排注浆完后，间隔一排或数排注浆。一般间隔一个孔或一排。间隔孔作为检查孔和补充注浆孔。在加固已有建筑物时，逐孔注浆在浆液还没有形成强度之前会造成基础下沉，因此采用这种注浆次序可防止注浆过程中基础下沉。

3) 注浆控制技术

注浆控制，分为过程控制和标准控制。过程控制是把浆液控制在所要注入的范围内，是主要通过调整浆液的性质和注浆压力、流量，使浆液既能扩散到预定注浆范围，又不能过多跑出注浆范围而流失掉；标准控制（即质量控制）是控制浆液达到注浆要求，标准控制方法有定浆量控制法、定压控制法、定时控制法等。

(1) 定浆量控制法。定浆量控制法又分为注浆总量控制法与吸浆速率控制法。对于注浆总量控制法，当注浆扩散半径确定后，注浆总量就确定了，在地层均匀无空洞的条件下，调整注浆压力可使总注浆量达到设计值。对于吸浆速率控制法，在设计时，吸浆率小到一定程度，即达到注浆要求。这种方法适用于防渗帷幕注浆。在施工时帷幕注浆和固结注浆的吸浆量不大于 0.4L/min，继续 30～60min，即可停止注入。

(2) 定压控制法。注浆过程中压力控制分为“一次升压法”和“逐级升压法”，压力大小除与浆液特性有关外，还与注浆速率、地层吸浆率有关。因此，升压的快慢应不使地层抬动，而又能在此压力下使地层充分注实为佳。

(3) 定时控制法。定时控制法是指控制注浆过程历时，以达到控制浆液扩散半径的方法。注浆历时是指一个注浆段所需要的注浆持续时间，可根据注浆公式确定。

11.2 冻结法施工技术

11.2.1 概述

冻结法是利用人工制冷技术，将待施工的地下工程周围一定范围内的含水层冻结，使之形成封闭的冻结壁，隔绝地下水联系，改变岩土性质，增加其强度和稳定性，保证地下工程安全施工的一种特殊施工方法。

1. 冻结法历史

冻结法施工技术已有一百多年的应用历史，在城市地下工程的应用始于1886年瑞典斯德哥尔摩24m的人行隧道的建设。在西欧、苏联、日本等国家，该技术已是城市建设中一项成熟的施工技术和施工方法。

我国采用冻结法技术施工煤矿井筒自1955年开始，至今已有60年的历史，共用冻结法施工煤矿井筒430余个，其中冻结最大深度435m，冻结表土层最大厚度375m，冻结法技术已是我国煤矿井筒施工中成熟、可靠的特殊施工方法之一。进入20世纪70年代，冻结法技术开始在城市建设基坑开挖及路桥施工中推广应用，如北京地铁车站的护坡工程、沈阳地铁试验井开挖、内蒙古海拉尔水泥厂地下皮带走廊施工、南通钢厂沉淀池施工、凤台大桥主桥墩开挖，乃至上海过江隧道出口、地铁车站、泵站施工等均是采用冻结法技术，效果很好。

2. 冻结法基本原理

冻结法是在地下工程开挖之前，先在欲开挖的地下工程周围打一定数量的钻孔，孔内安装冻结器，然后利用人工制冷技术对地层进行冻结，使地层中的水结成冰、天然岩土变成冻结岩土，在地下工程周围形成一个封闭的不透水的帷幕——冻结壁，用以抵抗地压、水压，隔绝地下水与地下工程之间的联系，然后在其保护下进行掘砌施工。其实质是利用人工制冷临时改变岩土性质，以固结地层。

冻结法施工的核心环节是如何形成冻结壁。冻结壁的形成依赖于冻结系统的三大循环：盐水循环、氨循环和冷却水循环。完整的冻结系统如图11－1所示。

1）盐水循环

盐水循环在制冷过程中起着冷量传递作用，以泵为动力驱动盐水进行循环。循环系统由盐水箱、盐水泵、去路盐水干管、配液圈、供液管、冻结管、回液管、集液圈及回路盐水干管组成，其中供液管、冻结管、回液管组合称为冻结器。低温盐水（－35～－25℃）在冻结器中流动，吸收其周围地层的热量，形成冻结圆柱，冻结圆柱逐渐扩大并连接成封闭的冻结壁，直至达到其设计厚度和强度为止。工程中使用的盐水通常为氯化钙溶液，溶液的密度为1.25～1.27g/cm^3，浓度为26.6％～28.4％。

2）氨循环

工程中一般用氨作为制冷剂。吸收了地层热量的盐水返回到盐水箱，在盐水箱内将热量传递给蒸发器中的液氨（蒸发器中氨的蒸发温度比周围盐水温度低5～7℃），使液氨变为饱和氨蒸气，再被氨压缩机压缩成高温高压的过热氨蒸气，进入冷凝器等压冷却，将地热和压缩机产生的热量传递给冷却水。冷却后的高压常温液氨，经储氨器、节流阀变为低压液态氨，进入盐水箱中的蒸发器进行蒸发，吸收周围盐水的热量，又变为饱和氨蒸气。如此周而复始，构成氨循环。

3）冷却水循环

冷却水循环在制冷过程中的作用是将压缩机排出的过热氨蒸气冷却成液态氨。冷却水循环以水泵为动力，通过冷凝器进行热交换。冷却水把氨蒸气中的热量释放给大气。冷却水温度越低，制冷系数就越高。冷却水温度一般较氨的冷凝温度低5～10℃。冷却水由水

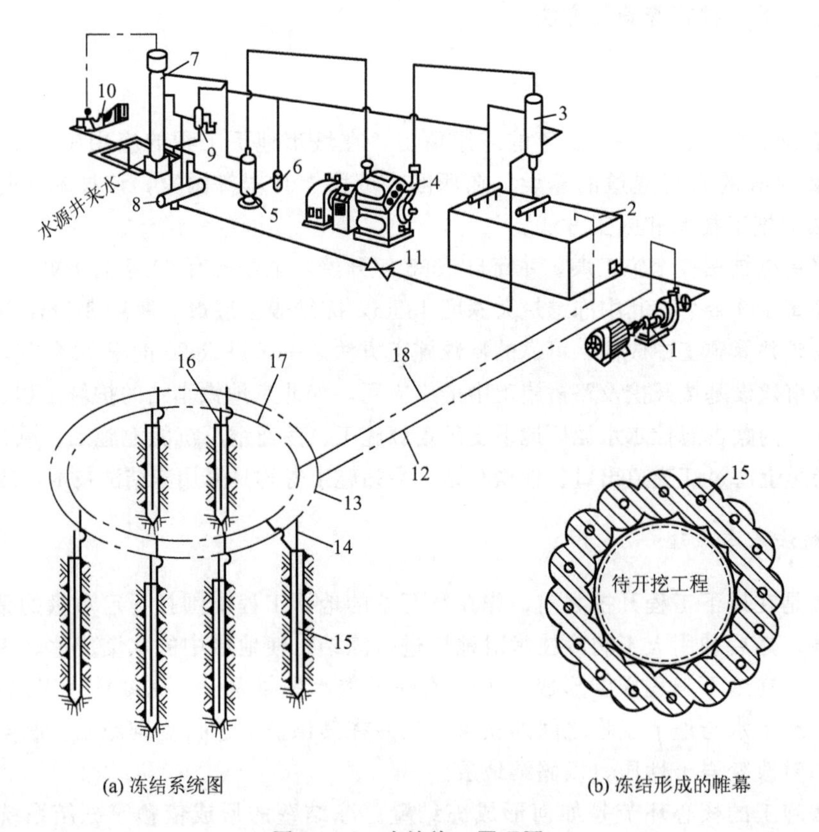

(a) 冻结系统图　　(b) 冻结形成的帷幕

图 11－1　冻结施工原理图

1—盐水泵；2—盐水箱（内置蒸发器）；3—氨液分离器；4—氨压缩机；5—氨油分离器；6—集油器；7—冷凝器；8—储氨器；9—空气分离器；10—水泵；11—节流阀；12—去路盐水干管；13—配液圈；14—供液管；15—冻结器；16—回液管；17—集液圈；18—回路盐水干管

泵、冷却塔、冷却水池以及管路组成。

人工冻结的基本原理是低温盐水吸取地层的热量，在盐水箱内进行热交换，把热量传给氨，氨经压缩机做功后，在冷凝器中把这部分热量传递给冷却水，冷却水再把热量散发到大气中去。通过上述三大循环、三次热交换，便可使地层冻结。

11.2.2　冻结制冷设备

制冷设备主要有压缩机、冷凝器、蒸发器、中间冷却器。辅助设备有氨油分离器、储氨器、集油器、调节阀、氨液分离器和除尘器等。

1. 压缩机

氨压缩机是制冷系统中最主要的设备。氨压缩机就其工作原理，可分为活塞式、离心式和螺杆式三种，我国冻结法施工中主要用活塞式和螺杆式压缩机。

1）活塞式氨压缩机

活塞式压缩机，按标准制冷能力分为三类：小型机（<60kW）、中型机（60～600kW）

和大型机（>600kW）。按气缸中心线的位置分，有卧式、立式、斜式，斜式又分 V 形、W 形和扇形（S 形）。压缩机的名称包括气缸数、工质种类、气缸排列形式、气缸直径，如 8AS－12.5 型压缩机有 8 个气缸，A 表示用氨作制冷工质，S 表示气缸排列为扇形，气缸直径为 12.5cm。

我国冻结法施工常用的压缩机有 100，125，170，250 等系列。8AS－12.5 型压缩机的外形如图 11－2 所示。

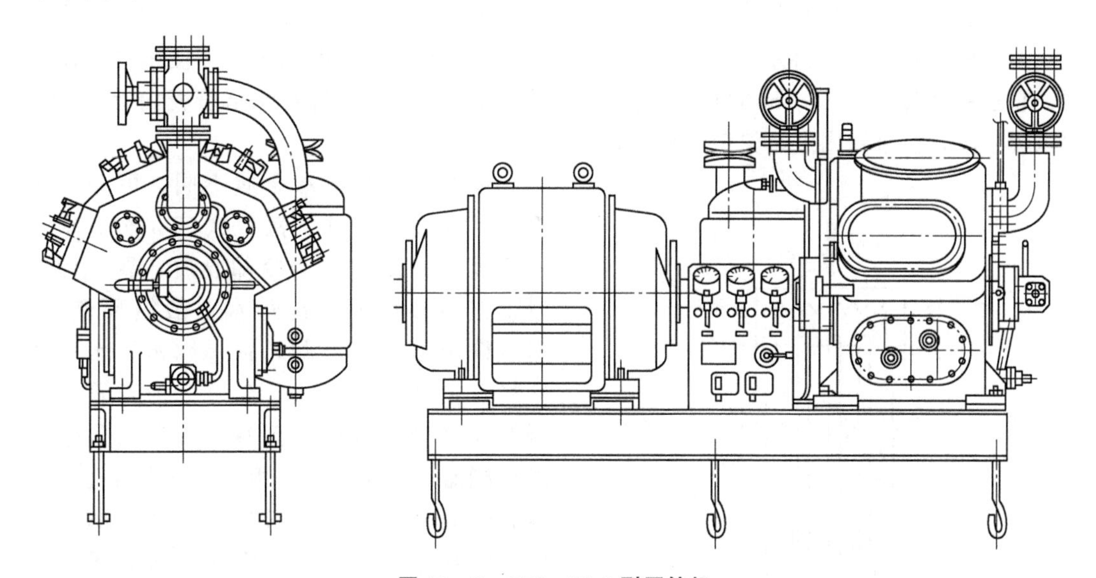

图 11－2　8AS－12.5 型压缩机

2）螺杆式压缩机

螺杆式压缩机的基本结构如图 11－3 所示。在压缩机的机体内平衡地配置着一对互相啮合的螺旋形转子。通常把节圆外具有凸齿的转子称为阳转子或阳螺杆，把节圆内具有凹齿的转子称为阴转子或阴螺杆。一般阳转子与原动机连接，由阳转子带动阴转子转动。因此，阳转子又称主动转子，阴转子又称从动转子。在压缩机机体的两端，分别开设一定形状和大小的孔口，一个供吸气用，称作吸气孔口，另一个供排气用，称作排气孔口。

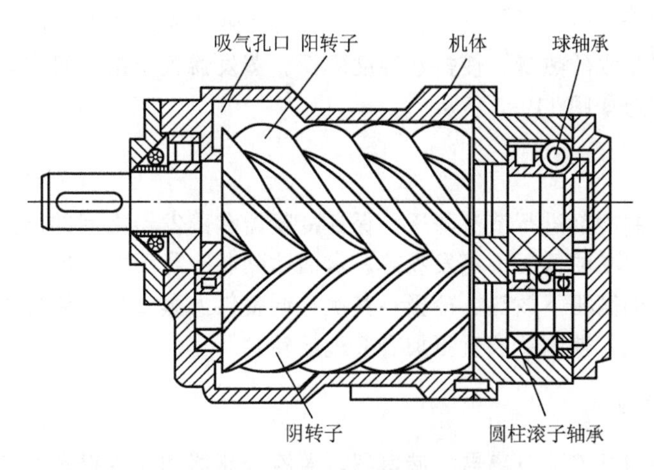

图 11－3　螺杆式压缩机结构示意图

螺杆压缩机的工作循环，可分为吸气、压缩和排气三个过程。随着转子旋转，每对相互吻合的齿相继完成相同的工作循环。螺杆压缩机是一种工作容积做间转运动的容积式压缩机械，气体的压缩依靠容积的变化来实现，而容积的变化又是借助压缩机的一对转子在机壳内做回转运动来达到。

2. 冷凝器

冷凝器是用来冷却氨，将氨由气态变为液态的装置，是制冷系统中的主要热交换设备之一。冷凝器有立式、淋水式、卧式及组合式几种。在冻结法施工中，多使用立式冷凝器，它是一个直径为1～2m的管壳，内装有许多根冷却水管，冷却水从管壳内上端经冷却水管下流，使管壳内过热氨蒸气液化。

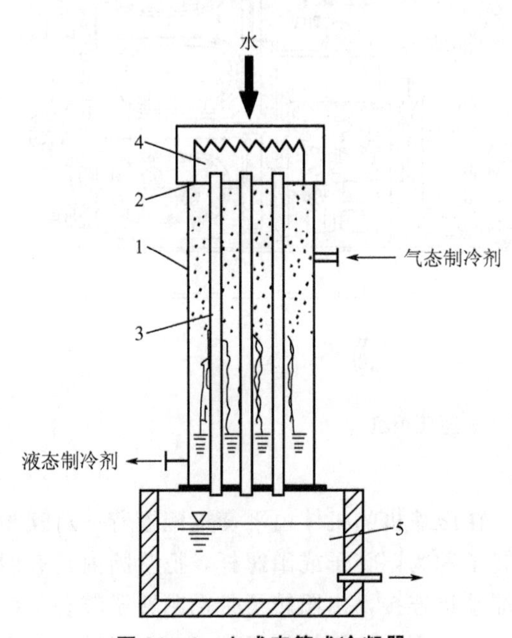

图 11-4　立式壳管式冷凝器

1—筒体；2—管板；3—管束；4—配水箱；5—水池

冷凝器按其冷却介质不同，可分为水冷式、空气冷却式、蒸发式三大类。水冷式冷凝器是以水作为冷却介质，靠水的升温带走冷凝热量。冷却水一般循环使用，但系统中需设有冷却塔或凉水池。水冷式冷凝器按其结构形式，又可分为壳管式冷凝器和套管式冷凝器两种，常见的是壳管式冷凝器，如图 11-4 所示，它由外壳、管板和管束传热管等部件组成，外壳的两端用管板封住，在管板上焊接许多管子组成管束。上部设有配水箱，冷却水经分配器流入管中。水沿管子内壁流下，集于水池中。受热后的水由水泵送入冷却塔冷却后循环使用。

3. 蒸发器

蒸发器是热交换系统中又一个不可缺少的热交换设备。液态氨在其内蒸发变为饱和氨蒸气，吸收周围盐水的热量，使盐水温度降低。蒸发器置于盐水箱中，是制冷系统输出冷量的设备，其构造如图 11-5 所示。

4. 节流阀

节流阀对高压制冷剂进行节流降压，保证冷凝器和蒸发器之间的压力差，以便使蒸发器中液体制冷剂在要求的低压下蒸发吸热，从而达到制冷降压的目的，同时使冷凝器中的气态制冷剂在给定的高压下放热、冷凝；其次，调整供入蒸发器的制冷剂的流量，以适应蒸发器热负荷的变化，使制冷装置更加有效地运转。

5. 其他辅助设备

其他辅助设备包括氨油分离器、储氨器、氨液分离器和盐水循环系统管网等，它们也是保证制冷正常工作的不可缺少的辅助设备。

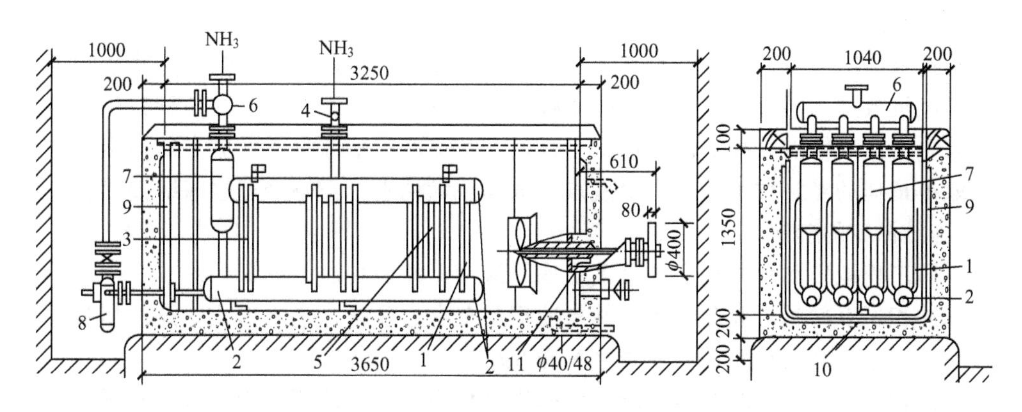

图 11－5　蒸发器结构（单位：mm）

1，3—蒸发管；2—总管；4—氨液分配管；5—供液总管；6—储氨器；7—氨液分离器；
8—集油器；9—蒸发器槽；10—隔板；11—盐水出口

11.2.3　冻结法施工

冻结法的施工工艺如下。

(1) 根据工程特征要求，布置冻结管。

(2) 开始土壤冻结，冻土首先从每个冻结管周围向外扩展，当各分离的圆柱冻结体连成一体时，该冻结阶段即宣告完成。

(3) 继续降低冻结体的平均湿度和扩大冻土墙厚度，使之达到设计要求。

(4) 维持低温，保证开挖和做永久结构施工期间，冻土墙强度保持不变。完成使命后即开始强行解冻，拔除冻结管。

以井筒冻结施工为例，说明冻结法施工过程。首先在井筒周围打一定数量的冻结孔，孔内安装冻结器，冻结器由带有底锥的冻结管和底部开口的供液管所组成。冷冻站的低温盐水（−30℃左右）经去路盐水干管、配液圈到供液管底部，沿冻结管和供液管之间的环形空间上升到集液圈、回路盐水干管至冷冻站的盐水箱，形成盐水循环。低温盐水在冻结管中沿环形空间流动时，吸收其周围岩层的热量，使周围岩层冻结，逐渐扩展连成封闭的冻结圆筒（冻结壁）。随着盐水循环的进行，冻结壁厚度逐渐增大，直到达到设计厚度和强度为止（积极冻结），然后进行井筒的开挖和衬砌。在掘砌期间进行维护冻结（消极冻结），直至井筒永久结构完成，停止冻结。

1. 冻结法施工设计

在冻结施工前，必须进行冻结施工设计，冻结施工设计必须收集工程地质与水文地质资料，以及井筒特征、位置、用途、井筒设计技术特征、结构及装备等资料。工程地质与水文地质资料包括冲积层的埋深，主要含水层厚度、层位、岩性、净水压力、含水率、渗透系数，地下水的流向、流速、水温、水质及地下水的补给情况等。

冻结施工设计的内容，包括冻结方案选择、冻结深度确定、冻结壁计算与冻结孔布置等。

1）冻结方案的选择

正确选择冻结方案，是冻结设计施工中的首要问题。方案的选择不仅关系到冻结速度、技术经济效果，而且关系到工程的成败。选择方案应全面分析井筒所穿过岩土层的工程地质与水文地质特点，确定冻结深度。根据冻结深度、冷冻设备、施工队伍素质综合考虑，以取得最佳的经济技术效果为出发点，选择技术先进、经济合理的冻结方案。

2）冻结深度的确定

按不同工程地质和水文地质条件确定冻结深度，并满足以下要求：

（1）冲积层下部基岩风化严重，并与冲积层有水力联系，涌水量大，这时应连同风化层一起冻结，且冻结孔还要深入不透水基岩5m以上；

（2）冲积层底部有较厚的隔水层，而基岩风化不严重，冲积层地下水未连通时，冻结孔深入弱风化层10m以上；

（3）井筒深度不大，穿入的基岩层不厚，风化带与冲积层地下水连通，涌水量又比较大时，可冻结全深。

3）冻结壁计算

冻结壁在掘砌施工中起临时支护作用，其厚度取决于地压大小、冻土强度及变形特征。冻结壁厚度一般为2～6m，计算方法有以下三种。

（1）当冲积层厚度在100m以内，地压值比较小时，一般按拉麦假定，按弹性理论计算。

（2）当冲积层厚度在100～300m，地压值较大时，一般多按姆克假定，按弹塑性理论计算。

（3）近年来，我国学者总结了新中国成立以来270多个冻结井筒的冻结设计与施工经验，采用数理统计的方法，提出以下经验公式：

$$\delta_d = \alpha R_j H_d^{\beta} \tag{11-13}$$

式中 δ_d——冻结壁厚度，m；

R_j——井筒掘进半径，m；

H_d——冻结壁计算出深度，m；

α，β——经验常数，$\alpha=0.04$，$\beta=0.61$。

4）冻结孔布置

冻结法凿井所需钻孔按用途可分为三种：冻结孔、水文观测孔和测温孔。

冻结孔一般等距离布置在井筒同心圆上，其圈径大小由井筒断面、冻结深度、钻孔允许偏斜率和冻结壁厚度来确定。冻结孔间距通常取0.9～1.3m，在这个区间内，综合成本变化不大，当间距小于0.9m和大于1.3m时，成本有明显的增加。冻结孔的布置圈径可按下式计算：

$$D_q = D_j + 2(\eta_d \delta_d + eH_d) \tag{11-14}$$

式中 D_q——冻结孔单圈布置圈径，m；

D_j——冻结井筒掘进直径，m；

η_d——冻结壁内侧扩展系数，$\eta_d=0.55$～0.60；

H_d——冻结深度，m；

e——冻结孔允许偏斜率，一般要求小于0.3%。

冻结孔数目可采用下式计算：

$$N=\frac{\pi D_q}{L} \tag{11-15}$$

式中 N——冻结孔数目；

L——冻结孔间距，一般为1.0～1.3m。

在打孔过程中，若钻孔偏斜过大，应根据冻结孔交圈图分析，超出终孔要求间距应打补充孔加强冻结。

5）水位观测与测温孔

（1）水位观测孔。水位观测孔一般应打在距井心1m左右的地方，以不影响掘进为宜。孔数为1～2个，孔数过多会影响掘进工作，其深度不应超过冻结深度，但应穿过所有含水层。在主要含水层应装有滤水装置。

水位观测孔的作用是：当冻结壁交圈以后，井筒周围形成密封的冻结圆筒，由于土的冻胀作用使孔内静水位上升以致溢出地面，这是冻结壁交圈的主要标志。必须注意，在安装主要含水层的滤水装置时，绝不可使各含水层连通，以便分层观察其水位变化。如果高压含水层与低压含水层沟通，则将形成地下环流，影响冻结圆柱的交圈时间，若环流流速过大，可能导致不交圈。倘若在预定交圈时间仍不交圈，则要全面分析不交圈的原因，并及时处理。水文孔不要偏出井筒，否则起不到水文观测孔的作用，水文观测孔的套管应高出地面并加盖。

（2）测温孔。为了确定冻结壁的厚度和开挖时间，在冻结壁内必须打一定数量的测温孔，根据测量温度结果分析判断计算冻结壁峰面即零度等温线的位置。测温孔一般布置在冻结壁外缘界面上。根据冻结孔偏斜情况，也可打在偏斜最大的两孔之间，或打在难以冻结的需要控制观察的主要含水层中。数量按需要而定，一般为3～4个，其允许偏斜率与冻结孔相同。

2. 冻结法施工过程

1）冷冻站安装

冷冻站位置应以供冷、供电、供水和排水方便为原则，同时应不影响永久建筑施工，尽量少占地。为减少冷量损失，冷冻站离井口应尽量近些，一般为一个井筒服务时，距离为20～50m；为主、副两个井筒服务时，位置选在两井中间，距离为50～60m。有关防火、通风等应符合安全规程。

冷冻站设备分站内、外两大区域布置。通常站内区布置蒸发器（盐水箱），朝向井口，接着是低压机、氨液分离器、中间冷却器和高压机；站外区布置集油器、油氨分离器、储氨器和冷凝器。冷却水池在冷凝器的外侧。

冷冻站安装与打钻同时进行。对于氨压缩机的安装质量应予格外重视，氨压缩机的混凝土基础要严格照图纸施工，其他设备也应按各自的技术质量标准进行安装。

（1）管路保温。管路密封性试验合格后，应对低压管路和设备进行绝热保温。经保温处理后，一般冷冻站管路和盐水管路冷量损失约占总制冷量的25%。我国现场习惯使用棉花作管路保温材料，外缠塑料薄膜，其主要特点是拆装方便，并可重复使用。一般认为硬质泡沫塑料是一种很好的保温材料，保温层内外应敷设防湿层。绝热层厚度以计算为准。

(2) 灌盐水及充氨。根据设计的密度配制盐水。在灌盐水时，冻结管中的清水因小于盐水的密度而自动排出，灌盐水时应注意经常放空气，使干管、配液圈充满盐水，盐水箱内盐水要高出蒸发器立管200mm。严禁将浓度很高的盐水直接灌入冻结管内，以防析盐堵管。灌盐水时开动盐水泵，经常循环，以防盐水结晶。盐水灌注后才能充氨，如图11-6所示。充氨前，应先将氨系统抽成真空，液氨由于氨瓶内的压力作用自行流入，当系统内压力高于瓶内压力时，靠压缩机进行充氨，直至充到设计量为止。

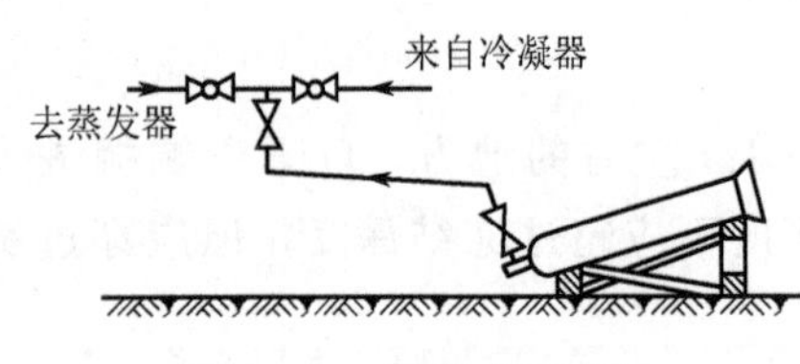

图11-6 灌盐水及充氨

(3) 水源井位置。冷却水水源井位置在冻结法施工中至关重要。为避免人为加大地下水流速，影响冻结壁交圈，水源井的位置应使冻结井筒在其降水漏斗影响范围以外。此外，水源井应位于地下水流的上游。一般水源井应距冻结井筒300m以上，两水源井间距不小于150m。水源井个数应视冷却水补充数量决定，一般不少于两个。

2) 钻孔施工

(1) 冻结孔钻进。我国现均使用旋转式钻机钻冻结孔。常用的有XB-100A、红旗1000型、THJ-1500、SPJ-300及DZJ500-1000。其中DZJ500-1000是为打冻结孔和注浆孔设计的专用钻机，属旋转转盘钻机，有较好的打垂直孔的性能。钻机配用镶合金钻头、三翼钻头和牙轮钻头。钻孔前，在井口修筑一个带有轨道的环形平台，平台基础是一个灰土盘。钻机对称布置，钻机及电动机等全部设备均安装在一个带滑橇的铁制或木质梯形台基上，台基可沿轨道滑动，钻完一孔后，钻机向同一方向自行移动。钻场布置好后，安装钻机，钻机应安设水平，主轴应垂直，钻具应处于良好工作状态。

开孔时，首先用长1m、直径为219～240mm的岩芯管钻进，钻进至5～6m后，下放直径为219mm的套管固井，然后继续钻进。每10m测斜一次，直至全深。

(2) 测斜方法。在钻孔工作中，必须树立“防偏为主、纠偏为辅”的思想，钻进过程中要经常测斜，了解孔的偏斜情况以便采取措施。目前所使用的测斜仪中，都是测得孔长、倾斜角和方位角，再求算偏斜值。常用的测斜方法，有灯光测斜仪（适于浅孔）、磁性单点测斜仪和陀螺测斜仪。

磁性单点测斜仪是由球形磁罗盘及与外壳连在一起的照相机构等部件所组成，整个仪器无论处于何种状态，球罗盘因受地球磁场作用其南、北方向永远不变，球内重锤体因受重力作用，球体竖轴永远指向地球中心，故球罗盘上的经纬线可以直接反映出钻孔的方位角和倾斜角。测斜时，将仪器放入一节非磁性钻铤内，该钻铤由强度很高的镍、铜、铝、铁组成的蒙乃尔合金制成。磁性单点测斜仪外壳装有橡胶扶正器，和非磁性钻铤呈同一倾斜状态，按照预定时间拍出照片，用放大镜可以读出方位角和偏斜角。磁性单点测斜仪外套直径44.5mm，可以在直径50mm的钻杆内不提钻测斜，精度高、尺寸小、操作简单、耐用价廉。

JDT-Ⅲ和JDT-Ⅱ型陀螺测斜仪是我国自行设计制造的精度较高的测斜仪，用陀螺马达及相应的一套控制系统来保证定向。倾角测量是利用重锤保持垂直，当仪器在钻孔中随孔倾斜时，其四个传感器就与重锤发生角度变化，使传感器电压变化，显示出倾角在直角坐标中的两个分量。孔长由电缆长测出，于是可计算出所测点的偏斜值、方位及偏斜率。整套仪器由下井仪器、地面量测仪、直流稳压器、变流器、测井电缆、CJ－1000 型绞车等组成。

3）冻结管安装

冻结管安装顺序是钻好一个孔，安装一个孔的冻结管。对冻结管的安装要求是：冻结管总长度应符合设计深度，长度不得小于 200mm；冻结管需不漏。为此要对冻结管进行试压和试漏，其后方可安装供液管、回液管与集、配液圈等，构成盐水循环。

4）井筒冻结

从开始冻结到冻结壁达到设计厚度，这个时期称为积极冻结期，积极冻结期的主要工作是维护冷冻站的正常运转，使用一切测试手段检查冻结壁发展情况，保证高速度、高质量形成冻结壁，创造开挖条件。

(1) 一、二级压缩混合系统的合理使用（图 11－7)。这种系统的优点在于能够适应积极冻结期间对盐水温度和冷量变化的要求。积极冻结初期，冻结器中热交换强烈，采用一级压缩比较合理；随着冻结时间的延长，冻结器中热交换强度下降，而需要降低盐水温度增强热交换时，采用二级压缩比较合理。这样可以充分发挥冷冻站设备潜力，提高压缩机的制冷效率。特别在积极冻结期的后期，盐水温度一般可达到－30℃以下，对于加快冻结速度是有利的。

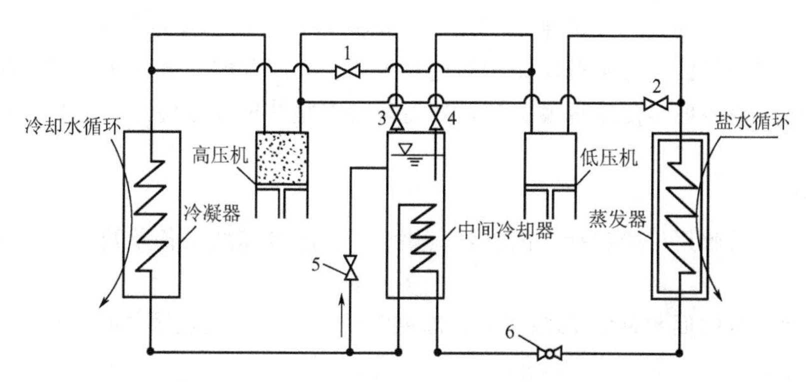

图 11－7 一、二级压缩制冷混合系统原理

1、2、3、4—阀门；5、6—节流阀

(2) 正、反盐水循环的合理使用。在积极冻结期间，可根据地层需要冷量情况，灵活运用正反盐水循环，达到既能提前开挖又能不挖冻土的目的。例如深井冻结时，深部地层温度高，可先用正循环而后再用反循环。而浅井冻结时，由于上下岩层温度相差不大，用正循环时会使冻结壁下厚上薄，对提前开挖和下部掘进均不利。根据此种情况，最好初期用反循环，使冻结壁早日交圈提前开挖，而后期用正循环，维护上部冻结壁，加速下部冻结壁扩展速度。

开始冻结时，去、回路盐水温差较大。随着冻结壁的形成，热交换强度降低并趋于稳定，去、回路盐水温差也趋于稳定。冻结深度在 100m 以内时，其温差为 2～3℃；深度大于 100m 时，温差为 3～4℃。为了观察每根冻结管盐水冷量供应和盐水流失情况，应在去、回路干管和供液管与回液管上安装流量计，如有流失，应及时处理。

在冻结过程中要经常测量测温孔各点温度变化情况，根据所测数据求解冻结壁扩展位置，给开挖时间提供可靠依据。当冻结壁形成一个封闭圆筒后，因水温下降可能会引起水文孔内水位短暂下降，但随后不久，因冻结壁向井内扩展时体积膨胀，迫使地下水沿水文孔上升，以致冒水，它仅仅表明冻结壁已经初步形成。通过综合资料分析，在水位观察孔水位明显上升，测温孔资料已测知冻土壁位置而冷冻站工作正常，以及冻结时间与设计时间基本相符时，可进行试挖。如无异常，则可正式掘进。

积极冻结期最好选择在冬季开工，以便利用天然冷量提高冷冻站的制冷效率。

5）井筒掘进

（1）做好掘砌前的准备工作。四通一平、临时工业建筑、锁口、井架、井口棚、各种盘台、提升信号系统、压风系统、混凝土搅拌运输系统、试挖、技术培训等。

（2）井筒掘进。冻结井筒掘砌施工一般采用短段掘砌单行作业。根据掘进进度、土层性质，选用不同段高，掘一段，砌一段。如何提高掘砌效率，是冻结井筒施工的关键。

掘进段高是指掘进段未经支护的高度。目前，国外掘进段高一般取 10～30m，我国取 2～20m。如采用钻爆法破碎冻土，其效率较人工提高 3～5 倍。

6）井筒砌壁

冻结井壁坐落在地压大、含水率丰富的不稳定地层中，为了抵抗地压，井壁必须有足够的强度、厚度和良好的防水性能。

钢筋混凝土复合井壁的外层井壁采用自上而下的短段掘砌单行作业，内层井壁采用自下而上的一次或分次砌筑到顶的施工方法。近年来，为了提高砌壁效率、保证井壁质量，开始试行多工序平行或部分平行作业的砌壁新工艺。外层井壁一般采用弧形钢模板和活动钢模板；内层井壁一般多使用滑模工艺，其显著特点是井壁连续浇灌，无接槎缝，整体性和封水性能好。

7）收尾工作

冻结法施工的收尾工作包括：回收氨、盐水，拆除冷冻站设备及管路，拔冻结管和充填冻结孔等。

一般氨及盐水的回收率为 70%左右。冻结管的回收率一般在浅井时可达 70%～90%。

11.3 沉井法施工技术

11.3.1 概述

沉井法是适用于不稳定含水地层中建造竖井的一种特殊施工方法。沉井是在设计的井筒位置上，在地面预制好底部带有刃脚的一段井筒，在井筒掩护下在井内不断挖土，借助筒体自重而逐步下沉，随着井筒的下沉，在地面相应接长井壁，下沉到预定设计标高后，进行封底。

沉井法具有工艺简单、需用设备少、易于操作、成本较低和劳动条件好等优点，因而在农田水利、基础工程、市政工程、道路桥涵、地下工程及矿井建设等工程中广泛采用。

国外在1944—1970年间，先由日本采用喷射高压空气（即气囊法）的方法降低井壁与土层之间的摩阻力，而使沉井下沉深度超过200m。但该方法构造比较复杂，高压空气消耗量也大，而且下沉速度又不易控制，因此未获推广。1952年以后，在欧洲开始应用触变泥浆来减少沉井外壁与土层之间的摩擦阻力，这是一项重大改进，给工程建设带来很大的经济效益，并获得了推广。据统计，欧洲到1961年已经下沉了450多个沉井作为地下构筑物。

新中国成立后，我国在沉井的施工技术方面也取得了很大的成就。沉井原先是用于桥梁墩台和重型厂房与各种工业构筑物（如煤气罐、高耸塔架等）的一种深基础，近年来，随着生产规模的扩大和生产技术的发展，沉井施工方法已逐渐发展成为埋入软土层内各种地下工业建筑和人防工程围护结构的一种形式，例如，大（重）型桥梁的墩台基础、岸边取水构筑物、城市雨污水泵站下部结构、大型设备基础、地下沉淀池和水池、地下油库以及矿用竖井等均有应用。各种类型深埋基础和地下构筑物的围壁都曾采用沉井法施工。根据现有的施工经验，在陆地上制作大型钢筋混凝土圆形沉井，直径已达68m，下沉深度36m，面积约3600m^2；矩形沉井规格达48.5m×21.5m，高为20.6m，采用无承垫木施工，分节制作，一次下沉；桥梁墩台基础沉井采用浮运沉井就位下沉，平面面积达数百平方米的大重型沉井的下沉深度达到50余米；另外矿用沉井的下沉深度已超过100m。

11.3.2 沉井的分类

沉井的类型很多，常见的分类见表11-3。从表中可见，不同类型的沉井均以沉井施工中具有特色的某种措施或手段而命名。一般认为，以与地下水土压力平衡的措施和所采用的壁后减阻措施进行分类和命名较为合适。沉井平面和剖面形状分别如图11-8和图11-9所示。

表11-3 沉井分类

分类依据	类型名称	说明
制作材料	混凝土、钢筋混凝土、钢、砖、石	应用最多的是钢筋混凝土沉井
横断面形状	圆形、方形、矩形、椭圆形、多边形与多孔井字形	圆形、方形和矩形应用最多
竖向剖面形状	圆柱形、阶梯形、锥形	一般为圆柱形
减阻方法	泥浆沉井、气囊沉井、卵石沉井、振动沉井、多级沉井	最常用的是泥浆沉井
与水土压力平衡方法	普通沉井、淹水沉井、沉箱沉井、冻结沉井	普通沉井与淹水沉井较为常用
井内是否有水	不淹水沉井、淹水沉井	

根据井内是否有水，分为不淹水沉井与淹水沉井。

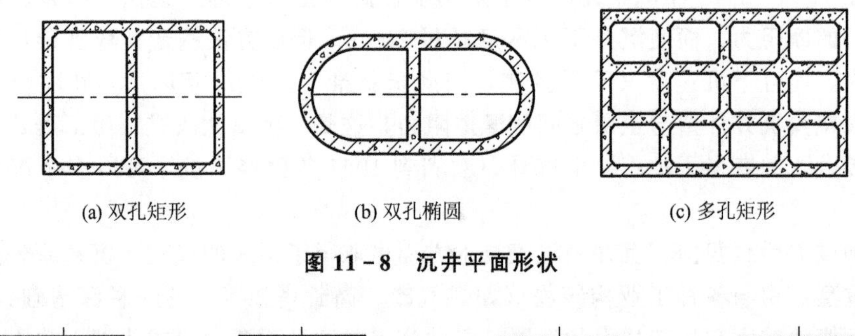

图 11－8　沉井平面形状

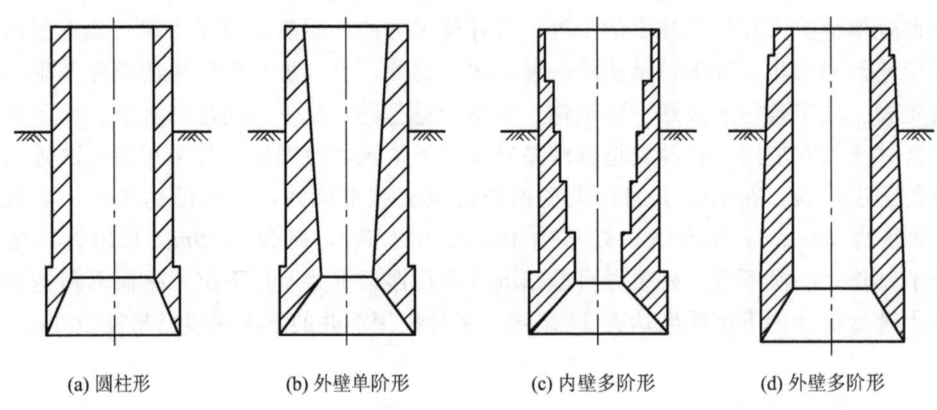

图 11－9　沉井剖面形状

1. 不淹水沉井

不淹水沉井是指在沉井施工时，井筒内不涌水，与普通法一样地挖土和出土，只是井壁结构和减阻方法不同，如普通沉井、多级沉井、振动沉井、壁后河卵石沉井、壁后触变泥浆沉井、冻结沉井等，部分形式的沉井如图 11－10 所示。这几种方法大多采用人工挖掘，吊桶提升，自重（或加载）下沉。在工作面先挖出超前小井，以便排除涌水。除普通沉井与多级沉井外，其他形式的沉井壁后均置放减阻介质。不淹水沉井工艺较简单，易于操作，需用设备少，工期较短，成本低。通常井筒涌水量在 $30m^3/h$ 左右、无承压水、流砂层厚度小于 1.0m 又无细粉砂层而且下沉较浅的沉井，可以因地制宜地采用不淹水沉井法施工。

1）普通沉井

最初的沉井很简单，先做好木盘，在盘上搭摆砖或料石作为井壁，人在井底挖掘。后来发展成砌筑井壁，吊桶提升。这样的沉井方法，有时叫自重沉井，现今称为普通沉井，如图 11－11 所示。

2）多级沉井

系把沉井井筒分为若干段，逐段缩小直径，分级依次下沉，可减小每次下沉时侧面摩阻力的作用面积，从而达到减小摩阻力的目的。多级沉井实质上也属于普通沉井法，采用它虽可减小侧面摩阻力，但井内的水压差未能减小，沉井深度仍然不能加深，一般使用较少。

3）振动沉井

振动沉井源于建桥过程中的振动管柱法，它是在预制的薄壁长段井筒上部安置振动

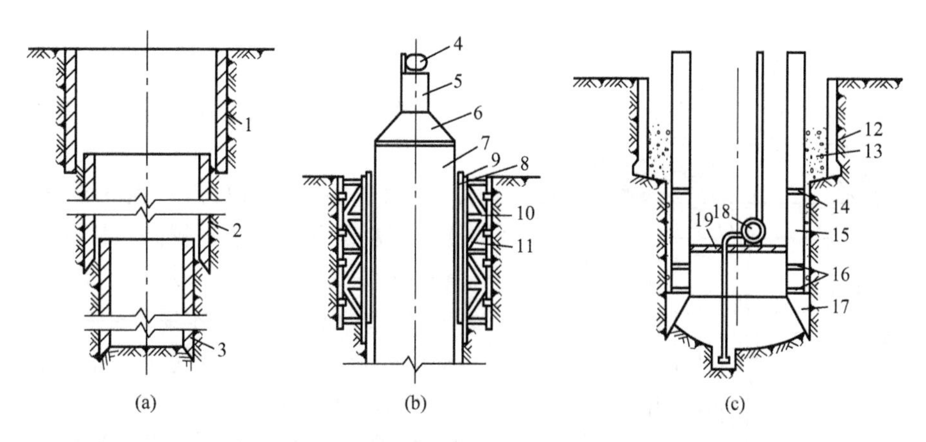

图 11-10 不淹水沉井的部分类型

1—套井；2—第一级沉井；3—第二级沉井；4—电动机；5—振动打桩机；6—桩帽；7—沉井井壁；8—导向钢轨；9—导向木；10—水平杆；11—斜撑；12—套井；13—河卵石；14—纠偏用预埋管；15—沉井井壁；16—导水用预埋管；17—刃脚；18—排水泵；19—工作盘

机，借助于振动机的振动力，迫使井筒也产生振动，相应加大了井筒的下沉力。同时由于井筒的振动促使井壁四周的土壤液化，从而减小了沉井的侧面摩阻力，加快了下沉的速度。采用振动沉井法施工，较普通沉井法虽有所进步，但振动机的加载毕竟有一定限度，而且井壁受反复荷载的作用容易断裂，因而其下沉深度和适用条件受到一定的限制。

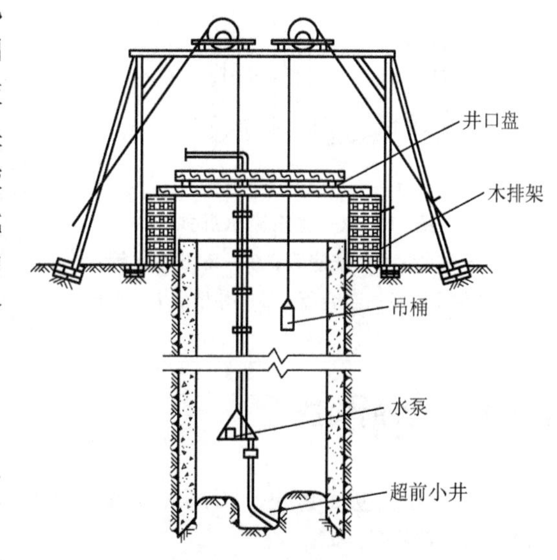

图 11-11 普通沉井施工示意图

4）壁后河卵石沉井

壁后河卵石沉井是在沉井壁后环形空间内充填河卵石，利用其滚动和减少与井壁接触的摩擦面积来减小沉井的摩阻力。采用壁后河卵石沉井时，在刃脚以上的井壁上预留上、中、下三圈导水管，以便排水，降低井内外的水压差。同时可通过导水管掏挖卵石松动壁后，以便下沉和有助于纠偏。壁后河卵石沉井可用于涌水量小于 $100m^3/h$ 的沉井，其下沉速度快、成本低，但泄水疏干和减阻的作用有一定限度，只适用于较浅的沉井，随着沉井深度的增加，下沉的困难相应加大。

5）壁后触变泥浆沉井

其工艺与普通沉井法相同，但在沉井之前要做好套井，在沉井壁后环形空间内灌注触变泥浆减小沉井的摩阻力。在涌水量不超过 $30m^3/h$、砂层厚度在 1m 左右且无承压水的冲积层中，该法使用效果较好。

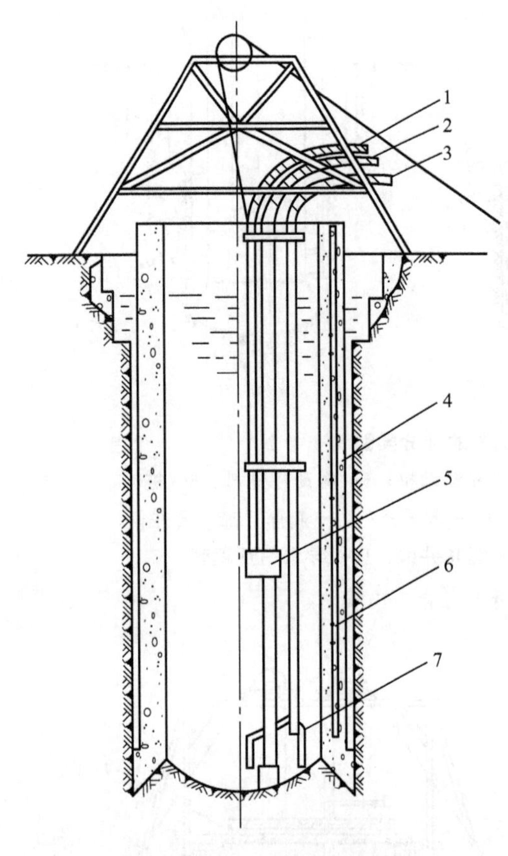

图 11-12 泥浆淹水沉井

1—压气管；2—排渣管；3—高压供水管；4—注浆管；5—混合器；6—井壁；7—水枪

2. 淹水沉井

淹水沉井比较通用的是壁后泥浆和壁后压气沉井。壁后压气沉井又称气囊沉井，是日本创立的，效果良好，但工艺技术复杂，压气消耗量很大、成本较高，故基本上不用。壁后充填泥浆法简单、方便，最为常用，如图 11-12 所示。其基本原理是在沉井井筒内灌满水，保持井内外的水压平衡，防止从刃脚处涌砂冒泥及地表塌陷；以预先做好的套井为支撑圈来防止和纠正沉井过程中的偏斜；在井筒外壁的环形空间内灌注触变泥浆，以隔离井壁与土层，减小沉井侧面阻力；靠井壁自重使刃脚插入土中，经水下破土、排渣克服正面阻力使井壁下沉；边下沉，边纠偏，边在井口接长井壁，直至井筒全部穿过冲积层，使沉井刃脚坐落于基岩上；在封底、固井之后，转入基岩段普通方法施工。

沉井井壁后的泥浆用黏土和水制成。黏土最好用高岭土和膨润土。沉井施工对壁后泥浆的性能有一定要求，泥浆的性能主要涉及密度、黏度、静切力、稳定性等，如不符合要求，则要用碳酸钠、三聚磷酸钠等处理剂进行调试。

11.3.3 沉井的构造

沉井的构造包括套井、刃脚、井壁、内隔墙、井孔、凹槽、底板与顶盖等部分，如图 11-13 所示。

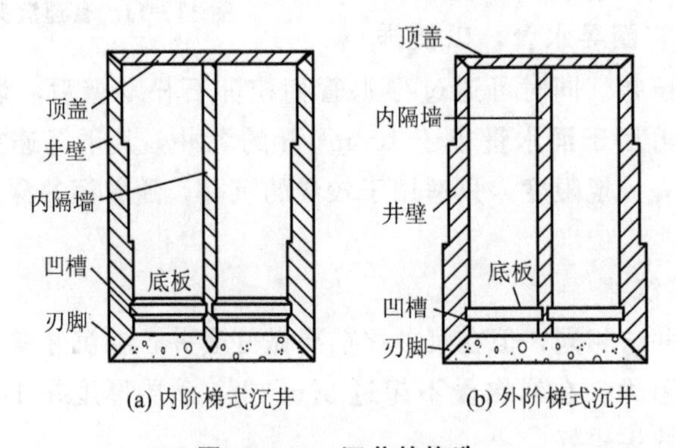

图 11-13 沉井的构造

1. 套井

在沉井施工之前，为了定位、组装沉井的刃脚与一段井壁，要预先在沉井位置的四周做好一个有一定深度、直径略大于沉井的井筒，通常称之为套井。套井的作用在于防止沉井在下沉过程中井壁外围土层的坍塌，为井架与井口建筑物保持一个完整的地基基础，利用套井作为安设沉井导向设施、纠正偏斜或者加压下沉设施的基础。套井与沉井之间的环形空间，可以作为触变泥浆的储浆槽，或者壁后压气的出气口。因此，要求套井要有一定的深度、强度和较大的稳定性。

套井较浅，其结构强度一般较沉井井壁小，因此，在安装导向装置与纠偏机具的套井部位应适当加强，一般均布置双层钢筋或适当加大壁厚，以便为井壁下沉创造一个可靠的防偏与纠偏基础。

2. 刃脚

刃脚位于沉井井筒的最下端，可为沉井井筒定向，刃脚用锋利的刀尖切入土层，破坏原状土的结构，有利于克服沉井的正面阻力。一般情况下，刃脚外壁的直径略大于井筒直径，下沉后在井筒外形成一个环形空间，便于放置减少侧面摩阻力的介质，以达到加大沉井下沉深度的目的。沉井刃脚的结构具有足够的强度、准确的尺寸和光滑的表面，以保证沉井在整个下沉过程中不致遭到破坏或者阻力增加。

1）刃脚的形状

沉井刃脚的基本形状如图 11－14(a) 所示，图中 δ 为台阶的宽度，一般为 200～300mm，β 为刃脚的角度，一般为 25°～35°，H 为刃脚的高度，一般为 3.0m 左右，过高则阻力增大，过低则易流失泥浆，而且也不够稳定。

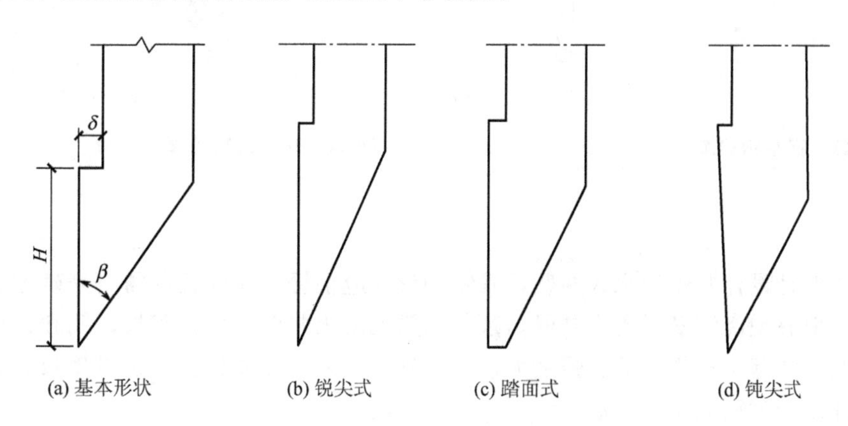

图 11－14 刃脚的形状

刃脚尖形式，常用的有锐尖、踏面和钝尖三种，分别如图 11－14(b)、(c) 和 (d) 所示。锐尖其夹角一般小于 25°时，刃尖锋利易切入土层，下沉阻力较小，但其强度有限，不适用于砾卵石等地层，所以采用较少；踏面式刃脚稳定性好，但是下沉时阻力较大，适用于松散且无坚硬障碍物的冲积层；钝尖式刃脚结构较合理，强度较大，适用于各种冲积地层，其夹角通常为 30°，刃脚高一般为 3m 左右，其中使用最多的是圆弧钝尖刃脚。

2）刃脚的类型

国内沉井常用的刃脚，主要有钢结构刃脚（图 11－15）和钢靴刃脚（图 11－16）。

钢结构刃脚的骨架用两排角钢或轻型钢轨焊接组成，骨架内外均用 10～12mm 厚的钢板围包焊牢，浇灌混凝土后而成。钢结构刃脚强度大，整体性能好，组装安放不易变形，便于浇灌混凝土，不需要安设模板，施工规格与质量能够得到保证，缺点是耗费钢材较多。

钢筋混凝土钢靴刃脚是在刃脚钢筋骨架下部，焊接上由钢板与钢轨组装而成的钢靴刃尖，然后浇灌混凝土而成。这种刃脚有一定强度，可节省钢材，缺点是浇灌混凝土时立模较困难，且容易变位，影响刃脚的规格质量。

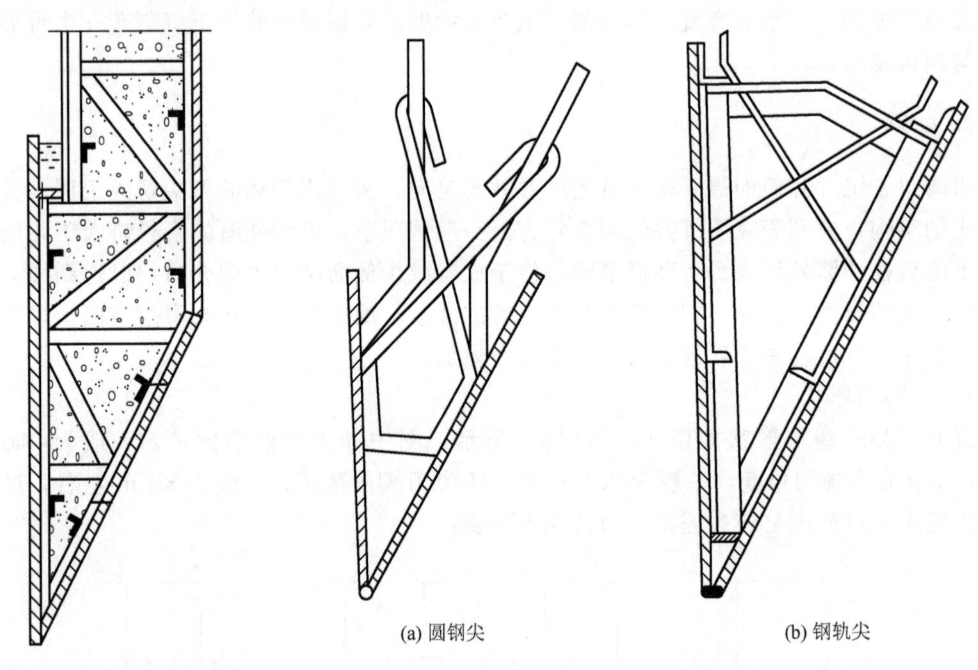

(a) 圆钢尖　　(b) 钢轨尖

图 11－15　钢结构刃脚　　图 11－16　钢靴刃脚

3. 井壁

沉井井壁是设计井筒的永久井壁，其结构形式应根据具体工程的需要来确定。沉井井壁按材料一般有现浇钢筋混凝土井壁，预制钢筋混凝土井壁，大型砌块、钢和铸铁井壁等结构。后两种井壁规格质量好、强度大、便于施工，但消耗钢材多、价格昂贵。我国目前多使用整体现浇钢筋混凝土井壁。

井壁必须具备一定的强度，以便承受作用其上的水、土压力造成的弯曲应力，此外，井壁必须具备一定的自重，以便克服下沉时的摩阻力，井壁厚度一般为 0.3～2m。对阶梯形沉井而言，井壁厚度随深度的加大呈台阶形增大，这是由于沉井底部受到的土、水压力较大，需要适当提高刚度的原因所致。如图 11－13 所示，井壁阶梯可设于井筒内侧，也可设于井筒的外侧。对松散性土层来说，因确保井体的竖向精度及防止周围土体破坏范围过大，故宜选用内阶梯（外带为直壁）形式；对密实的土层，因保障周围土层沉降及竖向精度问题不大，而减小井壁与土层间的摩阻力是关键，为利于下沉，多采用外阶梯式沉井。

4. 内墙和井孔

内墙是当箱体内部空间较大或者设计要求将其内部空间分割成多个小空间时，箱内设置的内隔墙。内墙还有提高箱体刚度的作用。井壁与内墙或者内墙和内墙之间所夹的空间，即井孔。

内墙间距一般不超5～6m，其厚度一般为0.5～1m。内隔墙底应比刃脚踏面高出0.5m以上，使内墙对井筒下沉没有妨碍，隔墙下部应设0.8m×1.2m的过人孔。取土是在井孔进行的，所以井孔的尺寸应能保证挖土机自由升降，取土井孔的布设应力求简单和对称。

5. 凹槽

凹槽位于刃脚内侧上方，用于箱体封底时将井壁与底板混凝土更好地连接在一起，使封底底面反力能更好地传递给井壁。通常凹槽高度在1m左右，凹深15～30cm。

6. 底板

底板即井体下沉到设计标高后，为防止地下水涌入井内，需在下端从刃脚踏面至凹槽上缘的整个空间，浇筑不渗水的能承受基底地层反力的钢筋混凝土板。钢筋混凝土底板通常采用两层浇筑，下层为无筋混凝土，上层为钢筋混凝土。底板的厚度取决于基底反力、底板材料的性能与施工方法等多种因素。

7. 顶盖

顶盖即沉井封底后根据条件和需要，在井体顶端构筑的一层盖子，通常为钢筋混凝土或钢结构。顶盖的作用是承托上部构造物，同时也可增加井体的刚度。顶盖厚度视上部构造物荷载情况而定。

11.3.4 沉井法施工

通常沉井的施工步骤为：下沉前的准备（包括平整场地、浇筑或设置第一节井筒，拆除垫架等)→挖土、排土、下沉井筒→续接井筒→封底。上述施工步骤中各种施工方法的选取，取决于地层土质、地下水位、施工场地大小、沉井用途、沉井施工对周边构造物的影响程度、施工设备的状况及成本等因素。

1. 井筒构筑

井筒构筑方法有浇筑接筑法与预制管片拼接法两种。

(1) 浇筑接筑法，即现场分节立模浇筑钢筋混凝土，浇一节、沉一节，然后再立模浇制下一节，逐步接长井筒，浇筑时应注意均匀对称。这种方法的缺点是从现场组装钢筋框架立模到浇筑混凝土及养护，需要的人力、物力较多，工期较长，故不经济；由于工期长、下沉不连续，对防止周围地表沉降及保证井筒的垂直不利。

(2) 预制管片拼接法是在现场拼装预制管片接筑井筒的方法。这种方法的优点是省力、工期短、经济、井外周围地表沉降小及井筒下沉垂直度好。

2. 井筒下沉

井筒下沉方法，有自沉法和压沉法两种。

(1) 自沉法，即靠井筒自身的重量下沉井筒。这种方法的缺点是井筒下沉速度慢、工期长，开挖取土时井外四周土体移向井心，周围地表沉降大。另外，井筒的垂直度很难保证，现在已基本上不用。

(2) 压沉法，即井筒的下沉是靠加在井筒上的外压力（地锚反力）和自重完成的，通常外压力远大于自重。该法的优点是可以通过调整地锚反力的大小及地锚的条数来调节压力的大小及均匀性，故能较好地控制井筒的下沉姿态。若取土是连续进行的，则刃脚贯入土层也是连续的，故井筒的下沉速度较自沉法快得多。这种方法可以克服开挖的井外四周土体向井心移动导致地表沉降大与井筒垂直度不理想的缺点。

无论是自沉法还是压沉法，下沉施工中均应辅以泥浆助沉措施。

3. 井内挖土

沉井的挖土方法，有水挖法、干挖法及自动化水中反铲挖土法三种。

1) 水挖法

当地层不稳定，地下水涌水量较大时，为避免排水造成的涌砂等不利现象的发生，通常做不排水施工。因此，开挖时井内井外水位基本一致。水中的挖土设备可用机械抓土斗，也可用高压水枪破土，由空气吸泥机（或泥浆泵）排土，即采用水力机械取土法；还可用潜水电钻加高压水枪破土，潜水砂泵排土，即采用钻吸法。

水挖法要求在地表配备泥浆沉淀设备与泥水分离设备，而且必须具备废泥、废水的排放条件。

2) 干挖法

干挖法即排水挖土法。对于卵石、孤石、密实黏土泥岩、岩层等地层，不易出现隆胀，涌砂、涌水量也不多，即使排水也对环境污染不大，此种情况下可采用干挖法。其他不适合水中开挖等情形，也应考虑采用干挖法。干挖法成本低、进度快。

3) 自动化水中反铲挖土法

当采用自动沉井工法时，用预制管片拼接井筒，靠地锚反力自动压入井筒，自动化反铲铲斗水中自动挖土、排土、下沉。整个操作均在地表操作室内控制。此法施工质量可靠、作业人员少，适用于大型沉井。

4. 封底与固井

沉井井筒下沉至设计深度后，虽停止了掘进和下沉的工作，但就整个沉井施工来说并未结束，还需要进行封底与固井工作。

1) 水下浇筑封底止水垫

浇筑封底止水垫的目的，是为了防止在排除井内淹水时发生涌砂冒泥事故，同时也为工作面预注浆、继续下掘井筒创造有利的条件。水下浇筑封底止水垫，常用的有抛石注浆法和垂直导管法。无论采用哪种方法，均应将刃脚根部以下 3～5m 深清理干净。

抛石注浆法是将组装好的注浆管下到封底止水垫部位，把一定级配的碎石抛入井内，达到设计厚度后，通过预埋的注浆管进行注浆，充填抛石间的缝隙，将其凝结成为一个整体的止水垫，如图 11－17 所示。

垂直导管法浇筑的水下混凝土封底止水垫质量较好。根据井筒直径的大小，选用若干根直径为 200～300mm 的导管吊放到井内，务必保持导管垂直，使导管下口距工作面 0.3～0.4m，然后经导管向井底浇筑混凝土，形成止水垫，如图 11－18 所示。

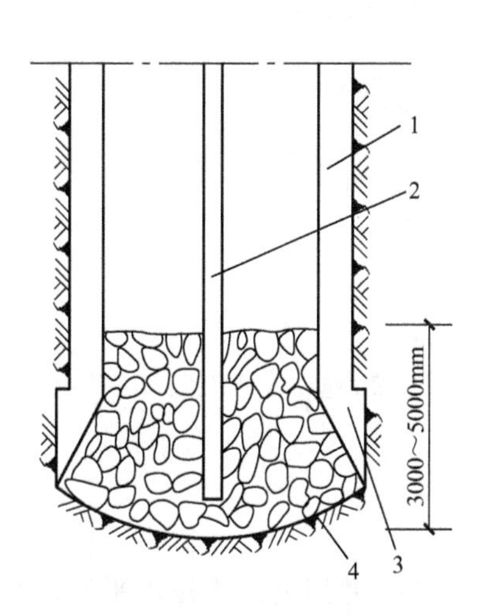

图 11－17　抛石注浆法

1—沉井井壁；2—注浆管；
3—刃脚；4—抛石

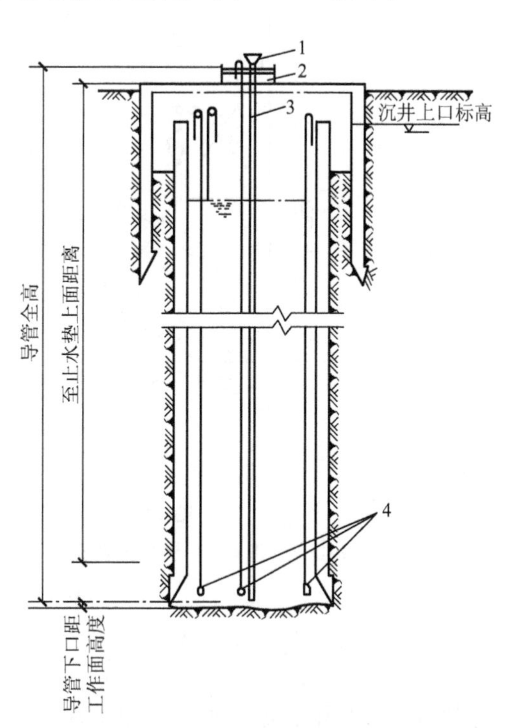

图 11－18　垂直导管法

1—混凝土料斗；2—工作台；
3—导管；4—量测锤

2）联结套井与沉井上部井壁

沉井井筒浇筑封底止水垫以后，一般要将套井与沉井之间环形空间的泥浆或其他杂物清除干净，并凿破套井内侧壁面和沉井外侧壁面的混凝土，将外漏出来的钢筋在 2～3 个水平面进行绑扎，然后浇筑混凝土，这样就形成一个整体的大型锁口盘。套井与沉井上部井壁的联结不仅增加了沉井井筒的支承能力，稳固了井筒，而且又为壁后注浆奠定了良好的基础。

3）井筒壁后注浆

为了加强土层和井壁的固结，隔离含水层的水力联系，需要充填井壁与井帮之间的间隙。其方法是利用在沉井井壁内预留的注浆孔（或临时凿孔）向间隙内灌注水泥浆，同时置换原有的泥浆。一般采用下行分段注浆方式，段高 4m 左右，在注下一排孔时，利用上排孔排放壁后泥浆。

4）砌筑沉井刃脚基座

砌筑沉井刃脚基座是沉井固井的最后一道工序，就是按照井筒直径补平、加固刃脚，使沉井与下部井壁联结成为整体井筒结构，以增强井筒稳固性。刃脚基座有单锥和双锥两种形式，如图 11－19 所示。

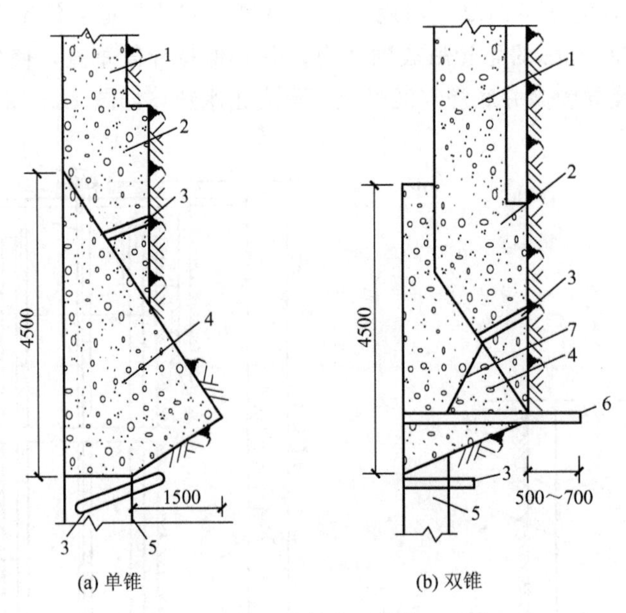

图 11－19　刃脚基座（单位：mm）

1—沉井井壁；2—刃脚；3—预留注浆管；4—刃脚基座；5—下段井壁；6—钢轨；7—挂钩

11.3.5　沉井的防偏与纠偏

井筒下沉过程中，刃脚下的土层不均、工作面破土不当、井筒内外水压不平衡以及刃脚和井壁施工质量差等诸多因素都会导致井壁发生偏斜，进而造成掘砌工作量增加、成本提高、工期延长。因此，防偏、纠偏的好坏是沉井成败的关键，应确立防偏为主、积极纠偏的指导思想。

1. 防偏措施

1）设置导向装置

为了使沉井能够按照设计的要求沿着预定的方向垂直下沉，在套井与沉井之间的环形空间内要安设沉井的导向装置，常用的导向装置如图 11－20 和图 11－21 所示。

2）均匀掘进

沉井下沉与井内的破土排渣有密切的关系，应根据不同的表土性质和工作面的高低状况，采用不同的掘进深度与顺序，其目的是使沉井能够均匀顺利地下沉，不致因破土不均匀造成正面阻力大小不对称，而使沉井在下沉过程中产生偏斜。

3）防止突沉

由于沉井偏斜或者因为掘进操作不当，使得井内保留大量的偏土台，一旦偏土台破坏就会导致沉井突然下沉。突沉量较大时，可能使沉井脱离导向设施，以至于无法进行纠偏，更严重的会损坏刃脚和井壁。沉井发生突沉现象时，应立即停止施工，及时查找原因，采取有效的应对措施，特别是破除刃脚附近和斜面下部土层使之下沉。

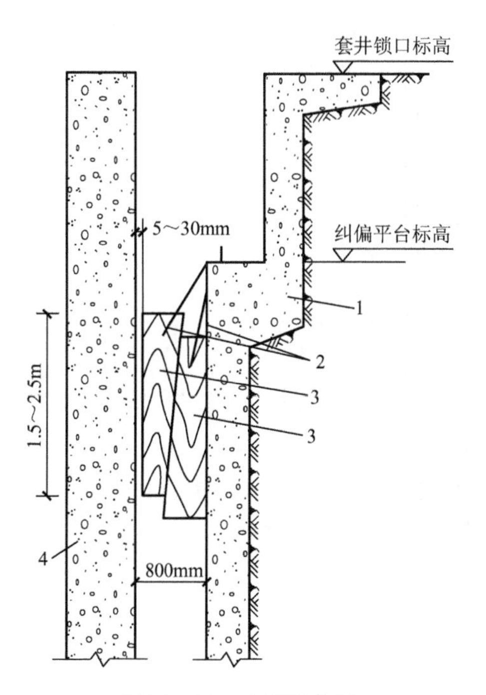

图 11－20 木导向装置

1—套井；2—悬吊钢丝绳；
3—导向木；4—沉井井壁

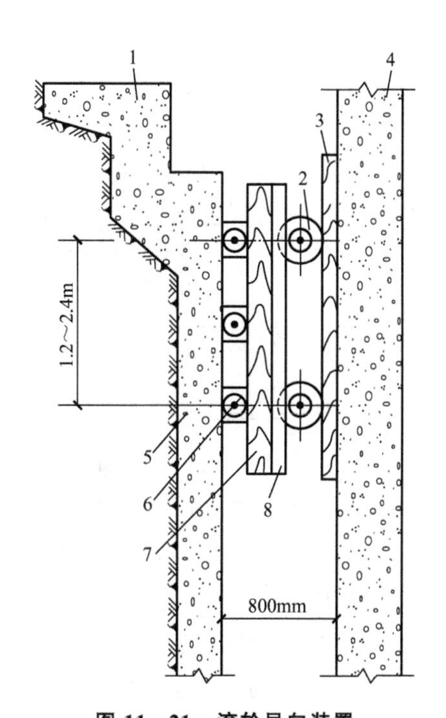

图 11－21 滚轮导向装置

1—套井；2—滚轮；3—缓冲木板；4—沉井井壁；
5—螺栓；6—横垫木；7—纵垫木；8—滚轮支架

2. 纠偏措施

沉井的纠偏是借助于作用在沉井井筒偏低一侧的外力来扶正井筒的工作。实践证明，沉井的移动下沉过程是纠偏的唯一时机，即所谓的“动中纠偏”。因此，要求作用于沉井外壁上的纠偏外力是连续起作用的，不仅在沉井下沉之前就应有一定量值，而且在下沉的全过程中还能逐渐增加，只有这样才能达到纠偏的目的。

1）顶柱法

顶柱法就是用木材或钢管柱子以一定角度顶住沉井偏低一侧，在下沉过程中给井筒施加一个水平推力。此方法结构简单、使用方便、成本较低，当沉井缓慢下沉时纠偏效果较好。其缺点是连续性较差，当沉井突沉或下沉速度较快时就无法架设。常用的顶柱法有木顶柱和钢管顶柱，如图 11－22 所示。

2）液压千斤顶法

液压千斤顶法就是利用液压千斤顶推动活塞顶住沉井偏低一侧进行纠偏，是比较理想的纠偏方法。一般均布 8 个 500～1000kN 的液压千斤顶，纠偏时按需要选择相邻的 2～3 个千斤顶同时工作。该方法的纠偏力可根据需要进行调整，纠偏效果好。其缺点是需设置一套液压系统，成本较高。

3）偏挖掘法

偏挖掘法就是利用改装后的特殊掘进设备，挖除保留在沉井底部高侧的偏土台，有利于纠正沉井的偏斜，但是挖土台必须在纠偏作用下进行，否则纠偏效果不好。

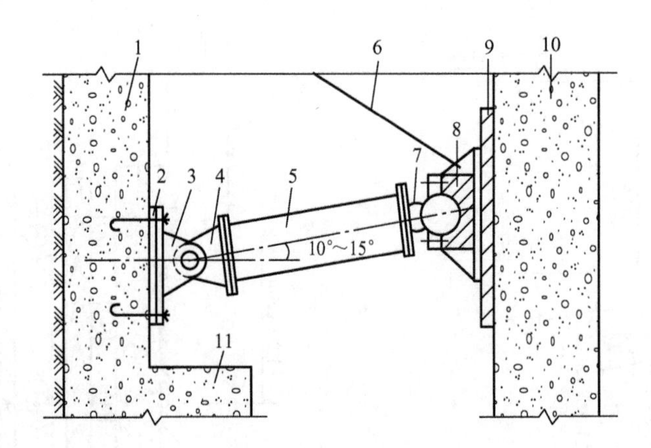

图 11－22　钢管顶柱

1—套井井壁；2，9—木垫板；3—铰接底座；4—顶柱下部铰接端；5—钢管；6—防坠钢丝绳；7—顶柱球头；8—球头顶座；10—沉井井壁；11—防偏纠偏工作台

4）不同方位喷气

利用预留在井壁内的环形管，在下沉慢的一侧喷气，另一侧不喷气，造成沉井井筒高低两侧阻力不对称，有助于纠正沉井偏斜。

本 章 小 结

注浆法、冻结法与沉井法是在某些特殊情况下采取的施工技术，在地下工程中应用也较为广泛。通过本章学习，可以加深对注浆法、冻结法与沉井法施工原理、施工工艺与施工技术的理解，初步具备编制施工方案与组织现场施工的能力。

思 考 题

1. 注浆法如何分类？通常应用于哪些工程？
2. 注浆施工时对注浆材料有哪些基本性质上的要求？
3. 冻结法施工的基本原理是什么？其施工工艺如何？
4. 沉井如何分类？
5. 沉井由哪些部分组成？沉井的施工工艺如何？

第12章

地下工程排水、降水与防水

教学目标

本章主要讲述地下工程排水、降水与防水方法与技术。通过学习应达到以下目标：

（1）熟悉地下水的分类与有害作用；

（2）掌握地下工程施工排水方法；

（3）掌握地下工程人工降水原理与方法；

（4）掌握地下工程防水原则、防水等级与防水方法。

教学要求

知识要点	能力要求	相关知识
地下水的分类与有害作用	（1）熟悉地下水的分类； （2）熟悉地下水对地下工程的有害作用	（1）上层滞水、潜水、毛细管水与层间水； （2）吸湿作用、毛细作用与侵蚀作用
地下工程施工排水	掌握明挖排水法的类型与施工技术	（1）普通明沟和集水井排水法； （2）分层明沟排水； （3）深沟降排水法； （4）综合降排水法； （5）工程集水、排水设施降排水法； （6）板桩支撑集水井排水法
地下工程人工降水	（1）掌握地下工程人工降水原理； （2）掌握地下工程人工降水方法	（1）降水增加边坡和坑底稳定的原理、降水防治流砂的原理、降水增加地基抗剪强度的原理； （2）轻型井点降水、喷射井点降水、管井井点降水、电渗井点降水、回灌井点
地下工程防水	（1）掌握地下工程防水原则与防水等级； （2）掌握地下工程防水方法	（1）防水原则与防水等级； （2）防水混凝土、水泥砂浆防水层、卷材防水层、涂料防水层、塑料防水板防水层、金属防水层与膨润土防水材料防水层

基本概念

吸湿作用；毛细作用；侵蚀作用；明挖排水法；人工降水原理；流砂；防水等级

引例

某地铁车站深基坑工程地下水稳定水位埋深为13.50～14.00m，地下水的年变化幅度为1～3m，拟建场地填土层赋存有一定的上层滞水，遇雨季时该层地下水位上升较快，最高可基本与室外地坪持平。该工程采用钻孔灌注桩围护，基坑开挖深度为17.43～18.96m。为确定基坑降水方案所需的渗透系数与影响半径，在施工现场进行了降水试验。该工程采用管井井点降水，降水井井深为29.15m，井径为700mm，井管孔径为600mm，壁厚为50mm，在围护桩外侧距围护桩中心2.5m，沿基坑方向每19m布置一处。1号、7号、12号、19号降水井兼作观测井，随时观测水位情况。降水采用重力降水办法用深井泵抽水，深井降水在土方开挖前开始进行，在主体结构施工完毕后停止降水。每口深井配深井泵一台。为控制基坑降水对环境的影响，在降水过程中对基坑周围地表沉降、地下水位、水压力、建筑物沉降与倾斜以及管线沉降等进行了监测。

12.1 概　　述

地下水是赋存于地表以下岩土空隙中的水，主要来源于大气降水、冰雪融水、地表水等，经土壤渗入地下而成。地下水是地质环境的组成部分之一，影响环境的稳定性，它往往是滑坡、地面沉降和地面塌陷发生的主要原因。地下水对地下工程的影响很大，地基土中的水能降低土的承载力，基坑涌水会威胁工程的安全施工，另外地下水对地下工程结构有渗透、侵蚀作用，会导致地下结构产生渗漏与性能劣化。

12.1.1 地下水的分类

根据地下水的存在形式，可将其分为气态水、结合水、重力水、毛细水和固态水；根据不同埋藏条件，地下水可分为上层滞水、潜水与承压水；根据地下水对地下工程的影响，常将地下水划分为上层滞水、潜水、毛细管水与层间水。

1. 上层滞水

上层滞水一般存在于地表岩土层的包气带中，如透水性不大的夹层，会阻滞下渗的大气降水和凝结水，并且使它聚集起来形成上层滞水；地表的低洼地区，由于降水很难流走，也可以形成上层滞水。上层滞水型的地下水，离地表一般不超过1～2m，分布范围有限，补给区与分布区一致，水量极不稳定，通常是雨季出现，旱季消失。由于上层滞水接近地表，构筑掩土式地下工程时，要特别注意上层滞水的影响，当开挖基坑时，需要采取有效措施，防止上层滞水涌入基坑内。如果地下工程位于上层滞水型地下水位线以下时，必须按防有压地下水考虑设置防水层。

2. 潜水

潜水是埋藏在地表以下第一个隔水层以上的地下水。当开挖到潜水层时，即出现自由水面或称潜水面，在建筑工程中，通常把这个自由水面标高称为地下水位。潜水主要由大气降水、地表水和凝结水补给，变化幅度较大。潜水系重力水，在重力作用下，由高水位流向低水位。当河水水位低于潜水水位时，潜水补给河水；当河水水位高于潜水水位时，河水补给潜水。因此，当地下工程采取自流排水的办法防水时，必须准确掌握地表水体（江河、湖泊、水渠、水库等）的常年水位变化情况，对近地表水体构筑的地下工程，要特别注意防止洪水倒灌。

3. 毛细管水

通常毛细管水可以部分或全部充满离潜水面一定高度的土壤孔隙中。毛细管现象是由于土粒和水接触时受到表面张力的作用，水沿着土粒间的连通孔隙上升而引起的。土壤的孔隙所构成的毛细管系统很复杂，所形成的沟管通向各个方向，沟管的粗细变化也很大，而薄膜水的存在又妨碍了毛细管水的运动，土中毛细管水的上升高度与土壤的种类、孔隙和颗粒大小及土壤润湿程度有关。一般粗砂和大块碎石类土中毛细管水的上升高度不超过几厘米，而黄土可超过 2m，黏土则更大。地下工程防水设计时，毛细管水带区取潜水位以上 1m，毛细管带以上部分可设防潮层。

4. 层间水

埋藏在两个隔水层之间的地下水称为层间水。在层间水未充满透水层时为无压水，如水充满了两个隔水层之间的透水层，打井至该层时，水便在井中上升甚至自动喷出，这种层间水称为承压水。承压水的特征是上下都有隔水层，具有明显的补给区、承压区和泄水区。由于具有隔水层顶板，其受地表水文、气候因素影响较小，水质好、水温变化小，是很好的给水水源。但是当地下工程穿过该层时（深挖地道的竖井或斜井往往要穿过），由于层间水压力较大，要采取可靠的防压力水渗透措施，否则将造成严重后果。

12.1.2 水对地下工程的有害作用

1. 吸湿作用

组成地下构筑物的材料在和气态的水蒸气或液态的水接触时，能将它们吸附在自己表面上，这种现象称为吸湿作用。砖、石、混凝土等建筑材料都是非匀质的多孔材料，在空气中和水中都有很强的吸湿作用。吸湿作用的强弱，与周围介质的湿度和温度有关，湿度越大、温度越低，吸湿作用越强烈。水在吸湿作用下进入建筑材料内部，将劣化建材的材料性能。

2. 毛细作用

组成地下工程结构的大部分材料，其内部组织不十分紧密，结构中有许多肉眼看不见的缝隙，这些裂隙被称为毛细管。这些毛细管形状不一、粗细不同，遇水后只要彼此有附着力（即水可以润湿管壁），水就会沿着毛细管上升，到水的重量超过它的表面张力时才停止。毛细管越细，上升水的重量越不易超过表面张力，因此水位也升得越高，物质也就越容易透水。毛细管吸水现象在许多建筑材料中都可以看到，在有些材料中，可以上升到数米之高。如砖墙毛细管水上升现象，往往可以达到一层楼的高度。不仅地下水能被有孔的建筑材料吸收产生毛细上升现象，潮湿的土壤也能通过毛细作用引起潮气上升，对地下工程产生危害，特别是地下水或土壤中含有侵蚀性介质时，由于毛细作用，可使整个地下工程受到损害，还能传到地面建筑上。因此，即使地下工程埋置在地下水位线以上，地下水往往也会通过土壤的毛细作用造成危害。

3. 侵蚀作用

地下水对构筑物的侵蚀主要表现在酸、盐及有害气体对各种构筑物围护结构的损坏。一般以不致密的混凝土、不坚固的石材或金属衬砌的地下构筑物与房屋的基础最易于受到侵蚀的影响。地下水对混凝土的侵蚀主要表现在以下方面。

(1) 碳酸侵蚀。普通水泥硬化后会生成大量的游离 $Ca(OH)_2$，它和水中碳酸作用，在混凝土表面生成碳酸钙硬壳，对混凝土起保护作用，使内部的 $Ca(OH)_2$ 不易与水接触。

(2) 溶出性侵蚀。水泥硬化后所产生的大量氢氧化钙，其溶解度很大，当地下水侵入混凝土时，它首先被溶解，如果侵入的水分是有压水，就会把溶解的 $Ca(OH)_2$ 带走，由于 $Ca(OH)_2$ 晶体的溶出，混凝土结构就会变得疏松，透水性增强、强度降低。

(3) 硫酸盐侵蚀。水中含有过多的 SO_4^{2-} 时，会与 $Ca(OH)_2$ 作用，生成 $CaSO_4$ 结晶，$CaSO_4$ 结晶时，体积增大，受到硬化水泥石的约束而产生应力，使混凝土毁坏。

(4) 渗透作用。砖、石、混凝土等建筑材料存在大量的毛细孔、施工裂隙，在水有一定压力时，水就会沿着这些孔隙流动而产生渗透作用。实测证明，地下工程埋藏越深，地下水位越高，渗透压就越大，地下水的渗透作用也就越严重。地下工程的渗漏水在大多数情况下是渗透作用引起的。

(5) 冻胀作用。地下工程处于冰冻线以上时，土壤含水，冻结时不仅土中水变成冰，体积增大，而且水分往往因冻结作用而迁移和重新分布，形成冰夹层或冰堆而使地基冻胀。冻胀使地下工程不均匀抬起，融化时又不均匀地下沉，年复一年使地下工程产生不均匀沉降，轻者出现裂缝，重者危及使用，因此严寒地区的地下工程应尽量构筑在冰冻线以下，对附建式地下室等必须在冰冻线以上构筑的地下工程，应有防冻胀措施，施工时应避开寒冷的冬季。

地下水是影响地下工程的一个很活跃的因素，地下水处理不得当，将会使地下工程结构出现性能恶化、开裂、渗透甚至破坏，所以在工程上必须重视地下水的处理，采取适当的排水、降水与防水措施。

12.2 地下工程施工排水

明挖排水一般采用明沟加集水井的施工方法，设备的设置费用和保养费用均较井点排水为低，同时也能适合于各种土层，常应用于一般工程之中。这种方法由于集水井通常设置在基坑内部以吸取流向基坑的各种水流，有导致细粒土边坡面被冲刷而塌方的危险，所以必须认真仔细施工并采用支撑系统，及时排除基坑内的表面水。明挖排水适用于密砂、粗砂、级配砂、较硬的裂隙岩石和黏土地层，在松散砂、软黏质土、软岩石地层中将遇到边坡稳定问题。本节仅介绍明挖排水法。

12.2.1 普通明沟和集水井排水法

1. 分层开挖排水

在开挖基坑的周围一侧或两侧，或基坑中部逐层设置排水明沟，每隔 20～30m 设一集水井，使地下水汇流于集水井内，再用水泵排出基坑外，如图 12-1 所示。边挖土边加深排水沟和集水井，保持沟底低于基坑底 0.3～0.5m，保证水流畅通。一般小面积基坑（槽）排水沟深 0.3～0.6m，底宽等于或大于 0.4m，水沟边坡为 1∶(1～1.5)，沟底设 0.2%～0.5%的纵坡，使水流不致阻塞。集水井的截面以 0.6m×0.6m～0.8m×0.8m 为宜，井底低于沟底 0.4～1.0m，井壁用竹笼、木板加固。抽水应连续进行，直到基础完成，回填土后才停止。

2. 双层土井排水

利用水泥混凝土管，直径一般为 80～100cm，分节沉入土中，以离心水泵抽吸土井中的水，以降低基坑外侧和坑下水位，如图 12-2 所示。通常用一层即可，要求降深较大时采用双层。管节最下面一节滤水管四周凿成间距 15～20cm 梅花孔，以利进水。梅花孔孔径外大内小，塞以麻袋布之类，管内放砂石滤料以利透水，并防止土颗粒随水抽走。

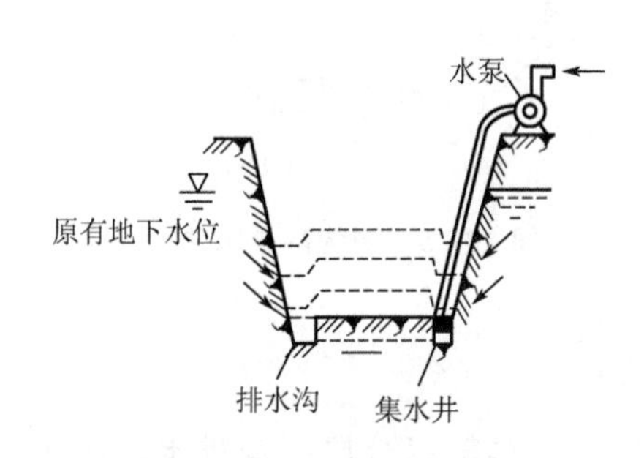

图 12-1 分层开挖排水

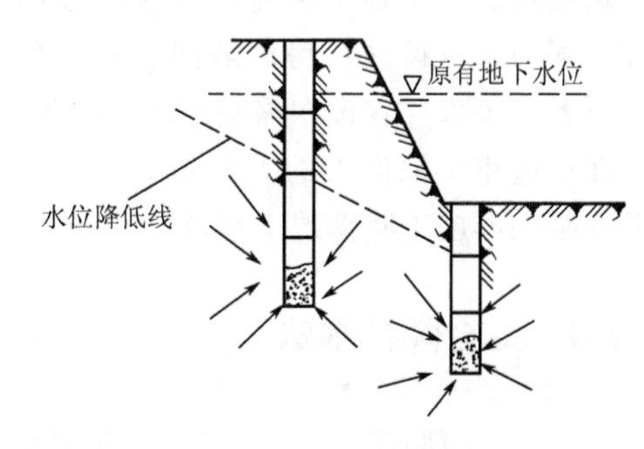

图 12-2 双层土井排水

3. 基坑中央集水井

在四周不打板桩，或放坡明挖或仅用不入土支撑的情况下沿坑侧开沟，极易导致坡脚塌陷或板桩下端土层流失刷空，为此，采用基坑中央设置渗水井的办法效果最好。此法可在施工过程中使用，一直到基础浇筑完成，最后快速封没，不渗不漏，如图 12-3 所示。

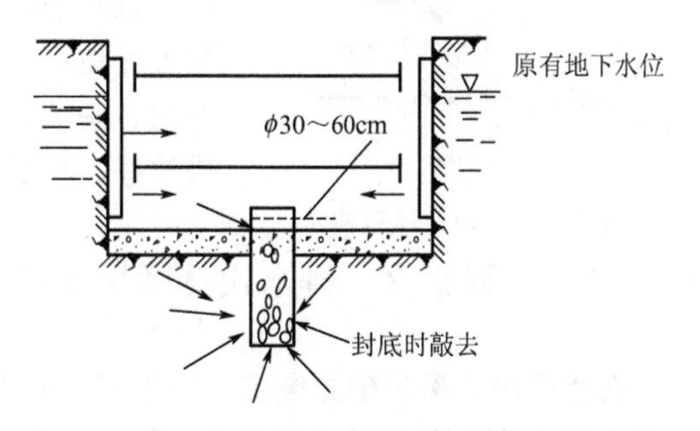

图 12-3 基坑中央集水井排水

上述三种方法适用于一般基础及中等面积基础群和建筑物、构筑物基坑（槽）排水，其施工方便、设备简单、成本低，管理较易，应用最广。

12.2.2 分层明沟排水

在基坑（槽）边坡上设置2～3层明沟及相应集水坑，分层阻截上部土体中的地下水。排水沟和集水井设置方法及尺寸，基本与“普通明沟和集水井排水法”相同，应注意防止上层排水沟地下水流向下层排水沟冲坏边坡造成塌方，如图12－4所示。

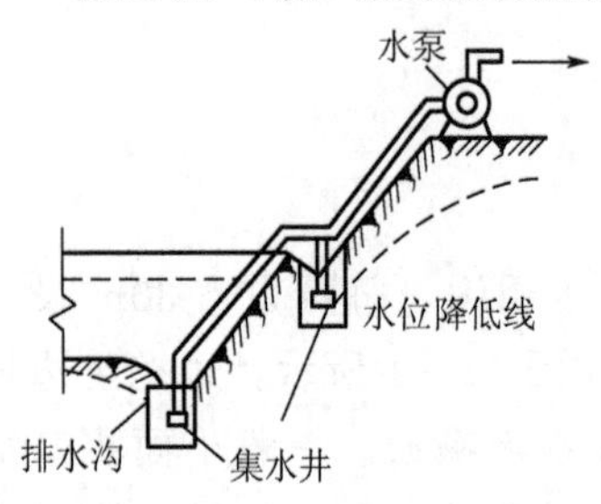

图12－4 分层明沟排水

分层明沟排水适用于基坑深度较大、地下水位较高以及多层土中上部有透水性较强的土层，此法可避免上层地层中地下水冲刷边坡造成塌方，减少边坡高度和水泵扬程，但挖土面积增大，土方量增加。

12.2.3 深沟降排水法

在建筑物内或附近适当部位或地下水上游开挖纵长深沟作为主沟，自流或用泵将地下水排走。在建筑物、构筑物四周或内部设支沟与主沟连通，将水流引至主沟排出，如图12－5所示。排水主沟的沟底应较最深基坑底低1～2m。支沟比主沟浅0.5～0.7m，通过基础部位用碎石及砂子做盲沟，以后在基坑回填前分段用黏土回填截断，以免地下水在沟内流动破坏地基土体。深沟也可设在厂房内或四周的永久性排水沟位置，集水井宜设在深基础部位或附近。

此法适用于深度大的大面积地下室、箱形基础及基础群施工降低地下水位。

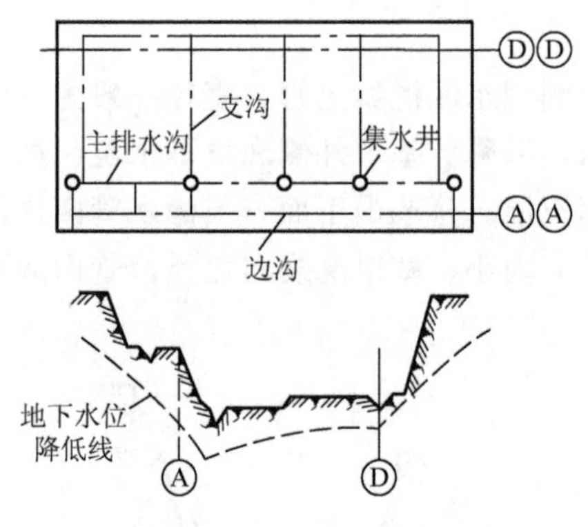

图12－5 深沟降排水法

12.2.4 综合降排水法

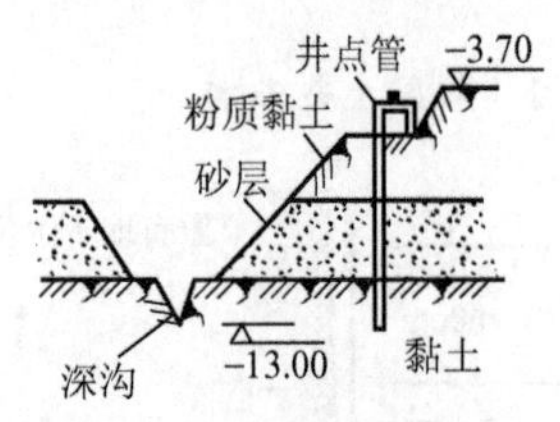

图12－6 综合降排水法

在深沟集水的基础上，再辅以分层明沟排水，或在上部设置轻型井点分层截水等方法同时使用，以达到综合排除大量地下水的作用，如图12－6所示。此法适用于土质不均、基坑较深、涌水量较大的大面积基坑排水。排水效果较好，但费用较高。

12.2.5 工程集水、排水设施降排水法

选择厂房内深基础先施工，作为工程施工排水的总集水设施，或先施工建筑物周围或内部的正式渗排水工程或下水道工程，利用其作为排水设施，在基坑（槽）一侧或两侧设

排水明沟或渗水盲沟，将水流引入渗排水系统或下水道排走，如图 12－7 所示。

此法适用于较大型地下设施（如基础、地下室、油库等）工程的基础群及柱基排水，利用永久性设施降排水，省去大量挖沟工程和排水设施，费用最省。

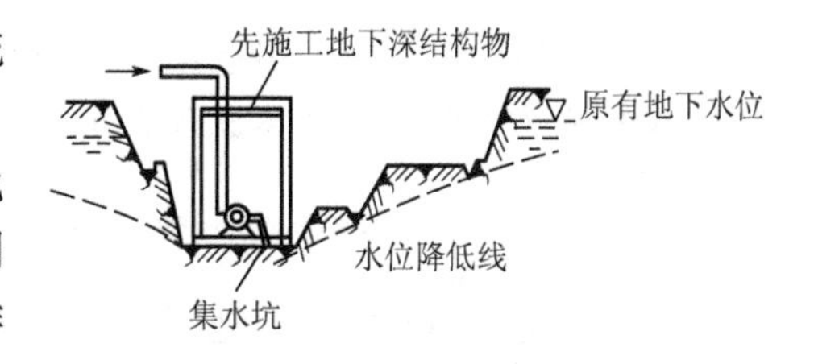

图 12－7　工程集水、排水设施降排水法

12.2.6　板桩支撑集水井排水法

开挖基坑采用板桩支撑时，一般沿板桩的基坑边缘开小型侧沟，也称汇水沟，将水流入集水井，利用离心水泵从集水井抽汲排除，如图 12－8 所示。井内放置砾石、块石滤层，井深可视水量大小酌定，一般在 0.6～1.0m。有时可布置在基坑边线外以利操作。

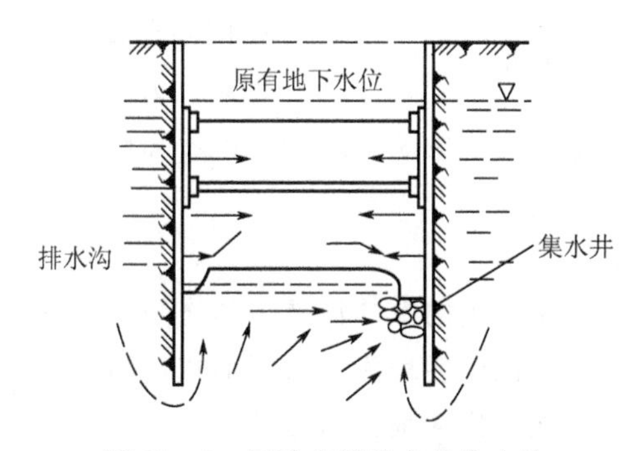

图 12－8　板桩支撑集水井排水法

12.3 地下工程施工人工降水

深基坑工程开挖施工中，用井点降水来降低地下潜水位或承压水位，已成为一种必要的工程措施。井点降水在避免流砂、管涌和底鼓，保持干燥的施工环境，提高土体强度与基坑边坡稳定性方面都有着显著的效果，在实际工程中广泛使用。人工降低地下水位法，有轻型井点、喷射井点、管井井点、电渗井点和深井泵等方法。

12.3.1　人工降低地下水位原理

通常饱和土是由液态水和固态土粒两部分组成。土层中的液态水，分成结合水和自由水两类。结合水是在分子引力作用下吸引在土粒表面的水体，这种引力可高达几千至上万个大气压，因此这类水通常只有在加热成蒸汽时才能和土粒分开；自由水是指土粒表面电场影响范围之外的重力水和毛细水，井点降水一般是降低土体中自由水形成的水面高程。

软土地区的降水，绝大多数用于增加开挖基坑边坡和坑底的稳定、防止流砂现象以及增加地基的抗剪强度，其基本原理介绍如下。

1. 降水增加边坡和坑底稳定的原理

基坑开挖施工期间的坑内地下水位必然大大低于四周，周围的地下水向坑内渗流，产生渗流力，如图 12-9 所示。

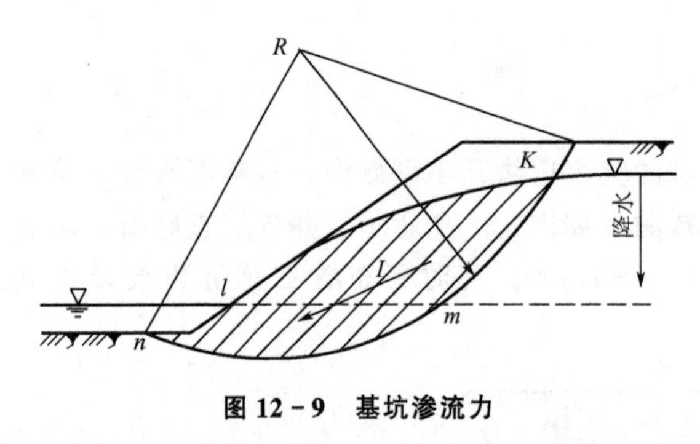

图 12-9 基坑渗流力

渗流力计算公式为

$$F=AI\gamma_w \tag{12-1}$$

式中 A——图中阴影部分的面积，m^2；

I——渗流的水力坡度；

γ_w——水的重度，kN/m^3。

在渗流力的影响下，采用圆弧滑动法计算的安全系数可能降低 10%或更多。采用井点降水的方法可以把周围的地下水面降到开挖高程之下，不仅保持了坑底干燥，便利施工，而且消除了渗流力的影响，增加了边坡和坑底的稳定性。

2. 降水防治流砂的原理

基坑开挖时地表以下的土层受到向上的渗透力的作用。对砂性土层而言，当渗流的水力坡度增大到某一种程度时，砂性土会呈流土破坏形式，即呈流态状涌出坡面，通常称为流砂。产生流砂时的渗流水力坡度称为临界水力坡度。太沙基提出的临界水力坡度为

$$I_c=(1-n)(r_s-1) \tag{12-2}$$

式中 n——孔隙率；

r_s——土粒重度。

均匀的砂性土 $I_c=0.8\sim1.2$。在实际工程中应该有一定的安全度。对不均匀的粉砂土，容许渗透水力坡度 $I=1/3$。当水力坡度超出容许范围时，采用井点法降水是防治流砂现象产生的直接有效的措施。井点法降水降低了坑内和坑外的渗透水头差，把渗流水力坡度控制在容许范围之内，从而防范了流砂现象的产生。简单的集水井并不能减小渗流水力坡度，而井点法降水不但降低了渗流水力坡度，还可改变渗流方向，使地下水仅流向井管。

3. 降水增加地基抗剪强度的原理

降低地下水位是一种有效的加固地基的方法。假设原地基在自重应力作用下已完全固结，土体应力分布如图 12-10 所示，线①和②之间为土体有效应力。采用井点降水之后，地下水位降低 $\Delta H=H_1-H_2$，使得下卧层承受相当于 $\Delta H\cdot\gamma_w$ 的垂直附加应力，下卧层的有效应力随着孔隙水压力的消散而增长，相应的土体抗剪强度也逐渐增长。对降水深度 ΔH 范围内的土层，其含水率因降水而显著减小，其重度从浮重度提高到饱和重度，这部分土层在增加的自重应力作用下逐渐固结，土体抗剪强度相应增长。

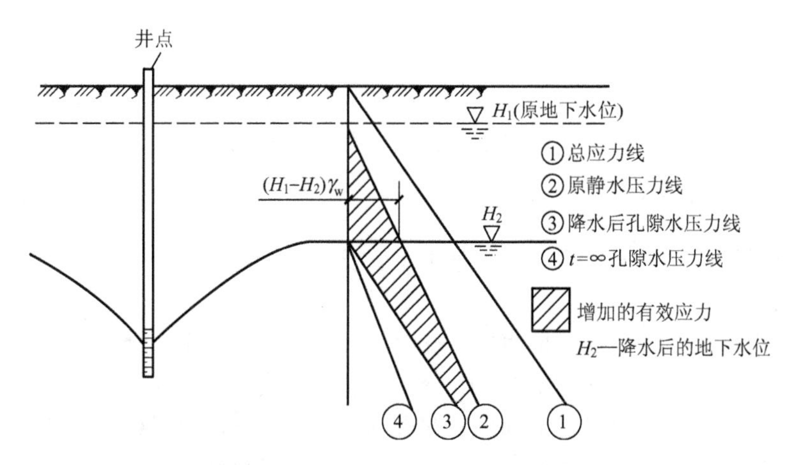

图 12-10 降水加固地基原理示意图

12.3.2 轻型井点降水

1. 轻型井点抽水原理

轻型井点抽水是利用真空原理，使土中的水分和空气受真空吸力作用而产生水气混合液，经管路系统向上被吸入到水气分离器中。由于空气比水轻，空气即从分离器上部由真空泵排出，水经离心泵由出水管排出。

轻型井点设备由管路系统和抽水设备组成，如图 12-11 所示。作业时，先在基坑的四周将井点管埋入蓄水层内，管的上端安装弯联管，与铺设在地面上的集水总管相连，利用抽水设备将地下水通过井点管不断抽出，从而达到降低地下水位的目的。轻型井点分机械真空泵和水射泵井点两种，这两种轻型井点的主要差别是产生真空的原理不同。

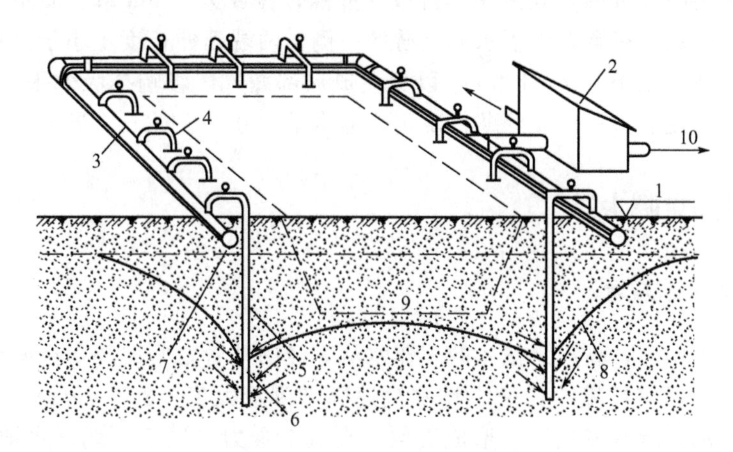

图 12-11 轻型井点布置图

1—地面；2—水泵房；3—总管；4—弯联管；5—井点管；6—滤管；7—原有地下水位线；8—降低后地下水位线；9—基坑；10—将水排入河道或沉淀池

2. 轻型井点适用条件

轻型井点适用于渗透系数 0.1～80m/d 的土层，而对土层中含有大量的细砂和粉砂层特别有效，可以防止流砂现象和增加土坡稳定，且便于施工。

3. 轻型井点主要设备

轻型井点系统由井点管、连接管、集水总管及抽水设备等组成。

1）井点管

井点管采用直径 38～55mm 的钢管，长度为 5～7m，井点管的下端装有滤管。滤管直径常与井点管直径相同，长度为 1.0～1.7m，管壁上钻直径 12～18mm 的孔，呈梅花形分布。管壁外包两层滤网，内层为细滤网，采用 30～50 孔/cm 的黄铜丝布或生丝布，外层为粗滤网，采用 8～10 孔/cm 的铁丝布或尼龙丝布。为避免滤孔淤塞，在管壁与滤网间用铁丝绕成螺旋形隔开，滤网外面再围一层 8 号粗铁丝保护网。滤管下端放一锥形铸铁头。井点管的上端用弯管接头与总管相连。

2）连接管与集水总管

连接管用胶皮管、塑料透明管或钢管制成，直径为 38～55mm。每个连接管均宜装设阀门，以便检修井点。集水总管一般用直径为 100～127mm 的钢管分节连接，每节长 4m，一般每隔 0.8～1.6m 设一个连接井点管的接头。

3）抽水设备

抽水设备通常由一台真空泵、两台离心泵（一只备用）和一台气水分离器组成一套抽水机组。

4）井点布置

井点系统的布置，应根据基坑平面形状与大小、土质、地下水位高低与流向、降水深度等要求而定。当基坑的面积较大时，宜采用沿基坑边缘环形布置井点。当基坑宽度小于 6m，且降水深度小于 5m 时，宜采用单排线状井点；宽度大于 6m 或土质不良时，宜采用双排线状井点。井点管布置在地下水流上游的一侧，两端延伸长度不小于基坑的宽度。井点管距基坑的边缘不小于 0.7～1.0m，以免造成局部漏气，影响抽吸效果。管距视土质、地下水量、降水深度和工程性质等条件确定，通常采用 0.8～1.6m，最大管距小于 2m。

12.3.3 喷射井点降水法

1. 喷射井点吸水原理

在喷射井点工作时，高压泵输入的工作水流，经内外管之间的环形空间到达喷嘴，在喷嘴处由于过水截面突然缩小，使工作水流速骤增到极大值（30～60m/s），水流冲入混合室，同时在喷嘴附近造成负压，形成真空。在真空吸力作用下，地下水被吸入混合室，与工作水混合，然后进入扩散室。这种使水流从动能逐渐转变为位能的能量交换，使水流速度相对变小，而水流压力相对增大，把地下水连同工作水一起扬升沿着井管流入水箱，其中一部分水可重新用于高压工作水，余下部分用低压泵排走。如此循环作业，使地下水逐渐下降到设计要求的降水深度。

2. 喷射井点适用范围

当基坑开挖较深，降水深度要求大于6m，而且场地狭窄，不允许布置多级轻型井点时，宜采用喷射井点降水。其一层降水深度可达10～20m，适用于渗透系数为3.0～50.0m/d的砂土层中。

3. 主要设备

喷射井点分为喷水井点和喷气井点两种，其设备主要由喷射井点、压水泵（或高压气泵）和管路系统组成，如图12-12(a) 所示。喷射井点的构造可分为同心式和并列式（外接式）两种，如图12-12(b) 所示，其工作原理是相同的。

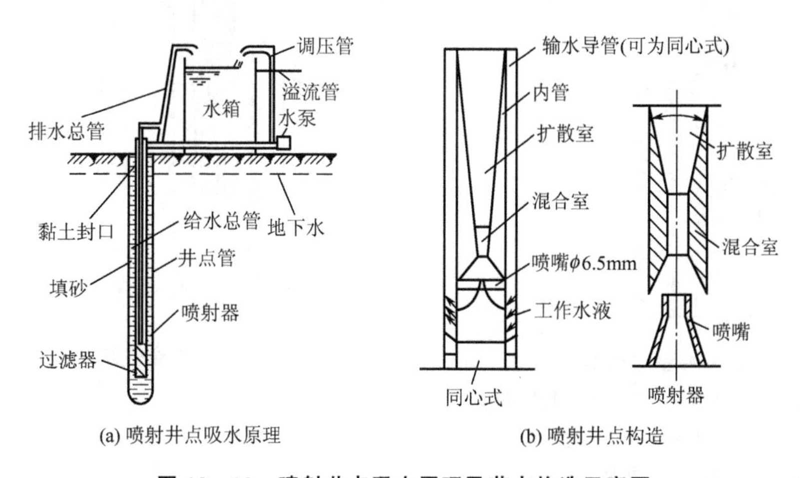

图12-12 喷射井点吸水原理及节点构造示意图

12.3.4 管井井点降水法

1. 管井井点降水原理

管井井点是每个井管单独用一台水泵不断抽水，以降低地下水位。当土的渗透系数较大、地下水量大时，宜采用这种方法。管井井点的设备有管井、吸水管和水泵等。

2. 管井井点适用范围

适用于轻型井点不易解决的含水层颗粒较粗的粗砂、卵石地层，以及渗透系数较大、水量较大且降水深度较深（一般为8～20m）的潜水或承压水地区。

3. 主要设备

1）井管

井管由井壁管和过滤器两部分组成，如图12-13所示。井管由直径为200～350mm的铸铁管、混凝土管、塑料管等材料制成。过滤器部分可在实管上穿孔垫肋后，外缠锌铅丝制成，也可用钢筋焊接骨架，外包某一种织网规格的滤网。

2）水泵

当水位降深要求在 7m 以内时，可用离心式水泵；若降深大于 7m，可采用不同扬程和流量的深井潜水泵或深井泵。

管井井点构造如图 12－14 所示。

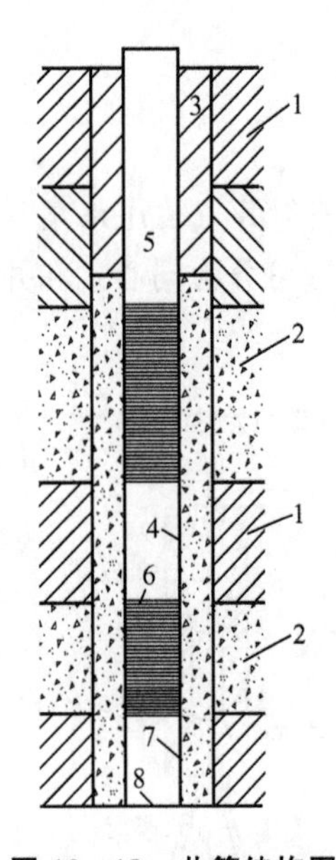

图 12－13　井管结构图

1—非含水层；2—含水层；3—人工封闭物；
4—人工填料；5—井壁管；6—过滤器；
7—沉淀器；8—井底

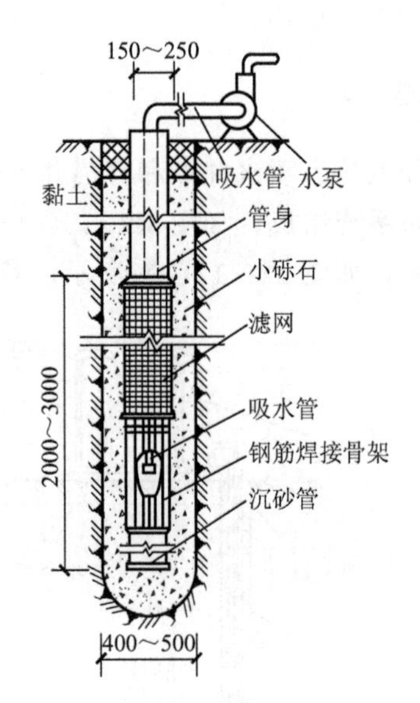

图 12－14　管井井点构造（单位：mm）

12.3.5　电渗井点降水

1. 电渗井点降水原理

电渗井点排水是利用井点管（轻型或喷射井点管）本身作阴极，沿基坑外围布置，以钢管（ϕ50～75mm）或钢筋（ϕ25mm 以上）作阳极，垂直埋设在井点内侧，阴阳极分别用电线等连接成通路，并对阳极施加强直流电流，如图 12－15 所示。应用电压降使带负电的土粒向阳极移动（即电泳作用），带正电荷的孔隙水则向阴极方向集中，产生电渗现象。在电渗与真空的双重作用下，强制黏土中的水在井点附近积集，由井点管快速排出，通过井点管连续抽水使地下水位逐渐降低。电极间的土层则形成电帷幕，由于电场作用，可阻止地下水从四面流入坑内。

2. 电渗井点降水适用范围

在饱和黏土中，特别是淤泥和淤泥质黏土中，由于土的透水性较差，持水性较强，用一般轻型井点和喷射井点降水效果较差，此时宜增加电渗井点来配合轻型或喷射井点降水，以便对透水性差的土起疏干作用，使水排出。

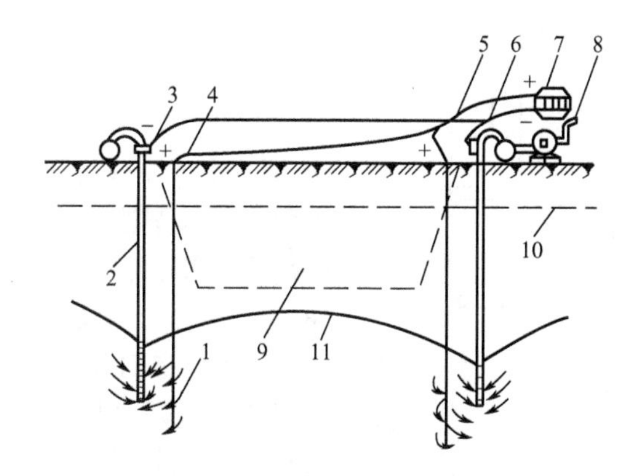

图 12-15 电渗井点布置示意图

1—阳极；2—阴极；3—用扁钢、螺栓或电线将阴极连通；4—用钢筋或电线将阳极连通；
5—阳极与发电动机连接电线；6—阴极与发电动机连接电线；7—直线发电动机（或直流电焊机）；
8—水泵；9—基坑；10—原有水位线；11—降水后的水位线

3. 施工要点

(1) 电渗排水井点管，可采用套管冲枪成孔埋设。

(2) 阳极应垂直埋设，严禁与相邻阴极相碰。阳极入土深度应比井点管深 50cm，外露地面以上 20～40cm。

(3) 阴阳极间距一般为 0.8～1.5m。当采用型轻井点时为 0.8～1.0m；采用喷射井点时为 1.2～1.5m，并成平行交错排列。阴阳极的数量宜相等，必要时阳极数量可多于阴极。

(4) 为防止电流从土表面通过，降低电渗效果，通电前应将阴阳极间地面上的金属和其他导电物体处理干净，有条件时涂一层沥青绝缘。另外，在不需要通电流的范围内（如渗透系数较大的土层）的阳极表面涂两层沥青绝缘，以减少电耗。

(5) 在电渗降水时，应采用间歇通电，即通电 24h 后停电 2～3h，再通电，以节约电能和防止土体电阻加大。

12.3.6 回灌井点

由于井点降水作用，使地下水位降低，黏性土含水率减少，并产生压缩、固结，使浮力消减，从而使黏性土的孔隙水压力降低，土的有效应力相应增大，土体产生不均匀沉降，从而影响邻近建筑物的安全。为了尽量减少土层的沉降量，目前国内外均采用降水与回灌相结合的办法。

1. 回灌井点施工原理

回灌井点施工原理是在降水区与邻近建筑物之间的土层中埋置一道回灌井点，通过补充地下水的方法，使降水井点的影响半径不超过回灌井点的范围，形成一道隔水屏幕，阻止回灌井点外侧建筑物下的地下水流失，使地下水位保持不变，如图 12-16 所示。

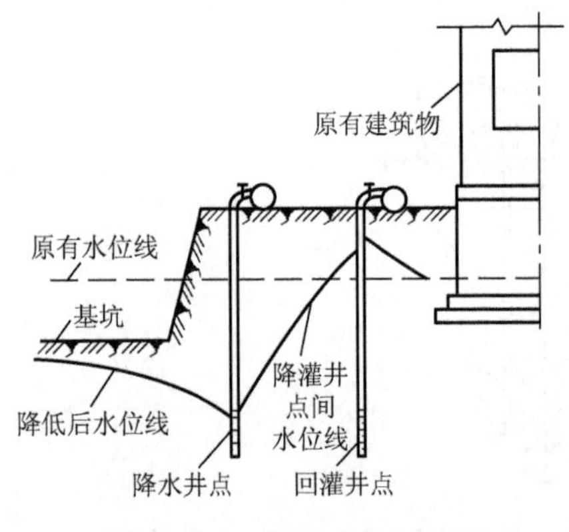

图 12－16 回灌井点示意图

2. 施工要点

(1) 回灌水宜采用清水，回灌水量和压力大小，均需通过水井理论进行计算，并通过对观测井的观测资料来调整。

(2) 降水井点和回灌井点应同步启动或停止。

(3) 回灌井点的滤管部分，应从地下水位以上0.5m处开始直到井管底部，也可采用与降水井点管相同的构造，但必须保证成孔和灌砂的质量。

(4) 回灌与降水井点之间应保持一定距离。回灌井点管的埋设深度应根据透水层的深度来决定，以确保基坑施工安全和回灌效果。

(5) 应在降灌水区域附近设置一定数量的沉降观测点及水位观测井，定时进行观测和记录，以便及时调整降灌水量的平衡。

12.4 地下工程防水

12.4.1 地下工程防水原则与防水等级

地下工程由于深埋在地下，时刻受地下水的渗透作用，如防水问题处理不好，致使地下水渗漏到工程内部，将会带来一系列问题：影响人员在工程内正常的工作和生活；使工程内部装修和设备加快锈蚀；使用机械排除工程内部渗漏水，需要耗费大量能源和经费，而且大量的排水还可能引起地面和地面建筑物不均匀沉降和破坏等。

造成地下工程渗漏的原因很多，有防水设计方面的原因，如防水等级的确定不合理，防水措施选用不当；有防水施工方面的原因，如选材不当，现场防水施工质量控制不严；也有验收方面的原因，如隐蔽工程未按特定要求进行验收；还有维护管理方面的原因，如未能及时地检漏与治理等。

1. 地下工程防水原则

地下工程防水原则既要考虑如何适应地下工程种类的多样性问题，也要考虑如何适应地下工程所处地域的复杂性的问题，同时还要使每个工程的防水设计者在符合总的原则的基础上可根据各自工程的特点有适当选择的自由。考虑到这些因素，GB 50108—2008《地下工程防水技术规范》(以下简称《规范》) 规定：地下工程的防水材料与施工应符合技术先进、经济合理、安全适用和确保质量的要求，应遵循“防、排、截、堵相结合，刚柔相济，因地制宜，综合治理”的原则。

目前地下工程不仅大量使用刚性防水材料，如结构主体采用防水混凝土，也大量使用柔性防水材料，如细部构造处的一些部位，主体结构加强防水层也采取柔性防水材料。因此《规范》要求：在地下工程防水中刚性防水材料和柔性防水材料结合使用，地下工程防水方案设计时要结合工程使用情况和地质环境条件等因素综合考虑。

2. 地下工程防水等级

《规范》考虑地下工程使用要求、用途、工程性质以及水文地质条件等，按照渗漏的程度将地下工程防水分为四级，见表 12-1。地下工程不同防水等级的适用范围，应根据工程的重要性和使用中对防水的要求按表 12-2 选定。

表 12-1 地下工程防水等级

防水等级	防水标准
一级	不允许渗水，结构表面无湿渍
二级	不允许渗水，结构表面可有少量湿渍。 工业与民用建筑：总湿渍面积不应大于总防水面积（包括顶板、墙面、地面）的 1/1000；任意 $100m^2$ 防水面积上的湿渍不超过 2 处，单个湿渍的最大面积不大于 $0.1m^2$。 其他地下工程：总湿渍面积不应大于总防水面积的 2/1000；任意 $100m^2$ 防水面积上的湿渍不超过 3 处，单个湿渍的最大面积不大于 $0.2m^2$；其中，隧道工程还要求平均渗水量不大于 $0.05L/(m^2 \cdot d)$，任意 $100m^2$ 防水面积上的渗水量不大于 $0.15L/(m^2 \cdot d)$
三级	有少量漏水点，不得有线流和漏泥砂； 任意 $100m^2$ 防水面积上的漏水或湿渍点数不超过 7 处，单个漏水点的最大漏水量不大于 2.5L/d，单个湿渍的最大面积不大于 $0.3m^2$
四级	有少量漏水点，不得有线流和漏泥砂； 整个工程平均漏水量不大于 $2L/(m^2 \cdot d)$；任意 $100m^2$ 防水面积上的平均漏水量不大于 $4L/(m^2 \cdot d)$

表 12-2 不同防水等级的适用范围

防水等级	适用范围
一级	人员长期停留的场所；因有少量湿渍会使物品变质、失效的贮物场所及严重影响设备正常运转和危及工程安全运营的部位；极重要的战备工程、地铁车站
二级	人员经常活动的场所；在有少量湿渍的情况下不会使物品变质、失效的贮物场所及基本不影响设备正常运转和工程安全运营的部位；重要的战备工程
三级	人员临时活动的场所；一般战备工程
四级	对渗漏水无严格要求的工程

这里规定的防水等级，可以对整个工程而言，也可对单元工程、部位而言，整个地下工程的防水等级可与单元工程（区段）、重要部位与次要部位的防水等级不同。如地铁隧

道顶部有接触电网，不允许滴漏，底部必须防止渗漏造成沉降，而两侧范围要求可低些；又如寒冷地区地下隧道入口严禁渗漏，以防结冰、车辆打滑，而内部要求可低些。必须指出的是由于国标中地下工程防水等级是借鉴国外隧道的防水等级进行划分的，所以对用途不同或施工方法特殊的地下工程，其防水要求应有所不同。

12.4.2 地下工程混凝土结构主体防水

1. 防水混凝土

防水混凝土可通过调整配合比，或掺加外加剂、掺合料等措施配制而成，其抗渗等级不得小于 P_6。防水混凝土的施工配合比应通过试验确定，试配混凝土的抗渗等级应比设计要求提高 0.2MPa。防水混凝土应满足抗渗等级要求，并应根据地下工程所处的环境和工作条件，满足抗压、抗冻和抗侵蚀性等耐久性要求，按照表 12－3 确定。

表 12－3 防水混凝土设计抗渗等级

工程埋置深度	设计抗渗等级
$H<10$	P_6
$10\leqslant H<20$	P_8
$20\leqslant H<30$	P_{10}
$H\geqslant 30$	P_{12}

注：① 本表适用于Ⅰ、Ⅱ、Ⅲ类围岩（土层及软弱围岩）。
② 山岭隧道防水混凝土的抗渗等级可按国家现行有关标准执行。

防水混凝土的配合比，应符合下列规定。

(1) 胶凝材料用量应根据混凝土的抗渗等级和强度等级等选用，其总用量不宜小于 320kg/m^3；当强度要求较高或地下水有腐蚀性时，胶凝材料用量可通过试验调整。

(2) 在满足混凝土抗渗等级、强度等级和耐久性条件下，水泥用量不宜小于 260kg/m^3。

(3) 砂率宜为 35％～40％，泵送时可增至 45％。

(4) 灰砂比宜为 1∶(1.5～2.5)。

(5) 水胶比不得大于 0.50，有侵蚀性介质时水胶比不宜大于 0.45。

(6) 防水混凝土采用预拌混凝土时，入泵坍落度宜控制在 120～160mm，坍落度每小时损失值不应大于 20mm，坍落度总损失值不应大于 40mm。

(7) 掺加引气剂或引气型减水剂时，混凝土含气量应控制在 3％～5％。

(8) 预拌混凝土的初凝时间宜为 6～8h。

防水混凝土应连续浇筑，宜少留施工缝。当留设施工缝时，应符合下列规定。

(1) 墙体水平施工缝不应留在剪力最大处或底板与侧墙的交接处，应留在高出底板表面不小于 300mm 的墙体上。拱（板）墙结合的水平施工缝，宜留在拱（板）墙接缝线以下 150～300mm 处。墙体有预留孔洞时，施工缝距孔洞边缘不应小于 300mm。

(2) 垂直施工缝应避开地下水和裂隙水较多的地段，并宜与变形缝相结合。

施工缝防水构造形式如图 12 - 17～图 12 - 20 所示。

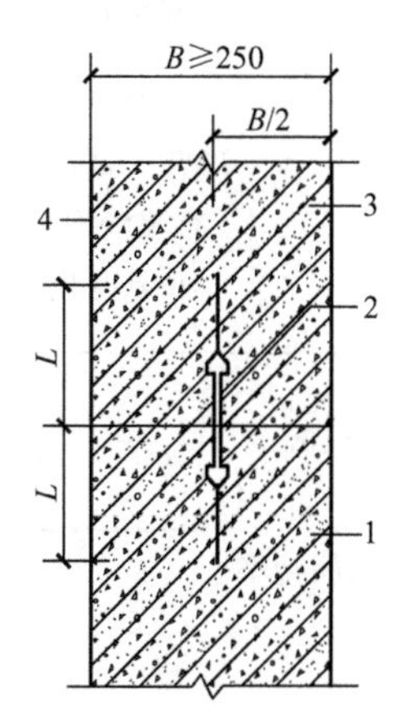

图 12 - 17 施工缝防水构造一 (单位：mm)

钢板止水带 L≥150；橡胶止水带 L≥200；
钢板橡胶止水带 L≥120；1—先浇混凝土；
2—中埋止水带；3—后浇混凝土；
4—结构迎水面

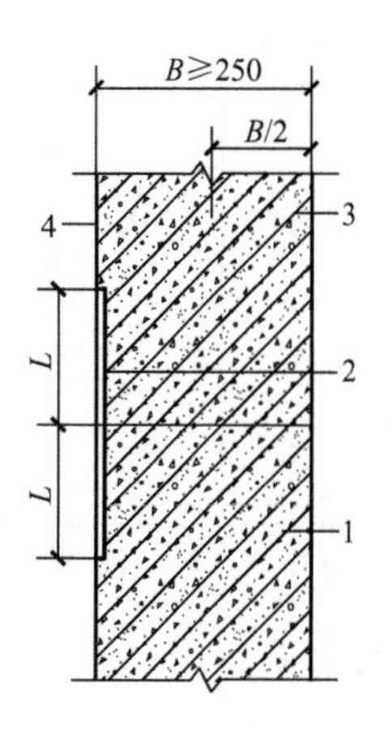

图 12 - 18 施工缝防水构造二 (单位：mm)

外贴止水带 L≥150；外涂防水涂料 L=200；
外抹防水砂浆 L=200；1—先浇混凝土；
2—外贴止水带；3—后浇混凝土；
4—结构迎水面

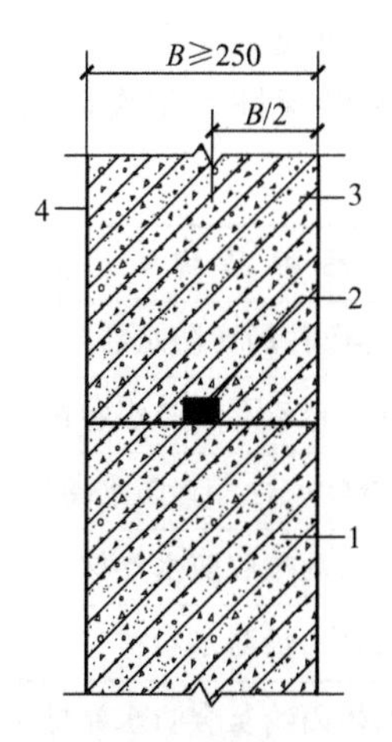

图 12 - 19 施工缝防水构造三 (单位：mm)

1—先浇混凝土；2—遇水膨胀止水条（胶）；
3—后浇混凝土：4—结构迎水面

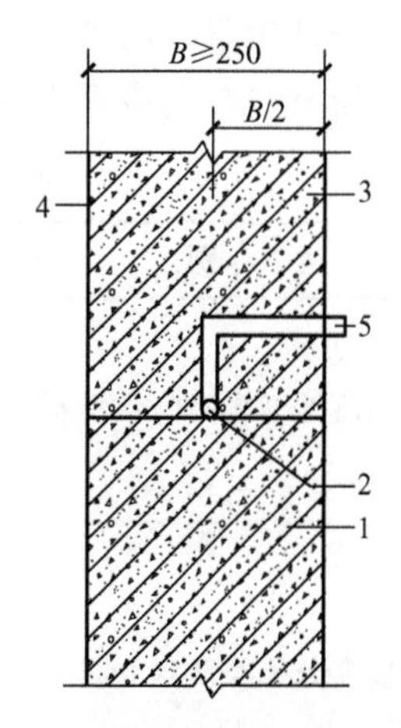

图 12 - 20 施工缝防水构造四 (单位：mm)

1—先浇混凝土；2—预埋注浆管；3—后浇混凝土；
4—结构迎水面；5—注浆导管

2. 水泥砂浆防水层

防水砂浆包括聚合物水泥防水砂浆、掺外加剂或掺合料的防水砂浆，宜采用多层抹压法施工。水泥砂浆防水层可用于地下工程主体结构的迎水面或背水面，不应用于受持续振动或温度高于 80℃的地下工程防水。

防水砂浆主要性能应符合表 12 - 4 的要求。

表 12－4　防水砂浆主要性能要求

防水砂浆种类	黏结强度/MPa	抗渗性/MPa	抗折强度/MPa	干缩率/%	吸水率/%	冻融循环/次	耐碱性	耐水性/%
掺外加剂、掺合料的防水砂浆	＞0.6	≥0.8	同普通砂浆	同普通砂浆	≤3	＞50	10% NaOH 溶液浸泡 14d 无变化	—
聚合物水泥防水砂浆	＞1.2	≥1.5	≥8.0	≤0.15	≤4	＞50	—	≥80

注：耐水性指标是指砂浆浸水 168h 后材料的黏结强度及抗渗性的保持率。

3. 卷材防水层

卷材防水层宜用于经常处在地下水环境，且受侵蚀性介质作用或受振动作用的地下工程。卷材防水层应铺设在混凝土结构的迎水面。卷材防水层用于建筑物地下室时，应铺设在结构底板垫层至墙体防水设防高度的结构基面上；用于单建式的地下工程时，应从结构底板垫层铺设至顶板基面，并应在外围形成封闭的防水层。

卷材防水层的卷材品种可按表 12－5 选用，并应符合下列规定：

（1）卷材外观质量、品种规格应符合国家现行有关标准的规定；

（2）卷材及其胶粘剂应具有良好的耐水性、耐久性、耐刺穿性、耐腐蚀性和耐菌性。

表 12－5　卷材防水层的卷材品种

类　别	品种名称
高聚物改性沥青类防水卷材	弹性体改性沥青防水卷材
	改性沥青聚乙烯胎防水卷材
	自粘聚合物改性沥青防水卷材
合成高分子类防水卷材	三元乙丙橡胶防水卷材
	聚氯乙烯防水卷材
	聚氯乙烯丙纶复合防水卷材
	高分子自粘胶膜防水卷材

卷材防水层甩槎与接槎构造如图 12－21 所示。

4. 涂料防水层

涂料防水层包括无机防水涂料和有机防水涂料。无机防水涂料可选用掺外加剂、掺合料的水泥基防水涂料、水泥基渗透结晶型防水涂料；有机防水涂料可选用反应型、水乳型、聚合物水泥等涂料。

无机防水涂料宜用于结构主体的背水面，有机防水涂料宜用于地下工程主体结构的迎水面，用于背水面的有机防水涂料应具有较高的抗渗性，且与基层有较好的黏结性。

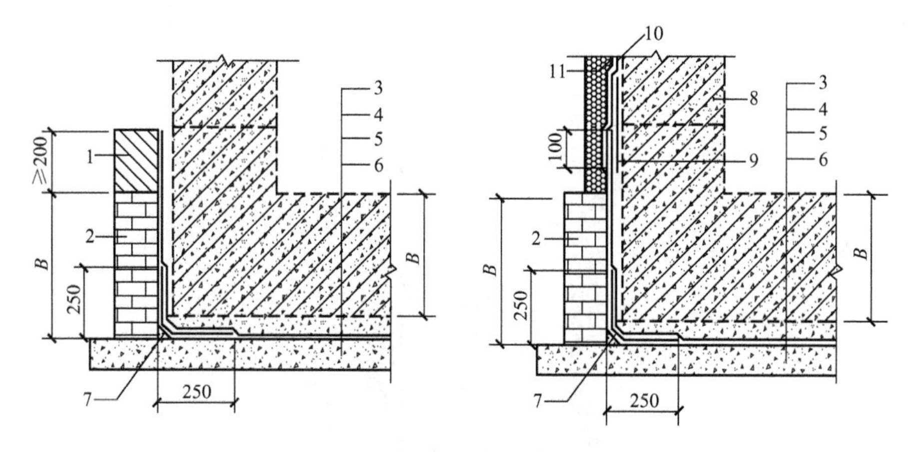

图 12-21 卷材防水层甩槎和接槎构造（单位：mm）

1—临时保护墙；2—永久保护墙；3—细石混凝土保护层；4，10—卷材防水层；
5—水泥砂浆找平层；6—混凝土垫层；7，9—卷材加强层；
8—结构墙体；11—卷材保护层

防水涂料宜采用外防外涂（图 12-22）或外防内涂（图 12-23）。

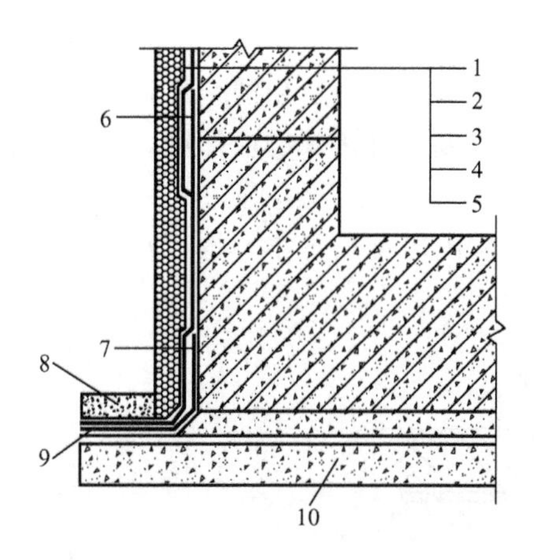

图 12-22 防水涂料外防外涂构造

1—保护墙；2—砂浆保护层；3—涂料防水层；
4—砂浆找平层；5—结构墙体；
6—涂料防水层加强层；7—涂料防水加强层；
8—涂料防水层搭接部位保护层；
9—涂料防水层搭接部位；
10—混凝土垫层

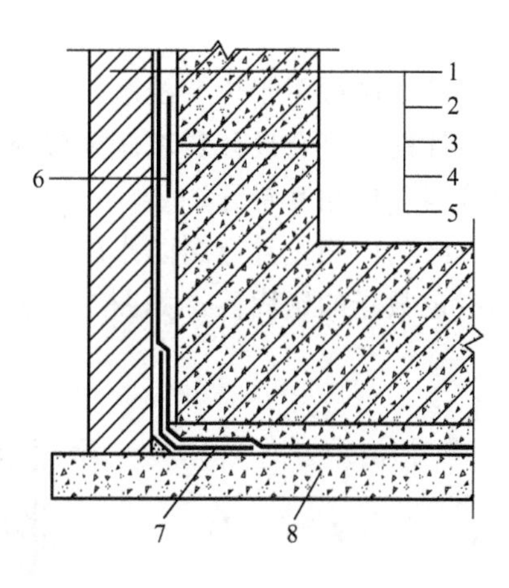

图 12-23 防水涂料外防内涂构造

1—保护墙；2—涂料保护层；3—涂料防水层；
4—找平层；5—结构墙体；
6—涂料防水层加强层；
7—涂料防水加强层；
8—混凝土垫层

5. 塑料防水板防水层

塑料防水板防水层宜用于经常受水压、侵蚀性介质或受振动作用的地下工程防水。塑料防水板防水层宜铺设在复合式衬砌的初期支护和二次衬砌之间。塑料防水板防水层宜在初期支护结构趋于基本稳定后铺设。

铺设塑料防水板前应先铺缓冲层，缓冲层应采用暗钉圈固定在基面上，如图 12－24 所示。

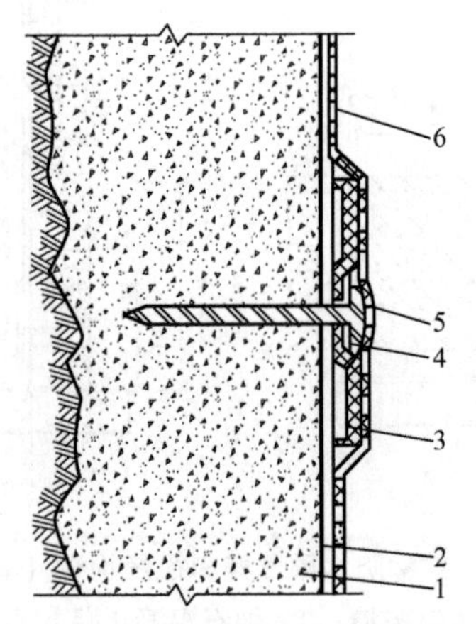

图 12－24　暗钉圈固定缓冲层

1—初期支护；2—缓冲层；3—热塑性暗钉圈；4—金属垫圈；5—射钉；6—塑料防水板

6. 金属防水层

金属防水层可用于长期浸水、水压较大的水工及过水隧道，所用的金属板和焊条的规格及材料性能应符合设计要求。金属板的拼接应采用焊接，拼接焊缝应严密。竖向金属板的垂直接缝，应相互错开。

主体结构内侧设置金属防水层时，金属板应与结构内的钢筋焊牢，也可在金属防水层上焊接一定数量的锚固件，如图 12－25 所示。

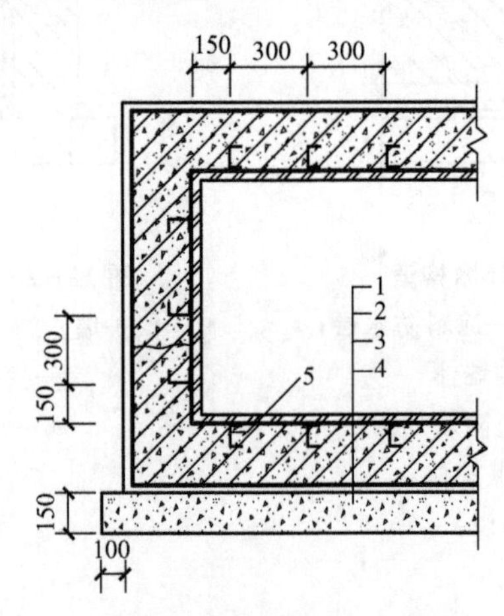

图 12－25　金属板防水层（单位：mm）

1—金属板；2—主体结构；3—防水砂浆；4—垫层；5—锚固筋

7. 膨润土防水材料防水层

膨润土防水材料包括膨润土防水毯和膨润土防水板及其配套材料，采用机械固定法铺设。膨润土防水材料防水层应用于pH为4～10的地下环境，含盐量较高的地下环境应采用经过改性处理的膨润土，并应经检测合格后使用。膨润土防水材料防水层应用于地下工程主体结构的迎水面，防水层两侧应具有一定的夹持力。

本章小结

地下工程排水与降水是施工顺利进行的重要保障，地下工程防水是保证工程防水质量的关键。通过本章学习，可以加深对地下工程排水、降水与防水方法和技术的理解，具备编制地下工程排水、降水、防水施工方案与组织现场施工的初步能力。

思考题

1. 地下水如何进行分类？地下水对工程有哪些有害作用？
2. 地下工程施工排水有哪些常用的方法？
3. 地下工程人工降水的原理是什么？有哪些常见的人工降水方法？
4. 轻型井点与喷射井点降水原理与适用范围有哪些不同？
5. 电渗井点降水的原理是什么？施工时应该注意哪些问题？
6. 回灌井点主要应用在哪些场合？其施工要点有哪些？
7. 地下工程防水的原则是什么？
8. 地下工程防水等级分为几级？各自的适用范围如何？
9. 地下工程混凝土结构主体防水的方法有哪些？

第13章

地下工程施工组织与管理

教学目标

本章主要讲述地下工程施工组织、管理的内容与方法。通过学习应达到以下目标：

(1) 掌握施工准备的内容；

(2) 掌握施工组织设计的分类与内容；

(3) 掌握施工方案编制的依据与内容；

(4) 熟悉施工进度计划的编制；

(5) 掌握施工平面图设计的内容与方法；

(6) 熟悉质量体系标准与运行以及现场管理的内容；

(7) 了解合同管理与风险管理的内容。

教学要求

知识要点	能力要求	相关知识
施工准备	(1) 掌握施工准备的内容； (2) 了解施工准备工作计划	(1) 技术准备、物质准备、劳动组织准备、施工现场准备、施工场外准备； (2) 施工准备工作计划
施工组织设计的分类与内容	(1) 掌握施工组织设计的分类； (2) 掌握施工组织设计的内容	(1) 施工组织总设计、单位工程施工组织设计与分部分项工程施工组织设计； (2) 施工组织设计内容
施工方案	(1) 掌握施工方案编制的依据； (2) 掌握施工方案的内容	(1) 施工方案编制依据； (2) 施工顺序、施工方法、施工机械与施工流水组织
施工进度计划	(1) 熟悉施工计划编制依据与程序； (2) 熟悉横道图与网络进度计划图	(1) 施工计划编制依据与编制程序； (2) 横道图、双代号网络计划图
施工平面图	(1) 熟悉施工平面图设计要求； (2) 掌握施工平面图设计的主要内容； (3) 掌握施工平面图设计步骤与方法	(1) 施工平面图设计要求； (2) 施工平面图设计的内容； (3) 施工平面图设计步骤与设计方法
质量管理与现场管理	(1) 熟悉质量体系标准与运行； (2) 熟悉现场管理的内容	(1) ISO 9000 系列标准组成、分类、内容及质量体系的建立与运行； (2) 现场技术管理、材料管理、机械设备管理与安全管理的内容
合同管理与风险管理	(1) 了解合同管理的内容； (2) 了解风险管理的内容	(1) 施工合同管理、分包分供合同管理与合同索赔管理； (2) 风险管理

基本概念

施工组织总设计；单位工程施工组织设计；分部分项工程施工组织设计；施工方案；横道图；双代号网络计划；施工平面图；ISO 9000 系列标准；现场管理；合同管理；风险管理

引例

某施工企业为中标某隧道工程的施工合同，编制了隧道的施工组织设计文件。该施工组织设计内容全面，主要包括以下内容：①编制依据与编制原则；②工程概况；③工程特点、重点、难点与施工对策；④施工总体筹划；⑤施工总平面布置；⑥施工方案与方法；⑦工期目标、施工进度安排及工期保证措施；⑧工程施工质量的保证措施；⑨重点（关键）和难点工程的施工方案、方法及其措施；⑩冬季和雨季的施工安排；⑪质量、安全保证体系与措施；⑫环境保护的技术保证措施；⑬文明施工措施。

13.1 概　述

施工组织是施工工作的中心环节，也是指导现场施工必不可少的重要文件，其内容包括施工准备、施工组织设计、施工方案、施工进度计划和施工平面图设计等。施工管理包括质量管理与施工现场管理。随着科学技术的发展和市场竞争的需要，质量管理已越来越为人们所重视，并逐渐发展成为一门新兴的学科。国际标准化组织在 1987 年 3 月制定和颁布了 ISO 9000 系列质量管理及质量保证标准，此后又不断对它进行补充、完善。ISO 9000 系列质量管理标准已成为现代施工企业进行工程质量管理的指南。施工管理的基本任务是遵循建筑生产的特点和规律，把施工过程有机地组织起来，加强指挥，充分发挥人力、物力和财力的作用，用最快的速度、最好的质量、最低的消耗获得最大的经济效果。

13.2 施工准备

施工准备工作是生产经营管理的重要组成部分，是对拟建工程目标、资源供应和施工方案选择及其空间布置和时间排列等诸方面进行的施工决策。

地下工程项目施工准备工作，通常包括技术准备、物资准备、劳动组织准备、施工现场准备和施工场外准备。

13.2.1 施工准备的内容

1. 技术准备工作

技术准备是施工准备的核心。由于任何技术的差错或隐患都可能引起人身安全和质量事故，造成生命、财产和经济的巨大损失，因此必须认真做好技术准备工作。技术准备包括以下内容：

（1）熟悉、审查施工图纸及有关设计文件；

（2）掌握地形、地质、水文等勘察资料和技术经济资料；

（3）编制施工图预算和施工预算；

（4）编制施工组织计划。

2. 物资准备

材料、构配件、制品、机具和设备是保证施工顺利进行的物资基础，这些物资的准备工作必须在工程开工之前完成。根据各种物资的需要量计划，分别落实货源，安排运输和储备，使其满足连续施工的要求。

物资准备工作，主要包括建筑材料的准备、构配件和制品的加工准备、建筑安装机具的准备和生产工艺设备的准备。

物资准备工作通常按照以下程序进行：

（1）根据施工预算、分部分项工程施工方法和施工进度的安排，拟定统配材料、地方材料、构配件及制品、施工机具等物资的需要量计划；

（2）根据各种物资需要量计划，组织货源，确定加工、供应地点和供应方式，签订物资供应合同；

（3）根据各种物资的需要量计划和合同，拟定运输计划和运输方案；

（4）按照施工总平面图的要求，组织物资按计划时间进场，在指定地点、按规定方式进行储存或堆放。

3. 劳动组织准备

劳动组织准备包括以下内容。

1）建立拟建工程项目的组织机构

根据拟建工程项目的规模、结构特点和复杂程度，确定拟建工程项目施工的领导机构人选和名额，坚持合理分工和密切协作相结合，把有施工经验、有创新精神、有工作效率的人选入领导机构；认真执行因事设职、因职选人的原则。

2）建立精干的施工队组

施工队组的建立要认真考虑专业、工种的合理配合，技工、普工的比例要满足合理的劳动组织，要符合流水施工组织方式的要求，确定建立施工队组，要坚持合理、精干的原则，同时制订出该工程的劳动力需要量计划。

3）集结施工力量、组织劳动力进场

工地的领导机构确定以后，按照开工日期和劳动力需要量计划，组织劳动力进场。同时要进行安全、防火和文明施工等方面的教育，并安排好职工的生活。

4）向施工队组、工人进行施工组织设计、计划和技术交底

施工组织设计、计划和技术交底的内容有：工程的施工进度计划、月（旬）作业计划；施工组织设计，尤其是施工工艺、质量标准、安全技术措施；图纸会审中所确定的有关部位的设计变更和技术核定等事项。交底工作应该按照管理系统逐级进行，由上而下直到工人队组。交底的方式有书面形式、口头形式和现场示范形式等。

队组、工人接受施工组织设计、计划和技术交底后，要组织进行认真的分析研究，弄清关键部位、质量标准、安全措施和操作要领。必要时应该进行示范，并明确任务及做好分工协作，同时建立健全岗位责任制和保证措施。

5）建立健全各项管理制度

管理制度主要包括：工程质量检查与验收制度；工程技术档案管理制度；建筑材料（构件、配件、制品）的检查验收制度；技术责任制度；施工图纸学习与会审制度；技术交底制度；工地及班组经济核算制度；材料出入库制度；安全操作制度；机具使用保养制度等。

4. 施工现场准备

施工现场的准备工作，主要是为了给拟建工程的施工创造有利的施工条件和物资保证，具体内容如下。

（1）做好施工场地的控制网测量。按照设计单位提供的建筑总平面图及给定的永久性经纬坐标控制网和水准控制基桩、进行场区施工测量，设置场区的永久性经纬坐标桩，水准基桩和建立场区工程测量控制网。

（2）搞好“三通一平”。“三通一平”是指路通、水通、电通和平整场地。

施工现场的道路是组织物资运输的动脉。拟建工程开工前，必须按照施工总平面图的要求，修好施工现场的永久性道路以及必要的临时性道路，形成完整畅通的运输网络，为建筑材料进场、堆放创造有利条件。

水是施工现场的生产和生活不可缺少的。拟建工程开工之前，必须按照施工总平面图的要求，接通施工用水和生活用水的管线，使其尽可能与永久性的给水系统结合起来，并做好地面排水系统，为施工创造良好的环境。

电是施工现场的主要动力来源。拟建工程开工前，要按照施工组织设计的要求，接通电力和电信设施，做好其他能源（如蒸汽、压缩空气）的供应，确保施工现场动力设备和通信设备的正常运行。

按照建筑施工总平面图的要求，拆除场地上妨碍施工的建筑物或构筑物，然后根据建筑总平面图规定的标高，进行填挖土方的工程量计算，确定平整场地的施工方案，进行平整场地的工作。

（3）做好施工现场的补充勘探。为了进一步寻找枯井、防空洞、古墓、地下管道、暗沟和枯树根等隐蔽物，以便及时拟定处理隐蔽物的方案并实施，必要时需要进行施工现场补充勘察，为基础工程施工创造有利条件。

（4）建造临时设施。按照施工总平面图的布置，建造临时设施，为正式开工准备好生产、办公、生活、居住和贮存等临时用房。

（5）安装、调试施工机具。按照施工机具需要量计划，组织施工机具进场，根据施工总平面图将施工机具安置在规定的地点或仓库。对于固定的机具，要进行就位、搭棚、接电源、保养和调试等工作。所有施工机具必须在开工之前进行检查和试运转。

（6）做好建筑材料、构配件和制品的存储和堆放。按照建筑材料、构配件和制品的需要量计划组织进场，根据施工总平面图规定的地点和指定的方式进行贮存和堆放。

（7）及时提供试验材料的试验申请计划。按照建筑材料的需要量计划，及时提供建筑材料的试验申请计划，如钢材的机械性能和化学成分等试验、混凝土或砂浆的配合比和强度等试验。

(8) 做好冬雨季施工安排。按照施工组织设计的要求，根据施工总平面图的布置，建立消防、保安等组织机构和有关的规章制度，布置安排好消防、保安等措施。

5. 施工场外准备

施工现场外部的准备工作具体内容如下。

(1) 材料的加工和订货。建筑材料、构配件和建筑制品大部分均必须外购，工艺设备更是如此。与加工部门、生产单位联系，签订供货合同、搞好及时供应，对保障施工企业正常生产是非常重要的。

(2) 做好分包工作和签订分包合同。根据工程量、完成日期、工程质量和工程造价等内容，选择合格分包单位并与其签订分包合同，保证按时实施。

(3) 向主管部门提交开工申请报告。当材料的加工与订货、分包工作和签订分包合同等施工场外的准备工作完成后，应该及时地填写开工申请报告，并上报主管部门批准。

13.2.2 施工准备工作计划

为了落实各项施工准备工作，加强对其检查和监督，必须编制出施工准备工作计划。施工准备工作计划应包括施工准备项目、简要内容、负责单位、负责人、起始时间等内容，做到责任到人。

13.3 施工组织设计

施工组织设计是用来指导拟建工程施工全过程中各项活动的技术、经济和组织的综合性文件。施工组织设计是根据国家或业主对拟建工程的要求、设计图纸和编制施工组织设计的基本原则，从拟建工程施工全过程的人力、物力和空间三个因素着手，在人力与物力、主体与辅助、供应与消耗、生产与贮存、专业与协作、使用与维修和空间布置与时间排列等方面进行科学、合理地部署，为建筑产品生产的节奏性、均衡性和连续性提供最优方案，从而以最少的资源消耗取得最大的经济效果，使最终建筑产品的生产在时间上达到速度快和工期短，在质量上达到精度高和功能好，在经济上达到消耗少、成本低和利润高的目的。

13.3.1 施工组织设计的分类

施工组织设计按编制对象范围的不同，可分为施工组织总设计、单位工程施工组织设计与分部分项工程施工组织设计三种。

1. 施工组织总设计

施工组织总设计是以一个建筑群或一个建设项目为编制对象，用以指导整个建筑群或建设项目施工全过程的各项施工活动的技术、经济和组织的综合性文件。一般在初步设计或扩大初步设计被批准之后，在总承包企业的总工程师领导下进行编制。

2. 单位工程施工组织设计

单位工程施工组织设计是以一个单位工程（一个建筑物或构筑物）为编制对象，用以指导其施工全过程的各项施工活动的技术、经济和组织的综合性文件。单位工程施工组织设计一般在施工图设计完成后、在拟建工程开工之前，在技术负责人领导下进行编制。

3. 分部分项工程施工组织设计

分部分项工程施工组织设计是以分部分项工程为编制对象，用以具体实施施工全过程的各项施工活动的技术、经济和组织的综合性文件。分部分项工程施工组织设计一般与单位工程施工组织设计的编制同时进行，并由单位工程的技术人员负责编制。

施工组织总设计是对整个建设项目的全局性战略部署，其内容和范围比较概括；单位工程施工组织设计是在施工组织总设计的控制下，以施工组织总设计和企业施工计划为依据编制的，针对具体的单位工程，把施工组织总设计的内容具体化；分部分项工程施工组织设计是以施工组织总设计、单位工程施工组织设计和企业施工计划为依据编制的，针对具体的分部分项工程，把单位工程施工组织设计进一步具体化。

13.3.2 施工组织设计的内容

1. 施工总组织设计的内容

(1) 建设项目的工程概况；
(2) 施工部署及主要建筑物或构筑物的施工方案；
(3) 全场性施工准备工作计划；
(4) 施工总进度计划；
(5) 各项资源需要量计划；
(6) 全场性施工总平面图设计；
(7) 主要施工技术措施；
(8) 各项技术经济指标。

2. 单位工程施工组织设计的内容

(1) 工程概况及其施工特点的分析；
(2) 施工方案的选择；
(3) 单位工程施工准备工作计划；
(4) 单位工程施工进度计划；

(5) 各项资源需要量计划;
(6) 单位工程施工平面图设计;
(7) 质量、安全、节约及冬雨季施工的技术组织保证措施;
(8) 主要技术经济指标。

3. 分部分项工程施工组织设计的内容

(1) 分部分项工程概况及其施工特点的分析;
(2) 施工方法及施工机械的选择;
(3) 分部分项工程施工准备工作计划;
(4) 分部分项工程施工进度计划;
(5) 劳动力、材料和机具等需要量计划;
(6) 质量、安全和节约等技术组织保证措施;
(7) 作业区施工平面布置图设计;
(8) 原材料与强度试验计划表;
(9) 文明施工技术措施;
(10) 现场施工用电线路图;
(11) 工程档案归档目录。

13.4 施工方案

施工方案是指完成单位工程或分部分项工程所需要的人工、材料、机械、资金、方法等因素的合理安排。施工方案的选择是施工组织设计的核心,施工方案合理与否将直接影响工程的施工效率、质量、工期和技术经济效果。

13.4.1 施工方案编制依据

施工方案的编制依据包括:
(1) 施工图纸;
(2) 施工现场勘察得到的资料和信息;
(3) 施工验收规范、质量检查验收标准、安全操作规程、施工及机械性能手册;
(4) 新技术、新设备、新工艺;
(5) 技术人员施工经验、技术素质及创造能力等。

13.4.2 施工方案的主要内容

施工方案主要内容,包括确定工程的施工顺序、选择施工方法与施工机械并确定工程施工的流水组织。

1. 施工顺序的确定

确定施工方案、编制施工进度计划时首先应该考虑选择合理的施工顺序，它对于施工组织能否顺利进行、能否保证工程的进度与质量都起着十分重要的作用。施工顺序应该符合单位工程与分部分项工程的施工特点与规律，下面以桩基础的施工顺序为例加以说明。

（1）预制桩基础施工顺序：场地平整→桩的预制（如不在现场预制，则有起吊、运输、堆放等操作）→选择打桩设备→铺设轨道→支桩架→定位放线→桩机就位→吊桩→插桩与打桩→挖土→桩头处理→基础承台施工。

（2）灌注桩基础施工顺序：场地平整（硬地法施工）→选择桩机→测量桩位→安放护筒→钻机定位→钻进成孔→第一次清孔→钢筋笼吊放→下导管→第二次清孔→浇筑水下混凝土→拔除护筒→钻机移位→自然养护→挖土→桩基检测→基础承台施工。

2. 施工方法与施工机械的选择

正确地拟定施工方法和选择施工机械是合理组织施工的关键，它直接影响着施工速度、工程质量、施工安全和工程成本，所以必须予以重视。

1）施工方法拟定

拟定施工方法时，应该满足以下要求。

（1）主要考虑主导施工过程的施工方法。所谓主导施工过程，一般是指工程量大、在施工中占重要地位的施工过程，如桩基础中的打桩工程；又指施工技术复杂或采用新技术、新工艺、新结构以及对工程质量起关键作用的施工过程，如地下连续墙施工、土方开挖工程施工、地下管道的盾构施工、顶管工程的施工等过程。

（2）满足施工技术的要求。如吊装机械的型号、数量的选择应满足构件吊装技术的要求。

（3）符合机械化程度的要求。要提高机械化施工的程度，并充分发挥机械效率，减少繁重的人工操作。

（4）应符合先进、合理、可行、经济的要求。选择施工方法时，除要求先进、合理以外，还要考虑是否可行、经济上是否节约。

（5）应满足工期、质量、成本和安全的要求。所选的施工方法，应尽量满足缩短工期、提高质量、降低成本、保证安全的要求。

2）施工机械选择

在施工机械化程度越来越高的今天，施工机械的选择已成为施工方法选择的中心环节。在施工机械选择时应注意以下几点。

（1）首先选择主导施工过程的施工机械。根据工程的特点，决定其最适宜的机械类型，如基础工程的挖土机械，可根据工程量的大小和工作面的宽度做出不同选择。

（2）选择与主导施工过程施工机械配套的各种辅助机械和运输机具。为了充分发挥主导施工机械的效益，在选择配套机械时，应使它们的生产能力相互协调一致，并且能够保证有效地利用主导施工机械。如在土方工程中，汽车运土可保证挖土机械连续工作等。

（3）应充分利用施工企业现有的机械，并在同一工地贯彻一机多用的原则。

（4）提高机械化和自动化程度，尽量减少手工操作。

3. 工程施工流水组织的确定

工程施工的流水组织是施工组织设计的重要内容，是影响施工方案优劣程度的基本因素，在确定施工的流水组织时，主要解决流水段的划分和流水施工的组织方式两个方面的问题。具体内容见 13.5.4 节。

13.5 施工进度计划

施工进度计划是在确定了施工方案的基础上，对工程的施工顺序、各个项目的延续时间及项目之间的搭接关系、工程的开工时间、竣工时间及总工期等做出安排。在这个基础上，可以编制劳动力计划、材料供应计划、成品和半成品计划以及机械需用量计划等。

13.5.1 编制依据和编制程序

单位工程施工进度计划的编制依据包括：施工总进度计划、施工方案、施工预算、预算定额、施工定额、资源供应状况、工期要求等。

施工进度计划的编制程序为：收集编制依据→划分施工项目→计算工程量→套用施工定额→计算劳动量或机械台班需用量→确定延续时间→编制初步计划方案→编制正式进度计划。

13.5.2 施工项目划分

施工项目是包括一定工作内容的施工过程，是进度计划的基本组成单元。项目内容的多少、划分的粗细程度，应该根据计划的需要来决定。一般来说，单位工程进度计划的项目应明确到分项工程或更具体，以满足指导施工作业的要求。通常划分项目应按顺序列成表格，编排序号，查对是否遗漏或重复。凡是与工程对象施工直接有关的内容均应列入，非直接施工辅助性项目和服务性项目则不必列入。划分项目应与施工方案一致。

13.5.3 计算工程量和确定项目延续时间

计算工程量应针对划分的每一个项目并分段计算，可套用施工预算的工程量，也可以由编制者根据图纸并按施工方案安排自行计算，或根据施工预算加工整理。

项目的延续时间最好是按正常情况确定，它的费用一般是最低的。待编制出初始计划并经过计算，再结合实际情况做必要的调整，这是避免盲目抢工而造成浪费的有效办法。

按照实际施工条件来估算项目的持续时间是较为简便的办法，一般也多采用这种办法，具体计算方法有以下两种。

1. 经验估计法

经验估计法就是根据过去的施工经验进行估计。这种方法多适用于采用新工艺、新方法、新材料等而无定额可循的工程。在经验估计法中，有时为了提高其准确程度，往往采用“三时估计法”，即先估计出该项目的最长、最短和最可能的三种持续时间，然后据此求出期望的延续时间作为该项目的延续时间。

2. 定额计算法

定额计算法的计算公式如下：

$$t=\frac{Q}{RS}=\frac{P}{R} \tag{13-1}$$

式中 t——项目持续时间，可以采用小时、日或周表示；

Q——项目的工程量，可以采用实物量单位表示；

R——拟配备的人力或机械的数量，以人数或台数表示；

S——产量定额，即单位工日或台班完成的工作量，最好是施工单位的实际水平，也可以参照施工定额水平；

P——劳动量（工日）或机械台班量（台班）。

13.5.4 流水作业组织

流水作业法是一种科学组织生产的方法，确立在分工、协作和大批量生产的基础上。施工进度计划的编制应当以流水作业原理为依据，以便使生产有鲜明的节奏性、均衡性和连续性。

1. 流水参数

流水参数包括工艺参数、空间参数与时间参数。

1）工艺参数

工艺参数是指一组流水中的施工过程的个数，以符号“N”表示。但应注意，只有那些对工程施工进程具有直接影响的施工过程才应组织到流水之中。当专业队（组）的数目与流水的施工过程数目一致时，工艺参数就是施工过程数；当流水的施工过程由两个或两个以上的专业队施工时，工艺参数以专业队（组）的数目计算（平行作业者除外）。

2）空间参数

空间参数就是组织流水施工的流水段数，用“M”表示。当施工对象是多层建筑时，流水段数是一层的段数与层数的乘积，为了保证工人作业的连续性，应使 $M \geqslant N$。

3）时间参数

时间参数包括“流水节拍”与“流水步距”。流水节拍是指各个专业队在施工段上的施工作业时间，用符号“t”表示；流水步距是指两个相邻的施工队开始流水作业的时间间隔，以符号“$K_{i,i+1}$”表示，即 i 工作队和 $i+1$ 工作队之间开始作业的时间间隔。流水步距数等于施工队数减 1。

2. 流水施工的分类

组织流水作业的基本方式有三类，即等节奏流水、异节奏流水和无节奏流水。

1）等节奏流水

等节奏流水的特征是在组织流水的范围里，各施工队在各段上的流水节拍相等。在可能的情况下，要尽量采用这种流水方式，因为这种方式能保证工人的工作连续、均衡和有节奏。

2）异节奏流水

异节奏流水即每一个工作队在各流水段上的工作延续时间（节拍）保持不变，而不同的工作队的流水节拍却不一定相等。

3）无节奏流水

有时由于各段工程量的差异或工作面限制，所能安排的人数不相同，使各施工过程在各段及各施工过程之间的流水节拍均无规律性，这时，组织等节奏流水作业或异节奏流水作业均有困难，则可组织分别流水。分别流水的特点是允许施工面有空闲，但要保证各施工过程的工作队连续作业，要使各工作队在同一施工段上不交叉作业，更不能发生工序颠倒的现象。

13.5.5 网络计划技术

施工进度计划通常可采用网络计划技术进行编制，从发展的观点看，它的应用面将会逐渐超过横道图计划。

横道图是以图示的方式通过活动列表和时间刻度形象地表示出任何特定项目的活动顺序与持续时间，图 13－1 所示为某隧道工程施工进度计划横道图。横道图只能描述项目计划内各种活动安排的时序关系，无法描述项目中各种活动间错综复杂的相互制约的逻辑关系。横道图适用于小型的、简单的、由少数活动组成的项目进度计划，或用于大中型项目及复杂项目计划的初期编制阶段。

网络计划技术能把施工对象的各有关施工过程组成一个有机的整体，能全面而明确地反映出各工序之间的相互制约和相互依赖的关系；它可以进行各种时间参数计算，能在工序繁多、错综复杂的计划中找出影响工程进度的关键工序，以便于管理人员集中精力抓住施工中的主要矛盾，确保按期竣工；而且通过网络计划中反映出来的各工序的机动时间，可以更好地运用和调配人力与设备，达到降低成本的目的；另外，它还可以用计算机对复杂的计划进行计算、调整及优化，实现计划管理的科学化。

网络计划的表达形式是网络图。网络图是由若干个代表工程计划中各项工作的箭线和连接箭线的节点所构成的网状图形。网络图通常分为单代号网络图和双代号网络图两种。单代号网络图是以节点及其编号表示工作，以箭线表示工作之间的逻辑关系，并在节点中加注工作代号、名称和持续时间；在双代号网络图中，每一条箭线表示一项工作，箭线的箭尾节点表示该工作的开始，箭头节点表示该工作的结束，任意一条箭线都需要占用时间、消耗资源，工作名称写在箭线的上方，而消耗的时间则写在箭线的下方。在工程中应用较多的是双代号网络图，如图 13－2 所示为某隧道工程的双代号网络图施工进度计划。

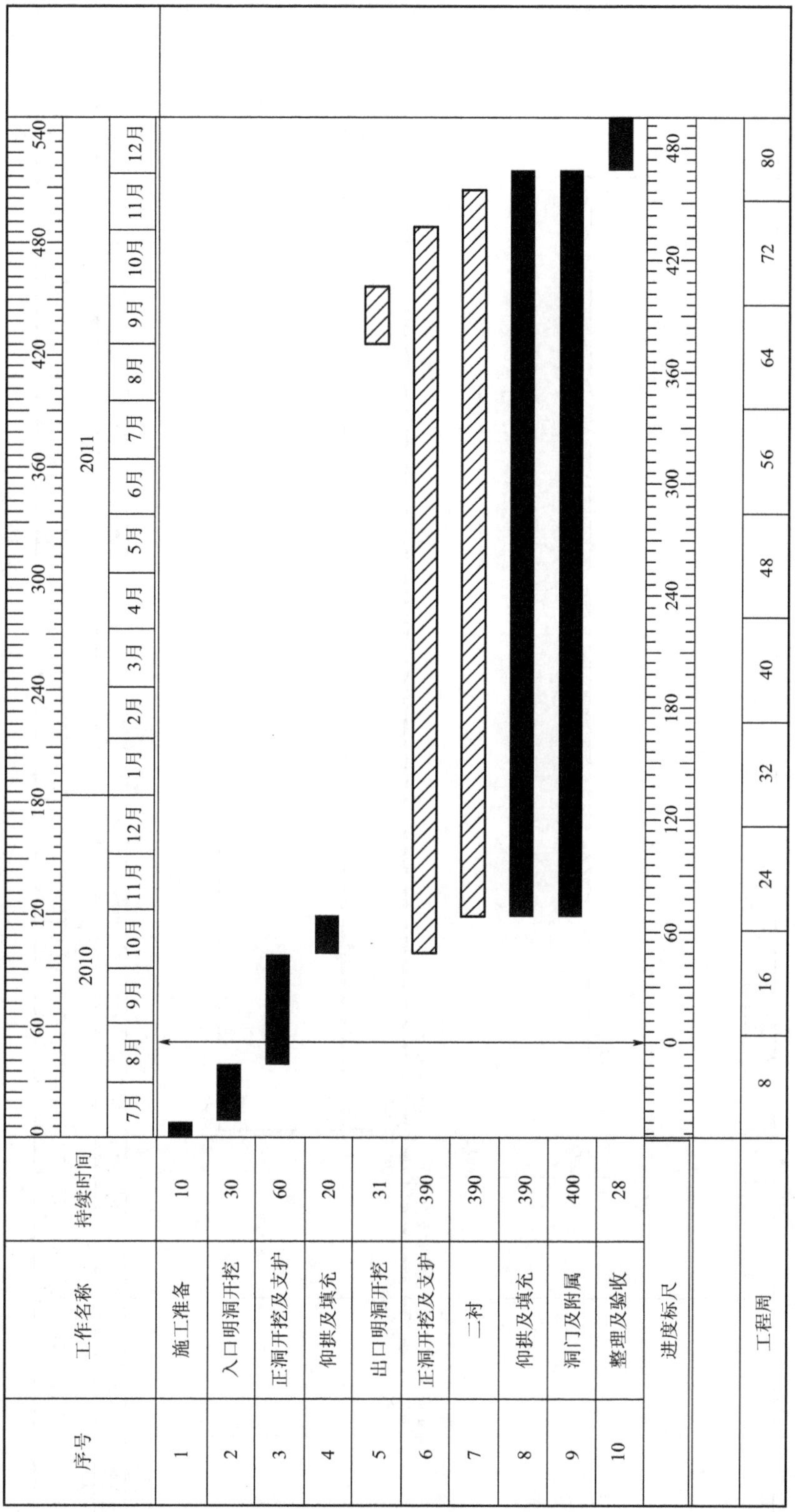
序号
工作名称
持续时间
1 施工准备 10
2 入口明洞开挖 30
3 正洞开挖及支护 60
4 仰拱及填充 20
5 出口明洞开挖 31
6 正洞开挖及支护 390
7 二衬 390
8 仰拱及填充 390
9 洞门及附属 400
10 整理及验收 28
进度标尺
工程周
2010
2011
7月 8月 9月 10月 11月 12月 1月 2月 3月 4月 5月 6月 7月 8月 9月 10月 11月 12月
0 60 120 180 240 300 360 420 480 540
0 60 120 180 240 300 360 420 480
8 16 24 32 40 48 56 64 72 80

图13-1 某隧道工程施工进度计划横道图

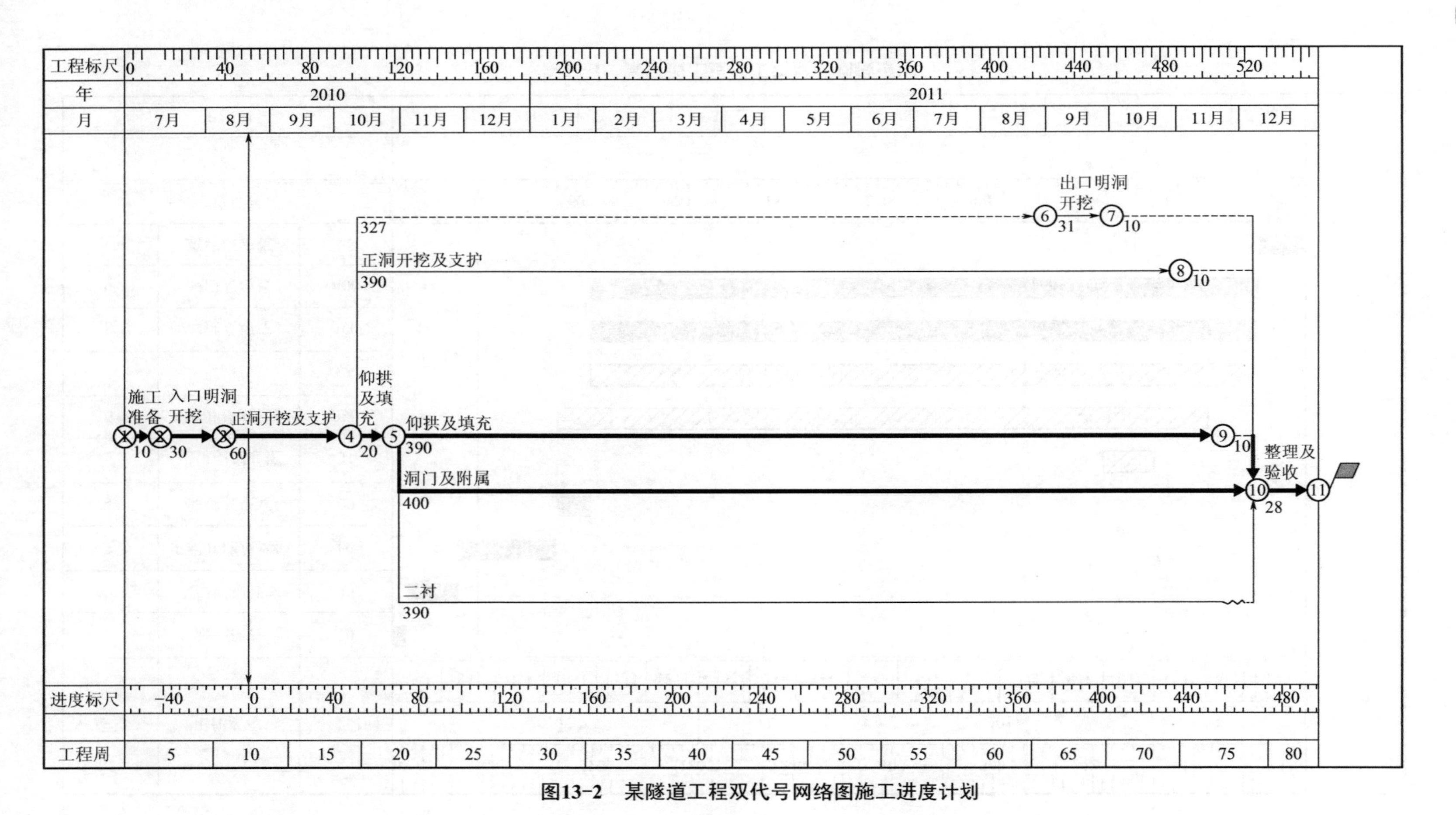

图13-2 某隧道工程双代号网络图施工进度计划

单位工程网络计划的编制要点，是弄清逻辑关系、讲究排列方法、计算必须准确、关键线路突出、认真进行调整。

13.5.6 施工进度计划的执行与调整

施工进度计划不是一成不变的，在执行过程中，往往由于人力、物资供应等情况的变化，使得原来的计划无法实现，因此在执行过程中应随时掌握施工动态，并经常不断地检查和调整施工进度计划。

施工进度计划检查与调整的内容包括：施工顺序、施工工期以及资源消耗均衡性。

13.6 施工平面图

单位工程施工平面图是对一个建筑物或构筑物的施工现场的平面规划和空间布置图，是根据工程规模、特点和施工现场的条件，按照一定的设计规则，正确地解决施工期间所需的各种临时工程和其他业务设施等同永久性建筑物和拟建工程之间的合理位置关系。

单位工程施工平面图是进行施工现场布置的依据，是实现施工现场有组织有计划进行文明施工的先决条件，为施工组织设计的重要组成部分。贯彻和执行合理施工平面布置图，会使施工现场井然有序，施工顺利进行，保证进度、效率和经济效果；反之则易造成不良后果。单位工程施工平面图的绘制比例，一般为 1∶200～1∶500。

13.6.1 施工平面图设计要求

施工平面图设计应符合以下要求。

（1）在保证施工顺利进行的前提下，平面布置要力求紧凑，尽可能地减少施工用地，不占或少占农田。

（2）合理布置施工现场的运输道路与各种材料堆场、加工场、仓库位置、各种机具的位置，要尽量使各种材料的运输距离最短，避免场内二次搬运。为此，各种材料必须按计划分期分批进场，按使用的先后顺序布置在使用地点的附近，或随运随吊。这样既节约了劳动力，又减少了材料在多次搬运中的损耗。

（3）力争减少临时设施的工程量，降低临时设施费用。为此可采用以下措施：

① 尽可能利用原有建筑物，力争提前修建可供施工使用的永久性建筑物；

② 采用活动式拆卸房屋和就地取材的廉价材料；

③ 临时道路尽可能沿自然标高修筑以减少土方量，并根据运输量采用不同标准的路面构造；

④ 加工场的位置可选择在建设费用最少之处，等等。

（4）方便工人的生产和生活，合理地规划行政管理和文化、生活及福利用房的相对位置，使工人至施工区所需的时间最短。

(5) 要符合劳动保护、环境保护、技术安全和防火的要求。工地内各种房屋和设施的间距，应符合防火规定；现场内道路应畅通，并按规定设置消防栓；易燃品及有污染的设施应布置在下风向，易爆物品应按规定距离单独存放；在山区进行建设时，应考虑防洪等特殊要求。

13.6.2 施工平面图的主要内容

施工平面图主要内容包括：

(1) 建筑平面上已建和拟建的一切房屋、构筑物及其他设施的位置和尺寸；

(2) 拟建工程施工所需的起重与运输机械、搅拌机等布置位置及其主要尺寸，起重机械的开行路线和方向等；

(3) 地形等高线，测量放线标桩的位置和取舍土的地点；

(4) 为施工服务的一切临时设施的布置和面积；

(5) 各种材料（包括水暖电卫材料）、半成品、构件及工业设备等的仓库和堆场；

(6) 施工运输道路的布置及宽度尺寸、现场出入口，铁路及港口位置等；

(7) 临时给水排水管线、供电线路、热源气源等管道布置和通信线路等；

(8) 一切安全及防火设施的位置。

13.6.3 施工平面图设计步骤

1. 施工平面图设计

施工平面图设计的一般步骤是：决定起重机械行走线路（施工道路的布置）→布置材料和构件的堆场→布置运输道路→布置各种临时设施→布置水电管网→布置安全消防设施。

2. 确定搅拌站、加工棚、仓库及材料堆场的布置

1) 搅拌站的布置

搅拌站布置时应满足以下要求。

(1) 搅拌站应有后台上料的场地，尤其是混凝土搅拌机，要与砂石堆场、水泥仓库一起考虑布置。

(2) 搅拌站的位置应尽可能靠近垂直运输设备，以减少混凝土和砂浆的水平运距。当采用塔式起重机进行垂直运输时，搅拌站的出料口应位于塔式起重机的有效半径之内；当采用固定式垂直运输设备时，搅拌站应尽可能地靠近起重机；当采用自行式起重设备时，搅拌站可布置在开行路线旁，且其位置应在起重臂的最大外伸长度范围内。

(3) 搅拌站的附近应有施工道路，以便砂石进场及拌合物的运输。

(4) 搅拌站的位置应尽量靠近使用地点，有时浇筑大型混凝土基础时，可将混凝土搅拌站直接设在基础边缘，待基础混凝土浇完后再转移。

(5) 搅拌站场地四周应设置排水沟，以利于清洗机械和排除污水，避免造成现场积水。

(6) 混凝土搅拌台所需面积约 $25m^2$，砂浆搅拌台约 $15m^2$，冬期施工时应考虑保温和供热设施等，需要相应增加面积。

2) 加工棚的布置

木材、钢筋、水电等加工场宜设置在建筑物四周稍远处，并有相应的材料及堆场。

3) 材料及堆场的布置

(1) 材料及堆场的面积计算。各种材料及堆场的堆放面积可由下式计算：

$$F=\frac{Q}{nqk} \tag{13-2}$$

式中 F——材料堆场或仓库所需的面积；

Q——某种材料现场总用量；

n——某种材料分批进场次数；

q——某种材料每平方米的储存定额；

k——堆场、仓库的面积利用系数。

(2) 仓库的位置。现场仓库按其储存材料的性质和重要程度，可采用露天堆场、半封闭式或封闭式三种形式。

露天堆场用于堆放不受自然气候影响而损坏质量的材料，如石料、砖石和装配式混凝土构件等；半封闭式堆场用于储存需防止雨、雪、阳光直接侵蚀的材料，如堆放羊毛毡、细木零件和沥青等；封闭式堆场用于储存在大气侵蚀下易发生变质的建筑制品、贵重材料以及容易损坏或散失的材料，如水泥、石膏、五金零件及贵重设备、器具、工具等。

(3) 材料和构件堆场的布置。布置材料和构件堆场时，预制构件应尽量靠近垂直运输机械，以减少二次搬运的工程量；各种钢构件一般不宜在露天堆放；砂石应尽量靠近泵站，并注意运输卸料方便；钢模板、脚手架应布置在靠近拟建工程的地方，并要求装卸方便；基础所需的砖应布置在拟建工程四周，并距基坑、槽边不小于 0.5m，以防止塌方。

3. 运输道路的布置

施工运输道路应按材料和构件运输的需要，沿其仓库和堆场进行布置。运输道路的布置原则和要求如下。

(1) 现场主要道路应尽可能利用已有道路或规划的永久性道路的路基，根据建筑总平平面图上的永久性道路位置，先修筑路基，作为临时道路，工程结束后再修筑路面。

(2) 现场道路最好是环形布置，并与场外道路相接，保证车辆行驶畅通；如不能设置环形道路，应在路端设置倒车场地。

(3) 应满足材料、构件等运输要求，使道路通到各个堆场和仓库所在位置，且距离其装卸区越近越好。

(4) 应满足消防的要求，使道路靠近建筑物、木料场等易燃地方，以便车辆直接开到消火栓处，消防车道宽度不小于 3.5m。

(5) 施工道路应避开拟建工程和地下管道等地方。

(6) 道路布置应满足施工机械的要求。搅拌站的出料口处、固定式垂直运输机械旁、塔式起重机的服务范围内均应考虑运输道路的布置，以便于施工运输。

(7) 道路路面应高于施工现场地面标高0.1～0.2m，两旁应有排水沟，一般沟深与底宽均不小于0.4m，以便排除路面积水，保证运输。

(8) 道路的宽度和转弯半径应满足要求，架空线及架空管道下面的道路，其通行空间宽度应比道路宽度大0.5m，空间高度应大于4.5m。

4. 临时设施的布置

施工现场的临时设施分为生产性和生活性两大类。施工现场各种临时设施应满足生产和生活的需要，并力求节省施工设施的费用。临时设施布置时应遵循以下原则：

(1) 生产性和生活性临时设施的布置应有所区分，以避免互相干扰；

(2) 临时设施的布置力求使用方便、有利施工、保证安全；

(3) 临时设施应尽可能采用活动式、装拆式结构或就地取材设置；

(4) 工人休息室应设在施工地点附近；

(5) 办公室应靠近施工现场。

5. 水电管网的布置

1) 用水量计算

施工现场用水包括施工、生活和消防三方面的用水。

(1) 施工用水量。施工用水量是指施工最高峰时期的某一天或高峰时期内平均每天需要的最大用水量，其计算公式如下：

$$q_1 = K_1 \sum Q_1 N_1 K_2 / (8 \times 3600) \tag{13-3}$$

式中 q_1——施工用水量；

K_1——未预见的施工用水系数，取1.05～1.15；

K_2——施工用水不均衡系数，现场用水取1.50，附属加工厂取1.25，施工机械及运输机具取2.0，动力设备取1.0；

N_1——用水定额；

Q_1——最大用水日完成的工程量、附属加工厂产量及机械台数。

(2) 生活用水量。生活用水量是指施工现场人数最多时期职工的生活用水，可按下式进行计算：

$$q_2 = Q_2 N_2 K_3 / (8 \times 3600) + Q_3 N_3 K_4 / (24 \times 3600) \tag{13-4}$$

式中 q_2——生活用水量；

Q_2——现场最高峰施工人数；

N_2——现场生活用水定额，每人每班用水量主要视当地气候而定，一般取20～60L/(人·班)；

K_3——现场生活用水不均衡系数，取1.3～1.5；

Q_3——居住区最高峰职工及家属居民人数；

N_3——居住区昼夜生活用水定额，每人每昼夜平均用水量随地区和有无室内卫生设备而变化，一般取100～120L/(人·昼夜)；

K_4——居住区生活用水不均衡系数，取2.0～2.5。

计算总用水量按照下式计算：

$$Q=q_1+q_2+q_3 \tag{13-5}$$

式中 q_3——消防用水量；

其余符合含义同前。

式(13-5) 确定的总用水量还需增加10%的管网可能产生的漏水损失，即

$$Q_{总}=1.1Q \tag{13-6}$$

2) 临时供水管径的计算

当总用水量确定后，可按下式计算供水管径：

$$D_i=\sqrt{4000Q_i/(\pi v)} \tag{13-7}$$

式中 D_i——某管段的供水管直径，mm 。

Q_i——某管段用水量，L/s；供水总管段按总用水量 $Q_{总}$ 计算，环状管网布置的各管段采用环管内同一用水量计算，支状管段按各支管内的最大用水量计算。

v——管网中水流速度，m/s，一般取1.5～2.0m/s。

3) 供水管网的布置

(1) 布置方式。临时给水管网布置方式，包括环状管网、枝状管网和混合管网布置。

环状管网能够保证供水的可靠性，但管线长、造价高，适用于要求供水可靠的建筑项目或建筑群；枝状管网由干管与支管组成，管线短、造价低，但供水可靠性差，故适用于一般中小型工程；混合管网是主要用水区及干管采用环状，其他用水区及支管采用枝状的混合形式，兼有两种管网的优点，一般适用于大型工程。

管网铺设方式有明铺与暗铺两种。为不影响交通，一般以暗铺为好，但要增加费用。在冬季或寒冷地区，水管宜埋置在冰冻线以下或采用防冻措施。

(2) 布置要求。供水管网的布置应在保证供水的前提下，使管道铺设越短越好，同时还应考虑在水管使用期间支管具有移动的可能性；布置管网时应尽量利用原有的供水管网和提前铺设永久性管网；管网的位置应避开拟建工程的地方；管网铺设要与土方平整规划协调。

4) 用电量计算

施工现场用电包括动力用电和照明用电，可按下式计算：

$$P=(1.05\sim1.1)(K_1\sum P_1/\cos\varphi+K_2\sum P_2+K_3\sum P_3+K_4\sum P_4) \tag{13-8}$$

式中 P——供电设备总需要容量，kW；

P_1——电动机额定功率，kW；

P_2——电焊机额定功率，kW；

P_3——室内照明容量，kW；

P_4——室外照明容量，kW；

$\cos\varphi$——电动机的平均功率因数，在施工现场最高为0.75～0.78，一般为0.65～0.75；

K_1，K_2，K_3，K_4——分别为电动机、电焊机、室内照明、室外照明等设备的同期使用系数，K_1、K_2 值见表13-1，K_3 一般取0.8，K_4 一般取1。

表 13-1 同期使用系数

用电设备	数量/台	同期使用系数	
		差　　别	数　　值
电动机	3～10	K_1	0.7
	11～30		0.6
	>30		0.5
电焊机	3～10	K_2	0.6
	>10		0.5

5）选择电源与变压器

选择电源最经济的方案是利用施工现场附近已有的高压线、发电站及变电所，但事先必须将施工中需要的用电量向供电部门申请。如在新辟的地区施工，不可能利用已有的正式供电系统，需自行解决发电设施。

变压器的容量可按下式计算：

$$P = K\left(\sum P_{max}/\cos\varphi\right) \tag{13-9}$$

式中　P——变压器的容量，kW；

K——功率损失系数，取 1.05；

$\sum P_{max}$——各施工区的最大计算荷载，kW；

$\cos\varphi$——功率因数，取 0.75。

根据计算所得的容量值，可从常用变压器产品目录表中选用合适型号的变压器，且使选定的额定电容量稍大于（或等于）计算的变压器需要的容量值。

6）配电导线截面的选择

在确定配电导线截面大小时，应满足以下三方面的要求：第一，导线应有足够的力学强度，不发生断线现象；第二，导线在正常温度下，能持续通过最大的负荷电流而本身温度不超过规定值；第三，电压的损失应在规定的范围内，能保证机械设备的正常工作。

导线截面的大小一般按允许电流要求计算选择，以电压损失和力学强度要求加以复核，取三者中的大值作为导线截面面积。

(1) 按允许电流选择时，可按下式计算：

$$I = 1000P_{总}/(\sqrt{3}U\cos\varphi) = 2P_{总} \tag{13-10}$$

式中　I——某配电线路上负荷工作电流，A；

U——某配电线路上的工作电压，V，在三相四线制低压时取 380V；

$P_{总}$——配电线路上总用电量，kW。

根据以上公式计算出某配电线路上的电流以后，即可选择导线的截面积。

(2) 按允许电压损失选择导线截面大小时，可按下式计算：

$$S = \sum(P_{总} L)/(C[\varepsilon]) = \sum M/(C[\varepsilon]) \tag{13-11}$$

式中　S——配电导线截面积，mm^2；

L——用电负荷至电源的配电线路长度，m；

$\sum M$——配电线路上负荷矩总和，kW・m，其等于配电线路上每个用电负荷的计算用电量 $P_{总}$ 与该负荷至电源的线路长度 L 的乘积之和；

C——系数，三相四线制中，铜线取 77，铝线取 46.3；

[ε]——配电线路上允许的电压损失值，动力负荷线路取 10%，照明负荷线路取 6%，混合线路取 8%。

当已知导线截面大小时，可按下式复核其允许电压损失值：

$$\varepsilon = \sum M/(CS) \leqslant [\varepsilon] \tag{13-12}$$

式中 ε——配电线路上计算的电压损失，%。

(3) 按力学强度复核截面时，所选导线截面积应大于或等于力学强度允许的最小导线截面积。当室外配电线架空敷设在电杆上，电杆间距为 20～40m 时，导线要求的最小截面积见表 13-2。

表 13-2 导线按照力学强度要求的最小截面积 单位：mm^2

电 压	裸 导 线		绝缘导线	
	铜	铝	铜	铝
低压	6	16	4	10
高压	10	25	—	—

7) 变压器及配电线路的布置

单位工程的临时供电线路，一般采用枝状布置，其要求如下。

(1) 尽量利用已有的配电线路和已有的变压器。

(2) 若只设一台变压器，线路枝状布置，变压器一般设置在引入电源的安全区域；若设多台变压器，各变压器作环状连接布置，每台变压器与用电点作枝状布置。

(3) 变压器设在用电集中的地方，或者布置在现场边缘高压线接入处，离地面应大于 3m，四周应设有高度大于 1.7m 的护栏，并有明显的标志，不要把变压器布置在交通道口处。

(4) 线路宜在路边布置，距建筑物应大于 1.5m，电杆间距 25～40m，高度 4～6m，跨铁道时高度为 7.5m。

(5) 线路不应妨碍交通和机械施工、进场、装拆、吊装等。

(6) 线路应避开堆场、临时设施、基槽及后期工程的地方。

(7) 注意接线和使用上的安全性。

13.7 质量管理与现场管理

13.7.1 质量管理

工程质量的优劣，直接影响国家经济建设的速度。工程质量差本身就是最大的浪费，低劣的质量一方面需要大幅度增加返修、加固、补强等人工、器材、能源的消耗，另一方面还将给用户增加使用过程中的维修、改造费用，同时必然缩短工程的使用寿命，使用户遭受经济损失，此外还会带来其他的间接损失（如停工、降低使用功能、减产等），给国家和使用者造成更大的浪费、损失。因此，质量问题直接影响着我国经济建设的速度。

工程项目质量，包括建筑工程产品实体和服务这两类特殊产品的质量。

建筑工程实体作为一种综合加工的产品，它的质量是指建筑工程产品适合于某种规定的用途，满足人们要求其所具备的质量特性的程度。“服务”是一种无形的产品，服务质量是指企业在推销前、销售时、售后服务过程中满足用户要求的程度。

1987年3月国际标准化组织（ISO）正式发布ISO 9000《质量管理和质量保证》系列标准后，世界各国和地区纷纷表示欢迎，并等同或等效采用该标准。我国于1992年发布了等同采用国际标准的GB/T 19000系列标准，这一系列标准是为了帮助企业建立、完善质量体系，增强质量意识和质量保证能力，提高管理素质和在市场经济条件下的竞争能力。

1. 系列标准的组成

我国等同采用ISO 9000系列标准制定的GB/T 19000系列标准由以下五个标准组成：

（1）GB/T 19000——对应于ISO 9000《质量管理和质量保证——选择和使用指南》；

（2）GB/T 19001——对应于ISO 9001《质量体系——设计/开发、生产、安装和服务的质量保证模式》；

（3）GB/T 19002——对应于ISO 9002《质量体系——生产和安装的质量保证模式》；

（4）GB/T 19003——对应于ISO 9003《质量体系——最终检验和试验的质量保证模式》；

（5）GB/T 19004——对应于ISO 9004《质量管理和质量体系要素——指南》。

2. 系列标准的分类

《质量管理和质量保证》系列标准分为三个类型：指导性标准（标准的选择指南）、质量保证模式标准、企业质量体系基础性标准（体系要素）。

ISO 9000标准为指导性标准，阐述了系列标准的结构和分类，阐明了五个关键质量术语的概念及概念之间的相互关系，规定了使用和选择质量体系标准的原理、原则、程序和方法。该标准在系列标准中起着指导作用，国际标准化组织称它为系列标准中具有交通指南性质的标准。

ISO 9001、ISO 9002、ISO 9003为质量保证模式标准。这类标准适用于合同环境下的外部质量保证，为供需双方签订含有质量保证要求的合同提供了三种质量保证模式，选定的模式标准既可作为生产方质量保证工作的依据，也可作为需方对供方进行质量体系评价的依据，以及企业申请质量体系认证的认证标准。

ISO 9004标准为企业质量体系的基础性标准。该标准从市场经济需求出发，提出阐述企业质量体系的原理、原则和一般应包括的质量要素。标准具有高度的普遍性和指导性，可对不同工业、经济行业的生产企业给予指导，是企业质量管理和质量体系的通用参考模式。

这五个标准构成了《质量管理和质量保证》系列标准，它们是互为关联、互相支持的有机整体。

3. 系列标准的内容

1）GB/T 19000

此标准阐明了质量方针、质量管理、质量体系、质量控制和质量保证五个重要质量术语的概念及其相互关系，阐述了企业应力求达到的质量目标及质量体系环境特点和质量体系标准的类型，规定了标准的应用范围、标准的应用程序，规定了证实文件应包括的内容以及供需双方签订合同前应做的准备。

2）GB/T 19001～GB/T 19003

质量保证模式有不同水平的三个标准可供选择。

（1）GB/T 19001 质量体系：是设计/开发、生产、安装和服务的质量保证模式。该标准是三个质量保证模式中质量水平最高、覆盖环节（过程）最多而且质量体系要素最多的质量保证模式标准，阐述了从产品设计、产品开发到售后服务全过程的质量体系要素的要求。遵照标准，企业产品质量体系提供从合同评审、设计、生产到安装过程（服务）各个阶段及各个环节的严格控制，防止发生不合格现象。该标准相比其他两个标准增加了设计质量控制条款和售后服务条款的质量体系要素。

（2）GB/T 19002 质量体系：是生产和安装的质量保证模式。该标准适用于设计已定型、生产过程复杂或产品价值昂贵的生产条件，阐述了从原材料采购至产品交付使用全过程的质量体系要求，是三个模式中应用率较高的模式标准。要求生产企业质量体系提供能严格控制生产过程质量的证据，保证生产和安装阶段各环节符合规定的要求，及时解决生产过程中发现的问题，防止、避免不合格状况的发生及重复出现。该标准强调预防控制与检验相结合，并依此范围规定了 18 项质量体系要素的内容和工作程序。目前 GB/T 19002 内容已被 GB/T 19001—2000 替代。

（3）GB/T 19003 质量体系：是最终检验和试验的质量保证模式。该标准适用于产品相对简单或比较成熟的产品，明确了产品形成过程检验工作、成品检验和试验的质量体系要求，强调检验工作与有效的检验系统，对检验人员、检验程序和设备都要进行严格的控制。该标准明确规定了此范围的 12 项质量体系要素，构成其主要内容，是三个模式标准中质量体系要素内容和数量相对较少的模式标准。

3）GB/T 19004

企业从自身发展出发，需要建立一个比较完整的、用以控制企业内部各项工作（环节）的质量体系，使企业质量管理最佳化，也可以使各项产品质量控制能力达到或接近达到产品质量要求。GB/T 19004 标准是指导企业建立质量体系的指导标准，是在总结不同行业、不同企业的基本要求后，提出了企业建立质量体系一般应包括的基本要素。标准对基本质量要素的含义、要素的目标、要素间的关系以及各项工作的内容、要求、方法、人员和所要求的文件、记录都有明确规定。该标准从建立质量体系的组织结构、责任、程序、构成和资源五方面构成对人、技术、管理要素提出要求，明确企业质量体系的基本出发点是：应设计出有效的质量体系，以满足顾客的需要和期望，并保护公司的利益。完善的质量体系应是在考虑风险、成本和利益的基础上使质量最佳化，以及具备对质量加以控制的重要手段。

4. 质量体系标准的选择

我国的建筑业所涉及的设计、科研、房地产开发、市政、施工、试验、质量监督、建设监理等企事业单位，在建立企业内部质量管理体系时，毫无疑问应选择 GB/T 19004 标准。由于这些单位有各自的特点，因此所建立的质量体系也是不相同的，这主要是质量形成的过程不同而造成的。

在这些企事业单位按照 GB/T 19004 标准建立质量体系的基础上，如果选择质量保证模式，可以根据用户的要求和企业产品的特点，选择 GB/T 19001、GB/T 19002 或 GB/T 19003 标准。具体地说，设计、科研、房地产开发、总承包（集团）公司等单位可以选择 GB/T 19001 标准，市政、施工（土建、安装、机械化施工、装饰、防腐、防水）等企业可以选择 GB/T 19002 标准。

当然，对这些单位的标准选用也可灵活掌握，这只是一般情况。因为 GB/T 19001 标准中包括了设计，因此对设计院、研究院和房地产开发公司等单位也适用；而 GB/T 19002 标准中只包括生产和安装，因此，只对施工企业适用；GB/T 19003 标准涉及试验和检验，所以适用于实验室、质监站和监理公司等单位。

5. 质量体系的建立和运行

1）质量体系的建立

建立一个新的质量体系或更新、完善现行的质量体系，一般都经历以下步骤。

(1) 企业领导决策。企业主要领导要下决心走质量效益型的发展道路，要有建立质量体系的迫切需要。建立质量体系是一项企业内部很多部门参加的一项全面性的工作，如果没有企业主要领导亲自领导、亲自实践和统筹安排，是很难搞好这项工作的，因此领导真心实意地要求建立质量体系，是建立、健全质量体系的首要条件。

(2) 编制工作计划。工作计划包括培训教育，体系分析，职能分配，文件编制，配备仪器、仪表、设备等内容。

(3) 分层次教育培训。组织学习系列标准，结合本企业的特点，了解建立质量体系的目的和作用，详细研究与本职工作有直接联系的要素，提出控制要素的办法。

(4) 分析企业特点。结合建筑施工企业的特点和具体情况，确定采用哪些要素和采用的程度。要素要对控制工程实体质量起主要作用，能保证工程的适用性、符合性。

(5) 落实各项要素。企业在选好合适的质量体系要素后，要进行二级要素展开，制订实施二级要素所必需的质量活动计划，并把各项质量活动落实到具体部门或个人。在各级要素和活动分配落实后，为了便于实施、检查和考核，还要把工作程序文件化，即把企业的各项管理标准、工作标准、质量责任制、岗位责任制形成与各级要素和活动相对应的有效运行的文件。

(6) 编制质量体系文件。质量体系文件按其作用，可分为法规性文件和见证性文件两类。质量体系法规性文件是用以规定质量管理工作的原则，阐述质量体系的构成，明确有关部门和人员的质量职能，规定各项活动的目的要求、内容和程序；在合同环境下，这些文件是供方向需方证实质量体系适用性的证据。质量体系的见证性文件是用以表明质量体系的运行情况和证实其有效性的文件（如质量记录、报告等），这些文件记载了各质量体系要素的实施情况和工程实体质量的状态，是质量体系运行的见证。

2）质量体系的运行

质量体系运行是执行质量体系文件、实现质量目标、保持质量体系持续有效和不断优化的过程。质量体系的有效运行是依靠体系的组织机构进行组织协调、实施质量监督、开展质量信息管理、进行质量体系审核和评审实现的。

（1）组织协调。

就施工企业而言，计划部门、施工部门、技术部门、试验部门、测量部门、检查部门等都必须在目标、分工、时间和联系方面协调一致，责任范围不能出现空档，应保持体系的有序性。这些都需要通过组织和协调工作来实现。实现这种协调工作的应是企业的主要领导，只有主要领导主持、质量管理部门负责，通过组织协调才能保持体系的正常运行。

（2）质量监督。

质量监督有企业内部监督和外部监督两种，需方或第三方对企业进行的监督是外部质量监督。需方的监督权是在合同环境下进行的，就建筑施工企业来说，称为甲方的质量监督，按合同规定，从地基验槽开始，甲方对隐蔽工程进行检查签证；第三方的监督，是对单位工程和重要分部工程进行质量等级核定，并在工程开工前检查企业的质量体系，在施工过程中监督企业质量体系的运行是否正常。

质量监督是符合性监督。质量监督的任务是对工程实体进行连续性的监视和验证，发现偏离管理标准和技术标准的情况时及时反馈，要求企业采取纠正措施，严重者责令停工整顿，从而促使企业的质量活动和工程实体质量均符合标准所规定的要求。

（3）质量信息管理。

质量信息管理和质量监督、组织协调工作是密切联系在一起的。异常信息一般来自质量监督，异常信息的处理要依靠组织协调工作，三者的有机结合是使质量体系有效运行的保证。

（4）质量体系审核与评审。

企业进行定期的质量体系审核与评审，一是对体系要素进行审核、评价，确定其有效性；二是对运行中出现的问题采取纠正措施，对体系的运行进行管理，保持体系的有效性；三是评价质量体系对环境的适应性，对体系结构中不适用的采取改进措施。开展质量体系审核和评审是保持质量体系持续有效运行的主要手段。

13.7.2 现场管理

施工现场管理的基本任务是遵循建筑生产的特点和规律，把施工过程有机地组织起来，其具体要求是实现“三高一低”和文明施工，即做到高速度、高质量、高工效、低成本和文明施工。这是施工管理的目标，也是衡量建筑企业施工管理水平的主要标志。

施工现场管理的内容，主要包括现场技术管理、现场材料管理、现场机械设备管理与现场安全管理等方面。

1. 现场技术管理的主要内容

现场技术管理的主要包括以下内容。

(1) 贯彻施工组织设计(或施工方案)。首先要熟悉施工组织设计(或施工方案)的内容,做好施工组织设计的交底工作,并认真按照施工组织设计的要求指挥生产。

(2) 熟悉图纸。通过图纸会审、设计交底以后,应将设计变更的内容及时修改在图纸上,对施工过程中发生的技术性洽商也应及时在施工图纸上注明。

(3) 技术交底。应根据工程的不同情况,由公司总工程师、分公司主任工程师、项目经理部项目工程师领导组织全面的技术交底,内容包括图纸交底、施工组织设计交底与分项工程技术交底。

(4) 督促班组按规范及工艺标准施工。首先要学习和熟悉各种规范及分项工程工艺标准的主要内容,组织全体工人学习各种规范及分项工程工艺标准,并经常深入施工现场,检查和督促班组人员严格按规范和工艺标准的要求进行施工。

(5) 组织隐蔽工程的检查与验收。

(6) 严格控制进场材料的质量、型号、规格。

(7) 整理上报各种技术资料。在施工过程中积累的原始资料包括:重要分项工程或复杂部位技术交底记录;施工记录;隐蔽工程验收记录;施工日志;工程质量检查评定和质量事故处理资料;设备和管线调试、试压、试运转记录等。

2. 现场材料管理的主要内容

1) 施工准备阶段的材料管理工作

施工准备阶段的材料管理工作包括:了解工程概况,调查现场条件;正确地编制施工材料需用量计划;设计平面规划,布置材料堆放。

2) 施工阶段的现场材料管理工作

施工阶段的现场材料管理工作包括:进场材料的验收;现场材料的保管与发放。

3. 现场机械设备管理的主要内容

现场机械设备管理的主要包括以下内容。

(1) 正确选用机械设备。选用机械设备应遵循符合实际需要的原则、配套供应的原则、实际可能的原则与经济合理的原则。

(2) 正确使用机械设备。为做到正确使用机械设备,首先要建立健全机械设备的使用制度,严格执行机械设备使用中的技术规定,并建立机械设备技术档案。

4. 现场安全管理的主要内容

现场安全管理的主要内容包括:

(1) 落实安全责任,实施责任管理;

(2) 安全教育;

(3) 安全检查。

13.8 合同管理与风险管理

13.8.1 合同管理

合同管理是指企业对以自身为当事人的合同，依法进行订立、履行、变更、解除、转让、终止以及审查、监督、控制等一系列行为的总称，其中订立、履行、变更、解除、转让、终止是合同管理的内容；审查、监督、控制是合同管理的手段。项目合同管理，包括对业主的施工承包合同和对分包方、分供方的合同管理以及合同索赔管理两个方面。

1. 施工合同管理

施工合同管理是有效控制工程造价、提高企业利润的重要手段，它是全过程的、系统性的、动态性的。

加强合同管理首先应树立合同意识，合同管理人员应认真学习国家的法律和法规，掌握业务知识，在签订施工企业合同时应认真把关，认真做好合同签订前的合同评审工作，从源头上堵塞合同漏洞，防范合同风险；其次，合同签订后，应认真进行交底，施工人员特别是现场施工管理人员应认真学习合同，明确合同规定的施工范围及双方的责任、权利和义务等；最后，要加强企业内部的管理，并结合企业的实际情况制定合同的管理办法，明确相关人员的责、权、利，调动合同管理机构的积极性。

2. 分包分供合同管理

由于企业规模的扩张和社会分工的细化，利用社会资源进行分包分供，是做强做大企业的有效途径。分包、分供合同也是施工企业合同管理的难点和重点，是维护企业利益的关键工作，是容易造成企业利润流失的关键环节。一般管理中应遵循以下原则。

(1) 合法性原则。分包一定要遵守同业主签订的合同规定，不得违法分包；要求分包商必须具有项目工程要求的相应资质。

(2) 合理性原则。项目要对中标后拟分包的工程进行认真分析，对不平衡报价进行调整后再分包。在确保项目的责任成本目标和利润目标的前提下，制定分包工程的承包价。

(3) 采用招标确定分包、分供单位。

(4) 集体参与、相互监督原则。项目都要成立以项目经理为组长，项目总工、副经理、书记及技术、材料、合同管理部门负责人参加的合同管理领导小组，实行集体参与，互相监督。要规范合同签订、施工监督、验工、拨款、竣工结算中的每一个环节，防止利润流失。

3. 合同索赔管理

索赔是合同当事人在合同实施过程中，根据法律、合同规定及惯例，对非自身过错而是由对方过错造成的实际损失，向对方提出经济和（或）时间补偿的要求。索赔是合同双方经常发生的合同管理业务，是双方的合作方式而不是对立。索赔工作的健康开展，对培育和发展建筑市场、促进建筑业发展、提高建设效益起着非常重要的作用，有利于促进双方加强内部管理、严格履行合同。做好项目的索赔管理，应主要遵循以下几点：

(1) 签好合同是索赔成功的前提。施工企业在签订合同时，应考虑各种不利因素，为合同履行时创造索赔机会。

(2) 研究合同寻找索赔机会。要对施工合同进行完整、全面、详细的分析，通过研究切实了解合同约定的自己和对方的权利和义务，预测合同风险，分析进行合同索赔的可能性，以便采取最有效的合同管理策略和索赔策略。

(3) 加强合同管理，捕捉索赔机会。合同是索赔的依据，索赔是合同管理的延续。建设工程施工，从合同签订到合同终止是一个较长的过程，在这个过程中很多原因都会影响承包人的利益而应提出索赔，如工程地质条件变化、国家经济政策的变化、合同不完善、变更设计发包人、监理或设计等单位过错、自然灾害以及不可抗力等原因。

(4) 学会科学索赔方法。索赔一定要坚持科学方法，承包人必须熟悉索赔业务，注意索赔策略和方法，严格按合同规定的时间和要求提出索赔。严谨的索赔报告是索赔成功的关键，索赔报告要客观真实、资料完整、文字简洁、用词婉转、计算精确。

13.8.2 风险管理

风险是指威胁到项目计划实施和目标实现的潜在事件或环境。风险管理是系统地将处理风险的途径程序化。风险管理的程序，一般分为预测、分析、评价和处理。风险管理应注意以下方面。

(1) 在投标之前，对招标文件深入研究和全面分析；详细勘察现场，审查图纸，复核工程量；分析合同条款，制定投标策略；深入了解发包人的资信、经营作风和合同应当具备的相应条件。

(2) 施工合同谈判前，承包人应设立专门的合同管理机构负责施工合同的评审，对合同条款认真研究；在人员配备上，要求承包人的合同谈判人员既要懂工程技术，又要懂法律、经营、管理、造价与财务。在谈判策略上，承包人应善于在合同中限制风险和转移风险，达到风险在双方中合理分配。

(3) 加强合同履行动态管理，建立企业风险预警机制。企业管理部门应加强对项目合同履约的动态监控，密切关注项目资金、效益、技术、法律等方面的风险，最大限度地减少企业承担的风险。

(4) 合理转移风险。对不可预测风险的发生，在合同履行过程中，推行索赔制度是转移风险的有效方法，以尽可能把风险降到最低限度。

本章小结

地下工程施工组织与管理是保证施工顺利进行、提高经济效益的重要手段。通过本章学习，可以加深对地下工程组织过程、内容与方法、施工组织设计与施工管理等方面的理解，具备编制施工组织设计文件、组织现场施工与从事现场管理的初步能力。

思 考 题

1. 地下工程施工准备包括哪些内容?
2. 地下工程施工组织设计分为哪些类别?单位工程施工组织设计包括哪些内容?
3. 地下工程施工方案包括哪些内容?
4. 地下工程施工进度计划的编制程序如何?
5. 地下工程施工平面图应该包括哪些内容?施工平面图设计的步骤如何?
6. 如何进行施工平面图中运输道路的布置?
7. 如何确定配电导线的截面大小?
8. 施工企业建立一个新的质量体系要经历哪些步骤?
9. 施工企业如何确保质量体系的有效运行?
10. 什么是合同管理?什么是合同索赔?

第14章

地下工程施工监测

教学目标

本章主要讲述地下工程施工监测的理论与方法。通过学习应达到以下目标：

(1) 熟悉施工监测方案的编制；

(2) 熟悉施工监测的组织与实施；

(3) 掌握施工监测项目与监测方法；

(4) 了解施工监测资料的整理与分析。

教学要求

知识要点	能力要求	相关知识
施工监测方案编制	熟悉施工监测方案编制的原则、步骤、内容与基础资料	施工监测方案的编制原则、编制步骤、编制内容与编制的基础资料
施工监测的组织与实施	(1) 熟悉施工监测前的准备工作； (2) 熟悉施工监测的实施	(1) 技术准备、物质准备、人员准备与监测现场准备； (2) 施工监测实施过程
施工监测项目与监测方法	掌握施工监测项目与监测方法	沉降监测、水平位移监测、支护结构变形与内力监测、地下水压力与土体变形监测、建筑物与地下管线变形监测
施工监测资料的整理与分析	了解施工监测资料的整理与分析	资料采集与采集质量控制、误差与检验方法

基本概念

沉降监测；水平位移监测；支护结构变形与内力监测；地下水压力与土体变形监测；建筑物与地下管线变形监测

引例

施工监测是确保地下工程施工顺利进行的必要措施，已经成为地下工程设计和施工不可分割的重要组成部分。地下工程施工监测项目与监测方法是本章的要点。

某地铁区间隧道采用土压平衡式盾构机施工，隧道外径6.2m，内径5.5m，最大坡度3%，隧道顶覆土8.6～22.4m。该区间隧道沿线地面建筑物（民房）大部分无坚固基础，是本工程重点监测对象，区间隧道沿线分布有上水、煤气、电力、电话、雨水、污水等几大类管线，埋深一般在地表以下1～2m范围内，在盾构穿越地下管线时也必须对地下管线进行监测。该工程施工监测内容，主要包括建（构）筑物沉降监测、隧道轴线上方地表沉降监测以及道路与管线沉降监测等。盾构出洞后地面沉降监测十分重要，在位于隧道推进方向上，在 20m 范围内沿隧道中心线每 3m 布置一个沉降监测点，其中要有两个深层沉降监测点，测点埋深 3～5m；同时距井壁 6m 及 15m 处各布置一条沉降监测断面，此断面在轴线左右各布三点，间距分别为 2m、2m、3m；在出洞段 20～30m 范围内沿隧道中心线每 4m 布置一个沉降监测点（包括一个深层沉降监测点）；在出洞段 30m 以后范围内沿隧道中心线每 5m 布置一个沉降监测点，距井壁 45m、75m 处各布置一条沉降监测断面，断面点间距同上；以后每 50m 布置一条断面。为了及时反映隧道推进区上方建筑物变形情况，在隧道轴线两侧 20m 范围内建（构）筑物的外墙角、门窗边角、建筑物等突出部位上设置沉降监测点，以观测建筑物在盾构穿越前后所发生的变化。另外对轴线两侧各 5m 范围内各种管线的设备点（如阀门井、抽气井、人孔、窨井等）进行直接监测，及时了解管线的沉降速率及沉降量。常规地面沉降监测报警值设定为＋1～－3cm；管线沉降监测报警值设定为±1cm；建筑物沉降监测报警值设定为＋1～－3cm。

14.1 概　　述

地下工程处于岩土介质之中，其变形特性、物理组构、初始应力场分布、温度和水侵蚀效应等众多方面具有明显的非均质性、离散性、非连续性和非线性特点，致使地下工程与地面工程相比在施工、使用阶段表现出相当独特和复杂的力学特征，其变形规律和受力特点很难以纯理论的方法、按一般封闭解的形式予以描述并获得令人满意的解答和结果。借助于现代计算机技术，数值模拟方法具有考虑各种复杂因素、描述材料非线性和几何非线性等的能力及特点，突破了经典弹塑性理论有关介质与材料连续、均质、各向同性和小变形性等假定的限制，使得分析方法及其成果更加贴近工程实际。但由于数值方法在介质力学模型建立、材料参数确定等方面所存在的困难和问题，其分析成果的工程应用还有待于在实践中积累经验，其中通过将分析结果与实测数据进行对照校验，是促使该计算手段日益成熟与可靠的重要途径。

地下工程施工监测技术历来受到隧道与地下工程界的高度重视，目前已经成为地下工程设计和施工不可分割的重要组成部分。从开挖和支护过程中的施工同步监测，到地下构筑物建成投入使用营运期的长期变形和沉降观测，施工测试技术在地下工程建设中起到十分重要的作用，一方面作为工程建设预测预估的依据，保障建筑物和相邻土层的安全和稳定，另一方面可以为今后的工程实践提供有价值的经验和第一手资料。

14.2 施工监测方案的编制

1. 监测方案的设计原则

监测方案的设计原则如下：

（1）根据不同的工程项目（如打桩、开挖）确定监护对象（基坑、建筑物、管线、隧道等），针对监测对象安全稳定的主要指标进行方案设计；

(2) 根据监测对象的重要性确定监测规模和内容，项目和测点的布置应能够比较全面地反映监测对象的工作状态；

(3) 设计先进的监测系统，并尽量采用先进的测试技术，如计算机技术、遥测技术，积极选用或研制效率高、可靠性强的先进仪器和设备；

(4) 为确保提供可靠、连续的监测资料，各监测项目应能相互校验，以便于数值计算、故障分析和状态研究；

(5) 监测方案在满足监测性能和精度要求的前提下，应力求减少监测元件的数量和电缆长度，减低监测频率，以降低监测费用；

(6) 方案中临时监测项目和永久监测项目应相应衔接，一定阶段后取消的临时项目应不影响长期的监测和资料分析；

(7) 在确保工程安全的前提下，确定元件布设位置和测量时间，尽量减少对工程施工的影响；

(8) 按照国家现行的有关规定、规范编制监测方案。

2. 监测方案编制的步骤

监测方案的编制步骤如下：

(1) 接受委托，明确监测对象和监测目的；

(2) 收集编制监测方案所需的基础资料；

(3) 现场踏勘，了解周围环境；

(4) 编制初步监测方案；

(5) 会同有关部门商定各类警戒值；

(6) 编制最终监测方案。

3. 监测方案的主要内容

监测方案的主要内容包括：

(1) 监测目的；

(2) 工程概况；

(3) 监测内容和测点数量；

(4) 各类测点布置平面图；

(5) 各类测点布置剖面图；

(6) 各项目监测周期和频率；

(7) 监测仪器设备的选用；

(8) 监测人员的配备；

(9) 各类警戒值的确定；

(10) 监测报告送达对象和时限；

(11) 监测注意事项；

(12) 费用预算。

4. 监测方案编制的基础资料

监测方案编制的基础资料包括：

(1) 支护结构设计图或桩位布置图；
(2) 地质勘察报告；
(3) 降水挖土方案或打桩流程图；
(4) 1∶500地形图；
(5) 1∶500管线平面图；
(6) 拟保护对象的建筑结构图；
(7) 地下主体结构图；
(8) 支护结构和主体结构施工方案；
(9) 最新监测元件和设备样本；
(10) 国家现行的有关规定、规范及合同协议等；
(11) 类型相似或相近工程的经验资料。

14.3 施工监测的组织与实施

14.3.1 监测的前期准备

1. 技术准备

1) 监测方案的交底

任务确定后，应提前与建设、设计、监理、施工、市政等部门接触，向他们介绍监测方案，以便得到诸部门的配合和支持。

2) 熟悉监测方案

组织监测人员反复阅读监测方案，明确个人的分工职责，检查各自应有的资料、记录表格是否齐全。

3) 基础资料调查分析

基础资料包括自然条件与技术经济条件两个方面。自然条件调查分析，包括监测地区的气温、施工现场地形、工程地质和水文地质、地下障碍物状况、周围建筑物的现状、临近地下工程的监测情况、地下管线的布设等项的调查；技术经济条件调查，包括类似监测项目在国内外的实施情况、施工单位已进行的挖土和支护结构施工的经验和教训、现场水电供应情况、主要监测设备和元件的生产厂家及供货等项的调查。

2. 物资准备

1) 物资准备的工作内容

包括监测设备准备、监测元件与材料的准备以及监测施工机具的准备。

2) 物资准备的工作程序

包括编制各种物资需要量计划、签订物资供应和租赁合同以及确定物资使用时间计划。

3. 人员准备

1）建立现场监测队伍

根据监测工程的规模、特点和复杂程度，确定现场监测人员的数量和结构组成，遵循合理分工与密切协作的原则，建立有监测经验、能吃苦耐劳、工作效率高的现场监测队伍。

2）做好人员培训

为顺利完成监测方案所规定的各项监测任务，应对操作人员进行技术方案交底，内容包括元件埋设计划、现场量测计划、技术标准和质量保证措施，以及数据、报告的形式，要求和责任等事项。努力向工作人员提供监测领域的新技术、新工艺，必要时可参观同类监测工程，对新仪器、新工艺进行现场示范，以老带新，不断提高监测队伍的技术素质。

4. 监测现场准备

现场准备内容包括以下方面：

(1) 设立现场监测控制网点；

(2) 监测施工机具进场；

(3) 测量元件、材料的加工和订货；

(4) 仪器、仪表的订购或租赁；

(5) 做好分包安排，签订分包合同；

(6) 做好拟保护建筑物、构筑物的调查鉴定工作，对可能在地下工程施工中受到影响的建筑物、构筑物的使用历史和现状进行全面调查，对重点保护项目宜请专业单位进行技术鉴定，以便采取相应的监测措施。

14.3.2 监测实施

监测实施一般可分三阶段进行，即测点布设阶段、量测阶段和资料报告整理阶段。

1. 监测元件的检验和率定

最常用的监测元件主要有土压力盒、钢筋应力计、混凝土应变计、轴力计、孔隙水压力计和渗压计等，无论是哪种类型的元件，在埋设前都应从外观检验、防水性检验、压力率定与温度率定等方面进行检验和率定。

2. 观测点布设原则

(1) 观测点类型和数量的确定，应结合工程性质、地质条件、设计要求、施工特点、监测费用等因素综合考虑。

(2) 为验证设计数据而设的测点应布置在设计中的最不利位置和断面，如最大变形、最大内力处；为指导施工而设的测点应布置在相同工况下的最先施工部位，其目的是及时反馈信息，以便修改设计和指导施工。

(3) 表面变形测点的位置既要考虑反映监测对象的变形特征，又要便于采用仪器进行观测，还要有利于测点的保护。

(4) 深埋测点（如钢筋计、轴力计、测斜管等）不能影响和妨碍结构的正常受力，不能削弱结构的变形刚度和强度。

(5) 在实施多项内容测试时，各类测点的布置在时间和空间上应有机结合，力求使同一监测部位能同时反映不同的物理变化量，以便找出其内在联系和变化规律。

(6) 深层测点的埋设应有一定的提前量，一般不少于30d，以便监测工作开始时，测量元件进入稳定的工作状态。

(7) 测点在施工过程中若遭破坏，应尽快在原来位置或尽量靠近原来位置处补设测点，以保证该点观测数据的连续性。

3. 观测点的类型与作用

按不同的观测对象、观测目的及不同的测点埋设和量测方法，可将观测点分成七大类，见表14-1。

表14-1 观测点类型与作用

观测点类型	作　　用	测试原件	测量仪器
变形观测	(1) 支护结构的表面沉降与位移测量； (2) 地下工程主体结构内部变形的测量； (3) 周围环境（建筑物、管线等）变形测量	沉降标、位移标	经纬仪、水准仪、全站仪
应变观测	(1) 支护结构的应变测量； (2) 地下工程主体结构的应变测量	埋入式混凝土应变计、表面应变计	电阻应变仪、频率接受仪
应力观测	(1) 混凝土结构应力测量； (2) 钢支撑应力测量	钢筋计、轴力计	电阻应变仪、频率接受仪
土压力观测	(1) 作用于支护结构上的侧向土压力测量； (2) 作用于底板的基底反力测量	土压力盒	电阻应变仪、频率接受仪
孔隙水压力观测	(1) 结构渗水压力测量； (2) 孔隙水压力测量	渗压计、孔隙水压计	电阻应变仪、频率接受仪
地下水位观测	地下水位变化测量	水位管	地下水位仪
深层变形观测	(1) 地下结构或土层的深层水平位移； (2) 深层土体的垂直位移； (3) 基坑回弹	测斜管、沉降管、磁环、回弹标	测斜仪、分层沉降仪、钢尺、水准仪

4. 监测系统的选择、调试和管理

监测系统包括人工测试系统与自动化测试系统。不管是人工测试系统还是自动测试系统，在进入正常工作状态前都应进行系统的调试。系统的调试可分为两部分：首先是室内单项和联机多项调试，包括利用实验室内各种调试手段和设备对测量元件、仪器仪表以及连成后的系统进行模拟试验；最终的调试是在监测现场安装完毕后的调试，调试目的在于检查系统各部分功能是否正常，传感器、二次仪表和通信设备等的运转是否正常，采集的数据是否可靠，精度能否达到安全监测控制指标的要求等。

5. 监测元件和仪器的选用标准

工程监测是一项长期和连续的工作，量测元件和仪器选用得当是做好监测工作的重要环节。由于监测元件和仪器的工作环境大多是在室外甚至地下，而且埋设好的元件不能置换，因此若元件和仪器选用不当，不仅造成人力、物力的浪费，还会因监测数据的失真导致对工程运行状态的错误判断，很难达到安全监测的目的。

监测元件与仪器应该满足可靠性、坚固性、通用性、经济性以及精度与量程等相关要求。

6. 监测警戒值的确定

监测警戒值是监测工作实施前，为确保监测对象安全而设定的各项监测指标的预估最大值。在监测过程中，一旦量测数据超越警戒值，监测部门应在报表中醒目标注，予以报警。在确定预警值时，应注意以下方面：

(1) 监测警戒值必须在监测工作实施前，由建设、设计、监理、施工、市政、监测等有关部门共同商定，列入监测方案；

(2) 有关结构安全的监测警戒值应满足设计计算中对强度和刚度的要求，一般小于或等于设计值；

(3) 有关环境保护的警戒值，应考虑保护对象（如建筑物、隧道、管线等）主管部门所提出的确保其安全和正常使用的要求；

(4) 监测警戒值的确定应具有工程施工可行性，在满足安全的前提下，应考虑提高施工速度和减少施工费用；

(5) 监测警戒值应满足现行的相关设计、施工的法规、规范等要求；

(6) 对一些目前尚未明确规定警戒值的监测项目，可参照国内外相似工程的监测资料确定其警戒值；

(7) 在监测实施过程中，当某一量测值超越警戒值时，除了及时报警外，还应与有关部门共同研究分析，必要时可对警戒值进行调整。

14.4 施工监测项目与方法

14.4.1 沉降监测

沉降监测是地下工程监测中最常用的主要监测项目。在地基加固、基坑开挖、盾构掘进等工程的施工过程中都要进行沉降监测。沉降监测的主要对象有支护结构、受施工影响的建筑物、周边道路及地下管线、地铁隧道等。

1. 水准点的设置

沉降监测是根据监测对象周围的水准点高程进行的，可以利用城市中的永久水准点或工程施工时使用的临时水准点，作为基准点或工作基点。如果附近没有这样的水准点，则应根据现场的具体条件和沉降监测的时间要求埋设专用水准点。水准点的形式和埋设可参照三、四等水准点的要求进行，其数目应尽量不少于三个，以便组成水准控制网；应对水准点定期进行校核，防止其本身发生变化，以保证沉降监测结果的正确性。水准点应在沉降监测的初次观测之前一个月埋设好。

水准点的埋设应考虑下列因素：

（1）水准点应布设在监测对象的沉降影响范围（包括埋深）以外，保证其坚固稳定；

（2）尽量远离道路、铁路、空压机房等，以防受到碾压和振动的影响；

（3）力求通视良好，与观测点接近，其距离不宜超过100m，以保证监测精度；

（4）避免将水准点埋设在低洼易积水处，同时为防止土层冻胀的影响，水准点的埋设深度至少要在冰冻线以下0.5m。

2. 沉降监测的精度控制

测量精度应根据给定的监测对象性质、允许沉降值、沉降速率、仪器设备等因素进行综合分析后确定。一般可分为高精度和中等精度两类。

1）高精度

高精度用于要求严格控制不均匀沉降的建筑物、地下管线以及城市中的深大基坑。使用的精密水准仪通常带有光学测微器，放大倍率不小于40倍。使用时i角控制在$\pm 15''$，视线长度不大于50m，闭合差应小于$\pm 0.5\sqrt{n}$mm，测量数据保留至0.1mm。水准尺均需采用线条式铟钢尺。

2）中等精度

中等精度用于要求一般控制不均匀沉降的建筑物、地下管线以及周边条件良好的一般基坑。所使用的水准仪的精度等级应不低于国产S3水平，最好带有倾斜螺旋和符合水准器，放大率在30倍左右。仪器使用时，i角控制在$\pm 20''$，视线长度不大于75m，闭合差应小于$\pm\sqrt{n}$mm，测量数据保留至1.0mm。水准尺必须用红、黑双面木尺（带圆水准器）。

3. 沉降监测的基本要求

（1）观测前对所用的水准仪和水准尺按有关规定进行校验，并做好记录，在使用过程中不随意更换；

（2）首次进行观测，应适当增加测回数，一般取2～3次的数据作为初始值；

（3）固定观测人员、观测线路和观测方式；

（4）定期进行水准点校核、测点检查和仪器的校验，确保量测数据的准确性和连续性；

（5）记录每次测量时的气象情况、施工进度和现场工况，以供监测数据分析时参考。

4. 沉降监测应提供的资料

(1) 沉降监测方案（含水准控制网和测点的平面布置图）；
(2) 仪器设备一览表及校验资料；
(3) 监测记录及报表；
(4) 各种沉降曲线、图表；
(5) 对监测结果的计算分析资料；
(6) 沉降监测报告书。

14.4.2 水平位移监测

地下工程的基坑开挖、盾构推进和顶管施工以及基础工程的压密注浆、打（压）桩施工，除了引起周围建筑物和管线的垂直位移外，还会使其产生水平位移。这类水平位移的发生轻者将影响其正常使用功能，重者会导致结构破坏和管线断裂。

1. 平面控制网的建立

平面控制网宜按两级布设，由控制点组成首级网，由观测点与所连测的点组成扩展网。对于单个目标的位移观测，可将控制点连同观测点按一级网布设。

控制点是进行水平位移观测的基本依据，包括工作基点和基准点两种。前者是直接进行观测的基础，后者是检查工作基点的依据，两者布设成控制网后按统一的观测精度施测。

控制网的形式可采用测角网、测边网、边角网、导线网等。扩展网和一级网可采用角或边交会、基准线法或附合导线等。平面控制点可采用普通标桩，精度要求高时可采用观测墩。

普通标桩有永久性和临时性两种。永久性标桩的埋设应考虑到工程施工和使用中长期保存，不致发生下沉和位移；标桩埋设不得浅于 0.5m，冻土地区的标桩埋深不得浅于冻土线以下 0.5m；标桩顶面以高于地面设计高程 0.3m 为宜。临时性标桩一般以木桩为主，也可采用铁桩和金属管段等，其规格和打入地下的深度依地区条件而定；木桩打入土中之后，应将桩顶锯平，为保证桩位稳定，可将桩四周浮土挖去，用混凝土将木桩包固。观测墩上根据使用仪器和照准标志的类型可配备通用的强制对中设备，其对中误差不应超过 0.1mm。照准标志应满足具有明显的几何中心或轴线、图像清晰、图案对称、不变形等要求。根据点位不同情况，可选用重力平衡球式标、旋入式杆状标、直插式规牌、屋顶标、墙上标等形式的照准标志。

2. 水平位移测量的精度控制

水平位移测量一般用经纬仪观测角度，用钢尺或光电测距仪测量距离。对于高精度要求的监测项目，可采用 J1 型或 J2 型经纬仪；对中等精度要求的监测项目，可采用 J2 或 J6 型经纬仪。J2 型经纬仪用于高精度监测时应适当增加测回数。有关技术要求参看 GB 50026—2007《工程测量规范（附条文说明）》。

14.4.3 支护结构变形监测

1. 支护结构体系沉降监测

引起支护结构沉降的原因可以归结为以下几种情况：

(1) 支护结构（连续墙、灌注桩等）设计时入土深度不足，端承力或摩阻力未达到要求；

(2) 支护结构施工时墙（孔）底清淤不彻底或所用材料未达到设计强度，结构弹性压缩量过大；

(3) 基坑挖土或邻近地下工程施工引起水土流失，造成墙（桩）侧摩阻力减小；

(4) 支护结构顶面超载过大；

(5) 深井降水引起土层固结带动支护结构沉降。

支护结构的沉降将会带来很多的不利影响，主要包括：

(1) 整体沉降量过大，会使一些预埋件的位置产生偏移，从而改变支撑的设置标高，使支护结构实际所受到的水土压力与计算值不符；

(2) 围护结构局部沉降量过大，将引起桩间或墙间的剪切应力增大，导致接缝处开裂、漏水；

(3) 支撑立柱之间或立柱与围护之间的差异沉降会引起支撑杆件上的附加弯矩，从而降低其轴向承载力；

(4) 支护结构的沉降会带动周围地层下沉，导致建筑物、地下管线的沉降。

支护结构沉降监测时，监测的基准点应设置在距围护结构边缘5倍基坑开挖深度以外且不小于50m的稳定处。基准点除了按Ⅲ、Ⅳ级水准点方法埋设外，也可采用ϕ20mm以上、长1.5m左右的钢筋打入地下，地面用混凝土加固，制成临时基准点，或将基准点设在结构坚固且沉降已稳定的建筑物上。沉降观测点除了埋设在支护结构的转角处外，无支撑的每隔20m左右布置一点，有支撑的应在支撑端头及每一立柱顶面都设置。测点可用ϕ12mm以上的钝头短钢筋，应在浇筑支护结构混凝土时埋设，露出表面5～10mm。

首次观测时，应按同一水准线路同时观测两次，每个测点的两次高程之差不宜超过±1.0mm，取中数作为初始值。观测频率，基坑开挖期间对于开挖区附近的测点应保证每天一次，变化较大或有突变时应加密观测次数；混凝土底板浇筑一周后可减为每周1～2次，拆支撑时适当加密，直至最后一道支撑拆除、填土完成。

2. 支护结构体系水平位移监测

支护结构体系的水平位移，主要包括围护结构向基坑内的水平位移和支撑系统的水平位移。

围护结构向基坑内的水平位移，主要由支撑施筑前挖土引起的变形和支撑杆件压缩引起的变形两部分组成。前者引起的位移量取决于围护结构本身的刚度和支撑施筑前的挖土深度，后者引起的位移量取决于作用在围护结构上的水土压力和支撑材料的刚度。围护结构过大的水平位移，会影响到基坑内主体结构的施工空间以及周围环境的安全。

支撑系统的水平位移，主要是由于支撑杆件平面布置的不对称性和基坑挖土顺序的不同所引起的。支撑节点之间的相对水平位移过大，会引起支撑杆件产生较大的附加弯矩，从而降低其轴向承载力，严重时会引起支撑系统失稳破坏。

水平位移检测的主要设备是经纬仪，测量中配合使用的还有带圆水准器的T形尺和钢卷尺。

水平位移测量的基准点的埋设方法可参照前述方法。支护结构上的测点可独立埋设，也可利用沉降观测点，在测点端面锯上十字刻痕或凿出中心位置。观测同一条边所用的测点应尽量埋设在一条直线上。每次测量时应对其基准点和测点进行检查，保证测量数据的稳定可靠。

水平位移的观测方法很多，常用的方法有直接丈量法、视准线法、小角度法与控制网法，可根据现场情况和工程要求灵活应用。

3. 支护结构挠曲变形监测

支护系统的挠曲变形，包括围护结构在水平方向的挠曲变形和支撑杆件在垂直方向的挠曲变形。围护结构的挠曲变形可通过测斜仪进行测量，支撑杆件的挠曲变形可通过水准仪进行测量。

围护结构挠曲变形监测时，测斜点布置时应考虑以下因素：

(1) 布设在基坑平面上挠曲计算值最大的位置，如悬臂式结构的长边中心，设置水平支撑结构的两道支撑之间；

(2) 基坑周围有重点监护对象（如建筑物、地下管线）时，离其最近的围护段；

(3) 基坑局部挖深加大或基坑开挖时围护暴露最早、得到测量结果后可指导后继施工的区段；

(4) 测斜管中有一对槽口应自上而下始终垂直于基坑边线，以保证测得围护结构挠曲的最大值；

(5) 因测斜仪的探头在管内每隔0.5m测一读数，故对测斜管的接口位置应精密计算，避免接口设在探头滑轮停留处。

测斜管应尽量埋设在构成围护的桩体或墙体之中。在围护结构施工至测点的设计桩位或连续墙的槽段时，测斜管一般采用绑扎方法固定在钢筋笼上与其一起沉入槽中。当测斜管未能在围护结构施工时及时埋设在桩体（墙体）内或测量钢板桩围护的挠曲变形时，则可采用钻孔法进行埋设。当围护结构的混凝土达到一定强度后，在紧靠所需测量的桩体（墙体）后的土层中，用小型钻机钻孔，孔深大于或等于所测支护结构的深度，孔径比所选的测斜管大5～10cm。对于采用打入预制排桩作为围护结构的工程，可以采取在预制阶段时就将测斜管放入桩体钢筋笼的方法，在排桩运至现场后按所需位置打入土中。

水平支撑的垂直挠曲是由于杆件的自重荷载、施工堆载及支撑制作时的偏心所引起的。当支撑轴力不大时，轻微的挠曲不会给支护系统构成威胁，但如果轴力达到或超出设计值，严重的挠曲就会使支撑杆件的附加弯矩增大，从而大大降低其轴向承载力，导致整个支护系统的破坏。由于地下支护结构受力复杂，而且从已有的监测资料看，轴力大于设计值的杆件也不少见，因而水平支撑的垂直挠曲在一些工程中就成了必要的监测项目，特别是对于跨度大的水平支撑体系。水平支撑的垂直挠曲可分为支撑系统的挠曲和支撑杆件的挠曲，前者是指同一轴线上的水平支撑由立柱的不均匀沉降（隆起）所引起的，后者是指杆件中部相对两端立柱的下垂程度。对基坑的稳定和安全来说，前者比后者有更大的威胁，所以应该把监测的重点放在支撑系统的挠曲上，在每一支撑节点上布设测点。另外，选择跨度较大的杆件，在上面各布置 3～5 个测点。混凝土杆件上的观测点构造可参照垂直位移观测点，钢结构支撑上的测点可在支撑受力前焊上短钢筋即可。

14.4.4 支护结构内力监测

支护系统内力监测，可分为支撑杆件的轴力监测和围护结构的弯矩监测。

1. 支撑杆件的轴力监测

根据支撑杆件所采用的材料不同，所采用的监测元件和方法也有所不同。目前对于钢筋混凝土支撑杆件，主要采用钢筋计测量钢筋的应力或采用混凝土应变计测量混凝土的应变，然后通过钢筋与混凝土共同工作、变形协调条件反算支撑的轴力。对于钢结构支撑杆件，目前较普遍的是采用轴力计（也称反力计）直接测量支撑轴力。

对于钢筋混凝土支撑体系，轴力监测元件的埋设断面一般选择轴力比较大的杆件或在整个支撑系统中起关键作用的杆件。如果支撑形式是对称的，则可布置在开挖较早、支撑受力较先的一半，以减少元件的数量，降低监测费用。除此之外，选择测量断面也要兼顾埋设和测量的方便、与基坑施工的交叉影响等。当监测断面选定后，监测元件应布置在该断面的四个角上或四条边上，以便必要时可计算轴力的偏心距，且在求取平均值时更可靠。为了使监测投资更为经济，或同一工程中的测量断面较多，每次测量工作时间有限时，也可在一个测量断面上上下对称、左右对称或在对角线方向布置两个测量元件。对于钢结构支撑体系，量测断面一般布置在支撑的两头，以方便施工和测量。

钢筋计主要有钢弦式和电阻应变式两种。钢弦式钢筋计应与支撑主筋串联焊接；应变式钢筋计可与主筋串接，也可与主筋保持平行，绑扎或点焊在箍筋上，但传感器两边的钢筋长度应不小于 $35d$（d 为钢筋计钢筋的直径），以备有足够的锚固长度来传递黏结应力。钢筋计一般在绑扎钢筋笼的同时进行焊接，焊接时应采取降温措施，以避免钢筋传热引起钢筋计技术参数的变化。

混凝土应变计主要有埋入式和表面式两种类型。埋入式应变计是在支撑混凝土浇筑时埋设的，通常对称放置在钢筋内侧，以保证足够的混凝土保护层厚度；应变计应保持与支撑轴线平行，为避免混凝土振捣时的振动使应变计转向、位移，一般可在埋设断面附近的一段支撑混凝土振捣完毕后，立即进行手工埋设。表面式应变计主要用于支撑施工时来不及埋设或后来又新增的监测断面上，一般应在设计的测量断面上设置预埋件，待基坑开挖前进行安装；来不及设置预埋件的，可用冲击钻即时安装基座，布设应变计。

2. 围护结构的弯矩监测

对于钢筋混凝土围护结构如连续墙、灌注桩等，可通过钢筋计的应力计算来监测其弯矩变化；而对于搅拌桩、钢板桩一类的围护结构，则可通过挠曲计算来监测弯矩变化。

测量断面应选在围护结构中出现弯矩极值的部位。在平面上，可选择围护结构位于两根支撑的跨中部位、开挖深度较大以及水土压力或地面超载较大的地方；在立面上，可选择在支撑处和每层支撑的中间，此处往往发生极大负弯矩和极大正弯矩。若能取得围护结构的弯矩设计值，则可参考最不利工况下的最不利截面位置进行钢筋计的布设。监测弯矩用的钢筋计应成对布置在钢筋计的两侧，上下、左右不得偏移。当钢筋笼绑扎完毕后，再将钢筋计串联焊接到受力主筋的预留位置上，并将导线编号后牢固绑扎在钢筋笼上导出地面，从元件引出的测量导线应留有足够的长度，中间不宜有接头。在特殊情况下采用接头时，应采取有效的防水措施。钢筋笼下沉前应对所有钢筋计全数测定，核查焊接位置及编号无误后方可施工。

对于桩内的环形钢筋笼，要保证焊有钢筋计的主筋位于开挖时的最大受力位置，即一对钢筋计的水平连线与基坑边线垂直，并保持其在下沉过程中不发生扭曲。钢筋笼焊接时，要对测量电缆遮盖湿麻袋进行保护。浇捣混凝土的导管与钢筋计位置应错开，以免导管上下时损伤测量元件和电缆。电缆露出围护结构顶面时应套上钢管，避免日后凿除浮渣时造成损坏。混凝土浇筑完毕后，应立即复测所有钢筋计，核对编号，并将同一立面上的钢筋计导线接在同一块接线板不同编号的接线柱上，以便日后测量。

14.4.5 地下水土压力和变形监测

要精确计算作用在支护结构上的水土压力和定量计算地下工程施工所引起的地层变形是十分困难的，所以，对于重要的地下工程，在较完善的理论计算基础上，通常通过加强对地下环境的监测作为确保地下工程施工安全的有效手段。

1. 土压力监测

土压力采用土压力盒进行监测。土压力盒有多种形式，按外形可分为竖式和卧式，按用途可分为测量接触面土压力用的单膜式和测量土中土压力用的双膜式。在平面上，土压力盒应紧贴监测对象布置，如挡土结构的表面、被保护建筑的基础、地下隧道的附近，若有其他监测项目如测斜、支护内力等，应布置在相应部位与之匹配，以便进行综合分析；在立面上，应考虑计算土压力的图形，在不同性质的土层中布置土压力盒，监测挡土结构接触面土压力时，可选择在支撑围檩处和二道围檩的中点，以及水平位移最大处。

选用土压力盒的一个重要指标就是受压板直径 D 与板中心变形 δ 之比要大，以减小应力集中的影响。研究结果表明：D/δ 的下限，对土中的土压力盒为 2000；对接触式土压力盒为 1000。测量土中土压力，应采用直径与厚度之比较大的双膜土压力盒；测量接触面土压力，可采用直径与厚度之比较小的单膜土压力盒。

2. 孔隙水压力监测

饱和软黏土受荷后，首先产生的是孔隙水压力的变化或迁移，随后才是颗粒的固结变形，孔隙水压力的变化是土体运动的前兆。通过监测孔隙水压力在施工过程中的变化情况，能及时为控制沉桩速率和开挖、掘进速度等提供可靠依据。同时结合土压力监测，可以进行土体有效应力分析，以此作为土体稳定计算的依据。

孔隙水压计的埋设方法与土压力盒基本相同，但还有以下方面需要注意。

（1）在确定孔隙水压计量程时，除了按孔深计算孔隙水压力的变化幅度外，还要考虑大气降水或井点抽水等影响因素，以免造成孔隙水压力超出量程，或者量程选用过大而影响测量精度。

（2）采用钻孔法施工时，原则上不得采用泥浆护壁工艺成孔。如因地质条件差，不得不采用泥浆护壁时，在钻孔完成之后，需用清水洗孔，直至泥浆全部清除为止，接着在孔底填入部分净砂后，将孔隙水压计送至设计标高，再在周围填上约0.5m高的净砂作为滤层。

（3）封口是孔隙水压计埋设质量好坏的关键工序。封口材料宜使用直径为1～2cm、塑性指数I_p不小于17的干燥黏土球，最好采用膨润土。封口时应从滤层顶一直封至孔口，如在同一钻孔中埋设多个探头，则封至上一个孔隙水压计的深度。

（4）如果所测地层土质较软，则可用压入法进行埋设，即用外力将孔隙水压力计缓缓压入土中至设计埋设标高。如土质稍硬，可先用钻孔法钻入一定深度后，再用压入法将探头压送至标高。

（5）为了将埋设孔隙水压计引起的孔隙水压变化对后期测量数据的影响减小到最低限度，孔隙水压计一般应在正式测量开始前一个月进行埋设。

3. 地下水位监测

地下水监测是检验降水方案的实际效果，控制基坑开挖降水对周围地下水位下降的影响范围和程度，检查围护结构的抗渗漏能力，防止地下工程施工中水土流失的重要手段。

检验降水效果的地下水位孔布置在降水区内，采用轻型井点管的可布置在总管的两侧，采用深井降水的应布置在几口深井之间，水位孔的深度应在最低设计水位之下。保护周围环境的水位孔应围绕围护结构和被保护对象或在两者之间进行布置，其深度应在允许最低地下水位之下或根据不透水层的位置而定。

水位孔一般用小型钻机成孔，孔径应略大于水位管的直径。当水位管采用ϕ50mm时，可取孔径为ϕ100mm。孔径过小会导致下管困难，而孔径过大会使观测产生一定的滞后效应。成孔至设计标高后，放入裹有滤网的水位管，管壁与孔壁之间用净砂回填至离地表0.5m处，再用黏土进行封填，以防地表水流入。

水位管选用直径50mm左右的钢管或硬质塑料管，管底加盖密封，防止泥沙进入管中。下部留出0.5～1m的沉淀段（不打孔），用来沉积滤水段带入的少量泥沙，中部管壁周围钻出6～8列直径为6mm左右的滤水孔，纵向孔距50～100mm。相邻两列的孔交错排列，呈梅花状布置。管壁外部包扎过滤层，过滤层可选用土工织物或网纱；上部再留出0.5～1.5m作为管口段（不打孔），以保证封口质量。

4. 深层土体位移监测

深层土体位移可分为水平位移和垂直位移。深层水平位移的监测，可通过在土体中钻孔埋设测斜管，使用测斜仪进行测量计算；深层垂直位移的监测，可通过在土体中埋设分层标进行量测。

分层标可分为磁锤式（测杆式）和磁环式。

磁锤式埋设时为一孔一标，埋设方法是用钻机先在预定位置上钻孔至欲测土层的标高后，将护筒放入孔内，以防孔壁坍塌，再将标头放入孔底，压入土层内，随后放入测杆（仅测杆式用）并使其底面与标志顶部紧密接触，上部的水准气泡居中，最后用三个定位螺钉将测杆在护筒中定位。

磁环式一孔可埋设多标，磁环数量可视地层分布而定，也可等间距设置。磁环式的埋设方法分为两种，一种是用钻机在预定孔位上钻孔，孔深由沉降管长度而定，孔径以能恰好放入磁环为佳，然后放入沉降管，沉降管连接时要用内接头或套接式螺纹，使外壳光滑，不影响磁环的上下移动。在沉降管和孔壁间用膨润土球充填并捣实至底部第一个磁环的标高，再用专用工具将磁环套在沉降管外送至填充的黏土面上，给予一定压力，使磁环上的三个铁爪插入土中，然后再用膨润土球充填并捣实至第二个磁环的标高，按上述方法安装第二个磁环，直至完成整个钻孔中的磁环埋设工作；另一种方法是在沉降管下孔前将磁环按设计距离套在导管上，磁环之间可利用沉降管外接头进行隔离，成孔后将带磁环的沉降管插入孔内，磁环在接头处遇阻后被迫随导管送至设计标高，然后将沉降管向上拔起1m，这样可使磁环在上、下各1m范围内移动时不受阻，然后用细砂在导管和孔壁之间进行填充至管口标高。

磁锤式分层标是通过钢尺和水准仪测量的，如图14－1所示。孔内重锤凭底部磁块的吸力与标头紧密接触，孔外重锤利用自重通过滑轮将钢尺拉直，用水准仪观测基准点与分层标之间的高差，计算出深层土体的位移值，所用钢尺在观测前应进行尺长检定，同时要考虑拉力、尺长、温度变化的影响。测杆式分层标也是采用几何水准法进行测量，在测杆上竖立水准尺，用水准仪观测高程，计算深层土体位移。在测量时测杆应保持垂直，水泡居中。

磁环式分层标测量时，应先用水准仪测出沉降管的管口高程，然后将分层沉降仪的探头缓缓放入沉降管中，当接收仪产生蜂鸣或指针偏转最大时，就是磁环的位置，自上而下依次逐点测出孔内各磁环至管口的距离，换算出各点的沉降量，如图14－2所示。

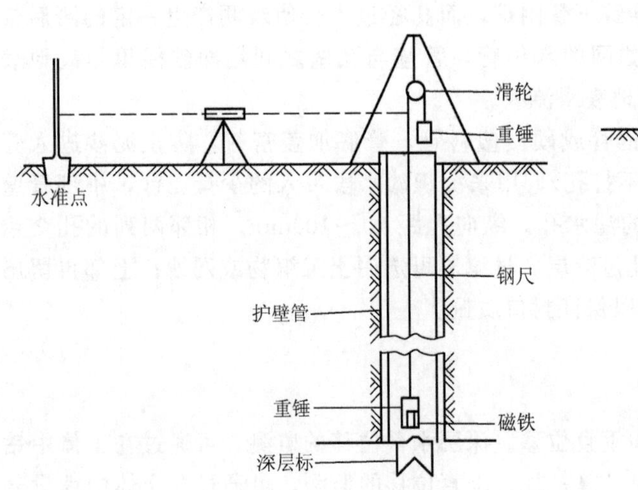

图14－1　钢尺吊挂磁锤观测法

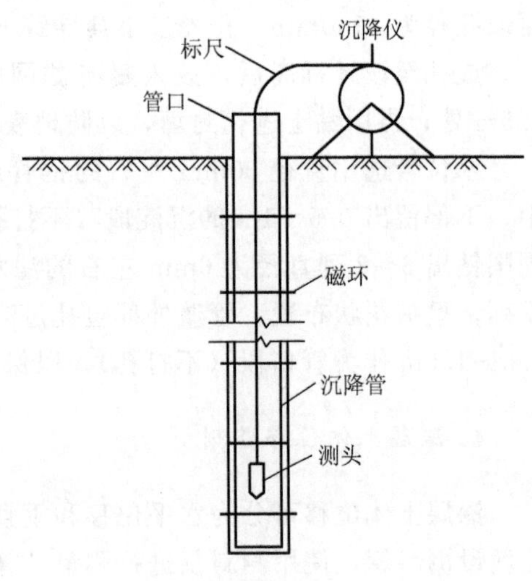

图14－2　磁环式分层标观测法

深层土体垂直位移的初始值应在分层标埋设稳定后进行测定，一般不少于一周。每次测量应重复进行两次，两次误差值不大于±1.0mm。对于同一个工程，应固定测量仪器和人员，以保证测量精度。

14.4.6 建筑物变形监测

在城市地下工程施工现场的附近，常有许多类型的新老建筑物。进行建筑物变形的监测，在于掌握工程施工期间建筑物各个特征部位的变化情况，以便当建筑物的某一部位或构件变形过大时，迅速采取有效的维修加固措施，确保建筑物的结构安全和正常使用。

建筑物的变形监测，可分为沉降监测、水平位移监测、倾斜监测和裂缝监测。在制定监测方案前，应对周边建筑物进行调查。

1. 建筑物调查

在地下工程开工前，应对施工现场周边的建筑物进行普查，根据建筑物的历史年限、使用要求以及受施工影响的程度，确定具体监测对象，然后根据所确定的拟监测对象逐一进行详查，以确定重点监测部位、监测内容以及监测方法。

建筑物的普查一般包括以下内容。

(1) 建筑物概况：建筑物名称、所在地、用途、竣工时间、设计者、施工监督者与施工者等。

(2) 建筑物规模：地上层数、地下层数、主体结构、檐高、基础形式、标准层层高和形式等。

(3) 图纸与资料：设计书、设计变更、土质钻孔柱状图、施工记录、施工图、竣工图、以前的调查资料与有关法规等。

(4) 建筑物历史变迁：用途变更、改扩建、有无修补、设计用途与实际用途有无不同以及有无受灾等。

(5) 建筑物内外环境：振动、气体、药品、地基、地形等。

(6) 鉴定建筑物的主要动机及经过。

(7) 有关人员的意见：管理人员、使用人员与官方机构等。

建筑物详查一般包括以下内容。

(1) 使用状况。

① 使用历史：设备更新情况、改扩建、火灾及其他灾害、使用年限与荷载变化等。

② 荷载：静荷载、冲击荷载、振动、重复荷载与热荷载等。

③ 环境：药剂、气体、气象条件、冻结、放射能与大气污染等。

(2) 地基与基础。

① 地基：土质钻孔资料、地基变形、地基加固、土压、水压、土壤腐蚀、振动特性与地下水等。

② 基础：基础不均匀沉降、木桩钢桩的腐蚀、桩的变形与桩的负摩擦等。

(3) 材料。

① 混凝土：表面状态、强度、碳化深度、质量与钢筋锈蚀等。

② 钢材：材质、力学性能、钢结构锈蚀、疲劳与耐火保护层等。

③ 围护材料：屋面防水、地下防水与外墙装饰层等。

④ 木材：表面状态、力学性能与虫蛀腐朽等。

(4) 结构。

① 结构尺寸：构件尺寸、配筋与钢结构尺寸等。

② 抗震等级。

③ 变形：楼板变形、梁的变形与建筑物整体变形等。

④ 裂缝：楼板与小梁的裂缝、梁的裂缝以及柱与承重墙的裂缝。

⑤ 构件损伤：混凝土柱、梁、楼板、承重墙以及钢结构柱、钢支撑等。

⑥ 连接：连接形式、铆钉、螺栓、高强度螺栓与焊接等。

⑦ 构件刚度和承载力：楼板、梁。

⑧ 振动特性：固有周期、衰减等。

在实际工作中，由于受到各种条件的限制，调查时应根据工程施工对建筑物的影响程度和建筑物的具体情况，选择有关的调查项目与内容。

2. 建筑物沉降监测

沉降观测点的位置和数量，应根据建筑物的体形特征、基础形式、结构种类及地质条件等因素综合考虑。为了反映沉降特征和便于分析，测点应埋设在沉降差异较大的地方，同时考虑施工便利和不易损坏。一般可设置在建筑物的四角，高低悬殊或新旧建筑物连接处，伸缩缝、沉降缝和不同埋深基础的两侧，框架（排架）结构的主要柱基或纵横轴线上。对于烟囱、水塔、油罐等高耸构筑物，应沿周边在其基础轴线上的对称位置布点。

沉降观测标志应根据建筑物的构造类型和建筑材料确定，一般可分为墙（柱）标志、基础标志和隐蔽式标志。观测标志埋设完毕后，应待其稳固后方能使用。特殊情况下，也可采用射钉枪、冲击钻将射钉或膨胀螺钉固定在建筑物的表面，涂上红漆作为观测标志。沉降观测标志埋设时，应特别注意要保证能在点上垂直置尺和有良好的通视条件。

3. 建筑物水平位移监测

当建筑物产生水平位移时，应在其纵横方向上设置观察点及控制点。如果可判断位移方向，则可只观测此方向上的位移。每次观测时，仪器必须严格对中，平面观测测点可用红漆画在墙（柱）上，也可利用沉降观测点，但要凿出中心点或刻出十字线，并对所使用的控制点进行检查，以防止其变化。

水平位移观测可根据现场通视条件，采用视准线法或小角度法。

4. 建筑物倾斜监测

建筑物倾斜是指建筑物或独立构筑物顶部相对底部或某一段高度范围内上下两点的相对水平位移的投影与高度之比，倾斜监测就是对建筑物的倾斜度、倾斜方向和倾斜速率进行测量。

建筑物倾斜观测可根据不同的观测条件和要求选用不同的方法：当被测的建筑物具有明显的外部特征点和宽敞的观测场地时，宜选用投点法、测水平角法；当被测建筑物内部有一定的竖向通视条件时，宜选用垂吊法、激光铅直仪观测法；当被测建筑物具有较大的结构刚度和基础刚度时，可选用倾斜仪法和差异沉降测定法。

5. 建筑物裂缝监测

对于测量精度要求不是很高的部位，如墙面开裂，简易有效的方法是粘贴石膏饼，将10mm厚、50mm宽的石膏饼骑缝粘贴在墙面上，当裂缝继续发展时，石膏饼随之开裂。也可采用划平行线方法测量裂缝的上、下错位；或采用金属片固定法，把两块白铁片分别固定在裂缝两侧，并相互紧贴，再在铁片表面涂上油漆，裂缝发展时，两块铁片逐渐拉开，露出的未油漆部分铁片，即为新增的裂缝宽度和错位。裂缝宽度可用裂缝观测仪（可精确至0.1mm）、小钢尺（可精确至0.5mm）观测，或用裂缝宽度板来对比。

对于精度要求较高的裂缝测量，如混凝土构件的裂缝，应采用仪表进行测量，可以在裂缝两侧粘贴几对手持应变计的头子，用手持式应变计测量；也可以粘贴安装千分表的支座，用千分表测量；当需要连续监测裂缝变化时，可采用测缝计或以传感器自动测计的方法观测。

当裂缝深度不是很大时，可采用凿出法和单面接触超声波法。凿出法就是预先准备易于渗入裂缝的彩色溶液（如墨水等）灌入细小裂缝中，若裂缝走向是垂直的，可用针筒打入，待其干燥或用电吹风加热吹干后，从裂缝的一侧将混凝土凿除，露出裂缝的另一端，观察是否留有溶液痕迹以判断裂缝深度。对于不允许损坏被测表面的构件，可采用超声波原理进行测量，如图14-3所示。将换能器对称置于裂缝两侧，其距离为$2x$，超声波从发射探头出发，绕裂缝末端到达接收探头所需时间为T_1，另外，将探头以$2x$的距离平置在无裂缝、表观完好的混凝土表面，测得传播时间为T_0，则可得裂缝深度h为

$$h=x\sqrt{\left(\frac{T_1}{T_0}\right)^2-1} \tag{14-1}$$

当裂缝发展很深时，可采用取芯法和钻孔超声波法测量裂缝深度。取芯法是用钻芯机配上人造金刚石钻头，跨于裂缝之上沿裂缝面由表向里进行钻孔取芯；当一次取芯未及裂缝深度时，可换直径小一号的钻头继续往里钻进，直到裂缝末端出现，然后将取出的岩芯拼接起来，量测裂缝深度。钻孔超声波探测法如图14-4所示，在裂缝两侧各钻一个孔，清理后充水作为耦合介质，若是垂直走向的裂缝，孔口要采取密封措施，将换能器置于钻孔中，在钻孔的不同深度上进行对测，根据接收信号的振幅突变情况来判断裂缝末端的深度。

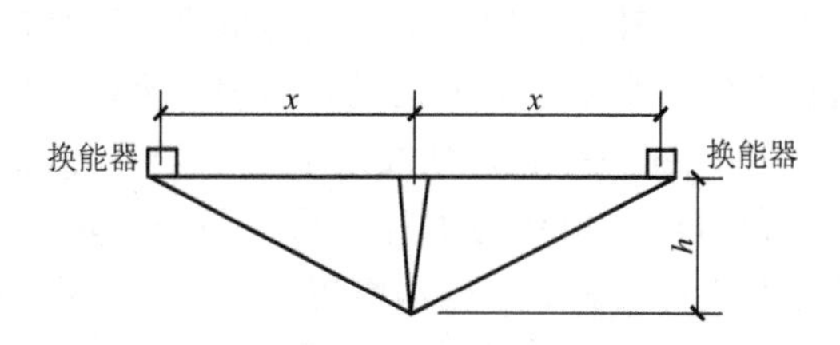

图14-3 浅层垂直裂缝深度超声波测量

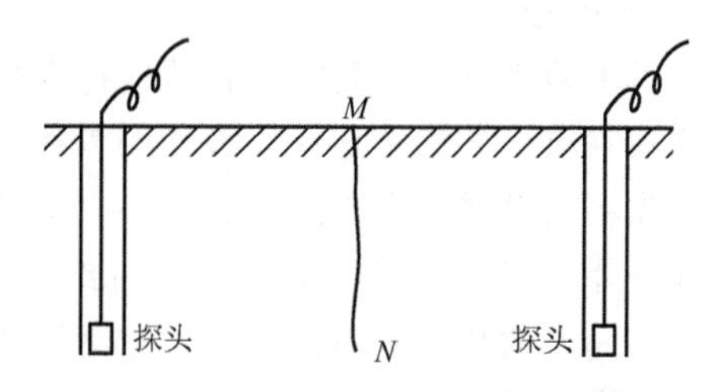

图14-4 深层垂直裂缝深度超声波测量

14.4.7 地下管线变形监测

地下管线变形监测的目的是根据观测数据，掌握地下管线的位移量和变化速率，及时调整施工方案，采取有效防范措施，保证地下管线的安全和正常使用，确保地下工程的顺利施工。

1. 管线资料调查

在制定测点布置方案和确定监测方法、频率前，首先应调查与管线监测有关的基础资料，内容包括：

(1) 管线的用途、材料和规格，以便选择重要管线进行监测；
(2) 管线的平面位置、埋深和埋设年代；
(3) 管线的接头形式和对位移的敏感程度，以便确定位移警戒值；
(4) 管线所在道路的人流和交通的情况，以便确定测点埋设方式；
(5) 采用土力学与地基基础有关公式估算的地下管线最大位移值；
(6) 城市管理部门对于地下管线的沉降允许值。

2. 测点埋设

地下管线测点埋设，一般有以下三种设置方法。

1) 抱箍式

由扁铁做成抱箍固定在管线上，抱箍上焊一测杆。测杆顶端不应高出地面，路面处布置窨井，既可用于测点保护，又便于道路交通正常通行。抱箍式测点的特点是监测精度高，能如实反映管线的位移情况，但埋设时必须进行开挖，且要挖至管底，对于交通繁忙的路段影响甚大。抱箍式测点主要用于一些次要的干道和十分重要的管道，如高压煤气管、压力水管等。

2) 直接式

用敞开式开挖和钻孔取土的方法挖至管顶表面，露出管线接头或闸门开关，利用凸出部位涂上红漆或粘贴金属物（如螺母等）作为测点。直接式测点主要用于沉降监测，其特点是开挖量小、施工便捷，但若管子埋深较大，易受地下水位或地面积水的影响，造成立尺困难，影响测量精度。直接式测点适用于埋深浅、管径较大的地下管线。

3) 模拟式

对于地下管线排列密集且管底标高相差不大，或因种种原因无法开挖的情况，可采用模拟式测点，方法是选有代表性的管线，在其近旁钻一个 ϕ100mm 的孔，如表面为硬质路面应先将其穿透，孔深至管底标高，取出浮土后用砂铺平孔底，先放入不小于 ϕ50mm 的钢板一片，以增大接触面积，然后放入 ϕ20mm 的钢筋一根作为测杆，周围用净砂填实。模拟式测点的特点是简便易行，避免了道路开挖对交通的影响，但因测得的是管底地层的位移，模拟性强，精度较低。

14.5 施工监测资料的整理与分析

14.5.1 资料采集

资料采集应严格按照监测元件和仪表的原理及监测方案规定的测试方法，坚持长期、连续、定人、定时、定仪器地进行采集，采用专用表格做好数据记录和整理，保留原始资料。每次资料汇总前，测量人、记录人、审核人、整理人签名应齐全，特别是在发现量测数据异常时，应及时进行复测，并加密观测的次数，防止对可能出现的危险情况先兆的误报和漏报。当测量数据用人工录入计算机时，更应进行数据的二次校核，以确保打印出的曲线图表准确无误。

14.5.2 采集质量控制

根据不同原理的仪器和不同的采集方法，采用相应的检查和鉴定手段，包括严格遵守操作规程、定期检查维修监测系统、加强对上岗人员的培训工作等。对仪器质量和采集质量的控制，可从以下方面入手：

(1) 确定量测基准点的稳定性；

(2) 定期检验仪器设备；

(3) 保护好现场测点；

(4) 严守操作规程；

(5) 做好误差分析工作。

14.5.3 误差与检验方法

1. 系统误差

系统误差是因量测方法不正确或限于现场测试环境条件无法消除的因素而造成的。常见的系统误差，有固定的和变化的两类。固定的系统误差是在整个量测数据中始终存在着一个符号不变的固定的数字偏差，或对一个数据多次测量中算出平均值之差的偏差，如零点漂移、仪器调试偏差等；如果量测数据的偏差是变化的，就是变化的系统误差，它们可能是有规律的累进变化、周期变化或按其他复杂的规律变化，如温、湿度等环境条件的变化引起的系统误差。

2. 过失误差

过失误差指主要由于测试人员的工作过失所引起的误差，如读错仪表刻度、测点与测读数据混淆、记录错误等。此类误差数值很大，会使测试结果与事实显然不符，所以必须从测量数据中剔除。

3. 偶然误差

在测量数据中剔除了过失误差并尽可能地消除和修正了系统误差之后，剩下的主要就是偶然误差了。引起偶然误差的主要原因为偶然因素，如电源电压波动、对仪表末位读数估读不准确以及环境因素的干扰等。偶然误差带有随机性质，无法从试验方法上加以防止，它服从正态分布的统计规律，因此又称随机误差。

4. 误差检验

查找错误数据和分析误差，主要是根据系统误差、过失误差和偶然误差在不同类型监测数据中的分布规律来判断。通常采用人工判断和计算机分析相结合的方法，通过对比检验方法与统计检验方法来检验。

对比检验方法，包括一致性分析与相关性分析。一致性分析是分析同一测点本次实测值与前次观测值的关系；相关性分析是分析同一测次中，该点与前、后、左、右、上、下邻近测点观测值的关系。

统计检验方法，包括数据整理、方差分析、曲线拟合与插值法。数据整理是把原始数据通过一定的方法（如按大小排序）用频率分布的形式把一组数据的分布情况显示出来，进行数据的数字特征计算、离群数据的取舍；方差分析是通过计算监测数据的方差，确定哪些因素或哪种因素对被测物理量的影响最显著；曲线拟合是根据实测的一系列数据，寻找一种能够较好反映数据变化规律和趋势的函数关系式，通常使用最小二乘法进行拟合；插值法是导求数据规律的函数近似表达式的一种方法，是在实测数据的基础上，采用函数近似的方法，求得符合测量规律而又未实测到的数据。

本章小结

地下工程在施工过程中应该加强施工监测，这是地下工程施工与地面工程施工一个重要的区别。通过本章学习，可以加深对地下工程施工监测方案、监测组织与实施以及监测项目与方法等内容的理解，具备编制施工监测方案并组织实施的初步能力。

思考题

1. 地下工程施工监测为什么受到工程界的高度重视？
2. 地下工程施工监测方案包括哪些主要内容？
3. 地下工程施工监测前要做哪些准备工作？
4. 地下工程施工监测常见的监测项目有哪些？
5. 如何设置水平位移监测中平面控制点的普通标桩？
6. 引起支护结构沉降的原因有哪些？支护结构沉降会产生哪些不利影响？
7. 支护结构内力监测包括哪些内容？轴力监测采用哪些测试原件进行量测？
8. 如何监测建筑物的裂缝宽度与深度？

第15章

地下工程施工环境影响与保护

教学目标

本章主要讲述地下工程施工对环境的影响以及采取的保护措施。通过学习应达到以下目标：

(1) 掌握深基坑工程施工的环境影响与保护措施；

(2) 掌握公路、铁路隧道施工的环境影响与保护措施；

(3) 掌握城市地铁施工的环境影响与保护措施。

教学要求

知识要点	能力要求	相关知识
深基坑工程施工环境影响与保护	(1) 熟悉深基坑施工的影响范围； (2) 掌握深基坑施工环境保护措施	(1) 深基坑施工影响范围； (2) 深基坑施工环境保护措施
公路、铁路隧道施工环境影响与保护	(1) 熟悉新奥法隧道施工引起的地表沉降规律； (2) 理解新奥法隧道施工引起土体变形与地表沉降的影响因素； (3) 掌握新奥法隧道施工的环境保护措施	(1) 地表纵向沉降规律与横向沉降规律； (2) 土体变形与地表沉降的影响因素； (3) 环境保护措施
城市地铁施工环境影响与保护	(1) 熟悉盾构施工的地层移动过程与地表变形预测； (2) 理解盾构施工地层移动的影响因素； (3) 掌握盾构施工环境保护措施	(1) 地层移动过程、横向地面沉降公式、纵向地面沉降公式； (2) 地层移动影响因素； (3) 环境保护措施

基本概念

纵向沉降；横向沉降；地层移动；Peck 公式

引例

某地铁区间隧道采用土压平衡式盾构机施工，隧道沿线分布有大量建（构）筑物与地下管线，为减小盾构施工对环境的影响，采取了一系列措施：①严格控制盾构正面土压力。在盾构穿越过程中严格控制切口土压力，同时也严格控制与切口压力有关的施工参数，如推进速度、总推力、出土量等，尽量减少土压力的波动。②严格控制盾构纠偏量。在确保盾构正面沉降控制良好的情况下，使盾构均衡匀速施工，以减少盾构施工对地面的影响。③严格控制同步注浆量、壁后补压浆量及浆液质量。通过同步注浆及时充填建筑空隙，减少施工过程中的土体变形；盾构推进施工中的注浆，选择具有和易性好、泌水性小且具有一定强度的浆液进行及时、均匀、足量压注，确保其建筑空隙得以及时和足量的充填。④对于超沉建筑物采取补救措施。若地面建筑物沉降量超过警戒范围，则通过管片注浆孔进行壁后双液注浆或地面跟踪注浆来保护建筑物。⑤加强沉降监测。通过加密测点、增加监测频率与加强动态信息传递等手段，使施工技术人员及时掌握施工现状，调整盾构推进参数。

15.1 概　述

大量地下工程建设的实践表明，地下工程施工都将给周围的建筑物或地下构筑物、地下管线和地面道路带来不同程度的影响，造成建筑物、构筑物地基不均匀沉降、开裂，地下管线挠曲断裂与道路开裂、下沉，严重时会造成结构破坏与倒塌，带来巨大的经济损失与重大人员伤亡。譬如，深基坑施工可能造成近旁的地铁隧道变形过大，导致列车出轨等严重事故；即使对于管径不大的地下管线，因为变形过大也可能造成煤气泄漏、爆炸，水管爆裂形成水患，电缆断裂造成停电或通信中断等事故。每一个从事地下工程建设的人员，都必须了解、研究本工程施工时对周围环境的影响程度，并事先、事中采取有效的保护措施，将环境影响减少到最低程度。

15.2 深基坑工程施工环境影响与保护

15.2.1 深基坑施工的影响范围

深基坑开挖将改变周边土体的应力场，引起基坑周边土体发生变形和位移。引起这些变化的原因很多，如场地工程地质与水文地质条件、围护结构的施工、土方开挖、降排水措施、围护结构变形、周边建（构）筑物基础对变形的敏感程度等。特别是基坑土方开挖导致的水平向应力释放、坑底应力释放，以及深基坑降水导致的有效应力增加与建（构）筑物产生的附加应力，是引起变形的重要原因。

Clough 与 Rourke 搜集了各种不同土层基坑的监测资料，通过统计分析了砂土、硬-非常硬黏土及中-软黏土基坑的地表沉降分布图，如图 15-1～图 15-3 所示。对于砂土，地表沉降影响范围为 2 倍的开挖深度，沉降包络线在 2 倍深度范围内，最大沉降位于围护结构边，地表沉降分布呈三角形；对于硬-非常硬黏土，地表沉降影响范围有所扩大，达到 3 倍开挖深度，沉降包络线在 3 倍深度范围内，最大沉降位于围护结构外侧一定距离处，地表沉降分布呈凹槽状；对于中-软黏土，地表沉降影响范围也约为 2 倍开挖深度，从围护结构处到 0.7 倍开挖深度沉降最大。

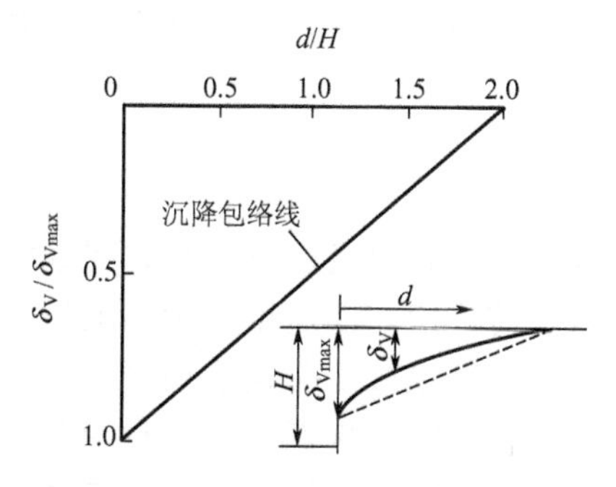

图 15-1 沙土沉降分布图

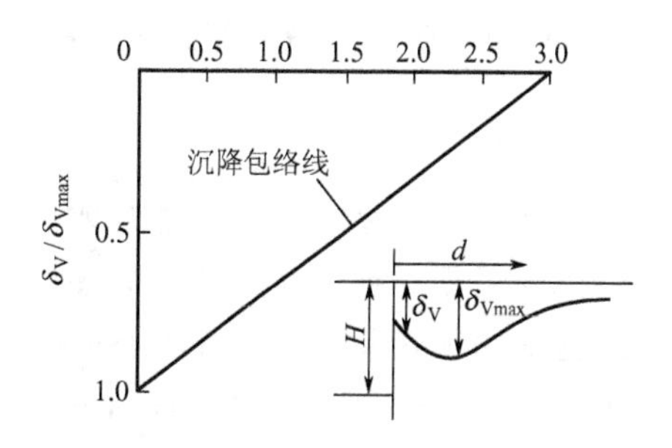

图 15-2 硬-非常硬黏土沉降分布图

图 15-4 所示为上海某地铁车站深基坑地表沉降曲线，从中可以看出地表沉降影响范围为 31m，约为深基坑深度的 2 倍，最大竖向沉降值约为 7cm。掌握地下工程施工的影响范围，对保护邻近建筑物和地下管线等具有重要意义。一般将地层沉降范围分为三个区域：小于警戒沉降量的区域为 C 区，对处在 C 区的地下管线、构筑物或地面建筑物等不需要采取特别的措施；大于警戒沉降量而小于允许沉降量的区称为 B 区，对处在 B 区的地下管线等，虽然它的下沉量仍然属于允许范围，但由于实际工程千变万化、情况复杂，所以此区域是值得警惕的区域，一般在施工过程中应加强对地下管线等的量测和监控，随时注意其安全；沉降量大于允许沉降量的区为 A 区，该区为危险区域，应将处于 A 区内的地下管线尽量搬至 B 区、C 区或影响范围之外，对无法搬迁的地下管线和建筑物，应采取切实可行的保护措施。

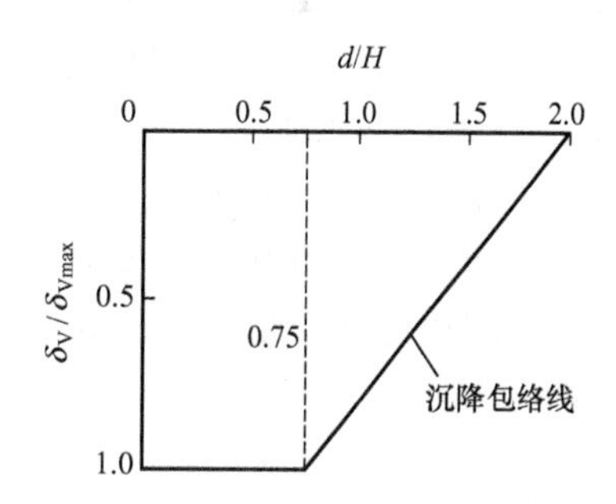

图 15-3 中-软黏土沉降分布图

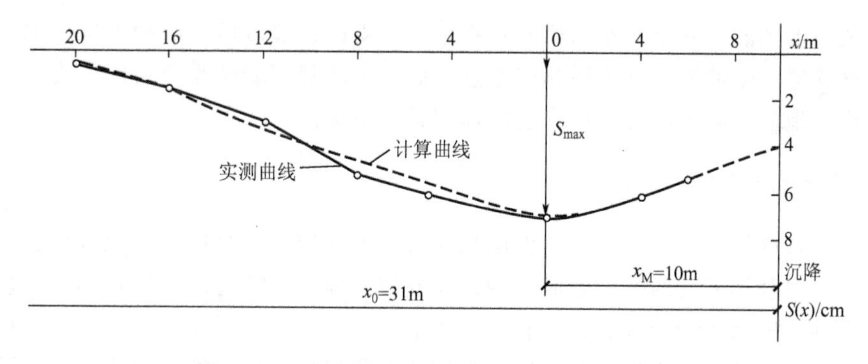

图 15-4 上海某地铁车站深基坑地表沉降曲线

15.2.2 深基坑工程施工的环境保护措施

减轻基坑施工带来的环境影响措施很多，在实际运用中，一般需要采取多种措施综合使用，并加强对周围环境影响的监控与量测以验证措施的效果，当控制效果达不到要求时，要及时调整保护措施或调整施工方案。

1. 地基加固

地基加固的方法很多，如井点降水、注浆、搅拌桩、旋喷桩、石灰桩、树根桩、地下墙等。无论采用哪种方法，都需在基坑开挖两周以前进行，以避免因扰动地层而增加变形。地基加固可在基坑外或基坑内进行，基坑外加固可以减少对挡墙的侧压力，但因工程造价关系，一般只有当基坑邻近有建筑物或地下管线时才进行；在基坑内加固，特别对基底面以下的地层进行加固，能达到既经济又有效的目的。根据上海工程实践的情况，如延安东路越江隧道106号地下墙工程与地铁区间隧道109号地下墙工程相比，墙外都有建筑物，109号工程基底只加固了3m，它的地表沉降量与开挖深度之比为0.54%，而106号工程的基底加固了9～10m，它的沉降量大为减少，仅有0.1%～0.2%。由此可见，对于上海那样的软弱土层，特别是地下墙底以下的土体很软弱时，增加地层加固厚度其效果是明显的。沿基坑宽度方向，间隔地在各幅地下墙接头处，在基底标高以下，施作深度略超过地下墙底的支撑地下墙，对减小墙体变位、基底隆起、地表沉降等是很有效的。

2. 水下开挖

在软黏土地层中进行水下开挖，能提高深基坑的稳定性。水下开挖后再在水下浇捣底板，然后一边排水，一边加支撑。水下施工的效果与通常干法施工相比，能使墙体最大水平位移、基底隆起与地表沉降减小约50%。在一定的环境条件和施工条件下，该项措施是可行的。

3. 及时架设支撑（拉锚）与施加轴力

及时架设支撑能够有效减小墙体的水平位移。支撑设置以后，必须迅速施加轴力，这不但能保证支撑顶紧墙体，减小墙体变位量，而且也改善了墙体受力条件。支撑预加轴力的大小取决于地质和施工条件，原则上应加到最大限度。

4. 分段开挖及开槽设支撑

当基坑的长度较长时，不要采取大面积的长条形开挖，而是应当采取分段开挖、分段支撑的办法，以利用基坑的空间效应达到减少变位、提高基坑稳定性的目的。分段长度视具体情况而定，一般为20～30m为好。在地表沉降有严格控制要求的情况下，应采取开槽设支撑的办法，即在未挖到该层支撑水平面时，先挖去安装支撑的沟槽，在安装好支撑并施加预加轴力后，再将沟槽旁的土层挖去，然后再继续往下挖。

5. 逆作法施工

逆作法施工除了可以加快施工进度以外，另一大优点就是能减小墙体变位及地层移动，从而达到减少对环境的影响的目的。

6. 基坑内降水

在基坑内部降水不仅有利于施工操作，还可以提高基底下土体的强度和刚度，因此能减小基坑隆起和墙体变位，提高基坑稳定性，减小地层移动。

7. 墙外帷幕

为保护墙外的地下管线、构筑物和地面建筑物，可在墙外筑一道帷幕。帷幕可采用灌注桩、旋喷桩、树根桩、压力灌浆、冻结法等办法。在需要进行墙外降水的情况时，可在帷幕内降水，帷幕外回灌水，以减小地层移动范围。

8. 增加墙体的入土深度

增加墙体入土深度无疑能减小墙体的水平位移、基底隆起和地表沉降，从而减少对周围环境的影响。

9. 加快施工进度

加快施工进度，可以减少基坑的暴露时间，有利于减小地层变形。

15.3 公路、铁路隧道施工环境影响与保护

目前，我国公路、铁路隧道的主要施工方法依然是新奥法，当条件允许时也可以采用其他方法，如全断面挖掘机法（TBM)、复合盾构机法等。新奥法施工隧道采用的开挖方法，通常有全断面法、正台阶法、环形开挖留核心土法、单侧壁导坑法、双侧壁导坑法、中隔墙法、交叉中隔墙法、中洞法、侧洞法与盖挖逆作法等。

15.3.1 新奥法隧道施工引起的地表沉降

1. 地表纵向沉降规律

隧道不可避免地要引起周围土体扰动及土体损失，形成不同深度和不同范围的沉降槽，沉降槽会对地表环境造成不同程度的影响或破坏。不同的围岩、不同的埋深，隧道开挖引起的沉降槽的深度和宽度也不同。隧道开挖过程中地表沉降随着掌子面向前开挖的时空效应而变化。如图 15 - 5 所示，隧道施工引起的纵向地表沉降大致可分为如下四个阶段。

（1）微小变形阶段。当掌子面开挖到与测点距离为1.0～1.5倍洞径时，隧道开挖就开始对地表产生影响，造成一定范围的沉降。该段沉降量占总沉降量的15%～20%。这种变形主要是掌子面的开挖引起地层内应力场的变化及土体中地下水的流失而造成的。

（2）变形剧增阶段。随着开挖工作面的推进，距测点相差1倍洞径及开挖面超过测点3倍洞径范围内，地表变形速率增长，变形量增大。该段沉降量占总沉降量的50%～60%。这种变形主要是由隧道开挖造成边界条件的改变，进而产生覆土层土体的扰动而引起应力的重分布造成的。

（3）变形缓慢阶段。当开挖工作面距测点3～5倍洞径时，变形速率减缓，变形量的增加变缓。该阶段沉降量占总沉降量的15%～20%。这种变形主要是在隧道支护封闭成环后，覆土的进一步压密造成的。

（4）变形基本稳定阶段。当开挖工作面距测点5倍洞径后，沉降增长缓慢，沉降曲线趋于平缓，主要原因是地层的变形趋于稳定。该阶段沉降量占总沉降量的5%～10%。

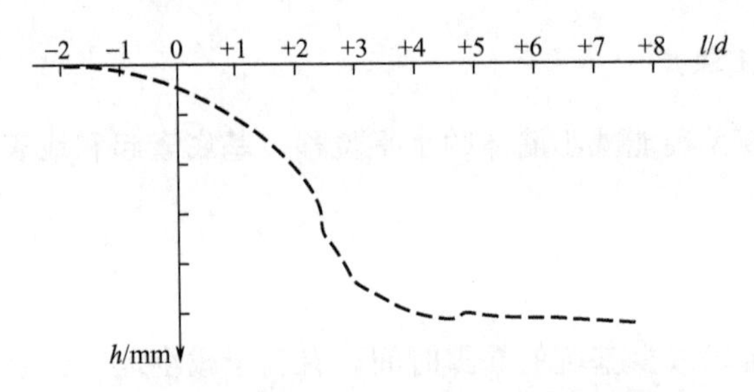

图15-5　某隧道实测的地表纵向沉降曲线

l—开挖面到测点的距离；*d*—隧道开挖直径；*h*—沉降量

2. 地表横向沉降规律

图15-6所示为某隧道实测的地表横向沉降曲线，由图可知地表横向影响范围约为两条隧道外侧各3倍洞径的范围。竖向沉降量由隧道中线向两侧递减。

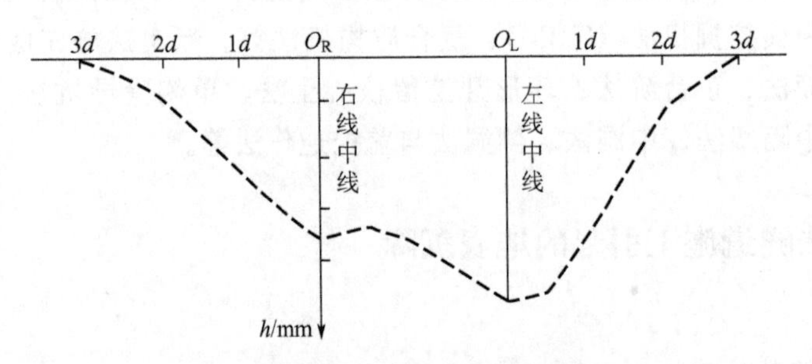

图15-6　某隧道实测的地表横向沉降曲线

d—隧道开挖直径；*h*—沉降量

15.3.2　新奥法隧道施工引起土体变形与地表沉降的影响因素

在新奥法隧道施工过程中，影响土体变形与地表沉降的因素主要有以下几方面。

（1）地层土体特性。不同的地层土体特性决定了土体的力学性能指标与承载拱形成的效果，决定了土体作用于隧道结构上的荷载大小与方式，是影响土体变形与地表沉降的内在本质因素，其他因素的影响都是通过它才起作用的。

（2）地下水。隧道一般处在地下水位以下，开挖排水后地下水不断渗出，使地层持续失水，土层空隙及节理裂隙固结收缩，引起地表超前、超大范围沉降。

（3）地层应力释放。由地层的收敛约束特性可知，随着地层位移的增大，上覆地层施加到隧道结构上的荷载将减小。最佳支护就是在保证地层稳定的位移条件下，使支护结构所受的力最小，可见控制地层应力释放程度是解决下沉及波及范围的一个关键因素。

（4）隧道近接施工。实践表明，对于施加衬砌的隧道，当两隧道的中心线距大于 $2.5D$（D 为隧道宽度）时，两隧道之间的相互作用减弱；当中心线距小于或等于 $2D$ 时，则相互影响明显。对未衬砌隧道，当两隧道中心线距大于 $5D$ 时，可不考虑相互作用；当中心线距小于或等于 $3D$ 时，则必须考虑其相互影响。

（5）开挖方法。开挖方法应根据土层的自稳能力选择。不同的开挖方案所引起的土体变形与地表沉降是不同的。侧壁导坑法、中隔墙法、中洞法等引起的地表变形比全断面法小得多，另外，短台阶法比长台阶法更容易控制土体的变形。

（6）开挖进尺。开挖进尺的大小实质上是工作面无支护空间的大小，其值决定着地表下沉及拱顶沉降，也影响开挖面的稳定性。

（7）工作面推进速度。沉降具有时空效应。工作面推进速度加快，意味着各工序时间的缩短，隧道开挖裸露的空间也小，其存在的时间也短，有利于控制地层变形。

（8）衬砌支护刚度与封闭时间。对于浅埋隧道，支护结构刚度是控制地表下沉的重要因素。由于隧道浅埋，难以形成稳定的承载拱，上覆荷载要由支护结构全部承担，大刚度支护结构是控制地表下沉的有效措施。根据实际施工及有关监测资料，初期支护后地表沉降达到稳定的时间较长，唯有二次衬砌封闭成环后，隧道及地表才完全稳定。

15.3.3 新奥法隧道施工的环境保护措施

从上述影响因素的分析可以看到，地表沉降主要和地层条件以及开挖过程中的施工方法控制有关。关于地表沉降的控制策略，也可以大体归纳为三类：开挖前的地层改良、开挖过程中的施工方法控制、动态补偿。

1. 开挖前的地层改良措施

地层的改良措施，主要包括地层预加固以及地下水处理两个方面。通过对隧道开挖周边土体进行局部加固处理，一方面可以促进隧道开挖后承载拱的形成，特别是采用膨胀性浆液注浆加固时，另一方面可以改进土体的特性，促使其往好的方面转化。预加固措施对于地层变形的控制具有较好效果，具体的工程措施有小导管注浆、注浆管棚、全断面深孔超前注浆、旋喷桩加固等。

地下水排放会使上覆地层尤其是隧道工作面附近地层的强度增加，刚度变大。但对于砂层、砾砂等特殊地层，过度抽排地下水，会使上覆多孔介质土层超固结，从而引起地表大范围沉降，因此在保证工作面稳定正常开挖的条件下，应尽量减少或限制地下水的抽排。可根据情况采取止水帷幕或旋喷桩等阻断地下渗水通道，用地表或洞内注浆措施封堵部分地下水。采取地表或洞内降排水时，应尽量缩短抽排时间，在掌子面开挖过后及时采取开挖周边和掌子面注浆、喷砼等措施稳定工作面，然后及时停止排水。

2. 开挖过程中的施工方法控制措施

隧道开挖过程中的控制主要包括两方面：一是应选择合理的开挖方法、开挖步序、开挖进尺以及开挖时间；二是应选择合理的支护结构参数以及施作时机。

对地表沉降控制严格的隧道，应选择双侧壁导坑、CRD、CD等有中隔壁的分部开挖法。不同的开挖步序会产生不同的沉降效应，在施工过程中，可根据建筑物沉降情况，及时地调整开挖步序，以到达控制沉降的目的，特别是对于建筑物的差异沉降。另外应根据地层特性确定合理的开挖进尺，对于软弱地层隧道，开挖进尺应尽量减小，根据国内外实践经验，建议每循环进尺取断面开挖宽度的0.1倍较为适宜。对超前支护，一般采取增大小导管直径、减小布置间距、扩大注浆范围和严格注浆等措施予以加强；对钢格栅，可适当缩小格栅间距，在间距一定时，宜增大主筋直径，从而增大支护初期刚度，以控制沉降。在软弱地层隧道中，为了确保地层较快恢复稳定，应及时施作二次衬砌。

3. 动态补偿措施

动态跟踪注浆法是一种治理地层移动的常用方法，利用地层损失影响地面沉降的滞后现象，在隧道开挖影响范围与被控制的基础之间设置注浆层，即在土层沉降处注入适量的水泥或化学浆，以起到补偿地层和抬升地层及上覆建筑物的作用，然后通过施工过程中的监测数据，不断控制各注浆管的注浆量，实现隧道开挖与基础沉降的同步控制，从而减小建筑物的沉降。

15.4 城市地铁施工环境影响与保护

城市地铁埋深一般在20m以内，埋深较浅，一般很适用于盾构机施工，当然也可以采用其他浅埋暗挖法施工。下面以盾构法施工隧道为例论述地铁施工的环境影响与保护问题。

15.4.1 盾构施工的地层移动过程与地表变形预测

盾构施工破坏了土体的原始应力状态，土体单元产生了应力增量特别是剪应力增量，这将引起地层的移动。剪应力增量的出现、增长、松弛、消除，因盾构类型与地铁周围土层介质的不同而存在差异，地层移动的规律也因不同工程而异。以隧道轴线地表点的经时变位曲线为例，如图15-7所示。地表点的地层移动经历四个阶段：前期变位、盾构通过时变位、盾构脱离后变位、后续阶段变位。它的总变位量为这四部分之和。

（1）前期变位：指盾构尚未到达该点时的变位，它是下沉（由开挖面崩坍或出土过量引起）还是隆起（由出土过少、挤压地层引起），与盾构机的类型、开挖方式及出土控制等因素有关。

（2）盾构通过时变位：指盾构开挖面到达该地表点的正下方开始，直至盾尾即将脱离该点为止的下沉。产生这部分下沉的原因，主要是盾壳对土体的摩擦力破坏了土体的结构强度，这种对土体的破坏作用范围，随着盾构推进距离的加长而增大。另外，土体挤压和剪切变形引起的地层扰动，也会使变形模量降低而产生沉降。

（3）盾构脱离后变位：指盾尾空隙形成至灌浆结束为止的那段时间内的下沉。在盾尾脱离之前，盾壳对土体有一约束力，方向指向土体。一旦盾尾脱离，形成盾构与土体之间的空隙，如果在盾尾脱离后未能及时灌浆或灌浆的填充率不足，则该空洞断面就会向内缩小，从而产生地表移动或地表沉降。

（4）后续阶段变位：指从灌浆结束开始，直至下沉停止的那部分下沉。引起这部分沉降的原因，主要是蠕变变形与土体的固结变形。蠕变变形包括土体的蠕变变形和管片衬砌的蠕变变形两种。在盾构推进过程中，地表以下某范围内的土体均遭到不同程度的扰动和应力重分布，虽然灌浆抑制了邻近管片的土体向空隙的蠕变，但整个土层仍会在自重应力作用下继续发生蠕变变形，它会延续很长一段时间。另外，管片衬砌在周围土体压力的作用下，会产生主要称为“横鸭蛋”的变形，导致地表沉降，管片的这种变形也是随时间而增长的，这不仅由于管片材料本身所具有的蠕变性，更因为此时作用在管片上的土压力还在随时间增加的缘故。再者，随着地层的超孔隙水压的逐渐消散，土体产生固结变形，所以地表将发生固结沉降。上述后续阶段变位会经历较长的一段时期。

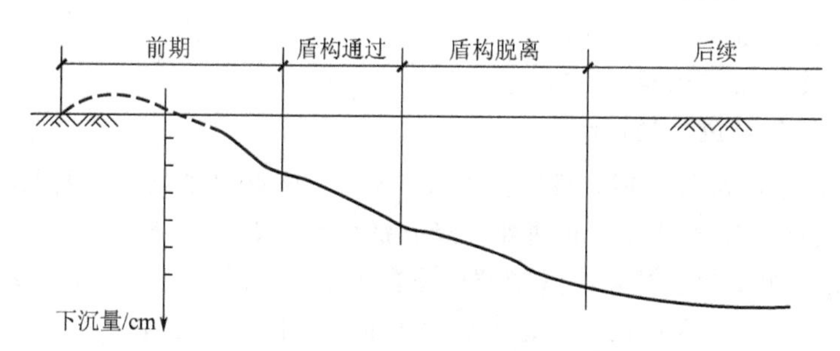

图 15-7 地表点的经时变位曲线

对于盾构施工引起地面变形的预估，主要采用基于对实际工程观测数据的整理得到的经验预估法，也有基于解析或数值计算的半经验公式方法。下面介绍两个常用的公式。

1. 横向地面沉降公式

目前关于横向地面沉降，工程实践中应用比较普遍的是 Peck 公式和一系列修正的 Peck 公式。R. B. Peck 假设紧接着隧道开挖后引起的地面沉降是在不排水情况下发生的，通过对大量地表沉陷数据及工程资料分析后认为，沉槽的体积应等于地层损失的体积。地面沉降的横向分布似正态分布曲线，如图 15-8所示，横向分布地面沉降公式为

$$S(x)=S_{\max}\exp\left(-\frac{x^2}{2i^2}\right) \tag{15-1}$$

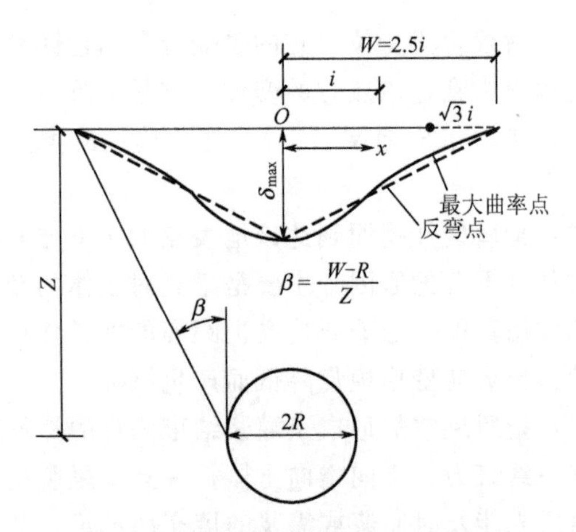

图 15-8 横向沉降槽正态分布曲线

$$S_{\max}=\frac{v_s}{\sqrt{2\pi}\cdot i} \tag{15-2}$$

$$i=\frac{Z}{\sqrt{2\pi}\tan\left(45^\circ-\frac{\varphi}{2}\right)} \tag{15-3}$$

式中 $S(x)$——地层损失引起的地面沉降，m；

v_s——盾构隧道单位长度的地层损失，m^3/m；

x——距离隧道中心线的距离，m；

$S_{\max}$——隧道中心线处地层损失引起的最大沉降量，m；

i——沉降槽的宽度，m；

Z——隧道轴线埋深，m；

φ——土的内摩擦角，(°)；

R——盾构隧道直径，m。

式(15-1) 表示的沉降曲线，反弯点在 $x=i$ 处，该点出现最大沉降坡度；在 $x=\sqrt{3}i$ 及 $x=0$ 处，出现最小曲率半径，此两处沉降分别为 $0.22S_{\max}$ 和 $S_{\max}$。

Peck 公式有两个重要参数：沉降槽宽度系数 i 和地层损失 v_s。这两个参数的正确选取对最终的预测结果起决定性作用，在这方面已经有大量的研究成果。

地层损失 v_s 通常表示为

$$v_s=v_l\pi r_0^2 \tag{15-4}$$

式中 v_l——地层体积损失率，即单位长度地层损失占单位长度盾构体积的百分比；对于黏性土中的土压平衡式盾构，取值范围一般在 0.5%～2.0%之间。

r_0——盾构机外径，m。

i 的取值与隧道轴线埋深 Z 近似呈线性关系，而与施工方法与隧道外径无关，即

$$i=kZ \tag{15-5}$$

式中 k——沉降槽宽度系数（对黏性土 $k=0.4$～0.7，对砂土 $k=0.2$～0.3）。

2. 纵向地面沉降公式

关于纵向地面沉降，Attewell 与 Woodman 提出了以下累积概率曲线公式：

$$S(y)=S_{\max}\left\{G\left(\frac{y-y_{\mathrm{i}}}{i}\right)-G\left(\frac{y-y_{\mathrm{f}}}{i}\right)\right\} \tag{15-6}$$

$$G(\alpha)=\frac{1}{\sqrt{2\pi}}\int_{-\infty}^{\alpha}\exp\left(\frac{-\beta^{2}}{2}\right)\mathrm{d}\beta \tag{15-7}$$

式中 $G(\alpha)$——累积概率函数，可以通过标准概率表得到，$G(0)=0.5$，$G(\infty)=1$；

$S(y)$——沿隧道掘进方向坐标为 y 处地表点的沉降，m；

y_{i}——隧道开挖面推进起始点，m；

y_{f}——当前隧道开挖面的位置，m。

15.4.2 盾构施工地层移动的影响因素

影响盾构隧道地层移动规律的因素很多，主要涉及盾构胸板给予地层的正面压力、覆土厚度、覆土厚度与盾构直径之比、地层的性质、盾尾灌浆开始时间及灌浆压力、灌浆量、胸板出土量、盾构推进速度等。这些影响因素通常是几个同时存在、同时作用，所以要精确地研究各个因素与地层移动的关系是相当困难的。

1. 胸板正面压力

经过数理统计，有研究人员得到了以下关系式：

$$P-P_0=22.66\delta \tag{15-8}$$

式中 P——胸板给予地层的正面压力，即胸板上的土压力平均值，kg/cm^3；

P_0——地层静止侧压力，kg/cm^3；

δ——距盾构前端 $2d$ 的地表变形增量（+表示隆起，-表示沉降），m；

d——盾构直径，m。

由式(15-8) 可知，当胸板压力超过静止侧压力时，地表会隆起，反之则会沉降；只有当胸板压力在理论上等于静止侧压力时，地表没有变形。

2. 土层平均变形模量跟覆土厚度 H 与盾构直径 D 之比的关系

有人分析了日本大阪的十几个工程实例，得出以下结论：土层平均变形模量越大，地表变形越小；当 H/D 在 1.5～2.5 范围内时，H/D 的大小几乎不影响地表的沉降量；当地层较软弱，H/D 接近 1.5 时，沉降量最大。随着 H/D 的增大，沉降量有所减小，这反映出沉降量与 H/D 成反比关系。

3. 盾尾灌浆开始时间、压力及灌浆量

为了减少盾尾脱离后的地层移动，盾尾灌浆开始时间越早越好，最好能做到同步灌浆。所谓同步灌浆，是指管片一边脱离盾尾，一边就向盾尾空隙灌浆。灌浆开始时间越迟，地表沉降越大，呈某种曲线关系。灌浆压力应与地层能承受的压力（称为地层劈裂压力）相适应，从国内外的工程实践来看，要使盾尾空隙填充良好，不发生劈裂，应使灌浆压力小于（或接近）地层的劈裂压力。灌浆量理论上应等于盾尾形成的空隙体积，这样地层移动量为最小，但是对于软土地层，在灌浆开始之前空隙断面已开始缩小，地表已有沉降，因此在灌浆时采用大于100%的灌浆率，促使地表有所隆起，可以弥补脱尾时形成的沉降。

4. 出土量

所谓出土量是指出土体积与盾构推进体积之比。显然出土量等于100%时，地层移动最小。但是在实际施工时，较难精确地控制出土量，往往通过胸板正面土压力值来进行控制。为了保证开挖面的稳定，开挖面管理压力总是控制在比静止侧压力稍大一些，这样出土量总是稍小于100%，所以在盾构施工的初期地表会产生少许隆起变形。

5. 盾构推进速度

为了提高工程进度，总希望推进速度大一些，但如果出土速度跟不上，就会成为挤压推进，使胸板土压力大大提高，产生过大的地表隆起变形。盾构机的推进速度应由地层条件与出土设备确定。在实际施工时，以胸板正面压力值来控制，始终使胸板正面压力略大于静止侧压力，这时的推进速度最为合适。

15.4.3 盾构施工的环境保护措施

盾构施工时，提高开挖面的稳定性可以有效减小地面变形，相关措施应该根据地质条件、盾构机具及施工方法而定。

对于开敞型盾构，它不设胸板，开挖面大部分都是敞开的。开挖方式可以为手掘式，或半机械化、机械化方式。这种盾构适用在开挖面能够自稳的地层中，当开挖面不能自稳时，需要采取加气压等辅助办法，防止开挖面崩坍。如是局部土质较差，可事先进行地基加固。另外，降低地下水位对开敞型盾构的开挖面稳定极为有利。

对于半开敞型盾构，如网格盾构，可采取调节取土窗面积、调节胸板正面压力来保证开挖面稳定。对于封闭式盾构，如泥水式盾构、土压平衡盾构等，是依靠胸腔内的泥水压力或土砂压力来保证开挖面稳定的，在施工时要确保作用在开挖面的压力保持为一个适当的值。

不论采用何种盾构形式，在盾构出洞口、进洞口以及隧道交叉口附近，地层容易发生崩坍，因此在这些部位要预先进行地基加固，可采用注浆、冻结、深层搅拌、旋喷等办法，同时应防止推进千斤顶漏油造成盾构后退、开挖面土体坍落。另外，当为水底隧道并需施加气压时，需事前计算盾构顶上的覆土厚度是否足够，如不够，应预先填土以增加厚度。

本章小结

地下工程施工引起的环境问题是施工单位与外单位产生纠纷的一个重要来源。通过本章学习，可以加深对深基坑工程施工、公路铁路隧道施工与城市地铁施工的环境影响以及工程保护措施的理解，具备制定预防和处置环境影响的施工方案的初步能力，在实际工作中可做到预先判断、合理处置，以减少或避免纠纷。

思 考 题

1. 在深基坑施工过程中，引起基坑周边土体位移与变形的因素有哪些？

2. 减轻深基坑施工环境影响的措施主要有哪些？

3. 新奥法隧道施工引起的纵向地表沉降大致可分为哪几个阶段？各个阶段有什么特征？

4. 在新奥法隧道施工中，引起土体变形与地表沉降的因素有哪些？这些因素如何影响土体变形与地表沉降？

5. 新奥法隧道施工的环境保护措施有哪些？

6. 盾构施工的地层移动过程大致分为哪几个阶段？

7. 如何预测盾构施工引起的地表变形？Peck 公式与累积概率曲线公式的具体内容是什么？

8. 影响盾构施工地层移动的因素主要有哪些？

9. 减轻盾构施工环境影响的措施有哪些？

参考文献

[1] 姜玉松．地下工程施工技术［M］．武汉：武汉理工大学出版社，2008.
[2] 关宝树，杨其新．地下工程概论［M］．成都：西南交通大学出版社，2001.
[3] 王梦恕．地下工程浅埋暗挖技术通论［M］．合肥：安徽教育出版社，2004.
[4] 杨其新，王明年．地下工程施工与管理［M］．成都：西南交通大学出版社，2009.
[5] 夏明耀，曾进伦．地下工程设计施工手册［M］．北京：中国建筑工业出版社，1999.
[6] 晏金桃．地下工程勘察设计与施工技术实用手册［M］．长春：吉林音像出版社，2003.
[7] 王梦恕．中国隧道及地下工程修建技术［M］．北京：人民交通出版社，2010.
[8] 关宝树．地下工程［M］．北京：高等教育出版社，2007.
[9] 李志业，曾艳华．地下结构设计原理与方法［M］．成都：西南交通大学出版社，2003.
[10] 陈礼仪．岩土工程施工技术［M］．成都：四川大学出版社，2008.
[11] 朱合华．城市地下空间新技术应用工程示范精选［M］．北京：中国建筑工业出版社，2011.
[12] 厦门市建设委员会．深基坑支护技术——厦门市深基坑支护工程实例［M］．北京：中国水利水电出版社，1999.
[13] 江正荣．基坑工程便携手册［M］．北京：机械工业出版社，2004.
[14] 刘国彬，王卫东．基坑工程手册［M］．北京：中国建筑工业出版社，2009.
[15] 龚晓南．深基坑工程设计施工手册［M］．北京：中国建筑工业出版社，1998.
[16] 胡明亮，刘刚，张小平．基坑支护工程设计施工实例图集［M］．北京：中国建筑工业出版社，2008.
[17] 中华人民共和国住房和城乡建设部．建筑深基坑工程施工安全技术规范（JGJ 311—2013）［S］．北京：中国建筑工业出版社，2013.
[18] 丛蔼森．地下连续墙的设计施工与应用［M］．北京：中国水利水电出版社，2001.
[19] 上海市建设和交通委员会．地下连续墙施工规程（DG/TJ08—2073—2010 ）［S］．北京：中国标准出版社，2010.
[20] 中华人民共和国住房和城乡建设部．地下建筑工程逆作法技术规程（JGJ 165—2010）［S］．北京：中国建筑工业出版社，2010.
[21] 彭立敏，刘小兵．隧道工程［M］．长沙：中南大学出版社，2009.
[22] 黄成光．公路隧道施工［M］．北京：人民交通出版社，2001.
[23] 中华人民共和国交通运输部．公路隧道施工技术规范（JTG F60—2009）［S］．北京：人民交通出版社，2009.
[24] 朱永全，宋玉香．隧道工程［M］．北京：中国铁道出版社，2006.
[25] 覃仁辉．隧道工程［M］．重庆：重庆大学出版社，2001.
[26] 关宝树．隧道工程施工要点集［M］．北京：人民交通出版社，2003.
[27] 张志毅，王中黔．交通土建工程爆破工程师手册［M］．北京：人民交通出版社，2002.
[28] 郭进平，聂兴信．新编爆破工程实用技术大全［M］．北京：光明日报出版社，2002.
[29] 史钊．公路、桥梁、隧道施工新技术、新工艺与验收规范实务全书［M］．北京：金版电子出版公司，2002.
[30] 铁道部第二工程局．铁路工程施工技术手册（隧道）［M］．北京：中国铁道出版社，1995.
[31] 邓德全．世界最宏伟地下工程——英法海底隧道［M］．北京：人民交通出版社，1995.

[32] 王梦恕．岩石隧道掘进机（TBM）施工及施工实例［M］．北京：中国铁道出版社，2004.

[33] 吴波，阳军生．岩石隧道全断面掘进机施工技术［M］．合肥：安徽科学技术出版社，2008.

[34] 张凤祥，朱合华，傅德明．盾构隧道［M］．北京：人民交通出版社，2004.

[35] 刘建航，侯学渊．盾构法隧道［M］．北京：中国铁道出版社，1991.

[36] 中华人民共和国住房和城乡建设部．盾构法隧道施工与验收规范（GB 50446—2008）［S］．北京：中国建筑工业出版社，2008.

[37] 周文波．盾构法隧道施工技术及应用［M］．北京：中国建筑工业出版社，2004.

[38] 上海市建设和交通委员会．地铁隧道工程盾构施工技术规程（附条文说明）（DG/TJ 08—2041—2008）［S］．北京：人民交通出版社，2008.

[39] 中华人民共和国住房和城乡建设部．沉管法隧道施工与质量验收规范（GB 51201—2016）［S］．北京：中国建筑工业出版社，2016.

[40] 上海隧道工程股份有限公司．软土地下工程施工技术［M］．上海：华东理工大学出版社，2001.

[41] 陈韶章．沉管隧道设计与施工［M］．北京：科学出版社，2002.

[42] 中国非开挖技术协会．顶管施工技术及验收规范［S］．北京：人民交通出版社，2007.

[43] 余彬泉，陈传灿．顶管施工技术［M］．北京：人民交通出版社，1998.

[44] 张民庆，彭峰．地下工程注浆技术［M］．北京：地质出版社，2008.

[45] 王国际．注浆技术理论与实践［M］．徐州：中国矿业大学出版社，2000.

[46] 段良策，殷奇．沉井设计与施工［M］．上海：同济大学出版社，2006.

[47] 张凤祥，傅德明，张冠军．沉井与沉箱［M］．北京：中国铁道出版社，2002.

[48] 龚克崇，游浩．简明防水工程施工验收技术手册［M］．北京：地震出版社，2005.

[49] 鞠建英．实用地下工程防水手册［M］．北京：中国计划出版社，2002.

[50] 中华人民共和国住房和城乡建设部．地下工程渗漏治理技术规程（JGJ/T 212—2010）［S］．北京：中国建筑工业出版社，2010.

[51] 中华人民共和国住房和城乡建设部．地下工程防水技术规范（GB 50108—2008）［S］．北京：中国建筑工业出版社，2008.

[52] 北京市建设委员会．地铁工程监控量测技术规程（DB 11/490—2007）［S］．北京：中国建筑工业出版社，2008.

[53] 夏才初，李永盛．地下工程测试理论与监测技术［M］．上海：同济大学出版社，1999.

[54] 陈明．城市深基坑对周边环境影响的研究［D］．昆明：昆明理工大学，2011.

[55] 姚宁．隧道施工对周边环境影响的研究［D］．杭州：浙江大学，2007.

[56] 黄烨．城市小净距隧道施工环境影响控制技术研究［D］．北京：北京交通大学，2009.

[57] 王涛．盾构隧道施工的环境效应影响研究［D］．杭州：浙江大学，2007.

[58] 张海波．地铁隧道盾构法施工对周围环境影响的数值模拟［D］．南京：河海大学，2005.

北京大学出版社土木建筑系列教材(已出版)

序号	书名	主编	定价	序号	书名	主编	定价
1	工程项目管理	董良峰　张瑞敏	43.00	50	工程财务管理	张学英	38.00
2	建筑设备(第2版)	刘源全　张国军	46.00	51	土木工程施工	石海均　马　哲	40.00
3	土木工程测量(第2版)	陈久强　刘文生	40.00	52	土木工程制图(第2版)	张会平	45.00
4	土木工程材料(第2版)	柯国军	45.00	53	土木工程制图习题集(第2版)	张会平	28.00
5	土木工程计算机绘图	袁　果　张渝生	28.00	54	土木工程材料(第2版)	王春阳	50.00
6	工程地质(第2版)	何培玲　张　婷	26.00	55	结构抗震设计(第2版)	祝英杰	37.00
7	建设工程监理概论(第3版)	巩天真　张泽平	40.00	56	土木工程专业英语	霍俊芳　姜丽云	35.00
8	工程经济学(第2版)	冯为民　付晓灵	42.00	57	混凝土结构设计原理(第2版)	邵永健	52.00
9	工程项目管理(第2版)	仲景冰　王红兵	45.00	58	土木工程计量与计价	王翠琴　李春燕	35.00
10	工程造价管理	车春鹂　杜春艳	24.00	59	房地产开发与管理	刘　薇	38.00
11	工程招标投标管理(第2版)	刘昌明	30.00	60	土力学	高向阳	32.00
12	工程合同管理	方　俊　胡向真	23.00	61	建筑表现技法	冯　柯	42.00
13	建筑工程施工组织与管理(第2版)	余群舟　宋会莲	31.00	62	工程招投标与合同管理(第2版)	吴　芳　冯　宁	43.00
14	建设法规(第2版)	肖　铭　潘安平	32.00	63	工程施工组织	周国恩	28.00
15	建设项目评估	王　华	35.00	64	建筑力学	邹建奇	34.00
16	工程量清单的编制与投标报价	刘富勤　陈德方	25.00	65	土力学学习指导与考题精解	高向阳	26.00
17	土木工程概预算与投标报价(第2版)	刘　薇　叶　良	37.00	66	建筑概论	钱　坤	28.00
18	室内装饰工程预算	陈祖建	30.00	67	岩石力学	高　玮	35.00
19	力学与结构	徐吉恩　唐小弟	42.00	68	交通工程学	李　杰　王　富	39.00
20	理论力学(第2版)	张俊彦　赵荣国	40.00	69	房地产策划	王直民	42.00
21	材料力学	金康宁　谢群丹	27.00	70	中国传统建筑构造	李合群	35.00
22	结构力学简明教程	张系斌	20.00	71	房地产开发	石海均　王　宏	34.00
23	流体力学(第2版)	章宝华	25.00	72	室内设计原理	冯　柯	28.00
24	弹性力学	薛　强	22.00	73	建筑结构优化及应用	朱杰江	30.00
25	工程力学(第2版)	罗迎社　喻小明	39.00	74	高层与大跨建筑结构施工	王绍君	45.00
26	土力学(第2版)	肖仁成　俞　晓	25.00	75	工程造价管理	周国恩	42.00
27	基础工程	王协群　章宝华	32.00	76	土建工程制图(第2版)	张黎骅	38.00
28	有限单元法(第2版)	丁　科　殷水平	30.00	77	土建工程制图习题集(第2版)	张黎骅	34.00
29	土木工程施工	邓寿昌　李晓目	42.00	78	材料力学	章宝华	36.00
30	房屋建筑学(第3版)	聂洪达	56.00	79	土力学教程(第2版)	孟祥波	34.00
31	混凝土结构设计原理	许成祥　何培玲	28.00	80	土力学	曹卫平	34.00
32	混凝土结构设计	彭　刚　蔡江勇	28.00	81	土木工程项目管理	郑文新	41.00
33	钢结构设计原理	石建军　姜　袁	32.00	82	工程力学	王明斌　庞永平	37.00
34	结构抗震设计	马成松　苏　原	25.00	83	建筑工程造价	郑文新	39.00
35	高层建筑施工	张厚先　陈德方	32.00	84	土力学(中英双语)	郎煜华	38.00
36	高层建筑结构设计	张仲先　王海波	23.00	85	土木建筑 CAD 实用教程	王文达	30.00
37	工程事故分析与工程安全(第2版)	谢征勋　罗　章	38.00	86	工程管理概论	郑文新　李献涛	26.00
38	砌体结构(第2版)	何培玲　尹维新	26.00	87	景观设计	陈玲玲	49.00
39	荷载与结构设计方法(第2版)	许成祥　何培玲	30.00	88	色彩景观基础教程	阮正仪	42.00
40	工程结构检测	周　详　刘益虹	20.00	89	工程力学	杨云芳	42.00
41	土木工程课程设计指南	许　明　孟茁超	25.00	90	工程设计软件应用	孙香红	39.00
42	桥梁工程(第2版)	周先雁　王解军	37.00	91	城市轨道交通工程建设风险与保险	吴宏建　刘宽亮	75.00
43	房屋建筑学(上：民用建筑)(第2版)	钱　坤　王若竹 吴　歌	40.00	92	混凝土结构设计原理	熊丹安	32.00
44	房屋建筑学(下：工业建筑)(第2版)	钱　坤　吴　歌	36.00	93	城市详细规划原理与设计方法	姜　云	36.00
45	工程管理专业英语	王竹芳	24.00	94	工程经济学	都沁军	42.00
46	建筑结构 CAD 教程	崔钦淑	36.00	95	结构力学	边亚东	42.00
47	建设工程招投标与合同管理实务(第2版)	崔东红	49.00	96	房地产估价	沈良峰	45.00
48	工程地质(第2版)	倪宏革　周建波	30.00	97	土木工程结构试验	叶成杰	39.00
49	工程经济学	张厚钧	36.00	98	土木工程概论	邓友生	34.00

序号	书名	主编	定价	序号	书名	主编	定价
99	工程项目管理	邓铁军　杨亚频	48.00	138	建筑学导论	裘　鞠　常　悦	32.00
100	误差理论与测量平差基础	胡圣武　肖本林	37.00	139	工程项目管理	王　华	42.00
101	房地产估价理论与实务	李　龙	36.00	140	园林工程计量与计价	温日琨　舒美英	45.00
102	混凝土结构设计	熊丹安	37.00	141	城市与区域规划实用模型	郭志恭	45.00
103	钢结构设计原理	胡习兵	30.00	142	特殊土地基处理	刘起霞	50.00
104	钢结构设计	胡习兵　张再华	42.00	143	建筑节能概论	余晓平	34.00
105	土木工程材料	赵志曼	39.00	144	中国文物建筑保护及修复工程学	郭志恭	45.00
106	工程项目投资控制	曲　娜　陈顺良	32.00	145	建筑电气	李　云	45.00
107	建设项目评估	黄明知　尚华艳	38.00	146	建筑美学	邓友生	36.00
108	结构力学实用教程	常伏德	47.00	147	空调工程	战乃岩　王建辉	45.00
109	道路勘测设计	刘文生	43.00	148	建筑构造	宿晓萍　隋艳娥	36.00
110	大跨桥梁	王解军　周先雁	30.00	149	城市与区域认知实习教程	邹　君	30.00
111	工程爆破	段宝福	42.00	150	幼儿园建筑设计	龚兆先	37.00
112	地基处理	刘起霞	45.00	151	房屋建筑学	董海荣	47.00
113	水分析化学	宋吉娜	42.00	152	园林与环境景观设计	董　智　曾　伟	46.00
114	基础工程	曹　云	43.00	153	中外建筑史	吴　薇	36.00
115	建筑结构抗震分析与设计	裴星洙	35.00	154	建筑构造原理与设计(下册)	梁晓慧　陈玲玲	38.00
116	建筑工程安全管理与技术	高向阳	40.00	155	建筑结构	苏明会　赵　亮	50.00
117	土木工程施工与管理	李华锋　徐　芸	65.00	156	工程经济与项目管理	都沁军	45.00
118	土木工程试验	王吉民	34.00	157	土力学试验	孟云梅	32.00
119	土质学与土力学	刘红军	36.00	158	土力学	杨雪强	40.00
120	建筑工程施工组织与概预算	钟吉湘	52.00	159	建筑美术教程	陈希平	45.00
121	房地产测量	魏德宏	28.00	160	市政工程计量与计价	赵志曼　张建平	38.00
122	土力学	贾彩虹	38.00	161	建设工程合同管理	余群舟	36.00
123	交通工程基础	王富	24.00	162	土木工程基础英语教程	陈平　王凤池	32.00
124	房屋建筑学	宿晓萍　隋艳娥	43.00	163	土木工程专业毕业设计指导	高向阳	40.00
125	建筑工程计量与计价	张叶田	50.00	164	土木工程 CAD	王玉岚	42.00
126	工程力学	杨民献	50.00	165	外国建筑简史	吴　薇	38.00
127	建筑工程管理专业英语	杨云会	36.00	166	工程量清单的编制与投标报价(第 2 版)	刘富勤　陈友华　宋会莲	34.00
128	土木工程地质	陈文昭	32.00	167	土木工程施工	陈泽世　凌平平	58.00
129	暖通空调节能运行	余晓平	30.00	168	特种结构	孙　克	30.00
130	土工试验原理与操作	高向阳	25.00	169	结构力学	何春保	45.00
131	理论力学	欧阳辉	48.00	170	建筑抗震与高层结构设计	周锡武　朴福顺	36.00
132	土木工程材料习题与学习指导	鄢朝勇	35.00	171	建设法规	刘红霞　柳立生	36.00
133	建筑构造原理与设计(上册)	陈玲玲	34.00	172	道路勘测与设计	凌平平　余婵娟	42.00
134	城市生态与城市环境保护	梁彦兰　阎　利	36.00	173	工程结构	金恩平	49.00
135	房地产法规	潘安平	45.00	174	建筑公共安全技术与设计	陈继斌	45.00
136	水泵与水泵站	张　伟　周书葵	35.00	175	地下工程施工	江学良　杨　慧	54.00
137	建筑工程施工	叶　良	55.00				

如您需要更多教学资源如电子课件、电子样章、习题答案等，请登录北京大学出版社第六事业部官网 www.pup6.cn 搜索下载。

如您需要浏览更多专业教材，请扫下面的二维码，关注北京大学出版社第六事业部官方微信（微信号：pup6book），随时查询专业教材、浏览教材目录、内容简介等信息，并可在线申请纸质样书用于教学。

感谢您使用我们的教材，欢迎您随时与我们联系，我们将及时做好全方位的服务。联系方式：010-62750667，donglu2004@163.com，pup_6@163.com，lihu80@163.com，欢迎来电来信。客户服务 QQ 号：1292552107，欢迎随时咨询。